ENCYCLOPÉDIE THÉORIQUE & PRATIQUE DES CONNAISSAN

(Publiée sous le patronage de la Réunion des officiers)

PARTIE CIVILE

COURS DE CONSTRUCTION

Publié sous la direction de

G. OSLET, INGÉNIEUR DES ARTS ET MANUFACTURES

NEUVIÈME PARTIE

TRAITÉ

DES

ROUTES, RIVIÈRES & CANAUX

PAR

P. BERTHOT

Ingénieur des Arts et Manufactures. — Membre et lauréat de la Société des Ingénieurs civils de France. — Ancien Ingénieur de la Province de Céara (Brésil). — Ingénieur en chef de l'Exposition Française à Moscou, en 1891.

TOME I. — ROUTES

PARIS

FANCHON ET ARTUS, ÉDITEURS

25, RUE DE GRENELLE, 25

TRAITÉ

DES

ROUTES, RIVIÈRES & CANAUX

TOME I. — ROUTES

TOURS. — IMPRIMERIE DESLIS FRÈRES, 6, RUE GAMBETTA.

ENCYCLOPÉDIE THÉORIQUE & PRATIQUE DES CONNAISSANCES CIVILES & MILITAIRES

(Publiée sous le patronage de la Réunion des officiers)

PARTIE CIVILE

COURS DE CONSTRUCTION

Publié sous la direction de

G. OSLET, INGÉNIEUR DES ARTS ET MANUFACTURES

NEUVIÈME PARTIE

TRAITÉ

DES

ROUTES, RIVIÈRES & CANAUX

PAR

P. BERTHOT

Ingénieur des Arts et Manufactures. — Membre et lauréat de la Société des Ingénieurs civils de France. — Ancien Ingénieur de la Province de Céara (Brésil). — Ingénieur en chef de l'Exposition Française à Moscou, en 1891.

TOME I. — ROUTES

PARIS

FANCHON ET ARTUS, ÉDITEURS

25, RUE DE GRENELLE, 25

ERRATA

Page 8, figure 5, *mettre* 0,60 *au lieu de* 0,90, faire la même correction dans le texte.

» 45, 1re colonne, 6me ligne en remontant, *au lieu de* traîner un fardeau, *lisez* exercer un effort.

» » » » 9 » en remontant, *au lieu de* 50 kilomètres, *lisez* 50 kilogrammes.

» 57, 1 » 25 » en descendant, *au lieu de* $Sq \cos \alpha$, *lisez* $sq \cos \alpha$.

» 60, 1 » 14 » en remontant, *après* à l'ouvrage, *ajoutez* dans nos contrées.

» 75, 2 » 13 » en remontant, *au lieu de* a, *lisez* CD.

» 78, 2 » 21 » en remontant, *au lieu de* vMN, *lisez* v = MN.

» » » » 17 » en remontant, *au lieu de* $\frac{F}{m} r'' dt$, *lisez* $\frac{r''}{m} \int F dt$.

» 79, 1 » 16 » en descendant, *au lieu de* et celui, *lisez* et cet astre.

» » » » dernière ligne sous le radical, *au lieu de* $\frac{\rho}{1^2}$, *lisez* $\frac{1}{\rho^2}$.

» 86, 1 » 8 » en remontant, *au lieu de* par P, *lisez* par D.

» 87, 2 » 13 » en descendant, *au lieu de* R_{n+d}, *lisez* R_{n-d}.

» 95, 2 » n° 195, *au lieu de* formule (1), etc., *lisez* formule (54) et la figure de la cote 178.

» 107, 1 » 4me ligne en descendant, *après* l'équation, *ajoutez* $180° - \alpha = \beta + \beta'$.

» » » » 2 » en remontant, *au lieu de* $(R + r) \sin \beta$, *lisez* $(R - r) \sin \beta$.

» 112, 1 » 12 » en remontant, *au lieu de* en laissant, *lisez* en laissant.

» » 2 » 11 » en descendant, *après* la partie, *ajoutez* supérieure.

» 128, 1 » 11 » en remontant, *au lieu de Pozewalskii*, *lisez Przewalskii*.

» 193, 1 » 6 » en remontant, *au lieu de* l = largeur, *lisez* $l = \frac{1}{2}$ largeur.

» 208, tableau, colonne 11, *au lieu de* 117,0, *lisez* 118,14.

» » 2e colonne, 8me ligne en remontant, *après* $\frac{2}{3}$ sont 118,14, *ajoutez* et à gauche de

$19^m,21 + 90^m + 60^m = 169^m,20$ dont les $\frac{2}{3}$ sont 112,50.

» » » » 3 » en remontant, *au lieu de* 122,13, *lisez* 124,23.

» 224, 2 » 4 » en descendant, *au lieu de* p ensemble, *lisez* p, ensemble P.

» 226, 1 » 11 » en remontant, *après* matériel, *ajoutez* roulant.

» » » » 4 » en remontant, *au lieu de* mais, *lisez* et.

» 227, 1 » 8 » en remontant, *rayez le mot* soit.

» 235, 1 » 26 » en descendant, *au lieu de* $\frac{C}{A}$, *lisez* $\frac{A}{C}$.

» 266, 1 » 4 » en remontant au-dessus du tableau, *au lieu de* $0^m,4$ à $0^m,5$, *lisez* 0,04 à 0,05.

» 285, 2 » 8 » en remontant, *au lieu de* $\frac{2}{3}$, *lisez* $\frac{1}{3}$.

» 288, 2 » 4 » en remontant, *au lieu de* entretien à forfait, *lisez* dallage en asphalte comprimé avec fondation de béton $0^m,06$, 21 fr. 50, et *ajoutez* Entretien à forfait des chaussées 2 francs.

» 350, 1 » 1 » en remontant, *au lieu de* 1 à 1,50, *lisez* 1 à 150.

COURS DE CONSTRUCTION
NEUVIÈME PARTIE

TRAITÉ

DES

ROUTES, RIVIÈRES & CANAUX

AVANT-PROPOS

Dans le premier livre de ce Traité *formant la neuvième partie du* Cours de Construction, *nous étudierons le tracé, l'exécution et l'entretien des voies de terre, autres que les chemins de fer et les routes stratégiques qui, déjà, ont été traitées dans cette publication par des auteurs d'une haute compétence.*

Nous verrons, dans un aperçu historique, comment les routes se sont trouvées, pour ainsi dire, liées à l'état de civilisation des peuples sur le sol desquels elles étaient établies. Nous rechercherons à quelles obligations politiques, commerciales et administratives leur tracé doit être soumis.

Passant ensuite à la rédaction des plans nous aurons à nous préoccuper des solutions possibles du programme que nous nous serons imposé, puis nous arrêterons le tracé définitif. Nous utiliserons dans ce but les cartes géographiques que nous avons à notre disposition et, dans le cas où il n'en existerait pas, nous verrons comment les travaux sur le terrain devront être conduits pour y suppléer.

Le projet définitif étant terminé, ainsi que les relevés sur le terrain, nous examinerons les différents modes de construction des routes ou des chemins, suivant que nous aurons à notre disposition du pavé, des pierres, du bois ou de l'asphalte. Enfin nous entrerons dans le détail de leur construction et de leur entretien, en ayant soin de traiter dans des chapitres séparés tout ce qui est relatif à la traction sur les routes et aux travaux accessoires, tels que les ponts et les ponceaux, les aqueducs, les bouches d'égouts, les fossés, les plantations, etc.

Un chapitre spécial sera consacré à la législation qui régit les routes existantes et les routes à créer, aux contrats avec les entrepreneurs, à leurs obligations, au règlement de leurs comptes. Dans un autre chapitre nous relaterons les arrêtés de police qui intéressent la conservation des routes et la circulation publique. Enfin nous donnerons quelques détails sur le personnel des ponts et chaussées et sur celui des agents-voyers.

Dans un dernier chapitre, nous examinerons tout ce qui est relatif à la comptabilité de l'Etat, des départements et des communes relativement aux voies de communication par terre.

Dans le deuxième livre de ce Traité, *après avoir recherché les conditions pour qu'un cours d'eau soit flottable ou navigable, nous examinerons, afin de bien connaître tous les éléments des problèmes que nous aurons à résoudre, les différents engins et procédés de transports par eau, et nous établirons des comparaisons entre ce mode et celui des chemins de fer et des routes.*

Classant ensuite les cours d'eau naturels en torrents, rivières flottables et rivières navigables, nous verrons comment on peut arrêter les dévastations des premiers, quelquefois même utiliser leur cours, puis nous passerons à l'amélioration des rivières. Dans les chapitres qui traiteront cette question, nous aurons à nous occuper des inondations, de leurs prévisions, des moyens de les rendre aussi peu nuisibles que possible et, dans certains cas, profitables.

La création des chutes et des rigoles pour les besoins de l'industrie et de l'agriculture sera l'objet d'un examen très détaillé, non seulement au point de vue de leur établissement, mais aussi en ayant égard aux droits de l'Administration et à ceux des tiers, droits souvent inconsciemment méconnus et qui sont la source de fréquents procès.

De même que pour les routes nous entrerons dans de nombreux détails sur les lois et règlements administratifs et de police des rivières, ainsi que sur le personnel et sur la comptabilité à laquelle elles sont soumises.

Dans le troisième livre, nous nous occuperons des canaux, des conditions de leur tracé en distinguant les canaux latéraux et les canaux à point de partage. Après avoir évalué les dépenses d'eau de différentes natures qui sont nécessaires pour les alimenter, nous verrons par quels procédés on peut se procurer cette eau. Nous aurons alors à nous occuper des digues, des bassins de retenue, des machines élévatoires qui sont nécessaires pour assurer un service régulier de batellerie. Passant ensuite à la construction proprement dite, nous étudierons avec soin les engins et outils employés pour les excavations, puis la construction des écluses, de leurs portes et celle de tous les travaux accessoires. Ce travail sera suivi, comme dans les livres précédents, d'une étude sur le personnel, la comptabilité, les lois et règlements administratifs et de police auxquels sont soumis les canaux, et nous terminerons par une description détaillée de l'état des voies navigables en France et en Belgique.

Pour rendre ce travail aussi complet que possible nous avons eu recours aux sources les plus autorisées : nous voulons parler des travaux de Bergier, de Delaistre, de Boisvillette et de M. A. Léger pour la partie historique.

La partie théorique et pratique a été traitée d'après les cours de l'École des ponts et chaussées et d'après ceux de l'École centrale des arts et manufactures. Nous avons fait aussi de nombreux emprunts au cours de M. Debauve à celui de M. L. Durand-Claye et aux Annales des ponts et chaussées. *Ces dernières nous ont servi à compléter les traités spéciaux pour la partie juridique et administrative. Nous avons eu le soin, chaque fois qu'il s'agissait de calculs, de donner des applications numériques et nous nous sommes efforcés de choisir des problèmes contenant le plus grand nombre de cas possibles. Nous espérons ainsi offrir au lecteur un livre lui permettant d'appliquer les solutions les plus pratiques et les plus économiques des différents projets de routes, voies navigables ou canaux qui se présenteront à son examen, ou qu'il devra exécuter.*

I. — ROUTES ET CHEMINS

CHAPITRE PREMIER

PARTIE HISTORIQUE

§ I. — *DÉFINITIONS GÉNÉRALES*

1. On appelle chemin ou route la partie du sol préparée pour servir aux communications par terre entre divers points d'un pays.

Le mot *route* s'applique particulièrement aux communications d'une certaine étendue reliant entre elles des villes de quelque importance.

Le mot *chemin* désigne les communications d'une importance moindre et d'une faible étendue.

Ce sont ces définitions qui ont servi de base à la classification des routes et chemins, classification qui remonte, nous n'avons pas besoin de le dire, aux époques les plus reculées, mais sur laquelle nous ne trouverons des documents certains qu'à partir des Romains.

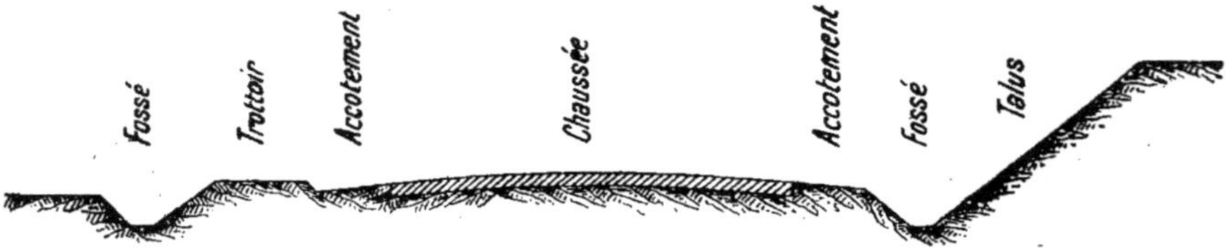

Fig. 1.

Il nous paraît donc utile, avant d'établir la classification telle qu'elle existe actuellement, de donner un aperçu de ce que nous savons de l'histoire des voies de communication. Pour être mieux compris nous définirons d'abord les différentes parties dont se compose une route (*fig.* 1).

La partie essentielle est celle qui est destinée au passage des voitures ; on lui donne le nom de *chaussée*. Elle est consolidée pour pouvoir résister à l'action destructive des roues des voitures et des pieds des chevaux.

Les parties en terrain naturel qui se trouvent ordinairement à droite et à gauche de la chaussée portent le nom d'*accotements*, parce qu'elles servent à accoter et à soutenir la chaussée.

Au-delà des accotements sont les *fossés*, qui servent à l'écoulement des eaux, ou les *talus* par lesquels la route se raccorde avec le sol naturel, suivant qu'elle est plus basse ou plus haute que le terrain.

Quelquefois on établit des *trottoirs* ou *banquettes* au-delà de l'un ou des deux accotements, pour servir au passage des gens à pied.

Ces banquettes sont percées de distance en distance par des *gargouilles* destinées à donner écoulement aux eaux pluviales pour les empêcher de séjourner sur la chaussée ou sur les accotements.

§ II. — HISTORIQUE (1)

2. Quoique l'origine des chemins se perde dans la nuit des temps et doive remonter aux premiers âges du monde, il y a tout lieu de croire que, dès cette époque, leur nombre et leur étendue ont dû s'accroître au fur et à mesure que les établissements des hommes se sont multipliés d'un pays à l'autre. Leur nombre et leur importance ont certainement été en rapport avec la densité de la population. Il s'ensuit que les besoins communs ont fait reconnaître la nécessité de les conserver, et une administration pour ce service public a dû être créée, mais celle des temps reculés nous est inconnue.

Egyptiens.

3. La plus ancienne mention connue des routes paraît être celle que fait Moïse, dans l'histoire sainte. Elle rapporte que, celui-ci se trouvant aux frontières des Amorrhéens, envoya des ambassadeurs à Sehon, leur roi, pour lui demander passage sur ses terres, promettant de suivre les grands chemins : *Non declinabimus in agros et vineas, regia via gradiemur* (2) (*Numb.*, cap. XXI).

Hérodote rapporte, à propos de la pyramide de Chéops, que ce roi fit construire une route d'une largeur considérable qui absorba pendant dix ans le travail de 100 000 hommes.

Perses et Babyloniens.

4. Après les Egyptiens, ou à la même époque qu'eux, les Perses et les Babyloniens se sont occupés des routes, mais nous n'avons aucun détail sur le mode de construction qu'ils ont suivi.

Toutefois nous savons que, 1900 ans avant Jésus-Christ, trois routes importantes partaient de Babylone à Suze, Ecbatane et Sardes.

Carthaginois.

5. D'après Isidore (570-636 ap. J.-C.) (lib. XV, *Orig.*, cap. ult.), ce sont les Carthaginois qui, les premiers, ont pavé leurs routes : *primum Pœni dicuntur lapidibus vias stravisse* (1).

Grecs.

6. On ne trouve dans la Morée aucune trace des grandes voies de communication construites à l'époque de la puissance des anciennes républiques grecques. La situation péninsulaire du Péloponèse, la division du territoire en une foule de petits États, souvent en guerre les uns contre les autres, le peu de commerce que faisaient les Lacédémoniens, qui occupaient le centre de la contrée, et la beauté du climat rendaient peu nécessaire la construction de routes assez solides pour résister jusqu'à nos jours. Tout ce que l'on sait, c'est que leur tracé se rapprochait de celui de nos routes modernes et contournait les vallées en suivant les allures du terrain.

Cependant le Sénat et les plus grands personnages de la République s'attribuaient la direction des voies royales (Τασ οδουσ βασιλικᾶς).

Romains.

7. Jusqu'en l'an 442 de la fondation de Rome (312 avant notre ère), les routes furent de simples chaussées en terre. Ce fut seulement à cette époque que le censeur

(1) BIBLIOGRAPHIE : BERGIER, *Histoire des grands chemins romains*. — DELAISTRE, *Encyclopédie de l'ingénieur*. — Ed. CRESY, *Encyclopœdia of civil engineering*. — WOLTERS, *Routes de l'Antiquité*. — A. LÉGER, *Les Travaux publics au temps des Romains*. — DE BOISVILLETTE, ingénieur en chef des ponts et chaussées, *Esquisse rétrospective du service et des travaux des ponts et chaussées aux temps qui nous ont précédés*. — *Capitularia regum Francorum*. — GUIZOT, *Mémoire sur l'Histoire de France*. — ISAMBERT, *Recueil général des anciennes lois françaises*.

(2) Nous ne traverserons ni les champs, ni les vignes, mais nous suivrons la route royale.

(1) On dit que ce sont les Carthaginois qui les premiers ont pavé les routes.

Appius Claudius fit paver une rue de Rome et la prolongea jusqu'à Capoue par le chemin auquel on donna son nom : voie Appienne (*via Appia*) (*fig.* 2 et 3). On voit dans Procope (*de Bello Gothico*) qu'il y employa fréquemment des dalles larges et carrées (*silices leves et quadratos incisione factos*) (1). Stace, le poète, l'appelait la reine des routes.

La voie Aurélienne fut bâtie par C. Aurelius Cotta, l'an 512. Elle longeait la mer Tyrrhénienne et partait de la porte Aurelia.

C. Flaminius ouvrit, quelques années après, la voie Flaminienne allant de Rome à Rimini. A partir de cette époque les chemins se multiplièrent d'abord en Italie, puis dans les provinces conquises. Parmi

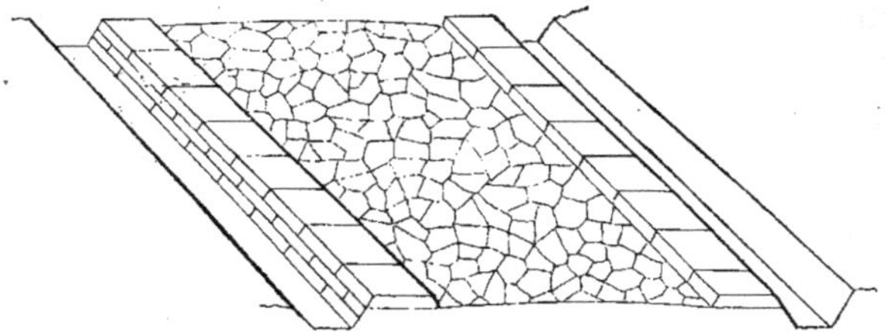

Fig. 2.

ces dernières, il faut citer, par ordre de date, ceux de la Gaule Aquitaine et de la Gaule Narbonnaise, la *via Domitia* en Provence et en Savoie, puis celle d'Allemagne, celle de l'Epire et de la Macédoine ; enfin les routes se multiplièrent d'une façon extraordinaire, ainsi qu'on le voit par l'*Itinéraire d'Antonin* et la carte de Peutinger.

Polybe, qui vivait environ 200 ans avant notre ère, parle de la première route qui traversait la Narbonnaise et les Pyrénées pour se rendre dans les Pyrénées et en Espagne. Elle était marquée de huit stades en huit stades, soit un mille romain, par des colonnes milliaires (le stade valait 185 mètres et le mille romain $1\ 481^{m},50$).

La voie Domitienne, construite par

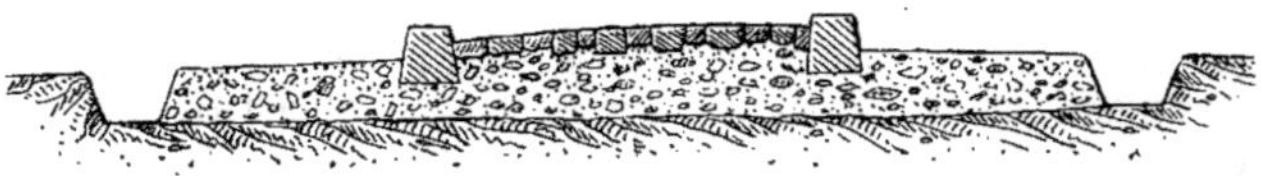

Fig. 3.

Domitius Ænobarbus, traversait la Gaule Cisalpine et la Narbonnaise et passait à Nîmes.

La voie Allemande portait aussi le nom de Domitienne, mais n'avait pas été construite à la même époque, car elle ne paraissait pas exister du temps des conquêtes de Jules César. Tacite dit qu'elle traversait des lieux marécageux : *Angustus in trames vastas inter paludes, quondam a L. Domitio aggeratus. Cœtera limosa, tenacia gravi cœno, aut vivis incerta erant* (1).

On sait que César Auguste fut un des promoteurs de la construction des grandes routes en dehors de l'Italie, afin que, dit Hyeronimus Surita, les préfets et proconsuls eussent plus de facilité pour visiter les villes et se trouver aux assemblées où se réglaient les questions d'intérêts généraux et de justice.

(1) Des pierres légères et rendues carrées par la taille.

(1) D'étroits sentiers au milieu des marais furent autrefois transformés en belles routes par L. Domitien. Les autres chemins étaient rendus gluants par une boue épaisse qui les rendait impraticables.

8. *Importance des voies romaines.* — D'après l'*Itinéraire d'Antonin* (attribué par certains archéologues à Antonin le Pieux et par d'autres à Marc Antoine) et d'après la carte de Peutinger, il y avait vingt-neuf grandes routes partant de Rome, ayant pour origine le Capitole, ou mieux la borne milliaire dorée (*milliarum aureum*) d'Auguste, et aboutissant aux points les plus extrêmes de l'Empire. Trois cent soixante-douze grandes voies militaires réparties dans les cent treize provinces formaient un réseau de 52 964 milles romains (environ 78 000 kilomètres).

9. *Itinéraire d'Antonin et carte de Peutinger.* — L'*Itinéraire d'Antonin* est une longue et sèche nomenclature de localités, de routes et de distances.

La carte de Peutinger, que nous reproduisons, est, au contraire, la carte la plus ancienne qui nous soit parvenue du monde romain. C'était vraisemblablement une de ces cartes militaires que Vegèce indiquait comme devant toujours être entre les mains des princes et des conducteurs d'armées. *Primum itineraria omnium regionum, in quibus bellum geritur, plenissime debet habere prescripta ; ita ut locorum intervalla, non solum passuum numero, sed etiam viarum qualitates perdiscat ; compendia, diverticula, montes, flumina ad fidem descripta consideret. Usque eo, ut solertiores duces, itineraria provinciarum, in quibus necessitas geritur, non tantum adnotata, sed etiam picta habuisse firmentur ; ut non solum consilio mentis, verum aspectu oculorum viam profecturis eligerint* (Liv. III, *de Re militari*, cap. VI) (1).

L'emploi de ces cartes remontait du reste à une haute antiquité. Suivant Strabon, ce fut Anaximandre, disciple de Thalès, qui vivait du temps de Servius Tullius, roi de Rome, qui dressa la première carte. Pline dit expressément que Menenius Agrippa avait fait une carte universelle du monde, mesurée par milliaires.

Ainsi que nous le disions plus haut, la seule de ces cartes qui nous soit parvenue est celle de Peutinger, qui né en 1465 à Augsbourg y mourut en 1547. Il avait reçu en legs de Conrad Celtes la carte dont nous donnons une phototypie d'après l'édition *princeps* d'Anvers de 1598, que possède dans sa réserve la Bibliothèque Nationale. La carte originale de Peutinger est dessinée sur douze feuilles de parchemin, dont la première est perdue, elle a 21 pieds de long sur 1 pied de largeur ; et est conservée à la Bibliothèque de Vienne. Elle a été exécutée par un moine de Colmar qui vivait au XIIIe siècle, d'après un document beaucoup plus ancien dont l'origine paraît comprise entre le règne d'Auguste et l'extinction de la famille de Constantin ; aussi l'a-t-on tantôt appelée l'*itinéraire d'Auguste*, tantôt la carte de Théodose (*chartam Theodosianam*). La disproportion qui existe entre sa hauteur et sa largeur est remarquable et a excité la sagacité des archéologues.

Elle est coloriée avec six teintes différentes.

L'édition princeps que nous reproduisons a été tirée à 250 exemplaires seulement et se vendait 25 sols en 1598.

10. *Classification des chemins romains.* — Les Romains possédaient plusieurs classes de chemins. Ils avaient d'abord les *grands chemins* militaires appelés voies prétoriennes ou consulaires, etc. (*viæ*), qui avaient 8 pieds et plus de largeur et permettaient le passage de deux chariots; l'*actus*, de 4 pieds, pour le passage d'un seul chariot ; l'*iter*, de 2 pieds, pour le passage d'un homme à pied ou à cheval ; les *trames*, chemins de traverse ; et enfin les *ambitus*, chemins entourant les propriétés, les *semita*, ou sentiers de 1 pied, et les *callis*, chemins très larges pour les troupeaux.

11. *Haut personnel des travaux.* — Dion Cassius, né vers l'an 155 de notre ère, nous apprend que, l'Empire romain étant parvenu au plus haut point de splen-

(1) Il (le général en chef) doit avoir les plans itinéraires de toutes les régions dans lesquelles se fait la guerre. Il doit non seulement connaître les distances, qui existent entre les localités, mais le nombre de milles qui les séparent et l'état des routes. Il doit connaître les montagnes, les fleuves, les raccourcis et les détours. C'est au point que les chefs les plus habiles doivent avoir les itinéraires du pays à parcourir, non seulement dessinés, mais encore coloriés, afin de pouvoir choisir, et par la discussion mentale, et par la vue, les chemins qu'ils doivent préférer.

deur, les grands chemins étaient en telle estime que le peuple crut faire grand honneur à César Auguste en le nommant curateur et grand chef des chemins proches la ville de Rome et que, celui-ci ayant accepté, il prit, pour le seconder, des personnes ayant le rang de préteurs, donnant à chacun d'eux deux hommes pour assurer l'exécution de leurs ordres. C'est ainsi que, lorsque l'autorité des proconsuls passa aux préfets du prétoire, les empereurs leur confièrent la surintendance des ouvrages publics et les constituèrent à cet égard indépendants des magistrats, juges et officiers, dans l'étendue de leur département. Les préfets ne rendaient compte qu'à l'empereur des actes de leur juridiction en matière de travaux.

Les plus grands honneurs furent rendus, pendant la République, aux magistrats et, sous l'Empire, aux empereurs qui s'occupèrent des routes. C'est ainsi que deux arcs de triomphe furent élevés à Auguste en reconnaissance des réparations qu'il fit faire à la voie Flaminienne allant de Rome à Rimini : l'un était édifié à Rome, l'autre à Rimini, avec les inscriptions : *Ac ob id statuæ tam in ponte Tiberino quam Arimini sunt positæ* (1).

Vespasien et Domitien eurent les mêmes honneurs pour les mêmes motifs. Quant à Trajan, comme ce fut lui qui fit exécuter les travaux les plus nombreux, on lui fit élever un arc de triomphe à Rome, à Bénévent et à Ancône. Enfin nous possédons un certain nombre de médailles frappées en leur honneur et portant une mention spéciale indiquant que c'était à cause des routes qu'ils avaient fait réparer ou construire.

12. *Ouvriers.* — Les bras ne manquaient pas pour ces travaux. Bergier, dans son ouvrage sur *les grands chemins de l'Empire*, dit que cinquante-trois mille six cents hommes ont été employés à la construction du temple de Salomon, trois cent mille hommes pendant vingt ans pour la construction de la plus grande des pyramides d'Egypte, et que, pour l'Empire romain, il est impossible d'établir le compte de ceux qui ont été employés à la construction ou à l'entretien des routes. Toutefois il ajoute qu'on peut les diviser en quatre classes : les légionnaires, les peuples vaincus, les ouvriers et enfin les esclaves et les criminels.

Auguste, dont l'armée, composée de vingt-cinq légions réparties dans les différentes provinces, formait un effectif de cent soixante treize mille hommes et de dix-huit mille chevaux, redoutant « les inconvénients que l'oisiveté apporte parmi les gens de guerre », les occupa à la réfection des routes et des chemins. Les soldats, dans l'origine, murmuraient bien et se révoltaient, demandant les combats et refusant le dur travail (*propter duritiam operum*) (*Ann.*, Tacite) ; mais les mouvements réprimés, la politique romaine persistait avec énergie.

Trajan, Adrien mirent trente légions sur pied et ce fut à l'aide de ces légions que fut construite la muraille de la Grande-Bretagne.

Les peuples des provinces furent occupés ainsi que les légionnaires à la confection des routes, « afin qu'ils ne restassent pas oisifs » : *Romani vias per omnem pene orbem disposuerunt propter rectitudinem itinerum, et ne plebs esset otiosa* (1). C'était surtout la population des provinces conquises qui était soumise à ces travaux. Ce fut même le sujet de plaintes et de séditions.

La troisième classe des gens employés aux routes était celle que nous pourrions appeler les ouvriers d'Etat, chargés de construire les différents ouvrages nécessaires à la viabilité ainsi que les monuments qui étaient placés dans leur voisinage le plus proche.

La quatrième classe était celle des criminels. Au lieu de les condamner à mort, on les envoyait sur les chantiers où ils étaient soumis aux travaux les plus durs et les plus dangereux.

13. *Subsides affectés aux routes.* — De même que les hommes, l'argent ne manquait pas pour l'exécution de ces travaux. On le prenait d'abord sur les

(1) Et c'est dans ce but qu'ont été placées des statues sur le pont du Tibre et à Rimini.

(1) Les Romains construisirent des routes presque dans le monde entier pour faciliter les voyages et afin que le peuple ne restât pas oisif.

deniers publics applicables (*vectigal peregrinum sive portorium*), auxquels on joignait des contributions particulières, desquelles personne n'était exempt, quels que fussent son rang et son emploi. Appien d'Alexandrie, qui vivait vers le IIe siècle de notre ère, a dû donner les comptes exacts province par province, ainsi qu'il l'annonçait dans son ouvrage qui était composé de vingt-quatre livres. Malheureusement le livre qui contenait ces comptes faisait partie des treize derniers qui sont perdus.

Les recettes du Trésor résultaient surtout des impôts mis sur les peuples sou-

Fig. 4.

mis à l'Empire. Toutefois, il résulte de ses écrits que les finances n'étaient pas seulement employées pour la guerre, mais qu'une grande partie était réservée pour les travaux publics et, entre autres, pour les routes. Les empereurs romains prirent souvent sur leur liste civile pour les faire réparer. Auguste en donna l'exemple que suivirent Vespasien, Titus, Domitien et surtout Trajan. Arcadius et Honorius y consacrèrent l'argent provenant de la démolition des temples des faux dieux.

14. *Édifices bâtis le long des routes.* — Les voies romaines, outre les services qu'elles rendaient aux transports militaires et au commerce, ainsi qu'à l'expédition des affaires par un service de courrier dont nous verrons l'organisation plus loin, contribuaient aussi à l'embellissement des villes qu'elles traversaient et de leurs environs par la foule d'édifices et de monuments dont elles étaient bordées, établissements d'art et de luxe, *villæ*, temples, etc.

Ainsi que nous l'avons dit, les distances partaient :

1° Pour l'Italie, du *mille doré* qu'Auguste avait fait placer au centre de Rome ;

2° Pour les provinces, de certaines villes principales (Lyon, etc.). Le mille doré n'existant plus, nous donnons ci-contre le dessin du premier mille placé près du Capitole (*fig.* 4).

Jusqu'à cent milles de Rome et des

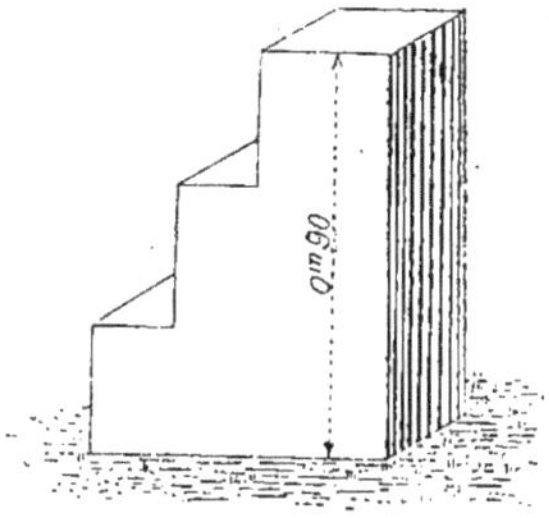

Fig. 5.

grandes villes étaient placés, tous les 5 ou 6 mètres, des bancs de pierre pour les piétons. De distance en distance, tous les 12 pas, 18 mètres environ, on rencontrait des sortes de bornes, de 0m,90 environ de hauteur, pour servir de montoirs aux cavaliers (*fig.* 5), ce qui était très utile à une époque à laquelle les étriers étaient inconnus.

15. *Services des courriers et des armées.* — On le voit, les Romains avaient établi leurs routes pour occuper les armées, pour faciliter les transports militaires et ceux des piétons, et enfin pour une organisation très complète d'un service de courriers destinés à porter les ordres des empereurs dans les provinces. Ce service se faisait avec une grande rapidité, ainsi que le constate Ælius Aristide qui vivait sous le règne de Marc Aurèle, et qui, dans son troisième discours, dit, en parlant de la vitesse des expéditions de l'Empire : *quæ mox, ut scriptæ sunt, velocissime tanquam avibus, deferuntur*, c'est-à-dire qui, aussitôt écrites, sont transportées avec une vitesse comparable à celle des oiseaux.

Ce sont les Perses, d'après Hérodote, qui organisèrent les *courses publiques* ou *postes*. De la mer Egée jusqu'à la ville de Suze (capitale du royaume de Perse), il y avait cent onze gîtes ou *mansions;* de l'un à l'autre, il y avait une journée de chemin.

Xénophon nous apprend aussi que Cyrus (500 ans av. J.-C.) établit certaines stations, ou lieux de retraite, installées somptueusement le long des grands chemins. Ces stations qui formaient relai contenaient un certain nombre d'hommes et de chevaux dressés à la course et à faire en peu de temps beaucoup de chemin.

On ne sait exactement à quelle époque les postes furent instituées chez les Romains. C'est à Auguste que l'on doit leur véritable organisation. Il commença d'abord par établir des coureurs qui se passaient les lettres et les paquets de la main à la main, sortes de relais. Quelque temps après, pour accélérer le service, il établit des chevaux et des chariots et ses successeurs suivirent les mêmes errements.

Au point de vue des postes trois espèces de logements existaient le long des routes : des *civitates*, villes où se trouvaient des agents supérieurs des postes ; des *mutationes*, relais de chevaux, placées de 10 à 12 milles les unes des autres (15 à 18 kilomètres); et des *mansiones* (espacées de 44 à 60 kilomètres), sortes d'hôtelleries ou d'auberges où les coureurs trouvaient un gîte. Aussi y avait-il plus de gîtes que de cités, et plus de relais que de gîtes.

Dans tous les cas les coureurs avaient des lettres de poste (*diplomata, sive evectiones*) qui leur servaient à se procurer les chevaux. Ceux-ci, ainsi que les coureurs, étaient uniquement affectés au service de l'empereur, et aux gages de l'Empire, sans que personne eût le droit de s'en servir. Le nombre des chevaux, le poids des bagages, les réquisitions pour la nourriture, tout était réglé d'avance par la lettre de poste, et celle-ci ne pouvait être délivrée que par l'empereur lui-même ou par un très petit nombre de magistrats, à des personnages munis d'un brevet ou sceau de l'empereur, nommé *diplomata*. Les maîtres de poste jouissaient de grandes prérogatives et pouvaient parvenir aux plus grandes charges de l'État.

Le personnel des *mansiones* se composait du maître de poste, de palefreniers (un par trois chevaux), puis de maréchaux, charrons, etc. Il devait y avoir vingt chevaux par *mutation*, quarante par *mansion* et un plus grand nombre dans les *civitates*. Ils ne pouvaient être pris tous en même temps, il devait toujours en rester au moins cinq pour le service des courriers de l'empereur.

Dans les relais on devait trouver un certain nombre de voitures en usage : des *rhedæ*, chars à quatre roues, avec un attelage de huit ou dix chevaux (limite de charge : 1 000 livres romaines, soit 326 kilogrammes) ; des *carri*, chars à quatre roues plus légers (600 livres, 195 kilogrammes) ; des *birotæ*, chars à deux roues et à deux ou trois chevaux (200 livres, 65 kilogrammes). Comme exemple de la vitesse qu'on pouvait obtenir, M. Léger cite, dans son ouvrage, le voyage que fit Tibère partant des frontières de la Gaule remplacer Drusus en Germanie ; la distance de 200 milles (environ 300 kilomètres) fut parcourue par lui en vingt-quatre heures. On allait de Rome à Aquilée (800 kilomètres) en quatre jours, et de Rome à Clenna dans la Tarragonaise (Espagne) (1 300 kilomètres) en sept jours.

En moyenne, les services particuliers se faisaient à la vitesse de 150 kilomètres par jour.

Les soldats romains devaient faire en marche ordinaire 20 milles ($29^{km},600$) en cinq heures, et en marche accélérée 24 milles ($37^{km},5$). Une marche plus rapide s'appelait le pas de course et n'avait pas d'autres limites que celles de la fatigue des hommes.

Des provisions fournies par les habitants étaient réunies dans les maisons et les cités où on faisait des distributions de viande et de chair salée aux soldats ; leur itinéraire était généralement fixé deux mois à l'avance avec les endroits de ravitaillement.

C'étaient spécialement dans les cités qu'étaient rassemblés les approvisionnements en armes, en habits et en argent, et les transports se faisaient sur des chars *ad hoc*.

16. *Profils en long.* — On voit par cet exposé quelle était la puissance de cette organisation, formidablement centralisée pour le service et la sûreté de l'Empire ou de ses gouvernants. On comprend donc que les Romains devaient tracer leurs routes en ligne droite sans se préoccuper des localités intermédiaires, non plus que des montagnes et des vallées, à moins que celles-ci ne soient trop importantes. Les routes prétoriennes étant surtout des routes militaires, on évitait le fond des vallées, on se tenait plutôt à mi-côte ou sur les hauteurs. Les ingénieurs chargés des tracés trouvèrent très habilement les cols et les points les plus bas pour la traversée des faîtes et, au besoin, savaient tracer les lacets nécessaires pour obtenir les limites de pente qu'ils s'étaient fixés à l'avance. Ces limites toutefois étaient bien loin de celles adoptées aujourd'hui : les déclivités atteignaient 15 et 20 0/0, bien que les plus ordinaires fussent de 10 à 12 0/0. Les rayons des courbes étaient généralement assez grands, mais dans les tranchées, pour éviter des travaux alors très difficiles (puisque l'abatage se faisait par des moyens primitifs), ils diminuaient considérablement ce rayon. M. Léger, dans son remarquable ouvrage sur les *travaux publics aux temps des Romains*,

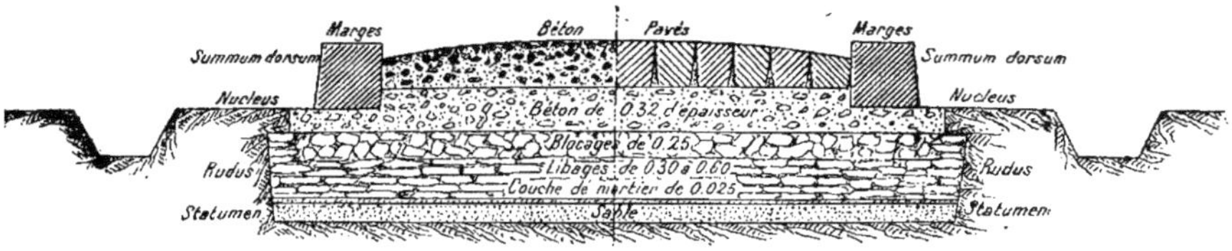

Fig. 6.

cite, sur une ancienne voie romaine à Annecy, au pont Saint-Clair, une tranchée dans le rocher, de 3^m^,25 de largeur, en rampe de 0^m^,15 et en courbe de 7 à 8 mètres de rayon. Elle devait être d'autant plus dangereuse que certains attelages étaient composés parfois de dix chevaux et de cinq volées.

17. *Profil en travers.* — Ainsi que nous l'avons dit, le profil en travers des voies romaines était très variable, mais la chaussée était *toujours* bombée, et c'est faussement que, dans certaines contrées, on a attribué aux Romains des voies avec ruisseau au milieu.

Aux portes de Rome certaines voies avaient jusqu'à 20 mètres de largeur divisés en trois parties égales, et celle du milieu était réservée pour la chaussée. Généralement les trottoirs avaient une largeur d'environ la moitié de la chaussée et se réduisaient à 0^m^,60 dans la campagne.

En résumé, les chemins à quatre voies avaient 7^m^,65 de largeur de chaussée (voie Sacrée) ; ceux à trois voies, 4^m^,75 ; ceux à deux voies, 2^m^,85 ; ceux à une voie, 1^m^,77.

Les chars romains n'avaient que 1^m^,35 de largeur, ainsi qu'on s'en est assuré par les ornières qui existent sur les chemins d'Herculanum.

En coupe perpendiculaire à l'axe, les voies avaient généralement des hauteurs considérables (*fig.* 6). La partie la plus inférieure appelée *statumen* était formée d'une couche de sable surmonté d'une couche de mortier de 0^m^,25 ; sur le *statumen* on plaçait une couche de libage et de blocage nommé *rudus* ; cette couche avait, suivant les besoins, de 0^m^,30 à 0^m^,60 d'épaisseur et était recouverte d'un béton de

$0^m,30$ à $0^m,32$, appelé *nucleus*. C'était sur ce *nucleus* que se plaçait le pavage ou l'empierrement en béton. Cette dernière couche recevait le nom de *summa crusta*, *vel summum dorsum*.

Nous reproduisons d'après M. Léger (*Les Travaux publics, les mines et la métallurgie du temps des Romains*) quelques-uns des profils en travers qu'il a reconstitués.

Le même auteur donne aussi des détails

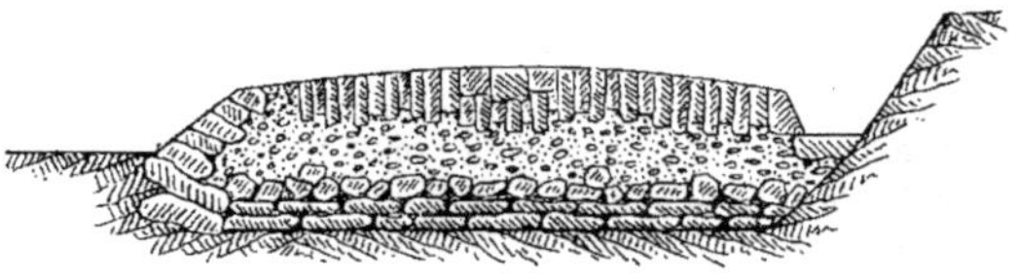

Fig. 7.

très intéressants sur les remblais, les bois, les viaducs, les tranchées et les tunnels. Nous lui emprunterons les détails suivants :

18. *Remblais.* — « Ils (les Romains) exécutèrent de nombreux et d'assez importants remblais : ils semblent avoir généralement procédé par emprunts latéraux ;

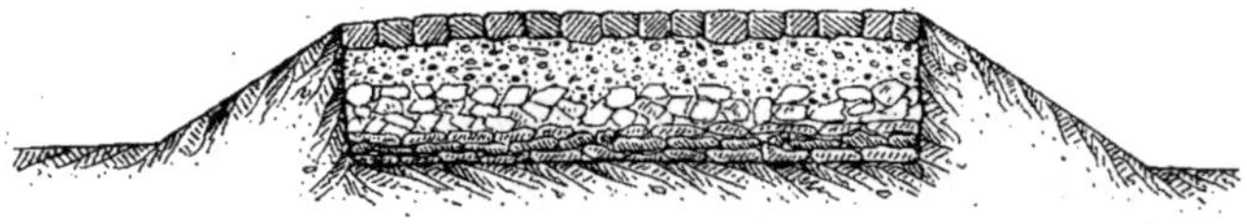

Fig. 8.

les couches étaient régalées et cylindrées avec des rouleaux en pierre, ou pilonnées soigneusement ; puis la plate-forme était formée par des assises de pierres de grosseur décroissante, liées ou non par du mortier et recouvertes du pavage ou de l'empierrement (*fig.* 7).

« On trouve, dans les vallées et dans les

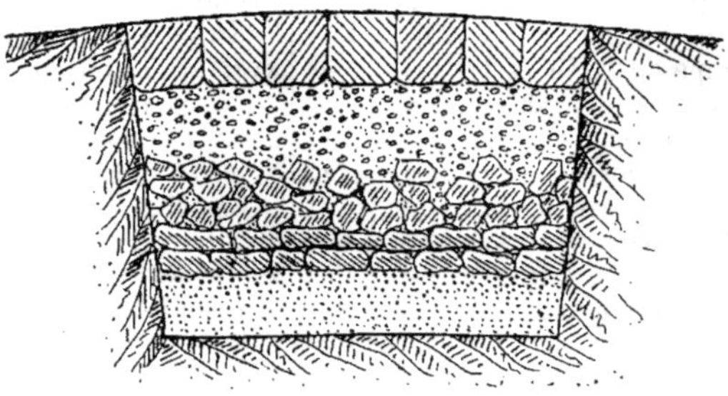

Fig. 9.

plaines, de ces remblais qui présentent des hauteurs de 3 mètres, 4 mètres et même 6 mètres sur des longueurs de 22 à 28 kilomètres (*fig.* 8). Ainsi, pour la réfection de la voie Appienne sur la traversée des marais Pontins, Trajan fit faire une levée de $11^m,85$ de largeur sur 28 kilomètres de longueur avec un grand nombre de ponts et ponceaux pour l'écoulement des eaux.

« Quand ces remblais rencontraient de mauvais terrains, mouvants ou compressibles, comme le trajet de la voie *Numicia*, de Rome à Baïes, on faisait d'immenses fouilles jusqu'au ferme, on remplissait cette forme de sable sur lequel on élevait le remblai (*fig.* 9). On ménageait partout des ponceaux pour l'écoulement des eaux.

Fig. 10.

19. *Talus.* — « Quand le talus d'une route à flanc de coteau sur le bord d'un escarpement s'étendait trop loin ou menaçait de glisser, on appuyait la plateforme sur un mur de soutènement et des arceaux portés par des contreforts; on en trouve un bel exemple sur la voie Fla-

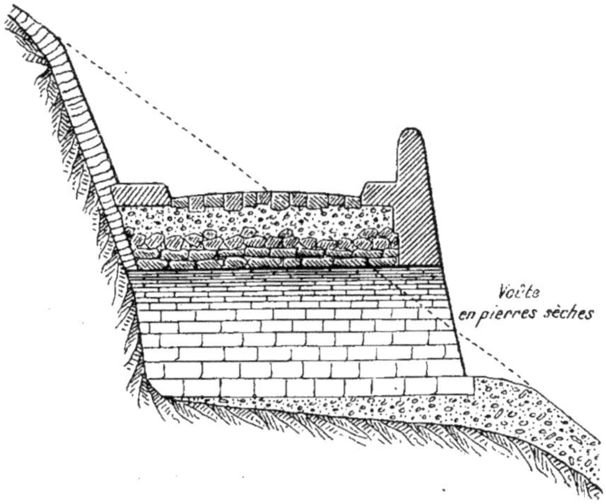

Fig. 11.

minienne à Cailly, près d'Urbin (*fig.* 10); les arcades de liaison d'un éperon supportent un trottoir ; la poussée des terres était réduite autant que possible par des emmétrages intérieurs en pierres sèches.

20. *Murs de soutènement.* — « Sur les flancs escarpés des rochers, la voie était parfois supportée par des voûtes faites d'énormes claveaux montés à sec franchissant les anfractuosités d'une coupe à l'autre (*fig.* 11).

« Fréquemment on remplaçait les talus par deux murs de soutènement, quand le remblai atteignait une grande hauteur. A Ariccia, sur la voie Appienne, on trouve une levée de 227 mètres de longueur, $12^m,60$ de largeur et 13 mètres de hauteur moyenne entre deux murs de pépérin, avec trois arcades ménagées pour le

Fig 12

passage des eaux. On trouve d'autres exemples de ces levées dans les pays humides, comme certaines de ces chaussées de Flandre, dites de Brunehaut, qui sont d'anciennes voies romaines ; la plus remarquable est celle de Tongres, soutenue sur un parcours considérable, par deux murs latéraux élevés de 4 à 6 mètres, formant parapet et laissant écouler les eaux par des barbacanes.

« Les vallons étroits étaient franchis par des viaducs, comme à Narni, à Alcantara, à Salamanque, etc.

21. *Tranchées et tunnels.* — « Ne s'imposant à peu près aucune limite pour les déclivités, exécutant les remblais par le moyen d'emprunts latéraux, ne cherchant pas à balancer les accidents du profil en long, ni à compenser sur l'axe les remblais par les déblais, les Romains ne se trouvèrent qu'exceptionnellement dans la nécessité d'ouvrir des tranchées ; le fait ne se produisit que dans les traversées de montagnes ou en présence d'obstacles naturels insurmontables (*fig.* 12). Aussi trouve-t-on bien rarement des tranchées dans la terre, en dehors des déblais à flanc de coteau ; les véritables tranchées ne se rencontrent guère que dans le roc ; avec les faibles moyens d'attaque dont les anciens disposaient, il devait leur en coûter beaucoup d'entreprendre de pareils ouvrages, et l'on comprend qu'ils aient cherché à les tourner le plus souvent possible.

« Si l'on se représente qu'il fallait enlever avec les coins ou avec le pic la roche par éclats, par petits abatages, on conçoit que, dans bien des cas, il leur fut plus facile et plus économique de borner ce rude labeur à la section transversale strictement nécessaire et de percer un tunnel plutôt que d'ouvrir une tranchée jusqu'au jour ; c'est pourquoi il reste presque autant d'exemples de longs tunnels que de longues tranchées.

« Comme exemples de grandes tranchées dans la terre on peut citer celle de Brimont sur la route de Reims à Bavay et une autre sur la route de Pouzzoles à Cumes qui ne fut peut-être qu'un défilé naturel ; elle offre toutefois cette particularité qu'elle est coupée transversalement par une porte ou un arc antique, appelé *arco Felice*, qui supporte lui-même une route ; c'est un premier exemple des ponts par dessus.

« Les tranchées dans la roche eurent souvent, par mesure d'économie, une largeur réduite ; on supprimait les deux *marges*, ou bien on réduisait la largeur de la chaussée. Ainsi la voie Appienne, qui avait $4^m,44$ entre les trottoirs, n'avait plus que $3^m,25$ dans les tranchées ; c'est la largeur que l'on retrouve aussi dans la Savoie.

« Les parois des tranchées dans le roc étaient dressées à la grosse pointe sous un fruit de 1/20 environ. On trouve les mêmes soins pris dans un grand nombre de tunnels et de galeries souterraines. C'était un complément assez naturel du travail patient de piochage ou de *bûchage* de la roche ; on peut en être moins surpris que du luxe inutile d'un pareil travail appliqué de nos jours à des tranchées voisines de Dijon ouvertes à la poudre.

« Ces tranchées dans le roc devaient représenter un travail considérable, et ce qui l'indique bien, c'est que presque toutes ont conservé des inscriptions en l'honneur de celui qui les a fait exécuter.

« Parmi les principales tranchées dans le roc laissées par les Romains, on peut en citer une de la voie Appienne, au sortir de Terracine, pratiquée dans un cap de marbre dur à pic sur la mer. Elle a $4^m,44$ de largeur au milieu de la chaussée (y compris les trottoirs et jusqu'à $35^m,55$ de hauteur sur 30 mètres de longueur. On en trouve une autre de 13 mètres de hauteur à Pierre-Pertuis, près de Bienne, en Suisse, et un grand nombre de plus petites dans les traversées de montagnes et surtout des Alpes.

« Sur la route de Milan à Arles par le mont Genèvre on trouve, près Sisteron, une tranchée avec une inscription en l'honneur de Posthumus Dardanus.

« On rencontre encore un certain nombre de tunnels d'origine romaine.

« On cite quelquefois celui qui se trouve sur la voie de Baïes à Cumes, mais ce fut peut-être une grotte naturelle qu'on utilisa et accommoda pour le passage de la voie.

« Entre Pouzzoles et Naples s'ouvre la grotte du Pausilippe, de Bagnoli à Fuori Grotta, tunnel dans le tuf volcanique de $707^m,50$ de longueur, 6 mètres de largeur et 16 mètres de hauteur ; les entrées présentent de grands évasements, pour faire pénétrer le jour dans cette longue galerie.

« Plus haut, on a désobstrué, en 1858, le tunnel ou grotte *di Sejano* ou *Sillano*, creusé, suivant Strabon, par Cocceius, sur l'ordre d'Agrippa ; le tunnel était plus long, plus haut et plus large encore que le précédent.

« Sur la voie Flaminienne, à la traversée des Apennins, Vespasien fit percer le tunnel de Furlo, de 300 mètres environ de longueur.

« A Rome même, au dire de Flaminius Vacca, une galerie voûtée souterraine conduisait du grand marché au cirque de Flaminius (1).

« Dans une roche surplombante des bords du Danube, aux défilés de Cazan, entre Ogradina et Orsowa, près des Portes-de-Fer, on creusa, pour le passage du chemin de Trajan, un demi-tunnel avec parapet et escaliers descendant jusqu'au fleuve. »

22. *Construction des routes.* — Nous allons maintenant examiner les moyens d'exécution des chaussées courantes (*fig.* 6).

On commençait par creuser le sol jusqu'au terrain solide, on y battait même des pieux, si cela était nécessaire, et on pilonnait et cylindrait le fond de la fouille puis on appliquait une aire de sable de $0^m,15$, une couche de mortier de $0^m,25$ et on élevait quatre couches de maçonneries dont nous avons parlé précédemment.

1° Le *statumen*, formé de pierres de libages liées entre elles par de la maçonnerie ou de l'argile, le tout sur une épaisseur de 1 à 2 pieds ($0^m,295$ à $0^m,590$) ;

2° Le *rudus*, couche de béton ou de pierres cassées bien pilonnées et d'une épaisseur de $0^m,25$. Quand le mortier manquait on le remplaçait par de la glaise ;

3° Le *nucleus*, formé d'un béton de pierres de plus petites dimensions, pilonné par couches minces, et d'une épaisseur totale de $0^m,250$;

4° La *summa crusta*, ou *summum dorsum*, formée de matériaux très durs avec un bombement assez considérable, de façon à faciliter l'écoulement latéral des eaux. Il était très important, dit M. Léger, d'avoir une surface aussi résistante que possible parce que, avec des chaussées aussi étroites, le roulement se faisait toujours à peu près sur les mêmes points.

Cette chaussée, appelée souvent *agger*, se définissait ainsi : *agger est media eminentia, conggeratis lapidibus, vel glarea, aut silicibus strata* (2).

(1) « De ce petit nombre de tunnels péniblement creusés, nous rapprocherons les quatre cent quarante tunnels de 192 291 mètres de longueur totale, faits depuis vingt-cinq ans sur les seuls chemins de fer français, grâce à nos puissants moyens d'attaque. »

(2) La chaussée est bombée et formée avec des pavés, des cailloux ou des empierrements.

Les pavés étaient généralement en matériaux aussi durs qu'on pouvait les rencontrer. Leur surface de roulement était généralement soigneusement taillée, soit en pierres carrées, soit en pierres polygonales irrégulières. On les enfonçait à la batte dans le *nucleus*, de façon à ce qu'ils fussent bien jointifs. Ces pavés mesuraient des dimensions variant de 1 pied ($0^{m},295$) à 3 pieds ($0^{m},985$) et avaient $0^{m},30$ à $0^{m},40$ de queue.

Les empierrements se faisaient en cailloux appelés *glarea*. Ces cailloux avaient environ la grosseur d'un œuf (anneau de $0^{m},06$). On les liait souvent, soit avec de la pouzzolane, soit avec de la brique pilée.

Les couches inférieures étaient faites en pierres plus tendres que celles de la *summa crusta*.

Les *marges* se construisaient avec des pierres de taille posées en parpaing, sur toute la largeur du trottoir, ou tout simplement en bordure, enfoncées dans le *nucleus*.

23. *Fossés.* — Les Romains assainissaient leurs chaussées avec le plus grand soin. Ils avaient coutume de les surélever dans les pays de plaine; et, dans tous les cas, des fossés en pente, placés à 2 mètres ou $2^{m},50$ de la maçonnerie, servaient à l'écoulement des eaux ; ces fossés avaient 2 pieds romains de profondeur ($0^{m},60$) et $0^{m},75$ à $0^{m},90$ d'ouverture à la gueule.

24. *Travaux accessoires.* — Les travaux accessoires de maçonnerie, tels que les aqueducs, les ponts et les ponceaux, étaient construits avec une extrême solidité. Le pont du Gard (voir dans cette *Encyclopédie* le *Traité des ponts en maçonnerie*) en est un exemple frappant.

Pour exécuter ces travaux, les Romains employaient généralement deux espèces de matériaux. De préférence ils utilisaient des pierres de grandes dimensions, *si elles étaient de première qualité;* autrement, ils recouraient à des matériaux plus petits maçonnés dans un ciment d'une solidité proverbiale ou bien encore à des briques. Le rapport du vide au plein était environ deux fois plus petit que dans nos ouvrages modernes (V. A. Léger). Leurs engins consistaient en chariots, chèvres, grues, cabestans, au besoin conjugués, et en rouleaux. C'est avec ces appareils qu'ils ont pu dresser des obélisques pesant 1 150 tonnes environ.

Routes en France.

25. Notre pays, ainsi qu'il résulte des travaux des sociétés archéologiques de France, possédait environ 22 000 kilomètres de voies gallo-romaines, sans y comprendre les réseaux de la Belgique, de la Hollande et des provinces du Rhin, réunies autrefois à la Gaule, ce qui augmente d'environ un quart la surface actuelle de la France. Ce sol était, du temps de César, occupé par environ cinq à six millions d'hommes, divisés en trois ou quatre cents petits États. Cette population, sous l'Empire, s'éleva à dix millions six cent mille habitants, soit environ huit millions pour la France actuelle. En 1872, le réseau de nos routes se décomposait ainsi :

Routes nationales .	38 200 kil.	172 327
« départementales	48 674 kil.	
Chemins de grande communication .	85 453 kil.	

Ainsi donc, pendant que la population quintuplait, le réseau des voies de communication, sans y comprendre les chemins de fer, sextuplait.

Les Romains trouvèrent, en pénétrant dans les Gaules, la plupart des villes fondées. Des chemins de 1 à 2 mètres les réunissaient à leurs environs, mais ces chemins étaient uniquement créés pour les besoins d'un voisinage immédiat. La division du sol en une grande quantité de petits États ne permettait pas d'apporter dans l'exécution de ces travaux l'unité de vue et d'action, les ressources en hommes et en argent nécessaires pour créer des réseaux capables d'affermir la conquête d'un pays et d'étendre les relations entre les villes principales. C'est ce que comprirent les Romains dès leur entrée dans les Gaules, et on est encore étonné aujourd'hui de voir avec quelle entente économique des véritables intérêts la plupart des grandes artères ont été tracées. C'est ainsi que nos grandes lignes de chemins de fer d'une longueur presque égale à celle des chemins romains semblent être calqués sur la carte de ces mêmes voies romaines, ainsi qu'on peut s'en rendre compte par la carte ci-jointe (*fig.* 13) sur laquelle nous avons tracé les chemins de fer en traits pleins et les voies romaines en traits ponctués. Ce

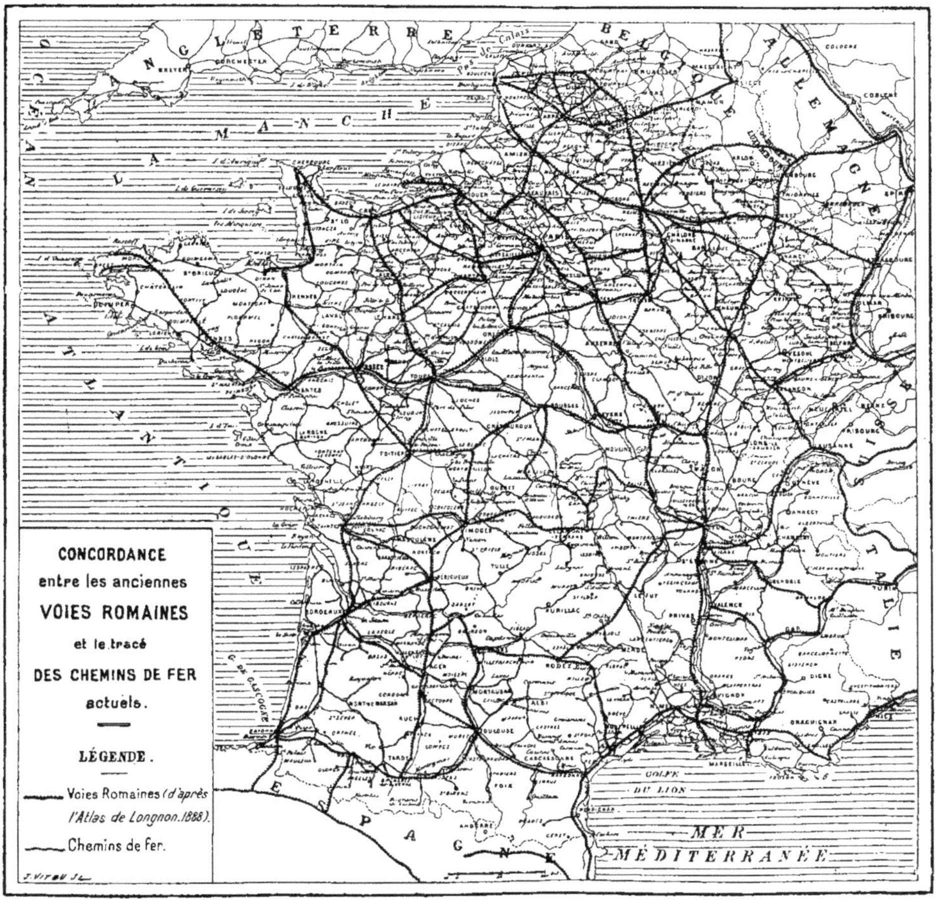

Fig. 13.

dernier tracé a été fait d'après les reconstitutions les plus récentes, c'est-à-dire d'après l'*Atlas de Longnon* (1888).

Ce fait nous paraît être une preuve incontestable que les grandes lignes économiques de notre pays n'ont pas beaucoup varié depuis la période romaine, puisque les chemins de fer, construits pour ainsi dire tout d'un bloc (à peine vient-on de célébrer le cinquantenaire du

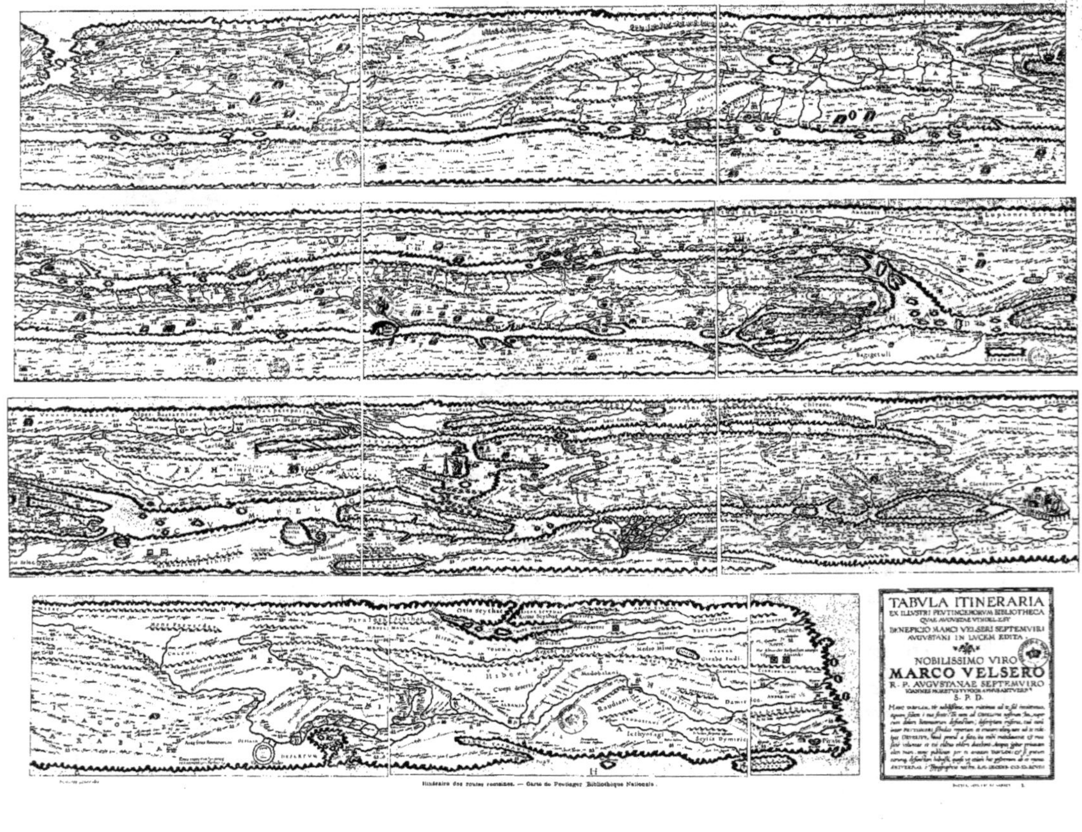
TABVLA ITINERARIA
NOBILISSIMO VIRO
MARCO VELSERO
R. P. AVGVSTANAE SEPTEMVIRO
S. P. D.

Itinéraire des routes romaines. — Carte de Peutinger Bibliothèque Nationale.

premier qui ait été établi), ont dû épouser les tracés suivis douze siècles au moins avant leur apparition.

Chaussées de Brunehaut.

26. Nous avons indiqué sur la carte la petite ville de Bavay (Bagacum), chef-lieu de canton du département du Nord, à 20 kilomètres nord-nord-ouest d'Avesnes, antique capitale des Nerviens, dont César s'empara. Les Vandales en firent ensuite la conquête et la ravagèrent. Elle perdit par suite toute son importance. Huit voies romaines s'y réunissaient et portent encore le nom de *chaussées de Brunehaut*. Nous avons reproduit les quatre principales qui figurent sur la carte de Longnon.

Beaucoup de légendes ont été écrites sur ces chemins qu'on appelait chemins *ferrés*, soit à cause de la dureté de leur surface de roulement, dit Bergier dans son ouvrage déjà cité, soit parce que la couleur des cailloux formant la chaussée lui donne une couleur s'approchant de celle du fer, de même, ajoute-t-il, qu'on désignait sous le nom de voie argentée (*viam argenteam*) la voie de Salamanque « pour être couverte et massivée de petits cailloux de couleur blanche ».

En l'an 1300, un poète du Hainaut, Nicolaus Rencleri, écrivait que le roi Bavo, oncle de Priam, prévoyant la chute de Troie, vint s'établir dans les Flandres, fonda la ville de Bavay, à laquelle il donna son nom, et en fit partir sept grandes routes qui devaient aller aux extrémités du monde. Un peu plus tard, Lucius, de Tongres, dit que ce ne fut pas Bavo qui construisit ces routes, mais son cinquième successeur, le roi Brunehaldus, qui vivait du temps de Salomon. On crut même et il fut répété que ces chemins avaient été construits avec l'aide de démons familiers à ces princes.

La vérité, bien établie aujourd'hui, est que ces voies ont été construites par les Romains et que, six cents ans environ après leur fondation, elles furent réparées par la reine Brunehaut, femme de Sigebert. La nécessité de ces réparations tenait à ce qu'éloignées du centre de l'Empire elles avaient été construites avec moins de solidité que les routes d'Italie.

Histoire des voies de communication depuis la chute de Rome jusqu'à Henri IV.

27. Après la chute de l'Empire d'Occident (476), la civilisation romaine se réfugia dans le nord de l'Italie et dans le midi de la Gaule, et ce fut de là qu'elle reprit un nouvel essor pour s'imposer aux vainqueurs, et cela au fur et à mesure que l'autorité suprême des chefs était plus étendue et moins contestée.

28. *Dagobert.* — Il faut, par suite, arriver jusqu'au règne de Dagobert (628) pour trouver les premiers règlements sur les voies publiques; ils sont contenus dans des capitulaires *de via publica*, *de via convicinali*, *de semita*, ainsi qu'on peut le voir du reste dans les textes du titre IX.

XIII. De via publica. — *Si quis viam publicam, ubi dux egreditur, vel viam æqualem alicujus clauserit contra legem, cum duodecim solidis componat et illam sepem tollat. Et si negare voluerit cum duodecim sacramentalibus juret.*

XIV. De via convicinali. — *De via convicinali vel pastorali, qui alicui contra legem clauserit, cum sex solidis componat et aperiat, vel cum sex sacramentalibus juret.*

XV. De semita. — *De semita convicinali, si quis eam clauserit cum tribus solidis componat, aut cum uno sacramentali juret* (1).

On voit par ces textes que les amendes variaient de 12 à 3 sols d'or, suivant qu'il s'agissait de chemins publics vicinaux ou particuliers. ou si l'individu niait de

(1) XIII. De la voie publique. — Si quelqu'un a fermé, contrairement à la loi, un chemin public où passent les chefs d'armée, ou un chemin semblable, il sera condamné à douze sols d'amende et devra le rétablir. S'il veut nier, il devra jurer avec douze co-jurants.

XIV. Des voies vicinales. — Quiconque aura fermé contrairement à la loi une voie vicinale ou de pâture sera condamné à six sols d'amende et devra la rouvrir ou devra jurer avec six co-jurants.

XV. Des sentiers. — Quiconque aura fermé un sentier vicinal sera mis à trois sols d'amende ou devra jurer avec un co-jurant.

(Les sols étaient d'or et il y en avait soixante-douze à la livre).

l'obligation de prêter, de fournir un à douze prêtants co-jurants. On pouvait se racheter de chaque parjure, qui entraînait à des peines corporelles terribles, par une amende de 12 sols d'or.

Du reste, rien n'était prévu pour les réparations des chemins et les quelques péages perçus n'étaient pas consacrés à l'entretien des routes.

29. *Charlemagne et Louis le Débonnaire.* — De Dagobert à Charlemagne à peine trouvons-nous un capitulaire de Childéric III (XXVII cap.), ordonnant à ceux qui auront fermé un chemin vicinal ou de pâture de le rétablir, sans qu'aucune sanction assure l'exécution de cette loi.

Cet état de choses dura jusqu'à Charlemagne. Il reconstitua l'Empire romain et en rétablit les errements. Les routes furent réparées, il en créa même trois nouvelles en l'an 807 : *tres viatorias stationes, primam propter Italiam a se devictam, alteram propter Germaniam sub jugum missam, tertiam propter Hispaniam* (1). Il se réserva l'autorité suprême sur les routes et sur les postes et créa des envoyés spéciaux (*missi dominici*) dont les prérogatives étaient extrêmement étendues.

« Les peuples et les troupes, dit M. de Boisvillette, reprirent les outils de travail ; la dépense fut prise sur le public (*in communi*), contribution générale d'autant plus juste, écrivait un auteur ancien, qu'elle aboutissait à cette principale fin de l'utilité publique qui, intéressant le corps entier, oblige chaque membre de la société d'en supporter les charges. *Utilitas publica, sicut ad conservationem omnium respicit, ita debet perfici studio ac labore auctorum* (Cassiodore, *Epist.*) (2). »

Louis le Débonnaire continua l'œuvre commencée par son père, en ordonnant la réfection d'un grand nombre de ponts. Le capitulaire XII, livre X, dit que douze ponts seront restaurés sur la Seine par ceux à qui il appartient de le faire et que ces travaux seront exécutés avec toute la rapidité possible : *Volumus ut hi pa-penses qui eos facere debent a missis nostris admoneantur ut eos celeriter restaurent et ut eorum vanæ contentioni non consentiant, quando dicunt se non aliubi eosdem pontes facere debere nisi antiquitos fuerant sed ubi nunc necesse est, eosdem pontes facere jubeantur* (1).

Cette dernière phrase, dans laquelle il est dit que les ponts pourront ne pas être érigés dans les anciens emplacements, mais là où ils sont nécessaires, paraît indiquer que des modifications et des rectifications avaient eu lieu lors des réparations ordonnées par Charlemagne et son fils.

Ces sages prescriptions ne furent pas exactement suivies : d'une part, les seigneurs cherchaient à se soustraire aux obligations qui leur étaient imposées et, d'autre part, les commissaires (*missi dominici*) firent si mal exécuter les ordres reçus que le roi fut obligé de les rappeler pour rendre compte de leurs actes : *ut omnes homines nostri in nostram veniant presentiam rationes reddere* (2).

30. *Invasions normandes.* — Les invasions normandes qui eurent lieu sous les successeurs de Charlemagne et les désastres qui en furent la suite firent tout retomber dans la confusion et il faut aller jusqu'à la fin du XIIe siècle pour retrouver des lois et des prescriptions générales relatives à la voirie publique.

31. *Philippe-Auguste.* — **En 1184**, un peu avant la construction de la troisième enceinte de la ville de Paris, qui s'était considérablement accrue, les rues n'étaient pas encore pavées.

Voici, à cet égard, ce que dit Rigord, historiographe et médecin de Philippe-Auguste (Guizot, *Collection des mémoires relatifs à l'histoire de France*) :

(1) Trois routes allant : la première sur l'Italie conquise, la seconde sur la Germanie par lui soumise et la troisième sur l'Espagne.

(2) L'utilité publique, de même que sa conservation est de l'intérêt de tous, de même doit être l'objet des soins et des travaux de ceux qu'elle concerne.

(1) Nous voulons que ceux qui doivent les entretenir à leurs frais soient avertis par nos envoyés d'avoir à les remettre rapidement en état, et nous ne voulons pas qu'ils arguent que les ponts doivent être là où ils étaient autrefois, mais bien qu'il leur soit ordonné de les édifier là où ils sont actuellement reconnus nécessaires.

(2) Que tous nos envoyés viennent en notre présence pour rendre leurs comptes.

« Quelques jours après (la rentrée du roi à Paris), le roi Philippe, toujours Auguste, dans un court séjour qu'il fit à Paris se promenait dans sa cour royale, songeant aux affaires de l'État, dont il était sans cesse occupé. Il se mit par hasard à une fenêtre de son palais, d'où il se plaisait souvent à regarder par passe-temps le fleuve de la Seine ; tout à coup des voitures traînées par des chevaux, au milieu de la ville, firent sortir, des boues qu'elles avaient soulevées sur leur passage, une odeur fétide, vraiment insupportable. Le roi, qui se promenait dans sa cour, ne put la soutenir lui-même, et, dès lors, il médita une entreprise dont l'exécution devait être difficile autant que nécessaire, et dont les difficultés et les frais avaient toujours effrayé ses prédécesseurs. Ayant donc convoqué les bourgeois et le prévôt de la ville, il ordonna, en vertu de son autorité royale, que tous les quartiers et les rues de Paris fussent pavés de pierres dures et solides, car le roi très chrétien espérait à faire perdre à Paris son ancien nom. Cette ville avait été d'abord nommée Lutèce ou boueuse, à cause des boues pestilentielles dont elle était remplie, etc. etc. ».

Guillaume le Breton, autre historiographe de ce roi, dit, en parlant de l'année 1185 :

« Vers le même temps, Philippe le Magnanime, dans sa pieuse et royale indignation pour la boue dégoûtante du quartier de Paris, les fit tous paver de *pierres carrées* ».

32. *Jean le Bon.* — L'administration de la voirie fut alors réorganisée. Le prévôt de Paris fut investi des pouvoirs nécessaires dans tout le ressort du vicomté, et, dans les provinces, les mêmes attributions furent confiées à des commissaires généraux nommés par le roi et ne rendant compte qu'à lui. Toutefois ils remplirent fort mal les fonctions pour lesquelles ils étaient désignés, et le roi Jean fut obligé de les rappeler en 1358 et déclara ne plus en envoyer d'autres à cause du peu de fruit de leur mission. Ce furent les juges ordinaires des lieux qui furent chargés de faire entretenir, chacun dans leur ressort, les ponts, les chaussées et les grands chemins.

Cette variation d'attribution déterminée par le mauvais état des choses produisit les effets les plus désastreux. Le roi ne savait à qui s'en prendre pour l'entretien et la réparation des routes, ainsi que l'indique cette ordonnance du 1er décembre 1350, rendue par le roi Jean et son fils aîné, Charles (depuis Charles V), lieutenant général du royaume. « Chacuns en droit soy facent refaire les chaussées, quand elles ne seront suffisantes, tantost et sans délai, en la manière et selon qu'il est accoutumé de faire d'ancienneté des rues, dont le prévost des marchands est tenu de faire. »

33. *Charles VI.* — Les malheurs de l'époque, occasionnés par la guerre de Cent Ans, firent que l'on négligea complètement l'entretien des routes, même dans les villes ; aussi voyons-nous, en 1388, Charles VI ordonner au prévôt de Paris de réparer le pavé devenu impraticable. « Mesmement ès pavements des chauciées qui y sont, lesquels sont moult empiriez et tellement décheux en ruine et dommagiez que, en plusieurs lieux, l'on ne peut bonnement aler à cheval ne à charroy sans très grans périlz et paines. » (Isambert, *Recueil général des anciennes lois françaises.*)

Quelques années après, Charles VI rendit une ordonnance, dite *Cabochienne*, à Paris, au lit de justice, le 25 mai 1413, qui prescrivait, dans l'article 247, aux « sénéchaux, baillifs, prévôts et autres juges, chacun en sa juridiction, » « de nettier, soustenir et tenir en estat convenable plusieurs chemins, chaucées et passages, tel que bonnement on n'y peut passer sans très graves inconvénients et dangers » et les fassent rétablir par ceux à qui il appartient sous peine de « prinse et explectation de leurs biens et héritages », ou s'ils sont insolvables, par les notables, de la façon qui leur soit la moins « grévable et dommageable ». Mais, le 5 septembre suivant, le roi fit déchirer cette ordonnance en sa présence, dans un autre lit de justice.

34. *Etablissement des postes par Louis XI* — Environ cinquante ans plus tard, le 19 juin 1464, sous le règne de Louis XI, un arrêt du Conseil daté de Luxieu, près de Doullens, et non signé du roi, mais rendu par son ordre, établit l'institution de la poste aux lettres et aux chevaux.

Voici un extrait de cet important document :

« Institution et établissement que le roi Louis XI, notre sire, veut et Ordonne être fait de certains coureurs et porteurs de ses dépêches en tous les lieux de son royaume, pays, terres de son obéissance pour la commodité de ses affaires et diligence de son service et des susdites affaires.....

« 1° Que sa volonté et plaisir est que, dès à présent et doresnavant, il soit mis et établi spécialement sur les grands chemins de son dit royaume, de 4 en 4 lieues, personnes séables et qui feront serment de bien et loyamment servir le roi pour tenir et entretenir quatre ou cinq chevaux de légère taille, bien enharnachés et propres à courir de galop durant le chemin de leurs traits, lequel nombre se pourra augmenter, s'il est de besoin.

« 2° Pour le bien de la présente institution et établissement et générale observation de tout ce qui en dépendra, le roy, notre seigneur veut et ordonne qu'il y ait en ladite institution et établissement et générale observation et pour en faire l'établissement, un officier intitulé conseiller grand-maître des coureurs de France, qui se tiendra près de sa personne, après qu'il aura été fait établissement ; pour ce faire lui sera baillé une bonne commission.

« 3° Et les autres personnes qui seront par lui ainsi établies de traits en traits seront appelées maitres tenans les chevaux, courans pour le service du roy.

« 4° Les dits maîtres seront tenus et leur est enjoint de monter sans aucun délai ni retardement, et conduire en personne, s'il leur est commandé, tous et chacun des courriers et personnes envoyées de la part dudit Seigneur ayant son passeport et attaché au grand-maitre des coureurs de France et payent le prix raisonnable qui sera dit ci-après.

« 5° Porteront aussi lesdits maitres coureurs toutes dépêches et lettres de Sa Majesté qui leur seront envoyées de sa part et des gouverneurs et lieutenants des provinces et autres officiers, pourvu qu'il y eut certificat et passeport dudit grand-maître des coureurs de France.

« 6° Et, afin qu'on puisse savoir s'il y aura eu retardement et d'où il sera procédé, ledit seigneur veut et ordonne que ledit grand-maître des coureurs susdit commis cottent le jour, l'heure qu'ils auront délivré lesdits paquets au premier maitre coureur et le premier au second et aussi semblablement pour tous les autres maîtres coureurs à peine d'être privés de leurs charges et des gages et privilèges et exemptions qui leur seront donnés par la présente institution.

« 7° Auxquels maîtres coureurs est prohibé et défendu de bailler aucuns chevaux à qui que ce soit et de quelque qualité qu'il puisse être sans le commandement du Roy et dudit grand-maître des coureurs de France, à peine de la vie, d'autant que ledit seigneur ne veut et n'entend que la commodité dudit établissement ne soit pour autre que pour son service, considéré les inconvénients qui peuvent survenir à ses affaires, si lesdits chevaux servent à toute personne indifféremment sans son sçu ou dudit grand-maître des coureurs de France. »

Viennent ensuite quatorze autres paragraphes relatifs aux droits du pape et des rois alliés les autorisant à se servir de ces courriers « en payant raisonnablement et obéissant aux ordonnances contenues ». Puis des mesures administratives réglant par exemple les appointements du grand-maître à 800 livres parisis de gage et 1 000 livres de pension.

Le roi « veut et ordonne que ceux qui seront envoyés de sa part ou autrement, avec son passeport et attaché du grand-maître des coureurs de France ou de ses commis payent pour chacun cheval qu'ils auront besoin de mener, y compris celui de la guilde qui les conduira, la somme de 10 sous pour chacune course de cheval pendant 4 lieues, fors et excepté le grand-maître coureur, etc. etc. »

On le voit, c'était la copie presque littérale de l'organisation des postes sous les empereurs romains.

35. Ce fut seulement en mars 1597 que Henri IV créa des relais de chevaux sur les grands chemins, traverses et le long des rivières pour le transport des voyageurs et des malles, et, d'après l'article 2 :

« Afin que lesdits chevaux et lesdits relais soient conservés et que l'intention qu'avons d'en secourir et soulager le public ne soit point divertie par les prix ou ravage desdits chevaux, nous voulons lesdits chevaux, quelque forts qu'ils soient établis, estre advoüez par nous. »

Toutefois (art. 8), pour ne point nuire à l'établissement, droits, privilèges et immunitez des postes ordinaires de longtemps establies en nostre royaume, ny pareillement au cours des coches qui sont aussi ordinaires pour la commodité et usage public.

« Art. 8. — Défendons à cet effet auxdits maistres de relais et chevaux de loüage, de fournir lesdits chevaux pour courir la poste, et à toutes personnes voyageant à journées de les faire galoper, sous peine de 10 escus d'amende, ainsi que l'on a accoustumé de faire des chevaux loüés à la journée. »

Cet édit fut bientôt révoqué ; non seulement les postes étaient ruinées, et, par suite, le service public en était retardé, mais, suivant les considérations de l'édit d'août 1602 :

« Qui pis est la cognoissance de ce qui allait et venait par nostre royaume, de la part des estrangers, nous a esté par ce moyen du tout osté..; car, au lieu de prendre la voye ordinaire..., ils se sont servis desdits chevaux de relays pour le passage de leur courrier qu'ils ont par ce moyen destournez des grands chemins, s'en servant à courre contre les défenses mesmes portées par notre édict au grand préjudice de nostre service et du bien de nos affaires et à la ruine de nos postes. »

En vertu de cet édit, les relais de postes pour les particuliers furent abolis et ils furent incorporés aux offices de maître de poste.

36. *Louis XII.* — La création des postes par Louis XI impliquait l'entretien des chemins ; aussi, pour centraliser le service, Louis XII, dans une déclaration au sujet des biens domaniaux, datée de Rouen, 20 octobre 1508, charge-t-il les trésoriers de France (art. 18) « de voir et faire voir ou visiter tous chemins, chaussées, ponts, pavez et passages de nostre royaume » et de faire faire les réparations soit aux frais du Trésor, soit à la charge de ceux qui ont droit de perception « pour ce faire ».

37. *Henri II et Henri III.* — En 1552, nous trouvons un édit de Henri II prescrivant de planter des ormes sur les places publiques et le long des grands chemins et voiries pour servir « aux affûts et au remontage de l'artillerie et la difficulté qu'il se trouve déjà d'en recouvrer ».

A cette époque la circulation dans l'inrieur des voitures ou coches était encore fort peu active puisque, sous François Ier, il n'y avait encore que deux carrosses à Paris : celui de la reine et celui de Diane de Poitiers. Ce ne fut que plus tard qu'ils se multiplièrent, car, en 1563, le Parlement arrêta de supplier le roi de défendre les coches en ville, et ce ne fut que sous les règnes suivants et au fur et à mesure que les voies publiques s'améliorèrent que les voitures publiques et particulières se multiplièrent. Cent ans plus tard (1666) d'élégantes calèches, *à l'heure*, faisaient le service, à la suite de la Cour, à Paris et dans les provinces.

En 1587, la ferme des coches ne desservait que les routes de Rouen et d'Orléans. Les prix étaient de 75 sols tournois de Paris à Orléans et de 70 de Paris à Rouen.

Mais revenons aux routes. Sous Henri II, dit de Boisvillette, les lettres patentes du 15 février 1556, rendues pour la continuation du grand chemin d'Orléans entre Artenay et Toury, contiennent quelques dispositions réglementaires de construction, et notamment sur « la largeur de 8 toises 1/2 donnée au chemin, et celle de 2 toises 1/2 donnée au pavé, sur l'élargissement aux dépens du sol voisin, la recherche des matériaux partout où il pourra s'en trouver, avec dédommagement raisonnable aux propriétaires, sur la construction des ponts et arches nécessaires, enfin sur l'établissement d'un péage à Tours pour l'entretènement du nouvel œuvre ». C'est là le premier exemple que nous trouvons d'une loi d'expropriation et d'occupation temporaire pour cause d'utilité publique.

En mai 1579, Henri III fit publier une ordonnance rendue sur les plaintes et doléances des Etats généraux assemblés à Blois, en novembre 1576, relativement à la police générale du royaume dans laquelle nous trouvons, articles 355 et 356 : « Et pour les plaintes qui nous ont esté ci-devant faites du mauvais estat auquel sont de présent les ponts, chemins et chaussées de cettuy notre royaume, encore qu'il y ait deniers affectez à l'entretènement d'icelles chaussées, ponts et chaussées, levez par les seigneurs pour droit de péage, barrages et de travers, sans qu'ils y soient néanmoins employez, dont nos sujets reçoivent grandes incommodités : pour à quoi pourvoir et remédier, enjoignons bien expressément à nos procureurs ès-baillage, sénéchaussées, prévostez et eslections de cettuy nostre royaume de faire procéder par saisie sur les dits travers et péages, pour les deniers en provenant estre convertis et employez en ladite réparation et non ailleurs ». A quoi nos officiers, etc. etc., tiendront la main... sous peine de nous en prendre à eux et d'en répondre en leur propre et privé nom.

Art. 356. — Tous grands chemins seront réduits à leur ancienne largeur, nonobstant toutes usurpations par quelque laps de temps qu'elles puissent avoir été faites. Et à ce que ci-après n'y soit fait aucune entreprise, seront plantez et bordez d'arbres, comme ormes, noyers ou autres.

« Selon la nature et commodité du païs au profit de celui auquel la terre prochaine appartiendra. Défendons à toutes personnes de couper et endommager les arbres, plantés sur lesdits chemins ou ailleurs, sous peine d'amende arbitraire et de punition exemplaire. »

Histoire des routes depuis Henri IV jusqu'à la fondation de l'École des Ponts et chaussées (1750).

38. Henri IV créa, en 1594, l'office de

commissaire général et surintendant des coches, puis il éleva Sully à la dignité de Grand Voyer de France. La nécessité de cet office tenait certainement aux grandes améliorations apportées à l'état des routes et à l'augmentation de leur nombre, suite de l'ordonnance de Henri III et des bons soins de Sully. Toutefois la viabilité, quoique s'étant étendue, laissait encore beaucoup à désirer puisque, le 26 juillet 1623, le Parlement intervient au règlement de la taxe des places dans les coches et les carrosses publics et vise un assez grand nombre de directions, mais, par contre, décide que, vu l'état des chaussées, les fermiers de ces coches ne pourront être contraints de faire plus de neuf ou dix lieues en hiver du 1er novembre au 15 mars, et treize à quatorze le reste de l'année.

Sous Louis XIV, il y eut fort peu de choses faites pour les routes proprement dites, si ce n'est quelques voies d'une excessive largeur ouvertes dans les environs de Paris pour le service de la Cour. Les travaux hydrauliques seuls prirent une grande extension et c'est à peine si nous trouvons, en mai 1705, un arrêt du Conseil réglementant: les ouvrages de pavé, le dédommagement dû aux propriétaires sur le terrain desquels les routes seront formées, la plantation des arbres et la largeur des chemins. Cependant vers la fin de son règne ce roi institua un service des PONTS ET CHAUSSÉES, comprenant des ingénieurs et des sous-ingénieurs.

Ce fut sous le règne de Louis XV que l'on se préoccupa vivement de l'entretien des routes; aussi voyons-nous à cette époque les premiers essais de classification. Les intendants des généralités déterminaient quelles étaient les *routes royales* et les *grands chemins*. Les premiers avaient trente-six pieds avec fossés de six pieds ils étaient ouverts aux dépens du roi et entretenus par les riverains; ils devaient être bordés de plantations distantes d'au moins une toise des fossés et espacées de trente pieds. Enfin, en 1722, il institua définitivement le corps des ponts et chaussées et lui donna deux chefs, l'un chargé de la partie administrative et financière, l'autre de la partie technique; tous deux étaient placés directement sous les ordres du contrôleur des finances.

Enfin, en 1750, fut fondée l'École des ponts et chaussées qui eut pour premier chef l'illustre Perronet. Cette fondation fut de cinquante ans antérieure à celle de l'École Polytechnique par Monge.

Devant revenir dans les derniers chapitres de ce premier livre sur l'organisation du personnel des ingénieurs des ponts et chaussées, nous arrêterons ici cet exposé et nous indiquerons seulement la partie historique relative à l'exécution des chaussées.

Main-d'œuvre appliquée aux routes jusqu'au XVIIIe siècle.

39. Ce sont la corvée et la servitude personnelle qui apparaissent au premier plan, comme moyen principal, souvent unique, et cela jusqu'au règne de Louis XVI.

Il faut remonter jusqu'à Charlemagne pour trouver les premières traces des mesures prises pour l'entretien ou la construction des voies publiques.

En 793, Pépin, roi d'Italie, deuxième fils de Charlemagne, rendit, du vivant de son père, le capitulaire suivant :

De restaurandis Ecclesiis et pontibus :

XX. *Ut de restauratione Ecclesiæ et ponte faciendo, aut strata restauranda omnia generaliter faciant homines ut antiqua consuetudo fuit, et non ante ponatur emunitas nec pro hac re ulla occasio perveniat* (1).

Louis le Débonnaire, en 819, ordonna dans son quatrième capitulaire, n° XVII : *Ut pontes publici qui per bannum fieri solebant, anno præsente omni loco restaurentur* (2).

(1) Sur la restauration des églises et des ponts : Les hommes devront réparer suivant la coutume ancienne les églises, les ponts, les routes. Aucune exemption ne pourra être donnée pour quelque cause que ce soit.

(2) Que les ponts publics pour lesquels les bans ont été publiés suivant la coutume soient partout réparés dans le cours de la présente année.

A la vérité, il était tenu peu de compte de ces ordonnances, ainsi qu'on peut s'en assurer par la lecture des capitulaires qui se succédaient, tels que ceux de Charles le Chauve, en 854.

Dans les capitulaires du roi Lothaire II, copiés sur la loi Lombarde, on voit que les serfs et les hommes d'église n'étaient pas exempts de la corvée. C'étaient eux qui devaient distribuer l'ouvrage sans le concours des officiers du roi. Si le travail n'était pas terminé au jour prescrit, les comtes pouvaient garder les ouvriers jusqu'à achèvement complet en leur donnant une rétribution équitable.

Charlemagne et ses successeurs, à l'imitation des Romains, employèrent aussi les troupes aux travaux publics, et les grandes voies de communications de l'empire, ouvertes au IXe siècle, leur durent leur construction.

Sous la féodalité la corvée exploitée par les seigneurs ne fut plus employée avec cette unité de vue qui existait sous les rois et elle ne produisit plus de résultats avantageux pour le pays. Cet état de choses se perpétua sous cette forme jusqu'à la fin du XVIIIe siècle. Parfois, dit de Boisvillette, elle obligeait à certains usages. Sur la route d'Orléans, par exemple, par arrêt du 16 août 1720, les rouliers revenant à vide, étaient tenus de charger à Etampes vingt-quatre gros pavés ou deux poinçons de sable.

Le droit de passage (*vectigal peregrinum* des Romains) devait servir également de ressources à l'entretien des chemins. Il n'était toléré ou accordé qu'à cette condition, ainsi qu'on le voit par toutes les ordonnances rendues. Mais ce moyen était illusoire dans l'application. Les seigneurs temporels et ecclésiastiques s'en servaient pour leurs besoins particuliers et détournaient ainsi les fonds de leur emploi.

De nombreux édits de Louis XII et de ses successeurs témoignent de ces abus que les rois étaient presque impuissants à réprimer; toutefois on doit constater que le système des adjudications au rabais a été établi par François Ier dans son édit daté de Fontaine-Française le 27 septembre 1535: « Et seront baillées les dites réparations, par nosdits baillis, sénéchaux, lieutenants et officiers, chacun en son pouvoir et juridiction, au rabais ès lieux et manière accoutumés, sans fraude et collusion. »

Quelquefois ces travaux d'entretien furent donnés à l'entreprise. C'est ainsi que, le 4 avril 1658, Louis XIV permit par lettres patentes au président de Maison de faire rétablir le pont de Poissy et lui en concéda à perpétuité le péage pour indemnité.

Le pont Saint-Michel fut reconstruit par une Compagnie avec trente-deux maisons sous la condition de jouir du revenu pendant soixante années, et avec retour au roi à l'expiration du terme; il fut aliéné ensuite moyennant finances en 1672.

Quant à l'argent nécessaire en dehors des péages, il était, ainsi que nous l'avons déjà vu, fourni soit par la cassette du roi, soit par des contributions directes imposées sur les provinces, sur les propriétaires riverains, sur le sel, etc.

La quotité des fonds fut toujours relativement faible et, jusqu'au XVIIIe siècle, l'état des communications a été très imparfait.

Corvée.

40. Vers 1725, les intendants de Champagne et d'Alsace essayèrent les premiers d'appliquer les corvées à l'entretien et à la construction des routes royales. Ce mode d'exécution fut ensuite universellement adopté et, par ce moyen, on créa, en cinquante années, 5 à 6 000 lieues de routes.

On remarque toutefois peu d'art dans le tracé de ces routes, peu d'économie et de soins dans leur construction. Les ingénieurs avaient peu d'instruction et d'expérience. Les ouvriers dérangés de leurs habitudes, travaillant à 7 ou 8 lieues de chez eux, apportaient peu d'attention à un ouvrage dont souvent ils n'espéraient retirer aucun avantage. Ils n'étaient d'ailleurs occupés que pendant le printemps et l'automne, saisons qui permettaient d'interrompre les travaux des champs. On accumulait les matériaux, mais on les employait sans intelligence et, dans l'intervalle des paroxismes de travail, il survenait des dégradations que le défaut d'entretien aggravait promptement.

Brisson a trouvé, dans des rapports faits par des ingénieurs de la généralité de Champagne, que l'entretien par corvée de 600 lieues de routes exigeait, non compris les frais de surveillance, un nombre de journées d'hommes et de chevaux représentant alors 2 400 000 francs et maintenant 4 500 000 à 5 000 000 francs.

En 1808 et 1809 les mêmes routes étaient assez bien entretenues pour 1 800 000 fr. et cependant la circulation était considérablement accrue.

La corvée consistait à contribuer aux travaux de routes soit personnellement, soit par des ouvriers que l'on payait. Elle consistait aussi à fournir ses chevaux et ses voitures pour le transport des matériaux.

41. *Suppression de la corvée.* — En 1775 on commença à discuter les inconvénients de la corvée; elle ne fut cependant abolie qu'en 1786 et remplacée par un impôt supprimé à l'époque de la Révolution.

42. *Péage sur les routes et impôt sur le sel.* — Pendant la République on imagina d'établir un péage dont le revenu devait être appliqué à l'entretien des routes. Ce revenu se trouva absorbé en partie par les frais de perception, le surplus fut pris pour subvenir aux dépenses publiques et les routes restèrent sans entretien. Dès lors cet impôt qui aurait pu s'acclimater dans notre pays, comme cela est arrivé en Belgique et en Angleterre, devint intolérable et, en 1804, le premier consul le supprima par l'impôt sur le sel qui devait être lui-même appliqué à l'entretien des routes. Mais il arriva pour cet impôt comme pour le produit des péages : sur 40 millions on en affecta 24 à 25 seulement aux travaux des routes et encore la principale partie de cette somme fut-elle employée à exécuter des routes militaires ou des routes destinées à assurer nos communications avec les pays réunis alors à l'Empire français. C'est ainsi que l'on pava la route d'Anvers à Amsterdam, que l'on construisit celle de Metz à Mayence, que l'on ouvrit les routes du Simplon, du Mont-Cenis, de la Corniche, destinées alors à assurer notre puissance en Italie et à faciliter les communications entre deux pays soumis au même Gouvernement. A cette époque, on fit plus pour les pays étrangers que pour l'ancienne France ; aussi les routes très fatiguées par le passage des convois militaires et par l'effet des deux invasions étaient-elles dans le plus mauvais état en 1815 et surtout en 1816.

43. *Rétablissement de la corvée sous le règne de Napoléon.* — Sous le règne de Napoléon, la corvée avait été rétablie, mais on avait changé son nom en celui de prestation en nature. Ce mode d'entretien s'appliquait seulement aux routes départementales et avait été abandonné avant 1814.

De 1814 à 1818, l'État, ruiné par les contributions de guerre et par les frais d'entretien de l'armée d'occupation, ne put accorder que très peu de fonds pour les routes. Le budget annuel ne s'est pas élevé jusqu'à la Révolution de juillet 1830 au-delà de 16 millions. Mais depuis cette époque on y a consacré des sommes considérables.

44. *Loi du 21 mai* 1836. — La loi du 21 mai 1836 a pourvu à l'exécution et à l'entretien d'un réseau de chemins vicinaux qu'on distingue suivant leur importance en chemins de *grande* ou de *moyenne communication*, lorsqu'ils intéressent un nombre plus ou moins considérable de communes, et en chemins *vicinaux* ordinaires ou *communaux* lorsqu'ils n'ont d'intérêt que pour une ou deux communes voisines.

Les ressources créées par la loi du 21 mai 1836 consistent :

1° En cinq centimes sur les quatre contributions directes ;

2° En deux journées d'hommes ou de bêtes de trait ;

3° En subvention des particuliers ou du commerce.

Cette loi, disait, en 1855, Mary, inspecteur général des ponts et chaussées, a été pour le pays un immense bienfait et a été favorablement accueillie par le pays, parce que les prestataires travaillent pour leurs chemins dont ils sentent l'utilité et non pour les routes éloignées de leurs villages.

Nous examinerons dans le chapitre consacré à la législation les différents articles de cette loi et, pour terminer cette étude déjà trop longue, nous allons jeter un rapide coup d'œil sur les travaux accessoires les plus importants des routes ; nous voulons parler des ponts.

Ponts.

45. *Ponts chez les Perses.* — Le premier pont dont l'histoire fasse mention est celui que Sémiramis construisit sur l'Euphrate à Babylone, 1900 ans avant Jésus-Christ. Reposant sur de nombreuses piles dont les assises étaient faites de pierres taillées réunies par des fers scellés au plomb et dont les joints étaient remplis de plomb fondu, le tablier était formé de poutrelles et de planches qu'on retirait la nuit. Ce pont, établi dans la ville même, avait 200 mètres de longueur.

Xercès et Darius firent construire des ponts de bateaux pour le passage de leurs armées. Ces ponts avaient environ 750 mètres de longueur.

46. *Ponts chez les Romains.* — Les Romains construisirent le moins de ponts possible, malgré l'immense réseau

Fig. 14

occupé par leurs routes, M. Léger en compte à peine deux cent cinquante formant des passages importants et répartis sur toute la surface soumise à leur domina-

Fig. 15.

tion. Voici un extrait de quelques détails contenus dans son ouvrage.

Les traversées se faisaient sur des bacs, des ponts de bateaux, des ponts en bois, des ponts en pierre et en bois, et enfin des ponts en pierre. Ce sont naturellement ces derniers qui seuls ont pu résister à l'action destructive des siècles, et encore parmi eux ne faut-il compter que ceux dont les piles ont été suffisamment défendues pour n'être pas affouillées et renversées.

Voici quelques détails sur ces constructions :

47. *Passage à gué.* — Pour le passage à gué le sol de la rivière était pavé, ou quelquefois on installait sur ce même sol un platelage en bois; dans les crues on se servait de bacs à fond plat.

48. *Ponts de bateaux.* — Ce furent les Perses sous Darius, ainsi que nous l'avons déjà dit, qui passent pour s'être servis les premiers de ponts de bateaux. Les Romains les imitèrent, et on voit dans un des bas-reliefs de la colonne Trajane le passage d'un corps de troupes sur un pont de bateaux (*fig.* 14). On en voit également sur la colonne Antonine (*fig.* 15), ainsi que des chariots à quatre roues très solides chargés de bateaux et traînés par des bœufs (*fig.* 16). « Hérodien dit que l'empereur Maximin fit faire des ponts avec des muids vides. Zozime cite des passages de rivières exécutés sur des ponts d'outres. »

« Le plus gigantesque pont de bateaux fut entrepris par Caligula, entre Pouzzoles et Baïes, sur près ds 3 kilomètres de

Fig. 16.

longueur ; il fut formé de vaisseaux accouplés deux à deux et ancrés au fond du golfe; le tablier fut recouvert de terre et de pavés, dit-on. Par cette singulière voie triomphale, Caligula, revêtu de la cuirasse d'Alexandre, défila avec toute son armée, sa cavalerie et ses chars. »

49. *Ponts provisoires en bois.* — César improvisa des ponts militaires en bois et en pieux. Il en fit construire un sur la Saône en une journée. Le plus considérable avait 4 à 500 mètres et servait à franchir le Rhin à Bonn.

La colonne Antonine nous montre un

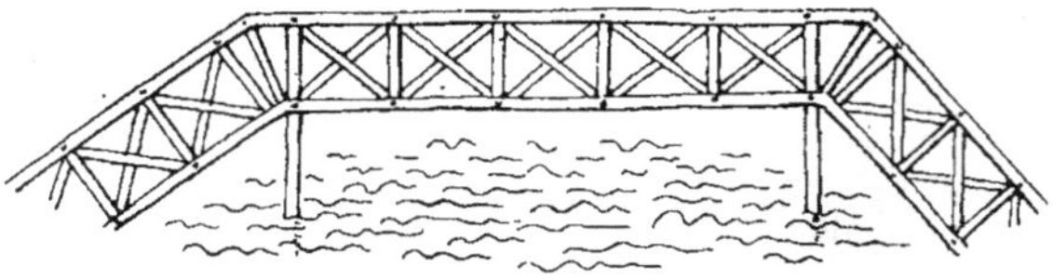

Fig. 17.

pont fort intéressant : le pont *Sublicius* (*fig.* 17). M. Léger remarque avec raison qu'il semble être le précurseur des ponts américains en charpente.

50. *Ponts fixes en bois.* — Le *premier* pont *Sublicius*, comme son nom l'indique (bâtis sur pilotis), fut construit à Rome. Il était assemblé de telle façon qu'il était entièrement démontable en cas d'attaque ou de grandes crues. Ce fut ce pont qui fut défendu par Horatius Coclès (507 ans avant Jésus-Christ). Palladio essaya de reconstituer le dessin du pont construit par Jules César pour le passage du Rhin. Les piles étaient munies d'avant et d'arrière-becs pour résister à la force du fleuve et supporter le premier choc des corps flottants.

51. *Ponts mixtes en pierre et en bois.* — Les Romains, dans un but d'économie ou de facilité de construction, adoptèrent quelquefois les ponts mixtes avec tablier en bois et piles en maçonnerie.

Le type le plus remarquable de ce genre

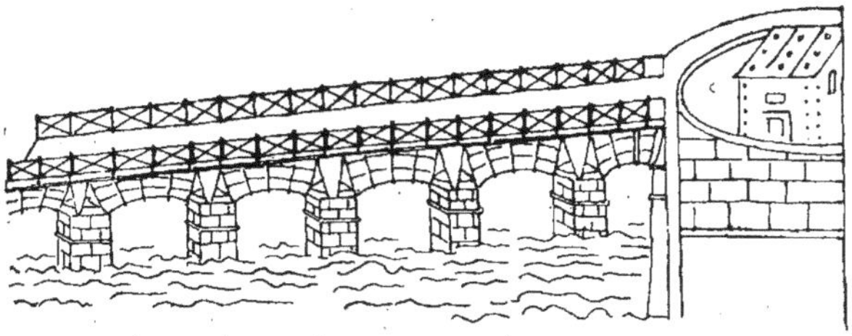

Fig. 18.

de construction est celui du pont de Trajan sur le Danube. Voici la description qu'en donne Dion-Cassius (155 ap. J.-C.) (lib. LXVIII, n° 13) :

« Trajan (environ 100 ans ap. J.-C.) construisit un pont de pierre sur l'Ister (Danube), pont à propos duquel je ne sais comment exprimer mon admiration pour

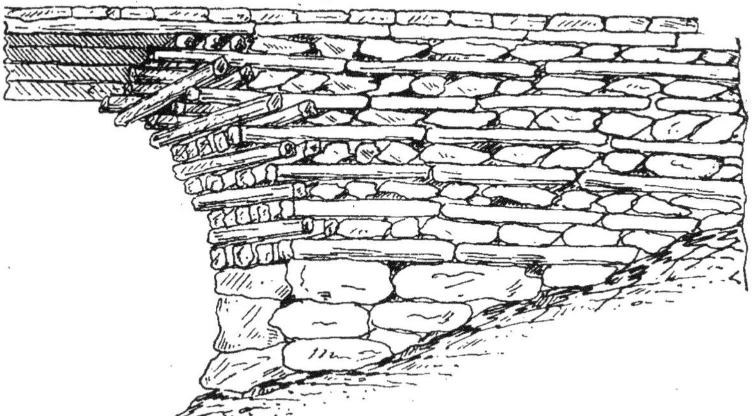

Fig. 19.

ce prince. On a bien de lui d'autres ouvrages magnifiques, mais celui-là les surpasse tous. Il se compose de vingt piles, faites de pierres carrées, hautes de cent cinquante pieds, non compris les fondements, et larges de soixante. Ces piles, qui sont éloignées de cent soixante-dix pieds l'une de l'autre, sont jointes ensemble par des arches. Comment ne pas admirer les dépenses faites pour les établir ? Comment ne pas être étonné de la manière dont chacune d'elles a été construite au milieu d'un grand fleuve, dans une eau pleine de gouffres sur un sol limoneux, vu qu'il n'y eut pas moyen de détourner le courant, etc. etc. »

« Adrien appréhendant que les Barbares, après avoir forcé ceux qui le gardaient, n'y trouvassent un passage aisé pour pénétrer en Mœsie, en démolit le tablier. »

La colonne Trajane en donne un bas-relief, dont nous reproduisons la copie (*fig.* 18.)

52. *Ponts en maçonnerie.* — Nous n'avons rien à ajouter à ce que nous avons déjà dit au sujet de la construction et de la durée de ces monuments, dont le pont du Gard, déjà reproduit dans cette *Encyclopédie*, est un des plus beaux et plus précieux spécimens : il rivalise avec ceux de même origine d'Alcantara, d'Orense, de Salaro, etc.

53. *Ponts chez les Gaulois.* — Lorsque Jules César entra dans les Gaules, il trouva, ainsi que nous l'avons déjà dit, des chemins de terre sans chaussées pavées ou empierrées. Quelques petits ponts étaient jetés sur de petites rivières et formés par des poutres en encorbellement (*fig.* 19) ainsi qu'on en rencontre encore dans la Savoie.

54. *Ponts romains dans les Gaules.* — Les ponts gaulois disparurent bientôt et furent remplacés par des ponts romains. Pendant les siècles de barbarie qui suivirent, l'art de les construire retomba en enfance et on en revint aux ponts en bois. Les ponts en pierres qui servirent à la circulation furent donc ceux construits par les Romains. On se contentait de les réparer quand cela était possible, ou on les remplaçait par des ponts en charpente grossièrement exécutés.

En 1281, Paris ne possédait encore (comme au temps des Romains) que deux ponts de bois, le grand et le petit pont, construits ou réparés, dit Abbon, par Charles le Chauve.

Hugues Aubriot fit construire en 1374 le pont Saint-Michel. Ce pont fut emporté par les eaux en 1407, reconstruit en bois en 1416, emporté de nouveau en 1548 et enfin reconstruit en 1616.

Charles VI, en juillet 1414, posa le premier pieu du pont de bois Notre-Dame, qui s'écroula en 1499 : il avait 354 pieds de long, 90 de large et était composé de dix-sept travées composées chacune de trente pièces de bois de plus de deux pieds d'équarrissage et était chargé de soixante maisons.

Ces détails suffisent pour montrer avec quel art grossier et quelle manque de sécurité étaient édifiées ces constructions.

55. *Pontifes ou pontistes.* — Pendant une certaine époque de ces temps reculés le constructeur de ponts s'appelait *pontifex*, nom sur l'étymologie duquel on n'est pas d'acord et qui s'appliquait également à l'ingénieur et au dignitaire ecclésiastique.

Les constructeurs de ponts travaillèrent isolément jusqu'au XIIe siècle, ils se réunirent en communauté, sous le nom de frères pontifes ou pontistes, et durent leur nom, disent certains auteurs, à la construction du pont d'Avignon qui fut édifié de 1178 à 1188, par saint Benezet, avec le produit des quêtes faites dans plusieurs provinces. Les frères pontifes se répandirent ensuite dans le Languedoc et surtout dans la Provence. Ils disparurent à peu près complètement au XIVe siècle et se fondirent avec d'autres ordres, notamment avec les Hospitaliers de Saint-Jean.

ÉTAT ACTUEL DES VOIES DE COMMUNICATION PAR TERRE

France.

56. *Grande et petite voirie.* — Dans un sens général le mot *voirie* s'applique à l'ensemble des voies de communication par terre ou par eau. On la divise en deux classes : la grande et la petite voirie, ayant chacune leur régime administratif particulier que nous étudierons plus tard en détail. Nous dirons seulement dès à présent que le régime de la *grande voirie* s'applique :

1° Aux routes nationales et aux routes départementales, ainsi qu'aux rues de villes, bourgs et villages qui font suite à ces routes et y sont incorporées;

2° Aux rues de Paris;

3° Aux canaux, aqueducs, etc., servant à l'alimentation de Paris et connus sous la dénomination d'*eaux* de Paris;

4° Aux chemins de fer construits ou concédés par l'État;

5° Aux rivages de la mer, ports maritimes et de commerce, et rivages qui en dépendent;

6° A la police des fleuves et rivières navigables et des ports maritimes;

7° Aux canaux de navigation appartenant à l'État ou concédés par lui;

8° Aux routes stratégiques.

Le régime de la *petite voirie* comprend :

1° Les rues des villes autres que celles de Paris;

2° Les rues des bourgs et des villages;

3° Les chemins vicinaux de grande communication, d'intérêt commun, communaux;

4° Les chemins ruraux publics.

Afin d'éviter toute confusion, nous rappellerons qu'*anciennement* la *grande voirie* s'occupait spécialement de la construction et de l'entretien des routes et chemins, et que la *petite voirie* avait pour objet les mesures tendant à assurer la libre circulation sur les mêmes voies, en soumettant à une autorisation préalable certaines saillies, telles que les enseignes, etc. On emploie encore fréquemment ce mot dans ce sens à Paris.

D'après ce que nous venons d'exposer nous aurons, dans ce *Cours de routes*, à nous occuper spécialement :

Dans le service de la grande voirie :

1° Des routes nationales;

2° Des routes départementales;

Dans le service de la petite voirie :

1° Des chemins de grande communication;

2° Des chemins d'intérêt commun;

3° Des chemins communaux.

Pour faciliter l'étude de ce que nous avons à dire sur chacune de ces voies de communication nous allons d'abord donner leur état actuel relevé sur l'*Annuaire statistique de la France* publié par le Ministère des Travaux publics en 1891.

57. *Viabilité en France.* — Le tableau comprend la longueur des routes en état de viabilité par département, celui que devra avoir le réseau complet quand toutes les lacunes et tous les chemins actuellement prévus seront exécutés et, enfin, pour donner une idée plus complète de tous les moyens de viabilité terrestre en France, nous y joindrons, également par département, les longueurs kilométriques des chemins de fer exécutés ainsi que celle des lignes en construction ou actuellement concédées.

A la fin de ce tableau nous ajouterons un résumé montrant ce qu'étaient nos routes en 1867 et nous ajouterons quelques détails statistiques sur leur prix de revient, les frais que coûte leur entretien, etc. etc. Ces derniers renseignements sont tirés du *Cours de routes* de M. Debauve.

58. ÉTAT DE LA VIABILITÉ SUR TERRE EN FRANCE LE 1er JANVIER 1880.

Nos d'ordre	DÉSIGNATION des DÉPARTEMENTS	ROUTES NATIONALES en mètres	ROUTES départementales en mètres	CHEMINS VICINAUX — CHEMINS DE GRANDE COMMUNICATION — en état de viabilité	CHEMINS VICINAUX — CHEMINS DE GRANDE COMMUNICATION — TOTAL y compris les lacunes et les chemins en construction	CHEMINS VICINAUX — D'INTÉRÊT COMMUN — en état de viabilité	CHEMINS VICINAUX — D'INTÉRÊT COMMUN — TOTAL y compris les lacunes et les chemins en construction	CHEMINS VICINAUX — COMMUNAUX — en état de viabilité	CHEMINS VICINAUX — COMMUNAUX — TOTAL y compris les lacunes et les chemins en construction	CHEMINS DE FER — LONGUEUR exploitée	CHEMINS DE FER — TOTAL y compris les chemins en construction ou concédés
a	b	c	d	e	f	g	h	i	j	k	l
1	Ain	452 184	»	1 685 580	1 707 939	1 202 497	1 315 757	4 755 993	6 740 342	472 813	542 972
2	Aisne	613 426	»	2 108 576	2 109 686	1 242 312	1 243 532	3 975 025	4 283 829	715 621	845 399
3	Allier	500 185	»	1 943 440	1 958 779	902 078	1 020 452	2 938 034	9 832 577	483 749	637 112
4	Alpes (Basses)	506 313	»	751 351	832 554	302 918	500 689	1 518 770	3 031 102	97 262	226 368
5	Alpes (Hautes)	386 684	»	853 219	969 310	»	»	898 320	2 678 121	167 934	231 961
6	Alpes-Maritimes	383 110	209 998	395 453	513 374	343 793	375 962	925 395	2 846 872	88 204	188 188
7	Ardèche	499 924	866 219	218 286	272 523	720 048	1 470 704	1 988 847	7 173 426	275 725	415 985
8	Ardennes	386 605	»	1 019 027	1 302 522	993 582	1 303 066	1 847 302	3 237 186	410 379	479 738
9	Ariège	272 182	326 868	428 720	472 937	497 737	691 910	1 098 056	2 519 382	69 858	214 647
10	Aube	378 841	385 353	522 685	522 685	863 398	863 398	2 189 200	2 428 861	371 086	410 634
11	Aude	356 966	»	1 265 027	1 304 166	1 189 353	1 506 392	2 957 492	4 509 465	273 270	350 206
12	Aveyron	625 051	867 744	669 358	691 518	1 348 712	1 629 838	1 774 030	4 253 913	282 373	420 867
13	Bouches-du-Rhône	283 848	416 259	1 062 941	1 108 140	856 172	944 468	546 406	1 012 413	539 613	727 190
14	Calvados	439 756	»	4 387 419	4 887 920	»	»	2 941 281	3 533 570	525 736	566 679
15	Cantal	382 189	550 549	422 707	433 439	1 345 511	1 620 602	2 021 124	4 908 548	190 679	315 289
16	Charente	349 658	549 305	1 025 434	1 025 434	2 374 401	2 440 856	1 089 485	2 060 518	323 344	428 395
17	Charente-Inférieure	432 711	650 486	2 444 205	2 447 478	1 689 107	1 094 741	3 492 005	6 663 863	375 875	606 613
18	Cher	492 745	»	1 406 180	1 406 180	1 505 952	1 506 752	2 770 162	4 348 499	329 403	479 465
19	Corrèze	372 230	»	1 695 414	1 730 735	859 335	1 309 903	1 287 271	4 264 635	277 495	373 627
20	Corse	1 131 693	209 222	414 475	605 405	668 295	1 318 418	875 023	1 832 865	179 808	293 868
21	Côte-d'Or	714 937	825 578	1 128 660	1 132 749	277 996	286 400	5 281 261	5 979 985	538 454	668 880
22	Côtes-du-Nord	479 382	»	2 136 339	2 136 339	1 481 542	1 511 880	3 304 258	3 621 016	282 803	507 439
23	Creuse	337 829	»	1 355 473	1 355 473	1 457 203	1 801 510	1 622 157	2 812 590	289 625	289 625
24	Dordogne	368 191	1 036 100	1 754 780	1 753 659	1 349 038	1 349 599	5 381 455	12 759 403	493 406	686 831
25	Doubs	308 611	»	1 625 869	1 631 279	579 688	601 582	4 892 830	5 753 292	393 353	401 983
26	Drôme	308 336	383 900	687 772	712 308	869 419	1 038 545	2 397 678	5 137 325	227 371	295 487
27	Eure	468 055	795 934	2 579 134	2 581 214	»	»	6 477 529	6 751 453	624 078	788 517
28	Eure-et-Loire	376 883	»	1 947 347	1 931 038	3 195 082	3 324 057	128 432	478 766	484 858	695 734
29	Finistère	417 920	517 352	1 300 480	1 313 263	425 279	443 432	3 491 716	4 474 825	304 461	444 340
30	Gard	528 951	721 150	649 051	649 051	887 254	914 997	2 287 490	4 397 133	605 797	639 984

31	Garonne (Haute)	333 010	1 019 158	831 570	838 762	869 495	964 935	3 198 404	6 955 902	339 049	345 362
32	Gers	418 977	646 045	1 126 101	1 134 735	738 022	748 029	3 677 496	5 784 067	220 228	359 523
33	Gironde	390 958	»	2 433 282	2 433 282	2 046 392	2 047 564	6 088 134	9 701 097	792 473	932 246
34	Hérault	358 145	493 378	1 003 669	1 031 373	930 172	1 093 758	3 618 464	4 776 298	483 053	634 202
35	Ille-et-Vilaine	725 024	»	3 793 652	3 918 646	»	»	2 471 072	3 344 426	454 087	527 973
36	Indre	404 148	»	3 360 426	3 364 038	»	»	2 006 813	2 701 254	258 586	442 760
37	Indre-et-Loire	317 361	»	1 839 157	1 839 904	969 218	969 218	3 846 613	6 042 648	571 805	716 105
38	Isère	538 883	822 664	1 000 445	1 028 902	606 235	678 390	6 565 769	8 678 052	529 835	512 613
39	Jura	355 521	622 566	823 507	836 563	487 151	493 670	3 841 547	4 733 216	294 571	469 168
40	Landes	456 269	609 286	912 980	912 980	403 911	447 384	2 436 989	632 299	289 547	633 328
41	Loir-et-Cher	305 630	594 530	667 217	667 217	1 622 357	1 625 246	2 573 699	9 239 322	372 299	480 805
42	Loire	339 919	501 032	498 138	498 693	1 728 212	2 584 843	1 987 662	3 280 313	406 112	461 693
43	Loire (Haute)	356 705	464 197	452 116	458 120	517 339	553 932	3 458 728	4 010 781	269 201	419 552
44	Loire-Inférieure	573 347	»	2 866 669	2 866 669	883 408	883 408	2 989 349	4 089 504	599 411	689 919
45	Loiret	436 575	523 941	1 412 142	1 416 142	668 954	668 954	3 065 313	3 330 950	581 130	600 397
46	Lot	277 874	»	1 581 383	1 620 618	1 261 207	1 418 621	1 774 863	3 043 943	233 867	370 756
47	Lot-et-Garonne	366 348	456 199	840 113	840 113	985 262	990 306	3 575 521	3 730 963	241 568	386 481
48	Lozère	463 413	»	1 390 500	1 520 606	»	»	2 921 212	4 567 520	143 615	187 616
49	Maine-et-Loire	563 660	831 170	995 913	925 913	2 224 469	2 239 162	3 168 664	3 568 534	563 598	698 615
50	Manche	377 718	»	4 361 467	4 375 731	»	»	3 683 533	4 451 145	47 056	534 724
51	Marne	590 270	»	2 275 607	2 275 607	»	»	3 433 754	4 131 905	363 205	681 261
52	Marne (Haute)	411 473	358 632	654 220	657 937	1 187 946	1 232 025	2 105 063	2 768 700	666 647	586 274
53	Mayenne	484 739	635 604	1 071 675	1 076 080	832 137	857 233	1 943 425	3 300 049	522 387	336 667
54	Meurthe-et-Moselle	410 052	424 949	600 806	601 047	973 186	974 508	2 724 263	2 939 353	336 667	608 953
55	Meuse	508 655	406 607	928 758	930 781	1 523 853	1 574 375	1 654 401	1 771 991	533 924	630 619
56	Morbihan	581 869	»	1 413 407	1 413 407	1 364 140	1 421 317	1 900 215	2 774 473	580 981	292 933
57	Nièvre	474 548	»	1 459 454	1 459 454	1 264 662	1 267 749	3 440 628	4 851 131	267 023	506 153
58	Nord	588 320	594 084	911 014	911 014	2 212 546	2 248 153	3 970 537	5 088 340	392 021	1 163 077
59	Oise	601 673	»	2 670 412	2 675 730	»	»	4 572 374	780 576	1 046 018	787 014
60	Orne	459 182	»	2 025 073	2 025 073	1 481 426	1 505 566	2 616 512	3 204 219	725 228	591 946
61	Pas-de-Calais	683 641	»	4 969 303	4 974 403	»	»	4 860 557	7 356 389	580 902	798 823
62	Puy-de-Dôme	473 348	»	1 094 305	1 094 305	2 082 925	2 812 387	9 369 776	1 381 497	790 775	548 644
63	Pyrénées (Basses)	434 009	735 952	978 518	987 588	1 021 1 3	1 103 271	5 763 235	8 990 746	348 727	424 514
64	Pyrénées (Hautes)	306 637	306 741	824 341	844 161	505 528	698 288	1 977 693	3 455 242	268 029	230 770
65	Pyrénées-Orientales	330 514	»	490 820	552 638	385 349	594 647	380 739	2 313 583	187 151	226 139
66	Rhin (Haut), Belfort	041 920	»	183 544	183 544	231 427	234 872	210 593	263 533	106 772	61 437
67	Rhône	227 535	»	1 223 761	1 238 593	836 967	885 987	2 398 445	4 061 [illegible]	61 437	440 676
68	Saône (Haute)	335 968	»	1 807 420	1 832 405	»	»	3 242 382	3 546 701	313 398	538 883
69	Saône-et-Loire	589 514	»	2 271 759	1 280 494	1 255 580	1 289 951	5 646 323	8 176 083	425 795	838 345
70	Sarthe	403 506	»	1 432 447	2 437 467	1 775 738	1 777 585	3 558 468	3 803 365	722 559	710 330
71	Savoie	334 123	256 526	472 120	658 880	801 613	1 168 299	1 068 579	2 217 200	683 870	253 326
72	Savoie (Haute)	313 117	333 484	497 653	580 627	335 498	418 634	2 287 888	4 314 273	213 426	276 974
73	Seine	116 197	195 916	248 019	253 637	»	»	315 237	365 282	168 754	261 525
74	Seine-Inférieure	595 157	»	5 473 021	5 641 674	»	»	4 991 383	5 500 710	231 835	747 558
75	Seine-et-Marne	517 313	1 042 969	2 510 140	2 510 268	»	»	2 879 689	3 031 504	578 981	643 950
76	Seine-et-Oise	735 902	»	2 860 615	2 863 883	»	»	3 261 487	3 596 380	437 646	884 917

ÉTAT DE LA VIABILITÉ SUR TERRE EN FRANCE LE 1er JANVIER 1889 (*suite*).

Nos d'ordre	DÉSIGNATION des DÉPARTEMENTS	ROUTES NATIONALES en mètres	ROUTES départementales en mètres	CHEMINS VICINAUX — CHEMINS DE GRANDE COMMUNICATION — en état de viabilité	CHEMINS VICINAUX — CHEMINS DE GRANDE COMMUNICATION — TOTAL y compris les lacunes et les chemins en construction	CHEMINS VICINAUX — D'INTÉRÊT COMMUN — en état de viabilité	CHEMINS VICINAUX — D'INTÉRÊT COMMUN — TOTAL y compris les lacunes et les chemins en construction	CHEMINS VICINAUX — COMMUNAUX — en état de viabilité	CHEMINS VICINAUX — COMMUNAUX — TOTAL y compris les lacunes et les chemins en construction	CHEMINS DE FER — LONGUEUR exploitée	CHEMINS DE FER — TOTAL y compris les chemins en construction ou concédés
a	*b*	*c*	*d*	*e*	*f*	*g*	*h*	*i*	*j*	*k*	*l*
77	Deux-Sèvres	465 686	»	1 279 753	1 280 837	1 928 332	1 970 610	3 014 114	4 449 459	453 797	532 556
78	Somme	619 938	»	3 535 146	3 535 146	»	»	4 785 164	5 612 107	620 180	888 528
79	Tarn	334 748	887 857	799 234	817 488	2 143 164	2 562 640	1 944 058	3 895 856	278 104	361 552
80	Tarn-et-Garonne	252 6 5	»	1 109 699	1 113 008	762 692	857 195	3 219 163	4 088 414	194 917	226 297
81	Var	264 209	792 022	952 176	1 039 359	318 548	507 793	1 196 885	1 834 287	280 605	498 565
82	Vaucluse	157 315	597 842	377 534	381 567	»	»	2 378 099	3 087 958	212 517	318 744
83	Vendée	539 435	»	3 165 156	3 165 349	»	»	2 184 692	2 781 799	369 505	489 062
84	Vienne	384 482	»	1 920 081	1 920 081	2 070 324	2 078 400	2 910 595	3 747 477	470 437	564 225
85	Haute-Vienne	376 981	176 095	2 568 212	2 640 305	»	»	2 815 890	3 389 248	368 973	412 262
86	Vosges	413 314	»	2 376 975	2 214 464	»	»	2 665 829	3 401 216	524 751	584 651
87	Yonne	529 303	»	3 651 147	3 669 537	»	»	3 584 897	4 345 580	593 092	636 475
	Chaussées empierrées	35 315 619									
	Chaussées pavées	2 487 742									
	TOTAUX	37 802 761	24 560 592	135 178 183	138 157 442	75 688 003	83 871 595	254 150 506	381 716 344	35 033 800	44 254 852
	TOTAUX en 1867	37 400 000	47 000 000	72 000 000	83 000 000	49 000 000	81 000 000	118 000 000	354 000 000	15 750 000	221 040 000
	Prix de revient par kilomètre en 1867	20 000	15 000	10 000		5 500		4 000		443 378	
	Frais d'entretien par kilomètre	600	450	306		190		140		10 000	
	Nombre d'habitants par kilomètre construit en 1867	1 018	811	528		470		108		en 1867 en 1886	1 809

Passant maintenant à l'examen de ce tableau, nous allons en parcourir successivement les différentes colonnes.

Grande voirie.

59. *Routes nationales.* — Ce qui frappe tout d'abord c'est leur état stationnaire depuis 1867, mais, en y réfléchissant un peu, on voit qu'il ne pouvait en être autrement. Aussitôt les grandes artères des chemins de fer établies, le roulage à longue distance fut en quelque sorte supprimé et fit place à un véritable camionnage entre les différentes localités et les gares de marchandises. Au fur et à mesure que le réseau ferré multiplia ses mailles, le tonnage transporté augmenta, et la longueur du parcours sur essieu diminua. Il s'ensuivit que les routes nationales se rapprochèrent, pour les services rendus, des chemins de plus ou moins grande communication. De là leur état stationnaire et le développement des chemins vicinaux.

Le fait que nous venons de signaler est vrai non seulement pour les pays d'Europe, mais il apparaît avec toute sa netteté dans les États-Unis d'Amérique où on peut dire que les chemins de fer, depuis leur création, précèdent ou ont précédé la population et par suite les chemins vicinaux.

60. *Entretien et classement.* — Les routes nationales sont entretenues par l'État et se divisent en trois classes :

La *première* est celle des routes qui conduisent de la capitale aux frontières et aux grandes villes maritimes.

La *deuxième*, celle des voies qui, suivant la même direction, ont cependant moins d'importance.

La *troisième* enfin est celle dans laquelle rentrent les routes qui assurent des communications d'intérêt général, sans partir de la capitale pour aboutir aux frontières.

Toutes ces routes sont au nombre de deux cent trente-sept et numérotées de 1 à 208. Des numéros *bis* et *ter* complètent le nombre indiqué ci-dessus.

61. *Routes en Algérie.* — L'Algérie n'est pas comprise dans les chiffres ci-dessus : elle contient dix routes nationales pour un parcours de 2 873 710 mètres.

62. *Routes départementales.* — Ce que nous venons de dire relativement à l'influence des chemins de fer sur les routes nationales est encore d'une application plus directe aux routes départementales : celles-ci, autrefois sous la direction des ingénieurs de l'Etat, qui contribuait pour moitié à leur entretien, furent bientôt laissées par lui à la charge des départements. On dut en compensation abandonner aux préfets et aux Conseils généraux plus d'action sur ces voies de communication qui purent alors être déclassées lorsque leur tracé ne se prolongeait pas sur un autre département, et on leur permit de confier le service, soit à l'ingénieur de l'Etat, soit à des agents-voyers choisis en dehors de l'Administration centrale.

63. *Loi du 10 août 1871.* — La loi du 10 août 1871, en étendant les prérogatives des Conseils généraux, leva les dernières restrictions apportées par la législation aux routes départementales et aux chemins vicinaux.

Parmi les mesures prises nous devons signaler les pouvoirs accordés aux Conseils généraux de déclasser les routes départementales et de les faire rentrer dans le service vicinal et cela sans aucune exception, c'est-à-dire qu'ils se prolongent ou non dans les départements circumvoisins.

Depuis longtemps des vœux dans ce sens étaient émis par les conseillers généraux et de nombreux départements en profitèrent. Depuis cette loi, quarante-quatre départements sur quatre-vingt-sept ont opéré ce déclassement et l'ensemble des routes départementales qui présentaient, en 1867, un développement de 47 000 kilomètres n'a plus aujourd'hui que 24 560 kilomètres de longueur ; 22 500 kilomètres de routes départementales figurent donc aujourd'hui parmi les chemins de grande communication et nous aurons à en tenir compte quand nous parlerons de ces derniers chemins.

64. *Déclassement; ses avantages.* — Les avantages immédiats de cette modification ont été fort bien exposés, en 1887, dans un rapport de M. L. Bourgeois, conseiller d'État, directeur de l'administration départementale et communale, rapport adressé à M. Fallières, alors ministre de l'intérieur. Nous en extrayons ce qui suit :

« Les considérations qui ont amené les Conseils généraux à prononcer le déclassement peuvent se grouper ainsi :

1° Économie sur les dépenses du personnel, par l'unification des services de voirie ;

2° Augmentation des ressources ;

3° Répartition plus équitable des charges d'entretien et meilleure utilisation des ressources ;

4° Extension aux routes départementales du bénéfice de la loi du 12 mars 1880 et motifs divers. »

65. 1° *Economie sur les dépenses du personnel par l'unification des services.* — « L'unification des services, c'est-à-dire la remise entre les mains des mêmes agents de la direction des routes départementales et des chemins de grande vicinalité est une conséquence pour ainsi dire obligée du déclassement.

« Dans la plupart des cas, en effet, les réseaux des routes départementales et des chemins de grande communication se pénètrent et s'unissent, de telle sorte que les agents de l'une des deux catégories de chemins parcourent en pure perte une partie du réseau dont ils n'ont pas la surveillance pour se rendre au point où leur action doit s'exercer.

« De là un double emploi et une dépense plus grande.

« Si l'on ajoute à cela, que, dans un grand nombre de départements, les routes départementales sont arrivées à l'état complet d'entretien et qu'il n'y a guère qu'à surveiller les chaussées, l'emploi des matériaux, la délivrance des alignements, on concevra qu'il est possible de remettre les routes, sans augmentation sensible de personnel, au service déjà chargé de la vicinalité et qu'il en résultera, pour les finances départementales, une réelle économie. C'est ainsi qu'il a été économisé 20 000 francs dans la Lozère, 30 000 fr. dans l'Aisne, etc. etc.

« En moyenne :

« Avant le déclassement les frais du personnel se montaient à 9,22 0/0 du montant des travaux.

« Après le déclassement ils se sont abaissés à 6,86 0/0 (économie 2,36 0/0). »

66. 2° *Augmentation des ressources.* — « Les ressources applicables aux routes départementales sont entièrement demandées au budget des départements. Les communes, qu'elles soient traversées ou non par une route, ne contribuent en aucune manière à son entretien ; on ne peut non plus réclamer aux industriels qui les dégradent les contributions spéciales autorisées par l'article 14 de la loi du 21 mai 1836.

« Le déclassement assure aux routes départementales cette double source de revenus et permet au Conseil général de réclamer des contingents aux communes et des subventions industrielles aux particuliers.

« C'est ainsi que l'assimilation des routes départementales aux chemins de grande communication a pu être considérée, par plusieurs départements, comme un moyen efficace de sortir d'une situation financière embarrassée. Ce fait est notamment signalé par les Conseils généraux de l'Ain, de l'Aisne, des Ardennes, du Cher, du Doubs, d'Indre-et-Loire, de la Lozère, du Rhône, des Deux-Sèvres, des Vosges et de l'Yonne. Dans ces départements, en effet, il y avait insuffisance des *ressources d'entretien* pour les chemins de grande vicinalité, ou, tout au moins, disproportion très grande entre les *ressources en argent* qui faisaient défaut et les *ressources en nature* dont on ne trouvait pas emploi.

« Cette situation créait dans certains cas de réels embarras, et, d'après les constatations des Conseils généraux de l'Aisne, des Hautes-Alpes, du Cher, on était dans ces départements en présence d'un déficit qu'il aurait fallu combler par de nouveaux centimes, si l'on n'avait recouru au déclassement. »

67. 3° *Répartition plus équitable des charges et meilleure utilisation des ressources.* — « Les dépenses de toute nature des routes départementales étant imputées au budget du département, il en résultait que les contribuables concouraient tous à ces dépenses, sans qu'il y ait lieu de tenir compte de l'usage qu'ils font de ces routes ou des avantages qu'elles leur procurent.

« Pour les grandes lignes vicinales, au contraire, les contingents des communes viennent s'ajouter aux ressources départementales.

« Cette différence de traitement, à l'égard de deux catégories de voies répondant aux mêmes besoins de circulation, crée des inégalités choquantes dans la distribution des charges. Des communes rurales, tout entières traversées par une route départementale échappent à toute redevance, tout en profitant des avantages d'une bonne voirie ; le même fait se produit dans les centres importants où affluent les grandes artères, routes nationales et routes départementales, et où ne se fait par conséquent pas sentir le besoin d'un réseau étendu de grande vicinalité.

« Le déclassement des routes départementales a pour effet de faire disparaître ce manque de justice distributive dont tous les Conseils généraux ont été frappés.

« Une autre conséquence du déclassement est une meilleure utilisation des ressources.

« Les contingents que les Conseils généraux peuvent réclamer des communes sont de deux natures : les centimes et les prestations.

« L'application de la première de ces ressources ne peut présenter aucune difficulté. Il n'en est pas de même de la prestation en nature, dont l'utilisation ne se prête pas avec la même élasticité à toutes les exigences de la vicinalité.

« Pour tirer des ressources vicinales tout leur effet utile il est indispensable que la *ressource argent* soit combinée avec la *ressource nature*. Il est des travaux, tels que les ouvrages d'art, qu'on ne peut guère demander à la main-d'œuvre, et, d'un autre côté, il faut assurer le salaire des cantonniers et l'achat des matériaux. Or il arrive que sur telle ligne vicinale il y a excès de journées en nature, tandis que le numéraire fait défaut. De plus, il peut y avoir disproportion entre les journées d'homme et les journées de voiture ou d'animaux.

« Le déclassement atténue ces inconvénients dans une large mesure. L'argent des routes départementales allant aux chemins vicinaux et les ressources de ceux-ci se portant sur les routes, l'équilibre s'établit plus facilement.

« Il y a de plus intérêt à grouper les prestataires dans un rayon le moins éloigné possible de leur domicile, tout en les répartissant suivant les besoins de la vicinalité. »

68. 4° *Participation des routes départementales au bénéfice de la loi du 12 mars 1880. Motifs divers.* — « La loi du 12 mars 1880 assure, dans des conditions déterminées, la participation de l'État aux dépenses d'établissement des chemins vicinaux. Le déclassement permet de faire bénéficier les routes départementales des dispositions de cette loi et ouvre aux départements la faculté de profiter des conditions avantageuses auxquelles ils peuvent emprunter pour la vicinalité. Il existe encore des considérations d'ordre secondaire, telles que la réduction des frais d'enregistrement des marchés, la simplification des formalités de déclaration d'utilité publique et de la procédure des expropriations, la compétence des tribunaux de police pour les contraventions de voirie, enfin l'unification des écritures et de la comptabilité.

« On ne doit donc pas être étonné de l'empressement qu'ont mis les Conseils généraux à déclasser les routes départementales depuis 1871. Ce mouvement, du reste, s'accentue tous les jours et on peut prévoir l'époque à laquelle il n'existera plus aucune route départementale. »

Petite voirie.

69. *Chemins de grande communication.* — Nous avons vu la différence qui existe entre les routes et les chemins de grande communication, nous dirons donc seulement que ceux-ci diffèrent des chemins d'intérêt commun en ce que la direction et la surveillance des travaux est placée par la loi sous l'autorité du préfet. En 1867, il existait seulement 72 000 kilomètres de chemins de grande communication et il y avait 11 000 kilomètres de chemins en construction ou de lacunes prévues à combler. Depuis cette époque, les chemins existants se sont accrus des 22 500 kilomètres de routes départementales déclassées, soit 94 500 kilomètres. Les travaux commencés ont été terminés et des travaux neufs ont été exécutés, de telle sorte que le total était de 135 000 kilomètres en 1889, et 3 000 kilomètres restaient seulement à construire.

70. *Chemins d'intérêt commun.* — Ces chemins pour lesquels les Conseils généraux décident les parts contributives de chaque commune ont suivi l'impulsion générale et sont aujourd'hui presque achevés. Ils avaient, en 1867, 49 000 kilomètres de développement effectif et 81 000 de développement prévu ; en 1889, 75 688 étaient en état de viabilité et il restait seulement 8 000 kilomètres pour parachever leur réseau.

71. *Chemins communaux.* — Ces chemins proviennent généralement d'anciens chemins ruraux ou particuliers répondant à des besoins importants de voisinage qui ont été *classés*. Les communes intéressées sont chargées de leur mise en état et de leur entretien. Le tableau montre avec quelle activité on s'en est occupé depuis vingt-cinq ans ; depuis cette époque 136 000 kilomètres ont été construits, et il y en a encore 127 000 kilomètres à terminer.

Routes à l'Étranger.

72. Sauf pour quelques nations, on possède peu de renseignements en France sur l'état des routes à l'Etranger. Les pays les plus mal partagés sous ce rapport, il y a quelques dizaines d'années, se sont lancés depuis dans la construction des chemins de fer. Des chemins de grande communication ont réuni les principales localités aux gares de chemin de fer. Il s'ensuit que le nombre des routes proprement dites s'est fort peu accru et que les évaluations qui y sont relatives ont peu varié depuis 1867. Nous donnerons ces chiffres d'après M. Debauve. Ce sont, parmi ceux que nous avons pu nous procurer, les seuls qui nous aient inspiré la confiance nécessaire pour les reproduire ; mais, on le voit, ils sont fort peu nombreux. Aussi, pour donner une idée de la viabilité des pays étrangers, nous avons joint, d'après l'*Annuaire de statistique* de 1891, l'état des chemins de fer en 1890, et nous y avons ajouté, d'après le même *Annuaire*, des colonnes indiquant les populations et les superficies des différents États, de façon à en pouvoir tirer les renseignements que nous croyons utiles sur le nombre de kilomètres de chemins de fer et de routes par 1 000 kilomètres carrés et par mille habitants.

Nous ferons suivre ce tableau des quelques renseignements qui sont parvenus à notre connaissance sur l'état des routes en Angleterre, en Espagne, etc. (73).

Remarques sur le tableau suivant.

74. *Angleterre.* — En Angleterre les routes sont entretenues par les communes que la loi rend responsables de leur mauvais état. Ces communes sont couvertes de leurs dépenses par le produit du péage établi sur ces routes. La perception de ce péage et les travaux d'entretien sont surveillés par des Commissions composées des principaux propriétaires.

Les routes sont très belles, ce qui tient en partie au mode de construction et d'entretien et surtout à l'absence presque totale de lourds fardeaux. Par suite de sa position topographique, le transport des marchandises s'effectue beaucoup par cabotage et beaucoup par les nombreux canaux qui coupent le pays en tous sens ; les chemins de fer faisant à peu près le reste des transports les routes ne sont pour ainsi dire fréquentées que par des voitures légères.

75. *Espagne.* — En Espagne on ne s'est occupé des routes que depuis le règne de Philippe V. Petit-fils de Louis XIV, il apporta de France le goût de son grand-père pour les routes luxueuses qui ne furent même pas faites dans l'intérêt du commerce. Depuis lors, on s'en est fort peu occupé et elles sont restées dans un état souvent déplorable.

On remarque surtout ce fait dans tous les pays du Midi où, pendant l'été, la terre battue et desséchée offre, quand elle est

73. VIABILITÉ SUR TERRE DANS DIFFÉRENTS PAYS

NOMS DES PAYS	ROUTES en 1867	CHEMINS VICINAUX en 1867	TOTAL DES ROUTES et chemins en 1867	CHEMINS DE FER EN exploitation 1890 en km	SURFACE DES PAYS en km □	NOMBRE de km de ROUTES PAR 1000 km □	NOMBRE de km de chemin de fer par 1000 km □	TOTAL DES VOIES terrestres par 1000 km □	NOMBRE D'HABITANTS	NOMBRE de km DE ROUTES par 1000 habit.	NOMBRE de km de chemins de fer par 1000 habit.	TOTAL de km de viabilité terrestre par 1000 habit.	OBSERVATIONS
France	84 400	239 000	323 400	35 034	528 876	613 00	66 40	679 40	38 218 903	8 500	0 915	9 415	Recens. 1889
Allemagne	»	118 218	»	42 022	540 514	»	77 90	»	49 422 928	»	0 870	»	y compris
Autriche (Haute-)	29 112	86 747	87 859	25 383	300 232	294 00	84 40	388 40	23 835 261	3 730	1 040	4 77	Als-Lorraine
Belgique	6 990	17 500	24 490	4 470	29 455	830 00	152 00	982 00	5 974 743	4 14	0 830	4 97	
Brésil	»	»	»	8 586	8 380 000	»	1 01	»	10 684 000	»	0 809	»	R. 1884
Chili	»	»	»	2 709	655 341	»	4 15	»	2 527 320	»	0 820	»	1885
Colombie	»	»	»	347	1 010 160	»	0 34	»	4 403 532	»	0 079	»	1870
Costa Rica	»	»	»	282	55 393	»	5 00	»	209 000	»	1 350	»	1889
Danemarck	»	»	»	1 969	38 208	»	51 20	»	1 969 454	»	1 000	»	
Equateur	»	»	»	204	343 280	»	0 59	»	1 004 651	»	0 200	»	
Espagne	14 926	1 575 000	16 501	9 669	507 045	32 5	19 10	51 60	17 545 160	0 940	0 550	1 490	
Colonies Espagnoles	»	»	»	1 600	1 129 370	»	1 32	»	8 156 900	»	0 197	»	
Etats-Unis	»	»	»	259 510	9 212 270	»	27 15	»	62 480 000	»	4 160	»	
Gde-Bretagne et Irlande	38 600	160 900	209 500	32 094	314 628	669	102 00	771 00	35 241 483	3 970	0 910	6 880	1889
Australie	»	»	»	29 047	7 964 541	»	3 64	»	3 860 496	»	7 500	»	
Canada	»	»	»	21 444	7 990 706	»	2 68	»	4 946 000	»	4 200	»	
Indes anglaises	»	»	»	25 902	3 769 620	»	7 90	»	255 647 863	»	0 111	»	1889
Grèce	»	»	»	722	64 668	»	11 15	»	2 187 208	»	0 328	»	
Guatemala	»	»	»	161	120 000	»	1 34	»	1 427 116	»	0 114	»	
Havaï	»	»	»	90	19 556	»	4 60	»	80 578	»	1 100	»	
Italie	»	»	»	13 139	286 588	»	45 40	»	30 158 408	»	0 435	»	
Japon	»	»	»	1 802	370 000	»	4 87	»	39 607 234	»	0 045	»	
Luxembourg	»	»	»	398	2 554	»	156 00	»	213 751	»	1 860	»	1882
Mexique	»	»	»	8 948	1 921 240	»	4 69	»	10 447 974	»	0 860	»	1884
Nicaragua	»	»	»	159	159 650	»	1 00	»	269 000	»	0 610	»	
Paraguay	»	»	»	150	238 000	»	0 63	»	457 000	«	0 327	»	
Pays-Bas	»	»	»	1 288	32 841	»	32 20	»	4 548 595	»	0 283	»	
Pérou	»	»	»	1 347	1 072 496	»	1 30	»	2 629 600	»	0 512	»	
Corse	»	»	»	18	1 427 000	»	0 01	»	8 500 000	»	0 0002	»	
Portugal	»	»	»	2 060	91 013	»	22 70	»	4 745 124	»	0 433	»	1886
Prusse	»	»	»	23 021	347 509	»	66 10	»	29 959 388	»	0 794	»	
République Argentine	»	»	»	8 760	1 805 800	»	4 87	»	3 203 720	»	0 272	»	
République Dominicaine	»	»	»	115	53 343	»	2 17	»	504 000	»	0 329	»	
Roumanie	»	»	»	2 543	127 584	»	20 00	»	5 376 000	»	0 464	»	
Russie	8 416	94 000	112 416	1 433	22 430 004	4 99	1 37	6 36	112 934 392	0 99	0 264	0 363	
Finlande	»	»	»	28 327	373 536	»	4 76	»	2 203 358	»	0 875	»	
San-Salvador	»	»	»	95	18 906	»	0 50	»	664 513	»	0 143	»	
Serbie	»	»	»	626	48 555	»	1 03	»	2 010 000	»	0 253	»	
Suède	53 867	»	»	7 888	442 818	»	17 90	»	4 565 668	»	1 750	»	
Norvège	»	»	»	1 562	322 963	»	5 84	»	1 913 500	»	0 875	»	
Suisse	»	»	»	3 010	41 346	»	73 00	»	2 934 057	»	1 040	»	
Turquie (Europe et Asie)	»	»	»	933	3 408 228	»	0 37	»	23 898 000	»	0 380	»	
Bulgarie	»	»	»	802	63 972	»	12 55	»	3 154 375	»	0 253	»	
Egypte	»	»	»	2 012	27 800	»	70 00	»	6 817 265	»	0 294	»	
Uruguay	»	»	»	712	186 920	»	0 38	»	650 000	»	1 093	»	
Vénézuéla	»	»	»	400	1 137 000	»	0 36	»	2 198 320	»	0 182	»	

aplanie, une surface de roulement suffisante pour des transports peu actifs sur des chariots peu chargés. En hiver, qui dans ces contrées se traduit par des pluies, le sol se détrempe, il se creuse de profondes ornières et, comme la propriété a généralement peu de valeur, on passe à côté en créant ainsi un nouveau frayé. Ce fait est surtout fréquent dans les plaines où il n'est pas rare de rencontrer des chemins ayant plusieurs dizaines de mètres de largeur.

CHAPITRE II

TRACÉ D'UNE ROUTE, PROFIL EN LONG

§ *I. — ON POSSÈDE UNE CARTE AVEC COURBES DE NIVEAU*

76. Quand il s'agit d'établir une route, les points extrêmes (c'est-à-dire la *direction*) sont déterminés par l'administration, de telle sorte que le travail de l'ingénieur consiste principalement à étudier le meilleur *tracé* entre le point d'arrivée et le point de départ. Il y a toutefois des considérations de premier ordre que l'administration aussi bien que ses agents ne doivent jamais perdre de vue. Ce sont celles qui ont trait à la défense du pays et aux conditions économiques des localités traversées. Nous allons les examiner chacune séparément.

Considérations stratégiques.

77. Au point de vue militaire on classe les voies de communications en deux groupes :

1° Les *routes* purement *militaires* qui servent uniquement au transport des troupes et des munitions. Elles sont construites et entretenues par les officiers du génie. Les principes sur lesquels reposent leur tracé sont les mêmes eu égard aux services qu'elles doivent rendre que ceux qui servent au tracé des voies ordinaires ;

2° Les routes ouvertes au commerce et à l'industrie.

C'est surtout vers les frontières et vers l'abord des places fortes que les considérations militaires doivent entrer en ligne de compte ; aussi a-t-on fixé, dans leur voisinage, une largeur de zone sur laquelle aucune route ne peut être entreprise qu'avec l'assentiment du génie militaire. Une Commission mixte des travaux publics a été composée pour statuer sur les projets proposés : elle comprend des généraux d'artillerie et du génie, des inspecteurs généraux des ponts et chaussées et des membres du Conseil d'Etat. Toutes les décisions relatives aux zones sont préalablement soumises à leur appréciation, et il n'est statué qu'après leur approbation.

« En général, dit M. L. Durand-Claye (*Routes et chemins vicinaux*), toute route ouverte dans le rayon de défense d'un territoire fortifié facilite l'approche de l'ennemi et est contraire à l'intérêt de la défense qui cherche à multiplier les obstacles. D'un autre côté, toute route qui aboutit à la frontière facilite, en cas d'attaque, les transports de troupes et de matériel sur le pays que l'on veut envahir ».

C'est après la pondération résultant de ces considérations opposées que la Commission mixte statue.

Considérations économiques.

78. Ainsi que nous le disions en commençant, les points d'arrivée et de départ sont ordinairement fixés par l'administration supérieure, et l'ingénieur n'a pas à intervenir dans la question. Souvent même, *plusieurs* localités importantes intermédiaires sont également imposées. Dans ce cas, on devra considérer d'abord le point de départ et la première localité rencontrée. De cette localité, on passera à la seconde et ainsi de suite, de telle sorte qu'au point de vue du projet on pourra considérer chacune de ces localités comme le point de départ et le point d'arrivée d'un tronçon de route. Toutefois cette règle est loin d'être exclusive, car il est quelquefois plus avantageux pour l'intérêt général de sauter une localité intermédiaire et de détacher un rameau pour la desservir. C'est ce qui a surtout lieu dans les pays montagneux où les considérations administratives perdent leur poids et où l'art intervient pour réduire les dépenses et rendre les communications aussi faciles que le terrain le permet.

A cet égard, la question des pentes et des courbes de la route devient la question principale. Nous verrons dans un chapitre spécial leur influence sur le roulage.

Rampes.

79. Nous dirons dès maintenant que l'on a reconnu la nécessité de ne pas dépasser :

3 0/0 sur les routes nationales ;
4 0/0 sur les routes départementales ;
5 0/0 sur les chemins vicinaux.

Nous avons vu que, chez les Romains, on admettait des rampes de 10, 12 et même 15 0/0, ce qui était possible avec des routes où les transports relativement peu nombreux se faisaient à dos de chevaux ou avec des chars à voie étroite, peu chargés. Au fur et à mesure que les transits augmentèrent, la nécessité de diminuer les pentes se fit sentir ; mais, malgré cela, au commencement et jusque vers la première moitié de ce siècle, les pentes étaient encore tellement fortes qu'elles donnèrent lieu à une industrie, aujourd'hui presque complètement disparue, celle des *chevaux de renfort*, sorte de relais placés au bas des côtes où les convoyeurs pouvaient trouver des chevaux supplémentaires.

Aujourd'hui donc, on ne doit dépasser les pentes que nous venons d'indiquer que pour des longueurs très courtes, de façon à ce que les chevaux puissent donner le coup de collier nécessaire pour les gravir. Autrement, il faudrait modifier le chargement, ce qui serait une cause de frais, de perte de temps et des causes d'avaries pour les marchandises transportées.

Courbes.

80. De même que pour les pentes, il y a des rayons de courbure que l'on ne saurait dépasser sans augmenter les difficultés de la traction et sans créer des dangers pour la circulation. Cette limite est de 50 mètres. Au delà, il n'y a pas lieu de s'en préoccuper. On peut cependant dans des cas particuliers descendre jusqu'à 30 et même 20 mètres de rayon. Nous étudierons ces différents cas un peu plus loin en détail, quand nous nous occuperons du *tracé définitif* de la route. Nous aurons aussi à examiner l'emplacement des travaux accessoires, tels que les ponts, mais nous préférons terminer préalablement l'examen des conditions économiques en donnant les moyens de comparer différents tracés aboutissant du point A au point B par exemple.

COMPARAISON DE PLUSIEURS TRACÉS

81. Il arrive fréquemment en effet que plusieurs tracés sont possibles entre les deux points donnés, et ce n'est souvent pas le plus court chemin qui est le plus économique. On a donc recherché les moyens de comparer entre eux avec précision les tracés étudiés. Il y a pour arriver à ce but trois méthodes principales :

1° Celle de l'inspecteur général Favier (1841) ;

2° Celle de M. l'inspecteur général Léon Durand-Claye (1871) ;

3° Celle de M. l'inspecteur général Lechalas (1879).

Méthode de Favier.

82. M. Durand-Claye a donné une analyse de l'ouvrage de Favier dans son livre sur les *Routes et les chemins vicinaux* (1); nous en extrayons ce qui suit :

Appelons E le travail utile développé en palier par un attelage ;

K, le poids transporté;

v, la vitesse supposée constante ;

t, le temps pendant lequel les chevaux fournissent le travail durant une journée ;

E, le travail maximum pour lequel on aura eu le soin de combiner tous les éléments qui précèdent.

On aura :

$$E = Kvt \quad (1)$$

Sur une rampe, ces quantités se modifient et on a, en appelant R le rapport de ces deux quantités:

$$R = \frac{E}{E'} = \frac{Kvt}{K'v't'}. \quad (2)$$

Si la dépense journalière de l'attelage est P et si on représente par p et p' les dépenses du transport par unité de poids et de distance, on aura dans les deux cas :

$$P = Kvtp = K'v't'p' \quad (3)$$

d'où:

$$\frac{p'}{p} = \frac{Kvt}{K'v't'} = R. \quad (4)$$

Il est évident qu'on ne peut admettre dans la pratique un chargement variable avec les pentes et les rampes. Ce cas n'est réalisable que pour le transport des voyageurs qui peuvent descendre et remonter dans la voiture sans occasionner de frais supplémentaires indépendants des inconvénients éprouvés par les voyageurs. Le but principal des routes étant le transport des marchandises, nous éliminerons ce cas quant à présent. On doit donc, dès qu'il s'agit de marchandises, faire :

$$K = K' \quad (5)$$

d'où :

$$\frac{p}{p'} = \frac{vt}{v't'}. \quad (6)$$

83. Favier admet que le maximum de travail du cheval se produit quand il travaille la moitié du temps pendant lequel il peut à la rigueur marcher ; on a donc dans cette hypothèse :

$$t = t' \quad (7)$$

d'où :

$$\frac{p}{p'} = \frac{v}{v'} \quad (8)$$

et le problème se ramène à évaluer $\frac{v}{v'}$.

L'hypothèse de Favier est fondée sur ce que le cheval, ne dormant que trois ou quatre heures par jour, et, souvent même ne se couchant pas, ne doit guère se fatiguer plus en marchant lentement qu'en se tenant debout.

D'autre part, le même auteur trouve que le maximum de travail a lieu pour une durée de traction égale à la moitié du temps pendant lequel l'animal peut marcher, ce qui justifie son hypothèse au point de vue mathématique.

Appelant ensuite V la vitesse prise par le cheval quand il marche sur un palier sans opérer d'effort de traction, et v cette vitesse avec un effort π de traction, il en conclut pour la vitesse v en palier :

$$v = V\left(1 - \frac{\pi}{\omega\Pi}\right), \quad (9)$$

ω étant un coefficient constant et Π le poids du cheval $= 0^{\text{tonne}},360$.

Dans le cas où la route a une inclinaison α, les quantités v', V' et π' seront liées entre elles par une même relation :

$$v' = V'\left(1 - \frac{\pi'}{\omega\Pi(1-\chi)}\right) \quad (10)$$

dans laquelle χ est une fonction de α variant dans le même sens que cet angle.

On admet en outre que :

$$\frac{V'^2}{V^2} = (1 - \Psi), \quad (11)$$

(1) Voir Favier, *Lois du mouvement de traction*; et Durand-Claye, *Routes et chemins vicinaux*.

Ψ étant une fonction de α analogue à la précédente.

La valeur de ω est, d'après l'expérience, $= 0,3$; les fonctions χ et Ψ varient.

Favier a donné des tables qui permettent de calculer les valeurs de v et de v' tant à la montée qu'à la descente. Il admet que, si la pente atteint la limite de 0,03, le frein fonctionne de manière à ramener la traction à ce qu'elle serait sur une pente de 0,03, ce qui revient à considérer R comme constant à partir de cette limite.

84. *Longueurs équivalentes.* — En résumé, et c'est surtout ce qu'il faut retenir de la méthode de Favier, tous ces calculs reviennent à *transformer les pentes et les rampes en longueurs horizontales équivalentes*, car, puisque $p' = Rp$, si l est la longueur d'une rampe : $p'l$ sera la dépense D pour la franchir, ce qui donne, en remplaçant p' par sa valeur :

$$D = R\,pl. \qquad (12)$$

La longueur Rl sera appelée la *longueur équivalente.*

Il résulte de tout ceci que, pour comparer deux tracés par la méthode Favier, on multipliera la longueur de chaque pente et de chaque rampe par la valeur de R qui lui convient, on y ajoutera celle des paliers et on aura ainsi une longueur totale équivalente dans un sens, on fera le même calcul pour le retour (car R varie) et, en prenant la *moyenne arithmétique*, si la circulation est la même des deux côtés, et la *moyenne géométrique*, si elle est différente, on aura un chiffre proportionnel à la dépense pour le parcours de la route. En répétant ces opérations sur un autre tracé, on pourra faire une utile comparaison.

« Malheureusement les calculs de Favier, dit M. Debauve, prêtent beaucoup à la critique et ne peuvent inspirer une absolue confiance; ses tables permettent bien de faire un choix déterminé, mais on n'est pas sûr que ce choix soit le meilleur. »

M. Durand-Claye a repris, en 1871, le travail de Favier et l'a mis sous une forme plus simple ; nous allons la donner d'après le travail de son auteur.

Méthode de M. L. Durand-Claye.

85. L'influence considérable des pentes, des rampes, des courbes, etc., sur les frais de traction nous faisant consacrer un chapitre spécial à leur étude, nous prendrons de suite la formule finale à laquelle arrive M. Durand-Claye, formule que nous démontrerons en temps utile :

$$Q = \frac{F}{P} = \left(\frac{K}{C} + f\right) L + \left(1 + \frac{1}{C}\right) H. \qquad (13)$$

Q représente la fatigue de l'attelage par unité de poids;

F, la fatigue totale;

P, le poids transporté;

$C = \frac{P}{p}$, c'est-à-dire le poids transporté par unité de poids de cheval;

p, le poids des chevaux composant l'attelage ;

K, le coefficient de travail du cheval, c'est-à-dire la fatigue qu'il éprouve à se transporter lui-même en palier avec une vitesse v ;

f, le coefficient de frottement de roulement des roues sur la chaussée en palier;

L, la longueur totale de la route considérée;

H, la différence de niveau des points extrêmes de la route, à la condition que les pentes parcourues restent au-dessous de la limite;

$$i = \frac{Pf}{P + p}. \qquad (14)$$

S'il y avait des pentes plus raides, la formule ne serait plus applicable, et il faudrait faire le compte de chaque tronçon de route, à moins que la voiture ne soit munie d'un frein. Dans ce cas on supposerait le frein manœuvré de telle façon que tout se passe comme si les pentes ne dépassaient pas la valeur de i. H n'est plus alors la valeur de la différence réelle de niveau entre les points extrêmes, mais une hauteur fictive calculée avec la pente i.

Il est clair que, d'après la formule (13), le meilleur tracé sera celui pour lequel Q sera minimum.

La grande difficulté est d'avoir la valeur exacte du coefficient spécifique C, c'est-à-dire du rapport du poids P au poids d'un cheval de poids p.

Ce rapport est quelquefois indéterminé, dans ce cas on le choisit de telle façon que le maximum Mp ne dépasse pas une certaine limite, on a alors :

$$Mp \geqq fP + (P + p)\,h, \qquad (15)$$

h étant l'inclinaison maxima que l'on s'est imposé, d'où :

$$C \leqq \frac{M - h}{f + h}. \qquad (16)$$

Si on prend C maximum, c'est-à-dire $= \frac{M - h}{f + h}$, on aura pour la valeur minima de $\frac{1}{C}$:

$$\frac{1}{C} = \frac{f + h}{M - h} = \frac{fl + N}{Ml - N}. \qquad (17)$$

En appelant l la longueur de la rampe, et N la différence de niveau entre ses deux extrémités.

Il est généralement plus simple de ramener la comparaison à celle de longueurs équivalentes en palier Λ. On aura en appelant C_0 la valeur spécifique en palier :

$$Q = \left(\frac{K}{C_0} + f\right)\Lambda \qquad (18)$$

et, en faisant d'après certaines expériences :

$$K = \frac{1}{7} \quad \text{et} \quad f = 0{,}03,$$

d'où :

$$fP = \frac{p}{6} \quad \text{et} \quad \frac{1}{C_0} = 6f = 0{,}180$$

on trouvera : $\Lambda = 18\,Q.$ (19)

86. « La marche à suivre, dit M. L. Durand-Claye, pour comparer deux ou plusieurs tracés est alors la suivante : on calcule, pour chaque tracé, les valeurs successives que prend la fraction $\frac{fl + N}{Ml - N}$ sur les différentes parties de la route, et on adopte pour $\frac{1}{C}$ la plus grande de ces valeurs. On calcule la différence fictive de niveau H en substituant, dans le profil en long, la déclivité $i = \frac{fC}{1 + C}$ à celles qu'ont les descentes plus rapides que cette limite. On en déduit :

$$Q = \left(\frac{K}{C} + f\right)L + \left(1 + \frac{1}{C}\right)H \qquad (13)$$

et on mutiplie par 18. On obtient ainsi la valeur horizontale équivalente Λ.

« Le calcul se fait dans les deux sens, et on prend la moyenne arithmétique, si la circulation est la même dans les deux sens, ce qui est le cas le plus ordinaire. Si la circulation n'était pas la même, on ferait une moyenne géométrique. »

M. Durand-Claye fait observer :

1° Que, si aucune des pentes du tracé ne dépasse pas la limite i, il n'y a aucun calcul à faire pour obtenir H qui est alors simplement la différence de niveau entre les points extrêmes ;

2° Que, si un tracé va constamment en descendant, C sera réglé par les valeurs que prend $\frac{f + h}{M - h}$ sur les pentes inférieures à i. Si toutes les pentes sont supérieures à i le frein agissant pour annuler les efforts, on prendra $\frac{1}{C} = 0{,}180$ comme sur les paliers continus.

Que, si, par suite de cette remarque ou de conditions particulières :

$$C = C_0$$

les équations (13) et (18) deviennent :

$$\left(\frac{K}{C_0} + f\right)\Lambda = \left(\frac{K}{C_0} + f\right)L + \left(1 + \frac{1}{C_0}\right)H$$

d'où :

$$\Lambda = L + \frac{1 + C_0}{K + fC_0}\,H \qquad (20)$$

et, si toutes les pentes sont inférieures à i, H étant successivement positif et négatif à l'aller et au retour.

$$\Lambda = L.$$

87. *Du poids utile.* — On pourrait calculer ces différentes valeurs pour le poids *utile* U transporté en posant l'équation :

$$P = a + BU, \qquad (21)$$

c'est-à-dire que le poids brut est proportionnel au poids mort, plus à une constante ; mais la correction serait inférieure aux erreurs commises sur les différents coefficients sur lesquels on possède des valeurs incertaines.

M. L. Durand-Claye a publié une table que nous reproduisons ci-dessous pour faciliter les calculs ; cette table donne les valeurs de M, maximum d'effort que peut faire un cheval, suivant la durée pendant laquelle il est obligé de maintenir cet effort. Cette valeur de M a été établie arbitrairement, d'après la formule suivante qui correspond à des expériences malheureusement en trop petit nombre :

$$M = \frac{1 - \sqrt{0,023l}}{3} \qquad (22)$$

l doit être exprimé en kilomètres.

88. Table pour l'application de la méthode Durand-Claye.

l kilomètre	M	l kilomètre	M
0.0	0.333	5.5	0.215
0.1	0.317	5.6	0.214
0.2	0.311	5.7	0.213
0.3	0.306	5.8	0.212
0.4	0.301	5.9	0.211
0.5	0.297	6.0	0.210
0.6	0.293	6.1	0.209
0.7	0.291	6.2	0.208
0.8	0.288	6.3	0.207
0.9	0.286	6.4	0.206
1.0	0.283	6.5	0.205
1.1	0.280	6.6	0.204
1.2	0.278	6.7	0.203
1.3	0.276	6.8	0.202
1.4	0.273	6.9	0.201
1.5	0.271	7.0	0.200
1.6	0.269	7.1	0.199
1.7	0.267	7.2	0.198
1.8	0.266	7.3	0.197
1.9	0.264	7.4	0.196
2.0	0.262	7.5	0.195
2.1	0.260	7.6	0.194
2.2	0.258	7.7	0.193
2.3	0.257	7.8	0.192
2.4	0.255	7.9	0.191
2.5	0.253	8.0	0.190
2.6	0.252	8.1	0.189
2.7	0.250	8.2	0.189
2.8	0.249	8.3	0.188
2.9	0.247	8.4	0.187
3.0	0.246	8.5	0.186
3.1	0.244	8.6	0 185
3.2	0.243	8.7	0.184
3.3	0.242	8.8	0.183
3.4	0.240	8.9	0.183
3.5	0.239	9.0	0.182
3.6	0.237	9.1	0.181
3.7	0.236	9.2	0.180
3.8	0.235	9.3	0.179
3.9	0.234	9.4	0.178
4.0	0.232	9.5	0.177
4.1	0.231	9.6	0.176
4.2	0.230	9.7	0.176
4.3	0.229	9.8	0.175
4.4	0.227	9.9	0.174
4.5	0.226	10.0	0.173
4.6	0.225	10.1	0.172
4.7	0.224	10.2	0.171
4.8	0.223	10.3	0.170
4.9	0.222	10.4	0.170
5.0	0.220	10.5	0.169
5.1	0.219	10.6	0.168
5.2	0.218	10.7	0.168
5.3	0.217	10.8 et au delà	0.167
5.4	0.216		

Exemple.

89. Pour mieux fixer les idées nous allons donner un exemple.

Soit le tracé suivant :

1° 2 000^m rampe de 0,02 ;
2° 1 500 palier ;
3° 500 pente de 0,04 ;
4° 100 palier ;
5° 400 rampe de 0,03 ;
6° 100 rampe de 0,06 ;
7° 200 pente de 0,05 ;

Total. . 4 800 mètres.

Prenons pour valeur des coefficients :

$$K = 0,143, \quad f = 0,03, \quad m = 18.$$

Aller :

	Valeur de M	de $C = \frac{M - h}{f + h}$
1° rampe (v. table n° 88)	0,262	$\frac{0,262 - 0,02}{0,03 + 0,02} = 4,84$
5° »	» 0,301	$\frac{0,301 - 0,03}{0,03 + 0,03} = 4,51$
6° »	» 0,333	$\frac{0,333 - 0,05}{0,03 + 0,06} = 3,03$

On prendra donc :

C = 3,03, soit pour un cheval pesant 360^k un chargement de 1 095^k.

Calcul de la valeur de i (formule 14) :

$$i = \frac{C}{1 + C} f = \frac{3,03}{4,03} 0,03 = 0,0225,$$

d'où on tire pour la valeur H (voyez page 41) :

$$H = 0,02 \times 2\,000 - 0,0225 \times 100 + 0,03 \times 400 + 0,06 \times 100 - 0,02 \times 200 = 50^m,80$$

et :

$$Q = \left(\frac{0,143}{3,03} + 0,03\right) 4\,800 + \left(1 + \frac{1}{3,03}\right) 50^m,80 = 437,20$$

$$A = 18\,Q = 18 \times 427,66 = 7\,869,60$$

RETOUR :

$$M \qquad C = \frac{M - h}{f + h}$$

$$3^\circ\ 0{,}297 \qquad \frac{0{,}297 - 0{,}04}{0{,}03 + 0{,}04} = 3{,}67$$

$$7^\circ\ 0{,}311 \qquad \frac{0{,}311 - 0{,}02}{0{,}03 + 0{,}02} = 5{,}80$$

$C = 3{,}67$ chargement du cheval $1\ 320^k$

$$i = \frac{3{,}67}{4{,}67}\,0{,}03 = 0{,}0236$$

$$H = -0{,}02 \times 2\ 000 + 0{,}04 \times 500 - 0{,}0236\,(400 + 100) + 0{,}02 \times 200 = -27{,}80$$

$$Q = \left(\frac{0{,}143}{3{,}67} + 0{,}03\right) 4\ 800 - \left(1 + \frac{1}{3{,}67}\right) 27{,}80 = 343{,}80$$

$$A = 18 \times 276{,}70 = 6\ 188{,}40$$

$$\text{Moyenne} = \frac{7\ 869{,}60 + 6\ 188{,}40}{2} = 7\ 029^{m}.$$

En résumé, pour parcourir les 4 800 mètres de la route, le cheval éprouve autant de fatigue que pour en parcourir en palier 7 869 à l'aller et 6 188 au retour, en moyenne 7 029 mètres.

90. *Remarques de M. Debauve.* — M. Debauve fait remarquer que « on peut ne pas avoir une absolue confiance dans la méthode présentée par M. Durand-Claye, parce que les chiffres qu'il donne sont basés sur trop peu d'expériences. Mais enfin cette méthode est, suivant nous, bien supérieure à celle de Favier, et elle peut rendre d'utiles services. Il faut se rappeler du reste que tous les problèmes relatifs à l'action des moteurs animés ne sont pas susceptibles d'une solution générale, et qu'il faut toujours se contenter d'une assez large approximation. »

Méthode de M. Lechalas.

91. Conformément à ce que nous avons fait pour les méthodes Favier et Durand-Claye nous ne donnerons ici que les résultats auxquels est arrivé M. Lechalas, nous réservant l'étude plus complète du tirage des voitures dans le chapitre spécial qui doit lui être consacré.

M. Lechalas cherche le *temps de quintal vif par tonne utile transportée*, expression qui demande quelques explications. Il appelle *quintal vif* un poids de 100 kilogrammes de cheval travaillant. Il admet en outre que la dépense faite par ce cheval est proportionnelle à son poids et au temps employé, de telle sorte qu'en comparant les temps de quintal vif par tonne utile transportée sur différents tracés, on peut comparer ces derniers entre eux, au point de vue des frais de transport.

Si, d'autre part, on remarque qu'un cheval marchant à grande allure ne peut traîner qu'un très petit poids, c'est-à-dire ne produit qu'un très petit travail et qu'il en est de même quand il traîne un poids très grand avec une vitesse très petite, on est conduit à admettre qu'il y a un poids et une vitesse qui donnent un *maximum*.

Appelons P le poids brut transporté exprimé en kilogrammes ;

U, la charge utile exprimée en tonnes.

On suppose P relié à U par la relation :

$$P = 30 + 1\ 300\ U \tag{20}$$

d'où :

$$U = \frac{P - 30}{1\ 300}. \tag{21}$$

Le temps du quintal vif par tonne utile transportée Θ étant le temps total de parcours sera $\frac{\Theta}{U}$.

D'autre part, si A est le temps employé pour le parcours d'une longueur l avec ou sans rampes ou pentes, mais avec une vitesse v correspondante, on aura la relation :

$$\theta = \frac{l}{v}. \tag{23}$$

Pour un autre parcours d'une longueur l' de pente ou de rampe différente on aura également en appelant v' la vitesse correspondante :

$$\theta' = \frac{l'}{v'},$$

ou en faisant la somme pour le parcours total :

$$\Theta = \frac{l}{v} + \frac{l'}{v'} + \frac{l''}{v''} + \dots = \Sigma \frac{l}{v}, \quad (24)$$

et le problème est ramené à l'évaluation des valeurs successives de v, pour les pentes, rampes et paliers constituant le tracé.

Cette vitesse v est évidemment liée avec l'effort E que le cheval peut produire sur les différentes pentes sans se *fatiguer plus* à un moment qu'à un autre. On peut donc écrire :

$$v = \varphi\,(\mathrm{E}), \quad (25)$$

c'est-à-dire que la vitesse est une fonction de l'effort E. On la déduit de la construction graphique ci-contre (*fig.* 20), qui n'est pas fournie par le calcul mathématique, mais bien par un certain nombre d'expériences.

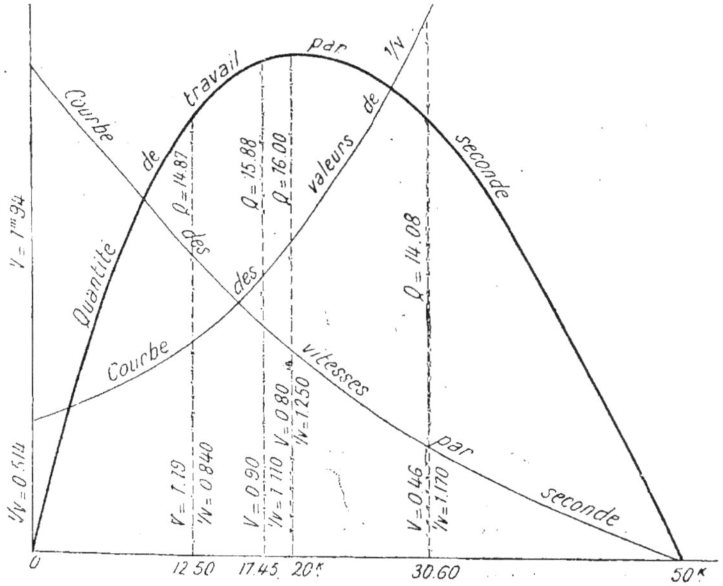

Fig. 20.

C'est ainsi qu'avec un effort de traction égal à o, la vitesse de $1^{m},94$ correspond à un parcours de 70 kilomètres en dix heures, ce qui est la vitesse normale d'un cheval au pas, et pour un effort de traction de 50 kilomètres égal à la moitié du quintal vif du cheval on a $v = o$, ou en d'autres termes, un cheval sur un palier ne peut traîner un fardeau égal à la moitié de son poids. Les autres points ont été fournis par les expériences de M. de Gasparin.

92. Pour faire les calculs on se donnera une valeur de l'effort de traction E pour la plus grande rampe R. On prendra sur la courbe la vitesse correspondante (à moins qu'on ne préfère avoir recours à la table ci-dessous qui donne v et $\frac{1}{v}$ en fonction de E (Voyez page 46).

On a alors dressé les formules connues :

$$\mathrm{E}_1 = \mathrm{P}\,(f + \mathrm{R}) + 100\,\mathrm{R}, \quad (26)$$

de laquelle on déduit :

$$\mathrm{P} = \frac{\mathrm{E}_1 - 100\,\mathrm{R}}{f + \mathrm{R}}. \quad (27)$$

Au moyen de cette valeur de P on calcule les valeurs de E pour chaque partie de la route ; on cherche sur les tables la valeur correspondante de v, on calcule $\frac{l}{v}$, on fait la somme, ce qui donne Θ; enfin on calcule U par la formule **21** et, en divisant H par cette valeur, on a le résultat cherché. Il est très facile au moyen de la valeur réciproque $\frac{1}{v}$ écrite dans les tables en face de v d'obtenir par une simple multiplication la valeur de $\frac{l}{v}$.

Quand on a fait le calcul avec la valeur E_1 que l'on s'est donné à l'avance, on recommence avec une autre valeur E_2 et ainsi de suite jusqu'à ce que $\frac{\Theta}{U}$ ne varie plus, ce qui correspond au minimum.

Pour limiter les tâtonnements on remarque :

93. 1° Qu'il est inutile de prendre pour E_1 une valeur inférieure à 20, car pour cette valeur le rendement est le plus grand possible, pour un chemin d'une pente ou d'une rampe uniforme, quelque soit son inclinaison.

94. 2° Il est également inutile de prendre pour E_2 des valeurs plus grandes que 30 kilogrammes qui paraît être le maximum de ce qu'on peut demander au *quintal vif* du cheval.

95. 3° Toutes les valeurs, sauf $\frac{l}{v}$, varient en progression arithmétique ; par conséquent si on fait le calcul pour $E_1 = 20$ et $E_2 = 30$, il suffira pour tous les essais intermédiaires de prendre la différence, de la diviser en 10 pour avoir les valeurs $E_n = 21, 22, \ldots\ldots 29$. Les tables donneront immédiatement les valeurs correspondantes de V et de $\frac{1}{v}$.

96. 4° La valeur de E ne devra jamais être négative, car ce serait admettre dans ce cas un travail négatif, c'est-à-dire restitué au cheval par la pente, ce qui est évidemment faux ; dans le cas donc où le calcul donne $E < o$, il faut faire $E = 0{,}000$, le frein, d'ailleurs quelconque, dont est muni la voiture annulant à peu près le travail de tirage du cheval.

Pour éclaircir ce que nous venons de dire nous ferons une application numérique sur le tracé du n° 89.

97. TABLE POUR L'APPLICATION DE LA MÉTHODE DE M. LECHALAS.

E	V	$\frac{1}{V}$	E	V	$\frac{1}{V}$
		m.			m.
0	1.94	0.516	16	0.985	1.012
1	1.88	0.532	17	0.93	1.067
2	1.82	0.549	18	0.885	1.125
3	1.76	0.567	19	0.84	1.186
4	1.70	0.587	20	0.80	1.250
5	1.64	0.609	21	0.76	1.317
6	1.58	0.633	22	0.72	1.387
7	1.52	0.659	23	0.68	1.4·0
8	1.45	0.687	24	0.65	1.536
9	1.39	0.718	25	0.62	1.615
10	1.33	0.751	26	0.59	1.698
11	1.27	0.787	27	0 56	1.788
12	1.215	0.826.	28	0.53	1.888
13	1.16	0.868	29	0.50	2.000
14	1.11	0.913	30	0.47	2.128
15	1.05	0.961			

98. *Exemple d'un calcul du temps de quintal vif par tonne transportée d'après M. Lechalas.* — Voici comment on dispose les calculs (voyez page 47).

99. *Observations.* — On voit que, dans les deux cas, aller et retour, il a fallu une seule substitution entre 20 et 30 pour s'assurer que le rapport minimum de temps de quintal vif au travail utile avait lieu pour $E_1 = 30$.

On peut reprocher à cette méthode de ne pas tenir compte de la variation de fatigue qu'éprouve le cheval au fur et à mesure que la durée de son travail augmente, mais c'est un reproche qui est général pour tous les moteurs animés.

« On peut aussi, dit M. Durand-Claye, comme dans les méthodes précédentes, évaluer la longueur horizontale équivalente au tracé, bien que M. Lechalas ne l'ait pas cherchée. Il suffit d'examiner la longueur Λ de palier sur laquelle le transport d'une tonne utile demanderait le même temps de quintal vif.

« En palier continu, on admettra que E_1 répond au cas du maximum d'effet utile, c'est-à-dire à celui où :

$$E = 20 \text{ et } v = 0{,}80,$$

Donc : $E_1 = 20$ puisque $v = o$.

d'où : $$P_0 = \frac{20}{f} \text{ et } U_0 = \frac{\frac{20}{f} - 30}{1\ 300}.$$

CALCUL PAR LA MÉTHODE LECHALAS.

Numéro des profils en long	Longueur des pentes et rampes ($f = 0.03$)	Rampes et pentes (rampe maxima = 0.06)	ALLER										RETOUR									
			$E_1 = 30$ $P = \frac{E_1 - 100r}{f + r} = \frac{30 - 6.00}{0.09} = 267^k$ $U = \frac{P - 30}{1\ 300} = 0.182$ $E = Pf + (P + 100) \times r = 8.01 + 367r$			$E_1 = 20$ $P = \frac{20 - 6.00}{0.09} = 155.5$ $U = \frac{125.5}{1.300} = 0.096$ $E = 4.66 + 255r$			Différence 112.5 0.086 »	$E_1 = 29$ $P = 255.75$ $U = 0.173$ »			RAMPE MAXIMA à 0.04 $E_1 = 30$ $\frac{30 - 4}{0.07} = 372$ 0.263 $11.16 + 455r$			$E = 20$ 228 0.152 $6.84 + 328r$			Différence 144 0.111 »	$E_1 = 29$ 357.6 0.252		
			E	$\frac{I}{V}$	$\theta = \frac{l}{v}$	E	$\frac{I}{V}$	$\theta = \frac{l}{v}$	ΔE	E	$\frac{I}{V}$	$\theta = \frac{l}{v}$	E	$\frac{I}{V}$	θ	E	$\frac{I}{V}$	θ	ΔE	E	$\frac{I}{V}$	θ
1	2 000	+ 0.02	15.350	0.978	1.956	9.77	0.743	1.486	5.580	14.792	0.951	1.902	2.60	0.550	1.100	0.30	0.154	308	1.760	1.884	0.546	1.092
2	1 500	+ 0.00	8.010	0.687	1.035	4.66	0.602	906	3.355	7.675	0.678	1.017	11.16	0.793	1.189	6.84	0.655	985	4.320	10.730	0.777	1.165
3	500	— 0.04	0 000	0.516	258	0.00	0.516	258	0.000	0.000	0.516	258	30.00	2.148	1.064	20.00	1.249	624	10.000	29.000	0.900	1.000
4	100	+ 0.00	8.010	0.687	68	4.66	0.602	60	3.355	7.675	0.678	67	11.16	0.793	79	6.84	0.655	65	4.320	10.728	0.777	77
5	400	+ 0.03	19.020	1.186	474	12.44	0.844	337	6.580	18.352	1.146	458	0.00	0.516	206	0.00	0.516	264	0.000	0.000	0.516	206
6	100	+ 0.06	30.000	2.128	213	20.00	1.250	125	10.010	29.000	2.000	200	0.00	0.516	52	0.00	0.516	52	0.000	0.000	0.516	52
7	200	— 0.02	0.670	0.527	105	0.00	0.516	103	0.154	0.555	0.526	105	20.26	1.267	253	13.40	0.903	181	6.860	19.574	1.223	244
			$\Theta =$		4.109	$\Theta =$		3.275		$\Theta =$		4.007	Θ		3.857	Θ		2.479		Θ		3.866
			$\frac{\Theta}{U} = 22\ 600$			$\frac{\Theta}{U} = 34.10$				$\frac{\Theta}{U} = 23.10$			$\frac{\Theta}{U} = 14.7$			$\frac{\Theta}{U} = 16.3$				$\frac{\Theta}{U} = 15.2$		

Comme: $$\Theta_0 = \frac{\Lambda}{0,80}$$

on a : $$\frac{\Theta_0}{U_0} = \frac{\Lambda}{0,80} \cdot \frac{1\ 300}{\frac{20}{f} - 30},$$

Pour $f = 0,03$ $$\frac{\Theta_0}{U_0} = 2,56\Lambda.$$

La longueur Λ sera égale au tracé lorsque:

$$\frac{\Theta_0}{U_0} = \frac{\Theta}{U} \text{ ou (28) } \Lambda = \frac{1}{2,56}\frac{\Theta}{U} = 0,39\frac{\Theta}{U}$$

Cette formule suppose d'ailleurs que Θ est exprimé en secondes.

Transports rapides.

100. Dans tous les calculs que nous venons de faire, nous nous sommes seulement occupé du gros roulage, mais les statistiques ont prouvé que les voitures publiques marchant *au trot* sont presque aussi nombreuses.

D'après M. Lechalas, on doit régler la vitesse de ces véhicules, de façon à ce que la fatigue des chevaux soit uniforme, quels que soient les accidents du profil en long.

Voici, d'après M. Durand-Claye, les données statistiques sur les observations faites du temps où les diligences parcouraient les grandes routes:

1° Les chevaux de diligence couraient trois heures par jour, faisant 8 kilomètres sur les routes empierrées, et 10 sur les routes pavées ;

2° La charge brute était de 8 à 900 kilogrammes par cheval ;

3° Actuellement, la vitesse moyenne sur les routes est de 12 kilomètres à l'heure ou $3^m,33$ par seconde.

Dans la descente, le conducteur, au moyen du frein, s'arrangeait de façon à maintenir le tirage de la voiture comme sur une descente de $0^m,02$. Il suffit, pour cela, de maintenir les traits légèrement tendus. La vitesse normale est alors de $4^m,25$, correspondant à 15 kilomètres à l'heure.

On admet aussi que les chevaux peuvent continuer à trotter avec une rampe de $0^m,02$ et doivent prendre le pas avec une rampe de $0^m,03$.

Le calcul des longueurs équivalentes devient très simple. Appelons V_0 la vitesse en palier, le temps du parcours sur la longueur équivalente Λ sera $\frac{\Lambda}{v_0}$ et sur les pentes et rampes de longueurs l, l', l''..., avec des vitesses correspondantes v, v', v''...

$$\frac{l}{v} + \frac{l'}{v'} + \frac{l''}{v''} + \ldots..$$

exprimant l'égalité de ces deux temps, on aura :

$$\frac{\Lambda}{v_0} = \frac{l}{v} + \frac{l'}{v'} + \frac{v''}{l''} + \ldots..$$

d'où:

$$\Lambda = \frac{v_0}{v}\, l + \frac{v_0}{v'}\, l' + \frac{v_0}{v''}\, l'' + \ldots.. \quad (29)$$

On calcule v par la formule suivante dont nous trouverons la construction dans le chapitre relatif au tirage des voitures :

$$v = \frac{1}{0,300 + 3,24h}, \quad (30)$$

pour les voitures marchant au trot, et :

$$v = \frac{1}{0,731 + 10,8h}, \quad (31)$$

pour les voitures marchant au pas.

Nous donnons ci-dessous d'après M. Durand-Claye un tableau des valeurs de v et de $\frac{v_0}{v}$ pour les déclivités variant par millimètre de $-0,06$ à $+0,06$.

101. TABLE POUR LES TRANSPORTS A GRANDE VITESSE.

DÉCLIVITÉS	RAMPES		PENTES		DÉCLIVITÉS	RAMPES		PENTES	DÉCLIVITÉS	RAMPES		PENTES
	V	$\frac{V_0}{V}$	V	$\frac{V_0}{V}$		V	$\frac{V}{V_0}$			V	$\frac{V_0}{V}$	
0.000	3.333	1.000	3.333	1.000	0.021	2.562	1.301	$\frac{V_0}{V} = 0.784$	0.041	0.852	3.913	$\frac{V_0}{V} = 0.784$
0.001	3.298	1.011	3.370	0.989	0.022	2.382	1.399		0.042	0.844	3.949	
0.002	3.263	1.022	3.407	0.978	0.023	2.203	1.510		0.043	0.837	3.985	
0.003	3.229	1.032	3.445	0.968	0.024	2.024	1.647		0.044	0.829	4.021	
0.004	3.195	1.043	3.484	0.957	0.025	1.845	1.811		0.045	0.822	4.057	
0.005	3.163	1.054	3.524	0.946	0.026	1.665	2.002		0.046	0.814	4.093	
0.006	3.131	1.065	3.564	0.935	0.027	1.486	2.[illegible]3		0.047	0.807	4.129	
0.007	3.099	1.076	3.606	0.924	0.028	1.307	2.550		0.048	0.800	4.165	
0.008	3.068	1.086	3.648	0.914	0.029	1.127	2.952		0.049	0.794	4.201	
0.009	3.038	1.097	3.692	0.903	0.030	0.948	3.517		0.050	0.787	4.237	
0.010	3.008	1.108	3.737	0.892								
0.011	2.979	1.119	3.783	0.881	0.031	0.938	3.553	$V = 4.252$	0.051	0.780	4.273	$V = 4.252$
0.012	2.951	1.129	3.832	0.870	0.032	0.929	3.589		0.052	0.774	4.309	
0.013	2.923	1.140	3.878	0.859	0.033	0.920	3.625		0.053	0.767	4.345	
0.014	2.896	1.151	3.926	0.849	0.034	0.911	3.661		0.054	0.761	4.381	
0.015	2.869	1.162	3.978	0.838	0.035	0.902	3.697		0.055	0.755	4.417	
0.016	2.842	1.173	4.030	0.827	0.036	0.893	3.733		0.056	0.749	4.453	
0.017	2.816	1.184	4.083	0.816	0.037	0.884	3.769		0.057	0.743	4.489	
0.018	2.791	1.194	4.138	0.806	0.038	0.876	3.805		0.058	0.737	4.525	
0.019	2.766	1.205	4.194	0.795	0.039	0.868	3.841		0.059	0.731	4.661	
0.020	2.741	1.216	4.252	0.784	0.040	0.860	3.877		0.060	0.725	4.597	

Application aux transports rapides.

102. Reprenons notre profil en long. Voici comment on disposera les calculs.

NUMÉRO DE PROFIL en long	LONGUEUR	DÉCLIVITÉS	ALLER		RETOUR	
			COEFFICIENT	LONGUEUR équivalente	COEFFICIENT	LONGUEUR équivalente
1	2.000	+ 0.02	1.216	2.432	0.784	1.568
2	1.500	0.00	1.000	1.500	1.000	1.500
3	500	− 0.04	0.781	390	3.877	1.938
4	100	0.00	1.000	100	1.000	100
5	400	+ 0.03	3.517	1.406	0.781	312
6	100	+ 0.06	4.597	460	0.781	78
7	200	− 0.02	0.784	157	0.784	157
	4.800		A =	6.445	A =	5.653

Comparaison des projets de rectifications.

103. Souvent l'ingénieur doit rectifier une route qui présente des pentes ou des rampes trop fortes. Dans ce cas, pour comparer les différents projets, on a un élément de calcul de plus, élément qui est connu et qui n'existe généralement pas pour les projets dont nous avons parlé.

Il s'agit du poids du tonnage T transporté annuellement, et du prix p du transport de l'unité. La question économique se résout alors avec une facilité telle que, *généralement*, on emploie cette méthode pour les *nouveaux tracés*, en posant des hypothèses sur le tonnage probable, et prenant la moyenne des prix de transport de l'unité dans le pays où on se trouve.

En effet appelons A les frais de construction de la route; r, l'intérêt de cette somme, et a son amortissement (qu'on négligera fréquemment, la route étant supposée bien entretenue).

Si E représente les frais d'entretien, le coût total de la dépense D faite chaque année sur cette route sera :

$$D = A + (a + r) + E + Tp \qquad (32)$$

Pour un autre tracé la dépense sera:

$$D' = A' + (a' + r') + E' + Tp' \qquad (33)$$

On sera porté à choisir le projet pour lequel D' sera minimum ; toutefois ce n'est pas toujours exact, car il arrive quelquefois que A' étant $>$ A, D' devient $<$ D ; il faut que l'économie réalisée sur la dépense annuelle soit au moins égale à celle de l'intérêt du capital, c'est-à-dire que l'on ait :

$$\frac{D' - D}{A - A'} > r. \qquad (34)$$

TRACÉ D'UNE BASE D'OPÉRATIONS

104. Maintenant que nous avons tous les moyens de comparer entre eux les différents tracés qui pourront répondre aux conditions de pentes et de rampes que nous nous sommes imposées, nous allons procéder au tracé d'un projet de route entre les deux points fixés par l'Administration. Ce tracé, pouvant être modifié par suite des opérations subséquentes, porte le nom de *base d'opération*.

Nous admettrons que nous avons à notre disposition une carte au $^1/_{20\,000}$ (*fig.* 21) ou au $^1/_{80\,000}$ (*fig.* 22) de l'état-major, à son défaut une carte à $^1/_{40\,000}$ du Dépôt de la Guerre, avec courbes de niveau, et de préférence nous choisirons celle qui est à la plus grande échelle.

Courbes de niveau.

105. L'examen attentif que nous ferons de cette carte nous montrera de suite si la direction de la route est en pays de plaine ou en pays de montagne, réservant le nom de pays de plaine à ceux dont les pentes naturelles du terrain n'excèdent pas 3 0/0.

On sait qu'une *courbe de niveau* représente les contours du terrain déterminés par la section de ce terrain par un plan horizontal.

Sur les cartes, on suppose, suivant l'échelle, ces coupes faites par des plans équidistants de 5 mètres, de 10 mètres et même plus dans les pays très accidentés (voir dans cette *Encyclopédie*, le *Traité de géodésie*).

Rien n'est plus facile, au moyen de ces courbes, que d'obtenir le relief du terrain dans une direction déterminée (*fig.* 23) ; seulement comme les pentes seraient généralement peu sensibles, si on prenait une même échelle pour les hauteurs et pour les distances, on a l'habitude d'augmenter considérablement celles-ci (voir le *Traité des chemins de fer* de M. A. Moreau).

Supposons donc des courbes de niveau distantes de 5 mètres, et cherchons, si, dans la direction prévue, les pentes ne dépassent pas $0^m,03$ (*fig.* 24). Pour rattraper une différence de niveau de 5 mètres avec une pente de $0^m,03$, il faut une longueur horizontale de $\frac{5}{0^m,03} = 166^m,66$. Prenons donc avec un compas, à la même échelle que celle de la carte, une longueur ab représentant $166^m,66$. Si la distance $a'b'$, mesurée sur la plus courte distance qui sépare la courbe CD de la courbe EF, est plus grande que ab, la pente n'aura pas 3 0/0 ; si, au contraire, elle est plus petite la pente sera supérieure. En promenant donc cette ouverture de compas sur les différentes plus courtes distances qui séparent les courbes de niveau dans la direction de la route, on s'assurera si celle-ci est réellement dans un pays de plaine ou dans un pays accidenté.

Considérons donc un pays de plaine ; deux cas peuvent se présenter :

1° Il n'existe pas de cours d'eau séparant les points extrêmes ;

2° Il existe un ou plusieurs cours d'eau.

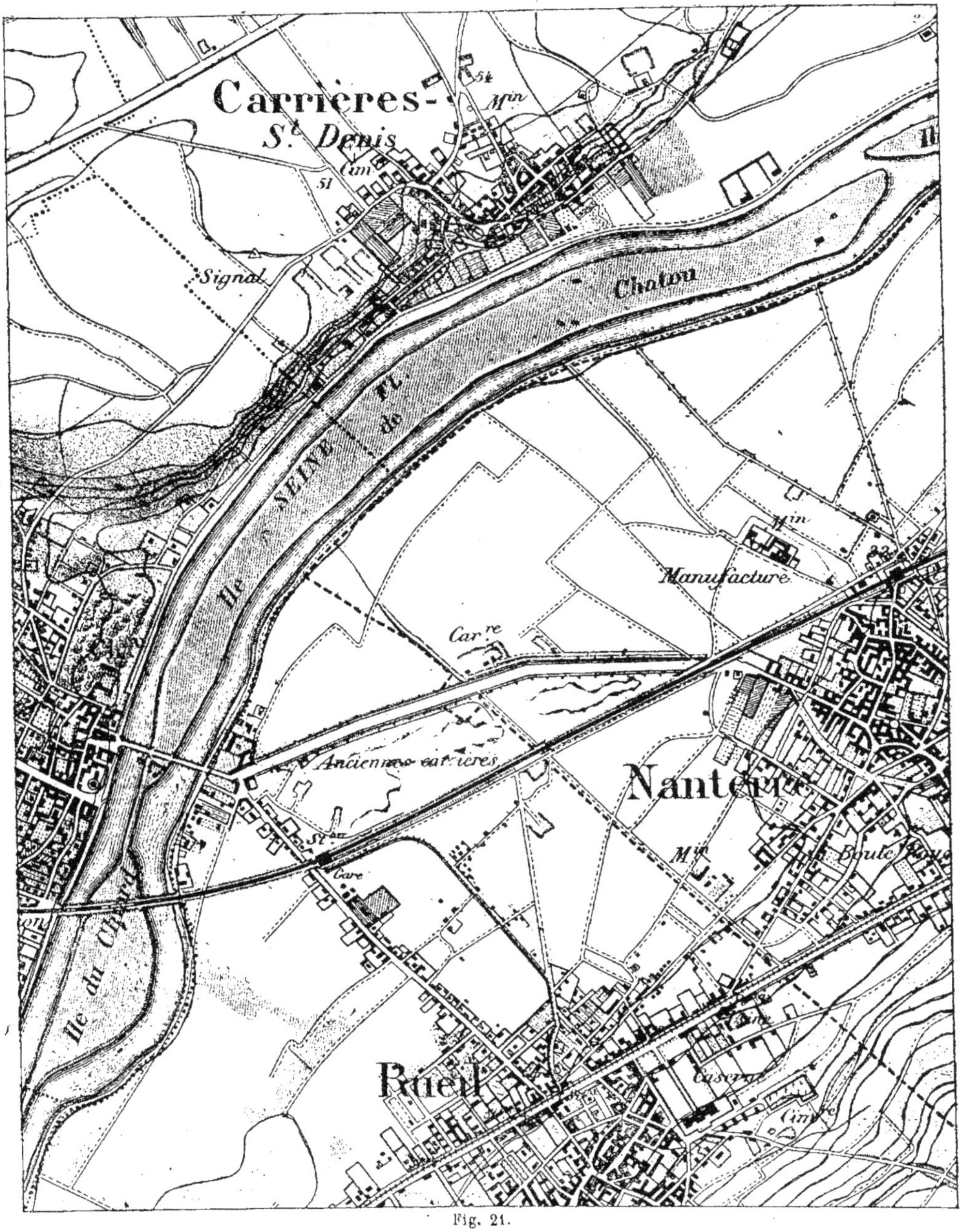
Carrières-
St Denis
Mln
Cim
Signal
Chatou
SEINE
Fl.
de
Ile
Mln
Manufacture
Carre
Anciennes carrières
Nanterre
Mln
Gare
Ile du Chiard
Rueil
Caserne
Cimre

Fig. 21.

Ollainville
ARPAJON
Egly
la Norville
Guibeville
Avrainville
Marolles
Boissy
Cheptainville
Tarfou
Mauchamp
Chanteloup
Villeneuve
sur Auvers
Orgemont

Fig. 22.

Nous commencerons par le premier cas, qui est le plus simple.

PREMIER CAS. — PAYS DE PLAINE, PAS DE COURS D'EAU A TRAVERSER.

106. Au premier abord, on pourrait croire qu'il suffit de tracer une ligne droite entre les deux points extrêmes de la route et de prendre cette ligne droite comme tracé définitif; toutefois, ce n'est

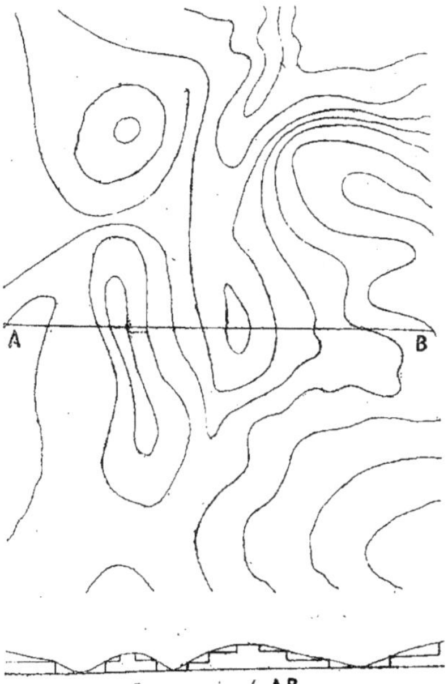

Fig. 23.

généralement pas le plus profitable, et on est très souvent obligé de s'en écarter un peu. C'est ce dont on se rend compte en allant sur place et en suivant sur le terrain la direction de la route, tant à l'aller qu'au retour.

L'examen des lieux fera reconnaître s'il y a des marécages ou des endroits difficiles à assainir par suite de l'impossibilité de faire écouler les eaux sans travaux importants. Dans ce cas, on devra évidemment détourner la route.

On peut encore trouver à proximité et en dehors du tracé en ligne droite des carrières de matériaux pour l'entretien dont il pourra être avantageux de s'approcher. Il en sera de même de villages importants ou d'usines qu'il y a intérêt à desservir le mieux possible, afin d'en faciliter le développement, et cela non seule-

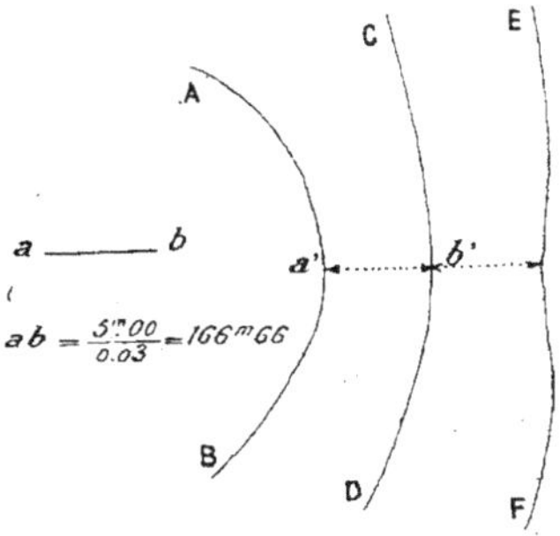

Fig. 24.

ment au point de vue général, mais aussi à cause de leur part contributive à l'entretien de la route.

Quelquefois encore, il faudra éviter une propriété de valeur à cause du prix de l'expropriation.

Il y aura encore lieu de faire un léger détour pour contourner une colline afin d'adoucir la pente que l'on s'est fixée.

107. *Influence des détours.* — On remarquera, du reste, que les détours, quand

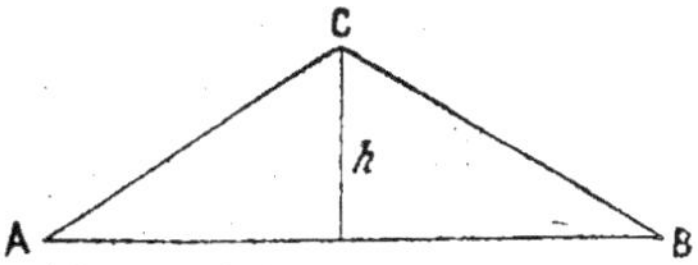

Fig. 25.

ils sont maintenus dans des limites restreintes, n'allongent pas les routes autant qu'on est porté à le croire.

Pour s'en rendre compte, supposons qu'il y ait un kilomètre entre les points A et B (*fig.* 25).

Si on s'écarte de 100 mètres, le chemin $\overline{ACB}$ sera de 1 020 mètres ;

Si on s'écarte de 200 mètres, le chemin $\overline{ACB}$ sera de 1 077 mètres ;

Si on s'écarte de 300 mètres, le chemin $\overline{ACB}$ sera de 1 166 mètres.

On voit par là que, tant que h n'atteindra pas 0,15 à 0,20 de la valeur de AB, il n'y aura guère à se préoccuper de l'allongement du chemin, si on y trouve un avantage suffisamment important.

108. *Influence du climat.* — Il y aura encore lieu dans le projet de tracé de tenir compte de l'exposition de la route. Dans nos contrées, les expositions au soleil et au vent sec sont les plus favorables. Dans les pays très secs, il faudra, au contraire, choisir les endroits frais, la trop grande sécheresse favorisant la désagrégation des matériaux.

De même, si on a de petites tranchées, on devra les placer de façon à ménager un écoulement facile des eaux et, surtout, éviter une pente suivie d'une contre-pente qui formerait cunette.

109. *Recherche de la meilleure pente.* — D'après ce que nous avons vu dans la comparaison des différents tracés, les pentes de $0^m,02$ sont les plus favorables, puisqu'avec ces pentes, sur une route bien entretenue, l'effort à la descente est *nul* et l'effort à la montée double seulement de celui exigé par un palier. De plus, l'accroissement de la circulation faisant prévoir dans un avenir plus ou moins éloigné l'emploi de chemins de fer, à voie étroite, établis le long des routes, et les pentes limites de ceux-ci étant de $0^m,02$, il y aura avantage à ne pas dépasser cette pente sur les routes chaque fois qu'on le pourra (voir dans cette *Encyclopédie*, le *Traité* de M. A. Moreau sur les chemins de fer).

Il est probable que des pentes variant de $0^m,005$ à $0^m,01$ sont plutôt favorables que nuisibles au roulage. La limite inférieure est, en effet, nécessaire pour que la route soit saine, c'est-à-dire ne laisse pas séjourner l'eau à sa surface, et la seconde ne paraît pas, suivant certains auteurs, être défavorable aux chevaux. L'effort est augmenté d'une façon peu considérable par la rampe de $0^m,01$, il est restitué à la descente et ne nécessite pas les mêmes mouvements des muscles des chevaux. Il en résulte une sorte de repos relatif pour les uns, sans augmentation notable de fatigue pour ceux qui fonctionnent plus activement.

En examinant de plus près la question, on voit, d'après les renseignements que nous avons donnés quand nous nous sommes occupé de la comparaison des tracés, qu'une rampe de $0^m,04$ ou $0^m,05$ exige un effort de traction trois fois plus considérable qu'en plaine, et un temps trois fois plus long avec un même effort de traction, on devra donc les éviter autant que possible.

Choix de la base d'opération.

110. L'ingénieur devra peser toutes les considérations que nous venons de passer en revue, et apporter tout son tact à en apprécier l'importance sur place, de façon à fixer sur la carte sa *base d'opération*, nom que l'on donne à ce premier tracé, dont on s'écartera peu dans les études définitives.

Il arrive fréquemment qu'il est possible de tracer deux ou plusieurs de ces bases d'opération. Quand les études qui en résulteront seront suffisamment avancées, on pourra appliquer les formules que nous avons données précédemment. Mais généralement, pendant la suite des travaux préparatoires, des inconvénients graves surgissent pour certaines bases, et les font immédiatement abandonner, de telle sorte qu'il est rare que l'on ait plus de deux projets définitifs à comparer.

Exemples.

111. Ainsi que nous venons de le voir, on ne peut poser de principes absolus ; mais il est peut-être utile de donner les solutions géométriques et analytiques, relatives au cas où le sol présenterait des surfaces planes ou courbes auxquelles la géométrie et l'analyse peuvent s'appliquer. Ces solutions étant générales, nous aurons à les rappeler quand nous parlerons des différents cas de tracé des bases d'opérations.

Soit, par exemple, à projeter une route entre les points A et B placés l'un sur un plateau élevé, l'autre dans une plaine, et séparés, comme l'indique le profil, par un terrain disposé suivant la pente brisée ACEFDB (*fig.* 26).

Le moyen le plus simple de réunir ces deux points serait évidemment de suivre la surface du sol jusqu'en C, puis d'établir une pente unique égale à la pente limite de C en D, pour suivre de nouveau le terrain naturel de D en B. La condition à remplir dans ce cas consisterait à choisir autant que possible la ligne CD, de manière que le déblai CGE à faire dans la partie supérieure soit égal au remblai GFD à faire dans le bas. On voit, au premier coup d'œil, que, si cette solution a l'avantage d'être la plus simple et de donner le chemin le plus court que l'on puisse tracer de A en B, elle a l'inconvénient de donner lieu à des déblais très considérables, quand la pente EF est à la fois longue et rapide. Souvent cet inconvénient devient tel qu'il est nécessaire d'abandonner la direction rectiligne, pour en chercher une autre plus économique, quoique plus longue ; quelquefois, la distance rectiligne entre les deux points à réunir (A et B) est trop courte pour permettre d'arriver d'un point à l'autre par une seule pente inférieure ou égale à la pente limite. Alors le développement n'est plus facultatif, il est obligé.

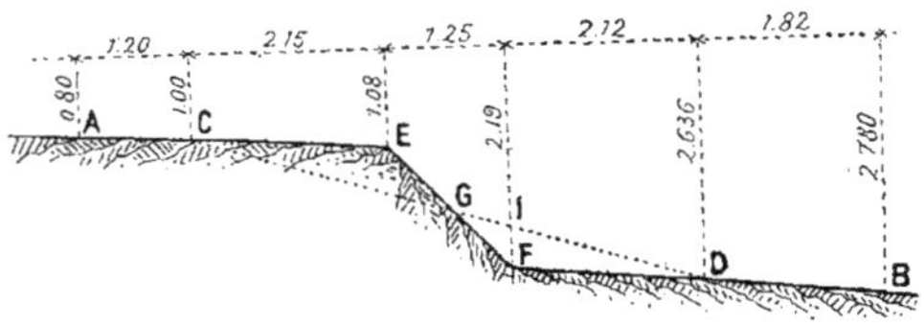

Fig. 26.

Cherchons donc l'axe de la route qui, restant à fleur du sol avec une pente donnée, joindrait les points A et B par le tracé le plus court possible, eu égard aux conditions que nous nous imposerons.

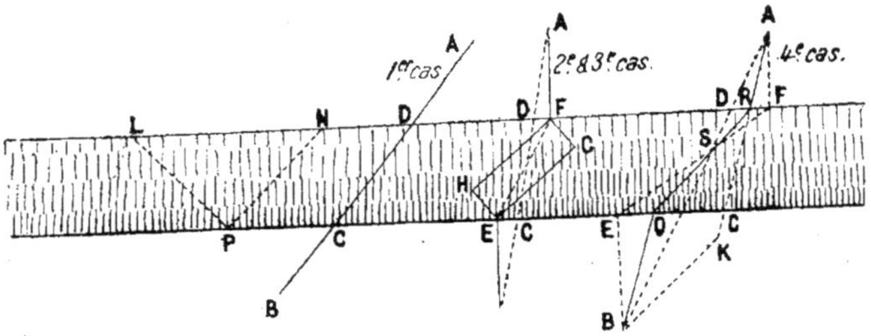

Fig. 27.

Dans cette recherche il peut se présenter plusieurs cas, que nous allons passer en revue. Soient LF et PC (*fig.* 27) les projections des lignes horizontales parallèles auxquelles se termine la partie du sol qui a une pente plus grande que la pente limite; supposons que PL et PN sont deux lignes tirées sur ce plan incliné de manière qu'elles aient la pente limite, nous avons vu n° 105 comment on pouvait déterminer cette ligne, il pourra arriver :

1° Que, si l'on joint les points A et B, la ligne AB soit parallèle à la ligne PN ou soit plus oblique que la ligne PN ; dans ce cas, cette ligne AB sera le tracé cherché ;

2° Que la partie CD de la droite AB soit moindre que PN ; alors il faudra adopter un tracé brisé tel que, si l'on rapproche les deux arêtes LF et PC de manière à faire coïncider les points des tracés supérieurs et inférieurs qui aboutissent aux arêtes du plan incliné, ces tracés se trouvent sur une même ligne droite. Ce second cas se subdivise en trois autres :

a. Si, en abaissant sur les lignes LF et PC les perpendiculaires BE et AF, les pieds de ces perpendiculaires, E et F, sont placés de manière que EF soit parallèle à PN, le tracé AFEB sera le tracé cherché ;

b. Si au contraire EF est plus petit que PN, on mènera EH parallèle à PL, puis HF parallèle à PN, et on aura le tracé en zig-zag AFHEB ;

c. Si enfin la ligne EF est plus grande que PN, on mène BK parallèle et égal à PN, on joint A et K par la ligne AK ; par le point R on mène RQ parallèle à PN et on a BQ parallèle à AR, de sorte que ARBQ est le tracé cherché.

Lorsque le coteau, au lieu d'être limité par des droites parallèles, l'est par des

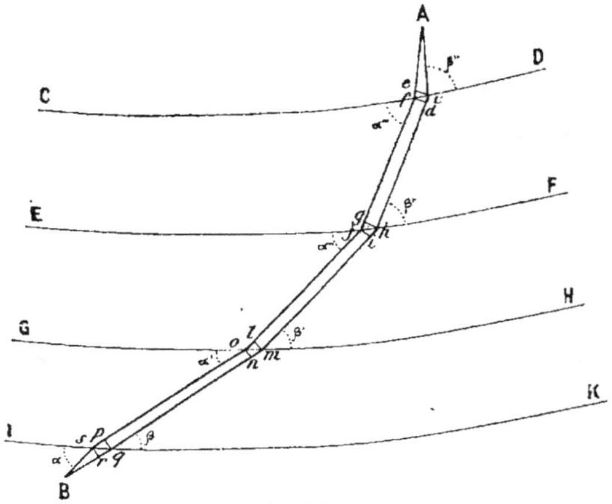

Fig. 28.

courbes, on doit disposer le tracé d'une manière analogue à celle que nous venons de décrire.

Quand le coteau n'a pas une seule pente, mais plusieurs pentes, la détermination du tracé minimum n'est plus aussi facile. Cependant on y arrive par des considérations fort simples.

Soient A *et* B *les points entre lesquels la route doit être tracée;* CD, EF, GH, IK *les courbes de niveau qui limitent les différentes pentes du coteau : soit* A*fjos*B, *le tracé cherché, c'est-à-dire celui qui promet d'aller du point* A *au point* B, *sans dépasser la pente limite maxima et en offrant le moindre développement possible* (*fig.* 28).

On sait que, lorsqu'une fonction quelconque a atteint son maximum ou son minimum, les valeurs les plus voisines sont égales entre elles et à la valeur maxima ou minima. Si donc nous imaginons un tracé A*ehmq*B, infiniment voisin du premier, ces tracés devront être égaux. Or les parties comprises entre les courbes devront être égales comme rachetant une même différence de niveau ; il faudra donc, pour que les tracés soient égaux en développement, que la différence A*f* — A*e* soit égale à la différence B*q* — B*s*.

Mais, si nous menons par tous les points de rencontre de chacun des tracés avec les courbes des perpendiculaires sur l'autre tracé, ces perpendiculaires formeront des triangles dans lesquels nous aurons $Qr = ef$, $ed = gj$, $hi = lo$, $mu = ps$.

En effet, l'angle cAe étant très petit, les distances Ac et Ae ne différeront que d'une quantité négligeable auprès de cf, donc $qu = cf$. Les droites fj et eh faisant un très petit angle, les portions fg et dh diffèrent d'une quantité négligeable auprès des infiniment petits ed et gj ; or $fj = eh$, donc $ed = gj$. Nommons $\alpha, \alpha', \alpha'', \alpha'''$, $\beta, \beta', \beta'', \beta'''$ les angles du tracé minimum avec les courbes horizontales IK, GH, etc.; les angles $\alpha, \alpha', \alpha'', \alpha'''$ diffèrent infiniment peu de ceux que forme du même côté des courbes le tracé voisin $AehmqB$.

Cela posé, les équations :

$$\left.\begin{matrix} vq = cf \\ ed = gj \\ hi = lo \\ mn = ps \end{matrix}\right\} \text{ se remplacent respectivement par } \left\{\begin{matrix} sq \cos \alpha = fe \cos B''' \\ fe \cos \alpha''' = jh \cos B'' \\ jh \cos \alpha'' = om \cos B' \\ om \cos \alpha' = sq \cos B \end{matrix}\right.$$

en multipliant ces dernières équations membre à membre nous aurons :

$$Sq \cos \alpha \times fe \cos \alpha'' \times jh \cos \alpha'' \times om \cos \alpha' = fe \cos \beta''' \times jh \cos \beta'' \times om \cos \beta' \times sq \cos \beta,$$

ou en supprimant les facteurs communs :

$$\cos \alpha, \cos \alpha'', \cos \alpha''', \cos \alpha' = \cos \beta''' \cos \beta'' \cos \beta' \cos \beta \qquad (35).$$

Ainsi, pour que le tracé soit un minimum, il faut que le produit des cosinus de tous les angles faits dans un même sens par les divers alignements du tracé avec les courbes soit égal au produit des cosinus fait par les mêmes lignes dans l'autre sens.

Si on suppose le coteau formé de plans limités par des droites parallèles, on a : $\beta = \alpha'$, $\beta' = \alpha''$, $\beta'' = \alpha'''$, et il vient :

$$\cos \alpha = \cos \beta''',$$

c'est-à-dire, comme nous l'avons vu, que les alignements partant de A et de B doivent faire des angles égaux avec les deux parallèles qui limitent les plans inclinés.

Si on a à projeter une route entre deux points A et B séparés par deux coteaux entre lesquels se trouve une plaine Po, on prend sur cette ligne un point quelconque ; on cherche entre ce point C et les points A et B les tracés les plus courts. Si les deux alignements aboutissant au point C sont en ligne droite, le tracé sera le tracé cherché ; dans le cas contraire, on essayera un nouveau tracé en promenant sur la ligne Po un point pris dans l'angle formé par les deux alignements dont nous venons de parler. Par un très court tâtonnement on trouvera le tracé cherché.

112. Les vallées étant généralement plus fertiles et plus industrielles que les points plus élevés, on aura avantage, quand on devra adopter un chemin avec pente et palier, à descendre d'abord dans la vallée et à en suivre le fond à une hauteur suffisante pour n'avoir pas à redouter les inondations ; ce serait l'inverse si le chemin devait être en rampe et en palier. En résumé, il faut s'efforcer de desservir les vallées par les plus longs chemins possible, car ils deviennent plus profitables à l'intérêt général.

DEUXIÈME CAS. — LA ROUTE DOIT TRAVERSER UN COURS D'EAU

Choix de l'emplacement d'un pont (1).

113. Nous allons maintenant exposer les considérations générales qui déterminent le choix de l'emplacement des ponts et ponceaux, ouvrages accessoires, si l'on considère leur longueur comparée à celle de la route, mais très importants au point de vue de la dépense totale.

Pour atteindre le maximum d'économie, il faudra évidemment que le pont soit normal à la direction du fleuve. Cette économie résulte non seulement de la longueur du pont, qui est réduite à son minimum, mais encore de ce que la main-d'œuvre et l'appareillage d'un pont biais sont beaucoup plus chers que ceux d'un pont droit. Il n'y a qu'à jeter un coup d'œil sur les épures relatives à l'établissement de ces ouvrages pour être immédiatement convaincu de ce fait.

Le choix de cette direction normale, quelquefois impossible à réaliser pour les chemins de fer, peut presque toujours

(1) Pour plus de détails, voir dans cette *Encyclopédie* le *Cours des ponts en maçonnerie* par M. Chaix, cours dont ce paragraphe reproduit les parties essentielles pour le tracé d'un projet de pont.

l'être pour les routes, et l'ingénieur a deux moyens principaux pour arriver à résoudre la question :

Le premier consiste à détourner la route à l'entrée et à la sortie du pont, ainsi que le représente la figure ci-contre (*fig.* 29);

Le second, à détourner la rivière si elle est peu importante. Dans le cas contraire, ce moyen serait coûteux et dangereux, car en temps de crue la rivière tendrait à reprendre son lit et pourrait détruire les travaux (*fig.* 30).

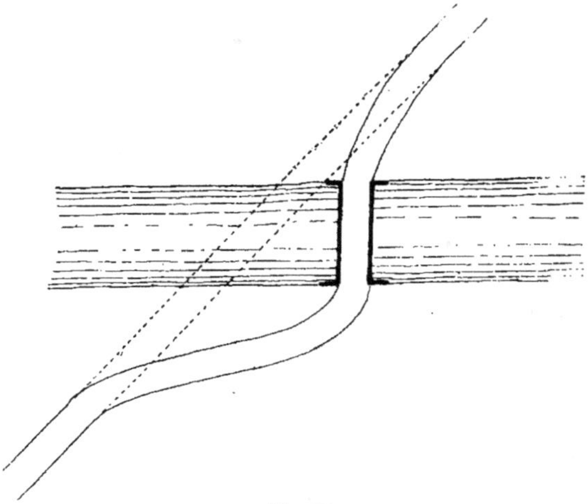

Fig. 29.

114. On devra également éviter de placer le pont sur un coude, car alors, si l'une des extrémités des piles est dans le sens du courant, l'autre est battue par lui (*fig.* 31). On crée ainsi un obstacle au mouvement des eaux, au flottage ou à la navigation, et on a à redouter pendant les crues des affouillements qui peuvent amener la chute du pont. En tous cas, les

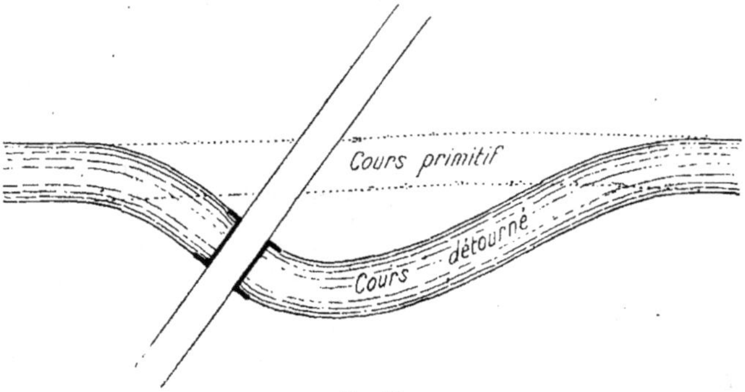

Fig. 30.

têtes des ponts doivent toujours être dirigées normalement au cours de l'eau.

Après avoir ainsi étudié les divers emplacements possibles du pont, on recher-

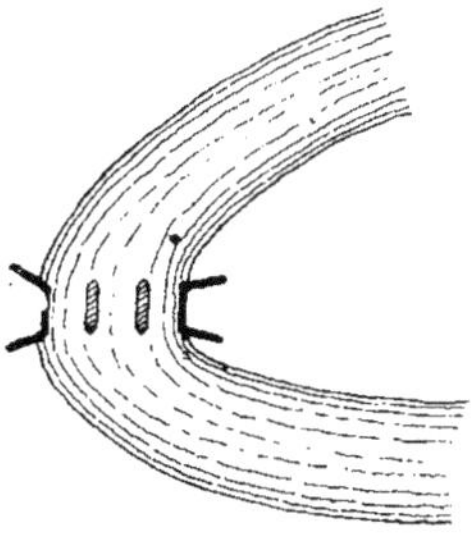

Fig. 31.

chera les endroits où les fondations peuvent s'exécuter le plus facilement. L'étude géologique des terrains et les travaux existants permettent généralement d'être

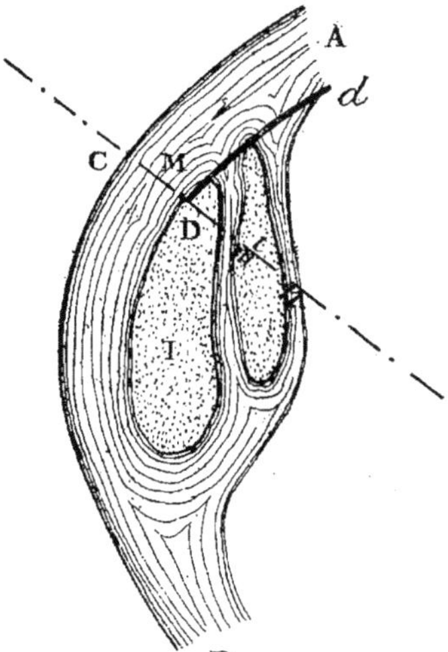

Fig. 32.

à peu près fixé à cet égard ; mais, s'il y avait des doutes, on les éclaircirait par des sondages que l'on ferait pratiquer. On doit également s'assurer de la fixité du lit du cours d'eau qui pourrait produire des affouillements pendant les crues, dans le cas où il se déplacerait.

115. Il peut quelquefois y avoir intérêt à réunir en une seule plusieurs branches de la rivière au moyen d'une digue D*d* (*fig.* 32).

On doit aussi se garder d'établir les ponts dans le voisinage d'un confluent, car, pendant les crues, il arrive fréquemment que le cours d'une des deux rivières

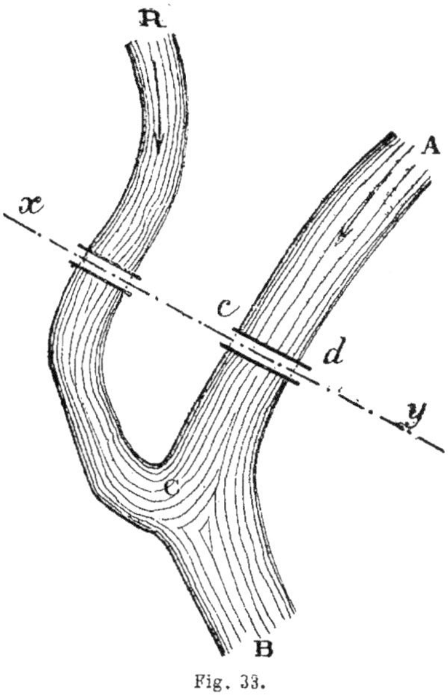

Fig. 33.

est renversé, ce qui détermine des affouillements (*fig.* 33).

116. Ces considérations ayant déjà permis d'éliminer un certain nombre de points du parcours de la rivière, on étudiera le régime des eaux avec le plus grand soin. On connaîtra, par une visite faite sur les lieux, le niveau de l'étiage, celui des eaux moyennes, et enfin celui des plus grandes crues. On ne saura, dans cette enquête, s'entourer de trop de renseignements pris chez les riverains ; on les contrôlera par les données météorologiques, si on peut s'en procurer. La hauteur des plus grandes pluies observées multipliée par la surface du bassin de la rivière permet, en effet, d'avoir un contrôle des données fournies par les habitants.

L'ingénieur, dans sa visite, doit surtout s'attacher, s'il en rencontre, à examiner les ponts ou ponceaux déjà construits sur la même rivière; il puisera là d'utiles indications sur les crues, la nature du sol, la proximité des matériaux, etc.

117. Au point de vue du tracé de la base d'opération, il est surtout nécessaire de connaître le *débouché* du pont et la *hauteur* du tablier par rapport aux courbes du niveau, et c'est en cela que le débouché du ponceau ou du pont est essentiel à fixer.

Débouché d'un ponceau.

118. Pour les ponceaux (petits ponts à une seule arche ne dépassant pas 4 mètres de largeur), quand on a quelques renseignements sur des ouvrages voisins, on peut admettre que la somme des ouvertures est proportionnelle à la racine carrée des surfaces du bassin, de telle sorte que l'on a :

$$\frac{x}{l} = \frac{\sqrt{S_x}}{\sqrt{S_l}} \qquad (36)$$

en appelant :

x, la largeur inconnue du ponceau à établir;

S_x, la surface du bassin qui alimente le ruisseau;

l, la largeur d'un ponceau voisin;

S_l, la surface du bassin de ce ponceau.

Si on manque absolument de renseignements, on appliquera à l'ouvrage une ouverture variant de $0^m,40$ à $1^m,50$ par millier d'hectares de surface versante.

Le premier chiffre se rapporte aux pays de plaine où les eaux arrivent lentement, et le second aux pays accidentés où les eaux arrivent vite.

Quand le bassin est resserré entre des montagnes très élevées dont la pente est rapide, il faut encore accroître le débouché, parce que les eaux coulant sur un sol plus incliné, arrivent encore plus vite et plus rapidement sous le passage du pont.

119. Si on ne voulait pas accorder de confiance à ce moyen d'établir le débouché d'un ponceau, on pourrait se rendre compte de la quantité d'eau que le bassin fournirait pendant la pluie d'orage la plus abondante en supposant cette pluie assez prolongée pour que le ponceau ait à débiter par seconde la quantité d'eau tombée sur le bassin.

Mary dit qu'il résulte, d'après les observations les plus exactes faites en France, que le volume d'eau tombé en une seconde pendant une pluie continue très abondante est de $0^{m3},000,002$ par mètre carré. La plus longue durée d'une pluie de cette abondance n'excède jamais dix-sept heures.

Pour que l'on puisse appliquer ces chiffres, il faut que le bassin soit assez petit pour que la première eau venue de l'extrémité arrive au ponceau avant la fin de la pluie.

Dans un très petit bassin, le ponceau peut avoir à débiter par seconde la quantité d'eau fournie par un orage ou par une trombe d'eau tombant sur le bassin dans ce même temps diminué du volume absorbé par le sol.

D'après les registres de l'Observatoire de Paris, l'orage le plus abondant a fourni $0^{m3},01898$ en trente minutes par mètre carré, ce qui fait $0^{m3},0000105$ par seconde.

Le cas le plus défavorable, c'est-à-dire celui où le ponceau a le plus à débiter, se présente quand, le sol étant gelé, il survient une pluie chaude, ou bien quand cette pluie tombe sur des pavés ou des bâtiments, car alors il n'y a pas d'imbibition.

Sur les différentes espèces d'argile, sur les marnes argileuses des terrains jurassiques et sur les roches non fendillées, telles que le granit, l'absorption est d'environ 43 0/0.

Dans les terrains crayeux, sablonneux et les roches fendillées la pluie est presque totalement absorbée.

Si elle tombe sur une épaisse couche de terre végétale, il résulte de nombreuses expériences que l'eau coulant à la surface est les 3/7 de l'eau de pluie.

Limite d'érosion des berges.

120. Ayant ainsi déterminé le volume

d'eau à écouler, on déterminera la largeur du débouché de manière que la vitesse sous le ponceau ne dépasse pas celle à laquelle peuvent résister les berges du ruisseau (voir, dans cette *Encyclopédie*, l'ouvrage de M. Chaix sur les *ponts en maçonnerie*).

D'après les expériences de Dubuat, les résistances de différents sols sont les suivantes :

NATURE DU SOL	VITESSE QUI COMMENCE à entraîner
Terre brune détrempée	0.076
Argile tendre	0.152
Sable	0.305
Gravier	0.609
Cailloux	0.914
Pierres cassées, silex anguleux	1.22
Cailloux agglomérés	1.52
Roches lamelleuses	1.83
Roches dures	3.00

121. *Relation entre la vitesse moyenne et la vitesse du fond.* — La vitesse du fond v étant choisie de façon à ce que le lit ne soit pas affouillé, on aura, d'après les formules connues pour la valeur V (vitesse moyenne) :

$$V = 1,33\, v. \qquad (37)$$

En divisant le volume d'eau à écouler par cette vitesse, on aurait la section, s'il n'y avait une contraction due au mur du ponceau. Soit m la valeur du coefficient de cette contraction, on a :

$$Q = mSV. \qquad (38)$$

D'après les expériences de Gauthey, les valeurs de m sont les suivantes :

OUVERTURE DES ARCHES	RECTANGULAIRES	DEMI-CIRCULAIRES ou triangulaires équilatérales	TRIANGULAIRES OU EN OGIVE très allongées
10	0.79	0.85	0.89
20	0.83	0.87	0.91
30	0.86	0.90	0.93
40	0.88	0.91	0.94
50	0.90	0.93	0.95
60	0.92	0.94	0.96
70	0.94	0.96	0.97
80	0.97	0.97	0.98
90	0.98	0.98	0.98
100	0.99	0.99	0.99

On prend généralement pour les ponceaux :

$$m = 0,70,$$

et on obtient la valeur de S, c'est-à-dire la section du débouché. Pour connaître la largeur convenant à cette section, il faut déterminer la hauteur à laquelle l'eau s'élèvera lors des crues. Cette question, déjà traitée avec autant de détails que de compétence dans cette *Encyclopédie*, sera résumée dans le livre II relatif aux rivières et torrents. Nous nous contenterons d'emprunter au *Traité* de M. Chaix le passage suivant :

122. « Pour calculer cette hauteur on relève un profil transversal au point où l'emplacement a été choisi, et on nivelle le fond du lit. Si le lit est assez régulier pour qu'on puisse l'assimiler à un canal prismatique, on applique la formule du mouvement permanent uniforme :

$$U^2 = \frac{RI}{A} \qquad (39)$$

dans laquelle :

U est la vitesse moyenne,

R, le rayon moyen $\frac{\Omega}{\chi}$,

Ω, section,

χ, périmètre mouillé,

I, pente par mètre de la surface du courant (dans le mouvement uniforme cette pente est égale à celle du fond du canal ; la valeur de I sera donc celle qui résultera du nivellement longitudinal du lit).

A est un coefficient auquel, pour les parois en terre, M. Bazin attribue la valeur suivante :

$$A = 0,00028\left(1 + \frac{1.25}{R}\right) \qquad (40)$$

Pour résoudre le problème, on fait une hypothèse sur la hauteur cherchée ; on en déduit la section Ω et le périmètre mouillé χ. On vérifie ensuite si la formule ci-dessus est satisfaite. Si elle ne l'est pas, on fait une deuxième hypothèse, et on continue ainsi par essais successifs jusqu'à ce qu'on ait trouvé une valeur de la hauteur de h pour laquelle l'équation soit satisfaite (1). »

Pour faciliter les calculs, nous reproduirons la table que M. Bazin a donnée pour l'application de sa formule.

(1) Si on connaissait la relation algébrique qui lie χ à Ω, en fonction de la hauteur h, on pourrait calculer directement cette dernière valeur. Toutefois il sera généralement plus simple de procéder par hypothèse, car on aurait à résoudre une équation du sixième degré, ainsi qu'on peut s'en convaincre. En effet, Ω étant une surface, sera du second degré; donc $\Omega = f(h^2)$, χ représentant une ligne sera du premier degré $\varphi(h)$, et R, rapport d'une surface à une ligne, également du premier degré $\varphi_1(h)$; on aura donc :

$$Q = \Omega U = f(h^2)\sqrt{\frac{\varphi_1(h) I}{\alpha + \frac{b}{\varphi_1(h)}}}$$

d'où:

$$Q^2 = I\,\frac{(f(h^2)^2\varphi_1(h)^2}{\alpha\varphi_1(h) + b}\cdot$$

équation du sixième degré en h.

VALEUR de R	VALEURS DE $\frac{RI}{U^2}$ (A)				VALEURS de R	VALEURS DE $\frac{U}{V}$			
	Parois très unies	Parois unies	Parois peu unies	Parois en terre		Parois très unies	Parois unies	Parois peu unies	Parois en terre
0,01	0,000 600	»	»	»	0,60	0,000 158	0,000 212	0,000 340	0,000 863
0,02	0,000 375	0,000 855	»	»	0,61	0,000 157	0,000 212	0,000 338	0,000 854
0,03	0,000 300	0,000 633	»	»	0,62	0,000 157	0,000 211	0,000 337	0,000 845
0,04	0,000 262	0,000 522	»	»	0,63	0,000 157	0,000 211	0,000 335	0,000 836
0,05	0,000 240	0,000 456	0,001 440	»	0,64	0,000 157	0,000 211	0,000 334	0,000 827
0,06	0,000 225	0,000 412	0,001 240	»	0,65	0,000 157	0,000 210	0,000 332	0,000 818
0,07	0,000 214	0,000 380	0,001 0[illegible]7	»	0,66	0,000 157	0,000 210	0,000 331	0,000 810
0,08	0,000 206	0,000 356	0,000 990	»	0,67	0,000 157	0,000 210	0,000 330	0,000 802
0,09	0,000 200	0,000 338	0,000 907	»	0,68	0,000 157	0,000 210	0,000 328	0,000 795
0,10	0,000 195	0,000 323	0,000 840	0,003 780	0,69	0,000 157	0,000 209	0,000 327	0,000 787
0,11	0,000 191	0,000 311	0,000 785	0,003 462	0,70	0,000 156	0,000 209	0,000 326	0,000 780
0,12	0,000 188	0,000 301	0,000 740	0,003 197	0,71	0,000 156	0,000 209	0,000 325	0,000 773
0,13	0,000 185	0,000 292	0,000 702	0,002 972	0,72	0,000 156	0,000 208	0,000 323	0,000 766
,14	0,000 182	0,000 285	0,000 669	0,002 780	0,73	0,000 156	0,000 208	0,000 322	0,000 759
0,15	0,000 180	0,000 279	0,000 640	0,002 613	0,74	0,000 156	0,000 208	0,000 321	0,000 753
0,16	0,000 178	0,000 2[illegible]3	0,000 615	0,002 468	0,75	0,000 156	0,000 208	0,000 320	0,000 747
0,17	0,000 176	0,000 268	0,000 593	0,002 339	0,76	0,000 156	0,000 208	0,000 319	0,000 741
0,18	0,000 175	0,000 264	0,000 573	0,002 224	0,77	0,000 156	0,000 207	0,000 318	0,000 735
0,19	0,000 174	0,000 260	0,000 556	0,002 122	0,78	0,000 156	0,000 207	0,000 317	0,000 729
0,20	0,000 172	0,000 256	0,000 540	0,002 030	0,79	0,000 156	0,000 207	0,000 316	0,000 723
0,21	0,000 171	0,000 253	0,000 526	0,001 947	0,80	0,000 156	0,000 207	0,000 315	0,000 718
0,22	0,000 170	0,000 250	0,000 513	0,001 871	0,81	0,000 156	0,000 206	0,000 314	0,000 712
0,23	0,000 170	0,000 248	0,000 501	0,001 802	0,82	0,000 155	0,000 206	0,000 313	0,000 707
0,24	0,000 169	0,000 245	0,000 490	0,001 738	0,83	0,000 155	0,000 206	0,000 312	0,000 702
0,25	0,000 168	0,000 243	0,000 480	0,001 680	0,84	0,000 155	0,000 206	0,000 311	0,000 697
0,26	0,000 167	0,000 241	0,000 471	0,001 626	0,85	0,000 155	0,000 206	0,000 311	0,000 692
0,27	0,000 167	0,000 239	0,000 462	0,001 576	0,86	0,000 155	0,000 205	0,000 310	0,000 687
0,28	0,000 165	0,000 237	0,000 454	0,001 530	0,87	0,000 155	0,000 205	0,000 309	0,000 682
0,29	0,000 166	0,000 236	0,000 447	0,001 487	0,88	0,000 155	0,000 205	0,000 308	0,000 678
0,30	0,000 165	0,000 234	0,000 440	0,001 447	0,89	0,000 155	0,000 205	0,000 307	0,000 673
0,31	0,000 165	0,000 232	0,000 434	0,001 409	0,90	0,000 155	0,000 205	0,000 307	0,000 669
0,32	0,000 164	0,000 233	0,000 428	0,001 374	0,91	0,000 155	0,000 205	0,000 306	0,000 665
0,33	0,000 164	0,000 230	0,000 422	0,001 341	0,92	0,000 155	0,000 204	0,000 305	0,000 660
0,34	0,000 163	0,000 229	0,000 416	0,001 309	0,93	0,000 155	0,000 204	0,000 305	0,000 656
0,35	0,000 163	0,000 228	0,000 411	0,001 280	0,94	0,000 155	0,000 204	0,000 304	0,000 652
0,36	0,000 163	0,000 227	0,000 407	0,001 252	0,95	0,000 155	0,000 204	0,000 303	0,000 648
0,37	0,000 162	0,000 226	0,000 402	0,001 226	0,96	0,000 155	0,000 204	0,000 303	0,900 645
0,38	0,000 162	0,000 225	0,000 398	0,001 201	0,97	0,000 155	0,000 204	0,000 302	0,000 641
0,39	0,000 162	0,000 224	0,000 394	0,001 177	0,98	0,000 155	0,000 204	0,000 301	0,000 637
0,40	0,000 161	0,000 223	0,000 390	0,001 155	0,99	0,000 155	0,000 203	0,000 301	0,000 634
0,41	0,000 161	0,000 222	0,000 386	0,001 134	1,00	0,000 155	0,000 203	0,000 300	0,000 630
0,42	0,000 161	0,000 222	0,000 383	0,001 113					
0,43	0,000 160	0,000 221	0,000 380	0,001 094	1,02	0,000 154	0,000 203	0,000 299	0,000 623
0,44	0,000 160	0,000 220	0,000 376	0,001 075	1,04	0,000 145	0,000 203	0,000 298	0,000 617
0,45	0,000 160	0,000 220	0,000 373	0,001 058	1,06	0,000 154	0,000 203	0,000 297	0,000 610
0,46	0,000 160	0,000 219	0,000 370	0,001 041	1,08	0,000 154	0,000 202	0,000 296	0,000 604
0,47	0,000 160	0,000 218	0,000 368	0,001 025	1,10	0,000 154	0,000 202	0,000 295	0,000 598
0,48	0,000 159	0,000 218	0,000 365	0,001 009	1,12	0,000 154	0,000 202	0,000 294	0,000 592
0,49	0,000 159	0,000 217	0,000 362	0,000 994	1,14	0,000 154	0,000 202	0,000 293	0,000 587
0,50	0,000 159	0,000 217	0,000 360	0,000 980	1,16	0,000 154	0,000 201	0,000 292	0,000 582
0,51	0,000 159	0,000 216	0,000 358	0,000 966	1,18	0,000 154	0,000 201	0,000 291	0,000 577
0,52	0,000 159	0,000 216	0,000 355	0,000 953	1,20	0,000 154	0,000 201	0,000 290	0,000 572
0,53	0,000 158	0,000 215	0,000 353	0,000 940	1,22	0,000 154	0,000 201	0,000 289	0,000 567
0,54	0,000 158	0,000 215	0,000 351	0,000 928	1,24	0,000 154	0,000 201	0,000 288	0,000 562
0,55	0,000 158	0,000 214	0,000 349	0,000 916	1,26	0,000 154	0,000 201	0,000 288	0,000 558
0,56	0,000 158	0,000 214	0,000 347	0,000 905	1,28	0,000 154	0,000 200	0,000 287	0,000 553
0,57	0,000 158	0,000 213	0,000 345	0,000 894	1,30	0,000 153	0,000 200	0,000 286	0,000 549
0,58	0,000 158	0,000 213	0,000 343	0,000 883	1,32	0,000 153	0,000 200	0,000 285	0,000 545
0,59	0,000 158	0,000 213	0,000 342	0,000 873	1,30	0,000 153	0,000 200	0,000 285	0,000 541

VALEUR de R	VALEURS DE $\frac{RI}{U^2}$ (A)				VALEURS de R	VALEURS DE $\frac{U}{V}$			
	Parois très unies	Parois unies	Parois peu unies	Parois en terre		Parois très unies	Parois unies	Parois peu unies	Parois en terre
1,36	0,000 153	0,000 200	0,000 284	0,000 537	1,98	0,000 152	0.000 197	0,000 270	0,000 457
1,38	0,000 153	0,000 200	0,000 284	0,000 534	2,00	0,000 152	0,000 197	0,000 270	0,000 455
1,40	0,000 153	0,000 199	0,000 283	0,000 530	2,10	0,000 152	0,000 196	0,000 269	0,000 447
1,42	0,000 153	0.000 199	0.000 282	0,000 526	2,20	0.000 152	0,000 196	0,000 267	0,000 439
1,44	0,000 153	0,000 199	0,000 282	0,000 523	2,30	0,00 152	0,000 196	0,000 266	0,000 432
1,46	0,000 153	0,000 199	0,000 281	0,000 520	2,40	0,000 152	0,000 196	0,000 265	0,000 426
1,48	0,000 153	0,000 199	0,000 281	0,000 516	2,50	0,000 152	0,000 195	0,000 264	0.000 420
1,50	0,000 153	0,000 199	0,000 280	0,000 513	2,60	0.000 152	0,000 195	0,000 263	0,000 415
1,52	0,000 153	0,000 199	0,000 279	0,000 510	2,70	0,000 152	0,000 195	0,000 262	0,000 410
1,54	0,000 153	0,000 119	0,000 279	0,000 507	2,80	0,000 152	0,000 195	0,000 261	0,000 405
1,56	0,000 153	0,000 199	0,000 278	0,000 504	2,90	0,000 152	0,000 195	0,000 261	0,000 401
1,58	0,000 153	0,000 198	0,000 278	0,000 502	3,00	0,000 152	0,000 194	0,000 260	0,000 397
1,60	0,000 153	0,000 198	0,000 277	0,000 499	3,10	0,000 151	0,000 194	0,000 259	0,000 393
1,62	0,000 153	0.000 198	0,000 277	0,000 496	3,20	0,000 151	0,000 194	0.000 259	0,000 389
1,64	0,000 153	0,000 198	0,000 277	0,000 493	3,30	0,000 151	0,000 194	0,000 258	0,000 386
1,66	0,000 153	0,000 198	0,000 276	0,000 491	3,40	0,000 151	0,000 194	0,000 258	0,0 0 383
1,68	0,000 153	0,000 198	0,000 276	0,000 488	3,50	0,000 151	0,000 194	0,000 257	0,000 380
1,70	0,000 153	0,000 198	0.000 275	0,000 486	3,60	0,000 151	0,000 194	0,000 257	0.000 377
1,72	0,000 153	0,000 198	0.000 275	0,000 483	3,70	0,000 151	0,000 194	0,000 256	0,000 375
1,74	0,000 153	0,000 198	0.000 274	0.000 481	3,80	0,000 151	0,000 194	0,000 256	0.000 372
1,76	0,000 153	0,000 198	0,000 274	0,000 479	3,90	0,000 151	0,000 193	0,000 255	0,000 370
1,78	0,000 153	0,000 197	0,000 274	0.000 477	4,00	0,000 151	0,000 193	0,000 255	0,000 368
1,80	0,000 153	0,000 197	0,000 273	0,000 474	4,25	0.000 151	0,000 193	0,000 254	0,000 362
1,82	0,000 152	0,000 197	0,000 273	0,000 472	4,50	0,000 151	0,000 193	0,000 253	0,000 358
1,84	5,000 152	0,000 197	0,000 273	0,000 470	4,75	0,000 151	0,000 193	0,000 253	0,000 354
1,86	0,000 152	0,000 197	0,000 272	0,000 468	5,00	0,000 151	0.000 193	0,000 252	0,000 350
1.88	0,005 152	0,000 197	0,000 272	0,000 466	5,25	0,000 151	0,000 193	0,000 251	0,000 347
1,90	0,000 152	0,000 197	0,000 272	0,000 464	5,50	0,000 151	0,000 192	0,000 251	0,000 344
1,92	0,000 152	0,000 197	0,000 271	0,000 462	5,75	0,000 151	0,000 192	0,000 250	0,000 341
1,94	0,000 152	0,000 197	0,000 271	0,000 460	6,00	0,000 151	0.000 192	0,000 250	0,000 338
1,96	0,000 152	0,000 197	0,000 271	0,000 459					

Exemple numérique.

123. *Supposons un canal ayant un profil en travers triangulaire de* 8 *mètres de largeur sur* 3 *mètres de hauteur. Le débit de la plus grande crue étant* 6 *mètres cubes par seconde, chercher la hauteur* h *de l'eau dans le canal (fig.* 34).

$$I = 0^m,002.$$

Supposons $h = 2$ mètres.
Nous avons :

$$\Omega = 5^m32, \quad \chi = 6^m,66, \quad R = \frac{\Omega}{\chi} = 0.8$$

d'où :

$$A \text{ (formule 40)} = 0,000718,$$

$$U = \sqrt{\frac{RI}{A}} = \sqrt{\frac{0.80 \times 0.002}{0,000718}} = 1^m,49.$$

$$Q = \Omega U = 5^m,32 \times 1.49 = 7^m,90.$$

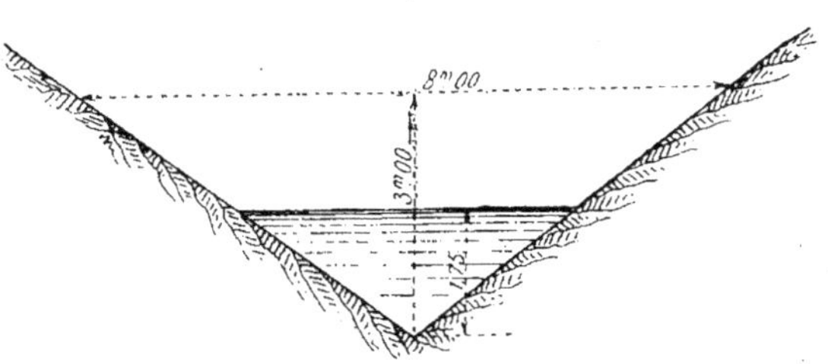

Fig. 34.

On prendra alors $h = 1^m,80$.

$$\Omega = 4^m,32 \quad \chi = 6^m,00 \quad R = \frac{\Omega}{\chi} = 0,72.$$

$$A = 0,000687.$$

$$U = \sqrt{\frac{0,72 \times 0.002}{0.000687}} = 1^m,45.$$

$$\Omega U = 4^m,32 \times 1^m,45 = 6^{m3},25.$$

On arrêtera les calculs à ce point, et on

prendra pour hauteur de la ligne d'eau $1^m,75$, ce qui sera exact à 1 ou 2 centimètres près.

Cette cote étant fixée, on choisira la vitesse limite que l'on veut atteindre sous le ponceau, soit $0^m,90$, correspondant à un lit de cailloux.

On aura pour la vitesse moyenne (37):

$$V = 1,33 \times 0,90 = 1^m,20 ;$$

d'où en appelant l la largeur du débouché:

$$6^{m3} = 0,70 \times (l \times 1^m,75)\ 1^m,20,$$

de laquelle on tire:

$$l = \frac{4,20 \times 0,07 \times 1,74}{6^{m3}} = 4^m,08$$

soit $4^m,10$.

124. Il convient généralement de laisser dans les aqueducs dallés ou *dallots* (*fig.* 35) $0^m,20$ à $0^m,30$ de vide au-dessus du niveau ainsi obtenu ; et on ne descendra pas au-dessous de $0^m,60$ de largeur quand même cette largeur serait trop considérable, afin qu'un enfant puisse s'introduire et faire les nettoyages, quand ils deviennent nécessaires. On peut aller

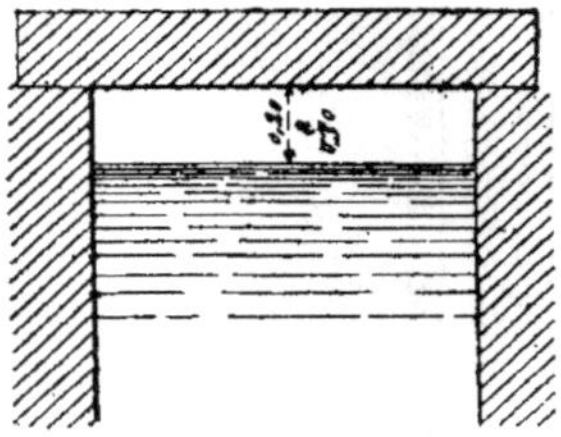

Fig. 35.

jusqu'à $2^m,40$ avec ce système en juxtaposant plusieurs dallots l'un à côté de l'autre (*Cours de Ponts en maçonnerie*, tome I, p. 465).

Au-delà de ces dimensions, on devra

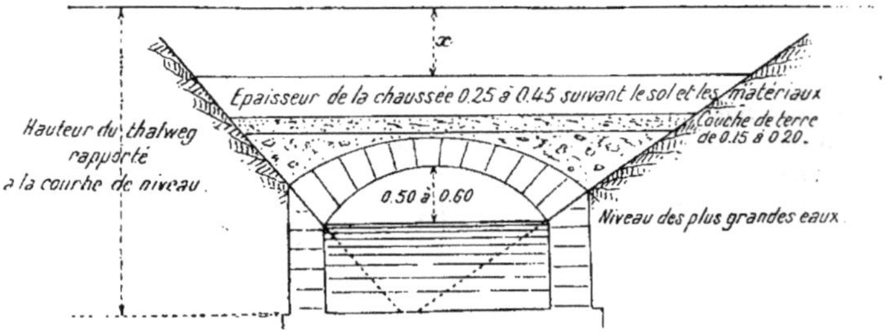

Fig. 36.

construire des ponceaux voûtés, et alors on laissera un espace libre de $0^m,50$ à $0^m,60$ entre la clé et le niveau des plus grandes crues (*fig.* 36).

Au-dessus de cette clé, dont on calcule les dimensions par les formules connues on mettra un matelas de terre de $0^m,15$ à $0^m,20$, et enfin on ajoutera l'épaisseur de la chaussée : on aura ainsi la cote x au-dessous de laquelle la route ne pourra descendre. On voit donc qu'il sera inutile de descendre dans la vallée au-dessous de ce point puisqu'il faudrait remonter ensuite pour l'atteindre. Si, au contraire, on était amené à passer beaucoup au dessus, il y aurait lieu d'examiner si, au point de vue de l'économie, on ne devrait pas prolonger le ponceau sous le remblai qui en forme les abords en le continuant par un viaduc.

Ponts à une seule arche.

125. Si la largeur résultant du calcul du débouché tel que nous l'avons présenté conduit à adopter une largeur plus grande que 4 mètres, le ponceau deviendra un pont.

Généralement, quand on établit ce dernier avec une seule arche, on ne dépasse pas une longueur d'environ 20 mètres quand on adopte la pierre, et de 60 à 70 mètres quand on adopte le fer. Au-delà de ces dimensions, on construit des ponts à deux ou à plusieurs arches. La distance entre le claveau de l'intrados de la voûte et la surface des plus grandes eaux varie de 1 à 3 mètres suivant la forme de l'intrados, l'importance de la rivière à traverser, son cours plus ou moins rapide, son exposition au vent qui peut créer des vagues funestes en temps de crue, et enfin suivant la possibilité plus ou moins grande de recevoir de longs bois flottants. Il faut également, sur les rivières navigables, donner à cette arche la hauteur nécessaire pour le passage des bateaux. Celle-ci est généralement fixée par l'Administration.

126. *Hauteur maxima et minima.* — La hauteur maxima de l'arche dépend souvent de celle des abords. Si ceux-ci devaient être formés de remblais trop élevés (15 à 16 mètres), il serait plus économique, ainsi que nous venons de le dire pour les ponceaux, de construire sur les berges des arches formant viaduc.

La hauteur minima est également quelquefois imposée, s'il s'agit, par exemple, de réunir deux quais déjà construits. Si la cote de la partie supérieure de l'arche est très voisine de celle de ces quais, on devra adopter un pont en fer qui permettra de réduire à $0^m,35$ ou $0^m,40$ l'épaisseur totale nécessaire, quantité qu'on ne saurait atteindre en additionnant l'épaisseur des claveaux et de la chaussée.

Ponts à plusieurs arches.

127. Tout ce que nous venons de dire sur les ponts à une arche s'applique aux ponts à plusieurs arches. Il y a seulement à observer que la hauteur maxima n'est exigible que pour *la* ou *les arches marinières* de ces ponts.

128. Il arrive quelquefois que l'on établit un pont pour remplacer un bac. On recherche toujours pour l'établissement d'un bac un emplacement où le lit de la rivière présente un accès facile, c'est-à-dire des rives basses. D'après ce que nous avons dit précédemment, c'est le contraire qui est nécessaire pour établir un pont, parce qu'il faut, autant que possible, diminuer l'inclinaison et la longueur des rampes d'accès. Il y a donc lieu, dans cette circonstance, d'examiner s'il ne conviendrait pas de placer le pont dans une autre position, en modifiant la route aux abords.

Nous bornons là ce que nous avons à dire sur le choix de l'emplacement d'un pont. Les notions complémentaires sur le régime des eaux se trouveront dans le livre II de ce *Traité*, quand nous parlerons des rivières.

129. En résumé, on voit que, si deux points A et B sont séparés par un cours d'eau, on devra marquer sur la carte les points où l'établissement du pont ou du ponceau nécessaire pour le traverser seront les plus économiques, et on devra considérer la largeur et la hauteur de ces ponts comme des cotes limites du passage obligé de la route.

S'il y a deux ou plusieurs rivières, on fera le même travail pour chacune d'elles et alors, certains de ces points de passage s'éliminant les uns par les autres, on se trouvera, pour la base d'opération, en présence d'un problème presque complètement déterminé.

Pour achever ce que nous avons à dire sur les travaux accessoires, nous n'avons plus à examiner que les cas où la route rencontre un canal, un chemin de fer ou une autre route, et doit passer au dessus ou au dessous.

Nous allons résumer le plus brièvement possible ce que M. Chaix a dit sur cette importante question, dans son *Traité sur les ponts*.

130. *Ponts sur les canaux de navigation.* — Le profil du canal étant régulier, et la hauteur de son plan d'eau fixe, le travail se trouve beaucoup simplifié. Chaque fois que l'on sera dans le voisinage d'une écluse, il y aura avantage et économie à se servir du basjoyer de la porte d'aval comme fondation et support de l'arche du pont. C'est en effet en cet endroit que l'on aura la hauteur maxima pour le passage des bateaux. Dans tous les cas, l'ouverture du pont sera au moins de $5^m,20$ s'il est construit sur une écluse, et de 8^m,20 s'il est construit sur un point quelconque du canal. Cette augmentation de largeur provient de ce qu'il faut réserver un chemin de halage de 2 mètres au minimum, d'un côté, et un marchepied de 1 mètre, de l'autre.

D'après une circulaire ministérielle du 30 mai 1879, la hauteur libre à ménager entre le plan normal du canal et le dessous des ponts est de 3^m,70 dans toute la largeur du plafond du canal.

131. *Ponts sur les routes et chemins.* — Le pont devra avoir une ouverture égale à celle de la chaussée qu'il traverse, y compris les trottoirs. Dans tous les cas, elle ne sera jamais inférieure à 8 mètres pour une route nationale, 7 mètres pour une route départementale, 5 mètres pour un chemin de grande communication ou d'intérêt commun, et 4 mètres pour un chemin communal. Ces chiffres sont applicables aux chemins de fer, aux routes et aux canaux, à moins que l'Administration n'en décide autrement par une clause spéciale.

La hauteur sous clé, à partir du sol de la route, doit être de 5 mètres pour les ponts en arc, métalliques ou non, et de

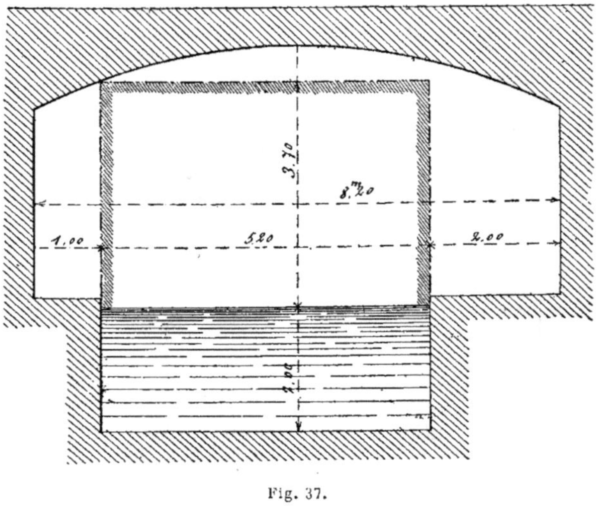

Fig. 37.

4^m,30 sous poutre, lorsque le pont est formé de poutres horizontales en bois ou en fer.

132. *Ouverture et hauteur des ponts placés sur les voies ferrées.* — Cette ouverture est extrêmement variable avec la hauteur des talus et des remblais, et le plus simple est de rechercher la coupe du terrain vers les endroits où l'on se propose de passer; cela est d'autant plus facile que les plans existent dans toutes les administrations de chemins de fer.

Quant à la hauteur, elle doit être de 4^m,80 à partir du niveau des rails, et cela sur toute la largeur comprise entre les rails extérieurs, pour les chemins de fer d'intérêt général, et sur la largeur des caisses de voiture pour tous les chemins de fer d'intérêt local.

133. Avec les renseignements qui précèdent, on voit qu'on peut résoudre, dans tous les cas qui peuvent se présenter le tracé d'une base d'opération en pays de plaine ou peu accidenté. Quelquefois on trouvera deux ou trois solutions que l'on aura plus tard à discuter, et nous avons donné tous les éléments nécessaires pour le faire utilement. Il ne nous reste plus maintenant, pour terminer ce que nous avons à dire sur le projet des tracés des routes, *avec cartes à courbes de niveau*, qu'à examiner comment on doit opérer dans les pays de montagnes. Les nombreux détails dans lesquels nous sommes entré dans cet exposé nous permettront d'être beaucoup plus bref, car, sauf les différences spécifiques, nous rencontrerons beaucoup de points et de calculs soumis aux mêmes lois, dans ces deux sortes de tracé.

Nous commencerons d'abord par donner quelques détails sur l'orographie en général.

TRACÉ D'UNE BASE D'OPÉRATIONS EN PAYS DE MONTAGNE.

Orographie.

134. Nous allons d'abord définir ce qu'on entend par pays de montagne et la configuration générale des contrées dites montagneuses.

Généralement on réserve le nom de *montagnes* aux éminences du sol qui ont une assez grande importance (500 à 600 mètres), et on distingue sous le nom de collines celles qui en ont moins.

Quand on examine la configuration générale du globe sur une carte, on voit qu'on peut comparer, ainsi qu'on le fait ordinairement, le tracé des montagnes à une arête de poisson ou, mieux, à une feuille de fougère dans laquelle l'arête ou la côte principale formée des plus grandes saillies de terrain représente une sorte de chaîne dont la ligne de faîte accidentée présente une pente générale avec des points hauts (pics, sommets) et des points bas (*cols*). Des sommets partent des chaînes secondaires présentant le même aspect. Chacun des sommets donne naissance à une nouvelle chaîne de terrains surélevés, et ainsi de suite jusqu'aux dernières éminences.

Les grandes vallées qui sont comprises entre deux lignes de faîte principales sont appelées vallées principales.

Les vallées comprises entre les chaînes secondaires portent le nom de vallées secondaires ; on voit qu'elles sont à peu près perpendiculaires à la direction de la ligne de faîte principale.

Les rameaux qui s'échappent du faîte des chaînes secondaires descendent vers la plaine et donnent lieu eux-mêmes à des vallées, qui sont alors parallèles à la vallée principale, et ainsi de suite.

La suite des points bas des vallées forme une sorte de chemin (*thalweg*), dans lequel se réunissent les eaux qui sont tombées sur toute la surface dont la pente les dirige vers ces points bas. Cette surface s'appelle *bassin*. On voit que la séparation des bassins est produite par les crêtes des chaînes de montagnes. Aussi appelle-t-on la succession de ces crêtes *ligne de partage des eaux*.

Les vallées empruntent généralement leur nom à la rivière ou fleuve qui parcourt le thalweg (vallée de la Seine, de la Loire, etc.).

On remarque en remontant les thalwegs des cours d'eau ayant un long parcours, que les pentes très douces vers l'embouchure vont en s'accentuant au fur et à mesure qu'on s'approche de la ligne de partage des eaux ; ce fait s'accentue notamment vers la chaîne principale, de telle sorte que le profil en long d'une rivière est généralement représenté par une ligne concave.

De même la pente de la ligne de faîte des chaînes secondaires, très forte vers son point d'attache avec la ligne de faîte principale, va en s'abaissant au fur et à mesure qu'elle approche du thalweg de la vallée principale ; on donne le nom de contrefort aux dernières éminences qu'elle présente.

Il suit de l'ensemble de ces faits, et il est prouvé par d'autres encore, *qu'il existe une relation entre les faîtes et les thalwegs, et que leurs pentes sont toujours dirigées dans le même sens*. Cette remarque a été faite par Brisson ; elle est des plus importantes, ainsi que nous le verrons plus loin, lorsque nous n'aurons plus de courbes de niveau à notre disposition.

Routes en pays de montagne.

135. On peut diviser les routes des pays de montagne en deux classes bien distinctes : celle des routes qui parcourent les flancs des montagnes sans traverser les lignes de faîte, et celle des routes qui traversent ces lignes. Nous allons les examiner successivement.

Routes tracées sur le flanc des montagnes.

136. Nous avons déjà vu comment se faisaient les tracés de la base d'opérations sur les collines ; toutes les différentes solutions que nous avons indiquées sont applicables au cas qui nous occupe. Les seules remarques que nous ayons à faire sont relatives aux chemins établis sur les pentes très fortes et qui traversent les contreforts.

S'il s'agit de réunir deux points A et B placés sur une pente très forte (*fig.* 38), les explications que nous avons données antérieurement montrent qu'il faudra allonger

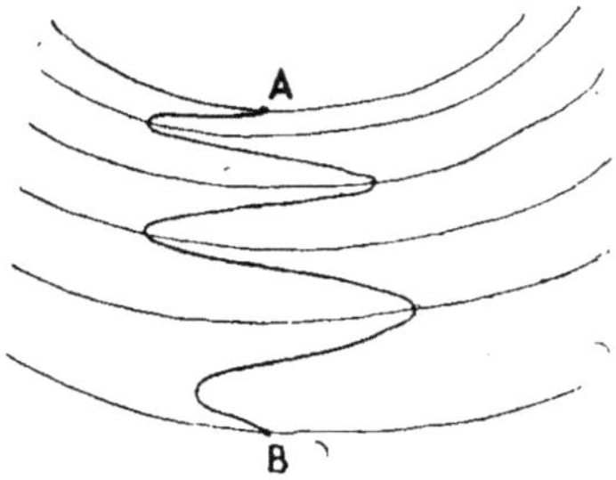

Fig. 38.

le parcours pour ne pas dépasser la pente limite que l'on s'est imposée. La différence est que, dans ce cas, l'allongement de la pente pourra être très considérable s'il s'agit, par exemple, de réunir ensemble, ainsi que nous l'avons vu dans les Asturies, des points qui, distants à peine de 150 mètres, mesurés horizontalement, étaient à 300 mètres de différence d'altitude. Dans ce cas, le développement de la route nécessaire pour le rachat de la différence de niveau s'obtient par un tracé en *lacet*, qui nécessite quelquefois de petites tranchées et de petits remblais, pour être plus économiquement tracés.

Nous ferons les mêmes observations eu égard aux contreforts. Si un chemin réunit deux points A et B (*fig.* 39) placés dans deux vallées secondaires appartenant à une même chaîne principale, il devra traverser la chaîne secondaire qui les sépare ; si le point où cette traversée doit avoir lieu est situé près de la vallée principale, il sera souvent plus avantageux de contourner le contrefort que de le gravir pour le redescendre ensuite.

On peut remarquer que plus une pente sera douce, moins il importera qu'elle soit régulière, plus par conséquent elle pourra rester à la surface du sol, c'est-à-dire exigeant moins de déblais et de remblais, et par suite plus économique à construire.

On voit que, dans tous les cas, les tracés de base d'opérations restent soumis, ainsi que leur appréciation, aux règles que nous avons indiquées précédemment.

Route traversant les chaînes de montagne.

137. Supposons que les points A et B

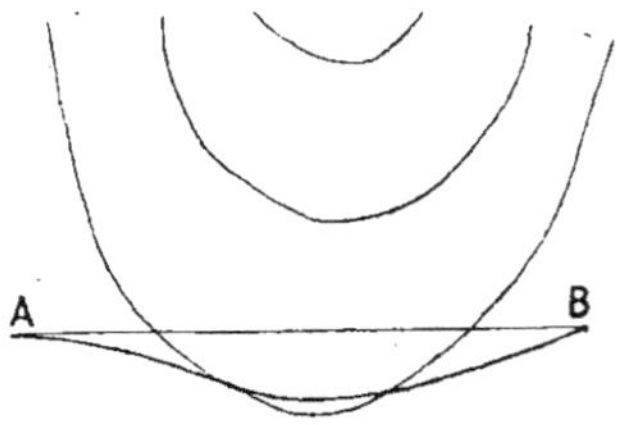

Fig. 39.

soient séparés par une chaîne principale de montagne : cherchons quel sera le tracé le plus profitable à l'intérêt général.

On a vu combien les pentes et les rampes étaient préjudiciables aux transports rapides et économiques, qui sont la base de la production à bon marché ; on le comprend encore mieux si, comme certains statisticiens l'ont établi, il faut transporter en moyenne *deux et demi* de produits bruts pour avoir *un* de produit fabriqué, c'est-à-dire pouvant entrer dans la consommation sans nouvelle transformation.

Dans ces conditions, la solution qui s'impose est de traverser la chaîne de montagne en son point le plus bas dans la direction des localités à réunir.

Ce *point bas*, ainsi que nous l'avons dit

dans l'orographie, s'appelle *col*, et le problème du tracé de la base d'opération est ramené à rechercher les cols qui sont voisins de la direction AB, et à les considérer comme points obligés.

Ici, il n'y aura généralement pas de solutions vagues comme pour les ponts où le choix peut s'étendre sur une certaine longueur du cours de la rivière. Dans les montagnes ce sont des espaces très limités.

On conçoit de suite quelle facilité vont nous apporter les courbes de niveau dans ces recherches. Il est clair que, dans les cols, les courbes de même altitude deviennent tangentes extérieurement, les unes aux autres, ainsi que l'indique la figure 40 et cela aussi bien dans le sens de la chaîne que dans celui des vallées secondaires.

Le point C étant ainsi déterminé, nous

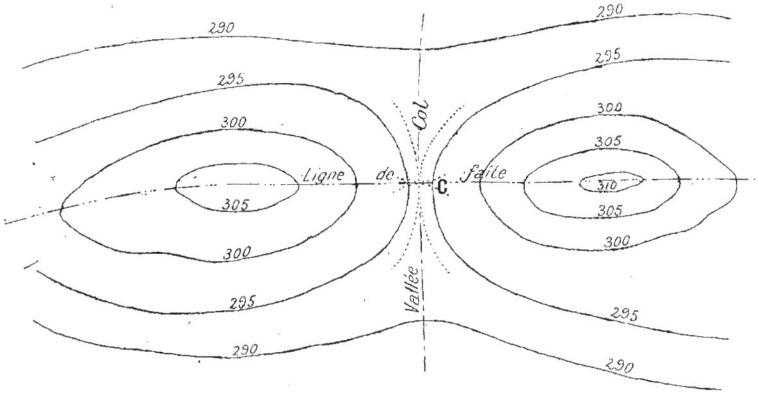

Fig. 40.

rentrons dans le cas précédent, et nous n'avons plus qu'à tracer la base d'opération de C en A et de C en B.

Si l'on avait plusieurs chaînes de montagnes à traverser successivement, le problème serait exactement le même. On rechercherait les cols, puis on irait du point A au premier col qui se présenterait, de celui-ci au second, etc., puis enfin du dernier au point B.

§ II. — *ON POSSÈDE UNE CARTE SANS COURBES DE NIVEAU*

138. Nous avons vu, dans l'examen que nous avons fait du tracé de la base d'opérations, combien il était nécessaire d'avoir une connaissance préalable *absolue* des reliefs du terrain, connaissance qui nous est donnée avec la plus grande facilité par les courbes de niveau. Dans le cas où ce document fait défaut, il faut s'attacher, si les localités à réunir sont dans un pays de montagne, à découvrir les points les plus bas, c'est-à-dire le ou les cols par lesquels on doit passer.

Si l'on essaye de déterminer ce point minimum par l'inspection des lieux, et si pour cela on monte sur une crête de la montagne, l'œil se perd dans la confusion des sommets, et la rondeur de la terre vient encore accroître la difficulté d'établir la comparaison de hauteur sans laquelle on ne peut arriver à un résultat. Par ce moyen, on n'obtiendrait pas même une approximation utile.

Si l'on se détermine à niveler, il faut parcourir toutes les ondulations d'une chaîne de montagne, et on court risque d'étendre son nivellement outre mesure. Mary cite un cas où des ingénieurs américains ont été obligés de niveler 100 *lieues carrées* pour faire un projet de canal de jonction entre le Chesapeake et l'Ohio.

139. *Règles de Brisson.* — On était cependant réduit à ces tâtonnements quand Brisson établit des principes qui en limitèrent considérablement le nombre. Ces principes sont basés sur la remarque que nous avons déjà consignée comme très importante, savoir qu'il existe une *relation entre les faîtes et les thalwegs*, et que *leurs pentes sont toujours dirigées dans le même sens.*

Ils ont été décrits dans cette *Encyclopédie* avec une grande clarté par M. A. Moreau (*Traité des chemins de fer*), partie civile, et par M. Gaumet dans le *Traité de topographie* (partie militaire); nous allons les résumer.

Pour fixer les idées, prenons une portion quelconque d'une chaîne de montagnes (*fig.* 41) : supposons que *ab* soit le faîte de la chaîne principale, *dd'* le faîte d'une chaîne secondaire, *ee'* celui d'une chaîne tertiaire : entre les diverses chaînes, il se trouve des thalwegs, c'est-à-dire des cours d'eau qui en dessinent la forme. Si on fait la coupe par un plan XY, cette coupe présentera la forme indiquée; c'est là un fait d'expérience.

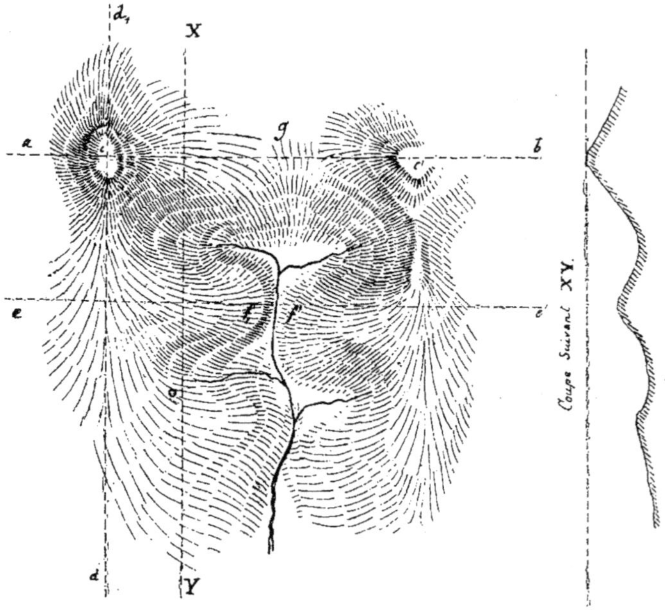

Fig. 41.

Puisque les faîtes suivent sensiblement la pente des thalwegs, le faîte principal *ab*, outre sa pente générale dans le sens du fleuve dont il limite le bassin, participera à la pente du thalweg compris entre ce faîte et celui de la chaîne tertiaire *ef*, et il ira en montant de *g* en *c* jusqu'à la rencontre du faîte secondaire *cd*. Si, sur le versant opposé de la chaîne principale, un autre faîte *cd* vient aboutir au même point *c*, le faîte principal aura dû s'élever avec le faîte de la chaîne secondaire. Le point C sera donc un point maximum sur le faîte principal.

Par la même raison, si les deux thalwegs secondaires se correspondent, il en résultera que le faîte devra s'abaisser jusqu'au point qui correspondra à la rencontre des lignes des deux thalwegs secondaires, et qu'il y aura là un minimum absolu.

Quand, au contraire, le faîte secondaire de l'un des bassins correspond à un thalweg sur le versant opposé, il y a dépression d'un côté, élévation de l'autre, et par conséquent on ne peut prévoir quelle sera la forme du faîte ; mais certainement ce

Fig. 42.

ne peut être un minimum absolu. On pourra cependant rencontrer un minimum relatif dans l'intervalle compris entre les points où le faîte principal est rencontré par les faîtes secondaires.

Lorsque deux thalwegs, après avoir été parallèles, viennent à diverger, on peut en conclure que le faîte qui les sépare s'est abaissé jusqu'au point de divergence, mais que là un relèvement du sol a interrompu l'abaissement. Ainsi le point le plus bas entre les deux cours d'eau est nécessairement au point de divergence.

Enfin, on remarque quelquefois qu'un thalweg a une direction opposée, mais parallèle à un autre thalweg; les faîtes suivant l'inclinaison des cours d'eau qui en découlent, il se trouve entre les sources de ces cours d'eau un point où les deux pentes opposées du faîte viennent se rencontrer et où se trouve, par conséquent, un point minimum.

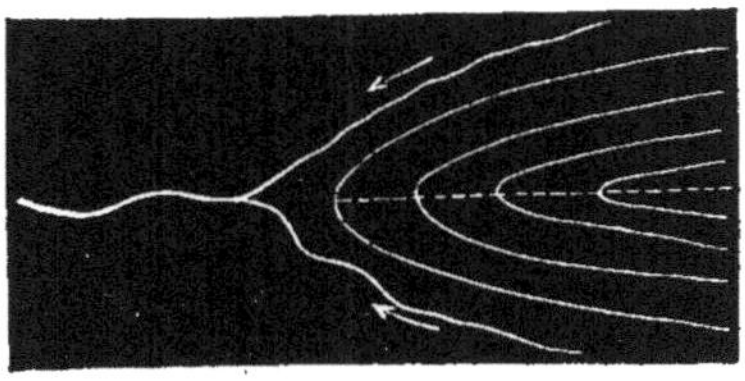

Fig. 43.

On peut résumer ainsi qu'il suit les principes qui précèdent :

1° Si un faîte est rencontré par deux ou un plus grand nombre de faîtes secondaires (*fig.* 42), le point de rencontre doit être un maximum absolu (exemple : le mont Blanc, le pic du Midi, etc.) ;

2° Si deux thalwegs partent d'un même faîte sur les deux versants opposés (*fig.* 43), le point de rencontre doit être un minimum relatif, et la ligne de faîte est sensiblement sur le prolongement des cours d'eau résultant (canal de Saint-Quentin, canal de Bourgogne) ;

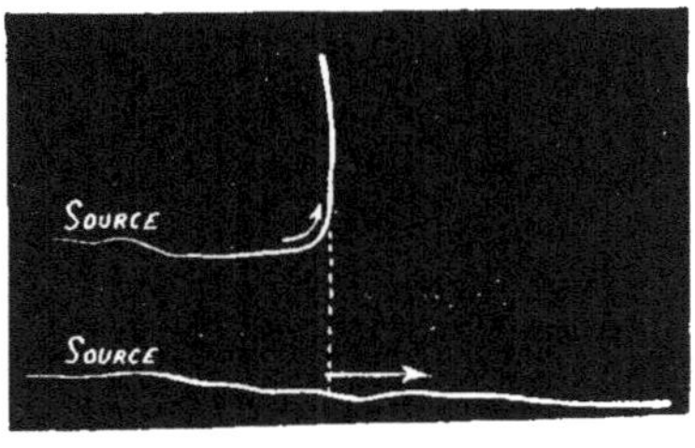

Fig. 44.

3° Si un faîte est rencontré par un faîte et par un thalweg secondaire, le point de rencontre ne présente qu'une surface à double inflexion qui n'a rien de remarquable ;

4° Si deux thalwegs, après avoir été parallèles, divergent dans des sens opposés (*fig.* 44), il y a nécessairement un minimum au point où le prolongement des deux thalwegs vient rencontrer le faîte (canaux de Croisat, de la Sambre à l'Oise) ;

5° Si les deux thalwegs ont leur cours parallèle, mais en sens contraire sur une certaine étendue (*fig.* 45), il doit y avoir sur le faîte, dans l'intervalle qui sépare

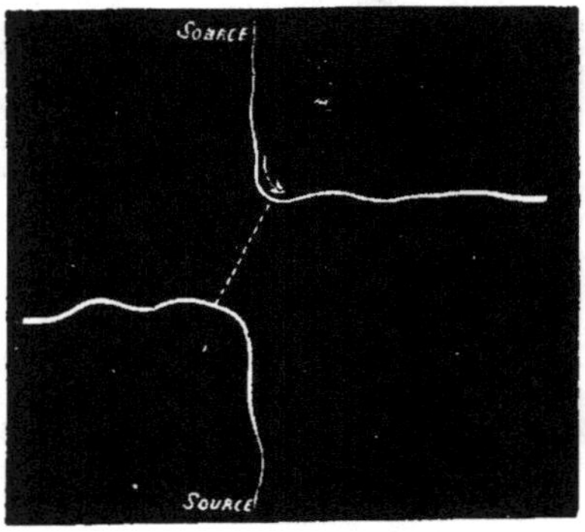

Fig . 45.

leurs sources, un point minimum (canal du Centre).

Il faut remarquer que la position des faîtes n'est marquée avec précision nulle part, puisque ce n'est qu'une ligne hypothétique, que rien ne fait reconnaître sur le sol ; mais les thalwegs qui servent de lit aux ruisseaux, aux rivières et aux fleuves sont, au contraire, rapportés sur les cartes, de sorte que, connaissant les relations qui existent entre les faîtes et les thalwegs, on peut, avec une carte bien faite et suffisamment détaillée, prévoir *a priori* la position des points les plus bas des chaînes de montagnes qui séparent deux bassins consécutifs. On peut ajouter que généralement, quand un fleuve présente des sinuosités, la rive placée du côté de la convexité présente une croupe, et la rive du côté de la concavité une vallée (*fig.* 46).

Ces notions sont suffisantes pour établir

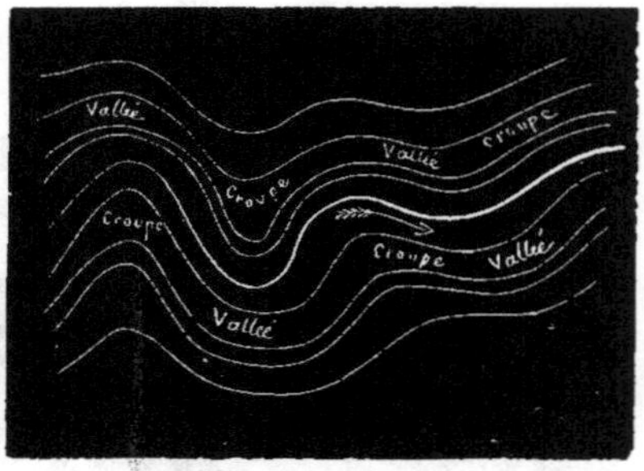

Fig. 46.

le projet de base d'opérations ; il en résultera seulement un plus grand nombre possible de ces bases et, par suite, des études plus nombreuses pour l'étude du ou des tracés à comparer ultérieurement. Les travaux de nivellement à droite et à gauche des bases devront également être poussés plus loin ; mais on ne sera pas conduit, ainsi que nous l'avons vu plus haut, à niveler une centaine de lieues carrées pour obtenir les positions des points bas des chaîne de montagnes.

§ III. — *IL N'EXISTE PAS DE CARTE DU PAYS OU LA ROUTE DOIT ÊTRE ÉTABLIE*

140. *Considérations générales.* — Dans ce cas, il faut se résoudre à faire un levé complet des localités que devra traverser la route. On sait que le relevé complet d'un pays consiste en un relevé géodésique formé d'un canevas à mailles très larges, dans lesquelles viennent se placer les mailles plus étroites du relevé topographique.

Ces levés géodésiques et topographiques ayant été traités avec tous les détails possibles dans cette *Encyclopédie* (Voyez le *Traité pratique de géodésie* dans la partie civile, et le *Traité de topographie* dans la partie militaire, nous ne ferons que rappeler sommairement les principes sur lesquels ils reposent et nous n'insisterons que sur les procédés plus immédiatement applicables au but du tracé d'une route. Il est rare que l'on ait à faire ce travail dans la zône moyenne tempérée du pôle arctique, car presque tous les pays qui la composent ont été l'objet de travaux qui les ont parfaitement fait connaître ; il n'en est pas de même des pays qui avoisinent les tropiques ; aussi nous efforcerons-nous de faire profiter nos lecteurs de l'expérience personnelle que nous avons acquise dans des contrées analogues à celles où nos conquêtes et notre système de colonisation nous entraînent de plus en plus.

Une route réunissant deux points donnés étant une bande étroite de terrain plus ou moins sinueuse avec pentes et rampes, il est inutile de faire le relevé géodésique de toute la contrée, il suffit, si la longueur du parcours doit être considérable, de connaître avec une exactitude suffisante les trois coordonnées géographiques (latitude, longitude et altitude) des points principaux.

On sait, en effet, que, dans le cas des levés par cheminement, les erreurs sur les orientations successives peuvent s'a-

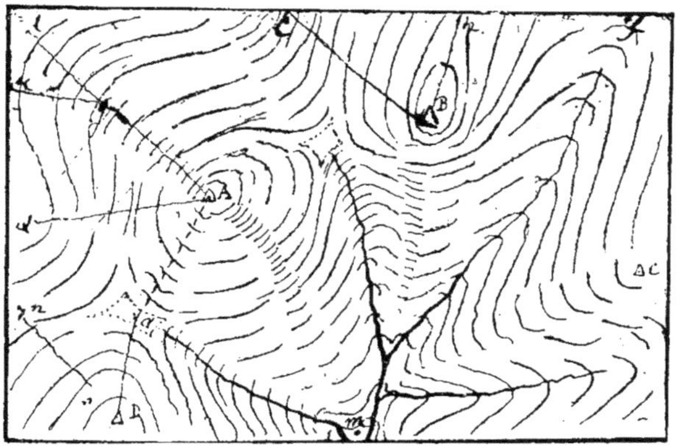

Fig. 47.

jouter de telle sorte que, si on n'a pas de point de repère à l'arrivée, on peut avoir à constater une grande différence ; il est donc nécessaire, si on veut s'éviter le temps et la peine de tracer un canevas géodésique suffisamment étendu pour éviter les grosses erreurs, de recourir à la détermination des longitudes, des latitudes et des altitudes en dehors du relevé topographique.

Ces quantités étant reportées sur une carte, on opérera par les procédés de la topographie courante les relevés de terrains compris entre ces divers points, et on possédera alors tous les éléments nécessaires pour le tracé de la route. L'ingénieur gagnera beaucoup de temps en notant pendant son voyage, d'un point principal à un autre point principal, les différents accidents du sol, le cours des rivières, la nature du sol, etc. Il lui suffira, pour cela, de jeter de temps en temps des coups de niveau à droite et à gauche, de relever les points remarquables éloignés et visibles de plusieurs stations, qui formeront ainsi un canevas topographique. Les points répondant au canevas géodésique seront, comme nous le disions ci-dessus, obtenus astronomiquement.

Des notes détaillées et, au besoin, des levés partiels et des croquis semblables à ceux indiqués (*fig.* 47) devront être faits. Si l'on a pris ces données en nombre suffisant, et que le pays soit peu accidenté on pourra tracer immédiatement la base d'opérations et, dans tous les cas, combler les lacunes quand on reviendra au point de départ.

Dans le cas où l'on a à traverser une chaîne de montagne, le travail devient plus difficile, car il faut trouver les cols ou points bas. On devra donc se rendre sur les points élevés, relever avec la boussole les directions des vallées, et prendre les altitudes de chacune des stations, de façon à pouvoir reconstituer sur la carte la chaîne de montagne avec sa direction générale ainsi que celle des vallées et des chaînes secondaires, voire même celle des vallées tertiaires. Les lits des torrents devront être parcourus, car non seulement, par la nature des roches entraînées, on acquerra des données géologiques difficiles à obtenir autrement, mais encore l'importance du volume d'eau écoulé par ces torrents dans la saison des pluies, *sur un même versant*, renseignera sur les superficies des surfaces versantes et permettra de comparer l'importance des bassins. Cette évaluation se fera, en mesurant, d'une part, la pente du torrent, et, d'autre part, la section correspondante au périmètre mouillé.

L'érosion des roches et les débris abandonnés aux arbres et aux plantes par les courants d'eau donneront, en temps de sécheresse, la hauteur des crues. On ne perdra pas non plus de vue que la pente générale des thalwegs est d'autant plus grande qu'on se rapproche davantage des lignes de faîte. Toutefois on ne devra comparer ensemble que les résultats obtenus

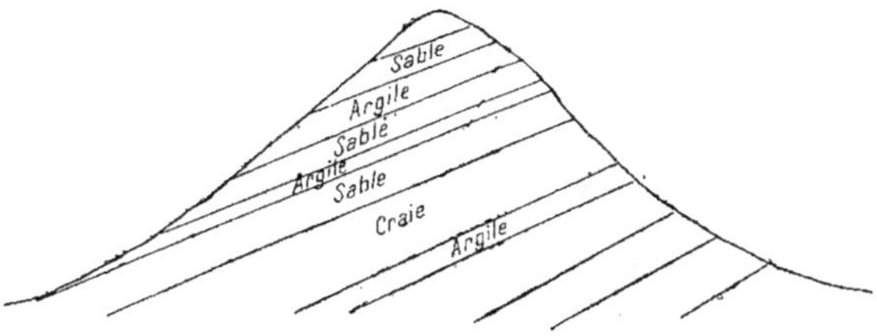

Fig. 48.

sur un *même versant*, car il arrive fréquemment qu'une chaîne de montagne élevée arrête les nuages portés par les vents régnants, de telle sorte qu'un versant est fréquemment sec, tandis que l'humidité la plus grande règne sur l'autre. Le même fait est également dû à la disposition des couches de terrain ; ainsi un terrain formé de couches perméables et de couches imperméables et disloqué, ainsi que le représente la figure 48, donnera lieu à une montagne ou à une colline dont le versant de droite sera sec, et l'autre versant humide de toutes les eaux reçues par le premier en sus des eaux superficielles qui lui sont propres.

Tous les renseignements recueillis, habilement mis en œuvre, permettent d'obtenir un tracé suffisamment exact pour pouvoir appliquer les lois de Brisson, et trouver ensuite le point bas ou col par lequel la route doit passer, et il sera avantageux de vérifier immédiatement ce résultat sur place. Il va sans dire que tous les renseignements recueillis de la bouche des indigènes devront être colligés avec soin, mais devront *toujours* être vérifiés.

Instruments à emporter pour effectuer ces travaux.

141. Pour les missions lointaines, on devra se munir d'instruments en aussi petit nombre que possible à cause des difficultés de transport. Nous estimons qu'il suffit d'avoir pour les travaux généraux :

1° Un tachéomètre avec sa stadia et quelques accessoires dont nous parlerons tout à l'heure ;

2° Une bonne montre marine ;

3° Une montre à seconde indépendante ;

4° Un baromètre de Fortin;

5° Un baromètre anéroïde;

6° Une petite collection de thermomètres.

Pour les travaux restreints :

7° Une boussole à lever les plans;

8° Un éclimètre;

9° Une mire, une chaîne d'arpenteur, un double mètre;

Et comme livres :

1° Une table de logarithmes pour la division sexagésimale et centésimale;

2° La connaissance des temps de l'année courante;

3° Une petite carte du ciel.

Nous allons passer en revue ces différents instruments.

142. *Tachéomètre.* — Le tachéomètre, inventé par Porro, est, ainsi qu'on le sait, un théodolite divisé en grades dont la lunette anallatique permet d'évaluer les distances au moyen d'une stadia ou mire convenablement divisée. L'anallatisme est dû à un verre supplémentaire qui amène le foyer de l'objectif au centre de rotation de la lunette, de telle sorte que les angles sous-tendus par une longueur donnée de la mire sont inversement proportionnels à la distance.

Ce tachéomètre devra pouvoir donner, au moyen de deux verniers, les angles zénithaux et azimuthaux à $0^{g},005$ près, ($16''2$ sexagésimales). Ce chiffre peut facilement être obtenu des constructeurs avec une faible augmentation de prix. Les accessoires se composeront :

1° D'un oculaire à fort grossissement pour certaines observations astronomiques. La limite inférieure de ce grossissement devra être l'observation des

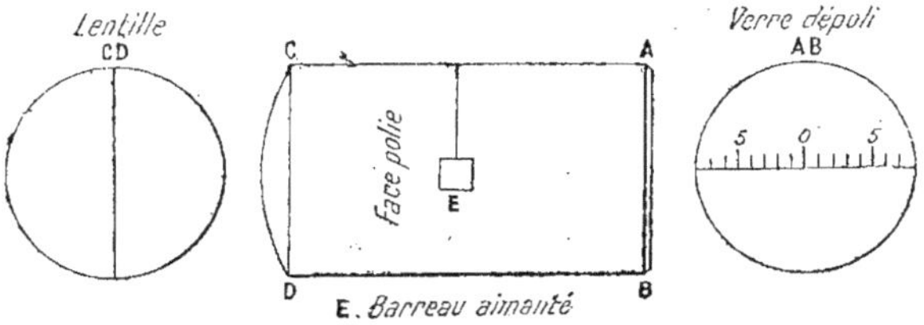

Fig. 49 à 51.

éclipses des satellites de Jupiter; son réticule devra être composé d'un fil horizontal et de plusieurs fils verticaux;

2° D'un verre noir pour les observations du soleil;

3° D'un petit miroir facilement adaptable à l'objectif pour l'éclairage du réticule pendant les observations de nuit;

4° D'un oculaire avec prisme à réflexion totale pour les observations zénithales.

143. *Magnétomètre bifilaire.* — Tous ces accessoires existaient dans le tachéomètre que Porro avait construit pour notre usage lors de notre départ pour le Brésil. Mais, au lieu du tube actuel qui contient une aiguille aimantée à déclinaison, il avait adapté à la colonne formant le pied de l'appareil un tube contenant à l'intérieur un barreau aimanté poli sur une de ses faces, suspendu par deux fils de cocon, et formant ainsi un magnétomètre bifilaire d'une sensibilité suffisante (*fig.* 49 à 51). L'extrémité du tube opposée à la face polie du barreau était fermée par une plaque en verre dépoli portant une graduation. L'autre extrémité portait une lentille plan convexe *a*, sur laquelle était tracé au diamant un diamètre que l'on plaçait verticalement. Le foyer de la lentille correspondant avec la face du barreau, on voyait ainsi à distance :

1° La graduation faite sur le verre dépoli;

2° La ligne tracée sur le verre plan convexe;

3° La réflexion de cette même ligne sur le barreau aimanté.

Le cercle inférieur non gradué du tachéomètre permettait, par un mouvement doux, d'amener la ligne verticale et la ligne réfléchie sur une même droite, que l'on faisait coïncider avec le 0 de la graduation du verre dépoli. On donnait toute la précision possible à l'observation en employant pour la visée une petite lunette de quelques centimètres de longueur, que l'on tenait à la main, et qui déterminait un axe optique.

Les choses en cet état, on fixait le cercle horizontal non gradué, puis, au moyen de la lunette du tachéomètre, on visait un point éloigné, et on enregistrait l'azimut; puis, au moyen d'une pince, on fixait le tube de la boussole au cercle azimutal de la lunette, et on le rendait indépendant du cercle non gradué. Les choses en cet état, on pouvait :

1° Par l'observation d'un astre, avoir la déclinaison magnétique ;

2° Par des observations horaires, mesurer les variations diverses de la boussole ;

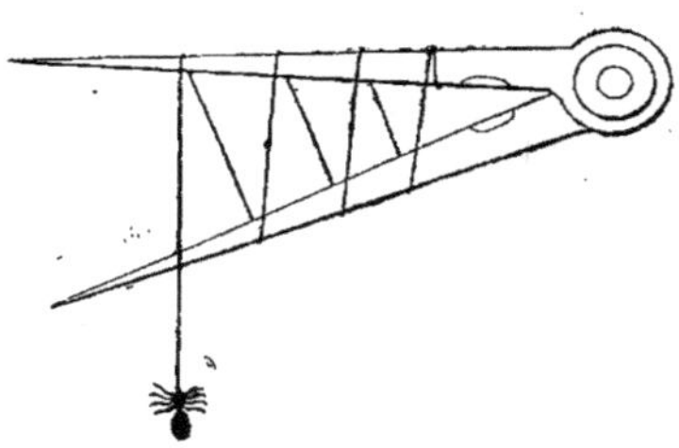

Fig. 52.

3° Enfin, par la méthode des oscillations due à Gauss, l'intensité de la force magnétique.

Le tachéomètre usuel porte bien une boussole ordinaire ou déclinatoire renfermée dans un tube qui permet de résoudre le premier problème, mais qui n'a pas assez de précision pour la solution des deux derniers. Nous croyons donc qu'il sera intéressant de faire apporter cette modification au tachéomètre destiné à une mission lointaine.

144. *Réticule.* — Le seul accident (en dehors du bris) qui puisse arriver à un tachéomètre bien construit est la rupture des fils d'araignée formant le réticule. On y remédie facilement en se procurant une araignée fileuse de petite taille (on en rencontre sous toutes les latitudes) : on la place sur une des branches entr'ouvertes d'un compas, on la laisse marcher un instant ; elle fixe immédiatement un fil sur cette surface polie qui lui offre peu de sécurité. On la fait tomber au moyen d'une petite secousse, et il suffit d'enrouler rapidement le compas pendant que l'araignée continue à filer pour avoir entre ses branches et extérieurement une série de fils tendus que l'on n'a plus qu'à mettre sur les traits tracés sur le réticule à la pointe fine, et marquant exactement la place (*fig.* 52). On les fixe au moyen d'une goutte imperceptible de gomme ou de vernis qu'on laisse ensuite sécher.

145. *Montre marine ou chronomètre.* — L'ingénieur devra également se munir d'un bon chronomètre indiquant les secondes au moyen d'une *trotteuse*, d'une marche parfaitement *isochrone et régulière*. Peu importe, du reste, qu'il ait une avance ou un retard quotidien, on en tiendra compte dans les calculs; ce qu'il faut absolument c'est une marche régulière. Cette condition exclut les montres dites chronomètres à seconde indépendante, etc., car, chaque fois que ces derniers mécanismes sont mis en mouvement, ils empruntent plus ou moins de force au ressort, soit directement, soit par embrayage, et troublent la marche régulière de l'appareil entier.

146. *Chronographe.* — Outre le chronomètre qui servira pour les opérations essentielles, il sera utile d'avoir une bonne montre de poche avec seconde indépendante, telle que celles qu'on établit maintenant pour les courses. L'aiguille des secondes mise bien d'accord avec la trotteuse de la montre marine servira à obtenir, pour des opérations de peu de durée des secondes et des fractions de seconde, que l'on pourra ensuite rapporter à l'heure de la montre marine. Elle sera très utile quand on opérera seul, puisqu'elle permet, par le déclanchement de l'aiguille des secondes, de faire la lecture après l'observation. Elle servira aussi à mesurer la vitesse des cours d'eau, le temps des oscillations du magnétomètre, etc. Si l'on se propose de faire des observations magnétiques, il faudra éviter de prendre une cuvette en acier ou en nickel.

147. *Baromètre Fortin.* — Nous n'avons rien à dire sur cet instrument, qu'on se procure avec la plus grande facilité chez les bons constructeurs. On devra toutefois le faire vérifier avant de partir, de façon à avoir la valeur de la correction (toujours très faible, du reste) qui existe toujours pour ces appareils. On fera bien d'emporter avec soi deux ou trois tubes de rechange fermés et remplis de mercure bouilli. On les dépose à son arrivée dans la ville où on établit sa station principale.

148. *Baromètre anéroïde.* — On se munira d'un ou deux bons baromètres anéroïdes, qu'on devra fréquemment vérifier avec le baromètre Fortin. Leur cadran est souvent muni d'un cadran concentrique portant les réductions immédiates des hauteurs barométriques en hauteurs orométriques ; mais, ainsi que le fait très judicieusement observer M. A. Moreau dans son *Cours de chemins de fer*, bien que ces instruments ne puissent servir qu'à des nivellements sommaires, il vaut mieux prendre uniquement les pressions et faire toutes les corrections par les formules que nous indiquerons.

149. *Thermomètres.* — L'ingénieur devra se munir enfin d'une petite collection de thermomètres de précision.

On est amplement approvisionné avec :

Quatre thermomètres à maxima à mercure et à index en mercure, à divisions centésimales ;

Quatre thermomètres à minima à alcool avec index en verre ;

Quatre thermomètres fronde pour mesurer la température de l'air, des sources, etc. ;

Deux thermomètres à boule noire ;

Un thermomètre étalon à divisions arbitraires pour servir à la vérification des autres.

150. *Boussole.* — La boussole, avec son pied et sa lunette latérale, sera la boussole ordinaire qui sert au levé des plans. Il faudra cependant pouvoir équilibrer l'aiguille si on va dans des pays où l'inclinaison magnétique est très différente de celle où a été construite la boussole.

151. *Eclimètre.* — Quant à l'éclimètre, ce sera un des éclimètres connus, de préférence, ceux à un axe qui sont plus sensibles ; il devra être aussi simple et aussi solide que possible.

152. *Chaînes, mires.* — Tous ces appareils devront avant le départ être vérifiés sur des mesures bien étalonnées.

Observatoire.

153. Aussitôt que l'on sera parvenu dans la localité dont on se propose de déterminer la longitude et la latitude, le premier soin sera d'installer un observatoire volant.

Pour cette installation, on choisira un lieu bien abrité, quoique découvert dans la direction du méridien. On y établira une cabane provisoire à une certaine distance des maisons d'habitation. La fumée des foyers domestiques et les trépidations qui accompagnent généralement le séjour de l'homme pourraient fausser les opérations.

L'endroit choisi, on fera construire solidement un petit massif de pierre ou de briques pour y placer le tachéomètre, et on marquera très exactement trois points correspondants aux trois vis calantes du tachéomètre qui seront numérotées. De cette façon, on sera toujours certain de pouvoir remettre l'instrument exactement à la même place. Les stations des observatoires étant des stations principales, il est très utile de pouvoir y revenir et s'y réinstaller dans les mêmes conditions après les avoir quittées.

Les choses étant ainsi en état, nous allons passer à la détermination :

1° De la méridienne ;

2° De la déclinaison de l'aiguille aimantée ;

3° De l'heure ;

4° De la latitude ;

5° De la longitude.

154. *Différentes espèces d'heures.* — On distingue en astronomie trois espèces d'heures distinctes : l'heure *sidérale*, à laquelle correspondent le jour et le temps sidéral ; l'heure *vraie*, à laquelle correspondent, le jour solaire et le temps vrai; l'heure *moyenne*, à laquelle correspondent le jour et le temps moyen.

155. *Temps sidéral.* — On appelle jour sidéral le temps employé entre le passage successif d'une même étoile au méridien. Le jour sidéral commence chaque année au moment où le *point vernal* passe au

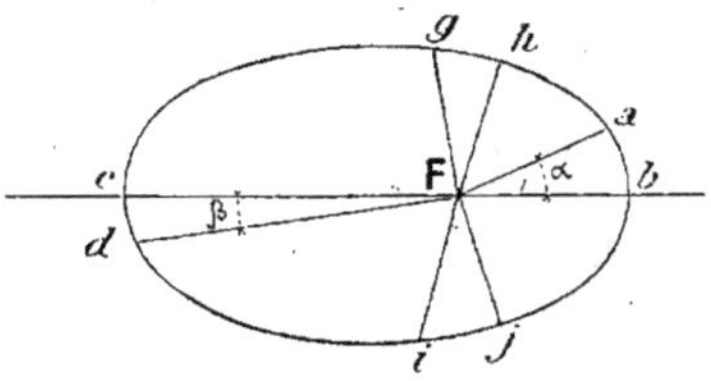

Fig. 53.

méridien; et on appelle point vernal le point où le plan de l'équateur coupe le plan de l'écliptique au printemps. Ce jour sidéral est d'une régularité parfaite, ainsi que le prouve l'expérience.

Si maintenant nous prenons le système des apparences, on sait que le soleil, indépendamment de sa rotation autour de la terre, se déplace sur l'écliptique de façon

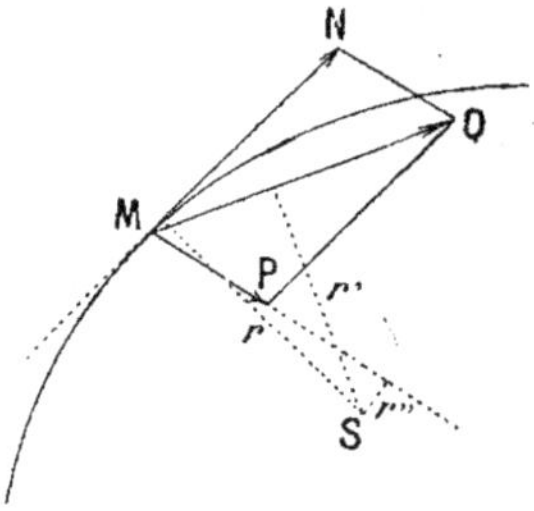

Fig. 54.

à la parcourir en entier dans le sens rétrograde pendant une année. Par conséquent, il devra, pour repasser au méridien du lieu, parcourir, en plus de la circonférence décrite par l'étoile, l'arc dont il s'est déplacé; il s'ensuit que le jour solaire est plus grand d'une journée par an que le jour sidéral. On a 365,242 217 jours solaires = 366,242 217 jours sidéraux; d'où 1 jour solaire = 1 j. sid. 3′ 56″,555. La quantité 3′ 56″,555 s'appelle aussi *accélération des fixes* parce que, si une étoile passe un jour à une certaine heure au méridien, elle passe le lendemain au même méridien 3′ 56″,555 plus tôt que la veille.

156. *Temps vrai.* — Si maintenant nous examinons les choses de plus près, nous voyons que, le soleil exerçant une force centrale, les aires décrites dans des temps égaux seront égales (deuxième loi de Képler) (1), et cette force étant, d'après Newton, inversement proportionnelle au carré de la distance, le mouvement des planètes sera un mouvement elliptique dont le soleil occupera un des foyers (première loi de Képler) (2).

(1) *Deuxième loi de Képler.* — En effet, soit un mobile M de masse m animé d'une vitesse v se mouvant dans le plan où agit une force F qui le sollicite (*fig.* 54); il prendra, sous l'action de cette force, une accélération $j = \frac{F}{m}$, et, par suite, au bout du temps dt une vitesse MP égale à :

$$jdt = \frac{F}{m} dt.$$

Composons (*fig.* 54), d'après les règles connues, cette vitesse avec la vitesse vMN, et appelons v' la vitesse résultante MQ; nous aurons en prenant les moments par rapport à un point S, et appelant r, r', r'' la longueur des normales abaissées du point S sur les vitesses $v', v'', \frac{F}{m} dt$:

$$v'r' = vr + \frac{F}{m} r''dt.$$

Si la direction de F passe toujours par le même point (c'est le cas d'une force centrale, r'' sera nul), on aura :

$$vr = v'r',$$

et si on multiplie par $\frac{1}{2} dt$:

$$\frac{vrdt}{2} = \frac{v'r'dt}{2}.$$

Or $\frac{vrdt}{2}$ représente l'aire décrite pendant le temps dt, si donc dt est constant, les aires décrites pendant des temps successifs et égaux seront égales, et cela quelle que soit la valeur de la force F dont cette expression est indépendante.

(2) *Première loi de Képler.* — Voici une démonstration très courte et très simple de ce théorème, qui ne se trouve pas dans les traités de mécanique, ce qui nous engage à la donner.

Soit une force F agissant d'après la loi de Newton

Il s'ensuit que la surface Fab décrite en vingt-quatre heures, au moment du périhélie (périgée dans le système des apparences), est égale à la surface Fcd décrite à l'aphélie (apogée dans le système des apparences); donc l'arc α est plus petit que l'arc β; par suite, la terre aura moins progressé dans le même temps sur l'écliptique à l'aphélie qu'au périhélie, ou, ce qui revient au même, le soleil paraîtra avoir marché moins vite sur l'écliptique de c en d que de a en b (*fig.* 53).

Si on remarque, en outre, que le plan de l'écliptique est incliné sur celui de l'équateur de 23° 28′, la distance du soleil au pôle varie à chaque instant, et celui-ci paraît décrire une spire autour de la terre, spire alternativement ascendante et descendante entre + 23° 28′ et — 23° 28′, c'est-à-dire entre les tropiques.

Il suit de là que le mouvement du soleil se projette en vraie grandeur lorsqu'il atteint les deux points où il n'y a pas de variations de déclinaison; il est, au contraire, multiplié par le cosinus de 23° 28′ quand le soleil traverse l'équateur, c'est-à-dire aux équinoxes.

Si on joint aux deux causes que nous venons d'indiquer les perturbations occasionnées par le mouvement de la lune, on voit que les jours solaires sont loin d'être égaux, et il fallait remettre tous les jours les horloges à l'heure avant que Lalande n'eût fait admettre le *temps moyen* pour les usages civils.

157. *Temps moyen.* — En effet, d'une part, les instruments destinés à mesurer le temps doivent marcher d'une manière uniforme, c'est-à-dire avec une vitesse *constante;* d'autre part, la plupart de nos actes sont soumis à la marche diurne du soleil qui est irrégulière, ainsi que nous venons de le voir. Pour obvier à ces

proportionnellement à la masse et inversement au carré de la distance; on aura:

$$F = \frac{Am}{\rho^2} \qquad (1)$$

appliquant l'équation du travail élémentaire:

$$Fd\rho = \frac{Am}{\rho^2}\, d\rho = mvdv; \qquad (2)$$

on a en outre l'équation des aires, le soleil devant être considéré comme une force centrale:

$$\rho^2 d\omega = Kdt. \qquad (3)$$

L'équation générale de la vitesse tangentielle en fonction de la vitesse angulaire donnant:

$$v^2 = \frac{d\rho^2 + \rho^2 d\omega^2}{dt^2}. \qquad (4)$$

Remplaçons dt par sa valeur:

$$v^2 = K^2\left(\frac{d\rho^2}{\rho^4 d\omega^2} + \frac{\rho^2 d\omega^2}{\rho^4 d\omega^2}\right) = K^2\left[\left(d\frac{1}{\rho}\right)^2 \frac{1}{d\omega^2} + \frac{1}{\rho^2}\right] \qquad (5)$$

Différentiant cette équation et mettant sa valeur dans l'équation (2):

$$2vdv = K^2 d\left[\left(d\frac{1}{\rho}\right)^2 \frac{1}{d\omega^2} + \frac{1}{\rho^2}\right] = \frac{2A d\rho}{\rho^2}, \qquad (6)$$

D'où en intégrant:

$$K^2\left[\left(d\frac{1}{\rho}\right)^2 \frac{1}{d\omega^2} + \frac{1}{\rho^2}\right] = \frac{2A}{\rho} + C, \qquad (7)$$

Séparant les variables:

$$d\omega^2 = \frac{\left(d.\left(\frac{1}{\rho}\right)\right)^2}{-\frac{2C}{K^2} + \frac{2A}{K^2}\frac{1}{\rho} - \frac{1}{\rho^2}}.$$

Posant $-\frac{2C}{K^2} = a$, $\frac{A}{K^2} = b$, on aura en extrayant la racine carrée:

$$d\omega = \frac{d\left(\frac{1}{\rho}\right)}{\sqrt{a + \frac{2b}{\rho} - \frac{\rho}{1^2}}},$$

qu'on peut mettre sous la forme:

$$d\omega = \frac{\dfrac{d\left(\frac{1}{\rho}\right)}{\sqrt{a+b^2}}}{\sqrt{1 - \dfrac{\left(\frac{1}{\rho} - b\right)^2}{a+b^2}}},$$

équation de la forme $\frac{dx}{\sqrt{1-x^2}}$ et qui donne immédiatement par l'intégration:

$$\omega = \text{arc cos}\,\frac{\frac{1}{\rho} - b}{\sqrt{a+b^2}} + C'.$$

Si on choisit l'origine de ω de telle façon que pour cette origine l'arc $= \frac{\pi}{2}$, on aura $C' = o$, équation qu'on pourra écrire sous la forme:

$$\rho\,(1 \pm \alpha \cos\omega) = \beta$$

et qui représente une courbe du second degré en coordonnées polaires; donc les astres périodiques soumis à la loi de Newton ont une orbite elliptique.

On tire également la *troisième* loi de Képler de la loi de Newton. On a en effet, d'après la définition de la force, en appelant ρ le rayon vecteur:

$$\frac{Kmm'}{\rho^2} = m'\,\frac{d^2\rho}{dt^2}.$$

Intégrant deux fois et choisissant les origines de façon à éliminer les constantes, on a:

$$T^2 = \frac{2}{9Km}\,\rho_1{}^3$$

ρ_1 étant le grand ou le petit axe de la courbe du second degré.

inconvénients, les astronomes ont imaginé le temps moyen. On l'obtient en imaginant deux soleils fictifs. Le premier auquel on conserve spécialement le nom de soleil fictif, passe au périgée et à l'apogée au même instant que le soleil réel, mais parcourt l'écliptique d'un mouvement uniforme, il corrige ainsi la variation des vitesses dues à la loi des aires. Le deuxième soleil fictif ou soleil *moyen* parcourt l'équateur d'un mouvement *uniforme*, passe aux équinoxes en même temps que le soleil fictif et parcourt l'équateur dans le même temps que ce dernier.

Le jour moyen ou temps moyen est le temps compris entre deux passages successifs du soleil moyen au même méridien. Si donc on appelle E la correction due à l'écliptique, R_e la réduction à l'équateur, on aura :

heure moyenne = heure vraie + E + R_e (41)

La somme algébrique des deux quantités E + R_e s'appelle *équation de temps*. On la trouve toute calculée pour chaque jour de l'année dans la connaissance des temps ; son écart maximum varie entre seize minutes et demie en plus ou en moins du midi vrai.

Jour civil et jour astronomique.

158. D'après ce que nous venons de dire, le jour civil est toujours compté en temps moyen, il en est de même du jour astronomique, sauf indication contraire ; mais la différence qui existe entre le jour civil et le jour astronomique est que l'on compte ce dernier de midi à midi et zéro heure à vingt-quatre heures, de telle sorte que, par exemple, le 1er décembre 1892 deux heures de l'après-midi jour civil correspond au 1er décembre deux heures jour astronomique, et que le 2 décembre 1892 onze heures du matin correspond au 1er décembre vingt-trois heures jour astronomique.

159. *Conversion du temps vrai en temps moyen, etc.* — Il est très facile de transformer les différents temps les uns avec les autres.

Dans la connaissance des temps, on trouve une table du soleil donnant jour par jour l'ascension droite, la déclinaison, le demi-diamètre, la durée de son passage au méridien, le temps moyen et le temps sidéral à midi vrai.

C'est ainsi que l'on trouve que le 2 décembre 1892 à midi temps civil il est :

$0^h\ 0'\ 0'',00$ temps moyen astronomique ;
$0^h\ 10'\ 10'',53$ temps vrai ;
$16^h\ 47'\ 8'',06$ temps sidéral.

Une table n° V permet de convertir le temps sidéral en temps moyen. Les chiffres de correction sont toujours à retrancher du temps sidéral.

Si on veut par exemple exprimer $6^h 41' 5''$ temps sidéral en temps moyen, on aura :

Pour $6^h\ 41'$	$1'\ 5'',694$
Et pour $0^h\ 0'\ 5''$	$0'',014$
Total à retrancher . .	$1'\ 5'',708$

d'où $6^h\ 41'\ 5''$ temps sidéral $= 6^h\ 39'\ 59'',292$.

La table n° VI permet de faire la correction inverse, c'est-à-dire de transformer le temps moyen en temps sidéral, et la correction doit être ajoutée ; nous n'insisterons pas davantage.

Réfraction.

160. Avant de passer aux observations astronomiques, nous ferons remarquer qu'il ne suffit pas de viser un astre pour que l'axe de la lunette donne la direction exacte de cet astre. Cela serait s'il n'y avait aucune atmosphère interposée entre l'astre et l'œil de l'observateur ; mais nous savons qu'il n'en est pas ainsi, et nous savons aussi que tout rayon lumineux en pénétrant obliquement dans un milieu plus dense s'y infléchit en se rapprochant de la verticale. L'atmosphère pouvant être considérée comme composée d'une série de couches homogènes de densités croissantes au fur et à mesure que l'on s'approche de la terre, les rayons lumineux éprouvent une réfraction en traversant chacune de ces couches, et le rayon prend une forme curviligne, de telle sorte que l'observateur verra l'astre sur le prolongement du dernier élément en A', au lieu de le voir en A (*fig.* 55). L'ensemble de ce phénomène est connu sous le nom de *réfraction atmosphérique*.

Laplace a étudié le problème dans toute sa généralité et a donné une formule qui devient très compliquée et sujette à corrections nombreuses quand l'astre est à moins de 15 ou 16 degrés au-dessus de l'horizon. Cela tient surtout à ce qu'on connaît mal la loi de décroissance de la pression atmosphérique vers les confins de l'atmosphère, et aussi à la présence de la vapeur d'eau qui a un excès de puissance réfractive sur l'air, excès que l'on néglige à cause de sa faible densité quand elle est dissoute dans l'air.

En dehors de ces causes, on conçoit que la pression barométrique et la température de l'air modifiant sa densité, la valeur de la réfraction s'en trouve altérée ; on fait

161. TABLE DES RÉFRACTIONS POUR BAROMÈTRE 0,760, ET THERMOMÈTRE CENTIGRADE + 10°

HAUTEUR APPARENTE	RÉFRACTION	DIFFÉRENCE pour 10′	HAUTEUR APPARENTE	RÉFRACTION	DIFFÉRENCE pour 10′	HAUTEUR APPARENTE	RÉFRACTION	DIFFÉRENCE pour 10′
0° 0′	33′ 47″ 9	112″ 7	9° 00	5′ 53″ 7	6″ 1	37° 00	1′ 17″ 2	0″ 46
10	31 55 2	104 8	10	5 47 6	5 9	38 00	1 14 5	0 44
20	30 10 4	97 2	20	5 41 7	5 7	39 00	1 11 9	0 42
30	28 33 2	90 1	30	5 36 0	5 5	40 00	1 9 4	0 40
40	27 3 1	83 5	40	5 30 5	5 3	41 00	1 7 0	0 38
50	25 39 6	77 3	50	5 25 2	5 2	42 00	1 4 7	0 37
1 00	24 22 3	71 6	10 00	5 20 0	5 0	43 00	1 2 5	0 36
10	23 10 7	66 4	10	5 15 0	4 9	44 00	1 0 3	0 34
20	22 4 3	61 6	20	5 10 1	4 7	45 00	0 58 3	0 33
30	21 2 7	57 1	30	5 5 4	4 6	46 00	0 56 3	0 32
40	20 5 6	53 1	40	5 0 8	4 5	47 00	0 54 3	0 31
50	19 12 5	49 4	50	4 56 3	4 4	48 00	0 52 5	0 30
2 00	18 23 1	46 0	11 00	4 51 9	4 2	49 00	0 50 7	0 29
10	17 37 1	42 9	10	4 47 7	4 2	50 00	0 48 9	0 28
20	16 54 2	40 1	20	4 43 5	4 0	51 00	0 47 2	0 28
30	16 14 1	37 4	30	4 39 5	3 9	52 00	0 45 5	0 27
40	15 36 7	35 1	40	4 35 6	3 8	53 00	0 43 9	0 26
50	15 1 6	32 9	50	4 31 8	3 7	54 00	0 42 3	0 26
3 00	14 28 7	30 8	12 00	4 28 1	3 6	55 00	0 40 8	0 25
10	13 57 9	29 0	10	4 24 5	3 6	56 00	0 39 3	0 24
20	13 28 9	27 3	20	4 20 9	3 4	57 00	0 37 9	0 24
30	13 1 6	25 7	30	4 17 5	3 4	58 00	0 36 4	0 23
40	12 35 7	24 2	40	4 14 1	3 2	59 00	0 35 0	0 23
50	12 11 7	22 9	50	4 10 9	3 2	60 00	0 33 7	0 22
4 00	11 48 8	21 6	13 00	4 7 7	3 2	61 00	0 32 3	0 22
10	11 27 2	20 5	10	4 4 5	3 0	62 00	0 31 0	0 22
20	11 6 7	19 4	20	4 1 5	3 0	63 00	0 29 7	0 21
30	10 47 3	18 4	30	3 58 5	2 9	64 00	0 28 4	0 21
40	10 28 9	17 5	40	3 55 6	2 9	65 00	0 27 2	0 20
50	10 11 4	16 6	50	3 57 7	2 7	66 00	0 26 0	0 20
5 00	9 54 8	15 8	14 00	3 50 0	2 58	67 00	0 24 8	0 20
10	9 39 0	15 1	15 00	3 34 5	2 28	68 00	0 23 6	0 20
20	9 23 9	14 3	16 00	3 20 8	2 03	69 00	0 22 4	0 19
30	9 9 6	13 7	17 00	3 8 6	1 82	70 00	0 21 2	0 19
40	8 55 9	13 1	18 00	2 57 7	1 64	71 00	0 20 1	0 19
50	8 42 8	12 5	19 00	2 47 8	1 49	72 00	0 18 9	0 19
6 00	8 30 3	12 0	20 00	2 38 9	1 35	73 00	0 17 8	0 19
10	8 18 3	11 4	21 00	2 30 8	1 24	74 00	0 16 7	0 18
20	8 6 9	11 0	22 00	2 23 4	1 14	75 00	0 15 6	0 18
30	7 55 9	10 5	23 00	2 16 6	1 05	76 00	0 14 5	0 18
40	7 45 4	10 1	24 00	2 10 3	0 97	77 00	0 13 5	0 18
50	7 35 3	9 7	25 00	2 4 4	0 90	78 00	0 12 4	0 18
7 00	7 25 6	9 3	26 00	1 59 0	0 84	79 00	0 11 3	0 18
10	7 16 3	9 0	27 00	1 54 0	0 79	80 00	0 10 3	0 18
20	7 7 3	8 6	28 00	1 49 3	0 74	81 00	0 9 2	0 17
30	6 58 7	8 3	29 00	1 44 8	0 69	82 00	0 8 2	0 17
40	6 50 4	8 0	30 00	1 40 7	0 65	83 00	0 7 2	0 17
50	6 42 4	7 7	31 00	1 36 8	0 62	84 00	0 6 1	0 17
8 00	6 34 7	7 5	32 00	1 33 1	0 58	85 00	0 5 1	0 17
10	6 27 2	7 1	33 00	1 29 6	0 55	86 00	0 4 1	0 17
20	6 20 1	7 0	34 00	1 26 3	0 53	87 00	0 3 1	0 17
30	6 13 1	6 7	35 00	1 23 1	0 50	88 00	0 2 0	0 17
40	6 6 4	6 5	36 00	1 20 1	0 48	89 00	0 1 0	0 17
50	5 59 9	6 2	37 00	1 17 2		90 00	0 0 0	
9 00	5 53 7							

cette correction au moyen de tables additionnelles.

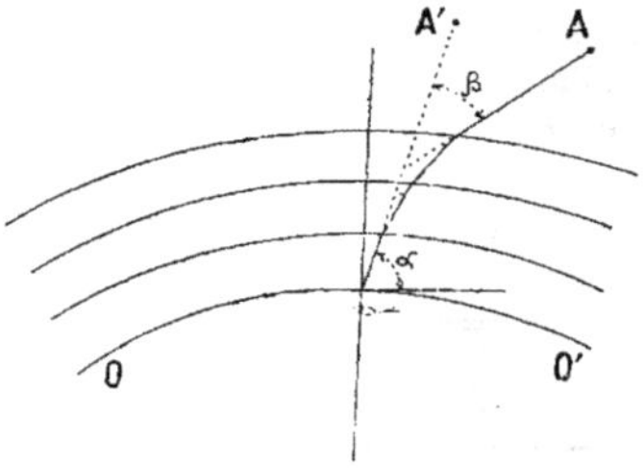

Fig. 55.

La réfraction atmosphérique, qui atteint à l'horizon plus de 30 minutes, n'est pas, comme on le voit, négligeable dans l'observation des astres ni pour les nivellements trigonométriques des hautes montagnes à des distances atteignant au minimum 12 kilomètres.

Nous donnons, d'après les connaissances des temps de 1892 :

1° Les corrections négatives à appliquer aux angles observés pour des hauteurs variant de 0 à 90 degrés, le baromètre étant à 0°,76 et le thermomètre à + 10 degrés ;

2° Les coefficients à appliquer pour les variations barométriques ;

3° Les coefficients pour les variations thermométriques.

162. Correction des réfractions moyennes

BAROMÈTRE	FACTEUR	BAROMÈTRE	FACTEUR	BAROMÈTRE	FACTEUR
630 m/m	0.829	685 m/m	0.901	740 m/m	0.974
635	0.835	690	0.908	745	0.980
640	0.842	695	.914	750	0.987
645	0.849	700	0.921	755	0.993
650	0.855	705	0.928	760	1.000
655	8.862	710	0.934	765	1.007
660	0.868	715	0.941	770	1.013
665	0.875	720	0.947	775	1.020
670	0.882	725	0.954	780	1.026
675	0.888	730	0.961	785	1.033
680	0.895	735	0.967	790	1.040

163. Thermomètre centigrade

TEMPÉRATURE	FACTEUR	TEMPÉRATURE	FACTEUR	TEMPÉRATURE	FACTEUR
— 29	1.168	0	1.039	+ 30	0.931
— 25	1.148	+ 5	1.019	+ 35	0.915
— 20	1.125	+ 10	1.000	+ 40	0.899
— 15	1.102	+ 15	0.982	+ 45	0.884
— 10	1.080	+ 20	0.964	+ 50	0.870
— 5	1.059	+ 25	0.947		

Problème.

164. Soit une hauteur observée de 16° 21′ 20″.
avec une pression barométrique de 753^m.
et une température de 22°.

On dispose le calcul de la façon suivante :

Angle observé (horizon = o)..			16° 21′ 20″
Réfraction pour 16°	3′ 20″ 80		
» 10′	2 03		
» 10	2 03		
» 1	0 20		
» 20″	0 07		
Pour 16° 21′ 20″	3′ 25″ 13 = 205″ 13		
Baromètre facteur pour 753m	0 991		
Thermomètre facteur pour 22°	0 957		
Produit des facteurs et réfraction corrigée (1)......................	0 948 × 205″ 13 = 194″ =		3′ 14″
Angle corrigé........................			16° 18′ 6″

Transformation des grades en degrés.

165. La connaissance des temps étant rédigée d'après la division sexagésimale et notre tachéomètre étant divisé en grades, ce qui est plus commode pour la topographie, le premier soin de l'observateur quand il fera de l'astronomie sera donc de transformer les grades en degrés, minutes et secondes, ce qu'il fera très facilement à l'aide du tableau suivant :

CONVERSION DE GRADES EN DEGRÉS

GRADES	DEGRÉS	FRACTIONS DE GRADES					
100	90°						
50	45						
20	18						
10	9						
9	8 6′	0.1	5′24″	0.01	32″ 4	0.001	3″24
8	7 12	0.2	10 48	0.02	1′ 4 8	0.002	6 48
7	6 18	0.3	16 12	0.03	1 37 2	0.003	9 72
6	5 24	0.4	21 36	0.04	2 9 6	0.004	12 96
5	4 30	0.5	27 00	0.05	2 42 0	0.005	16 20
4	3 36	0.6	32 24	0.06	3 14 4	0.006	19 44
3	2 42	0.7	37 48	0.07	3 46 8	0.007	22 68
2	1 48	0.8	43 12	0.08	4 19 2	0.008	25 92
1	0 54	0.9	48 36	0.09	4 51 6	0 009	29 16

Problème.

166. Soit $22^{g},325$ à transformer en degrés.

On disposera le calcul de la façon suivante :

Pour	10^{g}	9°
	10^{g}	9°
	2^{g}	1° 48′
	0 ,3	16′ 12
	0 ,02	1′ 4″ 8
	0 ,005	16″ 2
	$22^{g},325$ =	20° 5′ 33″ 0

(1) Ce produit s'obtient par la méthode abrégée, c'est-à-dire en additionnant les deux coefficients et en retranchant l'unité. En effet, on peut écrire :
$(1 \pm \alpha)(1 \pm \alpha') = 1 \pm \alpha \pm \alpha' \pm \alpha\alpha'$.
En négligeant le produit très petit $\alpha\alpha'$ on a :
$1 \pm \alpha \pm \alpha'$
somme égale à celle des coefficients $(1 \pm \alpha)$ et $(1 \pm \alpha')$ diminuée de l'unité.

Transformation des degrés en grades.

167. La transformation inverse se ferait à l'aide du tableau analogue que nous donnons ci-joint. Elle peut être utile quand, par exemple, on veut faire une observation avec le tachéomètre sur une étoile dont on a calculé d'avance la hauteur et l'azimut au moyen de la connaissance des temps.

CONVERSION DES DEGRÉS EN GRADES

90°	=	100ᵍ	4°	=	4ᵍ4444
80	=	88 8888	3	=	3 3333
70	=	77 7778	2	=	2 2222
60	=	66 6667	1	=	1 1111
50	=	55 5555	0 30′	=	0 5555
40	=	44 4444	0 10	=	0 1851
30	=	33 3333	0 5	=	0 0925
20	=	22 2222	0 2	=	0 0370
10	=	11 1111	0 1	=	0 0185
9	=	10 0000	0 0 30″	=	0 0092
8	=	8 8889	0 0 10	=	0 0031
7	=	7 7778	0 0 5	=	0 0016
6	=	6 6667	0 0 1	=	0 0003
5	=	5 5555			

Problème.

168. Soit à exprimer 20° 5′ 33″ en grades.

Nous disposerons le calcul de la façon suivante :

20°	=	22ᵍ,2222
5′		0 ,0925
30″		0 ,0092
3″		0 ,0009
20° 5′ 33″	=	22ᵍ,3258

Parallaxe.

169. Les corrections que nous avons indiquées sont parfaitement suffisantes quand il s'agit d'observer une étoile dont la distance est infinie, de telle sorte que les dimensions de la terre vues de l'étoile disparaissent complètement ; il n'en est

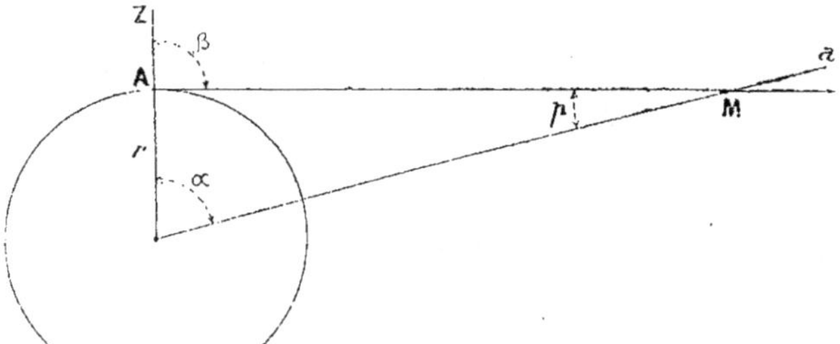

Fig. 56.

pas de même quand on observe le soleil ou la lune et on doit noter que la connaissance des temps donne les coordonnées de ces astres rapportées au centre de la terre.

Supposons que, placé en A (*fig.* 56), nous observions un point M du soleil ou de la lune.

Notre tachéomètre nous donnera l'angle β comme mesure de l'angle existant entre le zénith et le point M, tandis qu'en réalité c'est l'angle α qu'il nous est utile de connaître. Si nous négligeons l'aplatissement de la terre (1), la différence entre l'angle α et l'angle β variera avec la hauteur du soleil et la latitude du lieu de l'observateur. On effectuera la correction en remarquant que, dans les triangles AOM :

l'angle β = la somme des angles α et p (42).

L'angle p s'appelle *parallaxe*.

La valeur la plus grande de cet angle a lieu évidemment quand l'astre est à l'horizon ; cette valeur particulière de p s'appelle : *parallaxe horizontale*. En toute autre position on lui donne le nom de parallaxe de hauteur.

La connaissance des temps donne:

La parallaxe horizontale du soleil pour tous les jours de l'année ;

Celle de la lune aux méridiens successifs, d'heure en heure, pour tous les jours de l'année ;

Enfin celle des principales planètes.

170. Une relation très simple permet de déduire la parallaxe de hauteur de la parallaxe horizontale. En effet, en appelant r le rayon de la terre, R sa distance à l'astre, on a pour la valeur de la parallaxe à un moment quelconque (*fig.* 56) :

$$\frac{\sin p}{\sin \alpha} = \frac{r}{R}. \quad (43)$$

La parallaxe horizontale P aura lieu, d'après notre définition, quand $\alpha = 90$ degrés, d'où :

$$\sin P = \frac{r}{R}. \quad (44)$$

Mais l'angle P, étant très petit, se confond avec son sinus, d'où :

$$P \sin 1'' = \frac{r}{R} \text{ ou } P = \frac{r}{R \sin 1''}; \quad (45)$$

et si dans la formule (43) on remplace $\frac{r}{R}$ par sa valeur tirée de (44), on aura :

$$\frac{\sin p}{\sin \alpha} = \sin P = P \sin 1'', \quad (46)$$

ou en remplaçant les sinus très petits par leurs arcs :

$$p = P \sin \alpha = P \cos h, \quad (47)$$

h étant la hauteur de l'astre au-dessus de l'horizon.

Une table n° III de la connaissance des temps à double entrée donne la parallaxe de hauteur du soleil pour le premier jour de chaque mois, d'après la parallaxe horizontale équatoriale qui est de 8″,86 à la distance moyenne.

Une autre table n° IV donne la parallaxe des planètes à divers degrés de hauteur de 3 degrés en 3 degrés jusqu'à 42 degrés, et de 2 en 2 degrés jusqu'à 90 degrés ; les parallaxes horizontales de ces mêmes planètes varient de 1 seconde à 30 secondes.

Nous donnerons des exemples de ces corrections quand nous aurons examiné la correction suivante due au diamètre apparent des astres, et nous remarquerons dès à présent que la *parallaxe* faisant paraître les astres plus bas qu'ils ne le sont réellement *devra toujours être ajoutée contrairement à la réfraction.*

171. *Diamètre apparent des planètes.* — On sait que, si on observe les étoiles, elles apparaissent, quel que soit le grossissement, comme un point lumineux.

Il n'en est pas de même des planètes, du soleil et de la lune.

Tous ces astres présentent dans la lunette des diamètres apparents très appréciables pour les planètes, atteignant plus d'un demi-degré pour le soleil et la lune. La connaissance des temps donne la position du centre de tous ces astres. Ce diamètre étant variable avec la distance, c'est au centre de l'astre que l'on rapporte toutes les observations ; et celles-ci sont généralement faites soit sur le bord oriental, soit sur le bord occidental, soit sur le bord supérieur, soit sur le bord inférieur de l'astre, car on ne peut jamais observer directement le centre.

Si on appelle d le demi-diamètre apparent de l'astre, r' son rayon, et R′ sa distance à la terre, on aura (*fig.* 57) :

$$\sin d = \frac{r'}{R'} \quad (48)$$

(1) On pourrait en tenir compte par la formule suivante :
parallaxe pour latitude φ = parallaxe horizontale équatoriale $p - pa \sin^2\varphi$,
a étant l'aplatissement de la tere = 1/300.

ou approximativement :

$$d = \frac{r'}{R' \sin 1''}. \qquad (49)$$

Si R' est suffisamment grand par rapport au rayon de la terre, la variation de d sera très petite, quelle que soit la position de l'observateur sur le globe, et la valeur de d n'en sera pas affectée ; il suffira dans ce cas de prendre le demi-diamètre dans la connaissance des temps et de l'ajouter ou de le retrancher de la hauteur observée du bord inférieur ou du bord supérieur de l'astre pour avoir la hauteur du centre, ou bien de l'ajouter ou de le retrancher à l'azimut du bord oriental ou à celui du bord occidental pour avoir l'azimut du centre de l'astre. C'est en effet ce qui arrive pour toutes les planètes et pour le soleil, mais il faut faire la correction pour la lune ; aussi distingue-t-on pour elle le *demi-diamètre de hauteur* ou *apparent*, qui est celui que perçoit l'observateur, et le diamètre *vrai*,

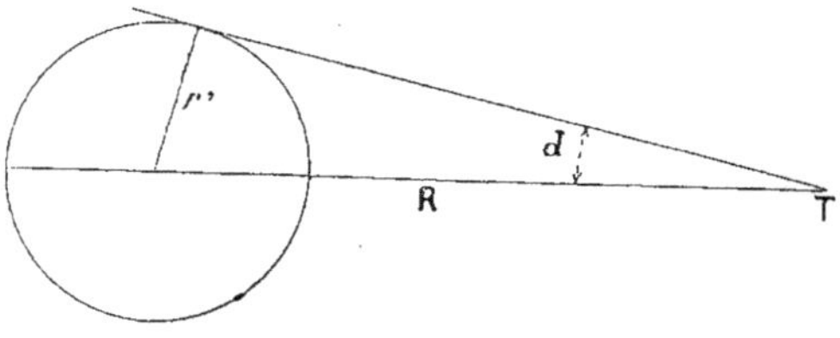

Fig. 57.

central ou *horizontal*, qui est supposé vu du centre C de la terre.

Appelons D ce demi-diamètre, qui figure pour chaque jour de l'année dans les éphémérides. Il est facile de trouver une relation entre le diamètre vrai et la parallaxe de hauteur. En effet, dans ce cas, $d = D$, et $R' = R$. Par suite, on a :

$$D = \frac{r'}{R \sin 1''} \text{ et } P = \frac{r}{R \sin 1''},$$

d'où :

$$\frac{P}{D} = \frac{r}{r'},$$

d'où :

$$P = \alpha D. \qquad (50)$$

Pour la lune $\alpha = 3,6697$.

Cette formule permet de passer de la parallaxe horizontale au demi-diamètre horizontal, et réciproquement.

Pour avoir le demi-diamètre apparent il suffit de diviser (49) par P, et on a :

$$\frac{d}{D} = \frac{R}{R'}. \qquad (51)$$

La connaissance du temps donne la valeur de la parallaxe et du demi-diamètre pour les instants de passage de la lune dont les longitudes sont successivement 12 heures, 13 heures... 23 heures, 0 heure... 10 heures, 11 heures, à l'ouest de Paris. Les longitudes de 12 heures à 0 heure doivent être considérées comme orientales.

172. *Diamètres accourcis.* — Il est enfin une dernière correction que nous aurons à faire à cause de la différence de

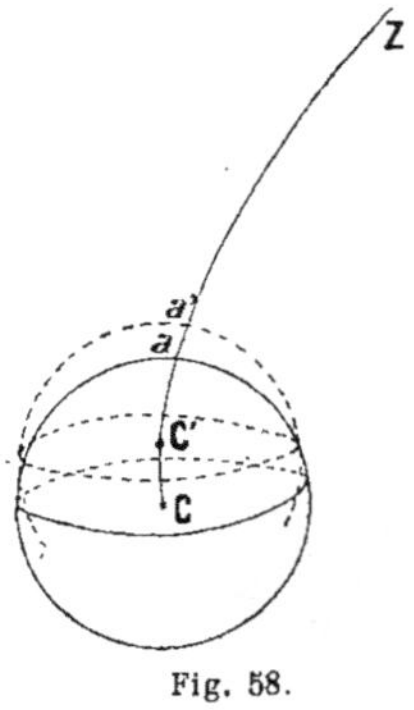

Fig. 58.

réfraction qui existe entre le bord inférieur ou supérieur d'un astre et le centre auquel on est obligé de rapporter les observations pour pouvoir continuer les calculs.

Cette correction est importante quand on observe le soleil ou la lune près de l'horizon. On voit en effet par la table des réfractions que, pour un degré à une hauteur $= 1$ degré, la réfraction varie de plus de 6 minutes, ce qui donnerait une erreur considérable pour le soleil et la lune, dont les demi-diamètres atteignent 16 minutes environ. Au zénith la réfraction étant nulle, il n'y a aucune correction à effectuer.

Voici le calcul de la correction pour une hauteur quelconque (*fig.* 58) :

Soient z, le zénith de l'observateur; c, le centre de l'astre observé ; D, son demi-diamètre ; faisons passer par z et c un grand cercle. Par l'effet de la réfraction le centre c paraîtra en c', et le point a en a', la longueur cc' étant différente de la longueur de aa', à cause de la différence des réfractions ; cc' sera plus grand que aa'. Soient :

ϵ, l'accourcissement du diamètre dont il y aura lieu de tenir compte ;

R_n, la réfraction du centre c ;

R_{n+d}, celle du point a ;

d, le demi-diamètre accourci.

On aura :

$$d = D - \epsilon = D - (R_{n+d} - R_n). \quad (52)$$

On opère par la méthode des approximations successives. On connaît R_{n+d}, on prend pour D la valeur de la table, on en déduit R_n ; on la substitue dans le second terme de l'équation, et on en tire une valeur de d (premier terme). Cette valeur substituée dans la valeur de R_{n+d} donne une autre valeur pour d, qui est plus approchée ; et ainsi de suite jusqu'à ce que deux décimales de l'ordre que l'on s'est imposé d'avance ne diffèrent plus.

Dans le cas où on aurait observé le bord inférieur de l'astre, le signe de ϵ changerait seul, et on aurait dans ce cas :

$$d = D - (R_n - R_{n+d}). \quad (52)$$

Ce qui ne changerait rien à la marche des calculs.

Problème.

173. Le 2 décembre 1892 on a observé au tachéomètre une hauteur du bord inférieur du soleil ☉ de $65^g,427$.

La pression barométrique était de 740 millimètres.

Le thermomètre marquait 22 degrés.

On demande en degrés la hauteur du centre du soleil.

Voici comment on disposera les calculs et l'ensemble de toutes les corrections à faire.

	50^g		=	45°			
	10		=	9			
	5		=	4	30′		
	0 ,4		=	0	21	36″	
	0 ,02		=	0	1	4	80
	0 ,007		=	0	0	22	68
	$65^g,427$		=	58°	53′	3″	48
Réfraction pour	58°	36″ 40					
— pour	50′	1 15					
— pour	3	0 07	37″ 62				
Baromètre .... 740 m/m	0,974						
Thermomètre	0,957	0,931 × 37″ 62				35″	04
h ☉ — R				58°	52′	28″	44
Parallaxe p pour 59° au 1er décembre....	4″, 63						
Correction pour 7′....................	0 02	4″ 65				4″	65
h ☉ — R + p	=			58°	52	33″	09
1/2 D du soleil le 2 décembre	=	16′ 16″ 04			16′	15″	66
Réfraction : différence pour 10′—0″24, soit		0″ 38					
h corrigée ⊖				59°	8′	48″	75

Problème.

174. Le 2 décembre 1892, on a observé par une longitude de $16^h\ 48^m$ *environ* la hauteur du bord supérieur de la lune ☾ Supposons, pour ne pas refaire tous les calculs du problème précédent, que l'on ait trouvé pour cette hauteur $65^g,427$ avec la même pression barométrique et la même température.

On aura pour la hauteur réfractée du bord supérieur exprimé en degrés :

h ☾			58° 52′ 28″ 44
On trouve dans la connaissance des temps, à la date précitée :			
P parallaxe à 16 heures..............	61′ 9″ 2		
Différence pour 1^h, + 0″,4, soit pour 48′	0″ 3		
	61′ 9″ 5	= 3 659″5	
log 3 669″ 5 = 3,5646069			
log cos 58° 52′ 38″ 44 = 9,7129202			
3,2775271 = log de 1 894″ 6 =			31′ 34″ 60
¹/₂ D à 16 heures............................	16′ 41″ 50		
Différence pour 1 heure	+ 0″ 10		59° 24′ 3″ 04
	16′ 41″ 60		
Réfraction : différence pour 10′ — 0″ 23 pour 16′	— 0″ 15		16′ 41″ 45
h ☾			59° 7′ 21″ 59

175. Dans le cas que nous venons d'examiner la correction de l'accourcissement du diamètre étant une petite fraction de seconde, il n'y a pas lieu de recommencer le calcul relatif à cette correction. Si au contraire on observait l'astre à 5 degrés au-dessus de l'horizon, la différence entre 5 et 6 degrés variant de 16″,6 à 12″,5 pour 10 minutes, suivant que ces 10 minutes sont plus ou moins rapprochées de 5 degrés (voyez *Table des réfractions*), il y aurait lieu de faire le calcul une première fois, puis une seconde, avec la valeur approchée ainsi obtenue, pour s'assurer que l'erreur commise est négligeable.

On néglige aussi la correction due aux minutes de degrés de la longitude du lieu pour la parallaxe horizontale et le demi-diamètre en prenant pour les valeurs de ces quantités celles qui se rapportent aux heures les plus proches en longitude. Ainsi, dans le cas précédent, on prendrait la parallaxe horizontale et le demi-diamètre pour 17 heures. Les erreurs ainsi commises seraient beaucoup plus petites que les erreurs d'observation ; aussi ne tient-on généralement pas compte de ces quantités en laissant également de côté quelques autres très petites corrections qui ne dépassent pas 0″,1 à 0″,2. On trouve dans les tables de Callet les produits des cosinus des hauteurs par les parallaxes.

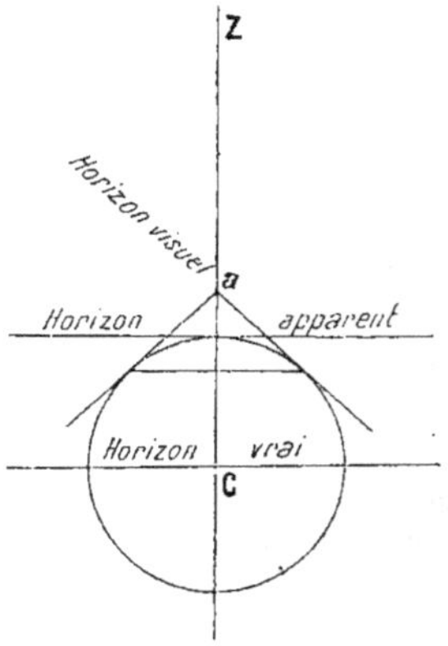

Fig. 59.

Méridien et horizon.

176. Nous allons maintenant, avant de passer aux observations spéciales au but que nous nous proposons d'atteindre, rappeler quelques définitions.

On appelle *méridien* le plan qui passe par le zénith et la ligne des pôles; c'est donc un grand cercle de la sphère céleste, et il divise en deux tous les parallèles qui se trouvent au-dessus de l'*horizon*. On distingue plusieurs sortes d'horizon (*fig.* 59).

L'horizon *visuel*, qui est déterminé par le niveau de la mer. Cet horizon est incliné sur l'horizon *apparent* qui est le plan perpendiculaire au zénith, plan passant par l'œil de l'observateur. L'horizon apparent est parallèle à l'horizon *vrai* qui passe par le centre de la terre. Il en est par suite distant de un rayon terrestre et donne naissance aux corrections de la parallaxe et du demi-diamètre.

Dépression.

177. L'horizon *visuel* donne naissance à une correction spéciale appelée *dépression.*

On voit en effet que l'angle mesuré entre l'astre et le niveau de la mer est trop grand d'une quantité égale à l'angle formé par l'horizon visuel et l'horizon vrai, et cet angle est lui-même variable avec la hauteur de l'œil de l'observateur.

Nous n'avons pas à nous en occuper puisque, au moyen du tachéomètre, nous mesurons les hauteurs des astres à partir de l'horizon *apparent*. Il n'en est pas de même dans l'astronomie nautique, les marins mesurant ces hauteurs *au-dessus du niveau de la mer* au moyen du sextant.

Angle horaire.

178. D'après les définitions d'un plan méridien, il résulte qu'il y a autant de méridiens qu'il y a de lieux placés sur un même parallèle. Pour les désigner on a choisi un premier méridien arbitrairement (celui passant par l'observatoire de Paris pour la France, celui passant par l'observatoire de Greenwich pour l'Angleterre), et on a appliqué aux dièdres qui séparent tous les méridiens du premier les subdivisions du cercle. On appelle généralement ces dièdres angles horaires parce qu'ils sont proportionnels au temps écoulé depuis le passage de l'astre au méridien du lieu d'observation.

Borda a donné une formule très simple et très usitée qui permet de calculer l'angle horaire P quand on connaît la latitude du lieu et la hauteur résultant de l'observation à un moment donné de la hauteur d'un astre au-dessus de l'*horizon*. Cette formule est la suivante :

$$\sin\frac{P}{2} = \sqrt{\frac{\sin s . \sin (S - h)}{\cos l \sin \delta}}, \quad (54)$$

dans laquelle:

h représente la hauteur du centre de l'astre après correction ;

l, la latitude du lieu ;

δ, le complément de la déclinaison de l'astre, quantité donnée par la connaissance des temps.

$$s = \frac{h + l + \delta}{2} \text{ (1)}.$$

(1) Voici comment on peut établir directement cette formule qui n'est que la transformation de la formule fondamentale de la trigonométrie sphérique (*fig.* 60).

Soient C le centre de la sphère céleste et de la terre ;

P, le pôle céleste;

Z, le zénith ;

A, l'astre observé.

L'angle ZCP $= c$ sera le complément de la latitude ou colatitude du lieu de l'observation.

L'angle PCA $= \delta$ sera le complément de la déclinaison de l'astre.

L'angle ZCA $= n$ distance du zénith à l'astre sera le complément de la hauteur h observée au-dessus de l'horizon.

Il s'agit, ainsi qu'on l'a vu plus haut, de déterminer l'angle horaire, qui n'est autre que l'angle dièdre en P formé par l'intersection du plan méridien du lieu ZCP, et du plan méridien de l'astre PCA.

Prenons sur $\overline{CZ}$ une longueur quelconque $\overline{CB}$, et du point B abaissons dans le plan ZCP une perpendiculaire sur $\overline{CP}$. La projection de $\overline{CB}$ sur une droite quelconque sera égale à celle faite sur la même droite du contour CDB aboutissant aux mêmes points C et B. Projetons donc sur CA. nous aurons :

$$\overline{CB} \cos ZCA = \overline{CD} \cos ACP + \text{projection de } \overline{BD} \text{ sur } \overline{AC}.$$

Remarquons que $\overline{CD} = \overline{CB} \cos ZCP$ et que, pour avoir la projection de $\overline{BD}$ sur $\overline{CA}$, ces deux droites n'étant pas situées dans le même plan, il faut d'abord projeter $\overline{BD}$ sur le plan $\overline{ACP}$, puis projeter cette projection sur $\overline{AC}$, nous aurons en conséquence :

$$\overline{CB}\cos ZCA = \overline{CB}\cos ZCP \cos ACP + (\overline{BD}\cos P)\cos(90° - ACP)$$

D'autre part :

$$\overline{BD} = \overline{CB} \cos (90° - ZCP) = \overline{CB} \sin ZCP;$$

Nous donnons nos 179 et 180 la table des transformations des degrés en heures, minutes, etc., et des heures, minutes, etc., en degrés. Cette table est extraite de la connaissance des temps.

On convertira les minutes d'arc en regardant les nombres de la table désignés par les lettres HM. On convertira les minutes et les secondes de temps comme les minutes en prenant les nombres de la table pour des secondes et des tierces; les tierces se réduisent ensuite en fraction de secondes en mettant 0,1 par 6″, 0,2 par 12″, etc.

mettons cette dernière valeur dans l'équation ci-dessus, supprimons le facteur commun $\overline{CB}$ et remplaçons les angles par leur valeur, nous aurons :

$$\cos n = \cos c \cos \delta + \sin c \sin \delta \cos P. \qquad (1)$$

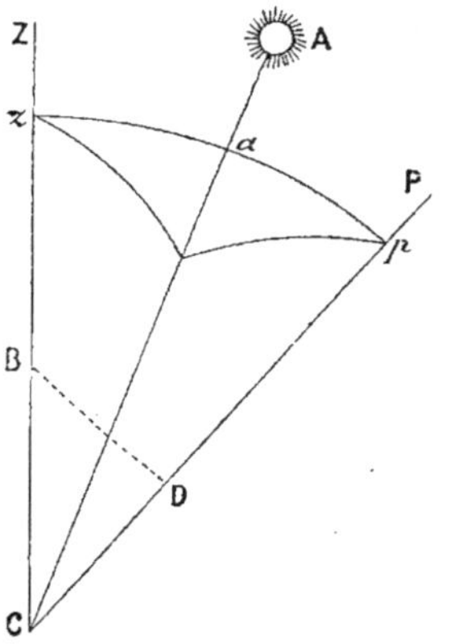

Fig. 60.

On sait que $\cos P = 1 - 2 \sin^2 \frac{P}{2}$, et en substituant nous aurons :

$$\sin^2 \frac{P}{2} = - \frac{\cos n - \cos c \cos \delta - \sin c \sin \delta}{2 \sin c \sin \delta}$$

$$= - \frac{\cos n - \cos(c - \delta)}{2 \sin c \sin \delta} = \frac{\sin\frac{1}{2}(n + c - \delta) \sin\frac{1}{2}(n + \delta - c)}{\sin c . \sin \delta}.$$

Remplaçant n par $90° - h$, c par $90° - l$, et posant :

$$h + l + \delta = 2s, \qquad (2)$$

on a finalement la formule de Borda :

$$\sin \frac{P}{2} = \sqrt{\frac{\sin s . \sin (s - h)}{\cos l \sin \delta}}. \qquad (54)$$

179. Conversion des degrés en temps.

Degrés	H. M.	Degrés	H. M.	Degrés	H. M.
1	0, 4	8	0,32	60	4,00
2	0, 8	9	0,36	70	4,40
3	0,12	10	0,40	80	5,20
4	0,16	20	1,20	90	6,00
5	0,20	30	2,00	180	12,00
6	0,24	40	2,40	270	18,00
7	0,28	50	3,20	360	24,00

180. Conversion du temps en degrés de l'équateur ou en degrés de longitude terrestre.

Heures	Degrés	Minutes	Degrés Minutes	Minutes	Degrés
		Secondes	Min. Sec.		Min. Sec.
1	15	1	0 15	17	4 15
2	30	2	0 30	18	4 30
3	45	3	0 45	19	4 45
4	60	4	1 00	20	5 00
5	75	5	1 15	30	7 30
6	90	6	1 30	40	10 00
7	105	7	1 45	50	12 30
8	120	8	2 00	60	15 00
9	135	9	2 15		
10	150	10	2 30		
11	165	11	2 45	0 10	1 50
12	180	12	3 00	0 20	3 00
15	225	13	3 15	0 30	4 50
18	270	14	3 30	0 40	6 00
21	315	15	3 45	0 50	7 50
24	360	16	4 00	1 00	15 00

Longitude, latitude, colatitude.

181. Nous savons que la position d'un lieu terrestre est déterminée par sa longitude et par sa latitude, c'est-à-dire par ses coordonnées par rapport à l'équateur. On est quelquefois conduit à employer le complément de la latitude, on l'appelle *colatitude*.

Déclinaison, distance polaire.

182. On rapporte également la position des astres à l'équateur; dans ce cas, l'arc correspondant à la latitude terrestre prend le nom de *déclinaison*, et la colatitude terrestre celui de *distance polaire*.

Ascension droite, point vernal.

183. Quant à la longitude terrestre appliquée aux astres, on la désigne par le mot d'*ascension droite ;* seulement, au lieu de prendre un premier méridien arbitraire pour origine, on prend le point où l'équateur céleste coupe le plan de l'écliptique au printemps. On appelle ce point *point vernal*, et on le désigne par le signe γ. Les ascensions droites sont généralement données par les tables en temps moyen de Paris. Ainsi nous voyons que, le 2 décembre 1892, l'ascension droite de Mercure à midi moyen était de $17^h\ 54^m\ 0^s,88$. Avec une différence de $22^s,47$ pour 24 heures, ce qui permet d'avoir cette ascension droite à une heure quelconque de la journée du 2 décembre.

Longitudes et latitudes astronomiques.

184. Il faut bien se garder de confondre les *latitudes* et les *longitudes* astronomiques avec les déclinaisons et les ascensions droites. Ces dernières sont les coordonnées des astres prises par rapport à l'écliptique, tandis que les premières, ainsi que nous l'avons déjà dit sont rapportées à l'équateur.

Observations.

185. Pour terminer ces préliminaires, nous n'avons plus qu'à entrer dans quelques détails sur ce qui, dans le mode d'observation au tachéomètre, est spécial à l'astronomie. La règle consiste à *exagérer*, s'il est permis de s'exprimer ainsi, tous les procédés permettant de donner de la précision aux observations. La verticalité et l'horizontalité des axes de la lunette devront être vérifiées avec la plus grande rigueur. On pourra tolérer une très petite inclinaison du cercle des azimuts, car une petite erreur dans l'horizontalité de son plan n'a qu'une très faible influence sur l'azimut.

En effet, on démontre par des calculs, dont les développements sont trop longs pour trouver place ici, que la différence x entre l'angle observé Δ et l'angle réduit à l'horizon est égale à :

$$-\frac{a^2}{2}\sin 1''\ \text{cotg}\ \Delta, \qquad (55)$$

formule dans laquelle a représente l'inclinaison du cercle divisé du tachéomètre sur le plan de l'horizon. On voit que cette correction n'a d'importance que pour les angles très petits, c'est-à-dire quand cotg Δ est très grande.

On éliminera du reste presque toutes les erreurs instrumentales, hormis celle dont nous venons de donner la valeur, en *conjuguant* les expériences, c'est-à-dire en observant les astres successivement avec lunette à droite et lunette à gauche.

Nous verrons comment il faut opérer dans chaque cas particulier.

DÉTERMINATION DE LA MÉRIDIENNE

186. Une des opérations principales, et la première de toutes celles qui doivent être faites, est la détermination de la méridienne du lieu où l'on se trouve. Les astronomes ont un grand nombre de procédés pour y arriver.

Le plus exact de tous repose sur l'emploi d'une lunette fixée le long d'un mur orienté très approximativement dans la direction du méridien et possédant des vis de rectification dans tous les sens, permettant d'amener le plan de rotation de la lunette dans le plan du méridien, que l'on détermine en observant une étoile circumpolaire à son passage supérieur, à son passage inférieur et à son retour au passage supérieur. On note le temps très exactement avec un chronomètre d'une marche bien régulière. Si la durée entre les deux passages au méridien supérieur est bien divisée en deux parties égales par le passage de l'astre au méridien inférieur, c'est que le plan de la lunette se confond avec le plan méridien. D'après ce que nous avons dit, le temps écoulé entre deux passages successifs au méridien supérieur ou au méridien inférieur est égal à 24 heures sidérales.

Ce procédé, le plus exact de tous, est peu facilement applicable aux observations en campagne. On lui substitue celui des hauteurs correspondantes.

187. *Hauteurs correspondantes.* — Supposons que O (*fig.* 61) soit le centre de la sphère céleste, Z le zénith, HH' l'horizon vrai, α la position d'un astre, et $\alpha m \alpha'$ le cercle décrit par cet astre.

Le plan méridien du lieu de l'observateur devant passer par l'axe du monde et par le zénith sera un plan perpendiculaire au plan du tableau et passera par OZ. La trace du méridien sur ce plan se confondra donc avec OZ et divisera en deux parties égales le cercle décrit par l'étoile α. Il suffira donc, pour avoir le point m, de prendre $\alpha m = m\alpha'$, ou encore $\alpha H = \alpha' H'$, et la moyenne des azimuts correspondants à ces deux arcs sera celle de la méridienne, h et h' étant les hauteurs de l'astre au-dessus de l'horizon. On a, comme nous le disions plus haut, donné à cette manière d'opérer le nom de méthode des hauteurs correspondantes. Elle est rigoureusement exacte quand le produit des coefficients de la correction barométrique par la correction thermométrique est constant ; autrement il faudrait avoir recours à une interpolation. Nous pouvons remarquer de suite que généralement on pourra négliger cette correction.

En effet, si pendant les deux ou trois heures d'observation le thermomètre a varié de 10 degrés, ce qui est énorme, la variation du coefficient sera de 0,020 au maximum. Si le baromètre a haussé

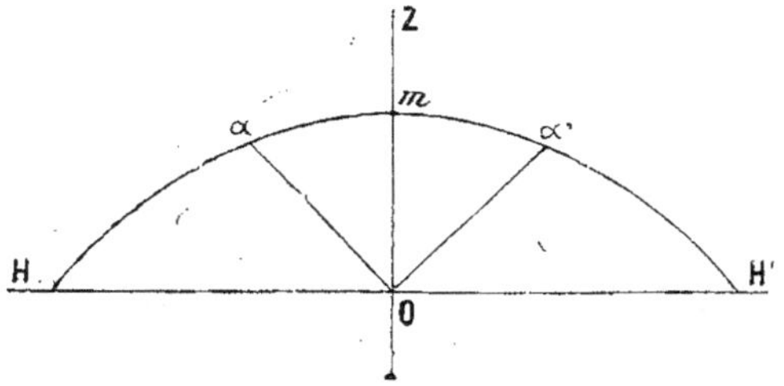

Fig. 61.

ou baissé de 1 centimètre, le coefficient sera affecté d'une variation et sera au maximum de 0,006 (dans le cas où les deux erreurs s'ajouteraient). Donc la variation totale du produit du coefficient sera de 0,026 ; ce qui donne, si on observe les astres à partir de 20 degrés :

$0{,}026 \times 2'38'',9 = 158''9 \times 0{,}026 = 4''13$, quantité qui échappe à la mesure de notre tachéomètre, à moins qu'on ne multiplie les observations. A 37 degrés de hauteur, la correction serait moitié moindre et n'atteindrait pas 1 seconde à 55 degrés de hauteur.

188. Si on avait fait un nombre suffisant d'observations pour qu'en prenant la moyenne on puisse compter sur une exactitude plus grande que l'erreur commise, en négligeant les corrections dues à la variation du produit des coefficients barométriques et thermométriques, on pourrait en tenir compte.

Il suffirait pour cela de différencier l'équation (60), dans laquelle n distance zénithale et P angle horaire sont seuls variables, la latitude l étant constante et la déclinaison d de l'étoile pouvant être considérée comme telle pendant la durée de l'observation.

On aura ainsi :

$$-\sin n\, \partial n = -\cos l \cos d \sin P\, dP.$$

Prenant pour ∂n avec son signe la valeur de la variation positive ou négative due au changement de pression et de température, on en déduira :

$$\partial P = \frac{\sin n}{\cos l \cos d \sin P} \partial n \qquad (55)$$

Cette valeur de ∂P ajoutée ou retranchée de l'angle horaire donnera l'heure très approchée du second passage.

La correction azimutale s'obtiendra directement de l'équation (62, n° 195) :

$$\text{Sin A} = \frac{\cos d \cos P}{\sin n},$$

dans laquelle on substituera les valeurs corrigées P' et n'. On pourra avec ces nouvelles quantités recommencer les calculs pour voir s'il convient de s'arrêter au degré d'exactitude obtenu.

189. On devra faire les observations de la façon suivante :

On observera (lunette à droite) une étoile déterminée environ 1 heure et demie ou 2 heures avant son passage au méridien plus ou moins approché qu'on aura déterminé dans la journée. On notera la hauteur, l'azimut et l'heure (nous verrons plus tard dans quel but) ; quelques instants après on observera une autre étoile lunette à gauche, puis on recommencera lunette à droite, etc. ; et le mieux serait d'avoir un nombre pair de ces observations que l'on cessera trois quarts d'heure ou une heure après les avoir commencées. On choisira des étoiles qui ne soient ni trop basses sur l'horizon (20 degrés au minimum) ni trop hautes (70 degrés au maximum) ; plus haute la portion du cercle observée est trop voisine de sa tangente et le mouvement ascensionnel de l'astre plus difficile à saisir.

On reprendra ensuite les mêmes observations dans l'ordre inverse en observant la dernière étoile avec la lunette du même côté. Pour cette seconde observation de la même étoile on placera la lunette bien exactement dans la direction de la hauteur observée primitivement, et quand l'astre passera sur la croisée du fil on notera l'heure exacte et l'azimut. On opérera de même pour toutes les autres étoiles observées primitivement en ayant bien soin d'observer la même étoile avec la lunette du côté qui a servi à la première observation faite sur elle.

En additionnant toutes les hauteurs à droite des premières observations, puis toutes celles à gauche et faisant la différence entre les mêmes observations après les passages au méridien, on aura deux azimuts pour la méridienne qui devront seulement différer des erreurs de verticalité de l'axe si on a bien opéré.

Les calculs sont tellement simples que nous n'insisterons pas davantage.

Une fois la méridienne bien déterminée on pourra placer un signal lointain pour que de la station on puisse toujours en retrouver la direction exacte.

DÉCLINAISON DE L'AIGUILLE AIMANTÉE

190. Il est maintenant facile de déterminer la déclinaison de l'aiguille aimantée; il suffit pour cela de chercher les azimuts d'un même point éloigné avec la méridienne et avec la boussole ; leur différence orientale ou occidentale donnera la valeur exacte de la déclinaison.

Si le tachéomètre est muni d'un magnétomètre bifilaire, on pourra observer par le même procédé les variations horaires, et par la méthode des oscillations de Gauss déterminer l'intensité des forces magnétiques. Il suffira, en effet, de faire osciller le barreau aimanté en l'attirant légèrement avec un morceau de fer doux ; puis, après avoir éloigné ce fer, de compter le nombre d'oscillations par minute.

Force magnétique.

191. Toutes les forces, ainsi que le démontre Gauss, pouvant être considérées comme proportionnelles au déplacement angulaire, le temps d'une oscillation sera donné par une formule de la forme :

$$T = K\pi\sqrt{\frac{A}{j}}. \qquad (56)$$

Mais j, valeur de l'accélération résultant des forces qui sollicitent le barreau, est égale à cette résultante divisée par m, soit $\frac{F}{m}$, d'où on peut écrire :

$$F = \frac{C}{T^2}. \qquad (57)$$

de telle sorte qu'en déterminant dans un observatoire fixe les constantes relatives à l'instrument on pourra en déduire la valeur des forces magnétiques φ en différents lieux.

DÉTERMINATION DE L'HEURE DU LIEU

192. Les observations faites comme nous l'avons indiqué permettent également d'obtenir immédiatement l'heure du lieu. En effet, supposons qu'une étoile ait été observée à l'est du méridien à $10^h\ 3^m\ 52^s$, heure du chronomètre, et qu'elle soit passée à la même hauteur à l'ouest du méridien à $14^h\ 13^m\ 8^s$. L'heure de son passage au méridien du lieu sera donc : $\frac{14^h\ 13^m\ 8^s + 10^h\ 3^m,\ 52^s}{2} = 12^h 8^m 30^s$.

Comme l'ascension droite varie fort peu d'un jour à l'autre (quelques fractions de seconde par jour), on pourra la considérer comme constante, et on aura en désignant par h_m l'heure moyenne du lieu, par AR l'ascension droite de l'astre, et par h l'heure du passage au méridien :

$$h_m = \text{AR} - h \quad (58)$$

Si donc on avait observé α du Lion le 2 décembre on aurait :

$$h_m = 10^h\ 2^m\ 39^s - 12^h\ 8^m\ 30^s$$
$$= (1^{er}\ \text{décembre})\ 21^h\ 54^m\ 9^s.$$

Car il faut ajouter 24 heures à l'heure observée pour rendre la soustraction possible, ce qui revient à reculer la date d'un jour.

La méridienne étant bien déterminée on pourra obtenir très facilement l'heure par une observation faite à un instant quelconque. Il suffira en effet d'observer le passage d'un astre connu au méridien pour obtenir l'heure exacte du lieu.

Si on fait l'observation sur le soleil en observant le passage du bord oriental, puis celui du bord occidental, on obtiendra le temps vrai ; il faudra donc ajouter l'équation du temps pour avoir le midi moyen.

DÉTERMINATION DE LA LATITUDE

193. La méridienne étant connue, il devient on ne peut plus facile de déterminer la latitude du lieu où l'on se trouve (*fig.* 62). En effet, soient : Z, le zénith ; HH', l'horizon ; P, le pôle ; δ, la déclinaison de l'astre observée ; E, l'équateur.

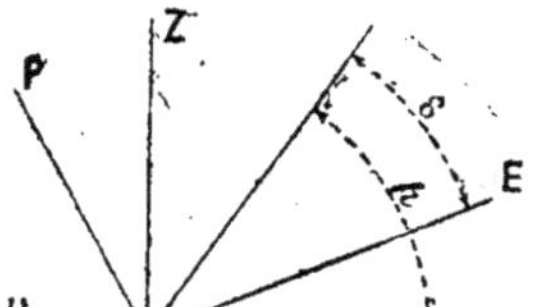

Fig. 62.

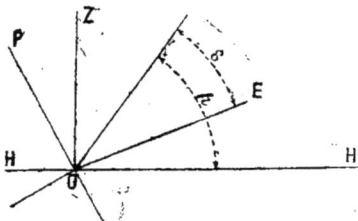

La latitude sera donnée, ainsi qu'on le voit sur la figure, par la hauteur du pôle au-dessus de l'horizon, ou par l'arc EZ qui lui est égal. Si δ est la déclinaison de l'astre observé quand il traverse le plan méridien et h la hauteur de ce même astre au-dessus de l'horizon, on aura :

$$\text{Latitude } \lambda = \text{ZE} = \frac{\pi}{2} - h + \delta; \quad (59)$$

ou si on appelle $\frac{\pi}{2} - h = z$ la distance zénithale de l'astre :

$$\lambda = z + \delta.$$

Il suffira donc de prendre la hauteur de l'étoile au-dessus de l'horizon à son passage au méridien, de faire les corrections relatives à la réfraction, etc., d'en conclure la distance zénithale, et au moyen de la connaissance des temps, qui donne la valeur de δ, on aura, par une simple addition, la valeur de la latitude. On devra faire attention au signe de la déclinaison, car il s'agit ici de la *somme algébrique*. Le mieux sera de construire un croquis semblable à la figure 62.

Si on opérait sur le soleil ou sur la lune, le calcul, surtout pour cette dernière, serait plus compliqué, car il faudrait tenir compte de son changement très rapide de déclinaison et cela suppose une connaissance approchée de la longitude.

On fera bien d'observer, au préalable, un point élevé lunette à droite et lunette à gauche pour vérifier la verticalité de l'axe du tachéomètre et tenir au besoin compte de la correction.

On observera de préférence des étoiles équatoriales, qui par leur marche rapide permettent de mieux fixer le point de culmination, c'est-à-dire de passage au méridien supérieur.

On peut ainsi faire des observations de culmination avec la méridienne approchée; il suffit pour cela de suivre une étoile dans sa marche ascendante et de s'arrêter au moment où elle commence à redescendre. On fera l'observation sur un nombre pair d'étoiles lunette à droite lunette à gauche, et on prendra la moyenne.

Si donc on a commencé à observer les hauteurs vers 10 heures du soir (heure du lieu de l'observation), les culminations vers minuit, les hauteurs correspondantes jusqu'à 14 heures (2 heures du matin), on aura pu par cette méthode déterminer en 4 heures :

1° La méridienne exacte ;

2° L'heure exacte du lieu ;

3° La déclinaison de l'aiguille aimantée ;

4° La latitude.

En vérifiant ces résultats deux ou trois nuits de suite, on obtiendra en outre :

5° La variation diurne du chronomètre.

Déterminer l'heure du passage d'une étoile à un méridien donné et réciproquement.

194. La seule difficulté que l'on puisse rencontrer par la méthode que nous venons d'exposer est d'être certain que c'est bien l'étoile que l'on se propose d'observer qui est dans le champ de la lunette. Cela devient très facile aussitôt que l'on a par des observations préalables obtenu l'heure du lieu, la latitude et la longitude d'une façon approchée.

Il suffit pour cela de déterminer l'azimut et la distance zénithale de l'étoile à l'heure à laquelle on veut l'observer.

Ces calculs n'offrent aucune difficulté ; il suffit de remarquer que l'on a :

Heure de l'étoile = heure moyenne du soleil + ascension droite moyenne du soleil — ascension droite de l'étoile.

Car l'heure de l'étoile est bien égale à l'heure du soleil augmentée de la différence qui existe entre leur distance au point vernal, différence qui sera évaluée en temps.

195. Si nous reprenons la formule (1) de la note et la figure du numéro 173, on aura la formule :

$$\cos n = \cos c \cos \delta + \sin c \sin \delta \cos P,$$

dans laquelle :

n = la distance zénithale ;

$c = 90° - l$, l étant la latitude du lieu de l'observation ;

$\delta = 90° - d$, d étant la déclinaison de l'astre.

On aura en substituant :

$$\cos n = \sin l \sin d + \cos l \cos d \cos P \quad (60).$$

En réduisant P en arc on pourra résoudre cette équation avec des valeurs approchées de l et de d, ce qui donnera la valeur de n distance zénithale pour l'heure préalablement fixée (1).

Quant à l'azimut, il sera donné par la relation connue entre les côtés et les angles des triangles sphériques.

En effet, l'angle azimutal A est égal à

(1) On rendra facilement cette formule calculable par logarithmes en prenant un angle auxiliaire tel que :

$$\text{tang}\,\varphi = \text{cotg}\,d.\cos P;$$

d'où, substituant aux tangentes et cotangentes leur valeur en fonction du sinus et du cosinus :

$$\frac{\sin d \sin \varphi}{\cos \varphi} = \cos d \cos P$$

$$\cos n = \sin l \sin d + \frac{\cos l.\sin d.\sin \varphi}{\cos \varphi}$$

$$= \frac{\sin d \sin (\varphi + l)}{\cos \varphi}. \quad (63)$$

l'angle que fait le plan méridien PZC avec le plan vertical passant par CZ et par l'astre ; on aura donc :

$$\frac{\sin A}{\sin ACP} = \frac{\sin P}{\sin ZAC}\ (1) ; \qquad (61)$$

c'est-à-dire :

$$\sin A = \frac{\cos d \sin P}{\sin n}, \qquad (62)$$

formule facilement calculable par logarithmes.

Il suffira, comme nous le disions plus haut, d'avoir avec une première approximation les valeurs de d et de l pour calculer la valeur de n, et ensuite celle de A ; en orientant la lunette suivant ces deux directions en azimut et en hauteur on aura l'étoile dans le champ de la lunette, ce qui permettra d'obtenir ensuite les valeurs cherchées avec toute la précision que comportent les instruments et l'habileté de l'observateur.

(1) Cette formule se déduit de la formule de Borda (n° 178) ; on a en effet :

$$\sin \frac{P}{2} = \sqrt{\frac{\sin s . \sin (s - h)}{\cos l \sin \delta}}.$$

On trouverait de même :

$$\cos \frac{P}{2} = \sqrt{\frac{\sin (s - l) \sin (s - \delta)}{\cos l \sin \delta}}.$$

Multipliant ces deux expressions l'une par l'autre on aura :

$$\sin \frac{P}{2} . \cos \frac{P}{2} = \frac{1}{2} \sin P$$

$$= \sqrt{\frac{\sin s (\sin s - h.) \sin (s - l) \sin (s - \delta)}{\cos^2 l \sin^2 \delta}}.$$

Si on divise par sin n on voit que le dénominateur deviendra constant. Le numérateur l'étant déjà, on aura :

$$\frac{\sin P}{\sin n} = \text{Constante} = \frac{\sin A}{\sin \delta} \qquad \text{C.Q.F.D.}$$

On pourra obtenir la première approximation de l ainsi que la direction de la méridienne et l'heure du lieu en observant la culmination du soleil à midi vrai. Il suffira de le suivre avec la lunette tant qu'il s'élèvera au-dessus de l'horizon en s'arrêtant et notant l'heure au moment où il commencera à redescendre.

L'azimut donnera la direction de la méridienne au midi *vrai* ou la corrigera au moyen de l'équation du temps.

La même correction servira pour le chronomètre.

La hauteur corrigée de la réfraction de la parallaxe, etc., à laquelle on ajoutera ou on retranchera suivant son signe la valeur de la déclinaison de l'astre obtenue par interpolation, donnera la latitude.

Ces quantités, qui ne seront qu'approchées, seront cependant parfaitement suffisantes pour qu'en les appliquant aux formules précédentes on soit certain de trouver les étoiles cherchées dans le champ de la lunette.

DÉTERMINATION DES LONGITUDES

196. Ainsi que nous l'avons vu, les longitudes rapportées au méridien de Paris peuvent être représentées par la différence des heures qui existent à un moment donné entre Paris et la localité désignée N. Le problème de la détermination des longitudes revient donc à connaître exactement l'heure locale à laquelle se produit un phénomène visible à Paris et à N. Nous savons déjà déterminer astronomiquement l'heure exacte de N. Différents moyens se présentent pour connaître à cet instant celle de Paris. Le plus exact est un signal électrique. Aussi est-ce ce procédé que l'on emploie chaque fois que cela est possible. Dans le cas contraire, et c'est celui qui nous occupe, on observe des phénomènes dont les phases ont été calculées pour l'heure moyenne de Paris.

Telles sont, en première ligne, parmi les plus pratiques, les éclipses des satellites de Jupiter et les culminations lunaires ou passages de la lune au méridien.

Satellites de Jupiter.

197. Bien que l'on se serve ordinairement pour cette observation de lunettes ayant 1 mètre de longueur, il est possible de la pratiquer avec les lunettes de tachéomètres munies d'un bon objectif et d'un oculaire spécial *ad hoc*.

La connaissance des temps donne les aspects des satellites de Jupiter pour chaque jour de l'année, rapportés au temps moyen de Paris, ainsi que les heures exactes des éclipses, etc., des différents satellites.

Il suffit donc de noter à quelle heure a lieu l'éclipse d'un de ces satellites pour que la différence entre cette heure et celle où elle est vue de Paris donne la longitude par simple différence.

On remarquera que la parallaxe horizontale de Jupiter ne dépassant jamais 2",5 sexagésimales, les erreurs dues à ce que l'observateur n'est pas placé au centre de la terre, ainsi que le supposent les éphémérides, sont absolument insignifiantes et n'atteignent le plus souvent que des fractions de seconde.

Problème.

198. Le 3 décembre 1892 on a observé à .... $15^h\ 18^m\ 7^s$ la fin de l'éclipse du premier satellite de Jupiter.

La connaissance des temps donne pour la fin de cette éclipse (temps moyen de Paris) .... $13^h\ 22^m\ 17^s$

Différence long. occ.. $1^h\ 55^m\ 50^s$

Soit en degrés

pour 1^h — $15°$

$55'$ — $13°\ 45'$

50^s — $12'\ 30''$

Long. occ. $28°\ 57'\ 30'' = 1^h\ 55^m\ 50^s$

Si, pour une cause quelconque, on ne pouvait appliquer cette méthode (faiblesse de la lunette, etc.), on devrait avoir recours à la culmination de la lune, c'est-à-dire à son passage au méridien.

Détermination de la longitude par le passage de la lune au méridien.

199. On observera le bord oriental ou occidental de la lune, et au moyen de la colonne qui donne dans la connaissance des temps la durée du passage du demi-diamètre, on en conclura l'heure du passage du centre au méridien cherché.

A cet égard la connaissance pose et résout le problème suivant.

Problème.

« Le 17 février 1892, date locale, on a observé le passage au méridien du deuxième bord de la lune à $15^h\ 59^m\ 37^s$, temps moyen du lieu : on demande la longitude du lieu de l'observation. »

« On voit, page 82 (C^{ce} des temps), que le temps moyen de passage tombe entre ceux qui correspondent aux méridiens 2 heures et 3 heures, et que la durée approchée du demi-diamètre est $61^s,8$ de temps sidéral, que l'on peut sans inconvénient considérer comme un intervalle de temps moyen. Le centre passera donc au méridien à :

$$15^h\ 59'\ 37'' - 1'\ 2'' = 15^h\ 58^m\ 35^s$$

« Cette valeur tombe entre les méridiens 1 heure et 2 heures ; on aura donc :

« Temps moyen local du passage au méridien 1 heure .... $15^h\ 57^m\ 39^s$

« Temps moyen du passage du centre au méridien cherché.................. $15^h\ 58'\ 35''$

« Différence + $0^h\ 0'\ 56''$

« La variation du temps moyen local pour 1 minute de longitude est égale à : $1^m\ 85 - 0^m\ 17 = 1^m\ 68$, donc :

$$\text{Longitude cherchée} = 1^h + 1^m \times \frac{56}{1.68}$$

$= 1^h\ 33^m\ 33^s$. »

Une seconde méthode, un peu plus longue, est un peu plus exacte : on opère de la même manière, mais avec le temps sidéral, et après avoir obtenu une latitude, on recommence le calcul pour obtenir une approximation plus grande.

Dans tous les cas on voit que la détermination des longitudes est plus difficile et sujette à moins de précision que celle des latitudes.

Calcul des erreurs.

200. En effet, une différence de 1 minute de longitude d'ascension droite correspondant à $1^s,68$, une différence de 1 seconde correspondra donc à :

$$\frac{60}{1,68} = 35^s6 \text{ de variation en longitude.}$$

Si on a opéré avec une précision de une demi-seconde, on aura : $\frac{35^s6}{2} \times 15$ $= 267''$ d'arc, soit $4'\,27''$; ce qui, à raison de 1 855 m. par minute mesurée sur un grand cercle, donnerait une erreur de près de 8 kilomètres et demi.

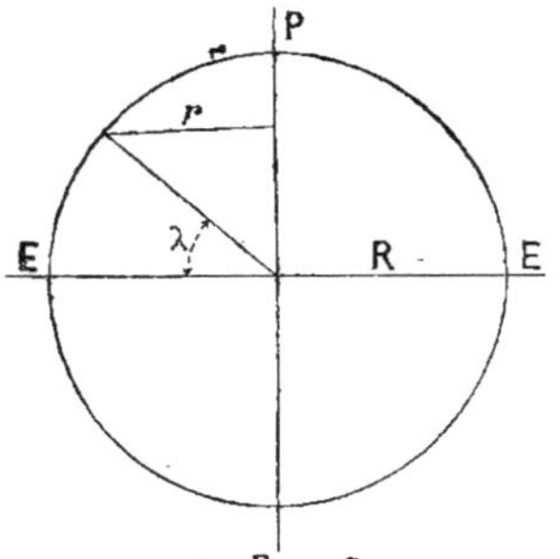

$r = R \cos \lambda$

Fig. 63.

Pour y obvier autant que possible, il faudra multiplier les observations et faire garnir le réticule de l'oculaire à fort grossissement du tachéomètre, d'une série de fils verticaux (dits fils horaires), de telle sorte qu'en observant le passage du bord de la lune sur chacun de ces fils on aura une moyenne exacte à une fraction de seconde près, moins de $0^s,1$ par exemple.

Il est facile de se rendre compte des erreurs commises sur les observations.

En effet, si on néglige l'aplatissement de la terre, le méridien terrestre à 40 000 000 de mètres; ces 40 000 000 donnent pour chaque grade :

$$\frac{40\ 000\ 000}{400} = 100\ 000 \text{ mètres.}$$

Par conséquent, chaque dixième de grade vaudra .... 10 000 mèt.
Chaque centième...... 1 000
Chaque millième...... 100

Si donc, sous l'équateur, on évalue les longitudes et les latitudes à 0,005 de grade, soit 16″,2 sexagésimales), le lieu de l'observatoire sera inscrit dans un carré de 500 mètres de côté.

Nous disons sous l'équateur, car, s'il est exact qu'en négligeant l'aplatissement de la terre tous les degrés de latitude aient la même longueur, il n'en est pas de même des degrés de longitude qui sont mesurés sur des parallèles et sont, par conséquent, proportionnels au rayon du parallèle, c'est-à-dire au cosinus de la latitude (*fig.* 63). Aussi les erreurs de la latitude deviennent de moins en moins importantes. Ainsi, au 60° degré de latitude, une erreur de $0^g,005$, inscrit le lieu de l'observatoire dans un rectangle de 500 mètres en latitude et de 250 mètres en longitude, car le rayon du parallèle $r = R \cos 60° = \frac{1}{2} R$.

ALTITUDE

201. Il ne nous reste plus pour obtenir la troisième coordonnée géodésique qu'à indiquer le moyen de mesurer les hauteurs des points observés au-dessus du niveau de la mer.

Cette opération se fait directement par l'observation des hauteurs barométriques, et c'est à Laplace que nous devons la formule primordiale qui y est relative. Elle est basée sur la loi de Mariotte et comporte un grand nombre de corrections, ainsi que nous allons le voir tout à l'heure.

On commence par observer à la station inférieure la hauteur du baromètre Fortin, la température du mercure et celle de l'air, et on fait la même observation à la station supérieure.

Pour plus de sécurité, on laisse un opérateur, qui fait des observations de demi-heure en demi-heure avec un baromètre anéroïde, on compare ce baromètre avec le baromètre, au départ et à l'arrivée, de façon à pouvoir calculer par interpolation la pression barométrique et la température de l'air *au même moment* dans les deux stations.

203. TABLE I. — VALEURS EN MÈTRES DE 18 336 MÈTRES LOG H ET DE 18 336 MÈTRES LOG h DIMINUÉES DE LA CONSTANTE 44 428^{m},128.

Argument : H ou h en millimètres.

H ou h	MÈTRES	DIFFÉRENCE	H ou h	MÈTRES	DIFFÉRENCE	H ou h	MÈTRES	DIFFÉRENCE	H ou h	MÈTRES	DIFFÉRENCE
265	4.5	30.0	331	1 775.4	24.0	397	3 223.3	20.0	463	4 448.0	17.1
266	34.5	29.9	332	1 799.4	24.0	398	3 243.3	20.0	464	4 465.1	17.2
267	64.4	29.7	333	1 823.4	23.9	399	3 263.3	19.9	465	4 482.3	17.1
268	94.1	29.7	334	1 847.3	25.8	400	3 283.2	19.9	466	4 499.4	17.1
269	123.8	29.6	335	1 871.1	23.7	401	3 303.1	19.8	467	4 516.5	17.0
270	153.4	29.4	336	1 894.8	23.7	402	3 322.9	19.8	468	4 533.5	17.0
271	182.8	29.3	337	1 918.5	23.6	403	3 342.7	19.8	469	4 550.5	17.0
272	212.1	29.2	338	1 942.1	23.5	404	3 362.5	19.7	470	4 567.5	16.9
273	241.3	29.2	339	1 965.6	23.5	405	3 382.2	19.6	471	4 584.4	16.9
274	270.5	29.0	340	1 989.1	23.4	406	3 401.8	19.6	472	4 601.3	16.8
275	299.5	28.9	341	2 012.5	23.3	407	3 421.4	19.5	473	4 618.1	16.8
276	328.4	28.8	342	2 035.8	23.2	408	3 440.9	19.5	474	4 634.9	16.8
277	357.2	28.7	343	2 059.0	23.2	409	3 460.4	19.5	475	4 651.7	16.8
278	385.9	28.6	344	2 082.2	23.1	410	3 479.9	19.4	476	4 668.5	16.7
279	414.5	28.5	345	2 105.4	23.1	411	3 499.3	19.3	477	4 685.2	16.7
280	443.0	28.3	346	2 128.3	23.0	412	3 518.6	19.3	478	4 701.9	16.6
281	471.3	28.3	347	2 151.4	22.9	413	3 537.9	19.3	479	4 718.5	16.6
282	499.6	28.2	348	2 174.3	22.8	414	3 557.2	19.2	480	4 735.1	16.6
283	527.8	28.1	349	2 197.1	22.8	415	3 575.4	19.2	481	4 751.7	16.5
284	555.9	28.0	350	2 219.9	22.7	416	3 595.6	19.1	482	4 768.2	16.5
285	583.9	27.9	351	2 242.6	22.7	417	3 614.7	19.1	483	4 784.7	16.5
286	611.8	27.8	352	2 265.3	22.6	418	3 633.8	19.0	484	4 801.2	16.4
287	639.6	27.7	353	2 287.9	22.5	419	3 652.8	19.0	485	4 817.6	16.4
288	667.3	27.6	354	2 310.4	22.5	420	3 671.8	18.9	486	4 834.0	16.4
289	694.9	27.5	355	2 332.9	22.4	421	3 690.7	18.9	487	4 850.4	16.3
290	722.4	27.4	356	2 335.3	22.3	422	3 709.6	18.8	488	4 866.7	16.3
291	749.8	27.3	357	2 377.6	22.3	423	3 728.4	18.8	489	4 883.0	16.3
292	777.1	27.2	358	2 399.9	22.2	424	3 747.2	18.8	490	4 899.3	16.2
293	804.3	27.2	359	2 422.1	22.2	425	3 766.0	18.7	491	4 915.5	16.2
294	831.5	27.0	360	2 444.2	22.1	426	3 784.7	18.7	492	4 931.7	16.2
295	858.5	27.0	361	2 466.3	22.1	427	3 803.4	18.6	493	4 947.9	16.1
296	885.5	26.8	362	2 488.3	22.0	428	3 822.0	18.6	494	4 964.0	16.1
297	912.3	26.8	363	2 510.3	22.0	429	3 840.6	18.5	495	4 980.1	16.1
298	939.1	26.7	364	2 532.2	21.9	430	3 859.1	18.5	496	4 996.2	16.0
299	965.8	26.6	365	2 554.1	21.9	431	3 877.6	18.5	497	5 012.2	16.0
300	992.4	26.5	366	2 575.9	21.8	432	3 896.1	18.4	498	5 028.2	16.0
301	1 018.9	26.4	367	2 597.6	21.7	433	3 914.5	18.4	499	5 044.2	16.0
302	1 045.3	26.3	368	2 619.3	21.7	434	3 932.9	18.3	500	5 060.2	15.9
303	1 071.6	26.2	369	2 640.9	21.6	435	3 951.2	18.3	501	5 076.1	15.9
304	1 097.8	26.2	370	2 662.4	21.5	436	3 969.5	18.2	502	5 092.0	15.8
305	1 124.0	26.1	371	2 683.9	21.5	437	3 987.7	18.2	503	5 107.8	15.8
306	1 150.1	26.0	372	2 705.4	21.5	438	4 005.9	18.2	504	5 123.6	15.8
307	1 176.1	25.9	373	2 726.7	21.3	439	4 024.1	18.1	505	5 139.4	15.8
308	1 202.0	25.8	374	2 748.0	21.3	440	4 042.2	18.1	506	5 155.2	15.7
309	1 227.8	25.7	375	2 769.3	21.3	441	4 063.3	18.0	507	5 170.9	15.7
310	1 253.5	25.6	376	2 790.5	21.2	442	4 078.3	18.0	508	5 186.6	15.7
311	1 279.1	25.6	377	2 811.7	21.2	443	4 096.3	18.0	509	5 202.3	15.6
312	1 304.7	25.5	378	2 832.8	21.1	444	4 114.3	17.9	510	5 217.9	15.6
313	1 330.2	25.4	379	2 853.8	21.0	445	4 132.2	17.9	511	5 233.5	15.6
314	1 335.6	25.3	380	2 874.8	21.9	446	4 150.1	17.8	512	5 249.1	15.5
315	1 380.9	25.2	381	2 895.7	20.9	447	4 167.9	17.8	513	5 264.6	15.5
316	1 406.1	25.2	382	2 916.6	20.8	448	4 185.7	17.8	514	5 280.1	15.5
317	1 431.3	25.1	383	2 937.4	20.8	449	4 203.5	17.7	515	5 295.6	15.4
318	1 456.4	25.0	384	2 958.2	20.7	450	4 221.2	17.7	516	5 311.0	15.4
319	1 481.4	24.9	385	2 978.9	20.7	451	4 238.9	17.6	517	5 326.4	15.4
320	1 506.3	24.8	386	2 999.6	20.6	452	4 256.5	17.6	518	5 341.8	15.4
321	1 531.1	24.8	387	3 020.2	20.5	453	4 274.1	17.6	519	5 357.2	15.3
322	1 555.9	24.7	388	3 040.7	20.5	454	4 291.7	17.5	520	5 372.5	15.3
323	1 580.6	24.6	389	3 061.2	20.4	455	4 309.2	17.5	521	5 387.8	15.3
324	1 605.2	24.6	390	3 081.6	20.4	456	4 326.7	17.4	522	5 403.1	15.2
325	1 629.8	24.4	391	3 102.0	20.4	457	4 344.1	17.4	523	5 418.3	15.2
326	1 654.2	24.4	392	3 122.4	20.3	458	4 344.1	17.4	524	5 433.5	15.2
327	1 678.6	24.3	393	3 142.7	20.2	459	4 361.5	17.3	525	5 448.7	15.2
328	1 702.9	24.3	394	3 162.9	20.2	460	4 378.9	17.3	526	5 463.9	15.1
329	1 727.2	24.1	395	3 183.1	20.1	461	4 396.2	17.3	527	5 479.0	15.1
330	1 751.3	24.1	396	3 203.2	20.1	462	4 413.5	17.2	528	5 494.1	15.1
331	1 775.4		397	3 223.3		463	4 430.8		529	5 509.2	

TABLE I (*suite et fin*).

H ou h	MÈTRES	DIFFÉRENCE	H ou h	MÈTRES	DIFFÉRENCE	H ou h	MÈTRES	DIFFÉRENCE	H ou h	MÈTRES	DIFFÉRENCE
529	5 509.2	15.0	597	6 472.2	13.3	665	7 331.1	12.0	733	8 106.4	10.9
530	5 524.2	15.0	598	6 485.5	13.3	666	7 343.1	12.0	734	8 117.3	10.8
531	5 539.2	15.0	599	6 498.8	12.2	667	7 355.1	11.9	735	8 128.1	10.8
532	5 554.2	14.9	600	6 512.0	13.3	668	7 367.0	11.9	736	8 138.9	10.8
533	5 577.1	15.0	601	6 525.3	13.3	669	7 378.9	11.9	737	8 149.7	10.8
534	5 584.1	14.9	602	6 538.6	13.2	670	7 390.8	11.8	738	8 160.5	10.8
535	5 599.0	14.8	603	6 551.8	13.2	671	7 402.6	11.9	739	8 171.3	10.8
536	5 613.8	14.9	604	6 565.0	13.2	672	7 414.5	11.9	740	8 182.1	10.8
537	5 628.7	14.8	605	6 578.2	13.1	673	7 426.4	11.8	741	8 192.9	10.7
538	5 643.5	14.8	606	6 591.3	13.1	674	7 438.2	11.8	742	8 203.6	10.7
539	5 658.3	14.7	607	6 604.4	13.1	675	7 450.0	11.8	743	8 214.3	10.7
540	5 673.0	14.8	608	6 617.5	13.1	676	7 461.8	11.8	744	8 225.0	10.7
541	5 687.8	14.7	609	6 630.6	13.1	677	7 473.6	11.7	745	8 235.7	10.7
542	5 702.5	14.7	610	6 643.7	13.0	678	7 485.3	11.7	746	8 246.4	10.7
543	5 717.2	14.6	611	6 656.7	13.0	679	7 497.0	11.7	747	8 257.1	10.6
544	5 731.8	14.6	612	6 669.7	13.0	680	7 508.7	11.7	748	8 267.7	10.7
545	5 746.4	14.6	613	6 682.7	13.0	681	7 520.4	11.7	749	8 278.4	10.6
546	5 761.0	14.6	614	6 695.7	13.0	682	7 532.1	11.7	750	8 289.0	10.6
547	5 775.6	14.6	615	6 708.7	12.9	683	7 543.8	11.7	751	8 299.6	10.6
548	5 790.2	14.5	616	6 721.6	12.9	684	7 555.5	11.6	752	8 310.2	10.6
549	5 804.7	14.5	617	6 734.5	12.9	685	7 567.1	11.6	753	8 320.8	10.6
550	5 819.2	14.4	618	6 747.4	12.9	686	7 578.7	11.6	754	8 331.4	10.5
551	5 833.6	14.5	619	6 760.3	12.9	687	7 590.3	11.6	755	8 341.9	10.5
552	5 848.1	14.4	620	6 773.2	12.8	688	7 601.9	11.6	756	8 352.4	10.6
553	5 862.5	14.4	621	6 786.0	12.8	689	7 613.5	11.5	757	8 363.0	10.5
554	5 876.9	14.3	622	6 798.8	12.8	690	7 625.0	11.5	758	8 373.5	10.5
555	5 891.2	14.4	623	6 811.6	12.8	691	7 636.5	11.5	759	8 384.0	10.5
556	5 905.6	14.3	624	6 824.4	12.7	692	7 648.0	11.5	760	8 394.5	10.4
557	5 919.9	14.3	625	6 837.1	12.7	693	7 659.5	11.5	761	8 404.9	10.5
558	5 934.2	14.2	626	6 849.8	12.7	694	7 671.0	11.5	762	8 415.4	10.4
559	5 948.4	14.2	627	6 862.5	12.7	695	7 682.5	11.5	763	8 425.8	10.5
560	5 962.6	14.2	628	6 875.2	12.7	696	7 694.0	11.4	764	8 436.3	10.4
561	5 976.8	14.2	629	6 887.9	12.7	697	7 705.4	11.4	765	8 446.7	10.4
562	5 991.0	14.1	630	6 900.6	12.6	698	7 716.8	11.4	766	8 457.1	10.4
563	6 005.1	14.2	631	6 913.2	12.6	699	7 728.2	11.4	767	8 467.5	10.4
564	6 019.3	14.1	632	6 925.8	12.6	700	7 739.6	11.4	768	8 477.9	10.3
565	6 033.4	14.1	633	6 938.4	12.6	701	7 751.0	11.3	769	8 488.2	10.4
566	6 047.5	14.1	634	6 951.0	12.5	702	7 762.3	11.3	770	8 498.6	10.3
567	6 061.6	14.0	635	6 963.5	12.6	703	7 773.6	11.3	771	8 508.9	10.3
568	6 075.6	14.0	636	6 976.1	12.5	704	7 784.9	11.3	772	8 519.2	10.3
569	6 089.6	14.0	637	7 088.6	12.5	705	7 796.2	11.3	773	8 529.5	10.3
570	6 103.6	14.0	368	7 001.1	12.4	706	7 807.5	11.3	774	8 539.8	10.3
571	6 117.6	13.9	639	7 013.5	12.5	707	7 818.8	11.3	775	8 550.1	10.3
572	6 131.5	13.9	640	7 026.0	12.4	708	7 830.1	11.2	776	8 560.4	10.2
573	6 145.4	13.9	641	7 038.4	12.4	709	7 841.3	11.2	777	8 570.6	10.3
574	6 159.3	13.8	642	7 050.8	12.4	710	7 852.5	11.2	778	8 580.9	10.2
575	6 173.1	13.9	643	7 063.2	12.4	711	7 863.7	11.2	779	8 591.1	10.2
576	6 187.0	13.8	644	7 075.6	12.4	712	7 874.9	11.2	780	8 601.3	10.2
577	6 200.8	13.8	645	7 188.0	12.3	713	7 886.1	11.2	781	8 611.5	10.2
578	6 214.6	13.8	646	7 100.3	12.3	714	7 897.3	11.1	782	8 621.7	10.2
579	6 228.4	13.7	647	7 112.6	12.3	715	7 908.4	11.2	783	8 631.9	10.1
580	6 242.1	13.7	648	7 124.9	12.3	716	7 919.6	11.1	784	8 642.0	10.2
581	6 255.8	13.7	649	7 137.2	12.3	717	7 930.7	11.1	785	8 652.2	10.1
582	6 269.5	13.7	650	7 149.5	12.2	718	7 941.8	11.1	786	8 662.3	10.2
583	6 283.2	13.6	651	7 161.7	12.2	719	7 952.9	11.0	787	8 672.5	10.1
584	6 296.8	13.6	652	7 173.9	12.2	720	7 963.9	11.1	788	8 682.6	10.1
585	6 310.4	13.6	653	7 186.1	12.2	721	7 975.0	11.0	789	8 692.7	10.1
586	6 324.0	13.6	654	7 298.3	12.2	722	7 986.0	11.0	790	8 702.8	10.0
587	6 337.6	13.6	655	7 210.5	12.1	723	7 997.0	11.0	791	8 712.8	10.1
588	6 351.2	13.5	656	7 222.6	12.1	724	8 008.0	11.0	792	8 722.9	10.0
589	6 364.7	13.5	657	7 234.7	12.1	725	8 019.0	11.0	793	8 732.9	10.1
590	6 378.2	13.5	658	7 246.8	12.1	726	8 030.0	11.0	794	8 743.0	10.0
591	6 391.7	13.5	659	7 258.9	12.1	727	8 041.0	10.9	795	8 753.0	10.0
592	6 405.2	13.4	660	7 271.0	12.1	728	8 051.9	10.9	796	8 763.0	10.0
593	6 418.6	13.4	661	7 283.1	12.1	729	8 062.8	10.9	797	8 773.0	10.0
594	6 432.0	13.4	662	7 295.1	12.0	730	8 073.7	10.9	798	8 783.0	10.0
595	6 445.4	13.4	663	7 307.1	12.0	731	8 084.6	10.9	799	8 793.0	9.9
596	6 458.8	13.4	664	7 319.1	12.0	732	8 095.5	10.9	800	8 802.9	9.9
597	6 472.2		665	7 331.1		733	8 106.4		801	8 812.8	

204. TABLE II. — CORRECTION. — $1^m,2843\,(T - T')$. ARGUMENT : T — T'.

T — T'	CORRECTION	T — T'	CORRECTION	T — T'	CORRECTION	T — T'	CORRECTION
°	m	°	m	°	m	°	m
0.0	0.0	6.0	7.7	12.0	15.4	18.0	23.1
0.2	0.3	6.2	8.0	12.2	15.7	18.2	23.4
0.4	0.5	6.4	8.2	12.4	15.9	18.4	23.6
0.6	0.8	6.6	8.5	12.6	16.2	18.6	23.9
0.8	1.0	6.8	8.7	12.8	16.4	18.8	24.1
1.0	1.3	7.0	9.0	13.0	16.7	19.0	24.4
1.2	1.5	7.2	9.2	13.2	17.0	19.2	24.7
1.4	1.8	7.4	9.5	13.4	17.2	19.4	24.9
1.6	2.1	7.6	9.8	13.6	17.5	19.6	25.2
1.8	2.3	7.8	10.0	13.8	17.7	19.8	25.4
2.0	2.6	8.0	10.3	14.0	18.0	20.0	25.7
2.2	2.8	8.2	10.5	14.2	18.2	20.2	25.9
2.4	3.1	8.4	10.8	14.4	18.5	20.4	26.2
2.6	3.3	8.6	11.0	14.6	18.8	20.6	26.5
2.8	3.6	8.8	11.3	14.8	19.0	20.8	26.7
3.0	3.9	9.0	11.6	15.0	19.3	21.0	27.0
3.2	4.1	9.2	11.8	15.2	19.5	21.2	27.2
3.4	4.4	9.4	12.1	15.4	19.8	21.4	27.5
3.6	4.6	9.6	12.3	15.6	20.0	21.6	27.7
3.8	4.9	9.8	12.6	15.8	20.3	21.8	28.0
4.0	5.1	10.0	12.8	16.0	20.5	22.0	28.3
4.2	5.4	10.2	13.1	16.2	20.8	22.2	28.5
4.4	5.7	10.4	13.4	16.4	21.1	22.4	28.8
4.6	5.9	10.6	13.6	16.6	21.3	22.6	29.0
4.8	6.2	10.8	13.9	16.8	21.6	22.8	29.3
5.0	6.4	11.0	14.1	17.0	21.8	23.0	29.5
5.2	6.7	11.2	14.4	17.2	22.1	23.2	29.8
5.4	6.9	11.4	14.6	17.4	22.3	23.4	30.1
5.6	7.2	11.6	14.9	17.6	22.6	23.6	30.3
5.8	7.4	11.8	15.2	17.8	22.9	23.8	30.6
6.0	7.7	12.0	15.4	18.0	23.1	24.0	30.8

La correction est soustractive quand T — T' est positif, et additive quand T — T' est négatif.

Supposons que l'on ait observé aux stations :

Inférieure { H hauteur du baromètre. T temp. du baromètre. t température de l'air.

Supérieure { h hauteur du baromètre. T' temp. du baromètre, t' température de l'air.

On devra appliquer la formule suivante due à M. Mathieu, qui a construit des tables pour faciliter les calculs qui en résultent, tables qui se trouvent dans l'*Annuaire du Bureau des longitudes* et que nous reproduisons ; elles permettent de calculer des différences de niveau jusqu'à près de 9 000 mètres.

$$Z = \left(18\ 336 \log \frac{H}{h} - 1^m2843\ (T - T')\right) \left[1 + \frac{2(t+t')}{1\ 000}\right] \left[1 + 0{,}00265 \cos 2L + \frac{z + 15926}{6366198}\right] \left(1 + \frac{S}{3\ 183\ 099}\right) \quad (64)$$

dans laquelle Z représente la différence de niveau entre les deux stations ; L, la latitude du lieu, et s la hauteur de la station inférieure au-dessus du niveau de la mer.

202. Voici d'après le même *Annuaire* comment on devra opérer :

« On commencera par calculer une première valeur approchée :

$$a = 18\ 336 \log \frac{H}{h} - 1^m{,}2843\left(T - T'\right) \quad (65)$$

« Puis une seconde :

$$A = a + a\,\frac{2\,(t + t')}{1\ 000}, \quad (66)$$

et on aura :

$$z = A\left(1 + 0{,}00265 \cos 2L + \frac{A + 15926}{6366198}\right)\left(1 + \frac{s}{3\ 183\ 099}\right). \quad (67)$$

« La table I donne en mètres les valeurs de 18 336 log H et de 18 336 log h

205. TABLE III. — CORRECTION TOUJOURS ADDITIVE : $A \left\{ 0{,}00265 \cos 2L + \frac{A + 15\,926}{6\,366\,198} \right\}$.

HAUT. approchée A.	LATITUDE L 0°	3°	6°	9°	12°	15°	18°	21°	24°	27°	30°	33°	36°	39°	42°	45°	48°	51°	54°	57°	60°	63°
m	m	m	m	m	m	m	m	m	m	m	m	m	m	m	m	m	m	m	m	m	m	m
100	0.5	0.5	0.5	0.5	0.5	0.5	0.5	0.4	0.4	0.4	0.4	0.4	0.3	0.3	0.3	0.2	0.2	0.2	0.2	0.1	0.1	0.1
200	1.0	1.0	1.0	1.0	1.0	1.0	0.9	0.9	0.9	0.8	0.8	0.7	0.7	0.6	0.6	0.5	0.5	0.4	0.3	0.3	0.2	0.2
300	1.6	1.6	1.6	1.5	1.5	1.5	1.4	1.4	1.3	1.2	1.2	1.1	1.0	0.9	0.9	0.8	0.7	0.6	0.5	0.4	0.4	0.3
400	2.1	2.1	2.1	2.0	2.0	1.9	1.9	1.8	1.7	1.7	1.6	1.5	1.4	1.3	1.1	1.0	0.9	0.8	0.7	0.6	0.5	0.4
500	2.6	2.6	2.6	2.5	2.5	2.4	2.4	2.3	2.2	2.1	2.0	1.8	1.7	1.6	1.4	1.3	1.2	1.0	0.9	0.8	0.6	0.5
600	3.2	3.1	3.1	3.1	3.0	2.9	2.8	2.7	2.6	2.5	2.4	2.2	2.1	1.9	1.7	1.6	1.4	1.2	1.1	0.9	0.8	0.6
700	3.7	3.7	3.6	3.6	3.5	3.4	3.3	3.2	3.1	2.9	2.8	2.6	2.4	2.2	2.0	1.8	1.6	1.4	1.3	1.1	0.9	0.7
800	4.2	4.2	4.2	4.1	4.0	3.9	3.8	3.7	3.5	3.3	3.2	3.0	2.8	2.5	2.3	2.1	1.9	1.7	1.4	1.2	1.0	0.9
900	4.8	4.8	4.7	4.6	4.6	4.5	4.3	4.1	4.0	3.8	3.6	3.4	3.1	2.9	2.7	2.4	2.1	1.9	1.6	1.4	1.2	1.0
1 000	5.3	5.3	5.3	5.2	5.1	5.0	4.8	4.6	4.4	4.2	4.0	3.7	3.5	3.2	2.9	2.7	2.4	2.1	1.8	1.6	1.3	1.1
1 100	5.9	5.8	5.8	5.7	5.6	5.5	5.3	5.1	4.9	4.7	4.4	4.1	3.8	3.5	3.2	2.9	2.6	2.3	2.0	1.8	1.5	1.2
1 200	6.4	6.4	6.3	6.2	6.1	6.0	5.8	5.6	5.4	5.1	4.8	4.5	4.2	3.9	3.6	3.2	2.9	2.6	2.2	1.9	1.6	1.4
1 300	7.0	6.9	6.9	6.8	6.7	6.5	6.3	6.1	5.8	5.5	5.2	4.9	4.6	4.2	3.9	3.5	3.2	2.8	2.5	2.1	1.8	1.5
1 400	7.5	7.5	7.4	7.3	7.2	7.0	6.8	6.6	6.3	6.0	5.7	5.3	5.0	4.6	4.2	3.8	3.4	3.0	2.7	2.3	1.9	1.6
1 500	8.1	8.1	8.0	7.9	7.7	7.5	7.3	7.1	6.8	6.4	6.1	5.7	5.3	4.9	4.5	4.1	3.7	3.3	2.9	2.5	2.1	1.8
1 600	8.6	8.6	8.5	8.4	8.3	8.1	7.8	7.6	7.2	6.9	6.5	6.1	5.7	5.3	4.9	4.4	4.0	3.5	3.1	2.7	2.3	1.9
1 700	9.2	9.2	9.1	9.0	8.8	8.6	8.4	8.1	7.7	7.4	7.0	6.5	6.1	5.6	5.2	4.7	4.2	3.8	3.3	2.9	2.5	2.1
1 800	9.8	9.8	9.7	9.5	9.3	9.1	8.9	8.6	8.2	7.8	7.4	7.0	6.5	6.0	5.5	5.0	4.5	4.0	3.5	3.1	2.6	2.2
1 900	10.4	10.3	10.2	10.1	9.9	9.7	9.4	9.1	8.7	8.3	7.8	7.4	6.9	6.4	5.8	5.3	4.8	4.3	3.8	3.3	2.8	2.4
2 000	10.9	10.9	10.8	10.7	10.5	10.2	9.9	9.6	9.2	8.7	8.3	7.8	7.3	6.7	6.2	5.6	5.1	4.5	4.0	3.5	3.0	2.5
2 100	11.5	11.5	11.4	11.2	11.0	10.8	10.4	10.1	9.7	9.2	8.7	8.2	7.7	7.1	6.5	5.9	5.4	4.8	4.2	3.7	3.2	2.7
2 200	12.1	12.1	12.0	11.8	11.6	11.3	11.0	10.6	10.2	9.7	9.2	8.6	8.1	7.5	6.9	6.3	5.7	5.0	4.5	3.9	3.3	2.8
2 300	12.7	12.6	12.5	12.4	12.1	11.8	11.5	11.1	10.7	10.2	9.6	9.1	8.5	7.8	7.2	6.6	5.9	5.3	4.7	4.1	3.5	3.0
2 400	13.3	13.2	13.1	13.0	12.7	12.4	12.1	11.6	11.2	10.6	10.1	9.5	8.9	8.2	7.6	6.9	6.3	5.7	5.1	4.3	3.7	3.2
2 500	13.9	13.8	13.7	13.5	13.3	13.0	12.6	12.2	11.7	11.1	10.5	9.9	9.2	8.6	7.9	7.2	6.5	5.9	5.2	4.5	3.9	3.3
2 600	14.5	14.4	14.3	14.1	13.9	13.5	13.1	12.7	12.2	11.6	11.0	10.4	9.7	9.0	8.3	7.6	6.8	6.1	5.4	4.8	4.1	3.5
2 700	15.1	15.0	14.9	14.7	14.4	14.1	13.7	13.2	12.7	12.2	11.5	10.8	10.1	9.4	8.6	7.9	7.1	6.4	5.7	5.0	4.3	3.7
2 800	15.7	15.6	15.5	15.3	15.0	14.7	14.2	13.8	13.2	12.6	12.0	11.3	10.5	9.8	9.0	8.2	7.5	6.7	5.9	5.2	4.5	3.9
2 900	16.3	16.2	16.1	15.9	15.6	15.2	14.8	14.3	13.7	13.0	12.3	11.7	11.0	10.2	9.4	8.6	7.8	7.0	6.2	5.5	4.7	4.1
3 000	16.9	16.8	16.7	16.5	16.2	15.8	15.3	14.8	14.2	13.6	12.9	12.2	11.4	10.6	9.8	8.9	8.1	7.3	6.5	5.7	4.9	4.2
3 500	20.0	19.9	19.8	19.5	19.2	18.7	18.2	17.6	16.9	16.1	15.3	14.4	13.5	12.6	11.6	10.7	9.7	8.8	7.8	6.9	6.0	5.2
4 000	23.1	23.1	22.9	22.6	22.2	21.7	21.1	20.4	19.6	18.7	17.8	16.8	15.8	14.7	13.6	12.5	11.4	10.3	8.2	8.2	7.2	6.3
5 000	29.7	29.6	29.4	29.0	28.5	27.9	27.2	26.3	25.3	24.2	23.1	21.8	20.5	19.2	17.8	16.4	15.0	13.7	12.3	11.0	9.8	8.7
6 000	36.6	36.5	36.2	35.8	35.2	34.4	33.5	32.5	31.3	30.0	28.6	27.1	25.6	24.0	22.3	20.7	19.0	17.4	15.8	14.2	12.7	11.3
7 000	43.8	43.7	43.4	42.9	42.2	41.3	40.2	39.0	37.6	36.1	34.5	32.8	30.9	29.1	27.1	25.2	23.3	21.4	19.5	17.7	15.9	14.3

pour les hauteurs barométriques depuis 265 jusqu'à 801, diminuée d'une constante $= 44\ 428^{m},128$, ce qui n'altère pas la valeur de $\log \frac{H}{h}$.

« La table II donne la correction $-1^{m},2843\ (T - T')$, qui est généralement soustractive, la température à la station supérieure étant ordinairement plus basse que celle de la région inférieure. Le coefficient 1,2843 s'applique à une échelle en laiton. Si cette échelle était au contraire divisée sur verre ou sur monture en bois, le coefficient serait $1^{m},43\ (T - T')$.

« La table III donne pour une hauteur approchée A et la latitude L la correction toujours additive :

$$A \left\{ 0{,}00265 \cos 2\,L + \frac{A + 15\ 926}{6\ 366\ 198} \right\}$$

« Le premier terme A 0,00265 cos 2L provient de la variation de la pesanteur de la latitude de 45 degrés à celle L du lieu de l'observation.

« Le second terme :

$$\frac{A + 15\ 926}{6\ 366\ 198} \cdot A$$

est dû à la diminution de la pesanteur dans la verticale entre les deux stations.

« La petite correction A :

$$A \frac{s}{3\ 183\ 099}$$

est due à la hauteur S de la station inférieure au-dessus de la mer. On peut la prendre avec une approximation très suffisante :

$$s = 18{,}336 \log \frac{760}{H},$$

« et la correction devient :

$$A\ 0{,}00576 \log \frac{760}{H}. \qquad (68)$$

« Elle est toujours additive et donnée par la table IV.

206. TABLE IV

DIMINUTION DE LA PESANTEUR DANS LA VERTICALE DUE A LA HAUTEUR s DE LA STATION INFÉRIEURE

Correction toujours additive : $A \times 0{,}00576 \log \frac{760}{H}$.

HAUTEUR approchée A	HAUTEUR DU BAROMÈTRE A LA STATION INFÉRIEURE									
	460	490	520	550	580	610	640	670	700	730
m.	m.	m.	m.	m.	m.	m.	m.	m.	m.	m.
100	0.1	0.1	0.1	0.1	0.1	0.1	0.0	0.0	0.0	0.0
200	0.3	0.2	0.2	0.2	0.1	0.1	0.1	0.1	0.0	0.0
300	0.4	0.3	0.3	0.2	0.2	0.2	0.1	0.1	0.1	0.0
400	0.5	0.4	0.4	0.3	0.3	0.2	0.2	0.1	0.1	0.0
500	0.6	0.5	0.5	0.4	0.3	0.3	0.2	0.2	0.1	0.1
600	0.8	0.7	0.6	0.5	0.4	0.3	0.3	0.2	0.1	0.1
700	0.9	0.8	0.7	0.6	0.5	0.4	0.3	0.2	0.1	0.1
800	1.0	0.9	0.8	0.6	0.5	0.4	0.3	0.3	0.2	0.1
900	1.1	1.0	0.9	0.7	0.6	0.5	0.4	0.3	0.2	0.1
1 000	1.3	1.1	0.9	0.8	0.7	0.6	0.4	0.3	0.2	0.1
1 200	1.5	1.3	1.1	1.0	0.8	0.7	0.5	0.4	0.2	0.1
1 400	1.8	1.5	1.3	1.1	0.9	0.8	0.6	0.4	0.3	0.1
1 600	2.0	1.8	1.5	1.3	1.1	0.9	0.7	0.5	0.3	0.2
1 800	2.3	2.0	1.7	1.5	1.2	1.0	0.8	0.6	0.4	0.2
2 000	2.5	2.2	1.9	1.6	1.4	1.1	0.9	0.6	0.4	0.2
2 200	2.8	2.4	2.1	1.8	1.5	1.2	0.9	0.7	0.5	0.2
2 400	3.0	2.6	2.3	1.9	1.6	1.3	1.0	0.8	0.5	0.2
2 600	3.3	2.9	2.5	2.1	1.8	1.4	1.1	0.8	0.5	0.3
2 800	3.5	3.1	2.7	2.3	1.9	1.5	1.2	0.9	0.6	0.3
3 000	3.8	3.3	2.8	2.4	2.0	1.6	1.3	0.9	0.6	0.3
4 000	5.0	4.4	3.8	3.2	2.7	2.2	1.7	1.3	0.8	0.4
5 000		5.5	4.7	4.0	3.4	2.8	2.1	1.6	1.0	0.5
6 000				4.9	4.1	3.3	2.6	1.9	1.2	0.6
7 000							3.0	2.2	1.4	0.7
8 000									1.6	0.8

Type de calcul.

206*. « Mesure de la hauteur du mont Blanc, par MM. Bravais et Martin, le 29 août 1844. Latitude moyenne : 46 degrés.

A la station inférieure :			
Hauteur du baromètre de l'Observatoire de Genève	$H =$	$729^{m}/^{m}65$	
Thermomètre du baromètre	$T =$	$18°$	6
Thermomètre libre	$t =$	$19°$	3
A la station supérieure, 1 mètre au-dessous de la cime :			
Hauteur du baromètre	$h =$	$424^{m}/^{m}05$	
Thermomètre du baromètre	$T' =$	$-\ 4°$	2
Thermomètre libre	$t' =$	$-\ 7°$	6
Table I donne pour $H = 729^{m}/^{m}65$		$8\,069^{m}$	9
Table I donne pour $h = 424\ \ 05$		$-\ 3\,748$	1
Différence		4 321	8
Table II donne pour $T - T' = 22°,8$		$-\ 29$	3
Première hauteur approchée à ...		4 292	5
Correction : $\frac{a}{1\,000}\,2\left(t + t'\right) = 4\,292 \times 23,1$		$+\ 100$	4
Seconde hauteur approchée à		4 392	9
Table III donne pour $A = 4\,392,9$ et $L = 46$ degrés		$+\ 13$	6
Table IV donne pour $H = 729^{m}/^{m}$ et $4\,400^{m}$		$+\ 0$	4
Différence de niveau des deux stations ..		$4\,406^{m}$	9

« Cette différence de niveau étant augmentée de 408 mètres pour la hauteur de l'Observatoire de Genève au-dessus de la mer, et de 1 mètre pour la station supérieure, on trouve que le mont Blanc est élevé de $4\,815^{m},9$ au-dessus de la mer.

Base définitive d'opérations.

207. D'après ce que nous avons exposé, nous voyons que la première chose dont doit se préoccuper l'ingénieur chargé de tracer une route est de parcourir le pays sur lequel cette route doit être tracée, et d'obtenir, soit par des cartes existantes, soit par les opérations qu'il aura dirigées, un relief exact du terrain et tous les renseignements particuliers possibles sur les localités traversées, leurs ressources en matériaux, leur exposition, les crues des rivières, etc. etc.

L'ensemble de ces documents lui permettra de tracer une ou plusieurs bases d'opérations, qu'il devra discuter. Dans les cas où il y aurait plusieurs bases d'opérations, il devra dresser un avant-projet sur lequel il fera des évaluations qui, combinées avec les renseignements dont nous avons déjà parlé, permettront d'adopter une *base définitive d'opérations*. Cette base d'opérations bien déterminée, on retournera sur le terrain pour opérer le piquetage du profil en long et lever les profils en travers, en nombre suffisant pour pouvoir calculer *exactement* le volume des déblais et des remblais et établir le projet et le devis définitifs.

Cette dernière étude sur place, ainsi que nous le verrons un peu plus loin, conduit quelquefois à des variantes sur le profil en long; mais elles doivent toujours (si on a bien opéré précédemment), et à moins de circonstances spéciales, être peu importantes.

Piquetage du profil en long.

208. Les points principaux du profil en long sont évidemment les changements de direction, c'est-à-dire les sommets d'angle; ce sont donc eux qu'on ira déterminer sur le terrain, et, comme on doit pouvoir les retrouver facilement, on les rapportera à des points bien déterminés (angles de maison, arbres, etc.). Au besoin, on construira des massifs en maçonnerie ou on enfoncera de forts piquets à une grande profondeur; mais tout ce qui sera ainsi construit devra l'être en dehors de l'axe proprement dit de la route, de façon à ce qu'on n'ait pas besoin de les enlever avant la complète confection du chemin. Les chaînages devront être faits avec la plus grande précision.

Courbes de raccordement.

209. Les sommets des angles étant ainsi déterminés, il faudra tracer les

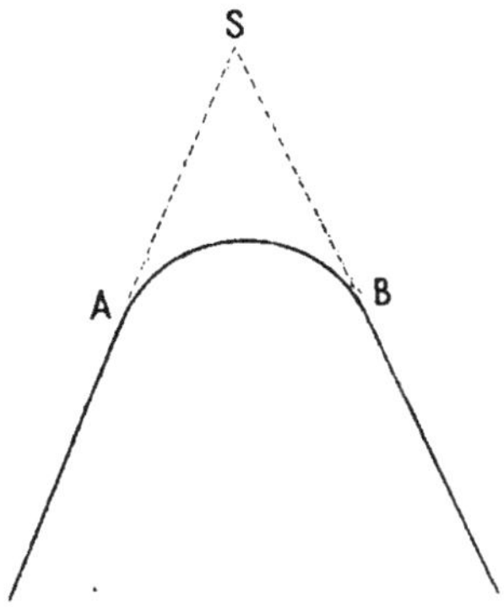

Fig. 64.

courbes, et, suivant la configuration du terrain, il y aura deux cas principaux à distinguer :

Premier cas : les deux routes sont convergentes ;

Deuxième cas : Les deux routes sont parallèles.

PREMIER CAS : ROUTES CONVERGENTES

210. Ce cas se subdivise en deux autres :

1° Celui où les deux parties en ligne droite peuvent être raccordées par un arc de cercle ;

2° Celui où il faut recourir à une parabole ou à deux arcs de cercle.

211. 1° *Raccordement par un arc de cercle.* — Si la surface du sol ne s'oppose pas à prendre (*fig.* 64):

$$SA = SB,$$

il suffira de mener la bissectrice de l'angle SAB et de prendre un rayon R égal à celui que l'on s'est fixé pour avoir les rayons valeurs de SA et de SB.

Ces valeurs étant déterminées, il deviendra très simple de tracer sur le terrain l'arc de cercle AB par un des procédés indiqués dans les traités de cette *Encyclopédie.* Nous dirons seulement que le procédé le plus employé est celui qui consiste à calculer les abscisses et les ordon-

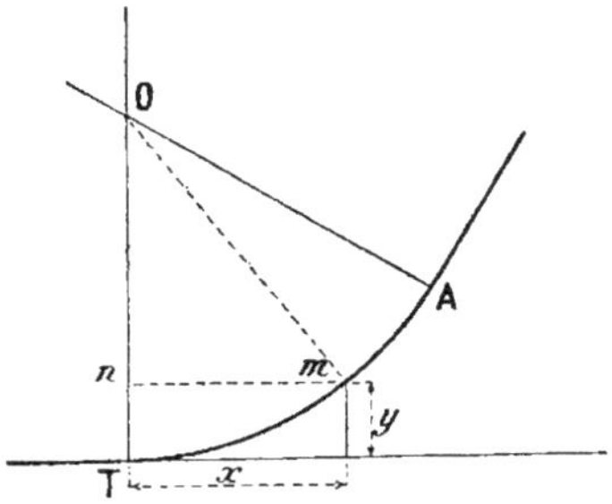

Fig. 65.

nées par rapport à la tangente, et à les reporter sur le terrain. On part successivement des points A et B, et on a, en considérant le triangle O*nm* (*fig.* 65), OA étant le rayon du cercle :

y, l'ordonnée cherchée;

x, l'abscisse donnée.

$$y = OT - On = R - \sqrt{R^2 - x^2},$$

On trouve des tables dans lesquelles les coordonnées sont calculées d'avance en fonction de $R = 1$, ce qui permet d'avoir les ordonnées y en multipliant ces sortes de coefficients par R. Nous extrayons la suivante de l'ouvrage de M. A. Moreau.

ABSCISSES.	ORDONNÉES	ABSCISSES.	ORDONNÉES
m.	m.	m.	m.
0.01	0.000050	0.51	0.1398200
0.02	0.000190	0.52	0.1458400
0 03	0.000450	0.53	0.15200834
0.04	0.000800	0.54	0.15834000
0.05	0.0012625	0.55	0.16484000
0 06	0.0018009	0.56	0.17151000
0 07	0.0024600	0.57	0.17835000
0.08	0.0032100	0.58	0.18537500
0 09	0.0040625	0.59	0.19260000
0.10	0.0050125	0.60	0.20000000
0 11	0.0060700	0.61	0.20759167
0.12	0.0072250	0.62	0.21540000
0.13	0.0084800	0.63	0.22340837
0.14	0.0098500	0.64	0.23163336
0.15	0.0113000	0.65	0.24007000
0.16	0.0128800	0.66	0.24873000
0.17	0.0145500	0.67	0.25764169
0.18	0.0163375	0.68	0.26678334
0 19	0.0182000	0.69	0.27619167
0.20	0.0202100	0.70	0.28585835
0.21	0.0223000	0.71	0.29580000
0.22	0.0245100	0.72	0.30602503
0.23	0.0268000	0.73	0.31655000
0.24	0.0292375	0.74	0.32740000
0.25	0.0317625	0.75	0.33703336
0.26	0.0344000	0.76	0.35008334
0.27	0.0371500	0.77	0.36195714
0.28	0.0400000	0.78	0.37422857
0.29	0.0429700	0.79	0.38689286
0.30	0.0460600	0.80	0.40000000
0.31	0.0492600	0.81	0.41350875
0.32	0.0525800	0.82	0.42763750
0.33	0.0560250	0.83	0.44223750
0.34	0.0595800	0.84	0.45741250
0.35	0.0632600	0.85	0.47322223
0 36	0.0670500	0.86	0.48971112
0.37	0.0709750	0.87	0.50695556
0.38	0.0750100	0.88	0.52502223
0.39	0.0792000	0.89	0.54403889
0.40	0.0834800	0.90	0.56411500
0.41	0.0879100	0.91	0.58539500
0.42	0.0924750	0.92	0.60808636
0.43	0.0971700	0.93	0.63244167
0.44	0.1020100	0.94	0.65882693
0.45	0.1069700	0.95	0.68775006
0.46	0.1120800	0.96	0.72000000
0.47	0.1173200	0.97	0.75689167
0.48	0.1227400	0.98	0.80100000
0.49	0.1282800	0.99	0.85893548
0.50	0.1339800		

212. 2° *Raccordement par deux arcs de cercle, ou par une parabole.* — Si un obstacle quelconque s'opposait au développement de l'arc AB, les tangentes SA et SB deviendraient inégales, et dans ce cas l'ingénieur, entre autres moyens, a les suivants à sa disposition :

1° Raccordement par deux arcs de cercle ;

2° Raccordement par arc de parabole.

Le premier est beaucoup plus employé parce que le second est plus difficile à tracer, et le rayon de courbure très variable ; il faut déterminer le minimum de ce rayon qui, ainsi que la rectification, conduisent à des calculs assez compliqués (1). En réalité, il n'y a *pour les routes* aucune bonne raison de préférer ce raccordement à celui de deux arcs de cercle.

Le mode de tracer ceux-ci est basé sur la remarque suivante (*fig.* 66) :

Soient A et B les deux points à réunir par deux arcs de cercle qui devront être tangents en A et en B et avoir une tangente commune en M.

Soient C et C′ les centres des arcs de cercle qui donnent la solution proposée ; prolongeons BC′ jusqu'en C″ : l'angle AC″B sera le supplément de l'angle α, car dans le quadrilatère ASBC″, les angles en A et en B sont droits, donc :

$$180° - \alpha = \beta + \beta' ;$$

ce qui veut dire que $\beta + \beta'$ est constant.

D'autre part, dans le triangle isocèle MC′B, on a :

$$180° = \beta' + 2\text{CMB}, \text{ d'où : } \text{CMB} = 90° - \frac{\beta'}{2}$$

et dans le triangle isocèle ACM :

$$180° = \beta + 2\text{AMC}, \text{ d'où : } \text{AMC} = 90° - \frac{\beta}{2}$$

(1) Si cependant on tenait à effectuer les calculs, le plus simple serait, après *s'être donné a et b*, de prendre d'abord SA et SB comme axes des coordonnées, et d'en déduire l'équation :

$$\sqrt{\frac{x}{a}} + \sqrt{\frac{y}{b}} = 1$$

qu'on transformera en coordonnées rectangulaires au moyen de l'angle α et dont on changera l'origine de façon à déterminer la valeur de p dans l'équation générale de la parabole :

$$y^2 = 2px.$$

On aura de cette façon par la formule connue la valeur du rayon de courbure ρ :

$$\rho = \frac{(y^2 + p^2)^{\frac{3}{2}}}{p^2}$$

La rectification donnera lieu à un calcul un peu plus compliqué ; on aura en effet en appelant s sa valeur, y_1 l'ordonnée du point A, et y_2 (y_2 étant plus grand que y_1) celle du point B tirée de l'équation $y^2 = 2px$.

$$s = \frac{1}{2}\left[\left(y_2\left(1 + \frac{y_2^2}{p^2}\right)^{\frac{1}{2}} - y_1\left(1 + \frac{y_1^2}{p^2}\right)^{\frac{1}{2}}\right)\right.$$

$$\left. + \frac{p}{2} \log \frac{1 + \left(1 + \frac{y_2^2}{p^2}\right)^{\frac{1}{2}}}{1 + \left(1 + \frac{y_1^2}{p^2}\right)^{\frac{1}{2}}}\right]$$

et en additionnant :

$$CMB + AMC = AMB = 180° - \frac{\beta + \beta'}{2}$$

et mettant la valeur de $\frac{\beta + \beta'}{2}$ tirée de l'équation :

$$AMB = 90° + \frac{\alpha}{2}.$$

Il suffira donc de construire sur AB un segment de cercle capable de l'angle $90° + \frac{\alpha}{2}$, et l'arc de cercle ainsi obtenu AMB sera le lieu des points contenant toutes les solutions possibles qui permettront de raccorder les deux alignements A et B par deux cercles tangents entre eux et tangents aux mêmes alignements.

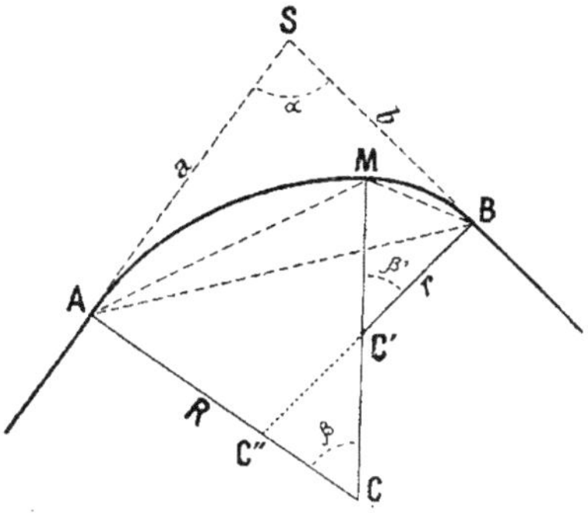

Fig. 66.

Si donc, après avoir élevé des perpendiculaires en A et B, on prend un point M quelconque sur l'arc AMB et si on joint M à A et à B, il suffira d'élever une perpendiculaire sur le milieu de chacune de ces droites pour que leur intersection avec les premières détermine les points C et C', c'est-à-dire les centres des cercles de raccordement.

Si l'on met le problème en équation, ainsi que l'a fait M. Durand-Claye, on a, en appelant a et b les distances SA et SB, en projetant les contours polygonaux SBC'CA et SACC'B successivement sur ces deux lignes :

$$a = b \cos \alpha + r \sin \alpha + (R + r) \sin \beta$$
$$b = a \cos \alpha + R \sin \alpha - (R - r) \sin \beta'$$

On peut, dans cette dernière équation, remplacer β' par sa valeur $180° - (\alpha + \beta)$: donc, si on peut disposer dans certaines limites de a et de b, on voit que l'on a deux relations entre les cinq quantités a, b, r, R, α et β. Il faudra donc se donner trois quelconques de ces quantités, ou s'imposer des conditions qui les remplacent, pour pouvoir déterminer les deux autres.

Si on voulait, par exemple, que les rayons des cercles fussent aussi peu différents que possible, il faudrait que la ligne MC fût parallèle à la bissectrice de l'angle α (1).

Dans tous les cas le plus petit rayon devra être plus grand ou, au plus, égal au rayon minimum que l'on s'est fixé à l'avance.

DEUXIÈME CAS : ROUTES PARALLÈLES

213. Dans les terrains très accidentés, soit par des obstacles naturels, soit par des constructions, on peut se trouver conduit à raccorder l'alignement AB, terminé en B, à l'alignement CD, terminé en C (*fig.* 67). Ce raccordement ne peut se faire que par une courbe en S. On y parvient au moyen de deux arcs de cercle tangents entre eux et aux deux alignements. Ce cas est donc un cas particulier du raccordement par deux arcs de cercle.

En voici la construction quand les

(1) Voici comment M. Durand-Claye présente le calcul ; il tire la valeur de $R - r$ en retranchant les deux équations précédentes l'une de l'autre :

$$R - r = \frac{(a - b)(1 - \cos \alpha)}{\sin(\beta + \alpha) + \sin \beta - \sin \alpha}$$

a, b et α étant donnés le minimum de $(R - r)$ aura lieu quand le dénominateur sera maximum, c'est-à-dire quand les termes en β lui donneront la valeur maxima.

Posant :

$$y = \sin(\beta + \alpha) + \sin \beta - \sin \alpha$$

on a :

$$\frac{dy}{d\beta} = \cos(\beta + \alpha) + \cos \beta ;$$

on aura le maximum quand :

$$\cos(\beta + \alpha) + \cos \beta = o,$$

mais :

$$\cos(\beta + \alpha) + \cos \beta = 2 \cos \frac{1}{2}(2\beta + \alpha) \cos \frac{1}{2}\alpha$$

d'où $$2\beta + \alpha = 180°,$$

c'est-à-dire : $\beta = \frac{180° - \alpha}{2}$ C.Q.F.D.

deux arcs de cercle peuvent être pris égaux entre eux :

On joint les points B et C, et on prolonge cette ligne indéfiniment. En B et C on élève deux perpendiculaires sur lesquelles on porte une même longueur arbitraire $Bc = Cf$. De c avec un rayon cf' égal à deux fois Bc on décrit un arc de cercle ; par le point f on mène ff' parallèle à BC, puis on joint Bf' qui coupe Cf en F. On mène FE parallèle à cf'. F et E sont les centres des deux arcs de cercle au moyen desquels le raccordement peut se faire. En effet, si nous menons $f'c'$ parallèle à Cf, cette ligne sera égale à Cf et à Bc et nous aurons dans les deux triangles BFC et $Bf'C'$:

$$\frac{CF}{f'c'} = \frac{BF}{Bf'},$$

mais dans les deux triangles BFE et $Bf'c'$ on a aussi :

$$\frac{BF}{Bf'} = \frac{BE}{Bc}.$$

Il s'ensuit que BE = CF.

D'un autre côté dans ces derniers triangles :

$$\frac{BE}{EF} = \frac{Bc}{cf'}.$$

Or Bc est moitié de cf' par construction, donc BE sera aussi moitié de EF.

Nous devons dire que, d'une manière générale, on doit éviter autant que possibbe les courbes en S et séparer deux courbes à courbures inverses par un alignement droit.

Nivellement en long.

214. On aura soin de disposer sur les piquets principaux et sur les piquets supplémentaires, dont nous parlerons plus bas, des marques ineffaçables qui permettront de faire leur nivellement avec une grande précision, car ce sont eux qui serviront de bases tant pour l'établissement des pentes que pour les calculs des déblais et des remblais. On tolérera seulement une erreur de 2 à 3 millimètres entre chaque piquet.

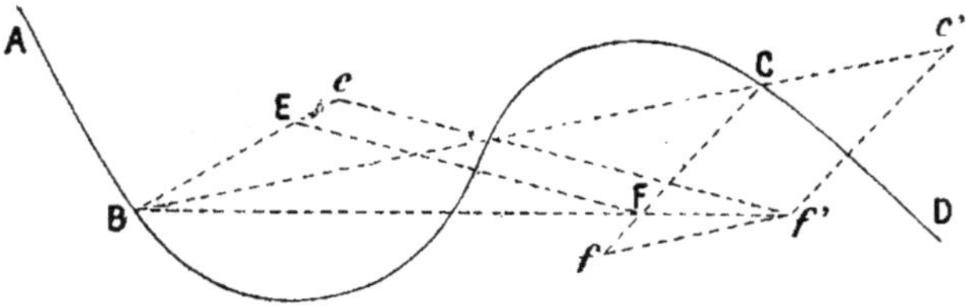

Fig. 67.

Nivellement en travers.

215. Indépendamment du nivellement en long, chaque fois que la surface du sol présentera entre les piquets principaux des changements d'allure, on plantera un piquet intermédiaire qui sera l'objet des mêmes chaînages et des mêmes mesures de nivellement que les piquets principaux ; puis, perpendiculairement à l'ensemble de tous ces piquets, on fera un nivellement sur une largeur d'environ **10 mètres à droite et à gauche de l'axe de la route**. On pourra être moins sévère pour ce nivellement et tolérer des erreurs de 1 à 2 centimètres.

A chaque station de nivellement on placera un piquet numéroté indiquant la station.

Dans les équipes bien organisées, c'est le conducteur qui est chargé de lever les profils en long, et les piqueurs les profils en travers.

Nous n'insisterons pas davantage sur ces opérations qui ont été décrites avec tous les détails possibles et d'une façon absolument claire et complète dans la première partie du *Traité des chemins de fer*, de M. A. Moreau, faisant partie de cette *Encyclopédie*.

Il ne nous reste plus, pour pouvoir dresser notre projet définitif, qu'à choisir la forme que nous devrons donner au profil en travers de la route.

CHAPITRE III

PROFILS EN TRAVERS

Détermination de la largeur d'une route.

216. Ainsi que nous l'avons vu (*fig.* 1), une route se compose généralement :

D'une surface de roulement appelée *chaussée*, suffisamment dure pour résister au passage des chevaux et des voitures ;

D'*accotements* en terrain naturel, permettant de déposer les matériaux d'approvisionnement, de servir à la circulation dans le cas d'encombrement, enfin et surtout d'encaissement pour maintenir en place les matériaux de la chaussée ;

De *trottoirs* pour les piétons ;

De *fossés* pour l'écoulement des eaux.

Nous allons examiner successivement ces différents éléments d'une route et rechercher les conditions auxquelles ils doivent satisfaire.

Chaussée.

217. La largeur de la chaussée est fixée d'après la circulation prévue sur la route. Elle devra être un *multiple* de la largeur de deux voitures, augmenté de l'espace nécessaire pour leur permettre de passer l'une à côté de l'autre sans *accrocher*. Toute dimension intermédiaire serait une dépense inutile, puisqu'elle ne faciliterait pas la circulation.

D'après la loi sur la police de roulage, la largeur maxima des essieux est fixée à 2^{m},50, l'essieu à chaque extrémité ne doit pas dépasser le moyeu de plus de 6 centimètres, et le moyeu de plus de 6 centimètres le plan des roues ; la saillie totale de l'essieu sur ce plan ne peut donc être supérieure à 0^{m},12.

Toutefois, dans la pratique, la largeur des voitures est comprise entre 2^{m},20 pour les plus grands chariots, 2 mètres pour les voitures bourgeoises, et descend à 1^{m},70 pour les cabriolets et voitures légères. On se contente généralement de prendre, pour la valeur de l, 2 mètres, de laisser environ 0^{m},50 pour le croisement, et 0^{m},25 de revanche de chaque côté, ce qui conduit aux bonnes dimensions moyennes suivantes (voir le *Traité* de M. Debauve) :

Pour une voiture.	2^{m},50
Pour deux voitures.	5 ,00
Pour trois voitures.	7 ,00
Pour quatre voitures	9 ,50
Pour cinq voitures.	12 ,00
Pour six voitures	14 ,00

La largeur de 5 mètres est, pour les routes de moyenne circulation, une largeur qui satisfait à toutes les exigences, et il est regrettable que des motifs d'économie fassent quelquefois descendre audessous de cette limite. C'est, du reste, celle qui est généralement adoptée pour les chemins de grande communication et d'intérêt commun ; 7^{m},50 suffisent à une circulation active.

Dans les grandes capitales, dans les grandes artères où la circulation est portée à son maximum d'activité, on est conduit à augmenter ces largeurs de chaussées et à les porter à 14 mètres. Nous en verrons des exemples quand nous reproduirons les types les plus usités de chaussées.

Profil en travers.

218. La largeur de la chaussée étant déterminée par la circulation présumée, il nous faut fixer maintenant le profil en travers qu'elle devra affecter.

Le *desideratum* serait évidemment d'avoir un profil plan et horizontal ; aussi s'en rapproche-t-on autant que possible quand la nature des matériaux le permet, comme dans les dallages et les asphaltes. Il est évident, en effet, que les chaussées étant plus ou moins attaquables à l'eau, l'écoulement sur des chaussées planes ne se produisant pas amène la formation de flaques et d'ornières qui, outre leurs inconvénients propres, donnent naissance à des boues qui sont les causes les plus destructives des chaussées. Il est donc de toute nécessité de donner un écoulement latéral. La pente du profil en long, si elle existait, ne serait pas suffisante, car, outre les inconvénients ci-dessus, la surface de roulement serait certainement ravinée.

Cet écoulement peut s'établir de trois façons différentes : soit en ramenant les eaux au centre de la chaussée, soit en les rejetant des deux côtés, soit en les rejetant d'un seul côté.

Chaussées creuses.

219. Le premier système était anciennement le seul employé pour les rues des villes, à une époque où les trottoirs n'existaient pas encore. Ce système avait pour but d'empêcher l'eau de pénétrer dans les maisons et de fournir aux piétons un chemin à peu près sec; mais le chemin était plus ou moins dangereux, et la sécurité des piétons fort mal assurée par les bornes. Les voitures elles-mêmes ayant toujours une tendance à occuper le milieu de la chaussée, il en résultait beaucoup d'accidents lors de leurs croisements.

L'adoption des trottoirs vers 1818 a donc été un grand bienfait pour la circulation et la sécurité des voitures et des piétons dans les villes.

Chaussées bombées.

220. Le type des chaussées *fendues* étant abandonné, on eut recours aux chaussées *bombées* qui n'ont d'inconvénient que la tendance qu'ont les véhicules à occuper les accotements. Elles sont, on le voit, très favorables à l'écoulement des eaux et au croisement des voitures que la pente aide à s'éviter. On assure la sécurité des piétons au moyen de trottoirs.

Au fur et à mesure que les chaussées et leur entretien se sont perfectionnés, on a diminué leur bombement, et de $^1/_{24}$ qui existait dans les anciennes routes, il est tombé à $^1/_{50}$ pour les routes pavées et à $^1/_{70}$ ou $^1/_{100}$ pour les routes en asphalte. La limite est d'empêcher par le séjour de l'eau la formation d'ornières qui augmentent considérablement la traction, ainsi que nous le verrons dans le paragraphe suivant, et sont, comme nous l'avons déjà dit, une grande cause de détérioration.

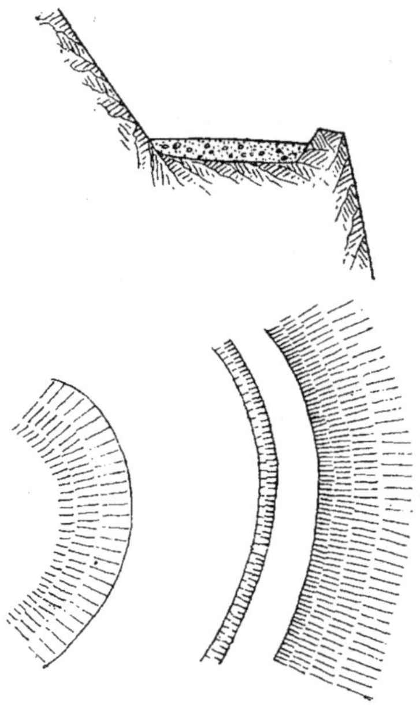

Fig. 68 et 69.

Chaussées inclinées transversalement.

221. Quand la route tracée en courbe de faible rayon dans un pays de montagne présente sa convexité au ravin, on lui donne souvent une pente transversale dirigée dans le sens de la montagne. Cette pente varie avec le rayon de la courbe; nous apprendrons à la calculer dans le chapitre suivant. Elle a pour but d'empêcher la force centrifuge de tendre à précipiter dans le ravin les voitures marchant à plus ou moins grande allure et à les rejeter du côté de la montagne (*fig.* 68 et 69).

Accotements et trottoirs.

222. Les accotements étant formés avec le sol naturel exigent une pente suffisante pour assurer l'écoulement des eaux ; la limite minima à laquelle on est descendu dans ce but est de $0^m,04$.

Quant à leur largeur, qui anciennement était considérable, on l'a réduite d'abord à 2 mètres et même à $1^m,50$. Cette diminution a été obtenue par un meilleur entretien de la chaussée, qui était fréquemment abandonnée par les voitures lorsqu'il y existait des ornières profondes. Nous avons vu,

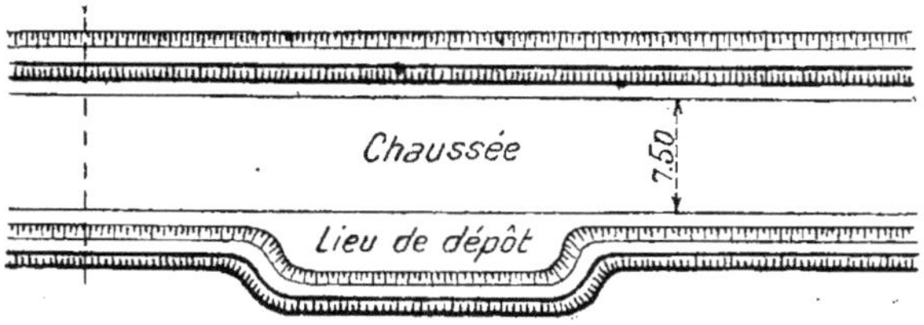

Fig. 129.

dans la partie historique des routes, que certaines d'entre elles traversant les forêts avaient 72 pieds de largeur, ce qui portait les accotements de 8 à 9 mètres ; mais, en dehors de la question d'assainissement de la chaussée, il y avait dans cette exagération une cause de sécurité pour les voyageurs.

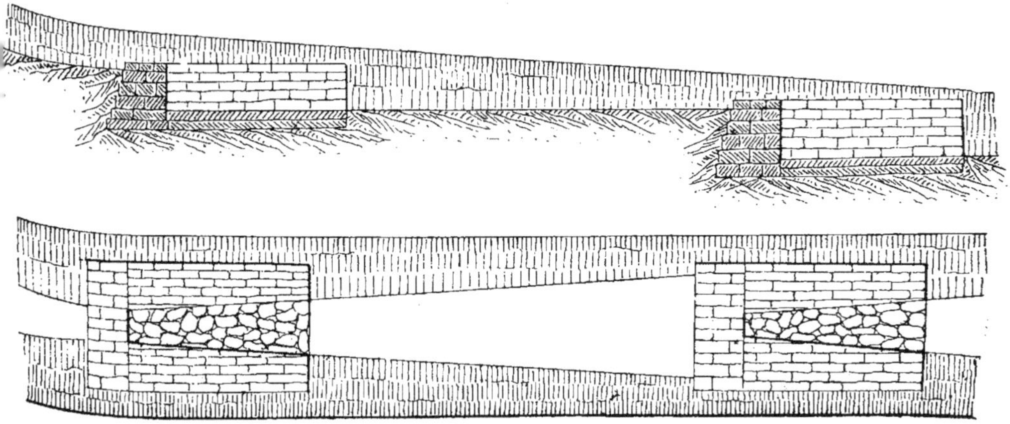

Fig. 71 et 72.

Actuellement les accotements ne servent plus guère que pour les dépôts des matériaux qui s'y emmètrent sur des largeurs de $1^m,50$.

Quelquefois on a essayé de diminuer les accotements en créant des gares pour le dépôt des matériaux. Certains ingénieurs ont proposé de les supprimer tout à fait, en les surélevant et les transformant en trottoirs, encaissant la chaussée et recevant le dépôt des matériaux. Dans ce cas, il faut que la chaussée permette le croisement d'au moins trois voitures, c'est-à-dire ait $7^m,50$ (*fig.* 70).

Il résulte de ce dernier mode une petite gêne pour les piétons, car, pour assurer l'écoulement des eaux dans les fossés, on est obligé de faire des rigoles tous les 15 ou 20 mètres ; mais c'est aujourd'hui le mode général adopté.

Fossés.

223. Les fossés, ainsi qu'on le sait, ont pour but principal d'éliminer les eaux pluviales qui tombent sur la chaussée. Dans ce but, leur pente minima doit être de $0^m,002$, qui correspond à celle que nous avons indiquée pour les routes, et qui par suite est toujours possible.

Dans les pentes un peu fortes, il faut éviter qu'ils soient ravinés par les pluies d'orage. On devrait donc, suivant la nature du sol auquel on aura affaire, consulter le tableau de la page 60, et si la pente générale de la route conduisait à des vitesses trop grandes (vitesses que l'on calculerait par les formules que nous avons données pour l'établissement des ponceaux) on disposerait le fossé en cascade au moyen d'une petite construction en maçonnerie avec enrochement. Généralement dans ce cas on se dispense des calculs, on établit le fossés suivant le profil en long de la route, et, s'il y a affouillement, on construit les murettes, ce travail rentrant ainsi dans l'entretien (*fig.* 71 et 72).

224. *Profondeur des fossés.* — On a adopté à peu près universellement la profondeur pour les routes de grande et de moyenne circulation de $0^m,50$ pour les fossés ; on donne $0^m,50$ au plafond et une pente de 1 sur 1 au talus du côté de la route. Si la route est creusée dans le rocher, on diminue quelquefois ces dimensions de 1/3, en baissant toujours la pente du talus de 1 sur 1. Dans les routes de petite circulation, c'est-à-dire pour les chaussées étroites de 3 mètres, on ne donne que $0^m,20$ à $0^m,25$ au plafond du fossé.

225. *Danger des fossés.* — Cette inclinaison de 1 sur 1 combinée avec une profondeur de $0^m,50$ rend presque impossible, ainsi qu'on le voit, le renversement d'une voiture dont le centre de gravité est suffisamment bas et la longeur d'essieu de plus de 1 mètre. Elle permet, en outre, aux chevaux de remonter facilement le talus.

Dans le cas représenté (*fig.* 73), on voit qu'une voiture ayant des roues de 1 mètre de diamètre, écartées de 2 mètres extérieurement, devrait avoir son centre de gravité à $3^m,50$ au-dessus du sol pour être en danger de verser *au repos* ou à une vitesse négligeable. La police de roulage fixe à une hauteur maxima de 3 mètres celle existant entre le sol jusqu'à la partie du chargement, sur les voitures publiques

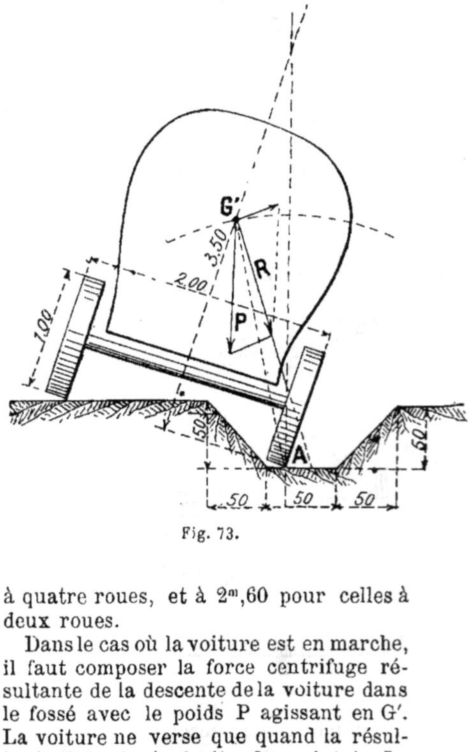

Fig. 73.

à quatre roues, et à $2^m,60$ pour celles à deux roues.

Dans le cas où la voiture est en marche, il faut composer la force centrifuge résultante de la descente de la voiture dans le fossé avec le poids P agissant en G'. La voiture ne verse que quand la résultante R tombe à droite du point A. La stabilité est d'autant plus grande que le point G est plus éloigné du point G' et que celui-ci est plus près de A.

226. *Banquettes de sûreté.* — Quelquefois, dans les pays très accidentés, et quand la route côtoye un ravin, on élève une banquette de sûreté du côté dangereux, et on lui donne, dans ce cas, 1m,70 à la base, 0m,50 de hauteur et 0m,20 de largeur. Cet ouvrage est ordinairement très coûteux, non par lui-même, mais par suite de l'excès de déblai ou de remblai qu'il exige. Le prix est encore augmenté quand la route est toute en remblai, ce qui arrive quand on traverse ou *enjambe* un ravin. On diminue alors la dépense en construisant des murettes de 0m,50 de largeur ou des palissades et des garde-corps. Mais ceux-ci sont coûteux d'entretien (*fig.* 83).

TYPES DE PROFILS EN TRAVERS

Nous allons donner, d'après M. Debauve, les croquis et la description sommaire d'un certain nombre de types et de profils répondant à tous les besoins.

227. *Boulevard de Sébastopol, à Paris* (*fig.* 74). — « Sa largeur est de 30 mètres, qui se subdivisent en une chaussée de 14 mètres, flanquée de deux trottoirs de 8 mètres. Sur chaque trottoir existe une rangée d'arbres. Il est clair que ce profil, large et commode, convient parfaitement à une grande circulation de voitures et à un mouvement perpétuel de piétons et surtout de promeneurs. Le bombement n'est que de 0m,016 ($^1/_{60}$), et encore la courbure n'est-elle bien sensible que lorsqu'on approche des bordures du trottoir. Le long des trottoirs on remarque de larges caniveaux maçonnés reposant sur une couche de béton. »

228. *Regent-Street au-dessus du quadrant* (*fig.* 75). — « Regent-Street à Londres a 15m,50 entre les caniveaux; c'est une chaussée empierrée avec bombement de $^1/_{100}$. On remarquera l'épaisseur de cette chaussée qui est bien supérieure à ce que nous adoptons en France lorsque nous n'avons pas une couche distincte de fondations. »

229. *Rue de Lyon à Paris* (*fig.* 76). — « La rue de Lyon est soumise à une énorme circulation de voitures grosses et légères, et en même temps elle doit livrer passage par moment à un grand nombre de piétons; c'est elle qui va de la Bastille à la gare Paris-Lyon-Méditerranée. Elle se compose (1873) d'une chaussée pavée de 12 mètres, flanquée de trottoirs de 4 mètres. »

« Le bombement est de $^{0,24}/_{12}$, soit $^1/_{50}$ et la pente transversale des trottoirs de 0m,04 par mètre. »

« Elle peut facilement livrer passage à cinq files de voitures ; sur le boulevard de Sébastopol et la rue de Rivoli six files sont possibles (1). »

230. *Seine-et-Oise. Profil-type* (*fig.* 77). — « Empierrement, 5 mètres de large, bordé par des caniveaux de 1 mètre et des trottoirs de 2 mètres qui sont réglés à 0m,05 de pente.

« C'est un bon profil pour une circulation importante. »

231. *Bas-Rhin. Profil-type* (*fig.* 78). — « Chaussée empierrée de 6 mètres avec accotement de 2 mètres et fossés de 1m,50. Bombement de la chaussée: $^1/_{50}$. Epaisseur uniforme pour l'empierrement. La largeur de 6 mètres donnée à la chaussée pourrait bien être réduite à 5 mètres. »

232. *Haute-Vienne. Route nationale n° 21* (*fig.* 79). — « Profil-type en remblai. On ménage d'un côté un trottoir surélevé de 0m,45. Sous ce trottoir passent des gargouilles en bois, en maçonnerie de pierre sèche ou en tuyaux de drainage. »

233. *Eure. Route départementale n° 20. Profil-type* (*fig.* 80). — « Chaussée en empierrement formée de deux couches, l'une de 0m,15 en gros silex, et l'autre de 0m,15 aussi en cailloux de 0m,06. »

« Largeur de la chaussée: 5 mètres avec deux accotements de 1m,50 et deux fossés de 1 mètre en gueule.

« Largeur totale: 10 mètres. C'est une dimension très convenable pour les voies

(1) Le bombement de la rue de Rivoli est de $^1/_{77}$ environ. Le trottoir est réglé avec une pente de 0m,03 suffisante pour ceux qui sont bâtis en bitume, asphalte, ciment, dalles bien dressées, mais la pente doit être de 0m,04 pour les trottoirs ordinaires,

de ce genre, lorsqu'elles ne sont pas munies de gares. »

234. *Route belge* (*fig*. 81). — « Dans le département du Nord et la Belgique, les chaussées pavées jouissent d'une grande faveur. Mais, comme elles coûtent cher, il faut réduire au minimum la largeur de la zone pavée. C'est ce qu'on a fait ici ; le pavage central n'a que 3 mètres de large, il est flanqué de deux accotements de 3 mètres, avec fossés de $1^m,50$.

« Chaque accotement porte une ligne d'arbres, et la distance entre les deux lignes d'arbres est de 8 mètres. »

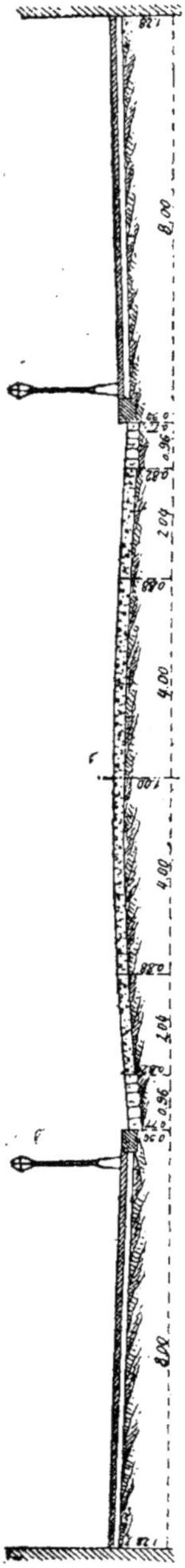

Fig. 74.

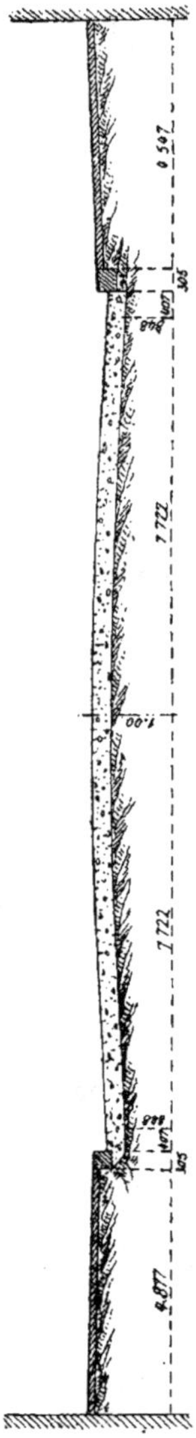

Fig. 75.

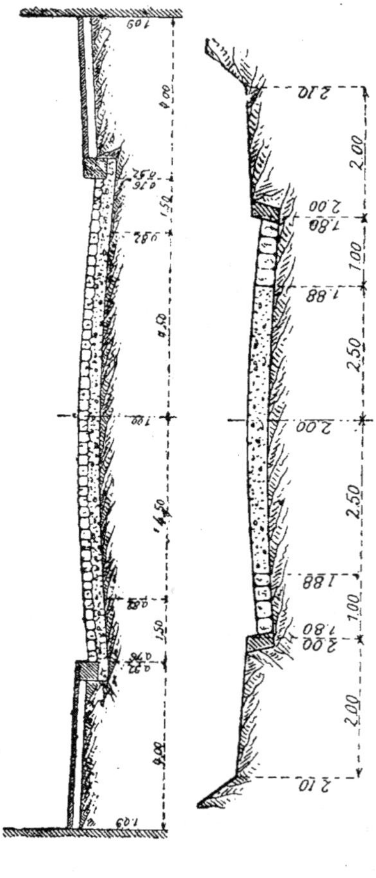

Fig. 76 et 77.

235. *Profil-type des chemins vicinaux d'Indre-et-Loire* (*fig.* 82). — « Chaussée empierrée de 3 mètres de large, avec bombement de $^1/_{20}$. Accotement de $1^m,50$. Fossés de 1 mètre en geule, $0^m,20$ de plafond et $0^m,40$ de profondeur.

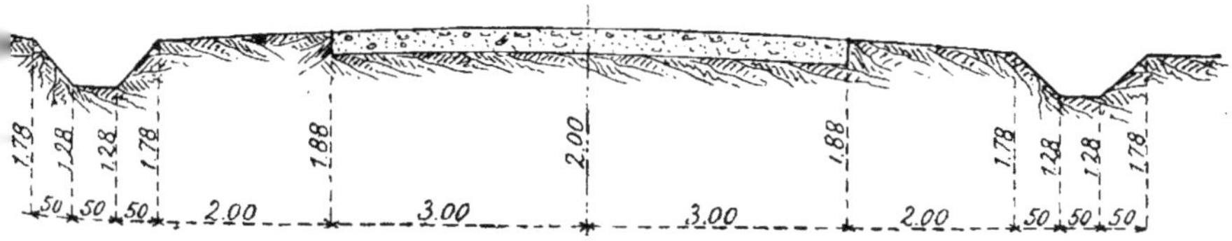

Fig. 78.

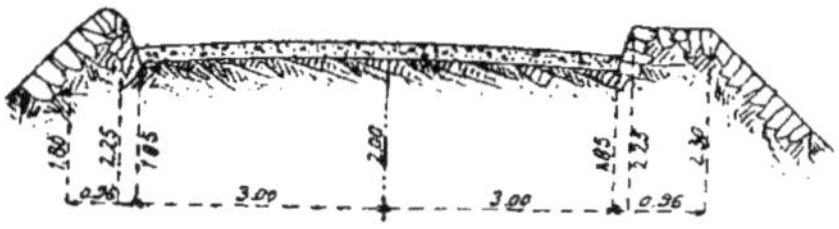

Fig. 79.

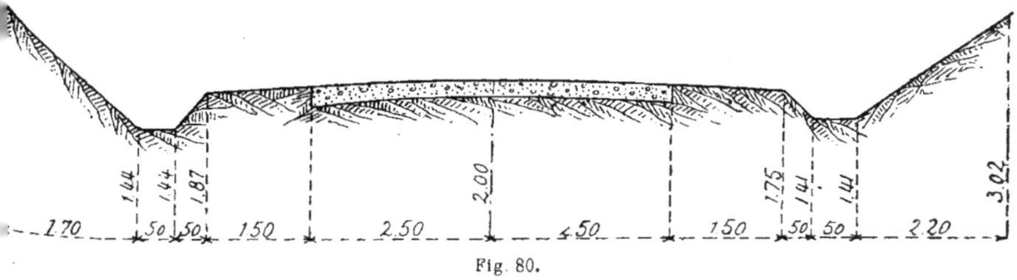

Fig 80.

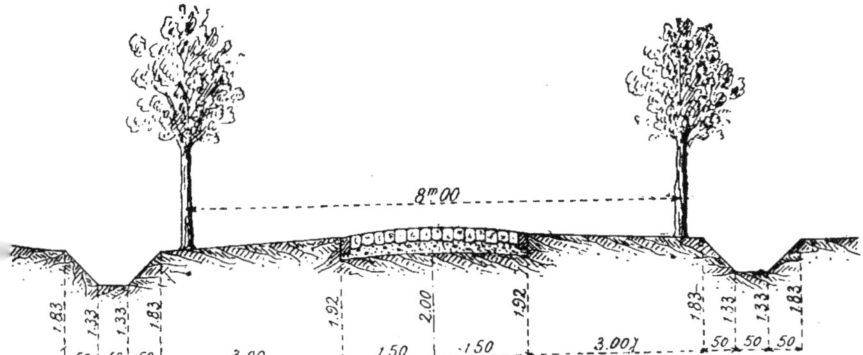

Fig. 81.

« La largeur de 3 mètres pour la chaussée est une bonne dimension. Dans beaucoup de départements on a adopté 4 mètres, ce qui n'est pas assez pour deux voitures, et trop pour une.

« Le bombement nous paraît exagéré,

bien qu'il doive être d'autant plus fort que la chaussée est l'objet d'un entretien moins parfait. »

236. *Basses-Pyrénées. Route départementale n° 18* (*fig.* 83). — « Cette route est établie sur la rive du gave d'Ossau. Il importait de lui donner la moindre largeur possible, afin d'éviter les déblais de rocher et un mur de soutènement trop considérable. »

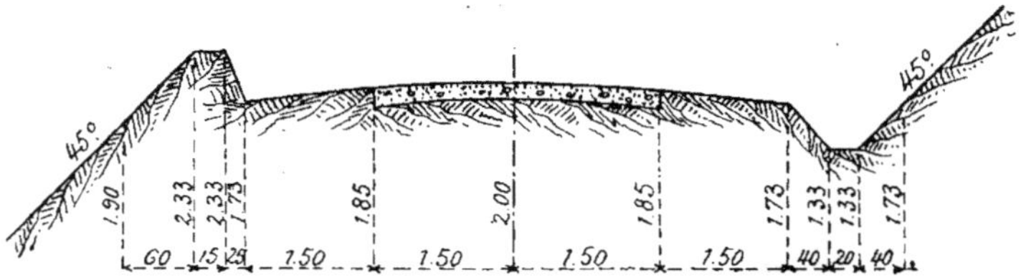

Fig. 82.

Résumé des conditions qui déterminent le choix du profil en travers.

237. En résumé, il résulte de ce qui précède et de l'examen des différents profils :

1° Que la largeur de la chaussée devra être proportionnée à la circulation prévue et, autant que les raisons économiques le permettront, offrir le passage à deux voitures au moins ;

2° Que les accotements surélevés, servant à la fois de trottoirs et de lieu de dépôt pour les matériaux, satisfont au plus grand nombre de conditions favorables à la circulation des voitures, des piétons et à l'entretien ;

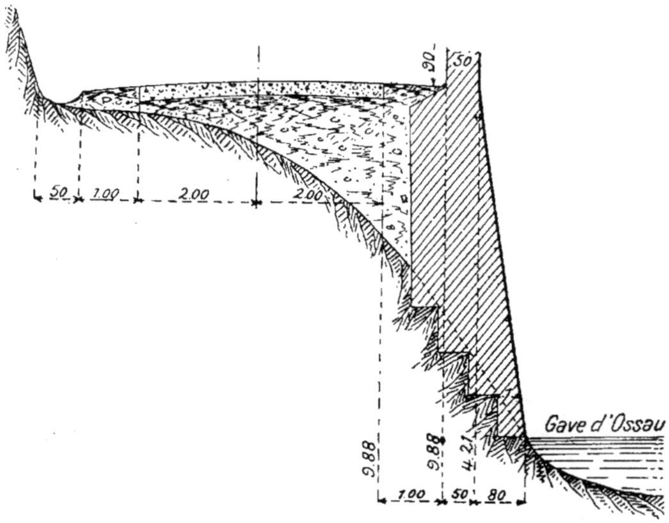

Fig. 83.

3° Que le profil en travers est déterminé par la nécessité de donner aux eaux pluviales un écoulement suffisant, afin d'éviter leur stationnement sur la route, ce qui est une des grandes causes de la désagrégation des matériaux qui la constituent. Le bombement nécessaire sera fonction de la nature des matériaux que l'on a à sa disposition et de l'entretien auquel la route sera soumise. A cet égard, on aura dû s'assurer, par des sondages, de la solidité que l'on pourra donner à l'assiette de la route et de la qualité des matériaux que la localité pourra fournir.

Dans le cas d'un bon entretien, on peut ranger les matériaux, eu égard à la facilité qu'ils donnent à l'écoulement des eaux, dans l'ordre suivant en commençant par les moins favorables :

Pavés, empierrement, bois ou asphalte comprimé;

Il s'ensuit que les chaussées construites avec ces matériaux pourront et *devront* être de moins en moins bombées, nous disons *devront*, car l'effort latéral que le cheval exerce pour maintenir le véhicule sur le dévers de la route en cas de rencontre est d'autant plus grand que la route est plus bombée, ce qui occasionne au cheval une fatigue supplémentaire. On la diminuera autant que possible en prenant un bombement minimum. Un autre résultat des forts bombements est que, quand aucun obstacle ne se présente, les véhicules occupent le milieu de la chaussée, ce qui occasionne une usure inégale de sa surface.

238. Avant de poursuivre l'étude du projet définitif, jetons un coup d'œil en arrière sur les documents que nous avons à notre disposition et sur leur mise en œuvre. Nous voyons que, pour établir la base définitive d'opérations et comparer entre eux les différents tracés qui se sont présentés, nous avons été obligés d'admettre certaines pentes limites ainsi que des rayons de courbure minimum. Il peut cependant arriver que, dans certains cas particuliers, on soit obligé de se départir de ces règles. Il devient donc utile, avant d'aller plus loin, de donner les calculs qui ont servi à fixer les chiffres que nous avons adoptés et les moyens d'en déduire la somme des inconvénients qui résultent de leur non-emploi.

On pourra, par suite, juger dans quelles limites ces inconvénients sont compensés par les avantages obtenus.

CHAPITRE IV

EXPÉRIENCES SUR LE TIRAGE DES VOITURES

Police de roulage.

239. Le roulage étant assujetti à certaines prescriptions administratives, nous allons commencer par donner les lois et règlements qui les contiennent avant de procéder aux calculs qui en résultent et au détail des expériences auxquelles elles ont donné lieu. Toutefois, devant dans le chapitre XI donner l'application de ces mesures au point de vue juridique, nous allons les donner immédiatement *in extenso* afin de ne pas en scinder l'ensemble, auquel nous reviendrons en temps utile.

240. Actuellement le roulage est régi par la loi des 30 mai et 8 juin 1851 (*Bulletin des lois*, n° 2971) et par le règlement d'administration publique du 10 août 1852.

La loi des 30 mai et 8 juin abroge les lois antérieures de 1802, 1804 et 1806 et accorde l'amnistie pour les peines encourues antérieurement à raison des surcharges ou défaut de largeur de jante.

Loi des 30 mai et 8 juin 1851

Des conditions de la circulation des voitures.

Titre premier.

Article premier. — Les voitures suspendues ou non suspendues, servant au transport des personnes ou des marchandises, peuvent circuler sur les routes nationales, départementales et chemins vicinaux de grande communication, sans aucune condition de réglementation de poids ou de largeur des jantes (1).

(1) On a reconnu, lors de la discussion de la loi, que l'intérêt des voituriers était d'avoir des largeurs de jantes convenables, proportionnées au poids du chargement; et une enquête a démontré que cet intérêt était si bien compris par eux que sur cent il y en avait à peine deux qui atteignissent les proportions qu'on était en droit de réclamer, et que quatre-vingt-dix-huit étaient au dessus. (Voyez Dalloz, 1851, 4e partie, page 82.)

Art. 2. — Des règlements d'administration publique déterminent :

§ 1er. — *Pour toutes les voitures.*

1° La forme des moyeux, le maximum de la longueur des essieux et le maximum de leur saillie au-delà des moyeux ;

2° La forme des bandes de roues ;

3° La forme des clous des bandes ;

4° Les conditions à observer pour l'emplacement et les dimensions de la plaque prescrite par l'article 3 ;

5° Le maximum du nombre des chevaux de l'attelage que peut comporter la police ou la libre circulation des routes ;

6° Les mesures à prendre pour régler momentanément la circulation pendant les jours de dégel, et les protections à prendre pour les ponts suspendus.

§ 2. — *Pour les voitures ne servant pas au transport des personnes.*

1° La largeur du chargement ;

2° La saillie des colliers des chevaux ;

3° Les modes d'enrayage ;

4° Le nombre des voitures qui peuvent être réunies dans un même convoi, l'intervalle qui doit rester libre d'un convoi à un autre, et le nombre de conducteurs exigé pour la conduite de chaque convoi ;

5° Les autres mesures de police à observer par les conducteurs, notamment en ce qui concerne le stationnement sur les routes, et les règles à suivre pour éviter ou dépasser d'autres voitures.

Sont affranchies de toute réglementation de largeur de chargement les voitures de l'agriculture servant au transport des récoltes de la ferme aux champs, et des champs à la ferme ou au marché.

§ 3. — *Pour les voitures de messageries.*

1° Les conditions relatives à la solidité et à la stabilité des voitures ;

2° Le mode de chargement, de conduite et d'enrayage des voitures ;

3° Le nombre de personnes qu'elles peuvent porter ;

4° La police des relais ;

5° Les autres mesures de police à observer par les conducteurs, cochers ou postillons, notamment pour éviter ou passer d'autres voitures.

ART. 3. — Toute voiture circulant sur les routes nationales, départementales et chemins vicinaux de grande communication, doit être munie d'une plaque conforme au modèle prescrit par le règlement d'administration publique rendu en vertu du n° 4 du premier paragraphe de l'article 2.

Sont exceptées de cette disposition :

1° Les voitures particulières destinées au transport des personnes, mais étrangères à un service public des messageries ;

2° Les malles-postes et autres voitures appartenant à l'Administration des postes ;

3° Les voitures d'artillerie, chariots ou fourgons appartenant au département de la Guerre ou de la Marine.

Des décrets du président de la République déterminent les marques distinctives que doivent porter les voitures désignées aux §§ 2 et 3, et les titres dont les conducteurs doivent être munis ;

4° Les voitures employées à la culture des terres, au transport des récoltes, à l'exploitation des fermes, qui se rendent de la ferme aux champs ou des champs à la ferme, ou qui servent aux transports des objets récoltés du lieu où ils ont été recueillis jusqu'à celui où, pour les conserver ou les manipuler, le cultivateur les dépose ou les rassemble.

TITRE II.

De la pénalité.

ART. 4. — Toute contravention aux règlements rendus en exécution des dispositions des nos 1, 2, 3, 5 du premier paragraphe de l'article 2 et des nos 1, 2 et 3 du deuxième paragraphe du même article, est punie d'une amende de 5 à 30 francs.

ART. 5. — Toute contravention aux règlements rendus en exécution des dispositions des nos 4 et 5 du deuxième paragraphe de l'article 2 est punie d'une amende de 6 à 10 francs et d'un emprisonnement de un à trois jours ; en cas de récidive, l'amende pourra être portée à 15 francs et l'emprisonnement à cinq jours.

ART. 6. — Toute contravention aux règlements rendus en vertu du troisième paragraphe de l'article 2 est punie d'une amende de 16 à 200 francs et d'un emprisonnement de six à dix jours.

ART. 7. — Tout propriétaire d'une voiture circulant sur des voies publiques sans qu'elle soit munie de la plaque prescrite par l'article 3 et par les règlements rendus en exécution du n° 4 du premier paragraphe de l'article 2 sera puni d'une amende de 6 à 15 francs, et le conducteur d'une amende de 1 à 5 francs.

ART. 8. — Tout propriétaire ou conducteur de voiture qui aura fait usage d'une plaque portant un nom ou domicile faux ou supposé sera puni d'une amende de 50 à 200 francs et d'un emprisonnement de six jours au moins et de six mois au plus.

La même peine sera applicable à celui qui, conduisant une voiture dépourvue de plaque aura déclaré un nom ou un domicile autre que le sien ou que celui du propriétaire pour le compte duquel la voiture est conduite (1).

ART. 9. — Lorsque par la faute, la négligence ou l'imprudence du conducteur une voiture aura causé un dommage quelconque à une route ou à ses dépendances, le conducteur sera condamné à une amende de 3 à 50 francs.

Il sera, de plus, condamné aux frais de la réparation.

ART. 10. — Sera puni d'une amende de 16 à 100 francs, indépendamment de celle qu'il pourrait avoir encourue pour toute autre cause, tout voiturier ou conducteur qui, sommé de s'arrêter par l'un des fonctionnaires ou agents chargés de constater les contraventions, refuserait

(1) Il a été bien entendu, lors de la discussion, que celui qui conduit la voiture d'un autre ne peut être attaqué pour faux s'il déclare son nom et en même temps qu'il conduit la voiture de M. A. pour le compte de M. B.

d'obtempérer à cette sommation et de se soumettre aux vérifications prescrites.

Art. 11. — Les dispositions du livre III, titre I, chapitre III, section 4, § 2, du Code pénal sont applicables en cas d'outrages ou de violences envers les fonctionnaires ou agents chargés de constater les délits et contraventions prévues par la présente loi.

Art. 12. — Lorsqu'une même contravention ou un même délit prévu aux articles 6, 7 et 8 a été constaté à plusieurs reprises, il n'est prononcé qu'une seule condamnation, pourvu qu'il ne se soit pas écoulé plus de vingt-quatre heures entre la première et la dernière constatation.

Lorsqu'une même contravention ou un même délit prévu à l'article 6 a été constaté à plusieurs reprises, pendant le parcours d'un même relais, il n'est prononcé qu'une seule condamnation.

Sauf les exceptions mentionnées au présent article, lorsqu'il aura été dressé plusieurs procès-verbaux de contravention, il sera prononcé autant de condamnations qu'il y aura eu de contraventions constatées.

Art. 13. — Tout propriétaire de voiture est responsable des amendes, des dommages-intérêts et des frais de réparations prononcés, en vertu des articles du présent titre, contre toute personne préposée par lui à la conduite de sa voiture.

Si la voiture n'a pas été conduite par ordre et pour le compte du propriétaire, la responsabilité est encourue par celui qui a préposé le conducteur.

Art. 14. — Les dispositions de l'article 463 du Code pénal sont applicables dans tous les cas où les tribunaux correctionnels ou de simple police prononcent en vertu de la présente loi (1).

Titre III.

De la procédure.

Art. 15. — Sont spécialement chargés de constater les contraventions et délits prévus par la présente loi les conducteurs, agents voyers, cantonniers, chefs et autres employés du service des Ponts et Chaussées ou des chemins vicinaux de grande communication, commissionnés à cet effet, les gendarmes, les gardes champêtres, les employés des contributions indirectes, agents forestiers ou des douanes, et employés des poids et mesures ayant droit de verbaliser, et les employés de l'octroi ayant le même droit.

Peuvent également constater les contraventions et les délits prévus par la présente loi les maires et adjoints, les commissaires et agents assermentés de police, les ingénieurs des Ponts et Chaussées, les officiers et sous-officiers de gendarmerie et toute personne commissionnée par l'autorité départementale pour la surveillance de l'entretien des voies de communication.

Les dommages prévus par l'article 9 sont constatés, pour les routes nationales et départementales, par les ingénieurs, conducteurs et autres employés des Ponts et Chaussées commissionnés à cet effet, et pour les chemins vicinaux de grande communication, par les agents voyers, sans préjudice du droit réservé à tous les fonctionnaires et agents mentionnés au présent article de dresser procès-verbal de fait de dégradation qui aurait lieu en leur présence.

Les procès-verbaux dressés en vertu du présent article font foi jusqu'à preuve du contraire.

Art. 16. — Les contraventions prévues par les articles 4 et 6 ne peuvent, en ce qui concerne les voitures publiques allant au trot, être constatées qu'au lieu de départ, d'arrivée, de relais et de stationnement desdites voitures, ou aux barrières d'octroi, sauf toutefois celles qui concernent le nombre des voyageurs, le mode de conduite des voitures, la police des conducteurs, cochers ou postillons, et les modes d'enrayage.

Art. 17. — Les contraventions prévues par les articles 4 et 9 sont jugées par le Conseil de préfecture du département où le procès-verbal a été dressé.

Tous les autres délits et contraventions prévus par la présente loi sont de la compétence des tribunaux.

Art. 18. — Les procès-verbaux rédi-

(1) Cet article est relatif à l'abaissement de la peine par l'admission des circonstances atténuantes.

gés par les agents mentionnés au § 1 de l'article 15 ci-dessus doivent être affirmés dans les trois jours, sous peine de nullité, devant le juge de paix du canton ou devant le maire de la commune, soit du domicile de l'agent qui a verbalisé, soit du lieu où la contravention a été constatée.

Art. 19. — Les procès-verbaux doivent être enregistrés en débet dans les trois jours de leur date ou de leur affirmation sous peine de nullité.

Art. 20. — Toutes les fois que le contrevenant n'est pas domicilié en France, la voiture est provisoirement retenue, et le procès-verbal est immédiatement porté à la connaissance du maire de la commune où il a été dressé, ou de la commune la plus proche sur la route que suit le prévenu.

Le maire arbitre provisoirement le montant de l'amende, et, s'il y a lieu, des frais de réparation, et il en ordonne la consignation immédiate, à moins qu'il ne lui soit présenté une caution solvable.

A défaut de consignation ou de caution, la voiture est retenue jusqu'à ce qu'il ait été statué sur le procès-verbal. Les frais qui en résultent sont à la charge du propriétaire.

Art. 21. — Lorsqu'une voiture est dépourvue de plaque, et que le propriétaire n'est pas connu, il est procédé conformément aux trois premiers paragraphes de l'article précédent.

Il en est de même dans le cas de procès-verbaux dressés à raison de l'un des délits prévus par l'article 8.

Il sera procédé de la même manière à l'égard de tout conducteur de voiture de roulage ou de messagerie inconnu dans le lieu où il serait pris en contravention, et qui ne serait point régulièrement muni d'un passeport, d'un livret ou d'une feuille de route, à moins qu'il ne justifie que la voiture appartient à une entreprise de roulage ou de messageries, ou qu'il ne résulte des lettres de voiture ou des autres papiers qu'il aurait en sa possession que la voiture appartient à celui dont le domicile serait indiqué sur la plaque.

Art. 22. — Le procès-verbal est adressé, dans les deux jours de l'enregistrement, au sous-préfet de l'arrondissement.

Le sous-préfet le transmet, dans les deux jours de sa réception, au préfet, s'il s'agit d'une contravention de la compétence du Conseil de préfecture, ou au procureur de la République, s'il s'agit de la compétence des tribunaux.

Art. 23. — S'il s'agit d'une contravention de la compétence du Conseil de préfecture, copie du procès-verbal, ainsi que de l'affirmation quand elle est prescrite, est notifiée avec citation, par voie administrative, au domicile du propriétaire, tel qu'il est indiqué sur la plaque, ou tel qu'il a été déclaré par le contrevenant, et, quand il y a lieu, à celui du conducteur.

Cette notification a lieu dans le mois de l'enregistrement, à peine de déchéance.

Le délai est étendu à deux mois lorsque le contrevenant n'est pas domicilié dans le département où la contravention a été constatée. Il est étendu à un an lorsque le domicile du contrevenant n'a pu être constaté au moment du procès-verbal.

Si le domicile du conducteur est resté inconnu, toute notification qui lui est faite au domicile du propriétaire est valable.

Art. 24. — Le prévenu est tenu de produire dans le délai de trente jours des moyens de défense devant le Conseil de préfecture.

Ce délai court à compter de la date de la notification du procès-verbal ; mention en est faite dans ladite notification.

A l'expiration du délai fixé, le Conseil de préfecture prononce, lors même que les moyens de défense n'auraient pas été produits.

Son arrêté est notifié au contrevenant dans la forme administrative, dix jours au moins avant toute exécution. Si la condamnation a été prononcée par défaut, la notification faite au domicile énoncé par la plaque est valable.

L'opposition à l'arrêté rendu par défaut devra être formée dans le délai de quarante jours, à compter de la date de la notification.

Art. 25. — Le recours au Conseil d'Etat contre l'arrêté du Conseil de préfecture peut avoir lieu par simple mémoire déposé au Secrétariat général de la préfecture, ou à la sous-préfecture et sans l'intervention d'un avocat au Conseil d'Etat.

Il sera délivré au déposant récépissé du mémoire, qui devra être immédiatement transmis par le préfet.

Si le recours est formé au nom de l'Administration, il devra l'être dans les trois mois de la date de l'arrêté.

Art. 26. — L'instance à raison des contraventions de la compétence des Conseils de préfectures est périmée, par six mois, à compter de la date du dernier acte des oursuites, et l'action publique est éteinte, moins de fausses indications sur la plaque, ou de fausses déclarations en cas d'absence de la plaque.

Art. 27. — Les amendes se prescrivent par une année, à compter de la date de l'arrêté du Conseil de préfecture, ou à compter de la décision du Conseil d'Etat, si le pourvoi a eu lieu.

En cas de fausses indications sur la plaque ou de fausses déclarations de nom ou de domicile, la prescription n'est acquise qu'au bout de cinq années.

Art. 28. — Lorsque le procès-verbal constatant le délit ou la contravention a été dressé par l'un des agents désignés au § 1 de l'article 15, le tiers de l'amende prononcée appartient audit agent, à moins qu'il ne s'agisse d'une contravention ou d'un délit prévu aux articles 10 et 11.

Les deux autres tiers sont attribués, soit au trésor public, soit au département, soit aux communes intéressées, selon que la contravention ou le dommage concerne une route nationale, une route départementale, ou un chemin vicinal de grande communication. Il en est de même du total des frais de réparation réglés en vertu de l'article 9, ainsi que du total de l'amende, lorsqu'il n'y a pas lieu d'appliquer les dispositions du § 1 du présent article.

Titre IV.

Art. 29. — Sont et demeurent abrogés à dater de la promulgation de la présente loi :

La loi du 29 floréal an X (19 mai 1802) relative à la police de roulage ;

La loi du 7 ventôse an XII (27 février 1804);

Le décret du 23 juin 1806 ;

Ainsi que toutes autres dispositions contraires à celles de la présente loi.

Continueront d'être exécutées jusqu'à la promulgation des règlements d'administration publique à établir en vertu de l'article 2, celles des dispositions aujourd'hui en vigueur que ces règlements d'Administration publique ont pour objet de modifier ou de remplacer. Toutefois, en ce qui concerne les juridictions et la pénalité, les dispositions de la présente loi seront immédiatement applicables.

Titre V.

Art. 36. — Amnistie est accordée pour les peines encourues ou prononcées à raison de surcharge ou de défaut de largeur des jantes.

Cette amnistie n'est point applicable aux frais avancés par l'Etat, ni à la part attribuée par les lois et règlements, sur le montant des amendes prononcées, aux divers agents qui ont constaté les contraventions.

Les sommes recouvrées avant la promulgation de la présente loi, en vertu des décisions des Conseils de préfecture, ne seront pas restituées.

Règlement administratif des 10 août et 6 septembre 1852.

241. Conformément à l'article 2 de la loi que nous venons de citer, le Président de la République fit publier le décret suivant, inséré au *Bulletin des lois* sous le n° 4395 :

Louis Napoléon, président, etc., sur le rapport du ministre des Travaux publics, vu l'article 2 de la loi du 30 mai 1851 sur la police de roulage et des messageries publiques, le Conseil d'Etat entendu,

Décrète :

Titre premier

Dispositions applicables à toutes les voitures.

Article premier. — Les essieux des voitures ne pourront avoir plus de m,50 de longueur, ni dépasser à leurs extrémités le moyeu de plus de 6 centimètres.

La saillie des moyeux, y compris celle de l'essieu, n'excédera pas de plus de 12 centimètres le plan passant par le bord extérieur des bandes. Il est accordé une tolérance de 2 centimètres sur cette saillie pour les roues qui ont déjà fait un certain service.

Art. 2. — Il est expressément défendu d'employer des clous à tête de diamant. Tout clou de bande sera rivé à plat, et ne pourra, lorsqu'il sera posé à neuf, former une saillie de plus de 5 millimètres.

Art. 3. — Il ne peut être attelé :

1° Aux voitures servant au transport des marchandises plus de cinq chevaux, si elles sont à deux roues ; plus de huit, si elles sont à quatre roues, sans qu'il puisse y avoir plus de cinq chevaux de file;

2° Aux voitures servant au transport des personnes, plus de trois chevaux, si elles sont à deux roues; plus de six, si elles sont à quatre roues.

Art. 4. — Lorsqu'il y aura lieu de transporter des blocs de pierre, des locomotives ou d'autres objets d'un poids considérable, l'emploi d'un attelage exceptionnel pourra être autorisé, sur l'avis des ingénieurs ou des agents voyers, par les préfets des départements traversés.

Art. 5. — Les prescriptions de l'article 3 ne sont pas applicables sur les parties des routes ou des chemins vicinaux de grande communication affectées de rampes d'une déclivité ou d'une longueur exceptionnelles.

Les limites de ces parties de routes ou chemins sur lesquels l'emploi des chevaux de renfort est autorisé sont déterminées par un arrêté du préfet, sur la proposition de l'ingénieur en chef ou de l'agent voyer en chef du département, et indiquées sur place par des poteaux portant cette inscription : *chevaux de renfort*.

Pour les voitures marchant avec relais réguliers et servant au transport des personnes ou des marchandises, la faculté d'atteler des chevaux de renfort s'étend à toute la longueur des relais dans lesquels sont placés les poteaux.

L'emploi des chevaux de renfort peut être autorisé temporairement sur les parties de routes ou de chemins de grande communication, lorsque, par suite de travaux de réparation ou d'autres circonstances accidentelles, cette mesure sera nécessaire. Dans ce cas, le préfet fera placer des poteaux provisoires.

Art. 6. — En temps de neige ou de verglas, les prescriptions relatives à la limitation du nombre de chevaux demeurent suspendues.

Art. 7. — Le ministre des Travaux publics détermine les départements dans lesquels il pourra être établi, sur les routes nationales et départementales, des barrières pour restreindre la circulation pendant les temps de dégel.

Les préfets, dans chaque département, déterminent les chemins de grande communication sur lesquels les barrières pourront être établies.

Ces barrières seront fermées et ouvertes en vertu d'arrêtés du sous-préfet, pris sur l'avis de l'ingénieur de l'arrondissement ou de l'agent voyer. Ces arrêtés sont affichés et publiés à la diligence des maires.

Dès que la fermeture des barrières aura été ordonnée, aucune voiture ne pourra sortir de la ville, du bourg ou du village dans lequel elle se trouvera. Toutefois les voitures qui seront déjà en marche pourront continuer leur route jusqu'au gîte le plus voisin, où elles seront tenues de rester jusqu'à l'ouverture des barrières. Pour n'être point inquiétés dans leur trajet, les propriétaires ou conducteurs de ces voitures prendront un laisser-passer du maire.

Le jour de l'ouverture des barrières et le lendemain les voitures ne pourront partir du lieu où elles auront été retenues que deux à la fois et à un quart d'heure d'intervalle. Le maire ou son délégué présidera au départ, qui aura lieu dans l'ordre suivant lequel les voitures se seront fait inscrire à leur arrivée dans la commune.

Le service des barrières sera fait par des agents désignés à cet effet par les ingénieurs ou par les agents voyers.

Toute voiture prise en contravention aux dispositions du présent article sera arrêtée, et les chevaux seront mis en fourrière dans l'auberge la plus rapprochée, le tout sans préjudice de l'amende stipulée à l'article 4, titre II, de la loi du 30 mai 1851 et des frais de réparation mentionnés dans l'article 9 de ladite loi.

Peuvent circuler pendant la fermeture des barrières de dégel :

1° Les courriers de la malle;

2° Les voitures de voyage suspendues, étrangères à toute entreprise publique de messageries;

3° Les voitures non chargées;

4° Sur les chaussées pavées, les voitures chargées mais attelées seulement d'un cheval si elles sont à deux roues, et de deux chevaux si elles sont à quatre roues;

5° Sur les chaussées empierrées, les voitures chargées, mais attelées seulement de deux chevaux si elles sont à deux roues, et de trois chevaux si elles sont à quatre roues.

Art. 8. — Pendant la traversée des ponts suspendus, les chevaux seront mis au pas; les voituriers ou rouliers tiendront les guides ou le cordeau; les conducteurs et postillons resteront sur leurs sièges.

Défense est faite aux rouliers et autres voituriers de dételer aucun de leurs chevaux pour le passage du pont.

Toute voiture attelée de plus de cinq chevaux ne doit pas s'engager sur le tablier d'une travée quand il y a déjà sur cette travée une voiture d'un attelage supérieur à ce nombre de chevaux.

Pour les ponts suspendus qui n'offriraient pas toutes les garanties nécessaires pour le passage des voitures lourdement chargées, il pourra être adopté par le ministre des Travaux publics ou par le ministre de l'Intérieur, chacun en ce qui le concerne, telles autres dispositions qui seront jugées nécessaires.

Dans des circonstances urgentes, les préfets et les maires pourront prendre telles mesures que leur paraîtra commander la sûreté publique, sauf à en rendre compte à l'autorité supérieure.

Les mesures prescrites pour la protection des ponts suspendus seront dans tous les cas placardées à l'entrée et à la sortie de ces ponts.

Art. 9. — Tout roulier ou conducteur de voiture doit se ranger à sa droite à l'approche de toute autre voiture, de manière à lui laisser libre au moins la moitié de la chaussée.

Art. 10. — Il est interdit de laisser stationner sans nécessité sur la voie publique aucune voiture attelée ou non attelée.

Titre II.

Dispositions applicables aux voitures ne servant pas au transport des personnes.

Art. 11. — La largeur du chargement des voitures qui ne servent pas au transport des personnes ne peut excéder $2^m,50$. Toutefois les préfets des départements traversés peuvent délivrer des permis de circulation pour les objets d'un grand volume qui ne seraient pas susceptibles d'être chargés dans ces conditions.

Sont affranchies, conformément à la loi du 30 mai 1851, de toute réglementation de largeur de chargement, les voitures d'agriculture lorsqu'elles sont employées au transport des récoltes de la ferme aux champs et des champs à la ferme ou au marché.

Art. 12. — La largeur des colliers des chevaux ou autres bêtes de trait ne peut dépasser $0^m,90$ mesurés entre les points les plus saillants des pattes des attelles.

Art. 13. — Lorsque plusieurs voitures marchent à la suite les unes des autres, elles doivent être distribuées en convois de quatre voitures au plus si elles sont à quatre roues et attelées d'un seul cheval, de trois voitures au plus si elles sont à deux roues et attelées d'un seul cheval, et de deux voitures au plus si l'une d'elles est attelée de plus d'un cheval.

L'intervalle d'un convoi à l'autre ne peut être moindre de 50 mètres.

Art. 14. — Tout voiturier ou conducteur doit se tenir constamment à portée de ses chevaux ou bêtes de trait et en position de les guider.

Il est interdit de faire conduire par un seul conducteur plus de quatre voitures à un cheval, si elles sont à quatre roues, et plus de trois voitures à un cheval, si elles sont à deux roues.

Chaque voiture attelée de plus d'un cheval doit avoir un conducteur. Toutefois une voiture dont le cheval est attaché derrière une voiture attelée de quatre chevaux au plus n'a pas besoin d'un conducteur particulier.

Les règlements de police municipale détermineront, en ce qui concerne la traversée des villes, bourgs et villages, les restrictions qui peuvent être apportées aux dispositions du présent article et de celui qui précède.

Art. 15. — Aucune voiture marchant isolément ou en tête d'un convoi ne pourra circuler pendant la nuit sans être pourvue d'un falot ou d'une lanterne allumée.

Cette disposition pourra être appliquée aux voitures d'agriculture par des arrêtés des préfets ou des maires.

Art. 16. — Tout propriétaire de voitures ne servant pas au transport des personnes est tenu de faire placer, en avant des roues et au côté gauche de sa voiture, une plaque métallique portant, en caractères apparents et lisibles ayant au moins 5 millimètres de hauteur, ses noms, prénoms et profession, le nom de la commune, du canton et du département de son domicile.

Sont exceptées de cette disposition, conformément à la loi du 30 mai 1851 :

1° Les voitures particulières destinées au transport des personnes, mais étrangères à un service public des messageries ;

2° Les malles-postes et autres voitures appartenant à l'Administration des postes ;

3° Les voitures d'artillerie, chariots et fourgons appartenant aux départements de la Guerre et de la Marine.

Des décrets du Président de la République détermineront les marques distinctives que doivent porter les voitures désignées aux §§ 2 et 3, et les titres dont leurs conducteurs doivent être munis ;

4° Les voitures employées à la culture des terres, au transport des récoltes, à l'exploitation des fermes qui se rendent de la ferme aux champs ou des champs à la ferme, ou qui servent au transport des objets récoltés du lieu où ils ont été recueillis jusqu'à celui où, pour les conserver et les manipuler, le cultivateur les dépose ou les rassemble.

Titre III.

Dispositions applicables aux voitures des messageries.

Art. 17. — Les entrepreneurs des voitures publiques allant à destination fixe déclareront le siège principal de leur établissement, le nombre de leurs voitures, celui des places qu'elles contiennent, le lieu de leur destination, les jours et heures de départ et d'arrivée. Cette déclaration sera faite dans le département de la Seine, au préfet de police, et, dans les autres départements, aux préfets ou aux sous-préfets.

Ces formalités ne seront obligatoires pour les entrepreneurs actuels qu'au renouvellement de leurs voitures, ou lorsqu'ils en modifieront la forme ou la contenance.

Tout changement aux dispositions arrêtées par suite du premier paragraphe du présent article donnera lieu à une déclaration nouvelle.

Art. 18. — Aussitôt après les déclarations faites en vertu des §§ 1 et 2 de l'article précédent, le préfet ou le sous-préfet ordonne la visite des voitures, afin de constater si elles sont entièrement conformes à ce qui est prescrit par les articles ci-après de 19 à 29 inclusivement, et si elles ne présentent aucun vice de construction qui puisse occasionner des accidents. Cette visite, qui pourra être renouvelée toutes les fois que l'autorité le jugera nécessaire, sera faite en présence du commissaire de police, par un expert nommé par le préfet ou le sous-préfet.

L'entrepreneur a la faculté de nommer, de son côté, un expert pour opérer contradictoirement avec celui de l'Administration.

La visite des voitures ne peut être faite qu'à l'un des principaux établissements de l'entreprise. Les frais sont à la charge de l'entrepreneur. Le préfet prononce sur le vu du procès-verbal d'expertise et du rapport du commissaire de police.

Aucune voiture ne peut être mise en circulation avant la délivrance de l'autorisation du préfet.

Art. 19. — Le préfet transmet au directeur des contributions directes copie par extrait des autorisations par lui accordées en vertu de l'article précédent.

L'estampille prescrite par l'article 117 de la loi du 25 mars 1817 n'est délivrée que sur le vu de cette autorisation, qui doit être inscrite sur un registre spécial.

ART. 20. — La largeur de la voie pour les voitures publiques est fixée à $1^m,65$ entre le milieu des jantes de la partie des roues reposant sur le sol.

Toutefois, si les voitures ont quatre roues, la voie de devant pourra être réduite à $1^m,55$.

En pays de montagne, les entrepreneurs peuvent être autorisés, par les préfets, sur l'avis des ingénieurs et des agents voyers, à employer des largeurs de voie moindres que celles réglées par les paragraphes précédents, mais à la condition que les voies seront au moins égales à la voie la plus large des voitures en usage dans la contrée.

ART. 21. — La distance entre les axes des deux essieux, dans les voitures publiques à quatre roues, sera égale au moins à la moitié de la longueur des caisses mesurées à la hauteur de leur ceinture, sans pouvoir néanmoins descendre au-dessous de $1^m,55$.

ART. 22. — Le maximum de la hauteur des voitures publiques, depuis le sol jusqu'à la partie la plus élevée du chargement, est fixée à 3 mètres pour les voitures à quatre roues, et à $2^m,60$ pour les voitures à deux roues.

Il est accordé, pour les voitures à quatre roues, une augmentation de 10 centimètres, si elles sont pourvues à l'avant-train de sassoires et contre-sassoires formant chacun au moins un demi-cercle de $1^m,15$ de diamètre, ayant la cheville ouvrière pour centre.

Lorsque par application du paragraphe 3 de l'article 20, on autorisera une réduction dans la largeur de la voie, le rapport de la hauteur de la voiture avec la largeur de la voie sera au maximum de un trois quarts.

Dans tous les cas la hauteur est réglée par une traverse en fer placée au milieu de la longueur affectée au chargement, et dont les montants, au moment de la visite prescrite par l'article 17, sont marqués d'une estampille constatant qu'ils ne dépassent pas la hauteur voulue ; ils doivent, ainsi que la traverse, être constamment apparents.

La bâche qui recouvre le chargement ne peut déborder les montants ni la hauteur de la traverse.

Il est défendu d'attacher aucun objet en dehors de la bâche.

ART. 23. — Les compartiments des voitures publiques seront disposés de manière à satisfaire aux conditions suivantes :

Largeur moyenne des places, 48 centimètres ;

Largeur des banquettes, 45 centimètres ;

Distance entre deux banquettes, 45 centimètres ;

Distance entre la banquette du coupé et le devant de la voiture, 35 centimètres ;

Hauteur du pavillon au-dessus du fond de la voiture, $1^m,40$;

Hauteur des banquettes, y compris le coussin, 40 centimètres.

Pour les voitures parcourant moins de 20 kilomètres, et pour les banquettes à plus de trois places, la largeur moyenne des places pourra être réduite à 40 centimètres.

ART. 24. — Il peut être placé sur l'impériale une banquette destinée au conducteur et à deux voyageurs, ou à trois voyageurs lorsque le conducteur se placera sur le même siège que le cocher.

Cette banquette, dont la hauteur, y compris le coussin, ne dépassera pas 30 centimètres, ne peut être recouverte que d'une capote flexible.

Aucun paquet ne peut être chargé sur cette banquette.

ART. 25. — Le coupé et l'intérieur auront une porte de chaque côté.

La caisse de derrière ou la rotonde peut n'avoir qu'une portière ouverte à l'arrière.

Chaque portière sera garnie d'un marchepied.

ART. 26. — Les essieux seront en fer corroyé, de bonne qualité, et arrêtés à chaque extrémité, soit par un écrou assujetti au moyen d'une clavette, soit par une boîte à huile fixée par quatre boulons traversant la longueur du moyeu, soit par tout autre système qui serait approuvé par le ministre des Travaux publics.

ART. 27. — Toute voiture publique doit être pourvue d'une machine à enrayer agissant sur les roues de derrière et disposée de manière à pouvoir être manœuvrée de la place assignée au conducteur.

Les voitures doivent être, en outre, pourvues d'un sabot ou d'une chaîne d'enrayage, que le conducteur placera à chaque descente rapide.

Les préfets peuvent dispenser de ces appareils les voitures qui parcourent uniquement des pays de plaine.

ART. 28. — Pendant la nuit, les voitures publiques seront éclairées par une lanterne à réflecteur placée à droite et à l'avant de la voiture.

ART. 29. — Chaque voiture porte à l'extérieur, dans un endroit apparent, indépendamment de l'estampille délivrée par l'Administration des contributions indirectes, le nom et le domicile de l'entrepreneur, et l'indication du nombre des places de chaque compartiment.

ART. 30. — Elle porte à l'intérieur des compartiments : 1° le numéro de chaque place ; 2° le prix de la place depuis le lieu de départ jusqu'à celui d'arrivée.

L'entrepreneur ne peut admettre dans les compartiments de ses voitures un plus grand nombre de voyageurs que celui indiqué sur les panneaux, conformément à l'article 29.

ART. 31. — Chaque entrepreneur inscrit sur un registre coté et paraphé par le maire le nom des voyageurs qu'il transporte : il y inscrit également les ballots et paquets dont le transport lui est confié.

Il remet au conducteur pour lui servir de feuille de route une copie de cet enregistrement, et à chaque voyageur un extrait en ce qui le concerne, avec le numéro de sa place.

ART. 32. — Les conducteurs ne peuvent prendre en route aucun voyageur, ni recevoir aucun paquet, sans en faire mention sur les feuilles de route qui leur ont été remises au point de départ.

ART. 33. — Toute voiture publique dont l'attelage ne présentera de front que deux rangs de chevaux pourra être conduite par un seul postillon ou un seul cocher.

Elle devra être conduite par deux postillons, ou par un cocher et un postillon lorsque l'attelage comportera plus de deux rangs de chevaux.

ART. 34. — Les postillons ou cochers ne pourront sous aucun prétexte descendre de leurs chevaux ou de leurs sièges.

Il leur est enjoint d'observer, dans les traversées des villes et des villages, les règlements de police concernant la circulation dans les rues.

Dans les haltes, le conducteur et le postillon ne peuvent quitter en même temps la voiture tant qu'elle est attelée.

Avant de remonter sur son siège, le conducteur doit s'assurer que les portières sont exactement fermées.

ART. 35. — Lorsque, contrairement à l'article 9 du présent décret, un roulier ou un conducteur de voiture n'aura pas cédé la moitié de la chaussée à une voiture publique, le conducteur ou le postillon qui aurait à se plaindre de cette contravention devra en faire la déclaration à l'officier de police du lieu le plus rapproché en faisant connaître le nom du voiturier d'après la plaque de sa voiture.

Les procès-verbaux de contravention seront sur-le-champ transmis au procureur de la République, qui fera poursuivre les délinquants.

ART. 36. — Les entrepreneurs de voitures publiques, autres que celles conduites par les maîtres de poste feront, à Paris, à la Préfecture de police, et dans les départements, à la préfecture ou sous-préfecture du lieu où sont établis leurs relais, la déclaration des lieux où ces relais sont situés et du nom des relayeurs.

Une déclaration semblable sera faite chaque fois que les entrepreneurs traiteront avec un nouveau relayeur.

ART. 37. — Les relayeurs ou leurs préposés seront présents à l'arrivée et au départ de chaque voiture, et s'assureront par eux-mêmes, et sous leur responsabilité, que les postillons ne sont pas en état d'ivresse.

La tenue des relais en tout ce qui concerne la sûreté des voyageurs est surveillée, à Paris, par le préfet de police, et dans les départements par les maires des communes où ces relais se trouvent établis.

Art. 38. — Nul ne peut être admis comme postillon ou cocher s'il n'est âgé de seize ans au moins et porteur d'un livret délivré par le maire de la commune de son domicile, attestant ses bonnes vie et mœurs et son aptitude pour le métier qu'il veut exercer.

Art. 39. — A chaque bureau de départ et d'arrivée, et à chaque relai, il y a un registre coté et paraphé par le maire, pour l'inscription des plaintes que les voyageurs peuvent avoir à former contre les conducteurs, postillons ou cochers. Ce registre est présenté aux voyageurs à toute réquisition par le chef de bureau ou par le relayeur.

Les maîtres de postes qui conduisent des voitures publiques présentent aux voyageurs qui le requièrent le registre qu'ils sont obligés de tenir d'après le règlement des postes.

Art. 40. — Les dispositions qui précèdent ne sont pas applicables aux malles-postes destinées au transport de la correspondance du Gouvernement et du public, la forme, les dimensions, le chargement et le mode de conduite de ces voitures étant déterminés par des règlements particuliers.

Les voitures des entrepreneurs qui transportent les dépêches ne sont pas considérées comme malles-postes.

Art. 41. — Les voitures publiques qui desservent les routes des pays voisins, et qui partent des villes frontières ou qui y arrivent ne sont pas soumises aux règles ci-dessus prescrites. Elles doivent, toutefois, être solidement construites.

Art. 42. — Les articles ci-dessus, de 16 à 38, seront constamment placardés à la diligence des entrepreneurs des voitures publiques, dans le lieu le plus apparent des bureaux et des relais.

Les articles de 28 à 38 inclusivement seront imprimés à part et affichés dans l'intérieur de chacun des compartiments des voitures.

Titre IV.

Dispositions transitoires.

Art. 43. — Il est accordé un délai de deux ans à partir de la promulgation du présent décret pour l'exécution de l'article 12 relatif à la saillie des colliers.

Art. 44. — Les contraventions au présent règlement seront constatées, poursuivies et réprimées conformément aux titres II et III de la loi du 30 mai 1851 sans préjudice des mesures spéciales prescrites par les règlements locaux.

Art. 45. — Les ordonnances du 23 décembre 1816 et 16 juillet 1828 sont et demeurent abrogées.

Art. 46. — Les ministres des Travaux publics, de l'Intérieur et des Finances sont chargés, chacun en ce qui le concerne, de l'exécution du présent décret qui sera inséré au *Bulletin des lois*.

CHEVAL.

242. Le cheval, dont l'espèce, d'après de récentes découvertes (1881), paraît être originaire de la Dzoungarie, où on le rencontre encore à l'état sauvage (*Equus Pozewalskii*), a subi, tant par suite de la différence des climats dans lesquels il a été transporté que par suite de l'éducation et de la sélection auxquelles l'homme l'a soumis, a subi, disons-nous, des transformations qui ont donné naissance à différentes races.

Au point de vue de leur utilité, on peut diviser ces races en deux grandes classes :

a. Les races porteuses ;

b. Celles des bêtes de trait.

La première se subdivise elle-même en deux autres :

1° Celle des chevaux de selle ;

2° Celle des bêtes de somme.

Cette dernière les confond ainsi avec un certain nombre d'animaux d'espèces différentes, tels que les mulets, les chameaux, les buffles, etc.

Nous n'aurons pas à nous en préoccuper, car les animaux qui sont employés à ce service ne fréquentent que des pistes ou des localités dans lesquelles les routes ne sont pas tracées.

Aussitôt, en effet, qu'une route est

créée, immédiatement les transports s'améliorent au moyen de chariots ou de voitures qui permettent d'obtenir un bien plus grand profit des moteurs animés; et, parmi ceux-ci, le cheval vient en première ligne.

Quant aux bêtes de trait, on peut aussi les subdiviser : en animaux à allures rapides, employés pour les malles-postes, les courriers, les voitures bourgeoises; et en chevaux de trait proprement dits, c'est-à-dire capables de traîner, avec une vitesse modérée, des fardeaux d'un poids plus ou moins considérable.

Les chevaux auxquels on demande d'être à la fois bêtes porteuses et de trait sont plus rares et généralement réclamés pour les attelages de l'artillerie.

Dans tous les cas, les observations établissent un fait d'une importance capitale et dont il faut toujours tenir compte lorsqu'il s'agit des moteurs animés, c'est que :

La quantité d'action utile journalière que peut fournir un animal varie avec la nature du travail qu'il fait.

Voici ce que dit Navier (Notes sur l'*Architecture hydraulique*, de Bélidor, t. I, p. 394), après avoir rappelé que Daniel Bernouilli pensait que l'on peut à volonté faire varier l'effort et la vitesse, pourvu que le travail reste constant :

« Des recherches plus exactes ont amené à rejeter ces notions systématiques et montré clairement que la fatigue des animaux, la quantité d'action produite restant la même, variait considérablement suivant la nature du travail auquel ils étaient employés. »

243. *Comparaison du travail fourni par l'homme et le cheval.* — Lahire, savant géomètre, qui s'est occupé le premier des recherches comparatives sur le travail de l'homme et celui des chevaux, a mis, le premier, ce fait en évidence. Voici, à cet égard, ce qu'il disait dans son mémoire du 14 novembre 1699, adressé à l'Académie des sciences, dont il faisait partie :

« Il me reste enfin à comparer la force des hommes à celle des chevaux pour tirer, qui sont les plus forts de tous les animaux qui tirent; mais, comme elle ne dépend pas entièrement de leur pesanteur, comme celle des hommes, mais principalement des muscles de leur corps et de la disposition générale de ses parties qui ont un très grand avantage pour pousser en avant, on doit se contenter de l'expérience qu'on a, qu'un cheval tire horizontalement autant que sept hommes...

« On peut encore remarquer que trois hommes feront plus qu'un cheval, lorsqu'il s'agira de porter un fardeau sur une montagne un peu raide, car trois hommes chargés de 100 livres chacun la monteront plus vite et plus facilement qu'un cheval chargé de 300, ce qui tient à la disposition des parties du corps de l'homme, qui sont plus propres pour monter que celles du cheval. »

244. *Travail d'un moteur animé.* — Un phénomène de même nature s'observe entre les chevaux de selle et les limoniers. Les premiers ne pourraient traîner longtemps un lourd fardeau à petite vitesse, et les seconds un fardeau léger à grande vitesse.

Si donc on appelle : P l'effort exercé par le moteur, V la vitesse projetée sur la direction de P, et t le temps employé au travail pendant une journée de vingt-quatre heures :

$$PVt \qquad (69)$$

représentera bien le travail; mais, pour chaque race, et même pour chaque animal, non seulement on ne pourra faire varier P et V que dans des limites restreintes, mais encore l'expression PVt sera susceptible d'un maximum que l'on devra s'efforcer d'atteindre.

245. *Formule d'Euler.* — Euler a cherché ce maximum par le calcul, de la façon suivante :

Soient P' le plus grand effort de traction d'un moteur animé exercé sans vitesse en agissant, par exemple, sur un dynamomètre fixé à un mur ;

V', la vitesse qui rend la pression nulle ;

P, une pression intermédiaire ;

V, la vitesse correspondante.

Si on suppose que, pour les moteurs animés, on ait *toujours* la proportion :

$$\frac{P'}{P} = \frac{V'^2}{(V' - V)^2},$$

on tirera de cette équation :

$$PV = P'\left(1 - \frac{V}{V'}\right)^2 V$$

différentiant par rapport à PV et à V et égalant à 0 pour avoir le maximum :

$$\frac{dPV}{dV} = P'\left[\left(1 - \frac{V'}{V}\right)^2 - \frac{2V}{V'}\left(1 - \frac{V'}{V}\right)\right] = 0,$$

d'où :

$$V = \frac{1}{3} V' \qquad (70)$$

et :

$$P = \frac{4}{9} P' \qquad (71)$$

par suite:

$$PV = \frac{4}{27} P'V'. \qquad (72)$$

Mais cette formule est applicable avec de telles restrictions qu'on ne peut guère la considérer que comme une indication.

246. *Vitesse du cheval.* — Voici, d'après de nombreuses expériences, les vitesses moyennes par seconde du cheval à différentes allures :

Cheval de course	14 à 15^m
Galop	10^m
Grand trot.	4^m
Trot ordinaire.	3^m
Petit trot.	2^m,20
Pas ordinaire	1^m,70
Petit pas.	1^m

La longueur moyenne du pas est de 0^m,83 pour le pas ordinaire, 1^m,11 pour le trot, et 3^m,20 pour le galop.

247. *Mode d'attelage du cheval.* — La traction étant, d'après ce que nous venons de dire, le meilleur mode d'emploi du cheval, il faut l'atteler de façon à utiliser le mieux possible ce genre d'effort, qui s'exerce surtout par les épaules de l'animal. En outre les jambes du devant se meuvent difficilement, à l'inverse de celles de derrière, dans un plan non parallèle au plan longitudinal de symétrie de l'animal.

Il faudra donc dans les courbes que le plan passant par les jambes de devant du cheval quand il est à l'état de repos contienne le rayon de la courbe, laissant ainsi le train de derrière opérer le déplacement latéral. Ceci est applicable aux manèges et indique que dans tous les cas le mode le plus avantageux d'utiliser l'effort du cheval est de le prendre sur les épaules, soit au moyen d'un *collier*, soit au moyen d'une *bricole*. Cette dernière a l'avantage de s'ajuster au moyen de boucles à tous les chevaux de taille à peu près semblable, et de ne pas leur blesser les épaules. Par contre, les spécialistes leur reprochent de serrer la poitrine du cheval et de gêner ainsi le jeu des poumons.

Quant à la disposition des traits, il est évident, ainsi que l'a fait remarquer Deparcieux, qu'ils doivent être parallèles à la direction du plan parcouru, et, comme le cheval s'allonge en s'abaissant lorsqu'il exerce un effort de traction, les traits au repos devront être légèrement inclinés en allant du poitrail au palonnier.

248. *Force du cheval.* — Tredgold a fait un grand nombre d'observations sur la force des chevaux, et il a donné le tableau des vitesses qu'un cheval *non chargé* et *non attelé* peut prendre, suivant la durée de sa course. Nous le reproduisons ci-dessous :

Durée de la marche	Plus grande vitesse à l'heure	Plus grande vitesse par seconde
1^h	23 657^m	6^m,57
2^h	16 737^m	4^m,65
3^h	13 679^m	3^m,80
4^h	11 748^m	3^m,26
5^h	10 621^m	2^m,95
6^h	9 636^m	2^m,68
7^h	8 850^m	2^m,46
8^h	8 338^m	2^m,32
10^h	7 403^m	2^m,06

La limite supérieure de tirage, d'après le même auteur, est de 400 kilogrammes pour une vitesse égale à 0, et de 56^{kg},50 avec une vitesse de 1^m,10 par seconde et travaillant huit heures par jour.

Nous ajouterons qu'un cheval de course qui parcourt 14 à 15 mètres par seconde ne peut courir plus de cinq à six minutes.

249. *Résultats donnés par Corrèze et Manès.* — Voici les résultats donnés par Corrèze et Manès dans leur mémoire inséré dans le premier semestre de 1832 des *Annales des Ponts et Chaussées*, résultats résumant tout ce qui était connu à cette époque.

D'après Coulomb, un cheval ordinaire attelé à une charrette peut transporter dans sa journée 700 kilogrammes à 40 kilomètres de distance en plaine sur une route ordinaire.

En estimant le poids de la charrette à 200 kilogrammes et, d'après Rumfort, le tirage égal à 45 kilogrammes, la quantité d'action journalière sera :

45 kg × 40 km = 1 800 kg × 1 km.

Dupin, dans son *Traité de mécanique industrielle*, dit que deux chevaux attelés à une charrue, et exerçant chacun un tirage de 72 kilogrammes, peuvent parcourir dans leur journée 26 kilomètres ; la quantité d'action journalière est donc de :

72 kg × 26 km = 1 872 kg × 1 km.

D'après ce dernier auteur, en Angleterre on estime qu'un cheval travaillant huit heures et parcourant 4 kilomètres à l'heure peut tirer avec une force de 90 kilogrammes, d'où on a pour l'action journalière :

4 × 8 × 90 = 2 880 kg × 1 km.

Hachette, dans son *Traité des machines*, dit que dans un manège établi au-dessus d'une carrière à plâtre des environs de Paris un cheval exerçant un tirage de 100 kilogrammes parcourt 16 kilomètres par jour. Ce qui donne pour l'action journalière :

100 kg × 16 km = 1 600 × 1 km.

Corrèze et Manès en concluent qu'un cheval ordinaire peut fournir, lorsqu'il marche au pas en plaine, un tirage variant de 45 à 90 kilogrammes.

250. *Expériences de Minard.* — Minard a fait un grand nombre d'expériences sur le tirage des voitures et sur la force du cheval. Il rappelle quelques expériences antérieures (*Annales des Ponts et Chaussées*, 1832, deuxième semestre), et déduit de la moyenne des siennes les chiffres suivants :

MAXIMUM DE QUANTITÉ D'ACTION
DÉVELOPPÉ PAR UN CHEVAL ATTELÉ

Au manège	en 5 minutes	27 dynamies	effort	66 k.
	en 1 heure	186 »	»	55
A la voiture	en 5 minutes	29 »	»	120
	en 25 minutes	126 »	»	143

Mais, malheureusement, ces résultats, ainsi que le fait observer Minard lui-même, ne sont pas comparables, car ils n'ont pas été obtenus avec le même cheval et il regrette que les animaux soumis aux expériences n'aient pas été pesés.

Il a également fait d'autres expériences sur des manèges, dont la moyenne peut se résumer ainsi :

Effort de traction. .	40 kg.
Parcours journalier.	31 km, 3.
Travail journalier. .	1 254 000 kgm.

251. *Résultats donnés par Navier.* — Navier (1), dans son édition de l'*Architecture hydraulique* de Bélidor, donne un tableau comprenant un ensemble de résultats que nous reproduisons ici :

(1) L'unité dynamique de Navier est égale à 1 000 kilogrammes transportés à 1 mètre. Navier dit, en outre, qu'il est regrettable qu'il n'y ait pas un nombre plus grand d'expériences à cet égard, et que les résultats qu'il indique peuvent varier de 1/4 à 1/3 en plus ou en moins, suivant les circonstances.

DÉSIGNATION	POIDS transporté	VITESSE par SECONDE	QUANTITÉ D'ACTION par seconde	DURÉE du TRAVAIL	UNITÉS DYNAMIQUES
	k	m.		h.	
1° Cheval transportant des fardeaux sur une charrette et marchant au pas, continuellement chargé ...	700	1.1	770	10	27 720
2° Cheval attelé à une voiture et marchant au trot continuellement chargé..........	350	2.2	770	4 1/2	12 474
3° Cheval transportant des fardeaux sur une charrette au pas, et revenant à vide chercher de nouvelles charges..........	700	0.6	420	10	15 120
4° Cheval chargé sur son dos, allant au pas........	120	1.1	132	10	4 752
5° Cheval chargé sur son dos, allant au trot........	80	2.2	176	7	4 435
6° Cheval attelé à un manège, allant au pas........	45	0.9	40.5	8	1 166
7° Cheval attelé à un manège, allant au trot........	30	2.0	60	4 1/2	972

252. *Expériences de de Gasparin.* — L'examen de tous ces résultats montre qu'ils sont peu concordants, et il est fort difficile d'en tirer des coefficients à peu près certains, c'est-à-dire utiles.

Aussi y avait-il de grandes divergences d'opinion parmi les ingénieurs, lorsque de Gasparin vint jeter, dans les expériences qu'il entreprit, un nouvel élément d'appréciation, qui amena une grande clarté dans la question. Il *pesa* chacun des animaux soumis à ses expériences, et il fit la comparaison des résultats obtenus avec ceux que donne la formule d'Euler.

Les voici tel qu'on les trouve dans son *Traité d'agriculture*.

NUMÉROS des essais	NATURE DU TRAVAIL	POIDS du cheval	VITESSE effective	4/9 de la force statique	1/3 de la vitesse normale	TRAVAIL mécanique calculé	TRAVAIL expérimenté	DIFFÉRENCE
1°	Cheval travaillant à la charrue.	320^K	$0^m,46$	$149^K,0$	0,416	59,07	45,00	14,07
2°	Mule, labour d'ensemencement.	340	$0^m,95$	$133^K,3$	0,416	61,31	50,35	10,96
3°	Cheval attelé à une charrette...	360	$1^m,19$	$160^K,0$	0,425	68,00	53,55	14,45
4°	Cheval tournant une noria.....	320	$1^m,20$	$142^K,0$	0,416	59,07	48,00	11,07

Durée du travail : 10 heures.

Ainsi qu'on le voit, les chiffres d'expériences comparés à ceux obtenus par la formule d'Euler diffèrent d'une quantité à peu près constante. Mais on a des résultats absolument remarquables, si on divise le travail total par le poids de l'animal, ramenant ainsi ce travail à celui de 100 kilogrammes de poids vivant que nous appellerons J. Le tableau suivant se rapportant aux expériences précédentes en fournit la preuve.

	EFFORT de traction km.	DURÉE du travail h.	PARCOURS journalier km.	TRAVAIL total par jour kgm.	POIDS des chevaux kg.	J
1°	93	10	16,2	1 620 000	320	5,063
2°	53	10	34,2	1 832 000	340	5,386
3°	45	10	42,8	1 928 000	360	5,356
4°	40	10	43,2	1 728 000	320	5,400

Ce tableau montre nettement que l'effort de 93 kilogrammes demandé d'une façon continue à des chevaux de 320 kilogrammes était trop considérable.

253. *Travail et effort de traction par quintal vif.* — Ce tableau indique, en outre, que, si l'on se place dans de bonnes conditions, on peut compter sur 5 400 kilogrammètres de travail journalier par quintal vif de cheval (1). C'est le chiffre d'où résultent les coefficients de la méthode de M. Léchalas.

On admet généralement avec Navier qu'un cheval attelé peut faire un service journalier de dix heures avec une vitesse constante de $0^m,90$ par seconde, soit 32 400 mètres par jour. Si donc il pèse un poids p, on a l'équation suivante en adoptant 5 400 pour le travail de quintal vif pendant vingt-quatre heures, temps de repos compris (soit dix heures de travail effectif) et en appelant E l'effort de traction :

$$5\,400p = 32\,400E\cdot$$

d'où :
$$E = \frac{5\,400}{32\,400}p = \frac{p}{6}. \qquad (73)$$

C'est ce qui est sensiblement confirmé par la pratique.

254. *Fatigue du cheval.* — Si maintenant on désigne par K l'effort de traction correspondant à celui que le cheval développe pour se mouvoir lui-même indépendamment du poids qu'il traîne, il paraîtra logique d'admettre que cet effort (variable avec la vitesse) sera proportionnel à son poids, et alors l'effort que le cheval devra développer pour progresser en avant sera égal à Kp.

Il suffira évidemment d'ajouter à cet effort celui de la traction opérée pour maintenir le mouvement du poids utile et de le multiplier par l'espace parcouru pendant le temps dt pour avoir le travail élémentaire. Si donc on appelle v la vitesse à l'instant considéré, le travail total *musculaire* développé pendant le temps T, par quintal vif pris pour unité de poids, travail que nous appellerons avec M. Du-

(1) De Gasparin a établi, par de nombreuses expériences, que le poids des chevaux pouvait généralement être considéré comme proportionnel au *carré* des dimensions du poitrail.

rand-Claye *fatigue du cheval*, aura pour expression :

$$\text{Fatigue} = \int_o^T \left(\frac{E}{p} + K\right) vdt \qquad (74)$$

qui devient si v est constant :

$$\left(\frac{E}{p} + K\right) v T. \qquad (75)$$

On s'est servi des expériences de Tredgold et des chiffres donnés par Navier pour déterminer la valeur de K. En effet, si nous nous reportons au tableau de la page 130, nous voyons que pendant dix heures la limite de vitesse que l'on peut imposer à un cheval marchant librement est de 70 kilomètres, et, d'autre part, d'après Navier, pendant le même temps un cheval attelé pendant dix heures peut faire $32^k,400$.

On aura donc :

$$70\,000\ Kp = 5\,400 p + 32\,400\ Kp \qquad (76)$$

d'où :

$$K = \frac{1}{7}. \qquad (77)$$

Le cheval dépense donc pour se mouvoir un effort égal à environ 1/7 de son poids.

En se servant des valeurs données par Tredgold pour différentes allures, on trouverait les valeurs de K pour ces mêmes allures.

Malheureusement, il est regrettable que les formules ne s'appuient pas sur un nombre suffisant d'expériences pour pouvoir en tirer des résultats certains et des lois pour les coefficients.

VOITURES

255. Maintenant que nous avons étudié, autant qu'il nous a été possible de le faire avec les chiffres que nous avions à notre disposition, le cheval considéré comme moteur animé, et que nous avons examiné les meilleures conditions pour tirer le plus grand parti possible de ses aptitudes, nous allons examiner les différents véhicules auxquels il est attelé afin d'en déduire leur mode d'action sur les routes et les conséquences qui en découlent relativement à celles-ci.

Nous pouvons d'abord remarquer que tous les véhicules sont astreints à l'observation de la loi du 30 mai 1851 et du règlement du 10 août 1852.

L'Administration les a classés en plusieurs groupes bien distincts, qui peuvent chacun se subdiviser en voitures à deux roues et en voitures à quatre roues.

Les voitures visées par les règlements sont :

1° Les voitures de roulage ;

2° Les voitures de messageries ;

3° Les voitures d'agriculture ;

4° Les voitures particulières.

Nous ne reviendrons pas sur les prescriptions générales que nous avons données dans tous leurs détails ; nous répéterons seulement que le dernier décret administratif a laissé beaucoup plus de liberté pour la construction des voitures que n'en laissaient les anciennes lois. L'Administration s'est contentée de limiter le nombre des chevaux, la largeur maxima des essieux, et de prendre toutes les mesures nécessaires pour garantir la sécurité publique, laissant à l'intérêt particulier le soin d'adopter toutes les mesures qui le touchent directement. Ces sages prescriptions jointes à celles du déclassement qui dérivent des mêmes principes, en laissant une autonomie plus grande aux départements et aux communes, ont amené une amélioration considérable dans l'état des routes et, par suite, des transports qui s'effectuent sur elles. L'ensemble a même pu ainsi être à la hauteur des exigences d'une sorte de camionnage considérable et toujours croissant créé par les chemins de fer.

Nous allons examiner successivement les différentes parties d'une voiture au point de vue de la traction.

256. *Roues. Diamètre des roues.* — Il est facile de voir qu'il y a un grand avantage à ce que les roues soient aussi grandes que possible, pourvu que l'essieu ne dépasse pas la hauteur du poitrail du cheval. En effet, dans les voitures à deux roues, on voit (*fig.* 84), en appliquant le parallélogramme des forces, que l'effort de traction CR ou CR′ appliqué à l'essieu se décompose en deux forces, l'une parallèle au plan deroulement CD (supposé horizontal), et l'autre dans le sens de la pesanteur AC ou A′C qui tend à augmenter ou à diminuer le poids sur le sol.

Le second cas est évidemment moins défavorable que le premier, qui revient à un accroissement de la charge.

La seule objection que l'on puisse faire à l'augmentation du diamètre des roues dans les limites indiquées est que le poids des roues se trouve également augmenté, ce qui accroît le poids inutile à transporter; mais l'expérience a prouvé qu'il y avait plus que compensation et qu'il était avantageux d'avoir le moyeu à peu près à

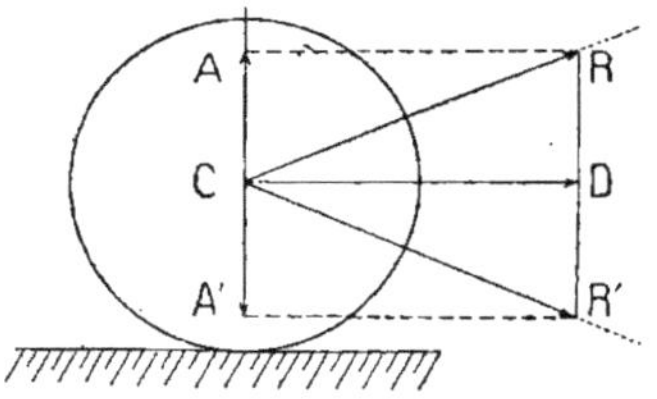

Fig. 84.

la hauteur du poitrail du cheval, mais plutôt au dessous qu'en dessus.

On ne devra se départir de ces indications que dans des cas rares, tels que ceux où il s'agit de transporter à courte distance des poids très lourds ou des volumes très encombrants, tels que des pierres ou des bois en grume. On doit alors, en effet, rechercher toutes les facilités de chargement et de déchargement, mais on ne les obtient qu'en sacrifiant les avantages ci-dessus énumérés.

Les grandes roues ont un second avantage, qui n'est pas à dédaigner. Le cheval éprouve, en effet, par leur emploi une moins grande augmentation d'effort utile pour franchir les obstacles qui se présentent.

En effet (*fig.* 85) appelons φ l'effort nécessaire pour faire franchir à une roue de rayon R chargée d'un poids P un obstacle de hauteur h; on aura, en prenant les moments par rapport à M :

$$\varphi \text{ R} \cos \alpha = \text{PR} \sin \alpha ;$$

d'où :

$$\varphi = \text{P tg } \alpha. \qquad (78)$$

On voit que φ sera proportionnel à tg α, et celle-ci sera d'autant plus petite pour

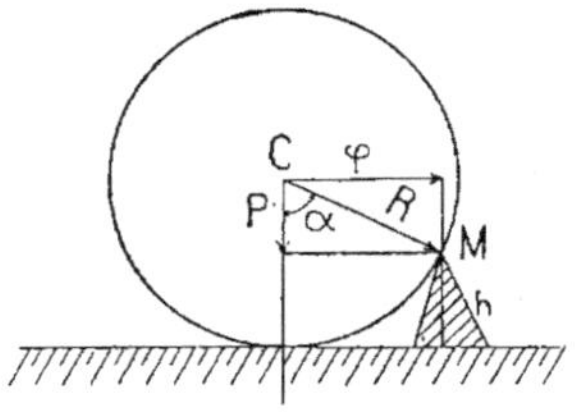

Fig. 85.

une hauteur donnée h que R sera plus grand.

Enfin il y a un troisième avantage attaché à l'emploi des roues de grand diamètre. Le frottement dû à celui de l'essieu dans sa boîte est inversement proportionnel au rayon de la roue et, d'après les calculs de la résistance des matériaux, le diamètre de la fusée de l'essieu est donné par le maximum de charge que celui-ci

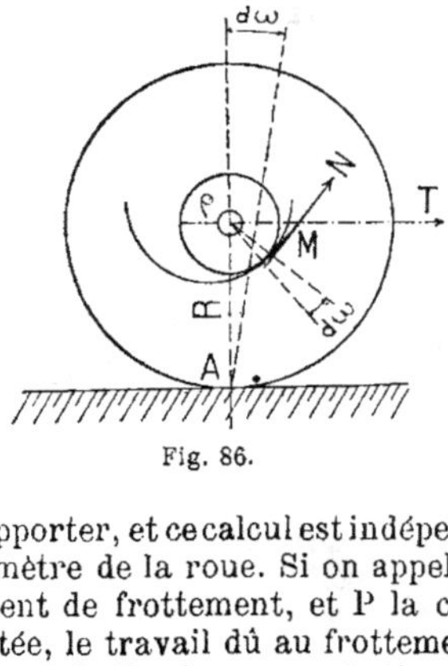

Fig. 86.

doit supporter, et ce calcul est indépendant du diamètre de la roue. Si on appelle f' le coefficient de frottement, et P la charge supportée, le travail dû au frottement de glissement de l'essieu sur sa boîte sera le produit f'P (1) multiplié par l'espace par-

(1) f' est, comme on le sait, égal à :

$$\frac{f}{\sqrt{1 + f^2}}.$$

couru par la circonférence de la boîte de l'essieu. Or, pour un chemin l parcouru sur la route, le déplacement de la boîte sur l'essieu est inversement proportionnel au rayon de la roue.

C'est, du reste, ce que démontrent clairement les formules suivantes (*fig.* 86).

Soient P le poids appliqué sur la roue de rayon R;

ρ, le rayon de la fusée de l'essieu.

MN représentera en grandeur la valeur du frottement dû au poids P qui s'oppose au mouvement supposé uniforme du véhicule.

Posons : $F = MN$.

Si on veut tenir compte seulement du frottement de l'essieu au point de vue de la traction, c'est-à-dire si on néglige tous les autres efforts extérieurs, il faudra que le travail dû à la traction T soit égal à celui de la résistance F due au frottement dans le sens du mouvement.

Par conséquent, en prenant le point A comme centre instantané de rotation, et en appelant $\partial\omega$ l'angle très petit décrit pendant le temps très petit $\partial\theta$, on aura pour l'égalité de ces travaux l'expression suivante :

$$T.R.\partial\omega = F.\rho.\partial\omega \qquad (79)$$

d'où : $$T = F\frac{\rho}{R} \quad (1) \quad \text{C.Q.F.D.} \qquad (80)$$

Il suit de ces remarques qu'on donne généralement aux roues un diamètre de $1^m,80$ à 2 mètres, ce qui place l'essieu à $0^m,90$ à 1 mètre du sol, et les attaches sur les colliers des chevaux à 1 mètre ou $1^m,10$.

Dans les chariots on est conduit, pour faciliter le passage des roues *sous* la voiture, à diminuer le diamètre des roues de l'avant; cependant cette disposition n'est pas adoptée dans certaines voitures d'artillerie, et dans certains départements (Jura, etc.), où les roues d'avant-train sont égales aux roues de l'arrière-train.

On voit, si l'on compare un chariot à quatre roues à deux charrettes à deux roues, que les conditions générales de traction restent les mêmes.

257. *Bandage des roues.* — Les bandes dont on garnit l'extérieur des roues pour les protéger varient avec la durée qu'on veut leur donner et avec les dimensions de celles-ci.

Autrefois ces dimensions étaient fixées, quant à la largeur, suivant la charge maxima que pouvaient conduire les voitures de façon à ce que la charge par centimètre carré mesurée sur la chaussée soit limitée. La pratique fit voir que le bandage de la roue prenant une forme bombée par l'usure rendait cette mesure illusoire. Cette mesure n'avait donc pas sa raison d'être, aussi fut-elle abandonnée par l'Administration. (Voir *loi* et *règlement* ci-dessus.)

Aujourd'hui on fabrique même pour les voitures légères des bandages présentant un certain bombement et portant

Fig. 87.

sur le côté un petit bourrelet pour protéger l'extérieur de la roue de l'action latérale du trottoir (*fig.* 87).

Les fers à bandage ont généralement de $0^m,06$ à $0^m,17$ et exceptionnellement $0^m,20$ et $0^m,25$.

258. *Moyeu et boîtes de l'essieu.* — Nous avons vu les prescriptions administratives relatives à la longueur dont les moyeux et les essieux pouvaient dépasser le plan extérieur des roues. Nous n'y reviendrons donc pas.

Relativement aux boîtes par lesquelles s'opère la rotation des roues autour de l'essieu, nous ferons remarquer que, pour absorber le moins de travail utile possible, elles devront pouvoir être graissées d'une façon *continue*. Les boîtes à huile, aujourd'hui généralement employées pour les voitures légères, réalisent assez bien ce *desideratum*, mais les résultats les plus parfaits ont été obtenus par les boîtes à graisse des chemins de fer.

Essieux.

259. Les dimensions des essieux peu-

(1) Nous verrons un peu plus loin que quelques auteurs admettent par suite d'autres considérations :

$$T = F\frac{\rho}{\sqrt{R}}.$$

vent être calculées d'après les formules ordinaires de la résistance des matériaux, mais aujourd'hui la pratique a consacré les dimensions à leur donner. Nous n'insisterons que sur un point. Pour faciliter l'entrée de la roue ainsi que le graissage, on rend la fusée légèrement conique (environ 1/12), il en résulte que, pour éviter un effort de glissement latéral de la roue qui tendrait à s'échapper, on ploie l'essieu de façon à rendre horizontale la génératrice inférieure du cône de la fusée. La roue participant à cette inclinaison, il s'ensuit que son plan vertical extérieur présente avec la verticale une inclinaison d'environ 2° 23' (*fig.* 88).

Caisse des voitures.

260. L'effort de traction étant fourni par les attelages qui représentent une constante, on voit qu'il y a tout avantage, pour en tirer le maximum d'effet utile, à ce que le poids des engins qui servent à transporter le poids à convoyer soit aussi petit que possible. Il suit de cette considération une distinction entre le poids du véhicule et de ses accessoires, que l'on désigne sous le nom de *poids mort*, et le poids des colis transportés, appelé *poids utile*.

261. *Poids mort et poids utile.* — Il est clair que le poids des véhicules devra être d'autant plus considérable que les fardeaux à transporter seront plus pesants et les routes plus difficiles à parcourir, car les voitures exigeront d'autant plus de solidité que les voies leur offriront plus de chances de destruction.

D'après le mémoire de M. Schwilgué (*Annales des Ponts et Chaussées*, 1832,

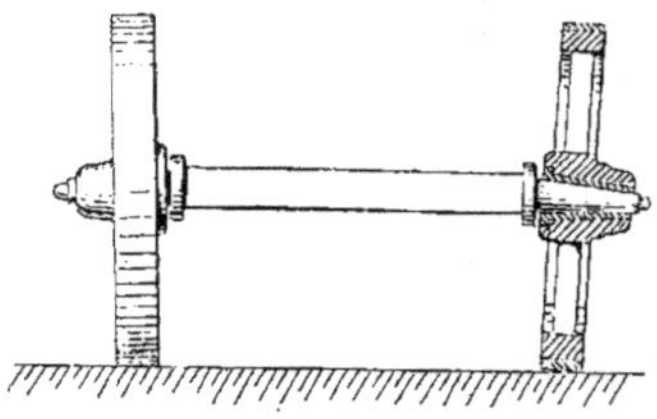

Fig. 88.

2e sem.), le poids des charrettes à deux roues varie de 500 à 2 200 kilogrammes, et les charges (autorisées à cette époque) de 1 300 à 7 000 kilogrammes.

Nous en donnons le tableau, car, ainsi que nous l'avons dit, les choses, malgré les libertés accordées par la loi et les améliorations qui en sont résultées ne se sont pas essentiellement modifiées.

DÉSIGNATION DES CHARRETTES	POIDS des VOITURES vides	POIDS AUTORISÉ pour l'hiver	FRACTION EXPRIMANT le poids utile	FRACTION EXPRIMANT le poids mort	POIDS AUTORISÉ pour l'été	FRACTION EXPRIMANT le poids utile	FRACTION EXPRIMANT le poids mort
Charrette à bandage de 0m,08	500	(1.300)	0.61	0.39	1.500	0.67	0.33
» » 11.......	900	2.400	0.63	0.37	2.900	0.69	0.31
» » 14.......	1.200	3.600	0.67	0.33	4.300	0.72	0.28
» » 17.......	1.500	5.000	0.70	0.30	6.000	0.75	0.25
» » 25.......	2.200	7.000	0.69	0.31	8.400	0.74	0.26

On voit par ce tableau que jusqu'à environ 5 000 kilogrammes on a avantage à augmenter les dimensions des charrettes, et, d'autre part, que l'état dans lequel se trouve la route modifie considérablement les résultats ; aussi M. Schwilgué conclut-il qu'« il est possible d'espérer des améliorations notables dans la construction des voitures si les routes sont rendues parfaitement roulantes » ; et c'est ce que la pratique a confirmé.

Pour les chariots à quatre roues, M. Schwilgué a donné un tableau semblable que nous reproduisons également.

DÉSIGNATION	POIDS des CHARIOTS vides	CHARGE AUTORISÉE pour l'hiver	FRACTION EXPRIMANT le poids utile	FRACTION EXPRIMANT le poids mort	CHARGE AUTORISÉE pour l'été	FRACTION EXPRIMANT le poids utile	FRACTION EXPRIMANT le poids mort
Chariots à 1 cheval	350	(1.150)	0.70	0.30	(1.350)	0.74	0.26
» bandage $0^m,11$	1.500	3.600	0.58	0.42	4.300	0.65	0.35
» » $0^m,14$	2.000	6.000	0.60	0.40	6.000	0.67	0.33
» » $0^m,17$	2.500	7.000	0.64	0.36	8.400	0.70	0.30
» » $0^m,22$	3.400	9.000	0.62	0.38	9.900	0.66	0.34

On voit qu'excepté pour les chariots comtois (chariots pesant 350^k), très légers et offrant peu de solidité, tous les résultats précédents se confirment et qu'en outre pour un transport déterminé les chariots sont plus lourds que les charrettes (1 200 et 1 500^k). On peut citer comme exemple le cas où il s'agit de transporter 3 600 kilogrammes. C'est ce que confirme la pratique du gros roulage.

On a cherché à résumer ces résultats par une formule linéaire de la forme :

$$P = a + bU, \qquad (81)$$

dans laquelle P représente le poids total, U le poids utile, a et b des coefficients. On obtient des valeurs grossièrement approchées en faisant :

$$a = 150^k \text{ et } b = 1{,}35.$$

Ce qui tient, entre autres choses, à ce que, ainsi que nous le verrons un peu plus loin, plusieurs chevaux attelés ensemble produisent moins de travail que le même nombre de chevaux attelés isolément.

On admet quelquefois d'autres coefficients en appelant P la charge brute par quintal du poids vif et l'exprimant en kilogrammes, et U le poids utile exprimé en tonnes et rapporté à la même unité. On a alors :

$$P = 30 + 1\,300\,U \qquad (20)$$

C'est la formule que nous avons employée (page 44).

Ressorts.

262. Coriolis dans un savant mémoire inséré dans les *Annales des Ponts et Chaussées* de 1832, 2e semestre, sur lequel nous aurons à revenir, analyse les différents travaux résistants qui se produisent pendant la traction.

Il remarque, au sujet des ressorts, que leur travail est tantôt résistant, tantôt moteur, suivant que ceux-ci se compriment ou se détendent, et qu'en général la somme de ces travaux sera négligeable, ou, en d'autres termes, qu'ils se compenseront.

Il considère ensuite une chaussée qui donne à la voiture des oscillations verticales forçant les ressorts à se comprimer. Quand la masse de la voiture descend avec une certaine vitesse, il en résulte un accroissement de force vive de toute la charge. S'il n'existe pas de ressort, cet accroissement de force vive détermine un choc sur la chaussée, ce qui correspond au point de vue de la traction, à une augmentation de pression sur la route et, par suite, à une plus grande fatigue du cheval.

Il n'en est pas de même si un ressort est interposé entre l'essieu et la charge ; celui-ci, en se comprimant, absorbe une partie de la force vive due à l'abaissement du véhicule, et, comme ses battements, ainsi que nous l'avons remarqué, n'absorbent au bout de la journée qu'un travail insignifiant, il s'ensuit que la fatigue du cheval est peu augmentée par l'oscillation du véhicule ; et elle le sera d'autant moins que le ressort absorbera plus facilement le travail transmis au terrain, et la route plus résistante. L'effet sera donc d'autant plus sensible que les ressorts auront moins de raideur.

Attelages.

263. La loi du 30 mai 1851 et le règlement du 10 août 1852 déterminent, ainsi que nous l'avons vu (page 118 et suivantes), le nombre de chevaux qui peuvent être attelés à une voiture.

Roulage.

Cinq chevaux pour les voitures à deux roues ;

Huit chevaux pour les voitures à quatre roues, mais ne pouvant dépasser cinq files.

Transport des personnes.

Trois chevaux pour les voitures à deux roues ;

Six chevaux pour les voitures à quatre roues.

264. *Attelage des charrettes.* — Dans les attelages des charrettes, les chevaux sont généralement mis à la file les uns des autres, et celui qui est placé entre les brancards porte le nom spécial de limonier. D'après ce que nous avons dit, il supporte les efforts dus à l'obliquité des traits et les chocs verticaux et latéraux dus aux inégalités de la route. Une partie de son travail utile est employée à les vaincre. On choisit donc dans ce but le cheval le plus pesant de l'attelage, car on n'ignore pas que les chocs sont d'autant moins violents, c'est-à-dire mieux supportés, qu'ils se répartissent dans des masses plus considérables.

265. *Attelage des chariots.* — Dans les chariots tous les efforts dus à l'obliquité des traits disparaissent, ils opèrent seulement une variation dans la répartition des charges de l'essieu d'avant et de l'essieu d'arrière, et ce fait prend une grande importance dans le pays où les pentes et rampes sont très raides, car alors, la perpendiculaire menée par le centre de gravité de la charrette se déplaçant et passant tantôt à l'avant, tantôt à l'arrière de l'essieu, détermine une composante qui tend tantôt à écraser, tantôt à soulever le limonier, effet qui ne se produit pas avec les voitures à quatre roues. Les charretiers, dans le premier cas, sont souvent obligés de placer des poids additionnels à l'avant ou à l'arrière de la voiture.

266. *Attelage des diligences.* — Dans les voitures à grande vitesse, conduisant des voyageurs, il y a avantage à ce que le conducteur ait ses chevaux le plus *en main* possible. A cet effet, on met souvent trois chevaux de front, ou deux chevaux après le timon de la voiture, et deux ou trois chevaux de volée.

Charge traînée par un cheval.

267. Ainsi que nous l'avons dit, la charge traînée par un cheval varie dans de grandes limites suivant le nombre d'animaux qui sont attelés au même véhicule. Cela tient à différentes causes, dont la principale est que les chevaux ne tirent pas tous également. Les plus ardents prennent la plus grande partie de la charge, les autres font peu d'efforts, et le conducteur est souvent impuissant à régulariser le tout.

Voici le tableau qu'en donne Schwilgué d'après de nombreuses expériences :

DÉSIGNATION DES VOITURES	CHARGE MOYENNE portée pendant toute l'année	POIDS de la VOITURE VIDE	TOTAL	CHARGE MOYENNE par CHEVAL
	kg.	kg.	kg.	kg.
Voiture à 1 cheval	941	500	1 441	1 441
» à 2 chevaux	1 977	900	2 877	1 438
» à 3 »	2 733	1 200	3 933	1 311
» à 4 »	3 700	1 350	5 100	1 275
» à 5 »	3 925	1 500	5 425	1 085
» à 6 »	3 942	1 500	5 442	907
» à 7 »	3 978	1 500	5 478	783
» à 8 »	3 984	1 500	5 484	685

« On doit faire abstraction dans ce tableau, dit Schwilgué, des chiffres qui correspondent aux voitures à six, sept et huit chevaux, parce que ces voitures, qui font partie du roulage accéléré, ne portent pas davantage que les voitures à cinq chevaux ; mais les chiffres correspondants aux cinq premières lignes suffisent pour établir ce résultat important, que la *charge traînée par cheval diminue progressivement à mesure que le nombre des chevaux augmente.* »

Les anciennes diligences étaient à cinq chevaux, elles pesaient 2 400 kilogrammes, contenaient dix-huit à vingt personnes, et 1 000 à 1 200 kilogrammes de marchandises. Chaque cheval traînait donc de 900 à 1 000 kilogrammes de poids brut.

Quoique plus petites aujourd'hui, on admet que les diligences actuelles sont dans les mêmes conditions relatives.

Maintenant que nous avons étudié à peu près complètement ce qui tient aux chevaux et aux voitures, nous allons examiner comment ces dernières se comportent dans les courbes et sur les déclivités. Nous justifierons ainsi les coefficients que nous avons adoptés dans le tracé des routes, et nous terminerons ce chapitre par l'examen des expériences faites en vue de déterminer les coefficients de frottement relatifs aux chaussées de différentes natures et en différents états d'entretien.

INFLUENCE DES COURBES

268. Le rayon des courbes de raccordement doit être tel que les voitures et leur attelage puissent parcourir la courbe sans être forcés de sortir de la chaussée.

En supposant une voiture de roulage

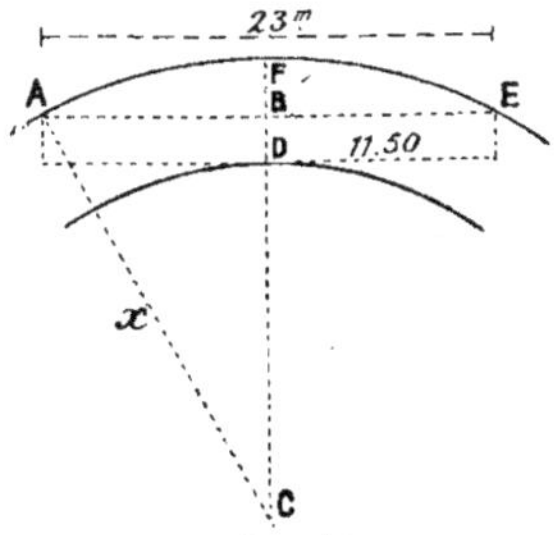

Fig. 89.

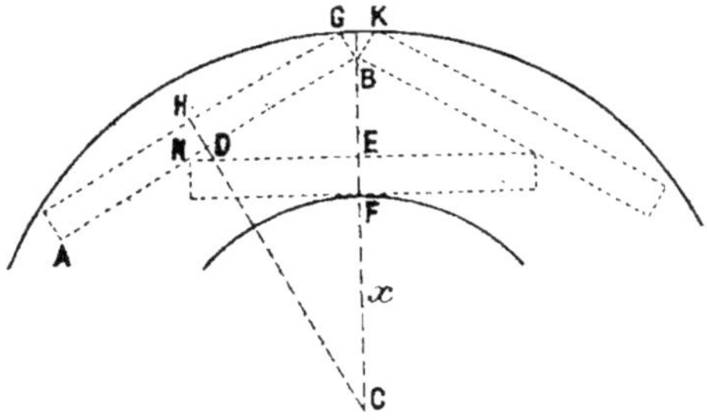

Fig. 90.

de 23 mètres de longueur, y compris son attelage, et d'une largeur de $1^m,80$ de dehors en dehors des bandes des roues, on voit (*fig.* 89) qu'il faut, pour une chaussée de 5 mètres de largeur, que le rayon AC, ou x, soit l'hypoténuse d'un triangle rectangle dont l'un des côtés de l'angle $AB = \frac{23}{2} = 11^m,50$, et l'autre :

$$x - (5^m - 1^m,80) = x - 3^m,20.$$

Ce qui donne :

$$x^2 = \overline{11,50}^2 + (x - 3,20)^2 = 132,25 + x^2 - 6,40x + 10,24,$$

d'où :

$$x = \frac{142,49}{6,40} = 22^m,26,$$

et pour le rayon de l'axe de la chaussée $19^m,79$, soit 20 mètres.

Mais ce rayon ne permet pas aux voitures de se croiser, et si elles se suivent par convoi, il faut que trois voitures puissent passer en se rencontrant comme l'indique la figure 90.

Dans ce cas, déterminons le rayon x de la courbe extérieure, les voitures ayant une longueur :

$$2DB \text{ ou } 2EN = 2L,$$

et une largeur l. Soit c la largeur de la route,

admettons que:

$$GK = BK = EF = l$$

nous aurons :

$$BE = c - 2l \text{ et } BC = x - l$$

en comparant les triangles semblables BNE et DCB, nous aurons également :

$$\frac{BD}{BC} = \frac{BE}{BN}, \quad \text{d'où :} \quad BC = \frac{BD \times BN}{BE}.$$

Mais $BD = L$, $BC = x - l$, $BE = c - 2l$, $BN = \sqrt{L^2 + (c - 2l)^2}$.

Ce qui nous donne :

$$x - l = L \frac{\sqrt{L^2 + (c - 2l)^2}}{c - 2l},$$

d'où :

$$x = l + L \sqrt{1 + \frac{L^2}{(c - 2l)^2}}. \quad (82)$$

En supposant $c = 10$ mètres, $l = 2^m,50$, $L = 11^m,50$, il vient :

$$x = 31^m,34,$$

soit 30 mètres.

Les deux résultats numériques que nous venons de calculer montrent que la limite minima des rayons de courbure est bien de 30 mètres.

Il y a, d'autre part, intérêt à le faire aussi grand que possible.

En effet, plus il est grand, moins les chevaux sont soumis à l'effort latéral nécessaire pour maintenir le véhicule sur le milieu de la chaussée.

Ripage des roues.

269. Chaque bandage de roue en roulant sur la chaussée peut être assimilé à un cylindre roulant sur un plan ; par conséquent, dans les courbes, il y aura un *ripage* des génératrices de chacun de ces cylindres au grand détriment de la force motrice, de l'usure du bandage et de celle de la route. Il est clair que ce travail nuisible sera d'autant plus faible que le rayon de la courbe sera plus grand.

Force centrifuge.

270. Un autre inconvénient des plus graves est également dû aux petits rayons. C'est, pour le véhicule, le danger de *verser*. La force centrifuge que nous avons vu se développer dans le cas où la roue d'un véhicule descend rapidement dans un fossé agit également dans les courbes (*fig.* 91), et sa valeur est égale à :

$$\frac{MV^2}{R}$$

M étant la masse de la voiture, V sa vitesse (1), et R le rayon de la courbe.

Cette force sera donc d'autant plus faible que R sera plus grand.

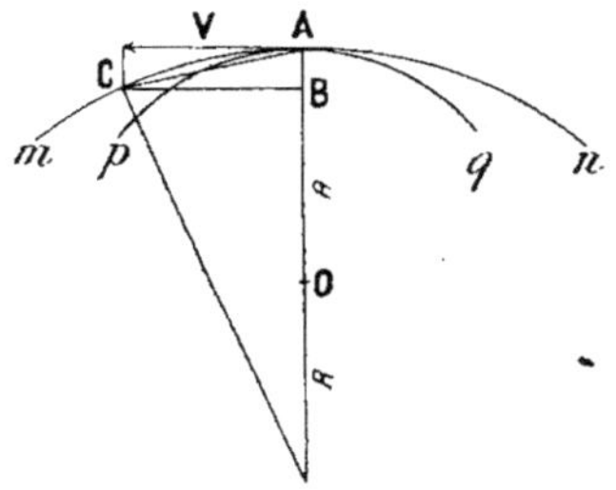

Fig. 91.

(1) On retrouve immédiatement cette formule en se rappelant que la force centrifuge est une force d'inertie, c'est-à-dire une réaction telle que celle qu'exerce la pierre d'une fronde sur la corde qui l'oblige à parcourir un cercle. Elle est donc constamment égale et de signe contraire à la force centripète qui maintient le mobile sur sa trajectoire curviligne. C'est cette dernière que nous allons calculer.

Rappelons-nous que, d'après sa définition, une force quelconque F a pour valeur mj.

Considérons la force centripète agissant pendant un temps aussi petit que l'on voudra; nous pourrons la supposer comme étant constante pendant ce temps et si le mobile a parcouru un espace s, on aura, d'après les formules connues du mouvement uniformément varié résultant de la double intégration de la définition de la force F :

$$F = mj = m \frac{d^2s}{dt^2}$$

$$s = \frac{1}{2} j\theta^2$$

ou, si on prend $\theta = 1$ $\quad s = \frac{1}{2} j.$

L'accélération j due à la force F sera donc dans ces circonstances égale à $2s$.

Si l'adhérence des roues sur le sol empêche les voitures de se déplacer latéralement tout d'une pièce, et c'est ce qui arrive toujours, au moins en partie, on devra appliquer cette force centrifuge au centre de gravité du véhicule, et la composer avec son poids. Il est clair que la

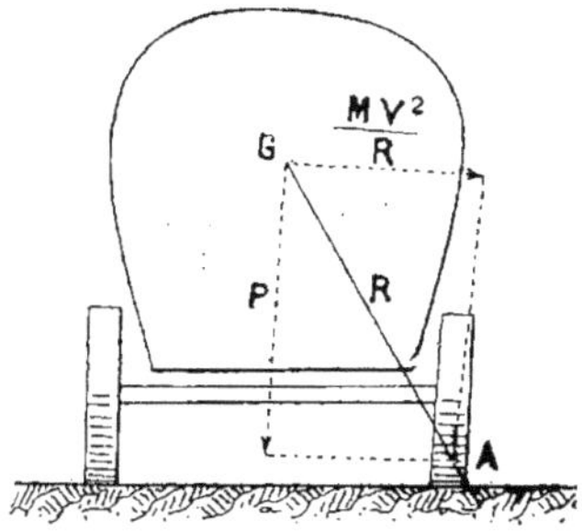

Fig. 92.

Supposons maintenant (*fig.* 91) qu'un mobile de masse m soit assujetti à se mouvoir sur la courbe mn. Soient V sa vitesse tangentielle au point A, c'est-à-dire celle avec laquelle il continuerait à se mouvoir en ligne droite si la force F n'agissait pas; R, le rayon de courbure de la trajectoire ou rayon du cercle osculateur pq en A, c'est-à-dire du cercle ayant deux éléments consécutifs communs avec la courbe mn. Pendant le temps θ pris pour unité le corps parcourra l'arc AC et se déplacera d'un espace $CB = V \times \theta$, ou V, puisque $\theta = 1$, et d'un espace $AB = s$ sous l'action de la force F. Composant ces deux espaces, on aura dans le triangle rectangle ACD en supposant que l'arc se confond avec la corde :

$$\overline{AC}^2 = 2R \times \overline{AB}$$

où :

$$s = \frac{V^2}{2R};$$

mais : $$j = 2s,$$

donc :

$$j = \frac{V^2}{R};$$

et par suite :

$$F = m\frac{V^2}{R}. \qquad \text{C.Q.F.D.}$$

voiture versera aussitôt que la résultante R passera à droite du point A.

Dans tous les cas, les effets de la force centrifuge, alors même que la voiture ne verse pas, sont, si elle est un peu longue et à quatre roues, de tendre à la faire pivoter autour de la cheville ouvrière et à déplacer latéralement les roues d'arrière. Dans le cas où cet effort est plus considérable que le frottement latéral des roues sur la route, la voiture *fringale*.

La pratique a démontré que, pour des voitures légères marchant avec une vitesse de 12 kilomètres à l'heure, un rayon de 30 mètres était suffisant, et que pour de plus grandes voitures, marchant à la vitesse de 16 kilomètres, il fallait avoir un rayon de 50 mètres.

Conclusions.

271. En résumé, on peut conclure de tout ce qui précède :

1° Qu'on doit s'efforcer d'avoir des courbes d'au moins 50 mètres de rayon, et ne jamais descendre au-dessous de 30 mètres ;

2° Qu'on devra éviter de placer les courbes sur une pente, car à la descente on s'exposerait à dépasser la vitesse maxima au-delà de laquelle il y a de sérieux dangers à courir.

Il faudra donc, dans les lacets, s'arranger de façon à mettre les courbes en palier, augmenter au besoin la largeur de la route, quitte à avoir à effectuer un peu plus de déblais et de remblais ;

3° Ne pas placer autant que possible deux courbes à la suite l'une de l'autre, le changement de sens de la force centrifuge déterminant dans ce cas des secousses brusques, et les attelages tirant alors dans de très mauvaises conditions. M. Debauve prescrit un alignement droit d'au moins 20 mètres. Il suffit donc d'intercaler cet alignement au point de tangence commun aux deux cercles dans la figure 67.

INFLUENCE DES PENTES

272. Aussitôt qu'une voiture se trouve sur une déclivité, l'effort nécessaire pour en opérer la traction est modifié. En effet, on voit (*fig.* 93) que le poids du véhicule peut se décomposer en deux forces, l'une parallèle au sol T, l'autre perpendiculaire N. Leur valeur est facile à calculer. En appelant P le poids du véhicule, et α l'angle que fait la déclivité avec le plan horizontal, on a :

$$N = P \cos \alpha$$

et
$$F = \pm P \sin \alpha$$

suivant que l'on gravit ou que l'on descend la déclivité de cette route, de telle sorte que, si f est le coefficient de frottement de la route, on aura, en appelant T l'effort total de traction :

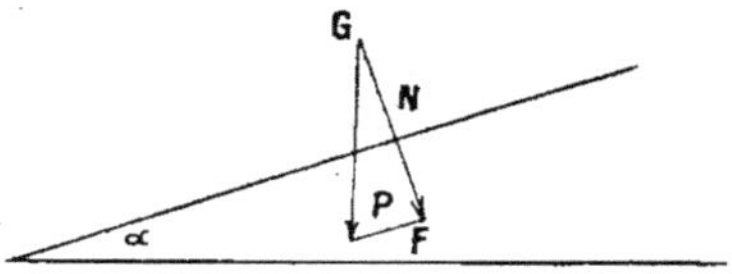

Fig. 93.

$$T = fN + F$$
$$T = fP \cos \alpha \pm P \sin \alpha$$

α étant généralement très petit, on remplacera cos α par l'unité et sin α par sa tangente i (pente par mètre), d'où nous aurons par unité de longueur de chemin parcouru :

$$T = P(f \pm i)$$

ou plus simplement :

$$T = P(f + i) \qquad (83)$$

en tenant compte du signe de i.

273. Quand il s'agit de la descente, c'est-à-dire si i est pris négativement, il peut arriver que $(-i)$ soit plus grand que f; dans ce cas, la valeur de T devient négative, c'est-à-dire que la voiture pousse le cheval qui doit résister. On doit alors enrayer pour éviter au cheval une fatigue d'autant plus grande que sa constitution se prête moins à ce genre d'effort.

Quand $(-i)$ est égal à f, le cheval marche sur la route comme s'il était en état de liberté. Nous verrons tout à l'heure, d'après les expériences, que ce cas se présente sur les routes bien entretenues quand i atteint $0^m,03$ sur les routes empierrées, et $0^m,02$ sur les routes pavées.

Relativement à la fatigue que le cheval éprouve, il faut remarquer qu'outre la voiture qu'il traîne sur les déclivités le cheval doit encore monter ou descendre son propre poids. Il suffira, pour en tenir compte, d'augmenter de ce poids p la valeur de P dans celle de N, ce qui donne pour l'effet total à produire :

$$T = fP + (P + p)\, i. \qquad (84)$$

274. On voit que, par cette formule complète, on arrive aux mêmes conséquences qu'au n° 313. En effet, si :

$$-i = \frac{fP}{P + p}, \qquad (85)$$

l'effort de traction du cheval sera nul, c'est-à-dire qu'il ne se fatiguera pas plus, sauf la gêne des harnais, que s'il marchait en liberté et quand i dépasse cette valeur, il faut enrayer la voiture, sinon le cheval doit la retenir.

Sur un parcours composé de paliers, de pentes et de rampes et sur des routes de différentes natures et à différents états d'entretien, la formule donne pour la valeur totale de la traction :

$$\Sigma Tl = P \Sigma Fl + (P + p)\, \Sigma l.i. \qquad (86)$$

Cette formule ne doit être considérée que comme une approximation, car, d'après elle, il n'y aurait que la différence de niveau $\Sigma(li)$ qui entrerait en ligne de compte et nous avons appris que la déclivité des pentes et des rampes, ainsi que beaucoup d'autres causes, influent sur le travail produit par le cheval. Dans tous les cas, le premier membre ΣTl ne saurait être négatif.

275. Quoi qu'il en soit, et surtout avec cette restriction d'examiner avec soin chacun des termes séparés qui, additionnés, donnent Σli, on peut conclure de cette formule la formule relative à la fatigue totale du cheval, telle que nous l'avons donnée page 41.

En effet, si nous appelons L la longueur totale de la route, et si nous faisons f constant, il nous suffira d'ajouter KpL (1) au premier terme du second membre de l'équation (86) pour avoir la fatigue du cheval sur un palier de longueur L, ce qui donnera :

$$(Kp + fP)\ L.$$

Si maintenant nous remarquons que Σli est égal à la différence de niveau H

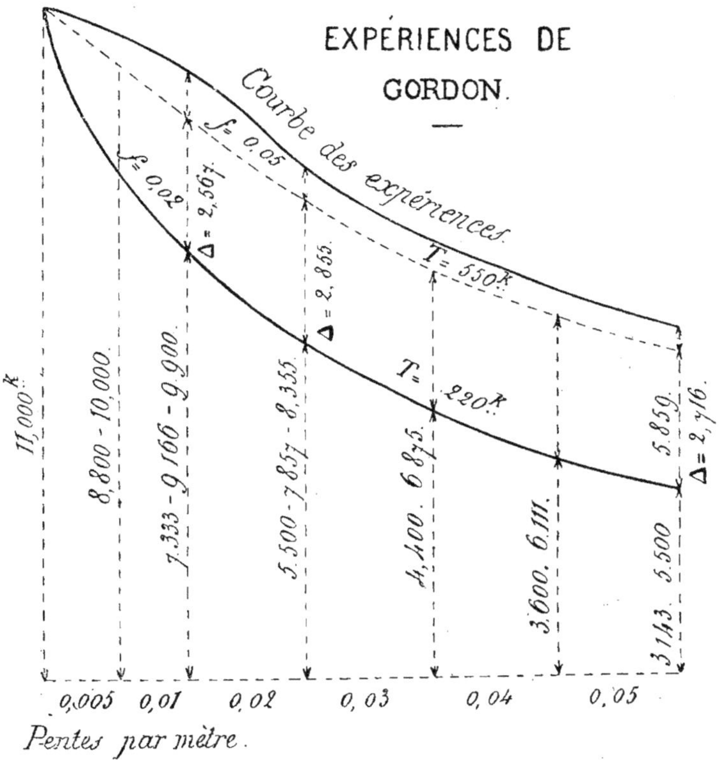

Fig. 94.

entre le point de départ et celui d'arrivée, nous aurons pour la fatigue totale du cheval F :

$$F = (Kp + fP)\ L + (P + p)\ H \quad (87)$$

et, si on cherche la fatigue par unité de poids transporté, on aura :

$$\frac{F}{P} = \left(K\,\frac{p}{P} + f\right) L + \left(1 + \frac{p}{P}\right) H, \quad (88)$$

(1) Terme relatif à la fatigue qu'éprouve un cheval de poids p à se déplacer lui-même.

ou posant :

$$\frac{F}{P} = Q \qquad \text{et :} \qquad \frac{p}{P} = \frac{1}{C},$$

$$Q = \left(\frac{K}{C} + f\right) L + \left(1 + \frac{1}{C}\right) H, \quad (13)$$

formule dont nous nous sommes servis, page 41 et suivantes, pour comparer les tracés entre eux.

276. M. L. Durand-Claye tire de cette

formule différents renseignements intéressants que nous reproduisons.

Il fait remarquer que le rapport C n'est pas susceptible de prendre toutes les valeurs possibles, et que pour qu'un cheval puisse faire le même travail chaque jour, il ne faut pas lui faire produire longtemps des efforts dépassant la moyenne habituelle. Si donc on appelle M le maximum d'effort que l'on puisse tirer d'un cheval pesant un poids p, on aura en mettant cette valeur dans équation (84) :

$$Mp = fP + (P + p)\,i,$$

d'où :

$$\frac{P}{p} = \frac{M - i}{f + i} = \frac{ML - H}{fL + H},$$

formule que nous avons déjà indiquée dans les nos 15, 16 et 17.

La valeur de C ne doit pas dépasser cette valeur de M.

Il résulte de quelques données expérimentales (celles de de Gasparin entre autres) qu'on ne doit pas compter sur un effort supérieur à 1/3 du poids du cheval même, pour un faible parcours. Nous avons également vu qu'avec une vitesse de $0^m,90$ on pouvait demander au cheval un effort équivalent à 1/6 de son poids ; on pourra donc faire varier M entre 1/3 et 1/6 suivant la longueur du parcours et la longueur des rampes.

M. L. Durand-Claye a proposé pour les interpolations entre ces valeurs la formule empirique :

$$M = \frac{1 - \sqrt{0{,}023\,l}}{3}, \qquad (89)$$

où la longueur l est exprimée en kilomètres.

On a sur un palier indéfini :

$$i = 0, \quad M = \frac{1}{6}, \quad C = \frac{1}{6f},$$

Et, si :

$$f = 0{,}03,$$

Il s'ensuivra que :

$$C = 5{,}555.$$

277. *Expériences de Gordon.* — Si on prend la formule (83) dans laquelle on néglige le poids des chevaux, on trouvera en faisant successivement $f = \frac{1}{50}$ et $\frac{1}{20}$, et puis T = 550 les valeurs suivantes :

VALEUR de i	VALEUR DE P		VALEUR de P pour $f = \frac{1}{20}$ et T = 550 k
	$f = \frac{1}{50}$	$f = \frac{1}{20}$	
$i = 0$	$\frac{T}{0.020}$	$\frac{T}{0.065}$	11.000
0.005	$\frac{T}{0.025}$	$\frac{T}{0.055}$	10.000
0.010	$\frac{T}{0.030}$	$\frac{T}{0.060}$	9.166
0.020	$\frac{T}{0.040}$	$\frac{T}{0.070}$	7.857
0.030	$\frac{T}{0.050}$	$\frac{T}{0.080}$	6.875
0.040	$\frac{T}{0.060}$	$\frac{T}{0.090}$	6.111
0.050	$\frac{T}{0.070}$	$\frac{T}{0.100}$	5.500

Gordon, ingénieur anglais, qui s'est beaucoup occupé de la construction des routes, a trouvé par des expériences que les charges décroissent moins que ne l'indiquent les résultats qui précèdent. Les voici rapportées dans un tableau comparatif.

PENTE PAR MÈTRE	CHARGE TRAINÉE suivant les EXPÉRIENCES DE GORDON	CHARGE qui serait trainée PAR UN EFFORT CONSTANT $f = 0{,}020$ T = 220 k	DIFFÉRENCE	OBSERVATIONS
0.000	11.000	11.000	0.000	
0.005	»	8.800	»	Gordon n'a pas fait d'expériences avec cette pente.
0.010	9.900	7.333	2.567	
0.020	8.355	5.500	2.855	
0.030	»	4.400	»	»
0.040	»	3.666	»	»
0.050	5.859	3.142	2.716	

Ces nombres traduits graphiquement (*fig.* 94) montrent nettement que la loi de décroissance des charges est régulière, tandis que celle des expériences par son point d'inflexion prouve que l'effet a varié dans un sens favorable au roulage.

Remarquons que ces expériences forment la contre-partie de ce que nous disions au sujet de la fatigue du cheval. Dans le cas qui nous occupe, il s'agit d'un effort constant et d'une charge variable, tandis que dans la pratique c'est le chargement qui est constant et la traction ou fatigue variable. Toutefois il était utile de constater que les pentes consomment moins de travail utile que ne sembleraient l'indiquer les formules, et que cela est surtout sensible pour les faibles pentes.

COEFFICIENTS DE FROTTEMENT DU TIRAGE

Mémoire de Coriolis.

278. Coriolis, dans le Mémoire analytique dont nous avons déjà eu l'occasion d'entretenir nos lecteurs, lorsque nous nous sommes occupé des ressorts, établit que le reste du travail résistant provient :

« 1° De la réaction que le terrain exerce sur les roues pendant que celles-ci le compriment, ou, ce qui revient au même, de la compression ou de l'ébranlement que celles-ci produisent sur le sol ;

« 2° Du frottement dans les essieux ;

« 3° Enfin de l'élévation du centre de gravité de la voiture lorsque l'extrémité du chemin que l'on considère est plus élevée que son point de départ. »

Nous ne reviendrons pas sur les divisions 2° et 3°, que nous avons suffisamment étudiées, mais nous ferons ressortir les considérations principales relatives au n° 1.

Coriolis remarque que la résultante des forces que la réaction du terrain produit sur la roue agit de bas en haut dans une direction légèrement inclinée par rapport à la verticale. Son intensité est égale à celle de la pression que cette roue exerce contre le terrain, et elle donne lieu à un travail qui ne lui est pas complètement restitué parce que le sol n'est pas complètement élastique. Il recherche ensuite quelles sont les conditions du meilleur rapport à établir entre le poids utile p et le poids mort π. Appelant π' le poids qui repose sur l'essieu, r le rayon de l'essieu, R celui de la roue, f le coefficient de frottement de l'essieu dans sa boîte, f' la tangente représentée par ce coefficient (1), φ celui de la route, et T le travail des chevaux, il pose l'équation suivante que nous connaissons déjà, au moins dans sa forme :

$$T = \frac{f'r}{R}(\pi' + p) + \varphi(\pi + p), \qquad (90)$$

et, en divisant par p, il obtient le travail T_1 par unité de poids transporté, d'où :

$$T_1 = \frac{f'r}{R}\left(\frac{\pi' + p}{p}\right) + \varphi\frac{(\pi + p)}{p}. \qquad (91)$$

Il cherche le minimum de cette fonction qui a lieu pour :

$$\frac{\partial T_1}{\partial p} = -\frac{f'r}{R}\frac{\pi'}{p^2} + \frac{\varphi'(\pi + p)}{p} - \frac{\varphi(\pi + p)}{p^2} = o,$$

d'où :

$$p\,\varphi'(\pi + p) - \varphi(\pi + p) = \frac{f'r}{R}\pi'. \qquad (92)$$

Le second terme de cette équation est constant. « Si l'on conçoit une courbe dont $\pi + p$ soit l'abscisse et $\varphi(\pi + p)$ l'ordonnée, on construira le premier membre pour une valeur quelconque de l'abscisse $(\pi + p)$ en faisant passer par un point pris sur l'axe, à la distance π de l'origine, une parallèle à la tangente, et en prolongeant cette parallèle jusqu'à l'ordonnée qui correspond à l'abscisse $(\pi + p)$; la hauteur de ce point de rencontre au-dessus du point de la courbe sera le premier membre et devra ainsi être égale à la constante $\frac{f'n}{R}\pi$. Or cette seule figure suffit pour faire reconnaître que plus la courbe s'élèvera rapidement, c'est-à-dire que plus le

(1) On sait que l'on a $f = \frac{f}{\sqrt{1 + f^2}}$.

travail perdu à comprimer ou à ébranler le terrain croîtra rapidement avec la charge, et moins il faudra que l'abscisse $\pi + p$ soit grande, c'est-à-dire moins il faudra mettre de charge pour que la condition du *minimum* soit remplie. Si le travail perdu dans le sol $\varphi(\pi + p)$ ne croissait qu'en raison du poids $\pi + p$ il faudrait charger indéfiniment les voitures; mais, comme il n'en est pas ainsi, il y a une charge p qui convient au minimum de tirage par unité de poids transporté; elle sera d'autant moindre que la fonction $\varphi(\pi + p)$ croîtra plus rapidement. »

279. Relativement à la largeur et à la forme des bandages, Coriolis dit ceci :

« Si on suppose d'abord que la bande soit une surface annulaire dont les deux rayons de courbure soient R et r, et si l'on admet que les enfoncements soient toujours très petits, de manière que les segments enfoncés puissent s'assimiler à des segments de paraboloïdes, alors on trouve que le travail employé à comprimer le terrain T_c, sous la charge P de la voiture et pour l'unité de longueur du chemin parcouru, devient proportionnel à l'expression :

$$T_c = \frac{P^{\frac{3}{2}}}{\rho^{\frac{1}{2}} R^{\frac{3}{4}} r^{\frac{1}{4}}} \qquad (93)$$

(ρ représentant la raideur de la résistance à l'enfoncement de la chaussée par unité de surface). Il diminue donc quand la bande a moins de courbure. Si l'on suppose la jante sans courbure transversale et d'une largeur plate égale L, alors le travail perdu T_{c_1} devient :

$$T_{c_1} = \frac{P^{\frac{4}{3}}}{\rho^{\frac{1}{3}} L^{\frac{1}{2}} R^{\frac{2}{3}}}. \qquad (94)$$

« Enfin, si la roue porte sur des pavés qui s'enfoncent chacun sous la charge de la voiture d'une quantité insensible, le travail T_{c_2} employé à comprimer le terrain, toujours dans la même hypothèse que la résistance croît comme l'enfoncement, devient proportionnel à :

$$T_{c_2} = \frac{P^2}{\rho l l'^2}, \qquad (95)$$

l étant la largeur du pavé, l' sa longueur dans le sens de la route. »

« Ainsi pour la conception rationnelle que nous venons de faire sur la nature du terrain, laquelle n'est pas sans analogie avec la réalité pour des chaussées molles et peu liées, le travail du cheval décroîtra lorsqu'on augmentera les rayons de courbure de la jante ou sa largeur quand elle est plate. Sur les chaussées pavées, il diminuera lorsqu'on augmentera les dimensions des pavés. » Dans tous les cas, dit-il, il peut arriver que les voitures suspendues marchant au trot ne dégradent pas plus les routes que les chariots non suspendus marchant au pas.

280. Nous ne nous sommes étendu un peu longuement sur ce travail que parce que, conformément à la remarque de M. Debauve, les résultats de ces calculs ne sont probablement pas éloignés de la vérité, car ils sont intermédiaires entre les résultats expérimentaux du général Morin et ceux de Dupuit. Nous allons maintenant passer en revue les différentes expériences faites en vue de déterminer le coefficient de tirage des voitures dans différents cas.

281. *Expériences de Richard Lowell Edgeworth.* — Dans l'ordre chronologique, les premières expériences donnant des coefficients numériques sur le tirage des voitures, qui soient parvenus à notre connaissance, sont celles d'Edgeworth, insérées en 1797 dans les *Transactions* de l'Académie royale d'Irlande et publiées ensuite en 1817 sous le titre de *An essay on the construction of roads and carriages.*

Après avoir énuméré une partie des avantages des roues de grand diamètre, Edgeworth prouve par expérience que les roues coniques ou à essieux inclinés tendent, par suite de l'inégalité des vitesses du bandage, à désagréger les matériaux des routes (voyez *Ripage*, n° 269). Voir page 147, le tableau de ses essais.

Il conclut de ses expériences que l'on doit employer des roues et des fusées cylindriques, et que les roues étroites, dans certaines limites, sont les plus favorables pour les voituriers.

Il conclut aussi d'autres expériences, ainsi que Coriolis l'a trouvé plus tard par le calcul, que l'avantage des ressorts croît avec la vitesse, et que leur forme importe

ESSAIS D'EDGEWORTH SUR LES ROUES CONIQUES ET CYLINDRIQUES

NUMÉROS	TEMPS	LONGUEUR DE LA ROUTE	DÉSIGNATION DES ROUTES HORIZONTALES dans les deux sens	POIDS DE LA VOITURE et de sa charge	POIDS EMPLOYÉ avec roues coniques de 8 P 1/4 diamètre intér. 6 P 3/4 diamètre extér. 4 P largeur de bandes	POIDS EMPLOYÉ avec roues cylindriques de 8 P 1/2 de diamètre et 4 P largeur de bandes
1	10″	pieds 30	Route planche sapin poli.	livres 60	livres 3	livres 2
2	10″	30	Route en gravier légèrement tassé, semblable à une route de Hyde-Park pendant l'été	60	6 1/2	6
3	10″	30	La même route récemment ratissée comme une nouvelle route en gravier..........	60	8	7
4	10″	30	La même avec de gros cailloux répandus à sa surface comme une grande route neuve ordinaire.....	60	9	9

peu, pourvu qu'ils soient suffisamment élastiques.

Enfin que la différence en longueur ou en hauteur des voitures, toutes choses égales d'ailleurs, a peu d'influence sur la facilité plus ou moins grande de les traîner, et que les voitures les plus courtes ont seulement comme avantage d'être plus faciles à conduire dans les grandes villes.

Nous croyons qu'il faut exclure de cette dernière conclusion les alignements courbes.

282. *Expériences de Rumfort.* — Rumfort, en 1811, présenta un Mémoire à l'Institut, sur l'avantage d'employer les roues à larges jantes pour les voitures de voyage et de luxe, qui mit en évidence l'accroissement de la résistance sur les routes dures, et sa constance sur les routes compressibles.

283. *Théorie de de Gertsner.* — De Gertsner a publié, en 1813, un Mémoire sur les grandes routes, et il a établi :

1° Que la résistance provenant des ornières augmente dans un rapport plus grand que la charge, et qu'il est plus avantageux de partager la charge sur plusieurs voitures que d'en charger démesurément une seule ;

2° Que, sur un terrain mou, la résistance est plus considérable que sur un terrain dur ;

3° Que la résistance diminue lorsque le diamètre des roues augmente ;

4° Que la résistance diminue par l'augmentation de la largeur des jantes.

Relativement aux routes dures sur lesquelles il y a des chocs, il déduit de ses formules :

1° Que la partie de la force de traction provenant des chocs est proportionnelle à la charge ;

2° Qu'elle est proportionnelle au carré de la vitesse ;

3° Qu'elle augmente en raison inverse de l'écartement du pavé, de milieu en milieu.

Il établit ensuite que les frais de transport sont diminués, tant en pays de plaine qu'en pays de montagne, par des routes bien *solides*, *bien unies* et par l'adoption de grandes roues, conclusion très importante en ce qu'elle a été confirmée par la pratique.

284. *Commission de 1816. Résumé de Brisson.* — Une Commission d'ingénieurs, nommée en 1816, fit des expériences que Brisson résuma en 1828. Voici ses conclusions :

1° Sur les chaussées en empierrement

ou en gravelage en bon état, une voiture menée au trot fait moins de mal qu'au pas. Elle en fait plus, au contraire, quand les chaussées sont en mauvais état ;

2° Sur les chemins en pavés d'échantillon, les efforts immédiats du pas et du trot n'ont pu être distingués ;

3° Les chaussées pavées en blocage ou pierres irrégulières sont celles où le trot est le plus nuisible, relativement au pas.

285. *Mémoire de Corrèze et Manès.* — En 1832, Corrèze et Manès entreprirent des expériences et publièrent un Mémoire qui, partant d'aperçus théoriques, donnèrent lieu à des conclusions inexactes qui furent vivement critiquées, à juste titre, par un grand nombre d'ingénieurs, entre autres, la même année (voyez *Annales des Ponts et Chaussées*), par Girard de Caudemberg. Ce dernier a surtout relevé la phrase suivante :

« Dans l'administration de nos routes, il vaut mieux employer *tous* les fonds qui y sont affectés à maintenir celles-ci en bon état que d'en consacrer une partie à changer le tracé des points qui offrent des pentes rapides. »

Cette erreur provenait de ce que ces ingénieurs admettaient que la chaussée était parfaitement élastique et restituait la totalité du travail dû à l'enfoncement des roues, ce qui est inexact.

286. *Navier, Mac-Adam, Mac-Neill.* — Navier, à la même époque (1832, on s'occupait alors d'un projet de réglementation du roulage), a étudié la question, surtout au point de vue de la largeur des jantes des roues. Il cite les résultats de l'enquête parlementaire faite, en Angleterre, par la Chambre des communes et indique les résultats des expérienees de Mac-Adam et de J.-Mac Neill, sur le sujet qui le préoccupait. Ces résultats confirmant en partie ceux que nous avons déjà relatés, nous ne nous y arrêterons pas.

287. *Expériences de Dupuit.* — Dupuit, ingénieur des ponts et chaussées, fit un grand nombre d'expériences qu'il publia en 1838. Ces expériences furent résumées dans les *Annales* de la même année, par Emmery, alors directeur des ponts et chaussées, auquel nous empruntons les détails suivants.

Les expériences ont été faites avec une simple romaine à cadran, et c'étaient des hommes qui effectuaient le tirage.

Dupuit opéra :

Sur un pré uni et gelé ;

Sur une berme sablonneuse de route;

Sur un empierrement avec ornières ;

Sur un empierrement boueux sans ornières;

Sur un empierrement assez bon;

Sur un empierrement bon, mais humide (et avec divers degrés d'humidité);

Sur un empierrement très bon;

Sur un pavage assez boueux ;

Sur un pavage bon, mais humide (avec divers degrés d'humidité) ;

Sur un pavage bon et sec ;

Les expériences ont été, au nombre de près de quatre cents réparties en cinquante séries.

Voici les conséquences qu'il tire de ses expériences:

1° *Chaussées d'empierrement.*

1° La vitesse sur un empierrement n'a pas d'influence sur le tirage;

2° Le frottement à la bande de la roue est le même en montant et en descendant ;

3° Le frottement à la bande des roues est indépendant de la pente du terrain ;

4° La résistance de la bande est proportionnelle à la pression ;

5° Le frottement de la bande est en raison inverse de la racine carrée du diamètre de la roue ;

6° La largeur des bandes n'influe pas sur le frottement;

7° La suspension de la voiture n'a pas d'influence.

Sous les mêmes poids, pour un cabriolet avec des roues de $1^m,48$ de diamètre et pour un char à bancs (avec des roues de $0^m,86$ et de $1^m,50$), la moyenne des tensions a été $21^k,50$ pour le cabriolet et $21^k,30$ pour le char à bancs.

2° *Chaussées pavées.*

1° La vitesse (pour les chaussées pavées) augmente le tirage ;

2° Le frottement à la bande est le même en remontant qu'en descendant ;

3° Ce frottement est indépendant de la pente du terrain ;

4° La résistance de la bande est proportionnelle à la pression ;

5° Le frottement à la bande est en raison inverse de la racine carrée du diamètre des roues ;

6° La largeur de la bande (pour le pavé) diminue le frottement ;

7° La suspension (sur le pavé) diminue d'autant plus le tirage qu'elle est plus complète, et que la vitesse est plus considérable.

Voitures à quatre roues.

Les expériences faites ont été trop peu nombreuses pour permettre à l'auteur d'en tirer des conséquences certaines.

En résumé.

288. « 1° Pour les chaussées d'empierrement comme pour les chaussées pavées, la résistance à la bande serait indépendante de la pente du terrain et croîtrait ou diminuerait en raison directe de la pression et en raison inverse de la *racine carrée* du diamètre des roues ;

2° Pour les empierrements, la vitesse du véhicule, la suspension de la voiture, la largeur des bandes des roues n'ont aucune influence, et, au contraire, pour les chaussées pavées, ces trois circonstances modifient le tirage.

Ainsi pour le pavé :

La vitesse augmente beaucoup le frottement pour les voitures non suspendues ;

La suspension diminue d'autant plus le frottement que la vitesse est considérable.

La largeur des jantes n'atténue, au contraire, le tirage que jusqu'à une certaine limite dont on s'approche sans cesse. »

289. Voici les résumés moyens que l'auteur a extraits du tableau général de ses expériences.

COEFFICIENTS DE DUPUIT

VOITURES	DIAMÈTRE des ROUES	LARGEUR des BANDES	RAPPORT DU TIRAGE À LA PRESSION — EMPIERREMENT UNI pas et trot	PAVÉ — Pas	PAVÉ — Trot
Charrette	1.82	0.05	0.032	0.021	0.028
Tombereau	1.85	0.075	0.031	0.0205	»
	1.89	0.11	0.030	0.0176	»
	1.90	0.14	0.030	0.0166	»
Voiture de roulage	1.96	0.17	0.029	0.0177	»
Cabriolet	1.48	0.05	0.026	0.0240	0.034
Char à bancs	1.50 1.86	0.05	0.036	0.0300	0.037
Diligence	1.50 0.95	0.13	0.029	0.0160	0.020

290. L'auteur conclut : « Que, sur un empierrement uni, le tirage de 1 000 kilogrammes exige pour son transport :

Par une voiture de roulage, un effort de . . . 30 kil.
Par une diligence . . . . 30 kil.
Par une voiture de luxe. 36 kil.

« Que sur les chaussées pavées le même poids ne demande que :

Par une voiture de roulage . . . . 17 kil.
Par une diligence au trot. 20 kil.
Par une voiture de luxe. 34 à 37 kil.

« Que, par conséquent, l'avantage du pavé, très considérable pour une voiture de roulage, l'est un peu moins pour les diligences et se réduit presque à rien pour les voitures de luxe.

« Que, si l'on voulait encore simplifier la question par des chiffres moyens, on pourrait par 1 000 kilogrammes admettre comme tirage :

Sur les chaussées d'empierrement . . . . 30 kil.
Sur les chaussées pavées. . . 20 kil.

« Il ne faut pas perdre de vue que ces chiffres se rapportent à des chaussées en bon état. »

L'auteur ajoute qu'il suit de ces chiffres que les tirages sur les chaussées pavées, empierrées et les chemins de fer sont dans les rapports 30, 20, 5, ou plus simplement 6, 4, 1.

291. Relativement aux bandages des roues, excepté celles qui à force d'être étroites deviennent tranchantes, Dupuit a affirmé avec raison qu'il y a lieu de laisser l'industrie du roulage résoudre la question de la largeur de la bande. En effet une bande de 0m,17, se réduisant au bout de quelques jours, par suite de l'arrondissement de ses côtés et quant à l'effet produit sur la route, à celui d'une bande de 0m,14 et au bout de quelques mois à celui d'une bande de 0m,11, l'auteur conclut qu'il y aurait lieu, même au point de vue de la conservation des routes, à prendre des bandes curvilignes. Cette proposition serait évidente, si on admettait, ce qui du reste paraît logique, qu'une moindre perte de fer répond à un minimum d'usure de la route.

L'auteur ajoute que les messageries anglaises ont déjà adopté cette forme arrondie, et donne les chiffres suivants. Après un parcours de 4 000 lieues, les roues de 0m,17 de bande sont généralement hors de service, et leurs bandes ont perdu 240 kilogrammes de leur poids primitif, soit un kilogramme par 20 lieues et par tonne de charge utile.

Le diamètre de la roue a beaucoup plus d'influence sur la diminution du contact que la largeur de la bande, et il faut considérer *avant tout* l'effet de la pression d'une roue, n'importe avec quelle largeur de jante sur un caillou isolé.

Il annonce avoir constaté sur diverses routes que le dixième des matériaux ne pourrait être écrasé par une pression de 2 000 kilogrammes et pense que, si on imposait 4 000 kilogrammes par cc^2, les matériaux ne s'useraient plus que par le frottement.

Il trouve enfin que sur les routes ordinaires les dimensions actuelles des roues satisfont avec une précision rigoureuse à la condition de maximum de charge utile, et qu'il n'y aurait aucun avantage à augmenter leur diamètre, parce que la légère diminution du tirage qu'on obtiendrait ne compenserait pas la perte à subir sur le poids des marchandises.

292. *Expériences du général Morin.* — Les choses en étaient là quand le général Morin présenta, en 1838, à l'Académie des sciences son premier Mémoire sur le tirage des voitures.

Ce Mémoire fut l'objet d'un rapport d'Arago, Poncelet et Coriolis. En voici l'extrait :

L'auteur a examiné en particulier les causes diverses qui peuvent exercer une influence notable sur le tirage et la dégradation des routes. Ces causes sont :

1° Le diamètre des roues ;
2° La largeur des bandes ;
3° La vitesse de transport ;
4° L'inclinaison du tirage ;
5° La suspension ou l'élasticité plus ou moins parfaite de la voiture.

Les expériences ont été faites au moyen des appareils dynamométriques inventés par lui et formés de deux lames de ressort et d'un plateau enregistreur participant au mouvement de la roue. Le pinceau *a* décrivait des courbes sur le plateau enregistreur ; en relevant ces courbes, connaissant le temps des expériences et les espaces parcourus, on en pouvait déduire les efforts de traction à chaque instant (*fig.* 95 et 96) et tous les éléments nécessaires aux calculs.

Les expériences ont été faites avec des voitures d'artillerie, des diligences et un véhicule analogue à une charrette ; les charges ont été de 1 000 à 5 000 kilogrammes et au delà.

Les terrains sur lesquels on a fait marcher les voitures ont varié de dureté, depuis le sable fin et la terre molle jusqu'aux routes dures en empierrement et en pavé.

Les espaces parcourus ont été habituellement de plusieurs centaines de mètres.

Enfin on a fait des expériences comparatives sur les dégradations causées aux routes par les voitures suspendues allant au trot et par les voitures non suspendues allant au pas.

Voici le résumé de ces expériences.

293. La résistance opposée au roulement des voitures de tout genre par les différents sols est :

1° Proportionnelle à la pression et inversement proportionnelle au diamètre des roues ;

2° Les dégradations produites par les voitures sur les routes sont d'autant plus grandes que les roues sont plus petites ;

3° Sur les chaussées pavées, la résistance est indépendante de la largeur de la bande de la roue.

Il en est à peu près de même sur les

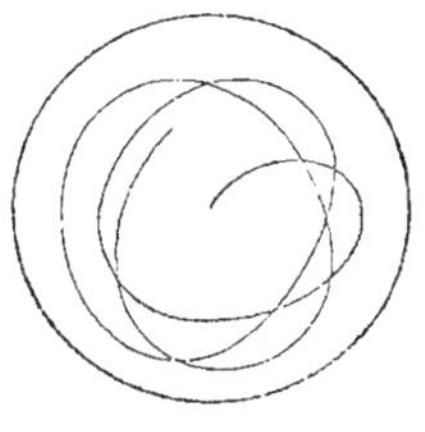

Fig. 95.

chaussées en empierrement, même quand elles ne sont pas très fermes, ce qui, joint à la prompte déformation des bandes de roue, conduit à conclure que, pour l'économie de la force motrice, et dans l'intérêt de la conservation de ces routes, il n'est pas nécessaire d'employer des jantes de plus de $0^m,08$ à $0^m,10$;

4° Sur les terrains mous, mobiles ou compressibles, la résistance diminue à mesure que la largeur de la bande augmente ; mais cette diminution est peu sensible au-delà de $0^m,12$ à $0^m,20$ de largeur ;

5° Sur les terrains mous, les accotements de routes en terre, les rechargements épais de gravier ou de décombres, la résistance est indépendante de la vitesse ;

6° Au pas et sur toutes les routes, la résistance est sensiblement la même pour les voitures suspendues et pour celles qui ne le sont pas ;

7° Sur les routes en empierrement solide et sur le pavé, la résistance croît avec la vitesse, de manière que ses accroissements sont proportionnels à ceux de la vitesse, et cette augmentation est d'autant moindre que la suspension est plus parfaite ;

8° Sur un bon pavé de grès, bien posé et bien uni, la résistance au pas n'est que les trois quarts environ de celle qu'offrent les meilleures routes en empierrement, et, pour les voitures bien suspendues, la résistance au trot, sur un très bon pavé, est

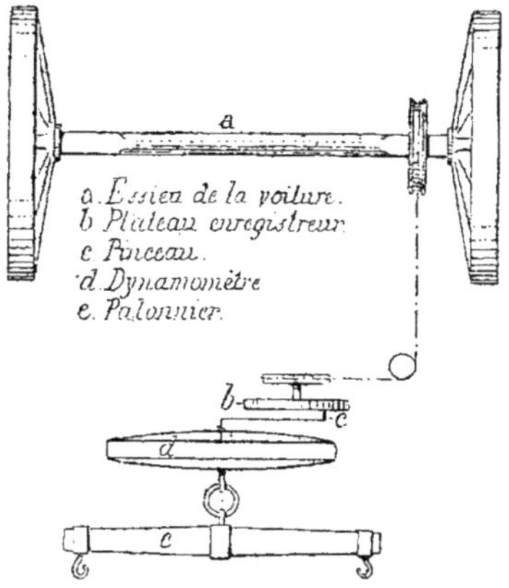

Fig. 96.

la même que sur une route en empierrement en bon état ;

9° Les voitures non suspendues allant au pas fatiguent et détériorent davantage les routes que les voitures suspendues allant au trot. Il en serait de même, *a fortiori*, pour les voitures non suspendues allant au trot.

Dans un second Mémoire supplémentaire, de la même année, le général Morin relate les expériences qui ont été faites sur le pavé de l'une des rues de Paris, avec un chariot des Messageries générales suspendu sur six ressorts et dont les essieux et les roues seuls ne participaient pas à l'élasticité de la voiture. En calant ces ressorts, on a pu transformer cette voiture en chariot non suspendu.

On a fait varier les diamètres des roues de devant et de derrière ainsi que la vitesse de transport, dans des limites étendues.

Les résultats de ces expériences confirment, sous tous les rapports, ceux des recherches faites sur le pavé de la ville de Metz. Mais elles montrent que ce pavé exécuté en grès quartzeux, très dur, d'une forme régulière et très bien posé, quoique d'un petit échantillon, présente, surtout aux allures vives, beaucoup moins de résistance que celui de Paris, dont la moindre dureté, la surface promptement arrondie et les joints trop larges rendent les surfaces très inégales.

Ces mêmes expériences montrent aussi qu'il y aura avantage notable, pour la diminution des tirages aux allures vives, à suspendre les trains de devant et de derrière sur des ressorts et à augmenter la portion de la charge totale qui est suspendue.

L'auteur termine sa note en montrant que la loi d'accroissement de la résistance qu'il a déduite de ses expériences, au nombre de plus de deux cents, était implicitement comprise dans les résultats de celles d'Edgeworth, de Rumfort et de Mac-Neill.

Les résultats obtenus par le général Morin diffèrent, comme on le voit dans certains cas, de ceux obtenus par Dupuit ; une vive polémique s'engagea, ainsi qu'on en peut juger par un rapport publié par ce dernier dans les *Annales des Ponts et Chaussées* de 1838.

Comme à cette époque il s'agissait d'élaborer une nouvelle loi sur la police de roulage, le ministre des Travaux publics ordonna que de nouvelles expériences seraient faites simultanément par le général Morin et par Dupuit. Ces expériences furent faites en 1839, puis en 1841. Les résultats des premières expériences furent confirmés de part et d'autre ; mais, en variant les circonstances des essais, on trouva des lois un peu différentes ; aussi ne pouvons-nous que nous associer à cette remarque du général Morin (p. XXVI, *Avant-propos* de son ouvrage sur le tirage des voitures).

Conclusions du débat.

294. « En multipliant ainsi les expériences et en variant les éléments, je reconnus de plus en plus combien la question que j'essayais de résoudre était compliquée par la nature même des corps étudiés, et combien, en pareille matière, il fallait être sobre de conclusions générales et absolues. Telle loi, qui paraissait presque rigoureusement exacte dans un cas, cessait de l'être dans d'autres. Ainsi, la proportionnalité de la résistance à la pression, admise par Coulomb et par la plupart des théoriciens et expérimentateurs, n'est plus vraie sur les bois, dès que leur élasticité peut être altérée par la charge ; sur les routes en empierrement, elle paraît à peu près exacte dans des limites très étendues ; sur le pavé, elle n'est qu'approximative. La loi de la variation de la résistance en raison inverse des diamètres, qui paraît très voisine de la vérité pour les routes pavées ou en empierrement très dur, pour les bois, le cuir, le plâtre et, en général, pour les sols rigides, n'est qu'une approximation plus ou moins exacte pour les sols mous et compressibles, etc. etc.

« Dans de semblables circonstances, quand il s'agit de phénomènes si compliqués et sur lesquels tant de causes diverses peuvent exercer des influences opposées et simultanées, on doit renoncer à l'espoir d'obtenir des lois simples et mathématiques qui puissent représenter tous les faits observés. Quand on a pour objet principal les applications, il faut se borner à rechercher des règles pratiques usuelles, sinon rigoureusement, du moins assez simples et voisines de la vérité pour être utiles à la pratique. »

On voit que les grandes divergences existant entre Dupuit et le général Morin sont au nombre de deux et peuvent se résumer ainsi :

DUPUIT :

1° Le tirage est inversement proportionnel à la racine carrée du diamètre des roues ;

2° Le tirage est indépendant de la vitesse sur les routes *en empierrement*.

GÉNÉRAL MORIN :

1° Le tirage est inversement proportionnel au diamètre des roues ;

2° Le tirage croît avec la vitesse quelle que soit la route.

Le plus grand nombre des roues actuellement employées ayant aujourd'hui des diamètres voisins de 1 mètre, on voit que la première divergence est peu importante au point de vue *pratique*.

Relativement à la seconde, les opinions sont encore divisées, mais un grand nombre d'ingénieurs partagent l'avis de Dupuit. Dans tous les cas, ces expériences ont été excessivement fructueuses et elles ont montré combien il était avantageux pour le pays d'avoir des routes bien entretenues, et favorisant ainsi le bon marché des transport, cette source de l'extension du commerce et de l'industrie.

Nous donnons, page 154 et suivantes, le résumé des très nombreuses expériences du général Morin. Il a exprimé tous ses résultats en fractions de telle sorte qu'il n'y a qu'à multiplier l'effort du cheval ou de son quintal vif par le dénominateur de la fraction pour obtenir le poids pouvant être traîné. La réduction de ces chiffres en fractions décimales permettra de les comparer avec ceux de Dupuit. (v. 295, page suivante).

Nous donnons ci-dessous le tableau des charges maxima traînées en pays de plaine en diverses saisons.

296. CHARGES MAXIMA SUIVANT LES SAISONS.

	En Hiver	En Été
Chariot comtois à 1 cheval......	1 800	2 000
Chariot à 4 roues à 2 chevaux..	2 400	2 800
— — à 4 chevaux..	4 800	5 200
— — à 6 chevaux..	7 200	9 100
Charrette à 2 roues à 1 cheval...	1 800	2 500
— — à 2 chevaux.	3 500	4 000
— — à 3 chevaux.	4 500	5 000

Expériences de Charié-Marsaines, inspecteur général des ponts et chaussées.

297. Charié-Marsaines a publié dans les *Annales des ponts et chaussées* de 1857 un travail comparatif sur les chaussées pavées et les chaussées empierrées, les premières étant très appréciées dans le Nord. Il recueillit les renseignements des cultivateurs et des rouliers, cuba les chargements de densité connue, tels que la betterave, et, quand il le put, fit peser les véhicules sur les ponts à bascule. Excepté dans le canton d'Avesne qui est un peu accidenté, tous les résultats en pays de plaine furent concordants, ce qui est remarquable car les charges transportées sont considérables dans tout le département du Nord.

Voici les conclusions de l'auteur, qu'il « n'entend d'ailleurs ni appliquer à d'autres voitures qu'à celles marchant au pas, ni étendre à d'autres localités que le département du Nord, seul champ de ses observations :

« 1° Les frais d'entretien des chaussées pavées sont inférieurs à ceux des chaussées empierrées dans le rapport de 1 à 2 pour les routes impériales, de 5 à 7 pour les routes départementales et de 5 à 6 pour les chemins vicinaux de grandes communications ;

« 2° Sur les chaussées pavées les poids transportés pendant l'hiver sont égaux, à 1/10 près, à ceux transportés pendant l'été ; sur les chaussées d'empierrement, les premiers sont inférieurs aux seconds de plus de 1/3 ;

3° Le poids transporté sur les chaussées pavées est supérieur à celui transporté sur les chaussées empierrées de 1/4 pendant l'été et de plus de 3/5 pendant l'hiver ;

4° La force dépensée par les chevaux sur les chaussées d'empierrement est supérieure à celle qu'ils dépensent sur les chaussées pavées de 1/18 pendant l'été, de près de 3/4 pendant l'hiver et de 2/5 en moyenne pendant toute l'année. »

On trouve encore dans le même auteur les conclusions suivantes au sujet du matériel roulant :

1° Une usure généralement moindre des harnais sur les chaussées pavées que sur celles empierrées ;

2° Une usure des voitures, au contraire, généralement plus forte sur la première espèce de chaussée ;

295. RÉSUMÉ DES EXPÉRIENCES DU GÉNÉRAL MORIN

DÉSIGNATION DE LA ROUTE PARCOURUE PAR LA VOITURE	VALEUR DE	AFFUTS ET CHARRETTES d'artillerie	CHARIOTS D'ARTILLERIE	CHARIOTS COMTOIS	VOITURES DE ROULAGE		CHARRETTES		DILIGENCE des grandes MESSAGERIES	CHARS à bancs SUSPENDUS
	$l =$ $r =$ $r' =$ $r'' =$ $fr =$	0.10 à 0.14 0.038 0.782 0.782 0.00247	0.07 à 0.75 0.038 0.575 0.780 0.00247	0.06 à 0.07 0.027 0.625 0.725 0.00175	0.010 à 0.12 0.032 0.045 0.750 0.0208	0.10 à 0.12 0.032 0.55 0.85 0.00208	0.10 à 0.12 0.032 0.80 » 0.00208	0 10 à 0.12 0.032 0 10 » 0.00208	0.10 à 0.12 0.032 $r + r' =$ $1^m,1$ 0.00208	0.07 à 0.08 0.027 0.045 0.070 0.00175
Accotement en terre à peu près sec..........		$\frac{1}{33}$ 0.030	$\frac{1}{30}$ 0.033	$\frac{1}{31}$ 0.032	$\frac{1}{27}$ 0.037	$\frac{1}{32}$ 0.031	$\frac{1}{35.5}$ 0.028	$\frac{1}{45.5}$ 0.022	$\frac{1}{26.5}$ pl 0.038	$\frac{1}{26.5}$ pl 0.038
Accotement solide recouvert d'une couche de gravier de 0,03 à 0,04 d'épaisseur..........		$\frac{1}{13}$ 0.072	$\frac{1}{12}$ 0.084	$\frac{1}{12}$ 0.084	$\frac{1}{10.5}$ 0.095	$\frac{1}{12.8}$ 0.083	$\frac{1}{14}$ 0.071	$\frac{1}{17.5}$ 0.057	$\frac{1}{10}$ pl 0.100	$\frac{1}{10}$ pl 0.100
Accotement solide recouvert d'une couche de gravier de 0,05 à 0,06 d'épaisseur..........		$\frac{1}{11.5}$ 0.087	$\frac{1}{10}$ 0.100	$\frac{1}{10}$ 0.100	$\frac{1}{9}$ 0.111	$\frac{1}{10.5}$ 0.095	$\frac{1}{12}$ 0.084	$\frac{1}{15}$ 0.067	$\frac{1}{8.5}$ pl 0.116	$\frac{1}{8.5}$ pl 0.116
Sol en terre ferme recouvert de 0,10 à 0,15 de gravier ou route neuve....................		$\frac{1}{11}$ 0.091	$\frac{1}{9.5}$ 0.105	$\frac{1}{9.5}$ 0.105	$\frac{1}{8.5}$ 0.120	$\frac{1}{9.5}$ 0.103	$\frac{1}{11}$ 0.090	$\frac{1}{14}$ 0.071	$\frac{1}{8}$ pl 0.125	$\frac{1}{8}$ pl 0.125
Accotement ou route couverte de neige non frayée..............................		$\frac{1}{18.5}$ 0.054	$\frac{1}{16.5}$ 0.061	$\frac{1}{16.5}$ 0.061	$\frac{1}{14}$ 0.070	$\frac{1}{16.5}$ 0.060	$\frac{1}{19}$ 0.053	$\frac{1}{24}$ 0.042	$\frac{1}{14}$ 0.071	» »
Sol en terre ferme, recouvert d'une couche de sable fin mêlé de gravier de 0,10 à 0,15 d'épaisseur............................		$\frac{1}{10}$ 0.100	$\frac{1}{8}$ 0.125	$\frac{1}{9}$ 0.112	$\frac{1}{8}$ 0.125	$\frac{1}{9}$ 0.100	$\frac{1}{10.5}$ 0.095	$\frac{1}{13}$ 0.076	$\frac{1}{7.5}$ pl 0.133	$\frac{1}{7}$ pl 0.145
Routes en empierrement — en très bon état, très sèche et très unie..................		$\frac{1}{62.5}$ p 0.016 $\frac{1}{50}$ l 0.020	$\frac{1}{51}$ 0.018	$\frac{1}{56}$ 0.017	$\frac{1}{50}$ 0.020	$\frac{1}{58}$ 0.017	$\frac{1}{59}$ 0.015	$\frac{1}{67}$ 0.012	$\frac{1}{48}$ p 0.021 $\frac{1}{41.5}$ l 0.024 $\frac{1}{24.5}$ gt 0.041	$\frac{1}{50}$ p 0.020 $\frac{1}{42}$ l 0.024 $\frac{1}{40}$ gt 0.025
Routes en empierrement — Un peu humide ou couverte de poussière avec quelques cailloux à fleur du sol........		$\frac{1}{45}$ 0.022	$\frac{1}{38.5}$ 0.026	$\frac{1}{41.5}$ 0.024	$\frac{1}{36}$ 0.028	$\frac{1}{41.5}$ 0.024	$\frac{1}{47.5}$ 0.021	$\frac{1}{59}$ 0.017	$\frac{1}{33}$ p 0.030 $\frac{1}{27}$ l 0.037 $\frac{1}{24}$ gt 0.041	$\frac{1}{34.5}$ p 0.029 $\frac{1}{27}$ l 0.037 $\frac{1}{24}$ gt 0.041

Routes en empierrement	Très solide avec gros cailloux à fleur du sol	$\frac{1}{55.5}$	0.018	$\frac{1}{47.5}$	0.021	$\frac{1}{50}$	0.020	$\frac{1}{43.5}$	0.023	$\frac{1}{50}$	0.020	$\frac{1}{55.5}$	0.018	$\frac{1}{71.5}$	0.014	$\frac{1}{40}$ $\frac{1}{26.5}$ $\frac{1}{22.5}$	p 0.015 l 0.038 gl 0.044	$\frac{1}{40}$ $\frac{1}{26.5}$ $\frac{1}{22.5}$	p 0.025 l 0.037 gl 0.044
	Solide avec frayé léger et boue molle	$\frac{1}{50}$	0.020	$\frac{1}{30}$	0.033	$\frac{1}{31}$	0.032	$\frac{1}{27}$	0.037	$\frac{1}{31}$	0.032	$\frac{1}{36}$	0.028	$\frac{1}{45.5}$	0.022	$\frac{1}{26.5}$ $\frac{1}{21.5}$ $\frac{1}{20}$	p 0.038 l 0.046 gl 0.050	$\frac{1}{26.5}$ $\frac{1}{22}$ $\frac{1}{20.5}$	p 0.038 l 0.045 gl 0.049
	Solide avec ornières et boue	$\frac{1}{28.5}$	0.035	$\frac{1}{24.5}$	0.041	$\frac{1}{25}$	0.040	$\frac{1}{22}$	0.045	$\frac{1}{25.5}$	0.039	$\frac{1}{29.5}$	0.034	$\frac{1}{37}$	0.027	$\frac{1}{21}$ $\frac{1}{18.5}$ $\frac{1}{17}$	p 0.048 l 0.054 gl 0.058	$\frac{1}{21.5}$ $\frac{1}{18.5}$ $\frac{1}{17}$	p 0.047 l 0.054 gl 0.058
	Avec détritus et boue épaisse	$\frac{1}{24.5}$	0.041	$\frac{1}{21}$	0.048	$\frac{1}{21.5}$	0.047	$\frac{1}{19}$	0.053	$\frac{1}{22}$	0.046	$\frac{1}{25}$	0.040	$\frac{1}{31.5}$	0.032	$\frac{1}{18}$ $\frac{1}{16}$ $\frac{1}{15}$	p 0.055 l 0.063 gl 0.066	$\frac{1}{18}$ $\frac{1}{16}$ $\frac{1}{15}$	p 0.055 l 0.063 gl 0.067
	Très dégradée, ornière profonde de 0,06 à 0,08, boue épaisse	$\frac{1}{18.5}$	0.054	$\frac{1}{15}$	0.063	$\frac{1}{15}$	0.063	$\frac{1}{14.5}$	0.069	$\frac{1}{16.5}$	0.060	$\frac{1}{19}$	0.053	$\frac{1}{23.5}$	0.042	$\frac{1}{13.5}$ $\frac{1}{12.5}$ $\frac{1}{12}$	p 0.073 l 0.080 gl 0.085	$\frac{1}{13}$ $\frac{1}{12.5}$ $\frac{1}{12}$	p 0.072 l 0.080 gl 0.084
	Très mauvaise, ornière profonde de 0,10 à 0,12, fond dur et inégal	$\frac{1}{16.5}$	0.061	$\frac{1}{14}$	0.069	$\frac{1}{14}$	0.069	$\frac{1}{12.5}$	0.080	$\frac{1}{15}$	0.067	$\frac{1}{17}$	0.059	$\frac{1}{21.5}$	0.047	$\frac{1}{12}$ $\frac{1}{10.5}$	p 0.080 l 0.095	$\frac{1}{12.5}$ $\frac{1}{10}$	p 0.080 l 0.100

RÉSUMÉ DES EXPÉRIENCES DU GÉNÉRAL MORIN (*suite*).

DÉSIGNATION DE LA ROUTE PARCOURUE PAR LA VOITURE	VALEUR DE	AFFUTS ET CHARRETTES d'artillerie	CHARIOTS D'ARTILLERIE	CHARIOTS COMTOIS	VOITURES DE ROULAGE		CHARRETTES		DILIGENCE des grandes MESSAGERIES	CHARS à bancs SUSPENDUS
	l = r = r' = r'' = fr =	0.10 à 0.14 0.038 0.782 0.782 0.00247	0.07 à 0.75 0.038 0.575 0.780 0.00247	0.06 à 0.07 0.027 0.625 0.725 0.00175	0.010 à 0.12 0.032 0.045 0.750 0.0208	0.10 à 0.12 0.032 0.55 0.85 0.00208	0.10 à 0.12 0.032 0.80 » 0.00208	0.10 à 0.12 0.032 0.80 » 0.00208	0.10 à 0.12 0.032 $r + r' =$ 1m,1 0.00208	0.07 à 0.08 0.027 0.045 0.070 0.00175
Pavé en grès de Stork serré		$\frac{1}{83}$ 0.012	$\frac{1}{70}$ 0.014	$\frac{1}{77}$ 0.013	$\frac{1}{15}$ 0.016	$\frac{1}{77}$ 0.013	$\frac{1}{83}$ 0.012	$\frac{1}{11}$ 0.09	p $\frac{1}{62.5}$ 0.016 t $\frac{1}{41.5}$ 0.024 gt $\frac{1}{37}$ 0.027	p $\frac{1}{62.5}$ 0.016 t $\frac{1}{41.5}$ 0.024 gt $\frac{1}{57}$ 0.027
Pavé en grès de Fontainebleau — Ordinaire sec		$\frac{1}{77}$ 0.013	$\frac{1}{65}$ 0.015	$\frac{1}{70}$ 0.014	$\frac{1}{59}$ 0.017	$\frac{1}{70}$ 0.014	$\frac{1}{83}$ 0.012	$\frac{1}{10}$ 0.100	p $\frac{1}{59}$ 0.017 t $\frac{1}{38.5}$ 0.026 gt $\frac{1}{33}$ 0.031	p $\frac{1}{59}$ 0.017 t $\frac{1}{38.5}$ 0.026 gt $\frac{1}{33.5}$ 0.030
Pavé en grès de Fontainebleau — En l'état ordinaire, mouillé et couvert de boue		$\frac{1}{59}$ 0.017	$\frac{1}{50}$ 0.020	$\frac{1}{52.5}$ 0.019	$\frac{1}{45}$ 0.022	$\frac{1}{52.5}$ 0.019	$\frac{1}{62.5}$ 0.016	$\frac{1}{77}$ 0.013	p $\frac{1}{43.5}$ 0.023 t $\frac{1}{33.5}$ 0.030 gt $\frac{1}{29.5}$ 0.034	p $\frac{1}{43.5}$ 0.022 t $\frac{1}{33.5}$ 0.030 gt $\frac{1}{30}$ 0.033
Tablier de pont en madriers		$\frac{1}{5[illegible].5}$ 0.018	$\frac{1}{48}$ 0.021	$\frac{1}{50}$ 0.020	$\frac{1}{43.5}$ 0.023	$\frac{1}{50}$ 0.020	$\frac{1}{70}$ 0.014	$\frac{1}{70}$ 0.014	pt $\frac{1}{41.5}$ 0.024	pt $\frac{1}{41.5}$ 0.024

l, largeur de la jante ; r, rayon des essieux ; r', rayon des petites roues ; r'', rayon des grandes roues ; f, coefficient de frottement de l'essieu ; fr, moment du frottement de l'essieu ; p, au pas ; t, au trot ; gt, au grand trot ; pt, au pas et au trot.

3° Enfin une durée des chevaux moindre sur les chaussées en empierrement. »

Cette dernière remarque est contraire aux idées reçues. Mais, comme le fait remarquer l'auteur, il s'agit ici non de chevaux traînant des poids légers à allure rapide, mais de chevaux d'agriculture et de roulage marchant au pas, qui, suivant la conclusion n° 4 rapportée ci-dessus, développent plus de travail sur les chaussées empierrées que sur les chaussées pavées.

Expériences de Tresca sur le tirage des omnibus.

298. La même année, Tresca fit un Rapport inséré dans les *Annales des ponts et chaussées* sur les expériences comparatives faites sur le tirage des omnibus Loubat.

Ceux-ci, précurseurs des tramways, marchaient sur rails. Des premières expériences faites sur un terrain horizontal et en ligne droite avaient donné pour chiffre comparatif du tirage :

Route pavée	0,01485
Route macadamisée.	0,01600
Chemin de fer Loubat. . . .	0,00719

Les secondes expériences ont eu lieu sur un terrain plus accidenté, depuis le pont de Sèvres jusqu'à la rue de Ville-d'Avray sur la route impériale n° 16.

Les expériences ont été faites avec cette précision et ces soins méticuleux qu'y apportait notre Illustre Maître.

Les longueurs du parcours étaient :

Section de A en B :	248,25.	Pente :	$0^m,0184$
» B en C :	154,43.	»	$0^m,0374$
» C en D :	555,85.	»	$0^m,0174$

Les charges ont varié de 5 600 à 6 300 kilogrammes.

Le temps du parcours de 1re section, 47 à 56 secondes ; les vitesses moyennes, de $4^m,43$ à $5^m,28$.

Le rapport du frottement à la charge, déduction faite du poids, a été de :

0,0165 pour le rail posé sur le macadam ;

0,0370 pour le macadam.

Pour la seconde section, les chargements ont varié de 3 650 à 6 000 kilogrammes ; le temps a varié de 41 à 46 secondes donnant une vitesse de $3^m,36$ à $3^m,67$, et les coefficients :

0,016, 0,10 et 0,018 pour les rails posés sur macadam ; et 0,0315 pour le macadam et le pavé.

Enfin pour la troisième section :

Les charges restant les mêmes et les vitesses variant de $4^m,34$ à $4^m,97$;

Les coefficients sont descendus à :

0,0085 pour les rails posés sur les pavés ;

Et à 0,0295 pour le pavé.

Les expériences du retour ont eu lieu à peu près dans les mêmes conditions, et on peut résumer le tout dans le tableau suivant :

299. RÉSUMÉ DES ESSAIS

CHARGES		RAPPORT DU FROTTEMENT A LA CHARGE				
		RAIL POSÉ EN RAMPE DE 0,018			INCLINAISON EN RAMPE DE 0,037	
		Rail posé sur macadam	Rail posé sur pavé	Macadam et pavé	Rail sur pavé et macadam	Macadam et pavé
	kilos					
Aller........	6 318	0.0105	0.0085	»	0.0165	»
	3 650	0.0180	0.0140	»	0.0240	»
	5 667	»	»	0.0295	»	0.0370
Retour......	9 318	0.0240	0.0245	»	0.0425	»
	3 650	0.0490	0.0390	»	0.0560	»
	5 657	»	»	0.0433	»	0.0585

Une des remarques les plus intéressantes fut que le frottement ne croissait pas proportionnellement à la charge, ce qui fut attribué, à juste titre, ainsi que le prouvèrent des expériences ultérieures, à une sorte de burinage du boudin des roues. C'est ce qui conduisit à supprimer tous ceux d'un même côté.

Tramways de la ville de Hanovre.

300. En 1880, des expériences ont été faites dans la ville de Hanovre sur les tramways, et on a trouvé que la résistance, à la traction d'une voiture à deux chevaux marchant à la vitesse de $2^m,60$ par seconde et pesant 6 817 kilogrammes est de $5^k,53$ par tonne $\frac{1}{181}$, et celle d'une voiture à un cheval pesant 3 650 kilogrammes et marchant à une vitesse de $3^m,75$ par seconde $6^k,041$ par tonne $\frac{1}{156}$; il est fâcheux que la note n'indique pas le système de voie employé. (*Chronique des Mémoires de la Société des Ingénieurs civils.*)

Tramways et omnibus de Paris.

301. D'intéressantes observations ont été faites par la Compagnie générale des Tramways et des Omnibus de la ville de Paris.

Elles ont été réunies et publiées par M. Lavalard en 1883, dans les *Comptes rendus* de cette Société.

Il a trouvé que le travail moyen par seconde est de 82 kilogrammètres pour les chevaux de tramways avec une vitesse moyenne de 3 mètres, et de 95 kilogrammètres pour les omnibus avec une vitesse moyenne de $2^m,50$. Ce travail étant considérable, les chevaux ne peuvent parcourir plus de 17 kilomètres par jour, de telle sorte que la durée moyenne d'une course est de quarante-six minutes pour les tramways et de quarante-huit pour les omnibus.

Les limites extrêmes sont :

Tramways	Minimum	Charenton, Creteil...	32^m
	Maximum	Louvre, Sèvres, Versailles	70^m
Omnibus	Minimum	Gare St-Lazare, gare St-Michel.........	26^m
	Maximum	Montmartre, St-Jacques..	60^m

Les chevaux font au moins deux courses ou un tour, et quelques-uns quatre courses ou deux tours.

Ils travaillent donc sur les tramways quatre-vingt-douze ou cent quatre-vingt-quatre minutes :

Soit : 462 600 kilogrammètres et 925 200 par vingt-quatre heures.

Sur les omnibus, quatre-vingt seize ou cent quatre-vingt-douze minutes :

Soit : 547 200 kilogramm. et 1 094 400 par vingt-quatre heures.

Les chevaux font donc un travail variant entre $\frac{1}{6}$ et $\frac{1}{14}$ de cheval-vapeur travaillant vingt-quatre heures.

On voit que les conditions de vitesse et de traction des omnibus ne sont pas celles qui, tout en imposant au cheval la limite de fatigue journalière qu'il peut supporter, donnent le maximum de travail utile qu'on en peut tirer.

Compagnie des Petites Voitures.

302. Les chevaux de la Compagnie des Petites Voitures attelés à un coupé pesant 600 kilogrammes peuvent faire en moyenne 62 kilomètres en dix heures et donner :

1 625 000 kilogrammètres,

pour 45 kilogrammètres par seconde, alors que les chevaux d'omnibus avec 95 kilogrammètres ne donnent qu'un travail journalier de :

1 095 000 kilogrammètres.

Ce qui confirme bien tout ce que nous avons dit au sujet des moteurs animés.

303. Voici quelques autres résultats donnés par M. Lavalard :

	Effort de traction par tonne
20 mars 1884. Effort moyen sur le *pavage en bois*. Expérience sur la ligne de la Porte-Maillot à l'Hôtel de ville. Moyenne sur les Champs-Elysées et la rue de Rivoli, pavé sec.	$15^k,196$
28 Mars. Expériences aux Champs-Elysées, du Rond Point à la Concorde au pas.	16.620 19.570
28 Mars. Expériences aux Champs-Elysées, de la Concorde au Rond Point, au trot.	17.270 17.560
1er Avril. Expérience sur le pavé sec, boulevards extérieurs.	14.360 17.200
1er Avril. Expérience sur le macadam sec, boulevards extérieurs.	17.200 12.040
2 Avril. Expérience sur le macadam arrosé, sur le quai de la Conférence.	16.770 18.898 17.910

Il est regrettable que ces expériences ne soient pas rapportées au poids moyen des chevaux, ce qui permettrait de déterminer le travail relatif au *quintal vif;* mais on peut affirmer que, dans ce cas, les résultats ne feraient que confirmer les conclusions précédentes. Car les chevaux des tramways et des omnibus sont certainement supérieurs, comme poids moyen, à ceux des chevaux des Petites Voitures.

Expériences sur les tramways en Amérique.

304. M. A.-W. Wright a fait, en 1886, une communication à la *Western Society of Engineers* sur la résistance des tramways.

Les expériences faites à Chicago au moyen du dynamomètre Fairbanks ont donné les résultats suivants:

La vitesse était de $14^{km},5$ à l'heure.

La durée des chevaux a été portée, depuis la réfection du pavage de quatre ans à cinq ans, ce qui est la moyenne aux États-Unis.

Sur les vieux rails usés du Nord-Chicago, la résistance d'un *car* pesant, avec sa charge moyenne de 14,8 voyageurs, 3 070 kilogrammes a été trouvée de 50 kilogrammes, ce qui représente $16^k,2$ par tonne avec la vitesse de 8 kilomètres à l'heure, arrêts compris.

Sur une autre section de la Compagnie, la résistance s'est trouvée réduite à $27^k,8$, soit $8^k,8$ par tonne, par l'emploi de rails d'acier neufs.

L'effort pour amener le *car* à l'état de repos a été, dans le premier cas, de 61 kilogrammes et, dans le second, de $58^k,8$ par tonne. Le plus grand effort au démarrage a été de $128^k,4$ par tonne.

Le travail moyen exercé par les deux chevaux a été de 1,208 cheval-vapeur, soit 0,604 pour chacun.

Les chevaux font en moyenne cent-trente-huit minutes de travail journalier dont 13'22 d'arrêt; il reste donc 124'75 de travail réel, qui se décompose en 116'87 de travail normal et 7'88 de travail de démarrage.

M. D.-K. Clark estime à $9^k,2$ par tonne la résistance des tramways, et Tresca a trouvé $6^k,90$ pour des voitures n'ayant de boudin qu'aux roues d'un seul côté.

Comme coefficient de prudence on prend 12 kilogrammes pour les tramways mûs par la vapeur, l'électricité ou les câbles.

C'est le chiffre qui a été proposé dans l'Assemblée générale de l'Union internationale permanente des Tramways à Milan, en août 1889, par M. F. Giesecke.

305. Pour terminer ce que nous avons à dire sur le tirage des voitures, nous n'avons plus qu'à examiner l'influence des flaches et des ornières.

Flaches.

306. Dupuit fait remarquer que la surface des routes en empierrement n'est pas rigoureusement plane, mais offre toujours une succession de creux ou flaches et de bosses.

Il appelle:

θ, le tirage sur la ligne droite;

θ', le tirage sur la flache;

θ'', le tirage sur la bosse;

R, le rayon de la roue;

R_1, celui du creux ou de la bosse dans la direction de la roue.

Il conclut, par des calculs trop longs pour trouver ici leur place, la formule ci-dessous:

$$\theta' = \theta\sqrt{\frac{1}{1-\frac{R}{R_1}}}$$

et:

$$\theta'' = \theta\sqrt{\frac{1}{1+\frac{R}{R_1}}}. \qquad (96)$$

On voit que, pour une roue donnée, la fraction $\frac{R}{R_1}$ sera d'autant plus petite que R_1 sera plus grand; en d'autres termes, plus R_1 sera grand, moins le tirage sera modifié.

D'autre part, on voit que la flache augmente le tirage ($\theta' > \theta$), et la bosse le diminue ($\theta'' < \theta$). Mais une fraction de la forme: $\frac{1}{1-a}$ étant plus grande que celle de la forme $\frac{1}{1+a}$, il s'ensuit que les flaches sont en somme défavorables au tirage. On conçoit qu'elles doivent également nuire à l'entretien de la route.

Cette influence se fera d'autant plus sentir que les flaches ou les bosses auront un rayon de courbure R_1 plus petit.

Voici le tableau donné par Dupuit pour diverses valeurs de $\frac{R}{R_1}$:

	CONCAVITÉ	CONVEXITÉ	MOYENNE
$R_1 = 2R$	$1.41\ \theta$	$0.82\ \theta$	$1.12\ \theta$
$R_1 = 3R$	$1.22\ \theta$	$0\ 87\ \theta$	$1.05\ \theta$
$R_1 = 4R$	$1.15\ \theta$	$0.89\ \theta$	$1.02\ \theta$
$R_1 = 5R$	$1.12\ \theta$	$0.91\ \theta$	$1.015\ \theta$
$R_1 = 10R$	$1.053\ \theta$	$0.655\ \theta$	$1.004\ \theta$

Il en conclut que si, avec une profondeur de flache de 0,04 à 0,05, la flache a 1 mètre de longueur, $R_1 = 3$ mètres, et le tirage sera augmenté d'environ 1/5. Mais si, à profondeur égale, la flache a 2 mètres, alors $R_1 = 12^m,50$, et l'augmentation du tirage est insignifiante (4 0/0 environ).

Ornières.

307. M. Léon Durand-Claye a étudié, dans son *Traité sur les routes*, l'action destructive des ornières, tant sur la route que sur le matériel roulant.

Au point de vue de la conservation de la route, l'eau s'y accumule, en ramollit la surface de telle sorte qu'elle tend à se défoncer de plus en plus.

Au point de vue du matériel roulant, celui-ci est soumis à des cahots et à une sorte de mouvement de déhanchement qui en altère la solidité. De plus, le frottement latéral qui a lieu fréquemment sur les bords de l'ornière augmente la traction.

La grosse difficulté, pour les voitures, est de sortir de l'ornière. En effet on voit que le cheval doit subir l'effort supplémentaire qui prend son point d'appui sur la crête A considérée comme axe instantané de rotation (*fig.* 97 et 98).

On voit dans ce cas que l'effort T exercé par le cheval pour faire gravir l'espace AB devra avoir un moment égal à celui

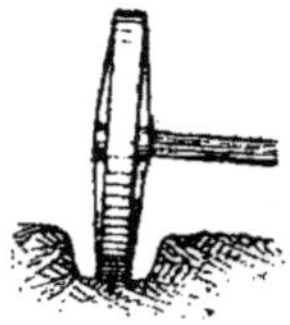

Fig. 97.

du poids P de la roue et de sa charge multiplié par AC.

On aura donc :

$$T \times \overline{AB} = P \times \overline{AC}$$

ou en appelant h la hauteur de l'ornière et R le rayon de la roue :

$$T = P\sqrt{\frac{1}{\left(1-\frac{h}{R}\right)^2} - 1}. \qquad (97)$$

M. L. Durand-Claye fait remarquer que, quand $\frac{h}{R}$ varie de $\frac{1}{10}$ à $\frac{1}{5}$, le rapport de T

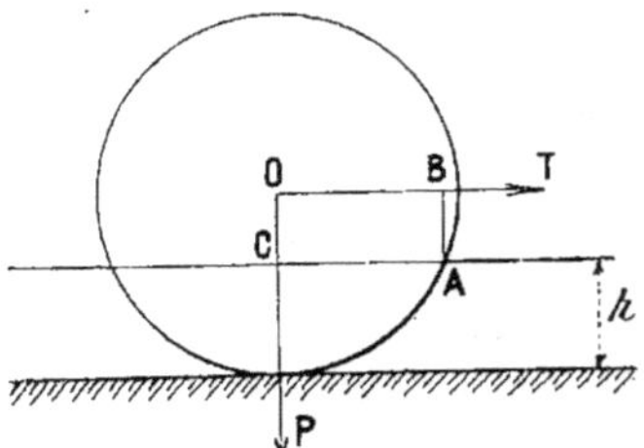

Fig 98.

à P varie de 0,435 à 0,75, tandis que l'effort de traction, dans les plus mauvais chemins, est toujours inférieur à $\frac{1}{10}$, ainsi que nous l'avons vu dans le tableau des essais.

On sait, du reste, les difficultés qu'éprouvent les chevaux à sortir une voiture d'une ornière, et souvent, dans les conditions que nous venons d'examiner, comme dans la fable, il faut que l'homme prenne un pic pour abattre la crête de cette ornière, mais, fréquemment, avant qu'il s'y décide, les chevaux ont souffert un grand excès de fatigue.

Conclusion générale.

308. De tout ce qui précède, nous devons conclure que l'ingénieur, à moins de cas absolument particuliers, devra :

1° Limiter les pentes à 3 0/0 au plus ;

2° Le rayon des courbes à 50 mètres au minimum ;

3° Choisir l'exposition de façon à éviter le ramollissement, tant de l'infrastructure que de la surface de la route, cause principale de la formation des ornières ;

4° Construire l'infrastructure de telle façon qu'elle puisse supporter, sans déformation, la surface de roulement ;

5° Construire cette dernière surface avec des matériaux suffisamment durs et pouvant bien se lier entre eux ;

6° Apporter tous ses soins à l'entretien.

Construit et maintenu dans ces conditions, le réseau des routes de terre, que l'on peut, aujourd'hui, comparer au système des vaisseaux capillaires qui servent d'intermédiaires entre les veines et les artères figurées par les chemins de fer, contribuera à augmenter l'activité de l'agriculture, de l'industrie et du commerce, qui sont la vitalité et la prospérité d'une nation.

CHAPITRE V

PROJET DÉFINITIF

309. Quand une route a été décidée par l'Administration, on charge l'ingénieur ordinaire, ou l'agent voyer de l'arrondissement, d'en faire l'étude. Cette étude est soumise à l'ingénieur en chef ou à l'agent voyer en chef qui opère les modifications qu'il croit nécessaires, puis elle est envoyée au Conseil général des ponts et chaussées, aux Conseils généraux, quelquefois même aux Conseils municipaux. Comme nous le verrons, les communes et les habitants des localités traversées sont appelés à donner leur avis. Une décision favorable étant intervenue, on vote les crédits, on désintéresse les personnes expropriées, et les travaux peuvent alors, mais alors seulement, commencer.

Circulaire du 14 janvier 1850.

310. Une circulaire du 14 janvier 1850 du ministre des Travaux publics a fixé un programme général embrassant dans son ensemble tous les détails auxquels les ingénieurs des ponts et chaussées ont à se conformer pour la rédaction des projets définitifs ou des avant-projets qui doivent être soumis à l'Administration, soit pour établir la route pour laquelle la décision aura été prise, soit pour prendre cette décision en parfaite connaissance de cause.

Le programme de l'Administration a eu pour but de lever toute incertitude dans le détail des travaux, et de faciliter notablement l'examen auquel les projets doivent être soumis avant de recevoir l'approbation et l'autorisation de l'administration supérieure.

Cette circulaire étant, par suite, applicable non seulement aux travaux de l'Etat, mais aussi à ceux des départements et des communes, nous allons la donner dans son entier.

PIÈCES A PRODUIRE	ÉCHELLES	RÈGLES A OBSERVER
Dessin.		*I. — AVANT-PROJET*
1° EXTRAITS DE LA CARTE	Ad libitum	1° Les accidents de terrain seront toujours figurés sur la carte au moyen soit de courbes horizontales, soit de hachures, soit de teintes conventionnelles ; on y inscrira, en outre, entre parenthèses, autant de cotes utiles de hauteur au-dessus du niveau de la mer que l'on aura pu en recueillir, particulièrement celles qui se rapportent aux faîtes et aux thalwegs. Les extraits des cartes devront être calqués sur les cartes gravées ou manuscrites qui existent dans les bureaux, notamment sur celles du dépôt de la Guerre. Lorsqu'un projet s'étendra sur une certaine partie du littoral maritime on se servira de cartes hydrographiques existantes, surtout de celles qui sont publiées par le dépôt de la Marine pour figurer le développement des cotes et indiquer les cotes de profondeur;
2° PLAN GÉNÉRAL	On adoptera suivant les cas l'une des échelles suivantes: $\frac{1}{1\,000}$ $\frac{1}{2\,000}$ $\frac{1}{2\,500}$ $\frac{1}{5\,000}$ ou $\frac{1}{10\,000}$ On fera usage autant que possible des plans du cadastre.	2° La carte et le plan général seront orientés; 3° La direction de chaque cours d'eau sera indiquée par une ou plusieurs flèches; 4° Pour établir une concordance parfaite entre le plan et le nivellement, on rapportera sur le plan, avec précision, les points principaux du profil en long, notamment les bornes milliaires ou kilométriques, s'il en existe, tous les pieds de pentes et sommets de rampes, les piquets d'angles et les points où doivent être placés les ouvrages d'art. De plus, lorsque cela pourra être utile pour faciliter l'examen du projet, on rabattra le profil en long sur le plan ; 5° Lorsqu'un tracé devra passer dans une vallée sujette à des inondations, on indiquera sur le plan la limite du champ d'inondation. Si le projet a pour but l'amélioration d'un fleuve, d'une rivière ou une défense de rive, on s'attachera plus particulièrement à indiquer la trace du thalweg et les limites du champ d'inondation sur les deux rives. Le plan devra

PIÈCES A PRODUIRE	ÉCHELLES	RÈGLES A OBSERVER
		d'ailleurs s'étendre suffisamment, en amont et en aval des ouvrages projetés, pour donner une idée exacte de la direction générale du cours d'eau ;
		6° Lorsqu'il s'agira du tracé d'une route, d'un canal ou d'un chemin de fer, le tracé général devra présenter, des deux côtés du tracé, et sur une largeur totale qui ne sera pas en général moins de un kilomètre, des rangées transversales de cotes de nivellement en nombre assez grand pour justifier complètement le choix de la direction proposée. Les chemins transversaux et, au besoin, les limites des propriétés fourniront des directions naturelles pour les nivellements. Ils seront compris autant que possible entre des limites naturelles, telles que le flanc d'un coteau et une ligne de thalweg, ou le bord d'un cours d'eau ;
		7° Le nivellement sera autant que possible rapporté au niveau de la mer ;
3° PROFIL EN LONG		
Longueur.	Celle du plan général.	8° Les cotes de longueur seront inscrites sur deux lignes tracées au-dessous du profil parallèlement à la ligne du papier. Sur la première ligne seront inscrites les longueurs partielles entre deux cotes consécutives de nivellement ; sur la seconde, les mêmes longueurs cumulées à partir de l'origine.
Hauteur.	Décuple de celle des longueurs.	S'il s'agit d'un tracé de route ou de chemin de fer, on inscrira sur une troisième ligne la longueur et la déclivité de chaque pente ou rampe ; s'il s'agit d'un projet de navigation, on y indiquera, au besoin, les distances entre les principaux ouvrages d'art.
		Pour les chemins de fer on cotera, sur une quatrième ligne, les longueurs des alignements droits, ainsi que les longueurs et les rayons des courbes.
		Enfin, pour tous les projets sur une ligne établie au-dessus du profil, on indiquera la longueur du tracé dans la traversée de chaque commune ;
		9° La longueur du tracé sera divisée en kilomètres ; l'origine sera indiquée par un zéro, et les extrémités des divers kilomètres seront marquées par des chiffres

PIÈCES A PRODUIRE	ÉCHELLES	RÈGLES A OBSERVER
		romains. Chacune de ces divisions principales sera subdivisée en fraction exacte du kilomètre, lesquelles seront numérotées en chiffres arabes. S'il est nécessaire d'établir des profils intermédiaires, on les placera autant que possible à des distances, du profil normal qui précède immédiatement, exprimées par les nombres entiers, sans fraction de mètres, et on les désignera par le numéro de ce profil normal auquel on ajoutera les indices *a*, *b*, *c*, etc.; 10° Le profil en long indiquera toujours la coupe du terrain par un simple trait noir. Les lignes du projet seront tracées en rouge. Les surfaces de remblai seront lavées en rouge, et celle de déblai en jaune. Les cotes de déblai et de remblai seront inscrites en rouge et placées, celles de remblai, immédiatement au-dessus, et celles de déblai immédiatement au-dessous de la ligne du terrain, excepté sur les points où cette ligne se trouvera très rapprochée de celle du projet; auquel cas, les cotes devront être inscrites au-dessus des deux lignes à la fois s'il y a remblai, et au dessous s'il y a déblai; 11° Les ponts, ponceaux, aqueducs et autres ouvrages d'art seront figurés en coupe sur le profil en long. Le niveau des plus hautes et des plus basses eaux connues et celui des plus hautes eaux de navigation seront indiqués par des lignes bleues, que l'on rattachera au plan général de comparaison par des cotes de même couleur. Lorsqu'il s'agira d'un projet de navigation, on indiquera à la fois sur le profil en long la rivière et le chemin de halage. Dans les profils des ports maritimes et des ouvrages à la mer, on aura toujours soin d'indiquer les hautes et les basses mers de morte eau, ainsi que les hautes et basses mers de vive eau, tant ordinaires qu'extraordinaires; 12° Lorsqu'il y aura à comparer plusieurs tracés, les nivellements respectifs de ces tracés entre les mêmes points du plan seront ou superposés ou placés les

PIÈCES A PRODUIRE	ÉCHELLES	RÈGLES A OBSERVER
		uns au-dessus des autres, mais toujours sur une même feuille. On emploiera pour les lignes et écritures relatives à chaque tracé la couleur qui aura été affectée à ce tracé sur le plan ;
4° PROFILS EN TRAVERS	$\frac{1}{200}$ pour les longueurs et pour les hauteurs.	13° Les profils en travers comprendront une étendue au moins double de celle du terrain à occuper. La cote prise sur l'axe sera distinguée des autres par l'emploi d'un caractère spécial ou plus prononcé. Cette cote sera la même que celle du profil en long. Les cotes des profils en travers et celles des profils en long appartiendront toujours à un même plan général de comparaison ; seulement, pour ne pas avoir de trop longues ordonnées, on pourra rapporter ces profils à une ligne passant à un certain nombre de mètres au-dessus ou au-dessous du plan de comparaison, mais laissant les cotes telles qu'elles doivent être pour indiquer les hauteurs prises par rapport à ce plan. Les profils en travers levés dans le voisinage d'un cours d'eau ou sur un terrain submersible seront accompagnés d'un trait bleu indiquant le niveau des plus hautes eaux, et rattachés au plan général de comparaison par une cote de même couleur. Lorsqu'il s'agira de projets de travaux à exécuter en lit de rivières, ou de projets de digues à établir sur le bord des rivières, on y joindra des profils en travers en nombre suffisant pour faire connaître la position du thalweg, et l'on aura soin d'étendre ces profils au-delà des limites du champ d'inondation. Les profils en travers seront tous rabattus du côté du point de départ; 14° Tous les dessins seront cotés avec exactitude. Le niveau des plus basses et des plus hautes eaux, ceux des hautes et des basses mers, de morte eau, de vive eau ordinaire et de vive eau d'équinoxe, y seront toujours indiqués par des lignes et des cotes bleues.

PIÈCES A PRODUIRE	ÉCHELLES	RÈGLES A OBSERVER
5° TYPE D'OUVRAGE D'ART		
Pour les dimensions n'excédant pas 100 mètres.	$\frac{1}{100}$ Sauf à employer au besoin pour certains détails des échelles multiples.	
Pour les dimensions excédant 100 m.	$\frac{1}{200}$	
Pièces écrites.		
1° UN MÉMOIRE à l'appui de l'avant-projet.		
2° TABLEAU APPROXIMATIF des terrassements, ouvrages d'art, etc. ;		
3° ESTIMATION APPROXIMATIVE et détaillée des dépenses.		
4° RELEVÉ de la circulation annuelle (pour les projets de routes en distinguant autant que possible les diverses parties de la route)		
5° BORDEREAU des pièces du dossier.		

II. — PROJETS DÉFINITIFS

PIÈCES A PRODUIRE	ÉCHELLES	RÈGLES A OBSERVER
Dessin.		
1° PLAN GÉNÉRAL	On adoptera suivant les cas l'une des échelles suivantes : $\frac{1}{1\,000}$ $\frac{1}{2\,000}$ $\frac{1}{2\,500}$ $\frac{1}{5\,000}$ ou $\frac{1}{10\,000}$ On fera usage au-	15° Les accidents de terrain seront toujours figurés sur le plan général, au moyen soit de courbes horizontales, soit de hachures, soit de teintes conventionnelles ;

PIÈCES A PRODUIRE	ÉCHELLES	RÈGLES A OBSERVER
	tant que possible des plans du cadastre.	16° Le plan général sera orienté, et la direction de chaque cours d'eau y sera indiquée par une ou plusieurs flèches ; 17° On rapportera sur le plan général tous les points du profil en long, sans exception. Les rayons des arcs de cercle, et pour les paraboles les rayons de courbure aux points de tangence, ainsi qu'au sommet, seront cotés avec exactitude ; 18° Dans les vallées, on indiquera sur le plan le thalweg, ainsi que les limites du champ d'inondation ;
2° PROFIL EN LONG		
Longueur.	Celle du plan.	19° Comme aux n°s 7, 8, 9, 10 et 11, en ajoutant que l'on indiquera sur le profil les sondages qui auront été faits, notamment sur l'emplacement des tranchées et des remblais d'une certaine hauteur, ainsi que dans le lit des rivières, pour les projets des ponts ou des travaux de navigation ;
Hauteur.	Décuple de celle des longueurs.	
3° PROFILS EN TRAVERS	$\frac{1}{200}$ pour les longueurs et pour les hauteurs.	20° Comme au n° 13, en ajoutant seulement que l'on mettra en tête du cahier des profils en travers les profils types de la route, du canal ou du chemin de fer à exécuter ;
4° OUVRAGES D'ART		
Pour les dimensions n'excédant pas 25 mètres.	$\frac{1}{50}$	21° On indiquera sur la coupe des fondations de tous les ouvrages, soit par des traits distincts, soit par des teintes conventionnelles, la nature et l'épaisseur des couches de terrain dans lesquelles les fondations seront engagées.
Pour les dimensions comprises entre 25 et 100 mètres.	$\frac{1}{100}$	
Pour les dimensions excédant 100 m.	$\frac{1}{200}$	On inscrira, en outre, sur chaque couche sa nature et son épaisseur ;
Pour les portes d'écluses, les ponts tournants, les voies et le matériel de chemin de fer et, en général, pour les ouvrages en charpente et en métal.	de $\frac{1}{20}$ à $\frac{1}{5}$ en n'employant que des rapports simples et décimaux.	22° Le niveau des plus basses et des plus hautes eaux, ceux des hautes et basses mers, de morte eau, de vive eau ordinaire et de vive eau d'équinoxe, seront toujours indiqués sur les élévations et sur les coupes des ouvrages d'art par des lignes et des cotes bleues ; 23° Sur les plans, coupes et élévations des ouvrages d'art, on aura soin de mettre autant de cotes qu'il sera nécessaire, pour que l'on n'ait pas besoin de recourir au devis. On écrira en chiffres plus prononcés les dimensions principales, par exemple : pour les ponts et ponceaux,

PIÈCES A PRODUIRE	ÉCHELLES	RÈGLES A OBSERVER
		l'ouverture et la montée des voûtes, la hauteur des piédroits, l'épaisseur des piles et culées, l'épaisseur à la clef, la largeur entre les têtes, la hauteur et l'épaisseur des parapets, la largeur des trottoirs, etc. ; pour une écluse, la largeur du sas, la hauteur des basjoyers, celle du mur de chute, la longueur totale de l'écluse, la distance du mur de chute à la chambre du port d'aval, etc. 24° L'appareil sera toujours figuré en élévation et en coupe ; 25° Les pièces nos 2, 3, 4, 5 seront toujours exactement conformes aux formules arrêtées par l'Administration. Ces formules seront réimprimées dans chaque département, sans modifications, additions ni retranchements. La réimpression sera faite suivant le format prescrit ci-après;
Pièces écrites.		
1° MÉMOIRE à l'appui du projet.		
2° DEVIS et cahier des charges.		26° On ne reproduira dans les pièces du projet aucune des conditions qui figurent dans le cahier des clauses et conditions générales, auquel on devra toujours renvoyer par le dernier article du devis;
3° AVANT-MÉTRÉ		
4° ANALYSE DES PRIX		
5° DÉTAIL ESTIMATIF		
6° ÉTAT SOMMAIRE des indemnités à payer.		
7° BORDEREAU des pièces du projet.		27° On aura soin d'inscrire dans le bordereau toutes les pièces du projet, avec un numéro correspondant.

PIÈCES A PRODUIRE	ÉCHELLES	RÈGLES A OBSERVER
		III. — PIÈCES A PRODUIRE (*En même temps que les projets définitifs, ou après l'approbation des projets, en exécution du titre II de la loi du* 3 *mai* 1841.)
1° PLAN PARCELLAIRE par commune.	$\frac{1}{200}$	28° Chaque plan parcellaire sera rapporté sur une feuille de papier continu, formée de feuilles ajustées en ligne droite, sans goussets. Par conséquent, à chaque changement notable de direction de l'axe, on établira un onglet en blanc, déterminé par deux lignes formant un angle d'une amplitude convenable et disposé de manière qu'il soit facile de reproduire à volonté l'état des lieux. A cet effet, le papier sera brisé suivant deux plis que l'on refermera au besoin; les deux brisures aboutiront au même point sur l'une des rives du papier, l'une des brisures sera perpendiculaire à ces rives, de manière à diviser en deux parties égales l'angle mort où le dessin sera interrompu ; 29° On inscrira sur chaque parcelle le nom du propriétaire, le numéro de la matrice cadastrale, et de plus, un numéro d'ordre écrit en rouge, correspondant à celui de l'état des indemnités.
2° TABLEAU des surfaces des terrains à acquérir.		Le plan portera, en outre, les lettres par lesquelles on désigne les sections cadastrales et les dénominations locales des subdivisions ou lieux dits;
3° ÉTAT DÉTAILLÉ des indemnités à payer.		30° On reproduira sur ces états les noms, les numéros et les autres désignations inscrits sur le plan. Pour les noms, il y aura deux colonnes, dans l'une desquelles on inscrira les noms qui figurent à la matrice cadastrale et, dans l'autre, ceux des propriétaires actuels et de leurs fermiers ou locataires.
4° BORDEREAU des pièces du dossier.		

PIÈCES A PRODUIRE	ÉCHELLES	RÈGLES A OBSERVER

IV. — DISPOSITIONS GÉNÉRALES

31° Les plans et nivellements seront toujours rapportés dans le sens indiqué par la dénomination de la route, du canal ou du chemin de fer, ou dans le sens du cours de la rivière, en allant de gauche à droite ;

32° On inscrira aux deux extrémités du plan les mots : *côté de.....* (points de départ et d'arrivée servant à la dénomination de la route, du canal ou du chemin de fer);

33° Afin de faciliter la recherche, sur les cartes, du lieu où les travaux doivent être exécutés, on placera à l'origine du profil en long une note indiquant approximativement la distance de ce point aux principaux centres de population qui précèdent; et, à l'extrémité du même profil, une note semblable indiquant la distance de ce second point aux principaux centres de population situés au delà ;

34° On aura soin d'indiquer sur tous les plans les centres de population, domaines, chemins, cours d'eau, ouvrages d'art, tracés, etc., dont il est fait mention dans les rapports, mémoires, délibérations et autres pièces quelconques faisant partie du dossier, afin de faciliter l'intelligence de ces pièces. Autant que possible, on y inscrira les chiffres des populations;

35° On évitera d'employer les expressions locales, ou, si on les emploie, on en donnera la traduction ;

36° Les écritures devront être bien lisibles, ainsi que les chiffres inscrits sur les plans et profils. Les petits caractères (lettres ou chiffres) n'auront pas moins de deux millimètres de hauteur ;

37° Les échelles seront représentées graphiquement sur les plans et profils. En même temps, elles seront définies en chiffres, comme dans l'exemple suivant :

Echelle de $0^m,005$, *pour mètre* $\left(\frac{1}{200}\right)$.

38° Les plans, profils et dessins seront, autant que possible, collés sur calicot

PIÈCES A PRODUIRE	ÉCHELLES	RÈGLES A OBSERVER
		blanc, ou sinon dressés sur un bon papier souple et propre au lavis ; 39° Tous les plans, profils, dessins et pièces écrites, sans exception aucune, seront présentés dans le format dit *Tellière* de $0^m,31$ de hauteur et $0^m,21$ de largeur ; 40° Les plans, profils et dessins seront pliés suivant les dimensions, en paravent, c'est-à-dire à plis égaux et alternatifs, tant dans le sens de la hauteur que dans celui de la longueur en commençant toujours par cette dernière dimension ; 41° Les titres, signatures et autres écritures d'usage, ainsi que l'échelle, seront placés sur le *verso* du premier feuillet des plans, profils et dessins, de manière qu'il soit toujours facile de les mettre en évidence, que le dessin soit plié ou qu'il soit ouvert ; 42° Les ingénieurs emploieront les formules suivantes : *Dressé par* { *l'ingénieur ordinaire* / ou *l'élève ingénieur* } *soussigné.* *Vérifié et présenté par* { *l'ingénieur en chef* / ou *l'ingénieur faisant fonction d'ingénieur en chef* } *soussigné conformément à la lettre* ou *à son rapport du...* 43° On inscrira d'ailleurs, en caractères très lisibles, au-dessous des titres généraux, les noms et les grades des signataires du projet ; 44° Les procès-verbaux de conférences entre les ingénieurs des services civils et militaires seront toujours accompagnés d'une expédition des plans, nivellements, dessins et autres pièces mentionnées dans le procès-verbal et portant les mêmes dates et les mêmes signatures que ce procès-verbal. Approuvé : *Le ministre des Travaux publics,* BINEAU.

311. Nous allons maintenant passer un examen rapide des pièces exigées, et nous donnerons quelques exemples.

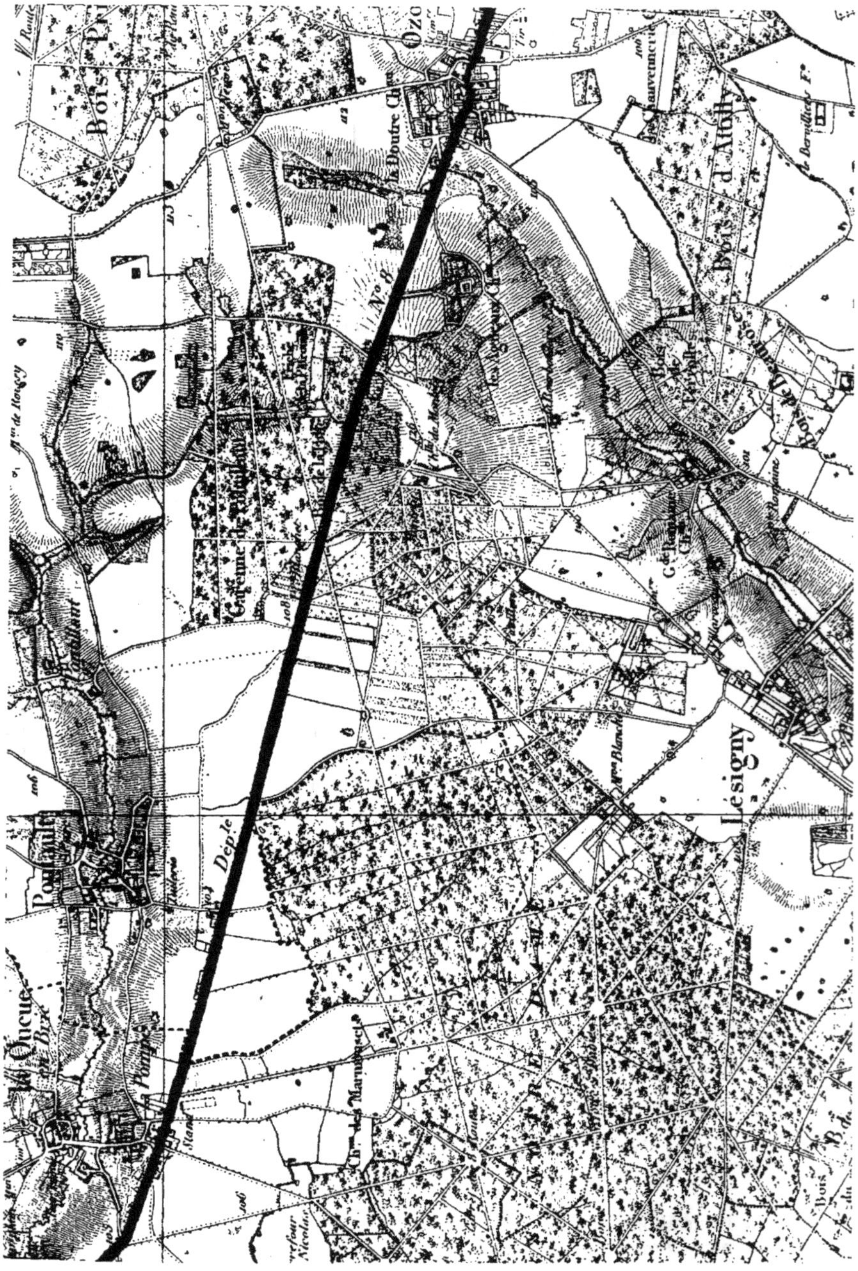

Fig. 99.

PLANS

Extrait de la carte.

312. La figure 99 représente un extrait de la carte de France sur laquelle nous avons tracé en *noir*, pour la facilité de l'impression, un projet de route, sur le plan remis à l'Administration ; il devrait être tracé en *rouge*. Cette carte devrait être pliée suivant les dimensions réglementaires.

Plan général.

313. A une échelle réduite, mais que nous supposerons être de $^1/_{1000}$, nous avons retracé le projet de route ; notre but a été de montrer comment on devra faire figurer les plis quand la direction de la route sort du format 21/31 (*fig.* 100).

Cette route part du kilomètre XI, les hectomètres sont marqués en chiffres arabes, et les profils en travers levés entre ces hectomètres par les lettres de l'alphabet. Pour tous les autres détails que nous n'avons pu reproduire, pour ne pas surcharger la figure, on devra se rapporter à l'instruction générale ci-dessus.

Profil en long.

314. La figure 101 représente un profil en long accidenté de terrain naturel et de projet de route.

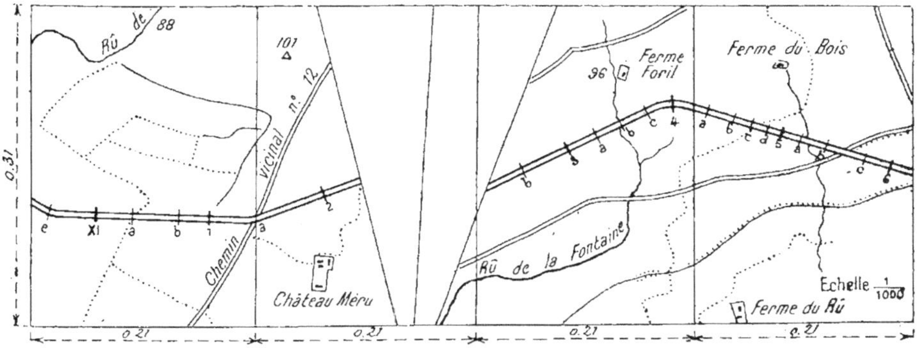

Fig. 100.

Le but de cette figure est de montrer comment on procède au moyen d'un décrochement quand les altitudes sortent du format adopté. Il indique également comment les cotes doivent être placées. Les chiffres du terrain devront être écrits en noir et ceux de projet en rouge. Nous avons, de même, remplacé la teinte jaune des déblais par des hachures horizontales, et la teinte rose de remblais par un pointillé.

Point de passage. Cotes rouges.

315. Quand la ligne de projet, après avoir été en-dessous du sol, se relève en dessus, elle coupe celle du terrain en un point qu'il est nécessaire de déterminer et que l'on nomme point de passage.

Ce point D (*fig.* 102) n'a besoin d'être connu que par sa distance à l'une des ordonnées $h'H'$ ou $h''H''$, c'est-à-dire par la longueur AD ou par la longueur DC. Pour avoir l'une de ces longueurs en fonctions des cotes rouges $h'H'$ $h''H''$ et de la distance AC, nous nous servirons des triangles semblables $Dh'H'$ et $Dh''H''$ dans lesquels les côtés $h'H'$ et $h''H''$ sont proportionnels aux hauteurs A et C ; on a donc :

$$\frac{h'H'}{h''H''} = \frac{DH'}{DH''} = \frac{AD}{DC},$$

d'où :

$$\frac{h'H' + h''H''}{h''H''} = \frac{AD + DC}{DC} = \frac{bc}{DC}$$

d'où enfin :

$$DC = \frac{bc \times h''H''}{h'H' + h''H''}.$$

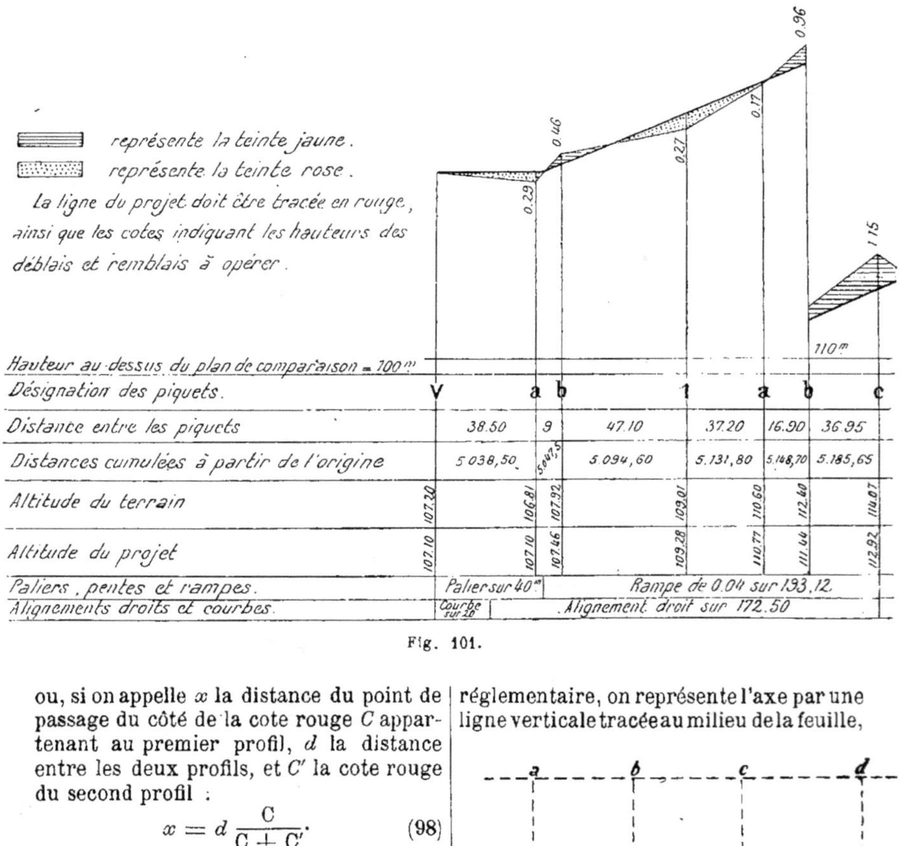
représente la teinte jaune.
représente la teinte rose.
La ligne du projet doit être tracée en rouge, ainsi que les cotes indiquant les hauteurs des déblais et remblais à opérer.
0.96
0.46
0.17
0.27
0.29
1.15
110m
Hauteur au-dessus du plan de comparaison = 100m
Désignation des piquets. V a b 1 a b c
Distance entre les piquets 38.50 9 47.10 37.20 16.90 36.95
Distances cumulées à partir de l'origine 5 038,50 5.047,5 5.094,60 5.131,80 5.148,70 5.185,65
Altitude du terrain 107.30 106.81 107.92 109.01 110.60 112.40 114.07
Altitude du projet 107.10 107.10 107.46 109.28 110.77 111.44 112.92
Paliers, pentes et rampes. Palier sur 40m Rampe de 0.04 sur 133.12.
Alignements droits et courbes. Courbe sur 20 Alignement droit sur 172.50

Fig. 101.

ou, si on appelle x la distance du point de passage du côté de la cote rouge C appartenant au premier profil, d la distance entre les deux profils, et C' la cote rouge du second profil :

$$x = d\,\frac{C}{C + C'}. \qquad (98)$$

La cote rouge sera inscrite immédiatement au-dessous ou au-dessus de la ligne représentant le terrain, suivant que la ligne représentant le projet donnera lieu à un remblai ou à un déblai.

Profil en travers.

316. On établit généralement les profils en travers à l'échelle réglementaire sur un cahier cousu du format également réglementaire, on représente l'axe par une ligne verticale tracée au milieu de la feuille,

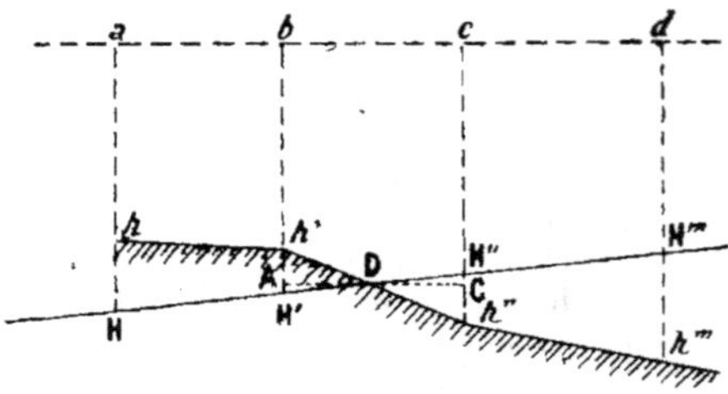

Fig. 102.

et on y rattache un certain nombre de profils, en ayant soin de marquer avec des chiffres *gras*, sur la ligne verticale, les distances qui séparent chaque profil.

Quand ils sont rapportés, on dessine sur

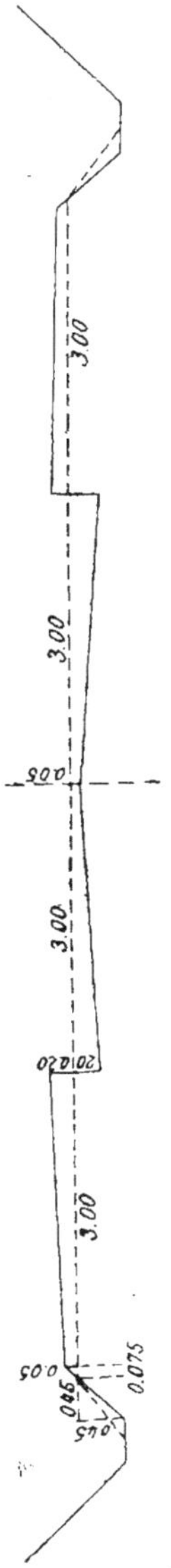

Fig. 103.

chacun d'eux les profils du projet. Pour simplifier le travail, on trace sur ceux-ci une ligne représentative de la surface de la route par une ligne droite qui est placée de manière que, le déblai à faire pour former l'emplacement de la chaussée étant rejeté de part et d'autre sur les accotements, ceux-ci aient la pente voulue (*fig.* 103).

On gagnera beaucoup de temps en découpant sur une feuille de zinc ou de carton bristol les gabarits figurant :

1° La route en déblai (*fig.* 104) ;

2° La route en remblai (*fig.* 105) ;

3° La route mi-partie en déblai et mi-partie en remblai (*fig.* 106).

Ces gabarits sont mis en place au moyen de la cote rouge du profil en long.

Aussitôt les tracés terminés, il faut calculer les cotes rouges qui serviront à évaluer les déblais et les remblais. Les calculs des cotes rouges se font comme pour les profils en long. Il en est de même

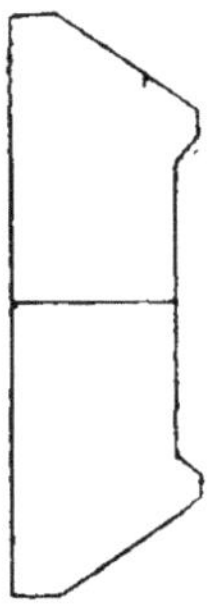

Fig. 104.

Fig. 105.

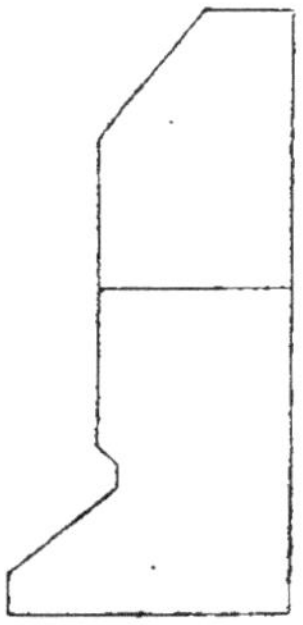

Fig. 106.

pour les points de passage auxquels on appliquera la formule 98, et on réservera la place nécessaire pour inscrire les surfaces des déblais et des remblais à effectuer.

Ouvrages d'art.

317. Les ouvrages d'art tels que ponts, ponceaux sortant des limites que nous nous sommes imposées dans cet ouvrage et ayant du reste été traités avec une haute compétence et tous les détails nécessaires dans cette *Encyclopédie* par M. Chaix (*Ponts*), nous n'en parlerons pas autrement que pour dire qu'ils doivent être représentés sur le plan général et le profil en long d'une façon sommaire, et qu'ils devront au contraire figurer avec tous les détails nécessaires à leur exécution dans les pièces comprenant le projet définitif.

PIÈCES ÉCRITES

1° Mémoire à l'appui du projet.

318. Le mémoire à l'appui du projet devra indiquer d'une façon impartiale toutes les raisons favorables et défavorables à l'adoption du projet, être conçu en termes nets et précis, de façon à mettre l'Administration à même de donner son avis en dernier ressort et de pouvoir émettre un jugement sur les variantes proposées.

2° Devis et cahier des charges.

319. On ne saurait apporter trop de clarté et de précision dans la rédaction de ces pièces qui doivent servir de base aux adjudications ou aux traités de gré à gré, Cette importance est telle que l'Administration a fait publier des modèles *ne varietur*. On y a laissé en blanc les conditions tout à fait spéciales qui doivent être remplies avec le plus grand soin. Il en est de même du cahier des charges qui est en quelque sorte double. Un premier relatif aux conditions *générales* imposées à tout entrepreneur, sur lequel nous reviendrons en temps utile, et un second spécial à l'œuvre entreprise ; mais, nous ne craignons pas de le répéter, il faut apporter toute la clarté et toute la précision possibles dans la rédaction de ces pièces, afin d'éviter les contestations avec les entrepreneurs au moment des règlements de compte.

3° Avant-métré.

320. On divise généralement les avant-métrés en trois parties :

1° *Travaux de terrassement;*
2° *Confection de la chaussée ;*
3° *Ouvrages d'art.*

321. 1° *Travaux de terrassement.* — Les travaux de terrassement comprennent la fouille des terres, leur chargement et leur transport soit au lieu de remploi, soit à celui de dépôt. De là, la nécessité de faire deux calculs sur lesquels nous donnons de nombreux détails, le premier servant à évaluer le volume des déblais et des remblais, le second celui des transports.

Voici comment on dispose les calculs :

AVANT-MÉTRÉ.

NUMÉROS DES PROFILS	LONGUEURS auxquelles s'appliquent LES PROFILS	DÉBLAIS				REMBLAIS				OBSERVATIONS INDICATIONS SOMMAIRES des calculs particuliers à certains profils.
		SURFACES			CUBES	SURFACES			CUBES	
		A GAUCHE de l'axe	A DROITE de l'axe	TOTAL par profil		A GAUCHE de l'axe	A DROITE de l'axe	TOTAL par profil		
1	2	3	4	5	6	7	8	9	10	11
	m.	m. s.	m. s.	m. s.	m. c.	m. s.	m. s.	m. s.	m. s.	
IV	2.1	2 01	4.03	6.04	1.27	»	»	»	»	
1	1.2	»	»	»	»	1.10	1.40	2.50	1.8	

322. 2° *Confection de la chaussée.* — Les calculs étant faits pour les profils en ligne droite (*fig.* 104, 105, 106), il suffira de composer le total par mètre linéaire du mouvement de terre à effectuer pour donner la forme définitive à la chaussée (*fig.* 103), et de multiplier ce total par la longueur de la route.

323. 3° *Ouvrages d'art.* — L'avant-métré des ouvrages d'art se fait sur des types donnés par l'Administration. Ils comprennent pour chaque ouvrage : les fouilles, les terrassements, les fondations, la superstructure et les raccordements. Nous aurons à nous en occuper dans un chapitre spécial.

4° Analyse des prix.

324. Une étude détaillée des prix sera faite et inscrite sur un cahier spécial.

Ces prix sont tous ramenés à l'*unité*.

On les compose en évaluant pour chacun d'eux la fourniture, la main-d'œuvre ; on en fait la somme et on y ajoute d'abord :

5 0/0 pour outils et faux frais ;

Puis à la somme ainsi obtenue :

10 0/0 pour le bénéfice de l'entrepreneur. Les prix unitaires ainsi calculés prennent le nom de *prix de série*.

325. Voici un exemple d'analyse de prix tiré du *Dictionnaire* du métré de M. O. Masselin ; il s'agit de faire le sous-détail du mètre cube de roche :

Trou à la mèche.		1f,00
30 grammes de poudre		1f,35
Quatre heures de mineur rocheur pour déblayer, casser et diviser la masse, à 0f,60.		2f,40
Faux frais pour mèche, acides au besoin, façon de la poche après percement du trou, éventualité d'accidents 15 0/0 sur la main-d'œuvre		0f,36
Frais d'outils pour cent journées :		
Un pic à roche. . . .	4f,00	
Réparation.	2f,00	
Une pioche	4f,50	
Réparation	2f,25	
Location de la masse ou marteau	4f,50	
Location et réparation des barres à mine, pistolets, épingles, etc.	10f,00	
Total . . .	27f,25	
Soit pour quatre heures . . .		0f,10
Frais de surveillance aux abords de la mine.		0f,50
· Total		5f,71
Bénéfice 10 0/0		0f,57
Prix composé pour un mètre cube de roc extrait à la mine en prenant pour base les prix de Paris.		
Prix du mètre cube.		6f,28

5° Détail estimatif.

326. Dans le détail estimatif on présente le calcul des produits de chaque sorte d'ouvrage par les prix unitaires qui leur conviennent, et on en fait la somme totale de façon à avoir la dépense à effectuer pour la construction proprement dite de la route.

Pour réduire l'aléa au minimum, on fait accepter par l'entrepreneur, et après vérification de sa part, tous les chiffres relatifs aux terrassements, de telle sorte qu'aucune réclamation ultérieure ne peut être admise ensuite.

Quant aux ouvrages d'art, il peut se présenter plus d'imprévus ; on peut rencontrer dans les déblais des roches plus dures que celles prévues, des sources, etc. Aussi, pour se mettre à l'abri de toute éventualité, a-t-on l'habitude d'ajouter 10 0/0 d'imprévu, ce qui est ordinairement suffisant quand l'étude a été faite d'une façon suffisamment complète. L'ensemble de ce travail se fait en suivant pas à pas l'avant-métré et en totalisant successivement, par section, chaque travail différent.

6° État sommaire des indemnités à payer.

327. Cette pièce est une approximation du résumé des deux pièces annexes indiquées nos 329 et 330. Elle indique en bloc, par commune, la qualité des terrains à acquérir pour le passage de la route, et l'importance prévue des sommes à dépenser pour les achats des terrains. On évalue ceux-ci en bloc, par commune, en majorant les prix moyens de la localité, car le Jury se montre fréquemment très large dans ses estimations.

7° Bordereau des pièces du projet.

328. Ce bordereau n'est qu'une nomenclature des pièces du projet, et a pour but d'en constater le nombre, afin de pouvoir rechercher immédiatement celle qui viendrait à s'égarer.

Pièces annexes.

329. 1° *Plan parcellaire par commune.* — Ces pièces annexes ne sont exigées qu'après l'approbation du projet. Elles demandent un bon travail d'arpentage, car on ne peut se fier au plan cadastral qui n'est pas toujours assez rigoureusement exact.

Il faut retracer par *commune*, à l'échelle de $\frac{1}{1\ 000}$ à droite et à gauche du profil en long, toutes les limites des propriétés atteintes par le projet. On réunit par un trait rouge les largeurs de l'emprise de la route. Ces surfaces donnent celles à acquérir pour construire la route.

On inscrit en noir sur chaque parcelle toutes les indications cadastrales (nom du propriétaire, lettre, numéro, etc.), et en rouge tout ce qui a trait au projet (numéro d'ordre, parcelle à exproprier, etc.). On doit y ajouter la surface de la parcelle abandonnée par l'Administration comme inutile pour la route, car souvent cette parcelle doit, d'après la loi, être acquise, ainsi que nous le verrons quand nous parlerons des expropriations.

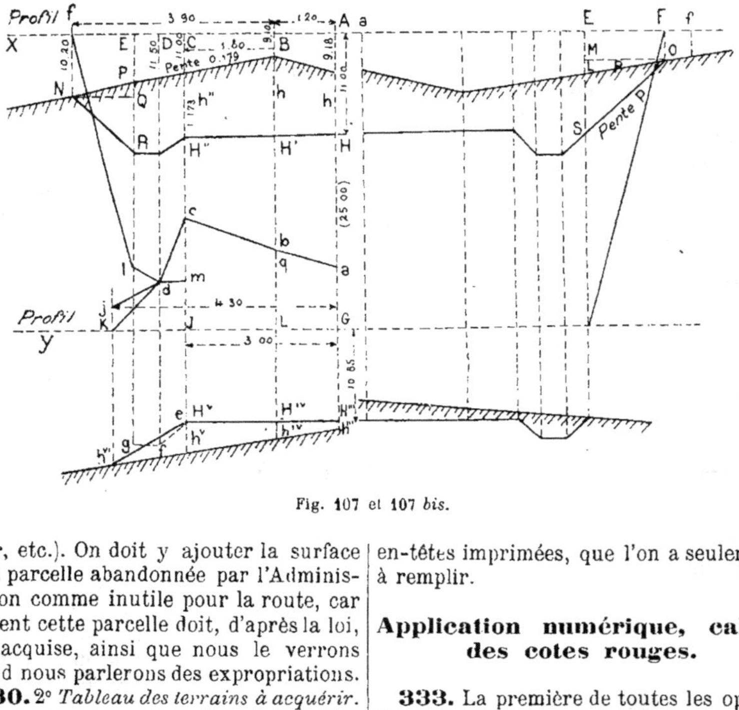

Fig. 107 et 107 *bis*.

330. 2° *Tableau des terrains à acquérir.* — Ce tableau sera un résumé écrit des surfaces indiquées sur le plan.

Nous n'avons rien à dire sur :

331. 3° *L'état détaillé des indemnités à payer* et sur:

332. 4° *Le bordereau des pièces du dossier* dont le titre est suffisamment explicatif. Du reste, il existe des modèles avec en-têtes imprimées, que l'on a seulement à remplir.

Application numérique, calcul des cotes rouges.

333. La première de toutes les opérations à effectuer pour l'évaluation des déblais et des remblais est le calcul des *cotes rouges*, tant du profil en long que des profils en travers. Voici les observations que nous avons à présenter à cet égard.

Nous rappellerons que cette cote est la différence entre celle du terrain et celle du projet, et nous avons vu comment, au moyen de la pente adoptée, on pouvait calculer celle du projet (n° 355).

Ceci nous conduira à étudier les points de passage sur les profils en long. Le travail devient un peu plus complexe, quoique aussi simple dans le fond, quand il s'agit des profils en travers.

La figure 107 représente deux profils consécutifs, l'un en déblai, l'autre en remblai ; sur la figure 107 *bis*, les deux profils sont en déblai. Nous allons calculer les cotes rouges sur les uns et sur les autres. Déterminons d'abord $h''H''$.

On connaît l'ordonnée $\overline{CH''} = 11$ mètres, il faut en retrancher Ch''. Pour l'obtenir, on calcule la pente $h'N$, on a :

$$h'N = \frac{10^m,20 - 9^m,50}{3^m,90} = 0^m,179.$$

On écrit cette pente sur la figure pour faciliter les calculs ultérieurs dans lesquels elle peut être utile. On multiplie $0^m,179$ par $1^m,80$, distance de l'ordonnée $h'H'$ à l'ordonnée $h''H''$, et on trouve que la pente totale entre h' et h'' est de $0^m,322$, et qu'ainsi l'ordonnée du point

$$h'' = 9^m,50 + 0^m,322 = 9^m,822 ;$$

d'où on conclut définitivement la cote rouge :

$$h''H'' = 11^m,00 - 9^m,822 = 1^m,178.$$

On opère de même dans tous les cas analogues.

334. *Limite de l'emprise.* — Supposons maintenant que l'on ait déterminé à l'avance une cote rouge PR, et que l'on veuille obtenir la distance NQ à laquelle se rencontreront la ligne du sol et le talus du déblai, ce qui donnera la limite de l'*emprise*.

Remarquons que :

$$PQ = NQ \times 0^m,179$$

et que : $QR = NQ \times 1^m,00,$

puisque la pente du talus de déblai est de 1 mètre par mètre ; faisant la somme et observant que :

$$PQ + QR = PR,$$

quantité connue par hypothèse et égale à C, on aura :

$$\overline{PQ} + \overline{QR} = C = \overline{NQ} \times 1^m,179,$$

d'où :

$$\overline{NQ} = \frac{C}{1^m,179}.$$

Si, au lieu d'aller à la rencontre l'un de l'autre, comme dans l'exemple que nous venons de choisir, les deux talus se dirigeaient dans le même sens, comme dans la figure 107 *bis*, nous aurions :

$$\overline{ML} = \overline{MO} \times p, \text{ et } \overline{MS} = \overline{MO} \times P,$$

par suite :

$$\overline{MS} - \overline{ML} = \overline{LS} = \overline{MO}\,(P - p),$$

d'où :

$$\overline{MO} = \frac{\overline{LS}}{P - p}.$$

La formule générale de la cote de la limite de l'emprise D sera donc :

$$D = \frac{h}{P \pm p}, \qquad (99)$$

en donnant à p le signe convenable.

335. *Calcul des points de passage.* — Quand un profil est en déblai et ses voisins en remblai, on a besoin, pour calculer exactement les volumes des déblais et des remblais, de connaître la position des lignes qui limitent entre les profils le passage du déblai au remblai.

Si les profils sont levés de manière à représenter sensiblement les inflexions du sol, dans l'hypothèse où sa surface serait engendrée par une ligne droite s'appuyant à la fois sur les deux profils en restant parallèle au plan vertical passant par l'axe du projet, l'intersection de la surface du sol avec la surface du projet, c'est-à-dire la ligne de séparation ou de passage du déblai au remblai, serait une sorte de ligne courbe produite par la section de divers plans du projet avec les surfaces gauches du terrain. Pour n'avoir pas à considérer les lignes-courbes, nous les supposerons remplacées par des droites passant par leurs extrémités, ce qui reviendra à considérer les surfaces du terrain comme engendrées par une droite qui s'appuierait sur les profils et les lignes de passage.

Quant à la détermination de ces lignes, elle s'obtient, pour chacun des points d'inflexion du sol ou du projet, ainsi que nous l'avons déjà fait pour le profil en long. C'est-à-dire que, pour avoir la distance d'un point de passage à un des profils, on multipliera la cote rouge correspondante de ce profil par la distance entre les profils, et on divisera le produit par la somme des cotes rouges correspondantes entre les deux profils. Ces calculs ne présentent aucune difficulté; il n'y a qu'une observation essentielle à faire au sujet des fossés, lorsque l'un des profils est en remblai et l'autre en déblai.

Dans ce cas, les lignes du projet ne sont plus parallèles puisqu'il y a, comme dans l'exemple choisi de la figure 107, un fossé au profil A et un talus au profil Y.

Pour pouvoir déterminer les points de passage, on trace le fossé sur le profil Y, on calcule les cotes rouges qui correspondent aux deux arêtes du fond, et on obtient par là les points où le fossé vient se perdre dans le remblai.

Lorsqu'on a ainsi déterminé les points de passage, on porte sur les projections $\overline{AG}$, $\overline{BI}$, etc., des longueurs A*a*, B*b*... etc., proportionnelles aux distances des points de passage au profil X, on joint entre eux les points ainsi déterminés, et on forme la ligne de passage qui sépare le déblai du remblai dans l'intervalle des deux profils. Si, en outre, on joint *ld* et *d*K, on aura à la fois: le plan des solides du déblai qui se trouveront limités, d'un côté, par la projection du profil X, et de l'autre par la ligne F*ldcba* et le plan du solide de remblai qui sera compris entre le profil Y et la ligne K*dcba*.

Le talus du fossé en déblai DC*dc* est donné à 45 degrés, le talus du remblai K*jdc* au contraire à 1 1/2 de base pour 1 de hauteur. Pour passer d'une inclinaison à l'autre on disposera le talus K*jdc* de manière que la surface soit engendrée par une droite qui s'appuiera à la fois sur les deux lignes *dc* et K*j* et qui les divisera en parties proportionnelles.

CALCULS DES DÉBLAIS ET DES REMBLAIS

336. Ces calculs ont été traités avec tous les détails qu'ils comportent dans le *Traité de Géodésie* faisant partie de cette *Encyclopédie;* nous allons les rappeler rapidement et nous les compléterons par l'exposé des méthodes expéditives reposant sur l'emploi de la règle à calcul.

Ainsi que nous venons de le dire plus haut, la surface du sol et celle du projet sont déterminées par un profil en long pris suivant l'axe du projet et par des profils en travers perpendiculaires au premier. Dans l'intervalle d'un profil en travers au profil suivant, la surface du terrain et celle du projet sont considérées comme engendrées par des lignes qui, s'appuyant à la fois sur les profils en travers, restent toujours parallèles au plan vertical passant par l'axe.

Dans cette génération, si le profil du projet est constant, la surface sera formée d'une suite de plans, tandis que celle du terrain sera généralement une suite de surfaces gauches, formant une sorte de paraboloïde de raccordement. Cette hypothèse sur le mode de génération de la surface du terrain exige, comme on le voit, que la distance entre les profils soit assez faible, ou que le sol soit assez régulier pour que l'on puisse admettre que la droite génératrice se confonde dans toutes ses positions avec le terrain.

337. Considérons donc deux profils consécutifs de la route à construire; plu-

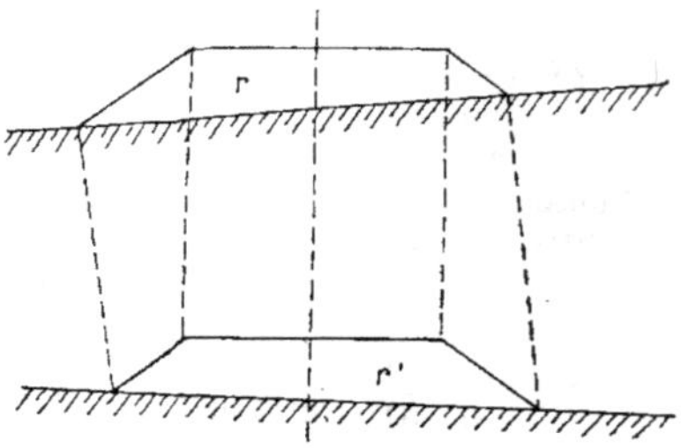

Fig. 108.

sieurs cas principaux pourront se présenter :

1° Les deux profils seront en déblai ou en remblai (*fig.* 108, 109);

2° L'un sera en déblai, l'autre en remblai (*fig.* 110);

3° Ils seront tous deux partie en déblai, partie en remblai (*fig.* 111, 112).

338. *Premier cas.* — Lorsque les profils sont tous deux en déblai ou tous deux en remblai, le masse totale des terrassements peut être décomposée, par des plans verticaux parallèles à l'axe de la route, en solides qui sont limités latéralement par ces plans verticaux, aux deux bouts

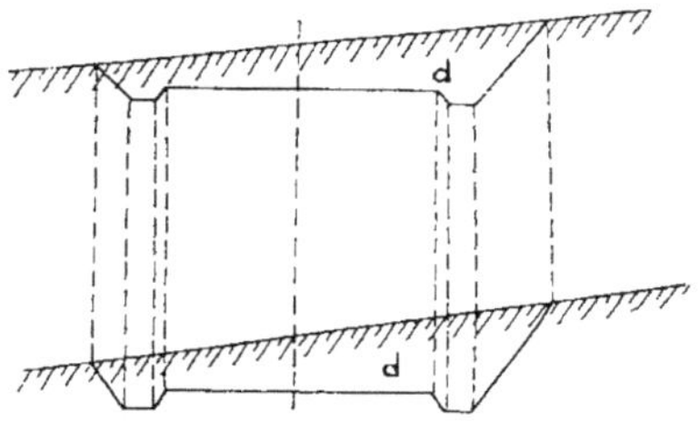

Fig. 109.

par les profils, en dessus et en dessous par les surfaces du sol et du projet.

Chacun de ces solides, dans les parties de route en ligne droite, se projette horizontalement suivant un rectangle; il se termine latéralement par des trapèzes, et des deux faces supérieure et inférieure l'une est plane, l'autre est engendrée par une droite qui s'appuie sur deux autres

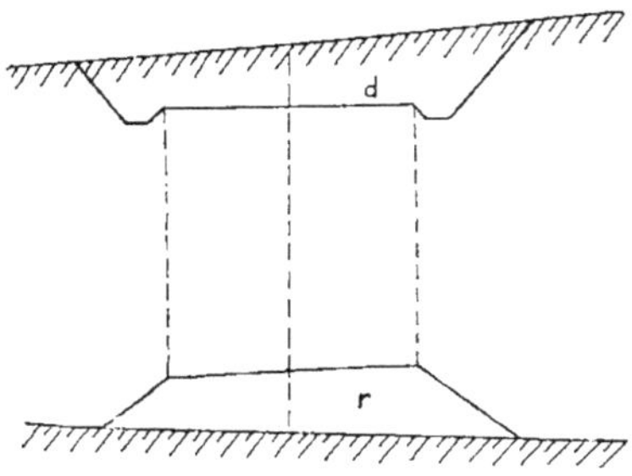

Fig. 110.

en restant parallèle au plan vertical passant par l'axe de la route.

339. *Deuxième cas.* — Dans le second cas, quand l'un des profils est en déblai et l'autre en remblai, les deux génératrices (celle du projet et celle du terrain), qui se trouvent dans un même plan vertical parallèle à l'axe, se coupent nécessairement, et la suite non interrompue de tous les points d'intersection forme la ligne de séparation entre le déblai et le remblai.

Cette ligne est composée d'autant de portions de courbe qu'il y a de côtés dif-

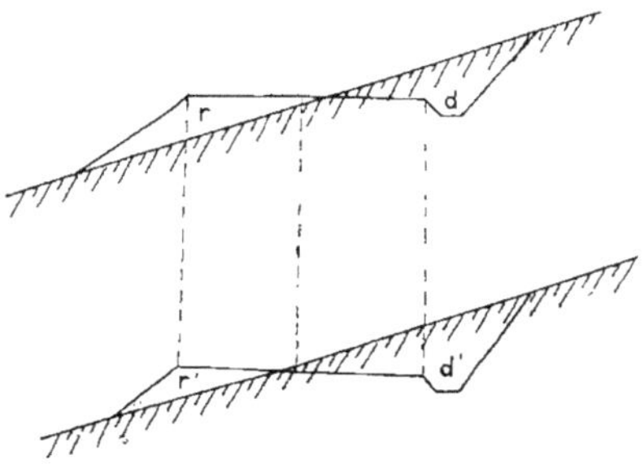

Fig. 111.

férents dans les quatre directions prises deux à deux; mais, comme ces courbes rendraient impossible la cubature des solides, on suppose, ainsi que nous l'avons vu dans le calcul des cotes rouges, chacune de ces portions de courbe remplacée par la droite qui joint ses points extrêmes, et on prend ces portions de droite pour di-

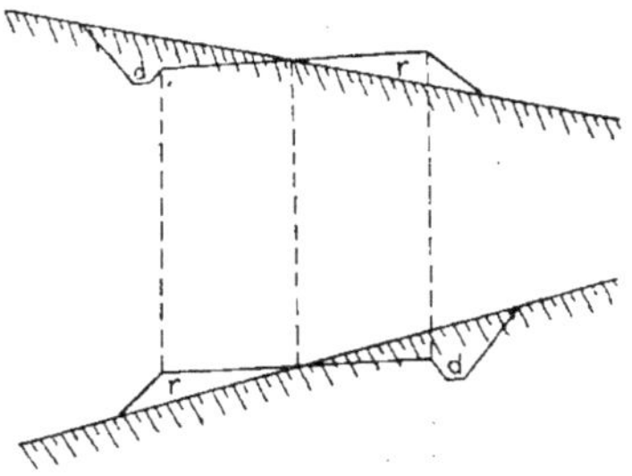

Fig. 112.

rectrices des surfaces supérieure et inférieure des solides.

On voit, d'après cela, que les solides seront limités latéralement, par des plans verticaux parallèles à l'axe du projet, à une extrémité par l'un des profils, et à l'autre par la ligne de passage du déblai au remblai ; en dessus et en dessous par la surface du sol et par celle du projet. La forme d'un tel solide approche donc de celle d'un prisme triangulaire ou plutôt d'une pyramide triangulaire tronquée.

340. *Troisième cas.* — Dans le troisième cas, que nous avons défini plus haut, si les profils sont partie en déblai, partie en remblai, on retombe dans l'un des deux cas précédents, c'est-à-dire que, quand les parties correspondantes sont à la fois en déblai et en remblai, on a des solides à base rectangulaire, et que quand elles sont l'une en déblai, l'autre en remblai, on retombe dans le second cas, mentionné au paragraphe précédent.

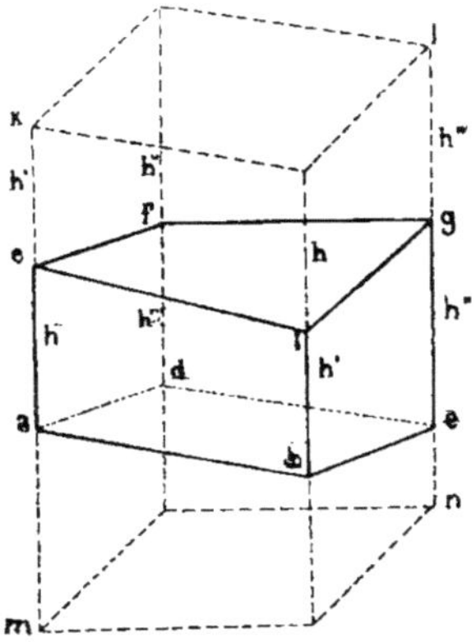

Fig. 113.

Cubature. — Méthode exacte.

341. *Cas le plus simple.* — Pour trouver la cubature de ces différents solides, nous allons commencer par le cas le plus simple, celui d'un solide à base rectangulaire qui serait compris entre deux profils consécutifs. Soit $abcdefgi$ le solide proposé (*fig.* 113), limité en dessous par le plan ac et en dessus par la surface gauche eg ; h, h', h'', h''' les quatre cotes rouges formant arêtes verticales. Si on prolonge h d'une longueur h', h' d'une longueur h, h'' de h''', h''' de h'', et que l'on joigne l'extrémité de ces arêtes ainsi prolongées, on formera un nouveau solide limité au parallélogramme Kl, et le solide entier al sera double du solide proposé, car la partie ajoutée est évidemment composée d'éléments symétriques équivalents.

Le solide entier al a pour mesure sa base multipliée par le quart de la somme de ses hauteurs ; si donc on imagine la section mn perpendiculaire aux arêtes, on aura, en appelant b la largeur du solide, et L la distance entre les profils :

$$V = l \times L \times \frac{h + h' + h'' + h'''}{4}. \qquad (100)$$

342. *Cas général.* — Prenons maintenant le cas le plus général, celui d'un solide à faces planes et verticales dont le plan est un *quadrilatère quelconque* (*fig.* 114), et dans lequel la surface du terrain est engendrée par une droite qui s'appuie sur les deux directrices de manière à les diviser en parties proportionnelles.

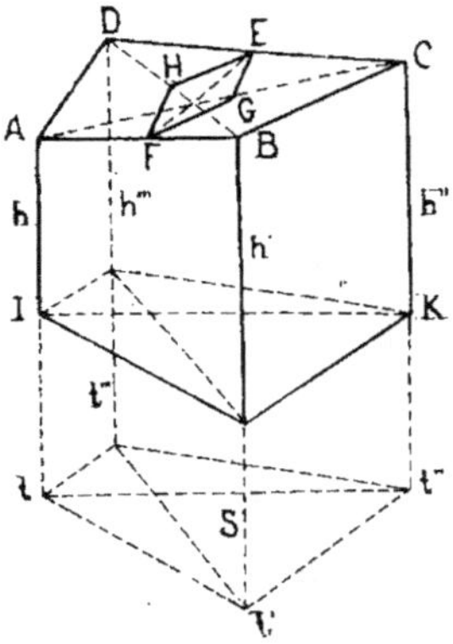

Fig. 114.

Ainsi, soit IK le quadrilatère plan qui limite inférieurement un des solides, ABCD la surface gauche du terrain, laquelle est engendrée par une droite EF s'appuyant sur les lignes AB et DC qu'elle divise en parties proportionnelles, de manière que l'on a :

$$\frac{AF}{FB} = \frac{DE}{EC}. \qquad (101)$$

S sera la projection du solide ou sa section par un plan horizontal.

Menons un plan par les deux arêtes opposées h et h''; ce plan divisera le prisme en deux autres que nous supposerons limités à leur partie supérieure par les triangles ACB et ACD au lieu de l'être par les deux portions correspondantes de la surface gauche. Imaginons la même division faite par un plan passant par les deux autres arêtes, et considérons les deux prismes triangulaires limités aux triangles ADB et BBC. Nous voyons que les deux groupes de prismes diffèrent entre eux d'un certain volume qui est la pyramide triangulaire ABCD. Si, par une génératrice quelconque $\overline{EF}$, on mène un plan parallèle à $\overline{CB}$, ce plan coupera le triangle $\overline{D}BC$ suivant $\overline{EH}$ parallèle à $\overline{CB}$, et on aura :

$$\frac{\overline{DE}}{\overline{EC}} = \frac{\overline{DH}}{\overline{HB}},$$

d'où, d'après (101), on aura :

$$\frac{\overline{DH}}{\overline{HB}} = \frac{\overline{AF}}{\overline{FB}}. \qquad (102)$$

Donc $\overline{FH}$ est parallèle à AD.

Le même plan aurait coupé le triangle ABC suivant FG parallèle à AD : donc la figure FHEG est un parallélogramme que la diagonale FE partage en deux parties égales, et, comme nous avons pris une génératrice quelconque, il s'ensuit que l'ensemble de ces génératrices qui forme, ou mieux, remplace par hypothèse la surface du terrain, divise en deux parties équivalentes le solide (pyramide triangulaire) ABCDEGH.

Le volume cherché sera donc la moyenne arithmétique des deux groupes de prisme que nous avons, dès l'abord, considérés.

D'après cela, si nous appelons t, t', t'', t''' les surfaces des bases triangulaires de ces prismes mesurées sur le plan perpendiculaire aux arêtes, le groupe des deux prismes ABD et BCD aura pour mesure :

$$t\,\frac{h + h' + h'''}{3} + t''\,\frac{h' + h'' + h'''}{3}; \qquad (103)$$

et pour le second :

$$t'\,\frac{h + h' + h''}{3} + t'''\,\frac{h + h'' + h'''}{3};$$

ajoutant ces quatre solides et prenant la moitié, nous aurons pour l'expression cherchée du solide :

$$t\,\frac{h + h' + h'''}{6} + t'\,\frac{h + h' + h''}{6}$$
$$+ t''\,\frac{h' + h'' + h'''}{6} + t'''\,\frac{h + h'' + h'''}{6}. \qquad (104)$$

343. Si dans cette expression générale nous supposons que la base du solide est un trapèze dont les côtés $\overline{tt'}$ et $\overline{t't''}$ sont parallèles et ont pour longueur le premier L, le second L' (*fig.* 115); si, en même temps, nous appelons l la largeur du solide ou l'intervalle entre les côtés parallèles, nous aurons :

$$t = t''' = \frac{l \times \mathrm{L}}{2} \text{ et } t' = t'' = \frac{l \times \mathrm{L'}}{2}.$$

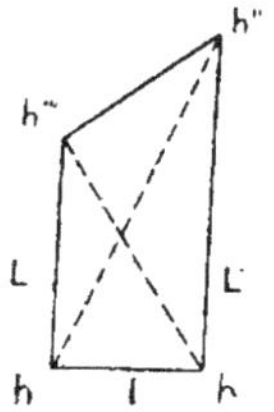

Fig. 115.

Substituant ces valeurs dans l'équation (104), on aura :

$$\frac{l\mathrm{L}}{2} \cdot \frac{2h + h' + h'' + 2h'''}{6}$$
$$+ \frac{l\mathrm{L'}}{2} \cdot \frac{h + 2h' + 2h'' + h'''}{6}. \qquad (105)$$

Si le solide se termine à une ligne de passage, comme cela arrive quand l'un des profils est en déblai et l'autre en remblai, les arêtes h'' et h''' sont nulles, et on a :

$$\frac{l \times \mathrm{L}}{2}\,\frac{2h + h'}{6} + \frac{l \times \mathrm{L'}}{2}\,\frac{h + 2h'}{6}. \qquad (106)$$

Comme on ne peut placer immédiatement sur le tableau du calcul des terrassements les facteurs des multiplications à faire, on substitue à la formule (106) la formule suivante :

$$l\,\frac{h + h'}{2}\;\frac{\mathrm{L} + \mathrm{L'}}{2}, \qquad (107)$$

et si on prend la différence Δ entre ces deux formules, on a :

$$\Delta = \frac{1}{24}(L - L')(h - h'). \qquad (108)$$

On voit que $\Delta = o$ quand $L = L'$ ou $h = h'$, et son maximum a lieu quand $L' = o$ ou $h' = o$, c'est-à-dire quand le solide est une pyramide triangulaire.

Méthodes approchées.

344. *Méthode de la moyenne des aires.* — Quand dans la formule (106) $L = L'$, c'est-à-dire quand le solide a pour projection un rectangle, on retrouve la formule (100) que nous avons déterminée directement et qui s'emploie quand les profils sont tous deux soit en déblai, soit en remblai ; dans ce cas, elle donne des résultats rigoureusement exacts. On la substitue même fréquemment au cas général dans lequel la base est un quadrilatère quelconque ; elle prend alors le nom de méthode approchée ou mieux de *méthode de la moyenne des aires*, pour la distinguer d'autres méthodes rapides d'approximation.

345. En effet, la méthode exacte est très longue à appliquer ; il faut effectuer un grand nombre de calculs et avoir la plus scrupuleuse attention pour ne point commettre d'erreur soit dans le tracé de l'épure des points de passage, soit dans celui des différentes formules à appliquer. Comme d'autre part, on commet fréquemment des erreurs variant de 25 à 30 0/0 sur l'évaluation du prix de la fouille de la terre, une grande précision n'est pas nécessaire. Ce qu'il faut surtout, c'est avoir des évaluations plutôt élevées afin de ne pas être obligé de réclamer des crédits supplémentaires.

On peut donc appliquer des méthodes approchées à la condition qu'elles donnent des chiffres plutôt supérieurs qu'inférieurs aux chiffres réels. Nous allons en indiquer plusieurs en commençant par celle dite :

346. *Méthode de la moyenne distance.* — Pour effectuer les calculs qu'elle comporte, on transformera la formule (100) $V = l.\,L.\,\frac{h + h' + h'' + h'''}{4}$, en remarquant que la surface s du déblai ou du remblai mesurée sur un profil en travers est égale à $l\,\frac{h + h'}{2}$,

et la surface s' à $l \times \frac{h'' + h'''}{2}$, ce qui donne :

$$V = \frac{s + s'}{2} L.$$

Supposons d'abord une suite de profils tous en déblai ou tous en remblai. Si on appelle U la masse totale de ces déblais ou de ces remblais, entre la série des profils consécutifs des surfaces s, s', s''... on aura d'après la relation ci-dessus :

$$U = \frac{s + s'}{2} L + \frac{s' + s''}{2} L'' + \frac{s'' + s'''}{2} L''' + \cdots$$

$$= s \times \frac{L}{2} + s' \frac{L + L'}{2}$$

$$+ s'' \frac{L' + L''}{2} + \ldots (109)$$

Cette dernière forme est la plus usuelle comme étant la plus commode pour la pratique.

On peut remarquer que cette méthode revient à chercher un volume de longueur L, et d'une base égale à la moyenne arithmétique qui résulte des surfaces de déblai ou de remblai de deux profils en travers consécutifs.

347. *Calcul de l'erreur commise.* — Nous savons que tous les résultats sont exacts pour les solides qui ont une base rectangulaire. Quant à ceux qui forment des pyramides, en multipliant la surface moyenne par la distance, la base de la pyramide se trouve multipliée par la demi-distance entre les deux profils ou par la moitié de sa hauteur au lieu de l'être par le tiers ; l'erreur est donc en appelant B cette base :

$$B \times \frac{L}{2} - B \times \frac{L}{3} = B.\frac{L}{6}$$

c'est-à-dire la moitié du volume réel qui est égal à $\frac{BL}{3}$, et l'erreur est en plus. On verra d'après l'importance de cette erreur si on peut la négliger eu égard aux remarques que nous avons faites au n° 345.

Ainsi donc, toutes les fois que les surfaces des profils ne s'éloignent pas beaucoup de la forme d'un rectangle, ces formules sont très approximatives; mais quand elles s'approchent de la forme triangulaire, l'erreur s'accroît, et on peut facilement se rendre compte de son importance.

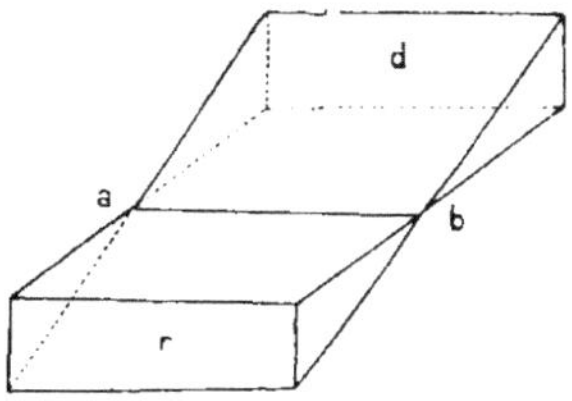

Fig. 116.

348. *Cas qui peuvent se présenter.* — En résumé, cinq cas peuvent se présenter :

Premier cas. — Les deux profils consécutifs sont à la fois en déblai ou en remblai (*fig.* 108 et 109).

Le volume R ou D est donné par la formule :

$$R = \frac{(r + r')\,L}{2} \quad \text{ou} \quad D = \frac{(d + d')\,L}{2}.$$

Deuxième cas. — Un des solides est en remblai, l'autre en déblai, on aura (*fig.* 110) :

$$R = \frac{r \times L'}{2} \qquad D = \frac{d'L''}{2},$$

dans lesquelles formules

$$L' = \frac{Lr}{r + d} \quad \text{et} \quad L'' = \frac{L'd}{r + d}.$$

Troisième cas. — Les deux profils sont partie en déblai, partie en remblai, mais de manière que le déblai de l'un corresponde au déblai de l'autre (*fig.* 111). On aura, comme dans le premier cas :

$$R = \frac{(r + r')\,L}{2} \quad \text{et} \quad D = \frac{(d + d')\,L}{2}.$$

Quatrième cas. — Si les deux profils sont partie en déblai, partie en remblai, mais si le déblai correspond au remblai (*fig.* 112), on calculera les volumes R et D qui se rattachent au premier profil, et les valeurs D' et R' qui se rattachent au second par les formules :

$$R = \frac{rL'}{2}, \quad D' = \frac{d'L''}{2}, \qquad D = \frac{dL'''}{2}, \quad R' = \frac{r'L^{IV}}{2}$$

dans lesquelles L', L'', L''', L^{IV} sont données par les formules :

$$L' = \frac{Lr}{r + d'}, \quad L'' = \frac{Ld}{r + d'}, \qquad L''' = \frac{Ld}{r' + d}, \quad L^{IV} = \frac{Lr'}{r' + d}.$$

Cinquième cas. — Si enfin un des profils est entièrement en déblai ou en remblai, et l'autre, partie en déblai partie en remblai (*fig.* 117 et 118), par le point de passage du déblai au remblai de ce dernier on mène un plan parallèle à l'axe du projet et on divise l'autre profil en deux parties que l'on compose avec les portions correspondantes, l'une en déblai, l'autre en remblai du premier profil :

$$R = \frac{(r' + r''')\,L}{2}, \quad R' = \frac{r''L'}{2}, \quad D = \frac{dL''}{2}, \quad L' = \frac{Lr''}{r'' + d}, \quad L'' = \frac{Ld}{r'' + d}$$

$$R_1 = \frac{d' + d''}{2}\,L, \quad R'_1 = \frac{d''L'}{2}, \quad D_1 = \frac{dL''}{2}, \quad L_1 = \frac{Ld''}{d'' + d}, \quad L''_1 = \frac{L_1 d}{d'' + d}.$$

349. *Méthode de l'aire moyenne.* — Il existe une troisième méthode due à M. de Noël. Elle consiste à multiplier la longueur de l'entre profil par l'aire du profil qui se trouve au milieu de leur distance. Ce procédé, quoique un peu plus approché, donne une valeur *plus petite* que le calcul exact; aussi est-il abandonné, et n'insisterons-nous pas.

Observations générales.

350. *Routes en courbes.* — Dans les cas où la route ne suit pas une ligne droite, on décompose les profils de même que dans les parcours rectilignes, et on fait les calculs de la même manière en mesurant seulement les distances sur les cylindres concentriques à celui sur lequel l'axe de la route est tracé, car, dans ce cas, les divers solides, au lieu d'être compris latéralement entre des plans verticaux parallèles à l'axe de la route, sont compris entre des cylindres verticaux concentriques à celui qui passe par l'axe de la route. Il est évident que les méthodes applicables dans un cas, le sont dans l'autre.

351. *Discussion relative à la méthode à employer.* — Il résulte de ce qui précède que, quand les deux profils sont en déblai ou en remblai en même temps, on peut, dans l'intervalle de ces profils, obtenir le

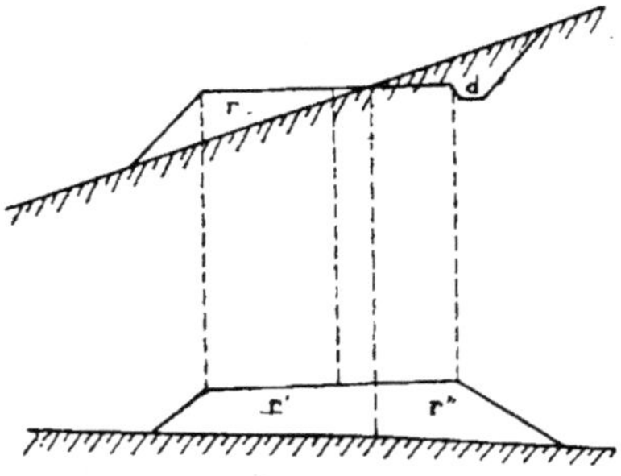

Fig. 117.

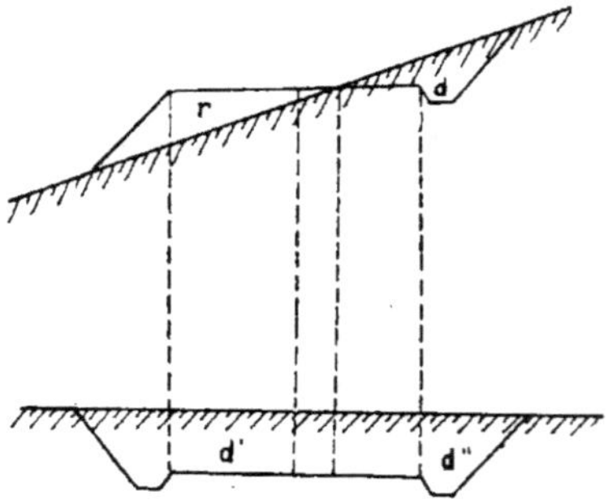

Fig. 118.

volume du solide compris entre les surfaces du projet et du terrain en calculant les surfaces de déblai ou de remblai sur chacun de ces profils et multipliant la somme de ces surfaces par la demi-distance entre ces profils.

Quand il y a passage du déblai au remblai dans l'intervalle des profils, on calcule les points du passage, et, pour avoir les volumes, on se sert de la formule 106 ou de la formule 107, moins exacte. Mais l'une et l'autre de ces formules entraînent, répétons-le, à des calculs fort longs. Pour les abréger, on suppose que les surfaces de chaque profil sont des rectangles, de sorte que les deux solides sont disposés comme dans la figure 116. Ce sont deux prismes triangulaires dont on aura la solidité en multipliant la surface r du remblai sur l'un des profils, et d du déblai sur l'autre profil : la première, par la demi-distance du passage ab au profil en remblai ; la seconde, par la demi-distance de la même ligne à l'autre profil. Or ces espaces s'obtiendront par les formules

$$L' = \frac{Lr}{r+d}, \qquad L'' = \frac{Ld}{r+d},$$

en considérant les surfaces comme des cotes rouges

352. *Évaluation sommaire pour les avant-projets.* — Pour les avant-projets, où on n'a besoin que d'un aperçu du volume des terrassements, on fait les calculs d'après les méthodes les plus expéditives, mais de façon à avoir des évaluations plutôt trop fortes que trop faibles. Ainsi, après avoir calculé pour chaque profil les surfaces de déblai et de remblai, on ajoute les surfaces de même nature de deux profils consécutifs, et on multiplie les sommes ainsi obtenues par la demi-distance de ces profils. Ce qui revient à supposer que les solides de déblai et de remblai qui aboutissent à des lignes de passage, au lieu de s'arrêter à ces lignes, s'étendent dans tout l'intervalle des deux profils. Il en résulte évidemment une augmentation dans les volumes.

353. *Calcul exact pour faire le compte de l'entrepreneur.* — Ainsi que nous l'avons déjà dit, lorsque le projet est adjugé, on lève les profils sur le terrain *en présence de l'entrepreneur*, et on les multiplie autant que cela est nécessaire pour que *toutes les inflexions* du sol soient rendues sur ces profils, et on fait alors tous les calculs avec toute la précision nécessaire pour pouvoir régler le compte de l'entrepreneur.

354. *Distinction des diverses natures de terrain.* — Si le sol à déblayer présente plusieurs sortes de terrain dont la fouille doive être payée à des prix différents, il est nécessaire de rapporter sur les profils les lignes de séparation des diverses natures du sol afin de pouvoir calculer séparément les volumes des uns et des autres.

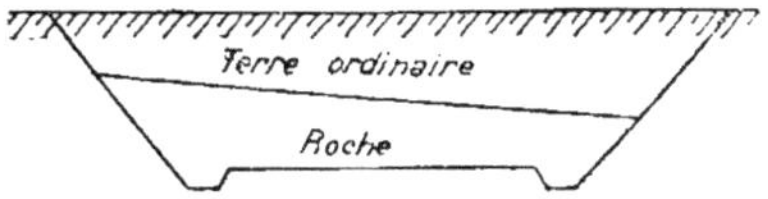

Fig. 119.

On détermine ces lignes en faisant des trous de sonde à chacun des profils (*fig.* 119).

APPLICATIONS NUMÉRIQUES

355. Nous allons d'abord indiquer la manière de procéder sans avoir recours à d'autres aides que les procédés arithmétiques ordinaires.

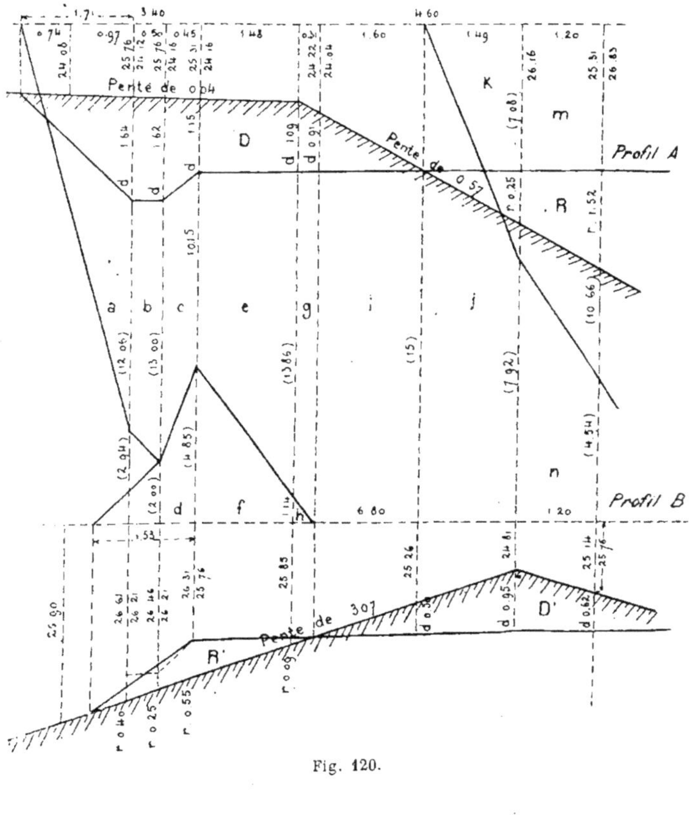

Fig. 120.

Nous verrons ensuite comment les calculs ont été considérablement abrégés à l'aide de tables, d'instruments de mesurage, etc.

356. *Cubature par la méthode exacte.* — Soient (*fig.* 120) deux demi-profils d'une route sur chacun desquels le terrain est indiqué par une ligne avec hachures, et dont la position est déterminée par des cotes horizontales, mesurées à partir de l'axe, et des cotes verticales prises au-dessous d'un même plan de comparaison. Ces cotes sont écrites en chiffres renforcés, et les distances horizontales sont cotées au-dessus de la ligne de terre qui représente le plan de comparaison.

Les lignes du projet sont également déterminées par leur distance à l'axe de la route et au plan de comparaison, mais ces cotes sont indiquées en chiffres plus faiblement tracés. Les cotes dans le sens horizontal sont écrites au-dessus de la ligne de terre.

D'après le profil, la demi-largeur de la chaussée se trouve de $6^m,08$; mais si l'on se reporte à la figure 103, on verra que cette largeur se réduira à 6 mètres, quand avec les déblais de l'encaissement *abcd* on aura exhaussé l'accotement du quadrilatère *acgf*.

Lorsque ces profils sont ainsi dessinés les uns à la suite des autres, on calcule les cotes rouges correspondant à toutes les inflexions du terrain ou du projet, puis les points de passage des solides de déblai et de remblai.

Supposons toutes les cotes déterminées d'après les formules indiquées précédemment ; on prépare le tableau des calculs du numéro 358, puis on commence par une des extrémités du premier profil, soit, la pyramide correspondant au déblai du talus extérieur du fossé. On indique ce solide par une lettre *a*. Ce solide est le premier calculé entre les deux profils, il porte le numéro 1 placé dans la première colonne du tableau, tandis que la lettre indicative *a* est placée dans la seconde. La largeur du solide ainsi que sa hauteur sont écrites dans les colonnes numéros 3 et 4, et la surface de la base dans la colonne 4. Comme on ne prend pas la surface moyenne, la colonne 6 reste en blanc.

Dans la septième, on porte le tiers de la cote de passage $12^m,06$, lequel est de $4^m,02$, et on obtient pour le cube de la pyramide $5^m,64$, que l'on écrit dans la huitième colonne.

Pour le solide suivant, qui est indiqué par la lettre *b*, après avoir inscrit colonnes 1 et 2 son numéro et sa lettre, on doit évaluer son volume par la formule :

$$D = l.\frac{h + h'}{2}.\frac{L + L'}{4},$$

dans laquelle *l* largeur du profil $= 0^m,50$ que l'on écrit colonne 3.

$$\frac{h + h'}{2} = \frac{1,64 + 1,62}{2} = 1^m,63$$

s'écrit colonne 4. La surface résultante 0,81 s'écrit colonne 5. La longueur

$$\frac{L + L'}{4} = \frac{12,06 + 13,00}{4} = 6^m,27$$

colonne 7, et le cube $5^{m3},07$ colonne 8.

On procède ainsi pour tous les solides analogues ; mais quand on arrive à un solide qui, comme le solide *i*, s'étend d'un profil à l'autre, il faut prendre la moyenne des deux surfaces. Cette moyenne s'obtient par une simple multiplication, de $1^m,60$ de longueur moyenne par le quart de la somme des cotes rouges 0,91 et 0,50

$$\frac{1^m,41}{4} = 0^m,36.$$

Ainsi, pour le solide numéro 9 désigné par la lettre *i*, je porte $1^m,60$ à la colonne 3, 0,36 à la colonne 4, et le produit 0,58, qui est la surface moyenne, à la colonne 6. La longueur du solide est égale à la distance 15 mètres entre les profils.

Comme il ne peut se présenter que des solides analogues à ceux que nous avons considérés, nous n'entrerons pas dans d'autres détails sur l'emploi de la méthode exacte.

357. *Méthode approchée.* — Pour obtenir les volumes de déblai et de remblai par la méthode approchée, on calcule sur chaque profil les cotes rouges correspondant aux points d'inflexion des lignes qui représentent le terrain et le projet, mais on ne fait pas le calcul sur l'une des cotes rouges correspondant aux inflexions du profil suivant ou du profil précédent, comme on le fait dans la methode exacte.

Quand on a obtenu toutes les cotes rouges, on calcule les surfaces des

358. Disposition des calculs.

NUMÉROS	INDICATION DES SOLIDES	LARGEUR	HAUTEUR	SURFACE	SURFACE MOYENNE	LONGUEUR	CUBE DÉBLAI	CUBE REMBLAI	OBSERVATIONS
1	2	3	4	5	6	7	8	9	10
	Du profil A au profil B (*méthode exacte*).								
1	Pyr. *a*	1.71	0.82	1.40	»	4.02	5.64	»	
2	Trap. *b*	0.50	1.63	0.81	»	6.27	5.07	»	
3	Trap. *c*	0.45	1.39	0.63	»	5.79	3.64	»	
4	Pyr. *d*	1.53	0.28	0.43	»	1.62	»	0.69	
5	Trap. *e*	1.48	1.12	1.66	»	6.00	9.96	»	
6	Trap. *f*	1.48	0.32	0.47	»	1.50	»	0.71	
7	Trap. *g*	0.31	1.00	0.31	»	7.22	2.24	»	
8	Pyr. *h*	0.31	0.05	0.02	»	0.38	»	0.01	
9	Rect. *i*	1.60	0.36	»	0.58	15.00	8.70	»	
10	Pyr. *k*	1.49	0.43	0.64	»	2.36	»	1.51	
11	Pyr. *l*	1.49	0.73	1.09	»	5.73	6.25	»	
12	Trap. *m*	1.20	1.19	1.43	»	4.44	»	6.34	
13	Trap. *n*	1.20	0.79	0.95	»	3.06	2.90	»	
	Totaux						44.40	9.26	
	Du profil A au profil B (*méthode expéditive*).								
1	de D	1.71	0.82	1.40					
	en R′	0.50	1.63	0.82					
		0.45	1.39	0.63					
		1.48	1.12	1.66					
		1.91	0.55	1.05					
		Surface déblai D		5.56	»	6(1)42	35.70	»	
		1(2)53	0.28	0.43					
		1.79	0.28	0.50					
		Surface remblai R		0.93	»	1.08	»	1.00	
2	de R	2.69	0.76	2.04					
	en D′	Surface remblai R		2.04	»	3.42	»	6.98	
		3.09	0.48	1.48					
		1.20	0.79	0.95					
		Surf. déblai D (1)		2.43	»	4.08	9.91	»	
	Totaux						45.61	7.98	

(1) La longueur 6m.42 s'obtient en formant le produit de la distance entre les profils 15m par 5m.56, surface de déblai D divisant par la somme des deux surfaces D et R′ et prenant la moitié du résultat, c'est-à-dire que l'on effectue les calculs indiqués ci-après :

$$\frac{5,56 \times 15,00}{(5,56 + 0,93)2} = \frac{83,40}{12.98} = 6,42.$$

(2) La cote 1m,53 s'obtient en divisant la cote rouge 0,55 par la différence entre la pente du projet qui est 0.666 et celle du terrain qui est 0m,307.

La somme des déblais et des remblais est de 53m,66 par la méthode exacte et de 53m,59 par la méthode rapide.

triangles et des trapèzes dans lesquels se décomposent les surfaces de déblai D et de remblai R′ qui se correspondent sur les profils pris pour exemple, et on les écrit dans la seconde colonne de D en R′. On obtient la surface du déblai $D = 5^{m2},56$, la surface du remblai $R' = 0^{m2},93$, on considère les surfaces comme des cotes rouges, et au moyen de la formule:

$$d = \frac{D.L}{D + R'},$$

on trouve :

$$d = \frac{5,56 \times 15}{6,49} = 12,85.$$

Ce qui donne pour le volume :

$$V = D \times \frac{d}{2} = 5,56.6,42 = 35,72.$$

La demi-longueur 6,42 s'écrit dans la colonne 7, et le cube dans la colonne 8.

Pour le remblai on a :

$$R' = 15,00 \times 12,85 = 2,15$$

dont la moitié, 1,08, s'écrit à la suite de $R = 0^{m2},93$, et on obtient pour le volume de remblai 1 mètre cube. On opérerait de la même manière entre R et D′. Quand il n'y a pas de points de passage entre les deux profils, on calcule les surfaces de ces profils en les décomposant en triangles et trapèzes. On ajoute les surfaces des profils consécutifs, et on multiplie la somme par la demi-distance entre les profils.

Dans le cas où la route ne suit pas une ligne droite, on décompose les profils comme dans les parties rectilignes, et on fait des calculs de la même manière en mesurant seulement les distances sur les cylindres concentriques à celui sur lequel l'axe de la route est tracé, car dans ce cas les divers solides, au lieu d'être compris latéralement entre des plans verticaux parallèles à l'axe de la route, sont compris entre des cylindres verticaux concentriques à celui qui passe par l'axe de la route. Il est évident que les méthodes applicables dans un cas, le sont dans l'autre.

Calculs approchés des surfaces de déblai et de remblai.

359. On voit par ce qui précède que, si on emploie la méthode approchée, il faudra avant toutes choses calculer les surfaces des déblais et des remblais. Même si on veut appliquer la méthode exacte, il pourra être plus expéditif de calculer ces surfaces pour tous les cas où la base du volume pourra être considérée comme un rectangle.

Ces calculs, très longs et très fastidieux, ont été l'objet d'un grand nombre de recherches plus ou moins heureuses destinées à en abréger la durée tout en obtenant l'exactitude désirable.

On peut diviser les procédés employés en trois grandes classes :

1° Les procédés par le calcul direct avec ou sans l'emploi des tables numériques ;

2° Lés procédés graphiques ;

3° Les procédés mécaniques dans lesquels on utilise les totalisateurs ou les planimètres.

360. *Tables de Coriolis.* — Coriolis a publié, en 1836, cinq volumes de table, pour les calculs de déblais et de remblais. Chacun de ces volumes s'applique à une route d'une largeur déterminée, et les largeurs choisies sont : 7, 8, 9, 10 et 12 mètres.

Elles donnent les superficies en déblai ou en remblai de chaque demi-profil compté à partir de l'axe ; une simple addition donne donc la surface totale.

Elles s'étendent soit au déblai, soit au remblai, pour les cotes rouges de l'axe, depuis $0^m,00$ jusqu'à 3 mètres, variant par centimètre de $0^m,00$ à 1 mètre et de 2 en 2 centimètres depuis 1 jusqu'à 3 mètres. Pour les valeurs intermédiaires, on prend des différences proportionnelles.

Les pentes du terrain varient depuis $0^m,00$ jusqu'à $0^m,25$ par mètre avec des variations de 5 millimètres en 5 millimètres par mètre jusqu'à une pente de $0^m,10$, et de centimètre en centimètre pour les pentes comprises entre $0^m,10$ et $0^m,25$.

Les fossés ont été supposés de $0^m,50$ de plafond, $0^m,50$ de profondeur avec des talus de 1 sur 1.

Le profil du terrain a été supposé en ligne droite depuis l'axe jusqu'à l'extrémité de l'emprise, ainsi que cela est figuré dans les figures 108, 109, etc.

Nous reproduisons pour plus de clarté l'en-tête d'une des tables de Coriolis avec quelques chiffres, ce qui nous dispensera de toute autre explication.

361. $1^m,80$ DÉBLAIS SUR L'AXE — REMBLAIS SUR L'AXE $1^m,80$

INCLINAISON PAR MÈTRE	RAMPE DÉBLAI	PENTE		RAMPE		PENTE	
		DÉBLAI	REMBLAI				
1	2	3	4	5	6	7	8
0.000	12.02	12.02	»	»	9.63	»	9.63
0.005	12.15	11.89	»	»	9.52	»	9.74

362. Dans le cas où il y aurait une pente et une contre-pente sur la portion considérée comme dans la figure 121, on prolongerait le pente $\overline{AB}$ jusqu'à sa rencontre en D avec l'axe du profil, on prendrait le déblai sur cet axe avec la cote DE, et on retrancherait la surface du triangle B.D.C.

363. On voit que ces tables ne donnent ni la largeur de l'emprise, ni le développement des talus, il faut donc calculer ces valeurs par les formules que nous avons données.

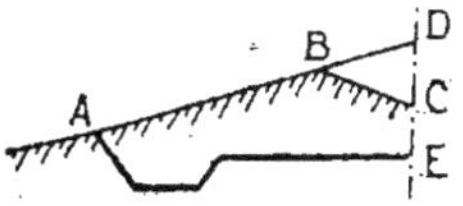

Fig. 121.

On voit également que dans les interpolations pour les valeurs intermédiaires il faut tenir compte et de la variation de la cote rouge de l'axe et de celle du profil du talus ou du remblai. Cela se fait en prenant la partie proportionnelle aux différences, et conduit à des calculs assez longs qui font perdre une partie des avantages de ces tables.

364. *Tables de M. Lefort.* — Ces tables ayant surtout été établies pour les chemins de fer, nous ne nous y arrêterons pas, nous dirons seulement que le fossé n'a que $0^m,40$ sur $0^m,40$, et qu'une banquette est interposée entre le pied de la plateforme et la crête du talus. Les interpolations font l'objet de colonnes à part ainsi que les largeurs des emprises (*fig.* 122).

365. *Abaque de Lalanne.* — Lalanne, en 1846, a fait connaître une certaine manière de transformer les courbes, qui

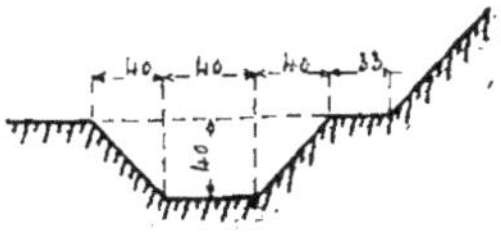

Fig. 122.

permet de les traduire graphiquement avec facilité. Ces nouvelles courbes sont appelées *anamorphoses* des courbes primitives.

Soit par exemple, la courbe :

$$Z = e^x \sin \frac{2\pi y}{n} + a. \qquad (110)$$

On posera :

$$u = e^x \quad \text{et} \quad v = \sin \frac{2\pi y}{n}.$$

On aura :

$$Z = uv + a. \qquad (111)$$

Soit une hyperbole. On la construira pour chaque valeur de Z en donnant à u les valeurs successives e^1, e^2, e^3... et à v les valeurs $\sin \frac{2\pi}{n}$, $\sin \frac{4\pi}{n}$, etc. etc.

La courbe (111) sera l'anamorphose de la courbe (110), et on aura transformé en hyperbole une courbe exprimée en fonction exponentielle et circulaire.

366. Parmi les différentes courbes, on peut remarquer que celles de la forme :

$$Z^q = \frac{y^m}{x^n}$$

peuvent se transformer facilement de la façon suivante :

$$q \log z = m \log y - n \log x;$$

et si on fait :

$$\log y = Y \text{ et } \log x = X, \ \log z = Z,$$

on pourra écrire :

$$mY = nX + qZ.$$

Si donc on donne à Z une série de valeurs, on aura une série de droites parallèles.

Telle est la base de l'*abaque* de Lalanne.

En effet, la formule générale des déblais et des remblais, qui peut se mettre sous la forme :

$$S = \frac{(at + h)^2}{2(t \pm p)} - \frac{a^2 t}{2} \text{ (voyez n° 368)}$$

donne en considérant a et t comme constantes :

$$\log\left(S + \frac{a^2 t}{2}\right) = 2 \log(at + h) - \log 2(t \pm p)$$

soit :

$$Z = 2Y - X. \qquad (112)$$

D'autre part, la largeur de l'emprise (voyez n° 368) est donnée par la formule :

$$l = \frac{at + h}{t - p}.$$

Nous transformerons de la même façon :

$$\log l = \log (at + h) - \log (t - p),$$

d'où posant $E = \log l$:

$$E = Y - X. \qquad (113)$$

Nous avons donc deux séries de droites correspondant aux équations (112) et (113). La première donne des droites parallèles inclinées à $\frac{1}{2}$; la seconde, des droites inclinées à 45 degrés. Les points de rencontre communs à un système de valeur de x et de y donnent les solutions, c'est-à-dire la surface du demi-profil et la longueur de l'emprise.

Lalanne fait ensuite remarquer qu'ayant deux équations entre quatre variables X, Y, Z et E, si elles prennent des systèmes de valeurs simultanées, le résultat sera le même quelles que soient celles des variables que l'on prenne comme variables indépendantes. Si donc on prend Y et E pour ces deux variables, on aura les équations :

$$Z = Y + E \qquad (114)$$

et :

$$X = Y - E, \qquad (115)$$

qui représentent deux droites perpendiculaires entre elles, et coupant à 45 degrés les axes des coordonnées.

Les tables de Lalanne sont construites sur ce principe.

Leur inconvénient grave est qu'elles ne sont pas applicables aux profils mixtes.

Comme elles ont été plus spécialement calculées pour les chemins de fer, nous ne nous étendrons pas davantage sur l'emploi de ces tables graphiques. Nous avons cru toutefois devoir entrer dans quelques détails sur leur construction eu égard aux résultats si féconds de la géométrie anamorphique, qui permet de transformer souvent en lignes droites, et presque toujours en courbes plus simples, les courbes des surfaces d'un degré supérieur ou fonction de quantités soit circulaires, soit exponentielles.

Calcul au moyen des règles logarithmiques.

367. M. Le Brun, dans un Mémoire présenté en 1886 à la Société des Ingénieurs civils, Mémoire qui a valu à son auteur la médaille d'or de la Société, a proposé l'emploi d'une règle logarithmique pour faciliter tous les calculs des remblais.

Il rappelle que dans cette voie il devait nécessairement retomber sur la théorie des anamorphoses que nous venons d'exposer.

Il ajoute que MM. Blum et Toulon s'étaient déjà occupés de la question, mais ne l'avaient résolue que par la construction d'un instrument spécial établi pour chaque gabarit, ce qui équivalait à une quasi-impossibilité pratique.

Il a, ainsi qu'on en pourra juger, évité

cet inconvénient au moyen d'un petit artifice.

368. *Calcul des profils complets.* — M. Le Brun calcule les erreurs (ainsi que nous l'avons déjà fait) que l'on commet en prenant la moyenne des aires. Il calcule aussi l'erreur qui résulte de la méthode du profil sur l'axe, souvent admise pour les avant-projets et qui consiste à supposer que le terrain est horizontal ; cette méthode donne des erreurs importantes à cause de la différence des surfaces des triangles placés à droite et à gauche de l'emprise, elles peuvent dépasser 20 0/0 sur des flancs de coteau très abrupt (*fig.* 123).

Le fait s'est présenté en 1878, et M. Le

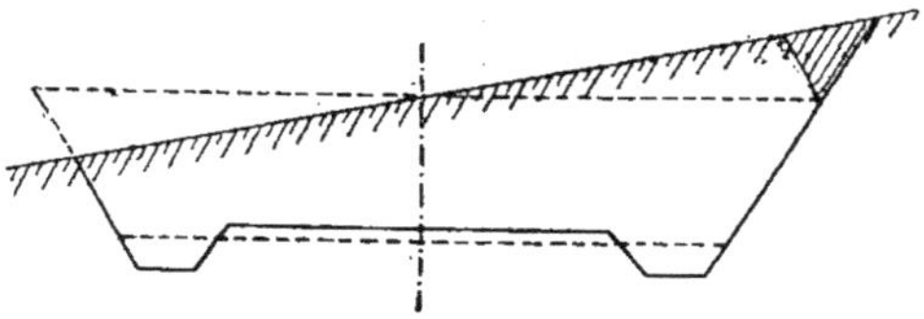

Fig. 123.

Brun dit qu'appelé à vérifier un tracé dans ces conditions il lui a fallu le remanier malgré de graves embarras augmentés du mécompte causé par l'insuffisance des devis.

L'auteur reprend la formule générale :

$$V = L.l.\frac{h + h' + h'' + h'''}{4}.$$

Puis, considérant la surface du profil à évaluer, ABCD (*fig.* 124), il remarque que l'on connaît :

$h = AC$, cote rouge du projet;

$t = \text{tg DBF} = \text{tg}\,\beta$, talus choisi pour les terrassements ;

$p = \text{tg DCO} = \text{tg}\,\alpha$ pente transversale du terrain ;

$a = AB$, demi-largeur de la plateforme.

Il s'agit de déterminer :

l, demi-largeur de l'emprise ;

S, surface du quadrilatère ABCD.

Or on a :

$$l = a + \overline{BF},$$

et :

$$\overline{BF} = \frac{DF}{t} = \frac{h + CE}{t},$$

d'où :

$$l = a + \frac{h + \overline{CE}}{t} = \text{largeur de l'emprise.}$$

D'un autre côté, on a, dans le triangle CED :

$$\overline{CE} = l \times p ;$$

par suite :

$$l = \frac{h + at}{t \mp p}. \qquad (116)$$

La surface S est égale au trapèze AEDB moins le triangle CED :

$$S = \frac{a + l}{2}\cdot(h + CE) - CE.\frac{l}{2},$$

d'où substituant les valeurs précédentes et simplifiant :

$$S = \frac{(at + h)^2}{2\,(t \mp p)} - \frac{a^2 t}{2}. \qquad (117)$$

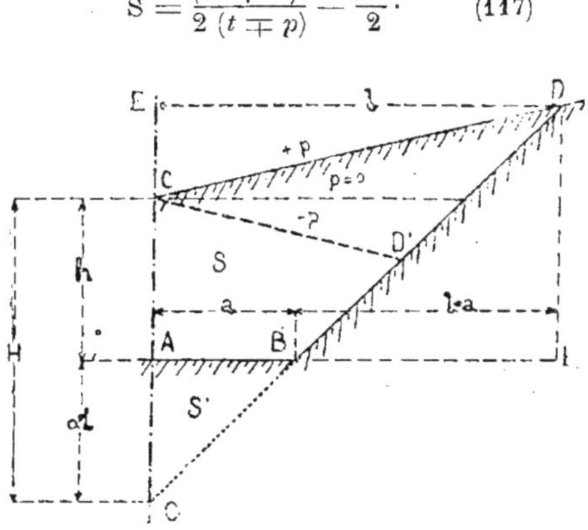

Fig. 124.

La valeur de a étant constante pour de longues sections de la voie étudiée, la valeur de t est ordinairement 1 pour les déblais, 0,667 pour les remblais. On peut donc considérer les profils comme déterminés par la pente p et la cote rouge h. Telle est la formule fondamentale qui a servi de base à presque toutes les méthodes, depuis les tables de Fourrier, jusqu'au profilomètre de Ziégler, en passant par les tables de Coriolis et les abaques de Lalanne. L'inconvénient de tous ces systèmes est qu'il y a en France plus de cinquante profils de plateformes pour les chemins de fer, sans compter les routes et les chemins vicinaux de toutes catégories, de telle sorte que les tables deviennent

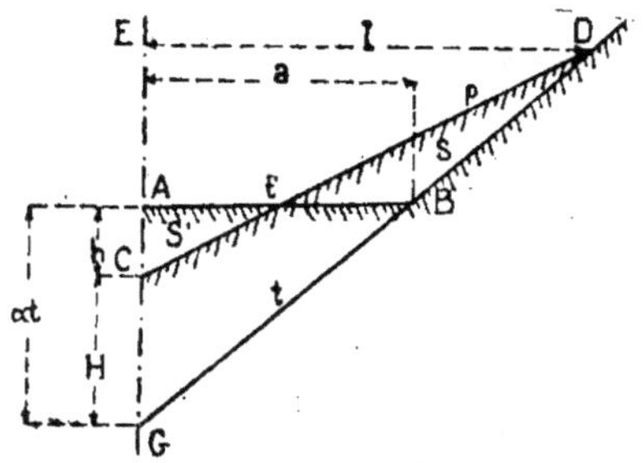

Fig. 125.

très volumineuses, et les graphiques extrêmement nombreux.

M. Le Brun transforme ensuite la formule fondamentale de la façon suivante. Développée, elle donne :

$$\pm 2pS - 2tS \pm a^2tp + 2ath + h^2 = o.$$

Posant :

$$p = x \quad \text{et} \quad S = y,$$

on a :

$$2xy + a^2tx - 2ty = -(2ath + h^2),$$

équation d'une hyperbole qui rapportée à ses asymptotes :

$$\alpha = t \quad \text{et} \quad \beta = -\frac{at^2}{2},$$

prend la forme :

$$x'y' = m^2 \qquad (118)$$

facilement calculable par logarithmes, c'est-à-dire avec une règle à calcul.

M. Le Brun raconte qu'en improvisant

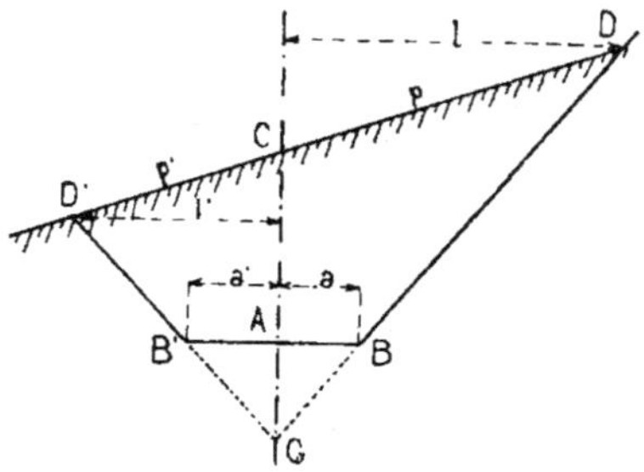

Fig. 126.

une échelle en collant une bande de papier sur un de ces instruments il a pu faire en *deux jours* les calculs d'une variante qui avait demandé *trois semaines de calculs*.

369. M. Le Brun applique ensuite la formule transformée aux différents cas qui peuvent se présenter, et il la rend calculable par logarithmes pour chacun d'eux. En voici le résumé ; les lettres se rapportent aux figures 124, 125, 126.

Calcul des terrassements.

PROFILS ENTIERS	DEMI-PROFILS	
	MIXTES	COMPLETS
$l = \frac{2H}{i}$, $s' = a^2t$ $S' = \frac{H^2}{i}$, $i = \frac{t^2 - p^2}{t}$ $S = S' - s'$	$H = at - h$ $l = \frac{H}{t \pm p}$ $a' = \frac{h}{p}$ $S' = \frac{H^2}{t \mp p} \times 0{,}5$ $S_1 = 0{,}5 \frac{h^2}{p}$ $S_2 = S' + S_1 - s'$	$H = h + at$, $s' = \frac{a^2t}{2}$ $l = \frac{H}{t \mp p}$ $S' = 0{,}5 \frac{H^2}{t \mp p}$ $S = S' - s'$
Point de passage $x = \frac{hd}{h + h'}$ $x' = \frac{Sh}{S + S'}$		

370. Toutes ces formules étant calculables par logarithmes sont évidemment applicables aux règles à calcul. L'auteur a choisi pour la règle une longueur de $0^m,40$.

« Consacré, dit-il, par un long usage des études au tachéomètre, l'instrument

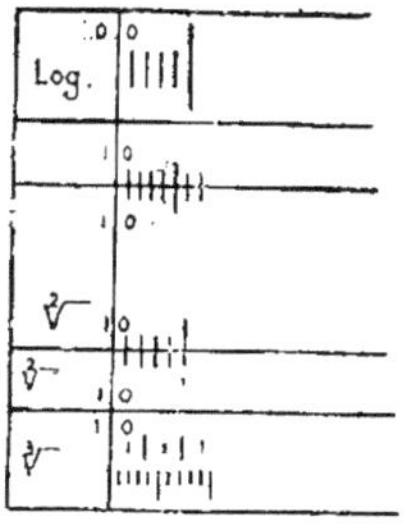

Fig. 127.

est maniable sans être encombrant, l'œil embrasse facilement toute sa longueur; l'unité de l'échelle $0^m,20$ est suffisante pour que la lecture soit faite, et l'approximation dont on a besoin obtenue.

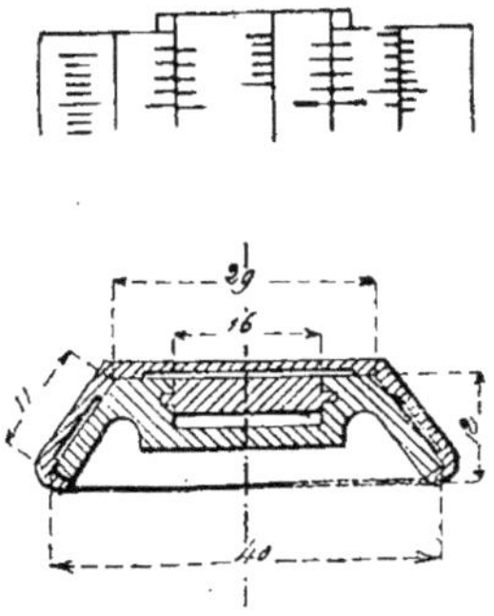

Fig. 128 et 129.

« Nous avons adopté la disposition générale de Lenoir, modifiée par M. Mannheim, qui se trouve dans toutes les mains, comme convenant parfaitement à tous les calculs, en modifiant seulement ses dispositions accessoires.

« La règle porte à son bord supérieur ne échelle des nombres reportés deux fois, calculée avec une caractéristique égale à 20.

« Sur son bord inférieur elle porte une échelle des racines carrées $(\sqrt[2]{n})$ calculée avec une caractéristique double.

« Nous avons adopté un curseur évidé, qui, au moyen de repères convenablement placés, nous a permis de tracer trois échelles sur certaines réglettes, et de profiter des faces latérales de la règle taillée en biseau pour y tracer deux échelles.

« L'échelle du biseau supérieur, de $0^m,40$ de longueur, divisée en parties égales ($\log n$), donne les logarithmes des nombres lus sur l'échelle $\sqrt[2]{n}$.

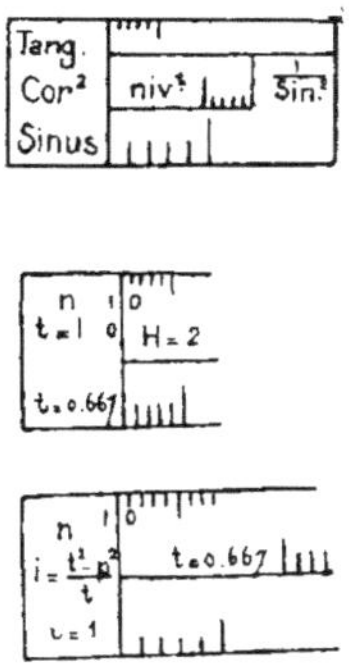

Fig. 130 à 132.

« L'échelle inférieure du biseau est une échelle de racines cubiques $\sqrt[3]{n}$.

« La figure 127 donne les projections de toutes les échelles rabattues en vraie grandeur sur le plan de la face supérieure.

« Les figures 128, 129 présentent la coupe et la projection de la règle.

« La règle est accompagnée de deux réglettes pouvant se substituer l'une à l'autre. »

La figure 130 donne le revers de la réglette n° 1.

La figure 131, le côté de la réglette n° 2 appliquée aux demi-profils $i = t - p$.

La figure 132, celui appliqué aux profils entiers $i = \dfrac{t^2 - p^2}{t}$.

Le revers de la réglette n° 1 contient une échelle indiquée *correction du nivellement* qui sert à tenir compte de la sphéricité de la terre et de la réfraction par la formule :

$$x = \frac{d^2}{2R} - 0{,}0653\,\frac{d^2}{R} = d^2 : 1464 \quad (119)$$

dans laquelle :

d représente la distance du niveau à l'objet visé ;

R, le rayon terrestre égal à 6 366 000 mètres ;

0,0653, le coefficient moyen de réfraction d'après les plus récentes déterminations.

Cette échelle étant très courte, on a pu placer sur la même ligne, et à son extrémité, l'échelle $\frac{1}{\sin^2}$ qui sert à la réduction des angles à l'horizon d'après la formule de la stadia :

$$d = g \sin^2 V = \frac{g}{\frac{1}{\sin^2 V}}.$$

Le tracé de deux logarithmes constants sert à transformer les deux divisions sexagésimales et centésimales l'une dans l'autre, transformation dont nous avons constaté l'utilité pour les opérations tachéométriques, topographiques et astronomiques.

371. Avec ces dispositions, on peut résoudre d'un seul coup de réglette les différents groupes d'équations suivantes :

GROUPE A.

Les résultats se lisent sur une des échelles n de la règle ou de la réglette.

m et n représentant les combinaisons possibles des exposants 1, 2, 3 :

$$y = a^m x^n, \qquad y = \frac{x^m}{b^n}, \qquad y = \frac{a^m}{b^n}\,x^m,$$

$$y = a^3 c^3, \qquad y = \frac{a^3}{b^3}\,c^3.$$

Ces deux dernières formules exigent un mouvement supplémentaire.

On fera de même l'extraction des racines carrées ou des racines cubiques des valeurs précédentes :

$$y' = \sqrt[2]{y}, \qquad y' = \sqrt[3]{y}.$$

GROUPE B.

Les résultats se lisent sur une échelle $\sqrt[2]{n}$ de la règle ou de la réglette.

p et q représentent toutes les combinaisons possibles des exposants $1, \frac{1}{2}, \frac{1}{3}$.

$$y = x^{\frac{2}{3}}, \quad y = a x^{\frac{2}{3}}, \quad y = \frac{x^{\frac{2}{3}}}{b^p}, \quad y = \frac{a^p}{b^q}\,x^{\frac{2}{3}}.$$

Extraction des racines cubiques des valeurs précédentes de y :

$$y' = \sqrt[3]{y}.$$

GROUPE C.

Les résultats se lisent sur l'échelle de $\sqrt[3]{n}$.

p et q représentent toutes les combinaisons possibles des exposants $1, \frac{1}{2}, \frac{1}{3}$.

Avec un mouvement supplémentaire du curseur, $\frac{p}{q} = r$ peut représenter un des exposants $1, 2, 3, \frac{1}{2}, \frac{1}{3}, \frac{2}{3}, \frac{3}{2}$.

$$y = (ax)^{\frac{2}{3}}, \quad y = \left(\frac{a^p}{b^q}\,x\right)^{\frac{2}{3}}, \quad y = \left(\frac{a^p}{b^q}\,c^r\right)^{\frac{2}{3}}.$$

GROUPE D.

La réglette est renversée.

Les résultats se lisent au moyen du curseur :

$$y = \frac{a^m c^n}{x}, \qquad y = \frac{a^m c^n}{x^2}, \qquad y = \frac{a^m c^n}{x^3}.$$

Il serait possible, ajoute l'auteur, de multiplier à l'infini les formules, en combinant le mouvement de la réglette et du curseur.

372. Comme transition entre les procédés de calcul pur et de procédés mécaniques nous citerons le profilomètre de M. Ziégler et la modification que lui a fait subir M. d'Ocagne, puis les gabarits à courbes d'égales surfaces de M. Willotte.

373. *Profilomètre de M. Ziégler.* — M. Ziégler a inventé un profilomètre sur lequel on lit directement les surfaces des profils sur une échelle. Ce procédé est beaucoup plus commode que celui des abaques ou des tables à double entrée.

On peut mettre la formule générale (117) sous la forme :

$$2S + a^2t = \frac{(at + h)^2}{t \mp p},$$

et si l'on pose :

$$2S + a^2t = z, \quad at + h = y, \quad t \mp p = x$$

on aura :

$$z = \frac{y^2}{x}; \qquad (120)$$

donc y est le moyen proportionnel entre Z et x.

Si donc on prend deux axes coordonnés OX et OY, et si d'un point quelconque on trace deux droites faisant entre elles

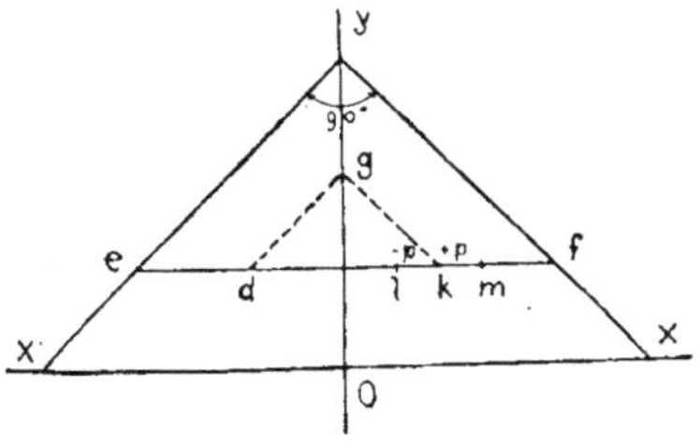

Fig. 133.

un angle de 90 degrés, et si on mène une parallèle ef à OX (*fig.* 133) :

Si d'autre part :

$$y = at + h, \quad \text{et} \quad x = t \mp p$$

on aura : $z = 2s + a^2t.$

Si donc on prend $ef = a^2t$, la longueur ed représentera le double de la surface du profil, et il suffira de graduer convenablement cette ligne pour avoir immédiatement la surface du profil débarrassée de la constante.

De même :

$$y = h + at$$

Si donc on porte sur OY, à partir de ef, la valeur de at,

cette longueur représentera h, et si on trace la division de h à partir du point g on n'aura pas besoin de calculer $h + at$.

Si enfin on prend l en portant p à droite et à gauche du point h, on aura $t \pm p = kl$ ou km.

Cette méthode a l'avantage de permettre de calculer les profils mixtes en cherchant la différence des deux surfaces ou en calculant y^2 par une échelle spéciale.

Procédés graphiques.

374. *Profilomètre de M. d'Ocagne.* — En 1883, M. Durand-Claye a fait con-

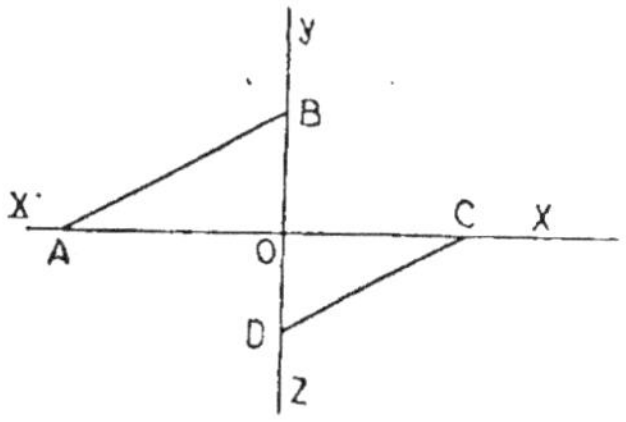

Fig. 134.

naître une modification heureuse due à M. d'Ocagne alors élève-ingénieur. Cette modification consiste à substituer au tracé d'une perpendiculaire celui d'une

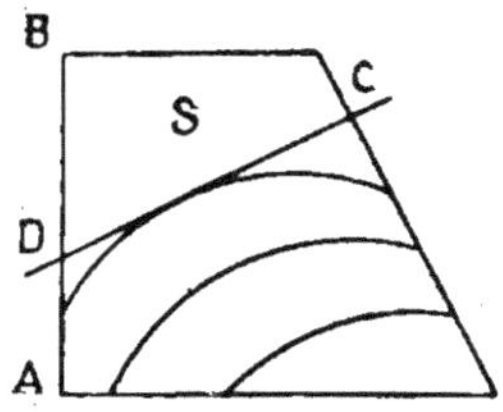

Fig. 135.

parallèle, qui est bien plus rapide et bien plus exacte.

Voici cette méthode telle que l'a décrite M. L. Durand-Claye. L'échelle des Y (*fig.* 134) est reproduite une seconde fois en prolongement de celle des X ou OY', et celle des Z est portée en prolongement de OY perpendiculairement à celle des X.

Si on prend $\overline{OC} = \overline{OB}$ et qu'on mène $\overline{CD}$ parallèle à $\overline{AB}$, on a $\overline{OD} = Z$, car :

$$OD = \frac{OC \times OB}{OA} = \frac{y^2}{x}.$$

La parallèle peut se tracer avec l'équerre ordinaire ou au moyen d'un transparent à lignes parallèles.

375. *Méthode de M. Willotte.* — M. Willotte, dans les *Annales des Ponts et Chaussées* de 1880, rappelle les travaux de M. Woyciechowski pour la solution du problème suivant :

« Supposons que, dans certaines circonstances (par exemple pour garder la trace des opérations effectuées), on veuille construire les profils en travers d'un projet de terrassement et calculer leurs surfaces en même temps, il s'agit de trouver, pour réaliser ce double résultat, une méthode aussi simple que possible. »

Il indique une nouvelle solution purement graphique.

Cette méthode repose sur la construction de courbes d'égales surfaces convenablement graduées, c'est-à-dire de la courbe enveloppe qui, avec des inclinaisons différentes de la ligne DC, donnerait la même surface S (*fig.* 135). M. Willotte démontre qu'avec ces courbes formant des hyperboles homothétiques, il suffit, pour mesurer la surface d'un demi-profil, de préparer à l'avance un certain nombre de feuilles représentant les gabarits des demi-profils usuels, et de tracer sur ces gabarits les hyperboles dont nous venons de parler.

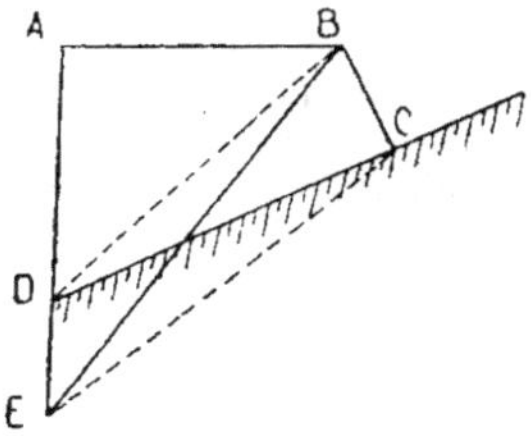

Fig. 136.

Pour obtenir la surface d'un déblai ou d'un remblai, il suffit de tracer sur cette feuille le terrain naturel et on lit le nombre correspondant à la courbe. Une seconde lecture sur une échelle inclinée du gabarit donne la largeur de l'emprise ou la longueur du talus.

376. Cette méthode a l'inconvénient de ne pouvoir servir pour des profils mixtes, aussi est-elle peu usitée. M. Dubret, au moyen d'un rapporteur transparent, l'a simplifiée, mais il ne résout pas complètement sans difficulté le problème des profils mixtes (voyez *Annales des Ponts et Chaussées*, 1882).

377. *Méthode de M. Garceau.* — On trouve dans les *Annales des Ponts et Chaussées* de 1877, tome I, un procédé graphique fort simple dû à M. Garceau, qui consiste à ramener l'évaluation de la surface des profils à la mesure d'une ligne avec une échelle convenable. Il suffit pour cela de transformer par les procédés ordinaires de la géométrie relatifs aux figures équivalentes, la surface du profil à évaluer en un triangle ayant une base connue ; ce sera, si on le désire, la demi-longueur du profil en travers depuis la crête du fossé ou du talus jusqu'à l'axe du profil en long.

C'est ainsi que la surface ABCD (*fig.* 136) sera transformée par une parallèle $\overline{BD}$ en un triangle ABE, dont la mesure sera $\overline{AB} \times \frac{AE}{2}$. Si donc la valeur de $\overline{AB}$ est constante pour tous les profils et si l'échelle est calculée de telle façon que l'unité soit représentée par $\overline{AB} \times \frac{1}{2}$, il suffira de mesurer AE avec cette échelle pour avoir immédiatement la mesure de la surface.

Procédés mécaniques.

378. *Méthode des pesées.* — Nous citons cette méthode à cause de son ingéniosité qui consiste à substituer un phénomène physique à un mode de calcul.

On découpe les profils sur une feuille de papier fort, aussi homogène que possible, et on les pèse ; il est facile ensuite de déduire la surface qui est proportionnelle au poids. Toutefois, le papier étant hygrométrique, ce procédé est peu exact ; il entraîne en outre la destruction des plans, aussi n'a-t-il pas été adopté.

379. *Roulette de Dupuit.* — Dupuit a imaginé un procédé assez simple de calculer les surfaces de remblai, il consiste à mesurer les ordonnées équidistantes, à en faire la somme et à multiplier cette somme par l'intervalle e qui les sépare en effet; on a approximativement (*fig.* 137 et 138) :

$$S = e\frac{h+h'}{2} + e\frac{h'+h''}{2} + \dots$$
$$= e\,(h+h'+h''+\dots) \qquad (121)$$

aux demi-ordonnées extrêmes près, que l'on prendra très petites.

La roulette de Dupuit permet de faire facilement cette sommation, elle a très exactement $0^m,10$ de circonférence et est divisée en millimètres. Un engrenage adapté à une autre roue permet de compter le nombre de tours de la roulette. Si donc on amène la roulette au 0 et qu'on

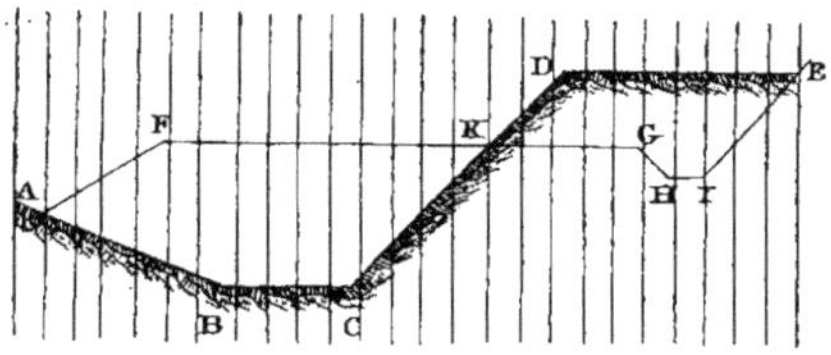

Fig. 137.

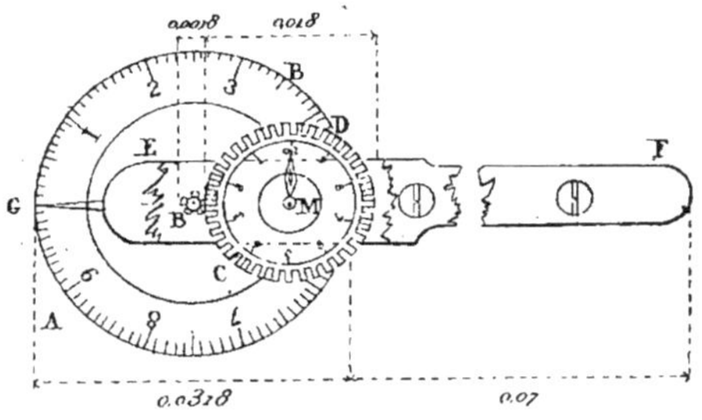

Fig. 138.

lui fasse parcourir successivement toutes les ordonnées en maintenant le manche *toujours dans la même position*, on aura la somme totale de toutes ces ordonnées exprimées en millimètres.

La position verticale pour le manche est celle qui est le moins sujette à erreurs.

On simplifie l'opération, et on s'évite la peine de tracer les ordonnées en les traçant une fois pour toutes sur une feuille

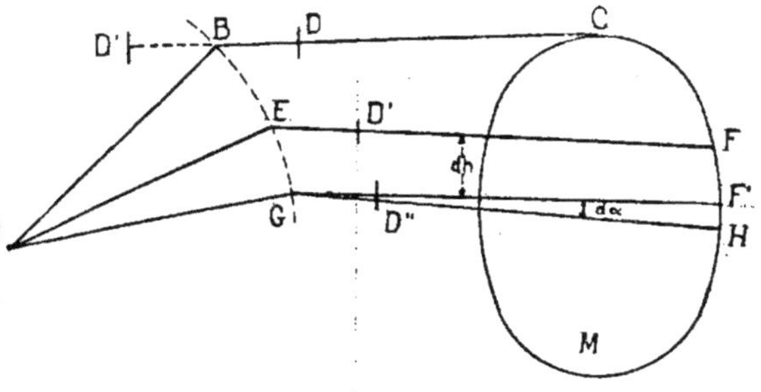

Fig. 139.

de papier-calque que l'on applique sur le dessin.

380. *Canevas quadrillé.* — On a aussi évalué les surfaces en les recouvrant d'un canevas quadrillé tracé sur une feuille de papier-calque. Ce canevas étant tracé à l'échelle convenable, chaque carré représente une surface déterminée; il n'y a donc qu'à compter le nombre de carrés pour avoir la surface exacte sur les contours. On établit une sorte de compensation en ne comptant pas les fractions de carrés plus petites qu'un demi-carré et en comptant comme entier les fractions de carré plus grandes qu'un demi-carré.

381. *Planimètres.* — Ces instruments destinés à évaluer les surfaces sont d'invention relativement moderne. C'est un géomètre de Berne, Oppikofer, qui construisit, en 1827, le premier instrument pratique ; il fut successivement amélioré et Ernst en 1837 arriva à un degré suffisant de perfection pour mériter le prix Monthyon.

Le prix élevé de cet appareil, sa grandeur, son poids en limitait l'usage et il ne pouvait servir à mesurer les trop petites surfaces, ce qui le fit bientôt abandonner. Il a été remplacé en 1854 par le planimètre d'Amsler, beaucoup plus commode et d'un prix beaucoup moins élevé.

382. *Planimètre d'Amsler.* — Cet instrument est aujourd'hui très généralement employé, il consiste essentiellement (*fig.* 139 et 140) :

1° En une tringle AB, que l'on fixe sur la planchette au moyen d'une pointe placée en A, de telle sorte que la droite AB puisse tourner autour du point A ;

2° D'une seconde tringle CB, articulée avec la tringle AB au point B.

Une pointe mousse est fixée en C. La pointe mousse permet d'en suivre les contours ;

3° D'une roulette intégrante placée en D ou en D_1 qui doit également reposer sur le papier. Cette roulette est graduée

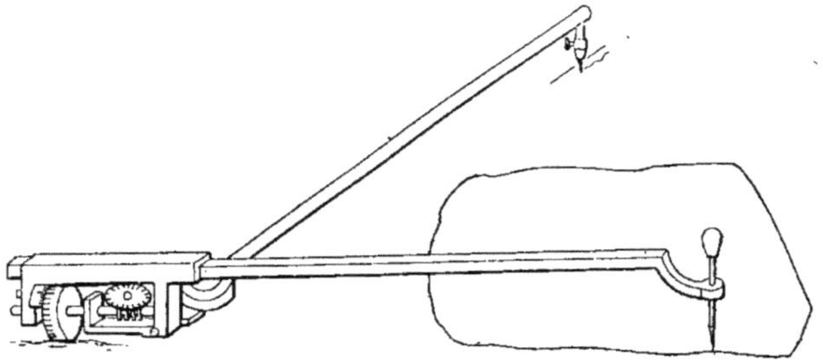

Fig. 140.

à l'extérieur et porte un vernier, c'est sur elle qu'on lit l'évaluation de la surface.

Avant de commencer l'opération, on règle d'après l'échelle du dessin la longueur relative des bras AB et CB, et on amène la roulette au O.

Cet appareil est susceptible d'une grande précision, il a été modifié dans certains détails par M. Coradi. Pour obtenir toute l'approximation désirable, on répète plusieurs fois l'opération en ayant soin de déplacer le point A en changeant l'orientation du bras BA, et on prend la moyenne.

On affirme avoir obtenu des approximations de 0m,001 à 0m,002 pour les surfaces de 30 centimètres carrés, et moins pour des surfaces plus grandes.

Nous empruntons à M. Petsch, ingénieur des ponts et chaussées, la démonstration qu'il a publiée dans les *Annales des Ponts et Chaussées* de 1868, tome II.

Pendant que la pointe C (*fig.* 139) se promène sur le périmètre de la surface M, l'extrémité B se meut sur un arc de cercle décrit du point fixe A comme centre, avec la longueur de la tige AB pour rayon. La barre BC prend donc successivement diverses positions, en s'appuyant par un bout sur l'arc de cercle dont nous venons de parler, et par l'autre extrémité sur le contour de la figure M. Il est facile de voir que, dans ce mouvement, la barre BC décrit une série de surfaces élémentaires, qu'on peut compter comme positives quand elles sont engendrées dans un certain sens, comme négatives dans le sens contraire, et dont la somme algébrique, après le parcours entier du périmètre M par la pointe C, est finalement égale à la surface M.

« Cela posé, considérons une quelconque EFGH de ces surfaces élémentaires, engendrées entre deux positions infiniment voisines de la barre $\overline{BC}$, et voyons si elle ne peut s'exprimer en fonction du mouvement de la roulette D.

« La figure EFGH peut être décomposée en un parallélogramme EFF'G' et un triangle F'GH en négligeant les infiniment petits du second ordre.

« Cela revient à supposer que la surface EFGH a été engendrée d'abord par une translation parallèle de la barre BC, puis par une rotation autour du point G.

« Dans le mouvement de translation parallèle, la roulette parcourt un chemin dh égal au déplacement d'un point quelconque de la barre dans le sens perpendiculaire à ladite barre, le déplacement dans le sens longitudinal ne produisant aucun mouvement dans la roulette.

« Dans la rotation angulaire F'GH $= d\alpha$, la roulette décrit un arc D'D'', qu'on peut désigner par $d\alpha$ en appelant λ la distance BD.

« Si donc on appelle dm l'ensemble du parcours élémentaire de la roulette, on a :

$$dm = dh + \lambda d\alpha.$$

Cela posé, mesurons la surface élémentaire EFGH $= ds$, nous aurons :

$$ds = ldh + \frac{1}{2} l^2 d\alpha. \qquad (122)$$

« Remplaçant dh par sa valeur, il vient :

$$ds = l\,(dm - \lambda d\alpha) + \frac{1}{2} l^2 d\alpha$$

$$ds = ldm + \frac{1}{2}\,(l^2 - 2\lambda l)\, d\alpha,$$

et en intégrant depuis la position initiale de la barre jusqu'à sa position finale qui se confond avec la première, il vient :

$$S = l\int dm + \frac{1}{2}\,(l^2 - 2\lambda l)\int d\alpha = \text{surface cherchée.} \qquad (123)$$

« Mais il importe de remarquer que la barre, après une série de mouvements angulaires dans un sens, ne peut revenir à sa direction primitive qu'après avoir décrit soit une série équivalente de rotation en sens contraire, soit une circonférence entière. Cela revient à dire que : $\int d\alpha = o$, ou bien $\int d\alpha = 2\pi$.

« Ce dernier cas se présenterait si le pivot A était pris dans l'intérieur de la figure M. Comme nous avons placé notre pointe en dehors de la figure, $\int d\alpha = o$.

« Il reste donc $S = l\int dm$, c'est-à-dire qu'on obtient la surface cherchée en multipliant la longueur l de la barre par le parcours de la roulette.

« Le constructeur s'est arrangé de façon à ce que $l 2\pi r = 100$ centimètres carrés. Dans ces conditions un tour entier de la roulette, correspondant à un parcours $\int dm = 2\pi r$, mesure une surface $S = 100$ centimètres carrés. La roulette étant divisée en cent parties égales, chaque division accuse 1 centimètre carré et de plus, chaque division pouvant être appréciée grâce au vernier, à $\frac{1}{10}$ près. Il en résulte que chaque figure peut être évaluée à $\frac{1}{10}$ de centimètre carré près.

« Dans le cas où le pivot A serait placé dans l'intérieur de la figure, l'expression :

$$S = l\int dm + \frac{1}{2}\,(l^2 - 2l\lambda)\, d\alpha$$

devient :

$$l\int dm + \pi\,(l^2 - 2l\lambda).$$

« Mais il y a lieu de remarquer que dans ce cas, pour avoir la superficie totale de la figure M, il convient d'ajouter à l'expression ci-dessus, la surface engendrée par la barre AB. Cette surface est nulle lorsque le pivot est extérieur, mais quand le pivot est intérieur, elle forme un cercle entier et vaut πL^2 en désignant $\overline{AB}$ par L.

« On a donc dans le cas particulier :

$$S = l\int dm + \pi\,(L^2 + l^2 - 2l\lambda),$$

c'est-à-dire qu'il faut, pour avoir la mesure cherchée, ajouter au chiffre provenant de la double lecture des limbes divisés une constante facile à déterminer et dont la valeur est généralement gravée sur la barre.

Conclusion.

383. On voit que l'on devra prendre des méthodes d'autant plus exactes que l'on se trouvera dans un pays plus accidenté. Tant que le terrain n'aura pas de pente dépassant $0^m,10$, on pourra recourir à la méthode de la moyenne des aires ou à celle des aires moyennes, sans avoir crainte de commettre des erreurs sensibles.

384. Si on se trouve dans un pays plat, on emploiera la méthode des cotes sur l'axe, c'est-à-dire celle où on remplace la surface du terrain par une droite horizontale passant par la cote rouge du profil en long ; par ce procédé, on abrégera considérablement les calculs, et il n'y aura aucun inconvénient à s'en servir, surtout pour les avant-projets, bien que généralement il donne une approximation en moins. Il suffit de jeter un coup d'œil sur les figures pour s'en convaincre, aussi a-t-on l'habitude de les majorer dans des proportions qui varient de 5 à 15 0/0, suivant que le terrain est plus ou moins accidenté. Il est donc inutile dans les calculs des volumes de tenir compte des décimales de mètres cubes, les unités suffisant largement puisqu'elles sont quelquefois même erronées.

385. On peut appliquer une méthode encore plus expéditive et très approchée si le pays est très plat : il suffit de tracer des ordonnées équidistantes sur le profil en long, de prendre la cote rouge de ces ordonnées, d'en faire la somme, de multiplier cette somme par la largeur et la longueur de la route et de tenir compte de la surface des emprises, soit en déblai, soit en remblai.

386. Quand on a ainsi calculé les valeurs des déblais et des remblais, on s'aperçoit fréquemment que les compensations que l'on avait cru établir donnent lieu à une erreur notable ; dans ce cas, on devra reprendre les calculs en ayant soin de modifier légèrement le tracé et, autant que possible, en ne touchant qu'à la cote rouge du profil en long. On opère alors en prenant comme point fixe un point de passage du déblai au remblai, et on construit deux triangles dont la différence multipliée par la distance entre les profils A et B, par exemple, représente le cube excédant ou manquant. Il faut bien remarquer que cette manière d'opérer ne donne qu'une approximation, car les volumes de déblai sont une fonction du second degré des cotes rouges et non du premier degré, ainsi que le suppose la méthode ci-dessus ; en outre, si les déblais et les remblais sont importants, les volumes employés pour les talus ne correspondent pas (les pentes étant différentes) à celles des fossés.

M. L. Durand-Claye donne comme règle que, pour compenser cette dernière erreur, il convient de tenir la ligne du projet de $0^m,25$ un peu plus haute, si les cotes rouges se rapprochent en moyenne de 3 mètres, et de moins en moins haute, lorsque ces cotes se rapprochent davantage de 0 mètre ou 6 mètres.

ÉVALUATION DES DISTANCES DE TRANSPORT

387. Lorsqu'au moyen des méthodes que nous venons d'exposer on a calculé les volumes des déblais et des remblais, il faut, pour évaluer la dépense, connaître les distances à parcourir pour transporter les terres provenant du déblai dans l'emplacement assigné au remblai. Il n'est pas indifférent que ce transport s'effectue d'une façon ou d'une autre, il faut que la somme du chemin parcouru soit minima.

Ainsi supposons (*fig.* 141) qu'on ait à transporter une masse de déblais représentée par la ligne ab, c'est-à-dire une ligne renfermant autant d'unités de longueur que la masse de déblai renferme d'unités de volume, et qu'il faille former avec ce déblai une masse de remblai $cd = ab$, il est évident qu'il y aura intérêt à porter la portion a sur la portion c, et ainsi de suite, de manière que les chemins parcourus soient parallèles à ac. Si on suivait toute autre direction, le trajet serait plus long, car il faudrait que les chemins se croisassent. Or on a :

$$bd + fe < be + fd,$$

car la diagonale d'un parallélogramme est plus grande que l'un quelconque des côtés.

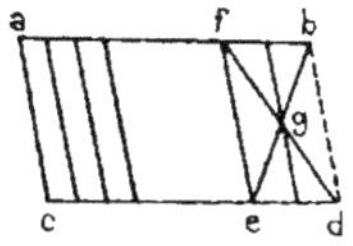

Fig. 141.

On voit que la distance moyenne de transport est généralement égale à celle qui joint les milieux des deux droites.

388. Si le déblai et le remblai ont la même forme (*fig.* 142), et que rien ne gêne le roulage, on peut imaginer les deux solides coupés par des plans verticaux parallèles entre eux et à la ligne qui joint les centres de gravité. En transportant chaque tranche de l'un des solides

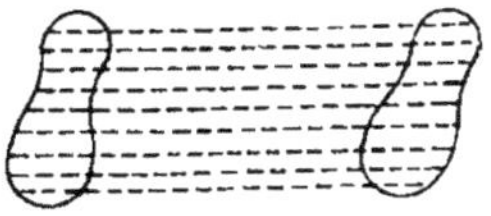

Fig. 142.

sur la tranche égale de l'autre solide, on voit que la distance moyenne de transport sera égale à la distance des centres de gravité.

389. *Cas où la distance moyenne de transport n'est pas égale à la distance des centres de gravité.* — Il arrive cependant des cas où cette égalité n'existe pas, par exemple si tous les roulages sont astreints à passer au même point. Cela est encore plus évident, si le déblai est au centre du remblai et réciproquement, puisque les deux centres de gravité se confondent et que la distance du transport peut être aussi grande que possible. Un autre exemple frappant (*fig.* 143) est celui d'une droite perpendiculaire sur le milieu d'une autre droite égale à la première, car, si $2a$ est la longueur commune des deux lignes, la distance moyenne de transport sera $\frac{a}{2}\sqrt{5}$, tandis que la distance des centres de gravité sera a.

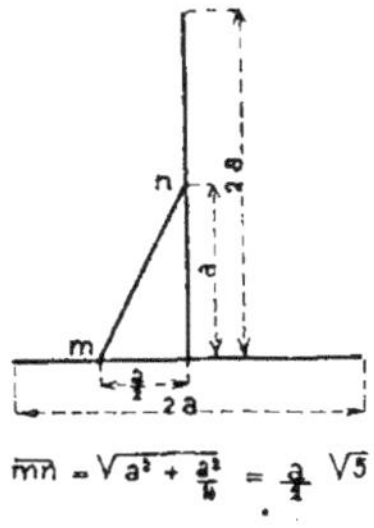

Fig. 143.

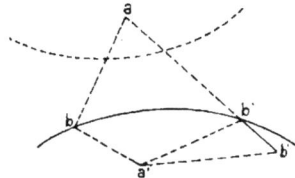

390. Une question intéressante est celle de la répartition des déblais de manière à rendre la distance de transport un minimum. Ainsi, nous avons deux volumes de déblai (*fig.* 144), b et b', à transporter en a et a' : il s'agit de savoir s'il vaut mieux porter b en a et b' en a', ou réciproquement. Il peut arriver plusieurs cas : si $ab + a'b' = ab' + ba'$, il est indifférent de faire le transport d'une manière ou de l'autre ; mais, si $ab + a'b' < ab' + ba'$, c'est-à-dire si $ab - ba' < ab' - a'b'$, il faut porter b en a, et b' en a'.

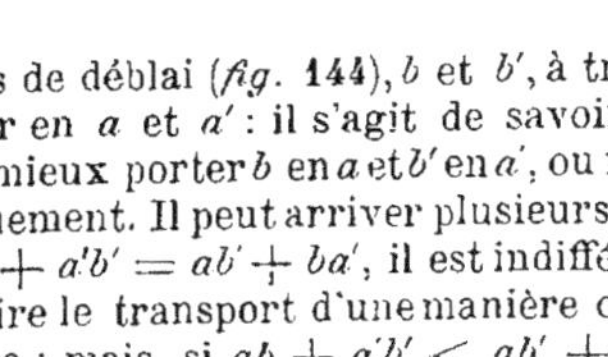

Fig. 144.

Dans le premier cas, b et b' sont placés sur une branche d'hyperbole dont a et a' sont les foyers. Dans le second, le point a'

est en dedans de l'hyperbole qui aurait les mêmes foyers et passerait par le point *b*.

En général, pour résoudre ces questions, il faut multiplier les cubes par le transport et chercher le minimum.

On peut, à ce sujet, se proposer plusieurs problèmes ; mais, comme dans la pratique on ne fait nul usage de ces questions spéculatives, nous les laisserons de côté et nous nous bornerons, après les avoir indiquées, à dire qu'en général et excepté quelques cas particuliers évidents par eux-mêmes, on regarde les distances de transport commes égales aux distances des centres de gravité des volumes de déblai et de remblai.

391. La détermination de ces distances a une grande importance sur l'évaluation de la dépense d'un travail qui comporte le déplacement d'un volume considérable de terre. Pour les déterminer, il y a divers procédés. Le plus exact est celui qui se fait au moyen d'un tableau graphique disposé comme il suit.

On trace une ligne droite (*fig.* 145) dans le sens de la longueur, et au milieu d'une feuille de papier, sur cette ligne, on porte à une échelle assez grande (0,001 ou 0,002 pour mètre) les distances entre les profils, que nous supposerons par exemple au nombre de six. Aux points ainsi déterminés *abcdef*, on élève des perpendiculaires sur *af*. Ces perpendiculaires nous représenteront en plan les projections des profils. Sur chacune d'elle, nous porterons d'un côté de la ligne *af* une longueur proportionnelle à la surface de déblai, trouvée par le calcul, et, de l'autre, une longueur proportionnelle à la surface de remblai. Ainsi, en supposant que les six profils que nous considérons sont ceux qui sont dessinés vis-à-vis chacune des lignes de terre *abcdef*, et que les surfaces de déblai et de remblai sont celles indiquées sur ces profils, pour le profil *a* nous porterons d'un côté, de *a* en *l*, 7^{m2},08 de remblai, et de l'autre, de *a* en V, 25^{m2},42 de déblai. Pour cela, nous nous servirons d'une échelle qui, par exemple, pourra être de 0^{m},005 par mètre carré. Nous ferons la même opération sur le profil suivant où nous porterons 3^{m2},79 du côté du remblai de *b* en *m*, et 6^{m2},62 du côté du déblai de *b* en *i*.

En examinant les profils tels qu'ils sont représentés, on voit que les déblais de l'un correspondent aux déblais de l'autre, et les remblais du premier aux remblais du second. Si nous nous rappelons que dans ce cas il faut, pour avoir les volumes, ajouter d'un côté les surfaces de déblai, de l'autre celles de remblai, et multiplier ces deux sommes par la moitié de la distance entre les profils, nous voyons que ces volumes, l'un de déblai, l'autre de remblai, sont représentés par les deux trapèzes *abi*V et *ablm'*.

Si nous considérons les profils *b* et *c*, nous remarquons qu'au déblai 6^{m2},62 du profil *b* correspond, sur le profil *c*, une surface de 3^{m2},31, et qu'à la surface de remblai 3^{m2},79 du profil *b* correspond une surface 10^{m2},13 sur le profil *c*. Les volumes de déblai et de remblai 3^{m2},31 du profil *c* sont représentés par les deux triangles *bi*K et *c*KK' opposés au sommet. De même le volume des remblais compris entre les surfaces 3^{m2},79 et 10^{m2},13 est représenté par le trapèze *bmxc*. De sorte que, si nous menons K*g*, que nous portions 3^{m2},31 de *x* en *h*, et que nous joignions *gh*, le triangle *ghx* sera égal au triangle K*c*K', et le pentagone *bmghc* représentera le déblai total à faire entre *b* et *c*.

Les profils *c* et *d* sont tous deux en remblai : le premier *ca* a une surface totale de 13^{m2},44 ; le second, de 3^{m2},03 ; le volume de remblai sera donné par la surface du trapèze *chid*.

Le profil *d* est totalement en remblai, tandis que le profil *e* est en déblai d'un côté, en remblai de l'autre. La partie du profil *d*, qui correspond à un profil *e*, est de 1^{m2},05 ; ce déblai est de 2^{m2},09 et se porte de *e* en A. Les volumes correspondants (d'après ce nous que venons de dire pour les profils *b* et *c*) sont représentés : le remblai, par *dpu* ; le déblai, par *p*A*e*. Le volume compris entre les parties de ces profils, qui sont à la fois en remblai, est représenté par le trapèze *sle* dont les côtés parallèles *d* et *s* sont respectivement égaux aux surfaces 3^{m2},03 et 4^{m2},11 de ces profils. Le triangle SIL est construit pour être équivalent au triangle *dup*, comme le triangle *ghx* a été fait équivalent au triangle KcK'.

Entre les profils *e* et *f*, qui sont à la fois en déblai et en remblai, on fait une construction analogue à celle qui a été faite

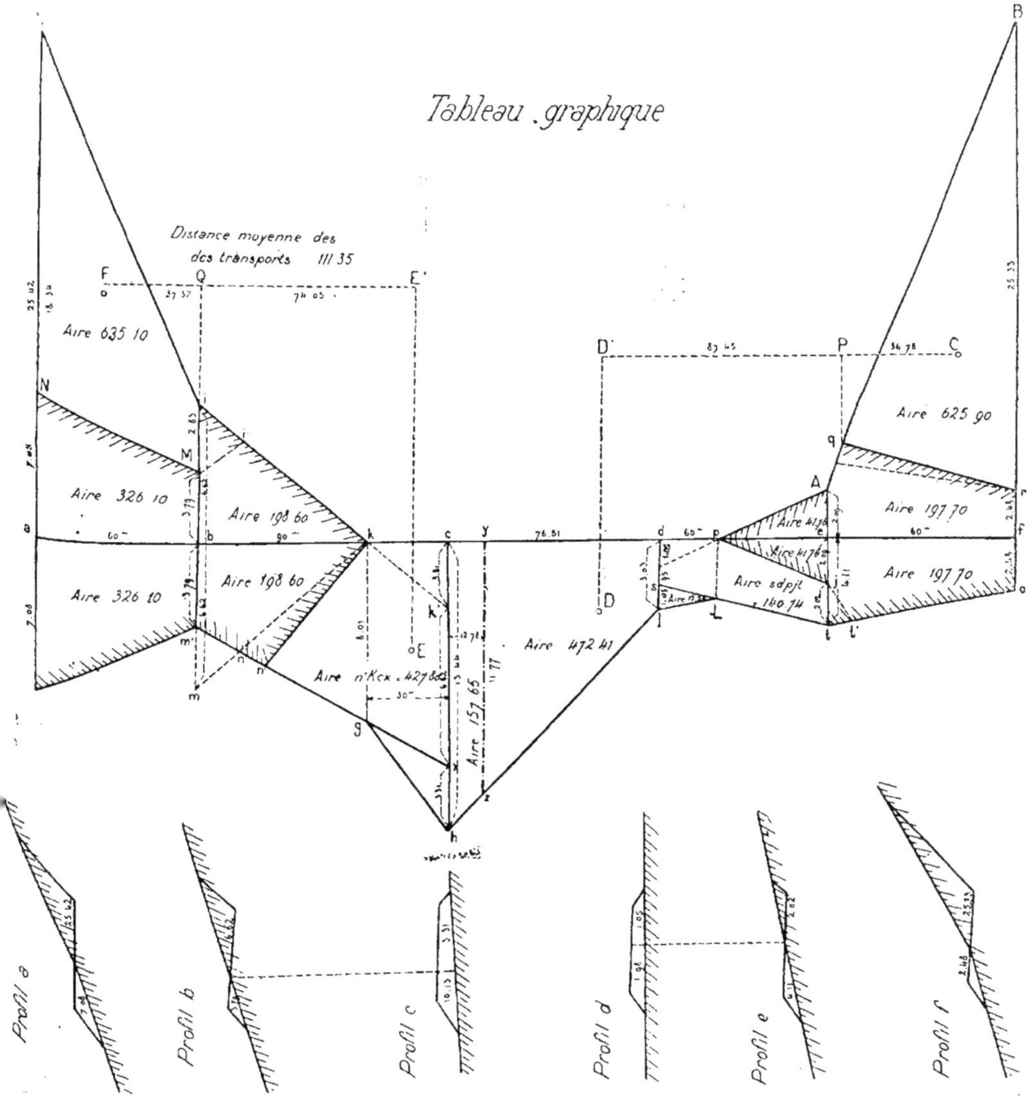

Fig. 145.

entre les profils *a* et *b*. Le volume de déblai est donné par la surface du trapèze AB*fe*; celui du remblai, par le trapèze *etfo*.

Cette construction faite, si nous reportons entre les profils *a* et *b*, nous voyons que le remblai peut être fait en prenant les terres du déblai pour les jeter du côté du remblai.

Cette opération sera représentée graphiquement en rabattant le trapèze *albm* sur le trapèze *bv*, dont il détachera le trapèze *ab*MN, de sorte que les déblais qui se trouveront en excédent entre les deux profils *a* et *b*, seront représentés graphiquement par le trapèze V*i*MN, dont la surface est de $635^{m^2},10$. Nous indiquons par les hachures les volumes ainsi employés sans transport dans le sens longitudinal.

Nous opèrerons de même entre les profils *b* et *c*, c'est-à-dire que nous rabattrons le triangle *bi*K sur le pentagone *bmghc*; mais ici il arrive que le triangle dépasse le trapèze du triangle *mnm'* ou de son égal M*ii'*. Les terres de ce triangle ne pourront être employées au droit de la place qu'elles occupent; mais, si nous faisons le triangle K*nn'* équivalent à M*ii'*, nous voyons que les déblais seront entièrement employés à former le remblai *b*K*n'm*. Ces deux surfaces sont limitées par des hachures, indiquant que les volumes qu'elles représentent sont employés. On voit dès lors qu'il y a entre les deux profils un déficit représenté par la figure K*chgn'*.

Entre les profils *c* et *d*, le déficit est égal au déficit entier du remblai.

Dans l'intervalle du profil *d* au profil *e*, on déduit le triangle A*pe* du pentagone *det*LI, et il reste un déficit représenté par la figure *dpjt*LI.

Entre le profil *e* et le profil *f*, on rabat *efot* sur le trapèze *ef*BA, mais il arrive, comme entre *b* et *c*, que le triangle *jtt'* du remblai ne trouve pas à s'appliquer sur le déblai, et on prend le triangle *rqq'* équivalent à *jtt'*, il reste le triangle B*qr* qui représente le volume de déblai disponible dans l'intervalle de ces deux derniers profils.

392. Si nous récapitulons ce que nous avons eu en trop de déblai et en moins de remblai, nous observons que les $635^{m^3},10$ disponibles entre les profils *a* et *b* suffiront non seulement pour combler le déficit de $476^{m^3},45$ qui existe entre *b* et *c*, mais il restera encore $157^{m^3},65$ pour porter dans l'intervalle de *c* à *d*, et recouvrir le trapèze *chyz* dont la longueur serait trouvée de $12^m,78$.

De même les $625^{m^3},90$ disponibles entre *e* et *f* suffisent pour faire les remblais qui manquent entre *d* et *c* et pour compléter, à $0^m,04$ près, le remblai à faire entre *c* et *d* pour la partie représentée par le trapèze *yzd*I.

393. La question à résoudre se réduit maintenant à déterminer la position des centres de gravité du trapèze MN*vi* et du polygone K*n'ghzy*, c'est-à-dire les distances FQ et QE' par rapport à la ligne *m'i* et celle des centres de gravité du triangle B*qr* et du polygone *ypjt*LI*z* par rapport à la ligne P*q*, c'est-à-dire les distances D'P et PC.

On peut déterminer les centres de gravité, ou rigoureusement par le calcul, ou approximativement par des constructions graphiques. Voici la manière de procéder pour arriver aux résultats exacts.

La distance FQ s'obtiendra par la formule suivante :

$$\frac{60}{3} \times \frac{2 \times 18.34 + 2,34}{18,34 + 2,83} = 20$$

$$\times \frac{39,51}{21,17} = 37^m,32.$$

La distance QE' ne peut être déterminée rigoureusement qu'après avoir déterminé les centres de gravité du triangle K*gn'* et des trapèzes K*chg* et *chyz*.

Pour obtenir le centre de gravité du triangle K*gn'*, il faut d'abord déterminer sa base K*g*, la surface du triangle et par suite sa hauteur, on a :

$$Kb = \frac{90 \times 6',60}{9,93} = 60$$

$$Kg = \frac{(10,13 - 3,79)\ 60}{90} + 3,79 = 8^m,01.$$

La surface du triangle égale celle du trapèze K*bgm* — K*bmn'* ou son égal :

$$kbi = \frac{198,60}{kbgm} = (3,79 + 8,01)\frac{60}{2} = 354^m.$$

Donc $Kgm' = 354 - 198,60 = 155,40$ et la hauteur $= \frac{155,40}{\frac{Kg}{2}} = \frac{155,40}{4,005} = 38,79.$

Le centre de gravité de ce triangle sera donc à une distance de :

$$Qm' = Kb - \frac{1}{3} \cdot 38,79 = 60 - 12,93 = 47,07.$$

Le centre de gravité du trapèze $Kcgh$ sera écarté de la même ligne de :

$$Kb \times \frac{30}{3} \times \frac{8,01 + 2 \times 13,44}{8,01 + 13,44} = 60 + 16,26 = 76^m,26$$

La surface de ce même trapèze sera :

$$427,80 - 155,40 = 272,40.$$

Le centre de gravité de $cyzh$ sera écarté de la ligne Qm' de :

$$90 + \frac{12,78}{3} \times \frac{13,44 + 2 \times yz}{13,44 + yz}$$

yz, calculé comme Kg, est égal à $11^m,77$, d'où il résulte que l'expression ci-dessus devient égale à $96^m,24$.

Pour avoir maintenant la distance du centre de gravité de l'ensemble de ces trois surfaces à la ligne Qm', nous multiplierons chacune des surfaces par la distance de son centre de gravité à cette ligne, et nous diviserons par la somme des surfaces, ce qui nous donne :

$$\frac{155,40 \times 47,07 + 272,40 \times 76,26 + 157,77 \times 96,24}{155,40 + 272,40 + 157,77} = 74,03.$$

La distance totale de transport est donc de :

$$37^m,32 + 74^m,03 = 111^m,35.$$

394. On abrégerait beaucoup le travail en faisant la figure sur une échelle assez grande pour permettre de mesurer à l'échelle avec une certaine précision les surfaces et la position des centres de gravité des triangles comme Kgn'.

Cependant, quelque moyen que l'on emploie pour abréger l'application de la méthode que nous venons d'exposer, elle exige un temps assez considérable que l'on ne peut pas toujours y consacrer. Quand on est pressé, on fait le calcul des distances de transport sur le cahier même qui a servi à calculer les déblais et les remblais. Voici comment on s'y prend.

Supposons les mêmes profils a,b,c,d,e,f, qui ont fait l'objet du tableau graphique, on préparera un tableau de calcul disposé comme l'indique le tableau de la page 208.

Les cubes de déblai et de remblai sont portés dans les colonnes 5 et 6. On obtient immédiatement dans les colonnes 7 et 8 les cubes de déblai à porter en travers et en long. Ainsi entre a et b, le premier est évidemment le volume entier du remblai $326^{m^3},10$; le second ou le volume des déblais excédents, à porter en long, est la différence entre 961,20 et 326,10, égale à $635^{m^3},10$.

De b à c on emploie en travers la totalité du déblai 198,60, et on l'écrit dans la septième colonne, mais il manque pour former le remblai 676,05 — 198,60 = 477,45, que l'on prend entre les profils a et b et que l'on écrit dans la neuvième colonne.

Entre c et d le cube total est en remblai, on l'écrit en entier dans la colonne 9.

Pour les autres volumes, on procède comme nous venons de le dire.

Lorsque ce premier travail est fait, on voit que les $635^{m^3}10$, de déblai à prendre entre a et b suffiront pour faire les $477^{m^3},45$ manquant entre b et c, et de plus $157^{m^3},65$ sur les $630^{m^3},06$ qui manquent entre c et d. On écrit ces 157,65 dans la dixième colonne en haut de l'accolade dont la pointe répond au cube 630,12 de la neuvième colonne.

En opérant de la même manière sur l'excédent 625,90 qui existe entre e et f, on voit que l'on peut compléter non seulement le déficit 151,44 qui existe entre a et e ; mais encore faire les $472^{m^3},41$ nécessaires pour compléter le déficit $630^{m^3},12$ de c à d, et qu'il reste $2^{m^3},05$ sans emploi à mettre en dépôt hors de la route.

MÉTHODE APPROCHÉE

395. Au lieu de dresser la figure, on calcule approximativement les distances moyennes de transport à l'aide du tableau suivant.

INDICATION des profils	DISTANCE des profils	SURFACES		CUBES		DÉBLAIS A PORTER		REMBLAIS à former avec les déblais précédents	CUBES et longueur des remblais du milieu à porter soit de *a*, soit de *f*	DISTANCE moyenne des transports en long de la route	OBSERVATIONS
		DÉBLAI	REMBLAI	DÉBLAI	REMBLAI	EN TRAVERS	EN LONG				
1	2	3	4	5	6	7	8	9	10	11	12
	m.			»							
a	»	25.42	7.08	961.20	»	»	»	»	»		
»	60	»	»	»	326.10	326.10	635.10	»	»		
b	»	6.62	3.79	»	»	»	»	»	»		
b	»	6.62	»	198.60	»	»	»	»	»		
»	90	»	»	»	49.65	»	»	»	»	112.50	
c	»	»	3.31	»	»	198.60	»	447.45	»	(2)	
b	»	»	3.79	»	»	»	»	»	»		
»	90	»	»	»	626.40	»	»	»	»		
c	»	»	10.13	»	»	»	»	»	»		
c	»	»	13.44	»	»	»	»	»	(1) 157.65		
»	76.51	»	»	»	630.06	»	»	630.06	(19.20)		
d	»	»	3.03	»	»	»	»	»	472.41		
d	»	»	1.98	»	»	»	»	»	(57.21)		
»	60	»	»	»	182.70	»	»	»			
e	»	»	4.11	»	»	41.76	»	151.44		117.6	Un cube
d	»	»	1.05	»	»	»	»	»		(2)	de 2.05
»	60	»	»	41.76	10.50	»	»	»			reste sans
e	»	2.09	»	»	»	»	»	»			emploi
e	»	2.09	4.11	»	»	»	»	»			et doit être
»	60	»	»	823.60	197.70	197.70	623.85	»			mis en
f	»	25.32	2.48	»	»	»	»	»			dépôt
	345	»	»	2 025.16	2 023.11	764.16	1 258.95				

(1) Le cube 157.65 joint au cube 447.45 neuvième colonne forme la totalité des remblais à faire avec le cube excédent 635.10 à prendre entre les profils *a* et *b*. De même 472.41 + 151.44 = 623.85 à prendre entre *e* et *f*. Les distances 19.20 et 57.21 placées entre parenthèses colonne 10 sont obtenues en divisant l'intervalle 76.51 entre les profils *e* et *d* en parties proportionnelles aux cubes 157.65 et 472.41.

(2) Les distances portées dans la colonne 11 sont les $\frac{2}{3}$ des distances entre la ligne de séparation et les profils *a* et *f*.

Pour déterminer la position de la ligne *yz* qui doit séparer les déblais pris entre les profils *a* et *b* de ceux pris entre les profils *e* et *f*, on divise l'intervalle de 76m³,51 qui sépare les profils *c* et *d* en parties proportionnelles aux volumes 157m,65 et 472m,41, on trouve ainsi que cette ligne qui en réalité est à 12m,78 de la ligne *ch* en serait éloignée de 19,20, et que par conséquent elle serait à 57m,21 du profil *d*I.

396. Maintenant, pour avoir les distances moyennes de transport, on considère que les volumes de déblai et de remblai, de part et d'autre de la ligne *yz*, sont disposés à peu près comme des triangles opposés par leurs sommets, et que par conséquent la distance moyenne des centres de gravité doit être sensiblement égale aux deux tiers de la distance comprise entre leurs bases. Ainsi cette distance, à droite de la ligne de séparation déterminée au paragraphe précédent, est 57m,21 + 60m + 60 = 177,21, dont les 2/3 sont 118,14.

On arrive ainsi dans l'exemple que nous avons choisi, à des résultats qui diffèrent peu de l'exactitude, puisque l'on obtient 112m,50 au lieu de 111m,35 trouvés par la méthode exacte, et 118m,14 au lieu de 122m,13. Mais ce résultat tient à ce que notre hypothèse sur la forme triangulaire des volumes est presque rigoureuse-

notre hypothèse sur la forme triangulaire des volumes est presque rigoureusement vraie. Si au contraire les volumes avaient à peu près la forme de triangles opposés par leurs bases au lieu de prendre les 2/3 il aurait fallu prendre le 1/3. S'ils avaient la forme de rectangle, il faudrait prendre la 1/2. Si, enfin, il y avait un intervalle sur lequel les déblais compenseraient les remblais, cet intervalle ne devrait pas faire partie de la somme des longueurs dont on prendrait ou les 2/3 ou le 1/3 ou la 1/2 ; il devrait être compté intégralement, ainsi que nous l'avons déjà dit.

Il n'arrive presque jamais que les déblais compensent aussi exactement les remblais que nous l'avons supposé. Plus souvent il y a alors un calcul de tâtonnements à faire. Nous avons donné la méthode à suivre, nous n'y reviendrons pas.

Remarquons seulement que, quand il y a déficit, les remblais venant d'un côté sont séparés de ceux qui viennent de l'autre non plus par une ligne, mais par un intervalle réservé où le remblai reste à faire. Ceci amène une simplification dans les calculs, car la position des lignes qui limitent les déblais venant de côtés opposés est rigoureusement déterminée.

Méthode de L. Lalanne.

397. On peut simplifier beaucoup ces calculs de distance du centre de gravité en employant la méthode proposée par L. Lalanne et fondée sur l'anamorphisme (*Annales des Ponts-Chaussés* 1879, 2e série).

Rappelons d'abord que les transports de déblais peuvent se diviser en deux grandes classes : ceux qui peuvent se faire en les rejetant à droite ou à gauche du profil en long, c'est-à-dire en nivelant les profils en travers, et ceux qui nécessitent le transport des déblais excédants et leur conduite sur le terrain à remblayer.

Les premiers peuvent se faire en pratiquant la fouille, les seconds exigent des moyens de transport qui, ainsi que nous le verrons, se font avec des véhicules différents suivant les distances à parcourir.

En réalité, il n'y a lieu qu'à s'occuper de ces derniers mouvements de terre ; ainsi que nous l'avons fait du reste dans notre épure (*fig.* 145) et c'est de ces derniers cubes qu'il faut chercher les centres de gravité.

398. Lalanne prend donc une ligne XY (*fig.* 146) sur laquelle il indique à l'échelle en 1, 2, 3,... la place de chaque profil en travers. Sur cette ligne il élève des ordonnées. Sur la première, il porte la surface du profil en travers et mène une parallèle à XY jusqu'à sa rencontre avec l'ordonnée du profil 2. Sur ce second profil il marque la surface de ce même profil, etc., en ayant soin de porter positivement les surfaces des déblais et négativement celles du remblai. Comme les cubes peuvent être obtenus, ainsi que nous l'avons vu, en multipliant la surface des profils par la demi-distance qui les sépare (formule n° 109), il s'ensuit que tous les rectangles donneront, par leur surface, le double du cube des remblais, ce dont il sera facile de tenir compte.

Quant au centre de gravité, il est très facile à obtenir puisqu'il est au milieu de chaque rectangle.

399. On a reproché à cette méthode, tout en reconnaissant sa simplicité, de ne pas faire le départ des parties de terrassement qui doivent être portées en déblai ou en remblai par des engins différents, ce qui est le cas qui se présente presque toujours dans la pratique.

Lalanne a transformé la figure en une autre (*fig.* 147); au lieu de porter en ordonnées les surfaces des déblais et des remblais du profil en travers, il porte les cubes tels qu'ils résultent de l'avant-métré, en traçant des gradins verticaux montants pour les déblais, et descendants pour les remblais. Ainsi on porte $1.D_1 = 560$ mètres cubes, $2.D_2 = 140$, etc...

Étant parti de la ligne XY, le dernier gradin devra également aboutir à cette ligne puisqu'il y a compensation. (Nous verrons plus loin le cas où cette compensation ne serait pas exacte.)

Chaque rectangle représente le cube de chaque volume partiel multiplié par sa distance de transport, et par suite, la surface totale divisée par le cube total (ou par la somme des ordonnées) représentera la distance moyenne, ainsi que cela résulte du théorème suivant, demontré très simplement par Kleitz, inspecteur général des ponts et chaussées (*Annales des Ponts et Chaussées*, 1880, t. I).

400. *Démonstration des tracés de M. Lalanne, par Kleitz.* — THÉORÈME. — « Quelle que soit la distribution détaillée des cubes partiels de déblai pour leur emploi en remblai, la distance moyenne de transport est toujours égale à la distance qui sépare les centres de gravité du cube total des déblais et du cube total des remblais.

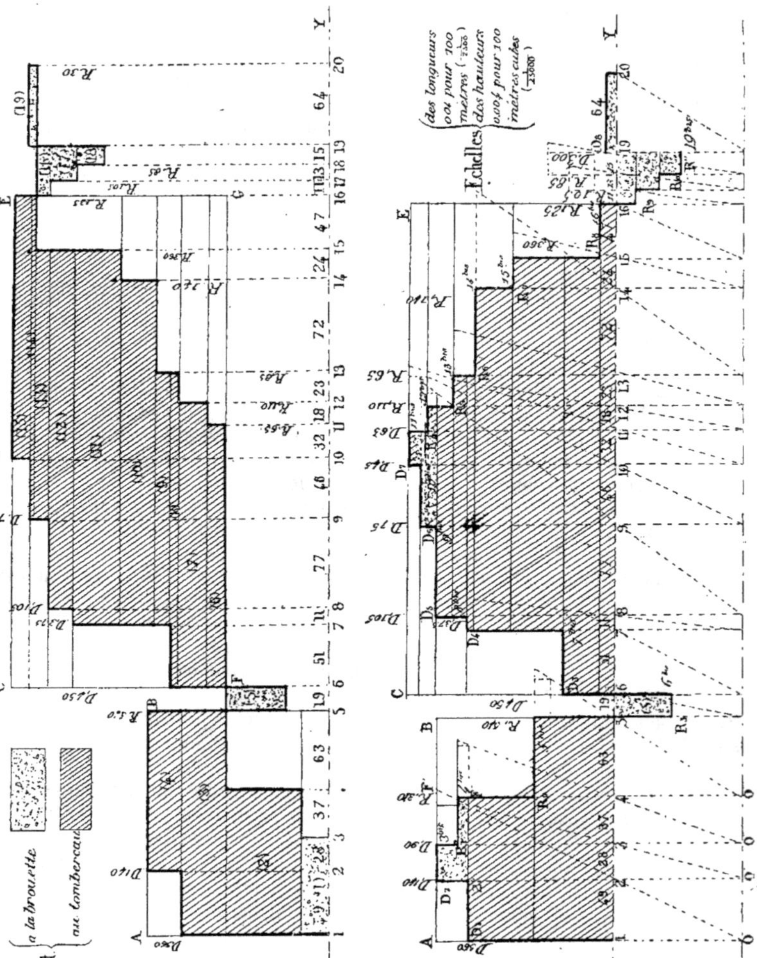

Fig. 146 et 147.

« Il (Lalanne) suppose qu'après avoir calculé pour chaque entre-profil les cubes des déblais et des remblais en excès, on ait déterminé les cubes des déblais à retrousser et ceux des remblais à former par emprunts, et qu'on les ait retranchés respectivement des déblais et des remblais du projet. Le cube total des déblais restant est alors égal au cube total des remblais réduits. On détermine très facilement les retroussements et les emprunts par la méthode de M. Lalanne; c'est en représentant, comme dans la figure 147, les déblais en excès par des échelons montants, et les remblais en excès par des échelons descendants.

« Cela posé, je désigne :

« Les cubes partiels ou élémentaires dans lesquels on peut décomposer virtuellement les cubes . . . { en déblai δD ; en remblai δR

L'abscisse à partir d'une origine arbitraire d'un cube élémentaire. . . . . { en déblai x_d ; en remblai x_r

L'abscisse du centre de gravité de l'ensemble des cubes de déblais par. G_d

L'abscisse du centre de gravité de l'ensemble des cubes de remblais par. G_r

Le cube total des déblais par . . . D

Le cube total des remblais par. . R

La distance du centre de gravité du déblai élémentaire quelconque δD au centre de gravité G_d par. . . . . y_d

La distance du centre de gravité du remblai élémentaire quelconque δR par . . . . y_r

« La distance à laquelle un cube élémentaire δD est transporté, par . l

« Les nombres y_d et y_r sont positifs ou négatifs suivant que δD ou δR sont audelà ou en-deçà des centres de gravité correspondants, on a d'abord :

$$x_d = G_d + y_d \qquad x_r = G_r + y_r$$

$$l = x_r - x_d = G_r + y_r - G_d - y_d.$$

Chaque cube δD étant égal au cube δR qu'il doit former, on peut multiplier les termes de cette équation par δD ou par δR indifféremment, en sorte qu'on a :

$$l\delta D = G_r\delta R + y_r\delta R - G_d\delta D - y_d\delta D,$$

et pour l'ensemble des déblais et des remblais :

$$\Sigma l\delta D = RG_r + \Sigma y_r\delta R - DG_d - \Sigma y_d\delta D.$$

« Or on sait que $\Sigma y_r\delta R$ et $\Sigma y_d\delta D$ sont nuls, et comme D = R, on a en définitive :

$$\Sigma l\delta D = D\,(G_r - G_d). \qquad (124)$$

« C'est ce qu'il fallait démontrer.

« Une remarque à faire: si tous les transports n'ont pas lieu dans le sens des abscisses positives, et que certains d'entre eux s'effectuent en sens contraires, ces derniers sont compris dans la formule générale qui précède, comme des quantités négatives.

« L'expression $D\,(G_r - G_d)$ ne donne plus le moment total des transports. En désignant les moments positifs par P et les moments négatifs par N, on a :

$$P - N = D\,(G_r - G_d).$$

« Le moment total des transports effectués est alors :

$$P + N = D\,(G_r - G_d) + 2N. \quad (125)$$

« Dans les applications, on est naturellement conduit à distinguer et à séparer les transports qui se font en sens inverses. Dans la figure à échelons des déblais et des remblais en excès, les deux sens de transport correspondent aux surfaces supérieures et aux surfaces inférieures à la ligne de base XY. »

401. D'après cette démonstration, « si on admet, dit Lalanne, que la limite séparative des transports à la brouette et au tombereau soit une distance de 100 mètres, qui sur notre figure correspond à 4 centimètres, on voit de suite que les surfaces partielles placées au-dessus des horizontales D_1 2 *bis*, D_5 9 *bis* (prolongés) et 19,20, puis au-dessous de la ligne de terre XY, savoir 5 et 6, 17 et 18, ne comportent pas de transport de déblais et de remblais à une distance supérieure à la limite admise. Il suffira donc de mesurer séparément ces surfaces partielles auxquelles on a donné sur la figure une teinte plus foncée : leur somme sera celle des moments de transport à la brouette. La somme des superficies restantes qui composent la majeure partie de la figure 147 sera l'équivalente de la somme des moments de transport au tombereau. En divisant chacune des deux sommes partielles par le volume auquel elle s'applique, on aura la moyenne distance relative à chacun des deux genres de transport. Or le volume des déblais, pour la brouette, sera la somme :

$$2bis D_2 + 6bis D_4 + 9bis D_6 + 10bis D_7 + 19 D_8,$$

et pour le tombereau ce sera la différence entre le volume total et la somme de ces volumes partiels. »

« La règle pratique peut être ainsi résumée. »

402. « Sur une ligne horizontale XY portant des points de division qui correspondent aux centres des entre-profils, établissez en correspondance avec chacun de ces points des échelons orthogonaux montant pour les déblais $1 D_1$, 2 *bis* D_2, etc., descendant pour les remblais 3 *bis* R_1, 4 *bis* R_2, etc., et se succédant sans interruption jusqu'au dernier, qui doit aboutir au point de division 20 sur la ligne XY ; écrêtez, soit au-dessus, soit au-dessous de XY, et parallèlement à cette ligne, les parties saillantes dont la longueur sera moindre que celle qui correspond au transport à la brouette ; la figure sera décomposée en deux espèces de tranches dont les superficies respectives représenteront les sommes de moments relatives, pour l'une, au transport à la brouette, pour l'autre au transport au tombereau ; et chacune de ces superficies étant divisée par la somme des échelons montants qui s'y rapporte, on obtient la distance moyenne relative à chacun des deux modes de transport. »

« Il est bien évident, d'ailleurs, que, s'il y a trois ou quatre modes de transport différents, suivant les distances, un second et un troisième prélèvements de tranches parallèles aux XY se fera avec la même facilité. »

Quelquefois, même si la distance est trop grande, ce que fait voir l'épure, il y a profit à mettre les remblais en dépôt et à faire des emprunts pour les remblais.

403. Pour que l'on puisse bien se rendre compte des simplifications, nous donnerons, au n° 407, toujours d'après Lalanne, les en-tête du tableau des mouvements des terres correspondant aux épures que nous avons tracées.

404. *Emprunts et dépôts.* — Nous avons supposé dans tout ce que nous venons de dire que la surface des déblais était égale à celle des remblais, c'est-à-dire que les gradins aboutissaient aux deux extrémités à la ligne XY ; s'il en était autrement, il faudrait recourir à des dépôts ou à des emprunts, et le volume en sera donné par la valeur qui séparera la dernière ordonnée de la ligne XY.

Soit $AB = z$ (*fig.* 148) le volume de déblai manquant pour terminer la route. On mènera une parallèle BC jusqu'à sa rencontre avec le premier profil montant, et on aura le choix de faire l'emprunt soit en B, soit en C, ce qui revient, comme le fait très judicieusement observer M. Durand-Claye, à prendre une nouvelle ligne de terre CB et, par conséquent, à remonter toute la figure C*cd*B de la quantité *z*. La distance moyenne de transport s'obtient, comme précédemment, en considérant la portion AB comme on a considéré XY.

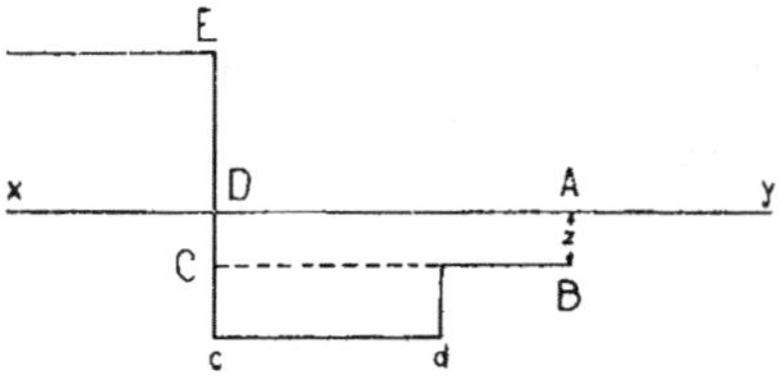

Fig. 148.

On opérerait de même pour les dépôts, et la nouvelle ligne de terre se trouverait au-dessus de XY.

405. Si aucune considération étrangère ne vient modifier l'emplacement du lieu d'emprunt, on aura tout intérêt à emprunter le plus près possible de l'endroit où il y a des déblais à faire, c'est-à-dire « à placer le lieu d'emprunt en un profil à partir duquel les rectangles supérieurs aient ensemble une plus grande longueur que les rectangles inférieurs ; il vaudra donc mieux le placer en C qu'en B. Dans le cas des dépôts, ce sera le contraire, et si plusieurs points sont dans ce cas, on choisira celui où la différence sera la plus grande ».

406. En résumé, la méthode de Lalanne, que l'on a essayé de modifier par d'autres procédés statigraphiques, est celle qui, jusqu'à présent, donne les résultats de la façon la plus simple et la plus commode pour la répartition des remblais ; elle facilite beaucoup la rédaction du tableau suivant, que l'Administration prescrit pour indiquer le mouvement des terres.

407. MOUVEMENT DES TERRES

NUMÉROS DES PROFILS	CUBE DES DÉBLAIS POUR CHAQUE PROFIL	FOISONNEMENT	CUBE DÉFINITIF DES DÉBLAIS	CUBE DES REMBLAIS POUR CHAQUE PROFIL	CUBE A EMPLOYER dans la longueur répondant à chaque profil	EXCÈS DES CUBES des déblais sur les remblais — Par profil	EXCÈS DES CUBES des déblais sur les remblais — Par suite non interrompue de profil	EXCÈS DES CUBES des remblais sur les déblais — Par profil	EXCÈS DES CUBES des remblais sur les déblais — Par suite non interrompue de profil	DÉBLAIS EN EXCÈS — A porter en remblai sur la route	DÉBLAIS EN EXCÈS — A porter en dépôt ou à réserver pour un autre usage	EMPRUNT POUR REMBLAIS	INDICATION DES LIEUX D'EMPLOI OU DE DÉPOT des déblais en excès et des lieux d'emprunt	DISTANCE DE TRANSPORT	TRANSPORTS à la brouette — Cubes	TRANSPORTS à la brouette — Produits des cubes par la distance	TRANSPORTS au tombereau — Cubes	TRANSPORTS au tombereau — Produits des cubes par la distance
1	2	3	4	5	6	7	8	9	10	11	12	13	14	15	16	17	18	19

408. Si on a d'autres modes de transport que ceux à la brouette et au tombereau, on ajoute, pour chacun de ces modes, deux colonnes semblables aux colonnes 18 et 19.

On fera bien de vérifier tous les totaux page par page, un certain nombre doivent, du reste, concorder entre eux. Ainsi, comme le fait remarquer M. L. Durand-Claye, d'après la marche suivie en désignant par S la somme d'une colonne :

$$\left.\begin{array}{l} S_8 = S_7 \quad \text{et} \quad S_{10} = S_9 \\ S_4 = S_2 + S_3 = S_6 + S_8 = S_6 + S_{11} + S_{12} \\ S_5 = S_6 + S_{10} = S_6 + S_{11} + S_{13} \\ S_{11} + S_{12} + S_{13} = S_{16} + S_{18}. \end{array}\right\} (126)$$

Cas des pentes et rampes.

409. Dans les considérations qui précèdent, nous n'avons eu égard qu'aux distances horizontales des centres de gravité. Leur distance verticale ou mieux leur différence de niveau doit également entrer comme élément dans l'évaluation des distances de transport ; si, par exemple, le centre de gravité du déblai est plus bas que celui du remblai, le travail est accru par l'effet de cette différence de niveau, puisqu'il faut non seulement transporter les déblais, mais les élever.

D'après certains ingénieurs, il y aurait autant de travail pour monter une rampe ayant 20 mètres de base sur $2^m,50$ de hauteur (rampe à $1/8$) que pour parcourir une distance horizontale de 30 mètres. Mais une telle rampe exigeant de la part des ouvriers un travail au-dessus de leurs forces, nous préférons la règle admise dans tous les travaux de génie militaire, et d'après laquelle une rampe de 20 mètres de base ne doit jamais produire qu'une élévation de $1^m,65$ (à peu près $1/12$ de la base) pour être équivalente à une distance de 30 mètres en plaine. Ainsi, pour s'élever à une hauteur h, on aura une rampe de $12\,h$ de longueur, et comme 20 mètres en rampe sont payés autant que 30 mètres en plaine, chacun des mètres parcourus sur la rampe de $12\,h$ devra être payé comme $1^m,50$, et on comptera à l'ouvrier un parcours de $12\,h \times 1^m,50 = 18\,h$, ce qui revient à ajouter $6\,h$ à l'espace réellement parcouru, lequel ne peut jamais être moindre que $12\,h$.

Il résulte de cette dernière observation qu'il faut quelquefois s'écarter du chemin direct qui conduirait du déblai au remblai pour observer le développement du parcours nécessaire à l'établissement de la rampe à $1/12$.

L'exemple suivant présente une application de ces principes.

410. Soit à transporter les terres d'une

fouille en AD (*fig.* 149) de manière à former un cavalier EFH, nous remarquerons que, si nous menons les deux lignes DI et EK suivant la pente de 12 pour 1, les terres provenant du triangle ADI pourront être transportées directement et sans détour du déblai au remblai. Si donc il n'y avait pas eu à les élever, la distance à parcourir pour aller du déblai au pied du cavalier serait la distance horizontale du centre de gravité G au point E ou MD + DE. De même pour former le remblai EKH la distance serait, dans la même hypothèse, égale à EO. Mais, à raison de la différence de niveau des centres de gravité G et G′, il y a dans ce transport direct, les deux rampes GP et G′Q pour lesquelles il faut ajouter six fois la hauteur de ces rampes puisque une longueur de 20 mètres compte pour 30 mètres de transport horizontal.

Ainsi, en appelant V le volume du déblai ADI, h la distance de son centre de gravité au terrain horizontal, V′ le volume du remblai EKH, h' la distance de son centre de gravité au-dessus du terrain horizontal, nous aurons pour le produit du premier de ces volumes par la longueur à parcourir jusqu'au pied du cavalier :

$$V \times (\overline{MD} + \overline{DE} + 6h'');$$

pour le second, nous aurons :

$$V' (EO + 6h'').$$

Il nous reste à considérer les volumes de déblai DIBC et de remblai KEF; nous supposerons le centre de gravité du premier en G″, celui du second en G‴; l'ordonnée du centre de gravité G″ sera représentée par h', celle du centre de gravité G‴ par h'''. Le transport ne pourra plus se faire directement, car, pour que les rampes aient la pente de 12 pour 1, il faudra qu'elles soient disposées diagonalement. Comme les rampes restent en saillie sur le talus et ne peuvent être enlevées qu'après que la fouille est terminée, il est impossible de les multiplier à chaque pas ; on les espace ordinairement à 20 mètres les unes des autres, de sorte que chaque masse de déblai qui est enlevée par une même rampe a 20 mètres de longueur et s'étend à 10 mètres de part et d'autre de son pied. Le centre de gravité de chacune de ces moitiés est donc à 5 mètres de la rampe dans le sens longitudinal. Dans le remblai les rampes du point qui correspond à l'arrivée de la rampe du déblai, il y a donc encore à parcourir sur le remblai dans le sens longitudinal une longueur de 5 mètres.

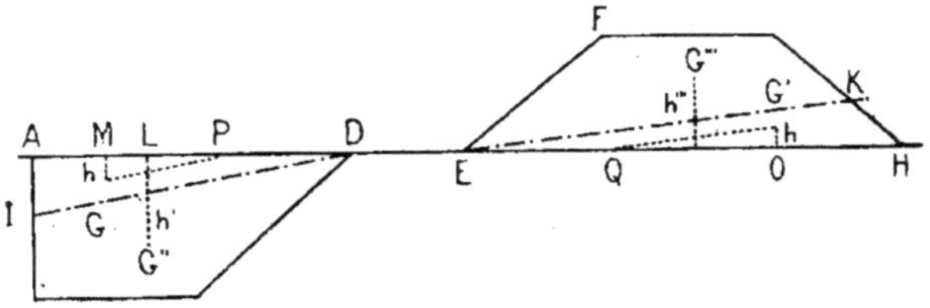

Fig. 149.

Cela posé, la distance de transport du volume V_1 jusqu'au pied du cavalier sera $18' h' + DE + 5$, celle du volume V_2 depuis le pied du cavalier jusqu'à son centre de gravité sera $18 h''' + 5$. Ainsi le produit total des volumes par les distances du transport sera :

$$V (MD + DE + 6h) + V' (EO + 6h') + V_1 (18h'' + DE + 5) + V_2 (18h''' + 5).$$

En divisant cette expression par le volume :

$$V + V_1 = V' + V_2,$$

On aura la distance moyenne à parcourir pour transporter la masse entière de déblai et former le remblai.

En général, on n'a point égard à la diminution du roulage des parties qui sont supérieures à la rampe au douzième.

Cependant il y a des cas où cela serait nécessaire, par exemple si l'on avait une fouille très large et peu profonde. Dans les circonstances ordinaires, on obtient la distance moyenne de transport en ajoutant à dix-huit fois la différence de niveau des centres de gravité du déblai et du remblai, l'espace horizontal à parcourir pour aller du bord de la fouille au pied du cavalier, et 10 mètres pour le chemin parcouru dans le sens longitudinal de la fouille. C'est-à-dire que l'on opère comme nous avons fait pour les volumes V_1 et V_2 qui, dans ce cas, sont égaux.

Ainsi, soient G et G′ les centres de gravité des volumes entiers de déblai et de remblai, h et h', les ordonnées de ces centres de gravité par rapport au plan horizontal AH, la distance moyenne de transport sera :

$$18\,(h + h') + 10^{\text{m}} + \overline{\text{DE}}. \qquad (127)$$

Lorsque le sol n'est pas horizontal s'il va en montant du déblai vers le remblai (*fig.* 150), il faut que $h + h'$ représente la différence de niveau des deux centres de gravité. Quand, au contraire, le sol va en s'élevant, il faut multiplier 18 par la différence du niveau entre G et D, augmentée de la différence de niveau qui peut exister entre G′ et D. Si G était plus bas que E on n'aurait aucun égard à la position du centre de gravité de G′, puisque l'on descendrait de D vers G′.

Ainsi que nous l'avons dit plus haut,

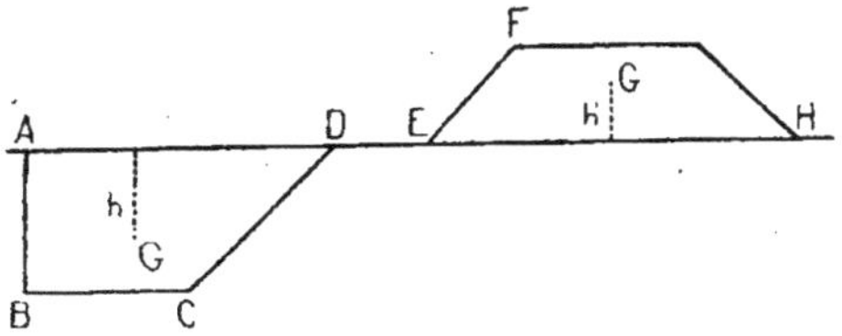

Fig. 150.

l'unité de mesure pour le transport à la brouette est de 30 mètres. Comme on ne compte plus que les demi-relais, il en résulte que, si on évaluait pour chaque mètre cube la distance en relais et demi-relais, on négligerait quelquefois des fractions de relais assez considérables, et que, si le volume était de quelques centaines de mille mètres cubes, il y aurait perte soit pour la partie exécutante, soit pour la partie qui ferait exécuter. Pour éviter cette cause grave d'erreurs, on multiplie dans ce cas le volume par la distance moyenne de transport, et on divise le produit par 30 : on a ainsi le nombre de mètres cubes transportés à un relai, et la dépense s'obtient en multipliant ce nombre par le prix fixé pour le transport d'un mètre cube à un relai.

CHAPITRE VI

INFRASTRUCTURE

EXÉCUTION DES TRAVAUX

411. Un long intervalle de temps se passe entre la remise des projets et leur exécution. Nous verrons dans le chapitre XI toutes les formalités à accomplir (enquêtes, approbation, expropriation, etc.).

Une fois les ingénieurs mis en possession du terrain et les piquetages contradictoires faits en présence de l'entrepreneur, on procède à l'exécution des fouilles afin de donner à la route le profil préparatoire représenté par les gabarits (*fig.* **103**, **104**, **105**).

Cette partie de l'infrastructure de la route et l'installation des chantiers étant traitée, dans tous ses détails, avec une clarté qui n'a d'égale que la compétence, par M. A. Moreau dans son *Traité des chemins de fer* faisant partie de cette *Encyclopédie*, nous serons donc extrêmement brefs et ne donnerons qu'un résumé très succinct de la façon d'exécuter ces travaux en insistant seulement sur ce qui est spécial aux routes.

412. *Fouilles.* — On rencontre dans les déblais des terrains de duretés variables. Les uns sont assez facilement pénétrables pour être fouillés avec la bêche ordinaire ou le louchet ; d'autres ne peuvent être attaqués que par la pioche ; de plus durs exigent le pic. Les roches forcent à employer des outils de carriers, et quelquefois la poudre ou la dynamite. Pour déterminer les prix à appliquer à ces différents terrains, il faut nécessairement faire des expériences sur la terre à remuer. La terre végétale, le sable, la tourbe seuls sont partout à peu près les mêmes.

On admet que le temps nécessaire à un ouvrier pour la fouille de 1 mètre cube exprimé en heures est (Voyez *Traité des chemins de fer*, par M. A. Moreau) :

$0^h,80$ pour la terre franche légère,
0 90 pour la terre ordinaire,
0 65 pour la terre végétale mélangée,
0 95 pour le sable coulant,
1 36 pour la tourbe ou la fange,
1 45 pour l'argile ou la glaise,
1 57 pour le gravier très serré.

Il en résulte qu'un ouvrier de force moyenne peut fouiller 15 mètres cubes de terre végétale et la jeter à 3 ou 4 mètres dans le sens horizontal ou à $1^m,60$ dans le sens vertical.

413. Dans les comptes du Génie militaire avec les entrepreneurs on distingue et on fixe la terre à des prix différents suivant qu'un seul homme suffit ou ne suffit pas à charger la terre qu'un autre homme transporte à 30 mètres ; s'il suffit, on dit que la terre est à un seul homme ; s'il faut plus d'un homme à la fouille, si, par exemple, il faut deux piocheurs pour un chargeur, on dit que la terre est à un homme et demi. Elle peut être à deux hommes, deux hommes et demi, trois hommes, etc.

Lorsqu'on fait un marché de ce genre, c'est-à-dire quand on fixe le prix de la journée de l'ouvrier et que l'on convient de payer la fouille suivant qu'elle sera à un homme, un homme et demi, etc., il est nécessaire, lors des expériences qui règlent la nature de la terre, que l'ouvrier piocheur soit choisi par la partie qui fait exécuter le travail, et le chargeur par l'entrepreneur. Ces ouvriers ayant également intérêt l'un à piocher, l'autre à charger le plus possible, il s'ensuit que les deux ouvriers travaillent tous deux dans le sens des instructions qu'ils reçoivent de ceux qui les emploient ; aucune des deux parties ne peut avoir à se plaindre. Pour procéder à cette expérience, le piocheur fouille un certain volume et met la terre en état d'être prise à la pelle ; lorsque cela est fait, l'ouvrier de l'entrepreneur charge dans ses brouettes la terre piochée. On constate le temps pour les deux ouvriers.

Soit A celui employé à piocher,
B celui employé à charger.

$\frac{A}{B}$ représentera le nombre de piocheurs qui est nécessaire pour que le chargeur travaille sans interruption.

$$\frac{A}{B} + 1 = \frac{A + B}{B} \qquad (128)$$

indiquera donc la nature de la terre, ou le nombre d'hommes nécessaires pour fouiller et charger 1 mètre cube. Connaissant le prix de la journée de l'ouvrier, on aura le prix de la fouille et de la charge.

414. Voici, d'après M. Forcheimer, professeur à Aix-la-Chapelle, le prix du mètre cube de différentes sortes de terre chargées d'abord dans des brouettes, puis dans des tombereaux ou wagonnets (1).

CLASSE	DÉSIGNATION DES TERRAINS	OUTILS EMPLOYÉS	NOMBRE D'HEURES de terrassier par mètre cube	PRIX DE REVIENT EN CENTIMES PAR MÈTRE CUBE: POUR LE DÉBLAI y compris le jet dans les brouettes	SUPPLÉMENT pour usure d'outils	SUPPLÉMENT pour jet dans les tombereaux ou wagonnets	SUPPLÉMENT pour surveillance	ENSEMBLE prix moyen	OBSERVATIONS
1	Terre légère et sable	Pelle et bêche	0.5 à 1.0	15 à 31	1 25	3.75	2.5	31	Le prix de la journée de 10 heures de terrassier est compté à 3 f., 10
2	Terre lourde, gravier fin, sable argileux et argile désagrégée	Pelle, bêche, pioche et louchet	1.0 à 1.6	31 à 51	5.0	6.25	5.0	57	
3	Gravier, galets, argile, marne et terre mélangée de pierrailles...	Pelle, pioche, pic, tournée et coins	1.6 à 2.4	50 à 75	7.5	8.75	7.5	86	

Pour pratiquer les fouilles on se sert des outils suivants :

415. *Louchet.* — Les fouilles des matières molles, vases, terres végétales se font au *louchet* (*fig.* 151) ;

416. *Pioche.* — Les sables, graviers à la *pioche* (*fig.* 152) ;

417. *Pic.* — Les terres contenant des graviers et des cailloux, au *pic* (*fig.* 153),

418. A la *tournée*, ou *pioche piémontaise* (*fig.* 154).

419. *Scraper.* — En Amérique, on s'est servi avec avantage, même pour des travaux d'une médiocre importance, de la *pelle à cheval*, *ravale* ou *scraper* (*fig.* 155), qui sert en même temps à creuser le terrain, se charge d'elle-même et sert de véhicule pour le transport.

Elle se compose d'une auge dont la partie antérieure est coupante ; on la dirige comme une charrue, et, quand elle est suffisamment chargée (sa contenance est d'environ $0^{m3},25$), l'homme appuye sur la barre transversale : elle glisse alors sur le terrain ; on la bascule dans le lieu de dépôt.

Comme cet engin glisse sur son fond, on le renforce avec des feuilles de tôle et des glissières.

Les fouilles relatives aux routes ne comportant pas les puissants appareils nécessaires pour la construction des chemins de fer, nous n'en parlerons pas.

420. *Mines.* — Les tracés des routes n'étant pas soumis aux sujétions des chemins de fer évitent généralement les forts déblais dans le rocher. On a peu ou pas

(1) Extrait de l'ouvrage de M. Pontzen sur les terrassements.

de mines à faire sauter, et tout au plus a-t-on lieu d'employer quelquefois des pé-

Fig. 151.

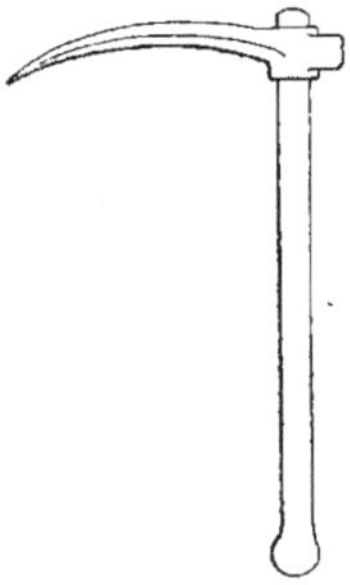

Fig. 152.

tards. Dans les cas, cependant, qui peuvent se présenter, on se sert de la poudre ou, mieux, de la dynamite, ou nitroglycérine incorporée dans la proportion de 0,75 dans les tubes siliceux de diatomées fos-

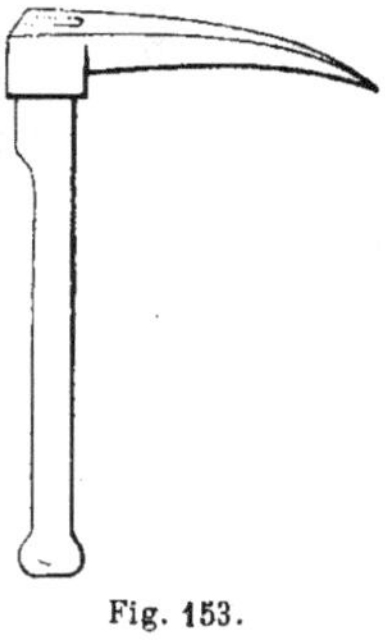

Fig. 153.

siles. (Kiselgühr, randanite, farine fossile, etc.) Nous renverrons, pour tous les détails sur son emploi, ainsi que nous l'avons fait, à l'excellent ouvrage de M. Moreau sur les *chemins de fer*.

121. *Évaluation du travail mécanique.* — M. Pontzen, dans son ouvrage sur les *terrassements*, fait remarquer que, le travail fourni par un terrassier en une heure

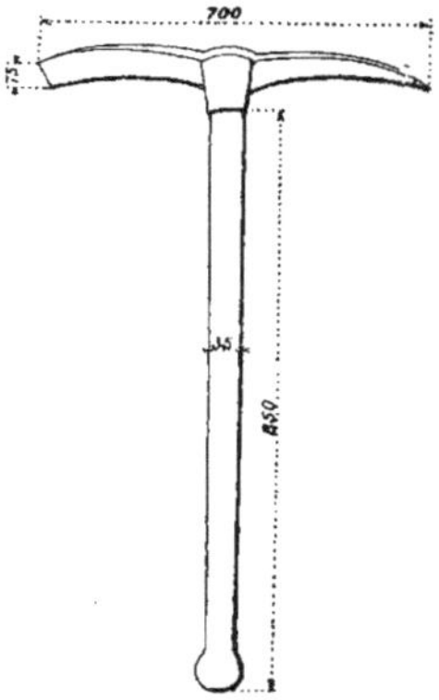

Fig. 154.

étant de 25 000 kilogrammètres, on voit que le déblai d'un mètre cube de terrain

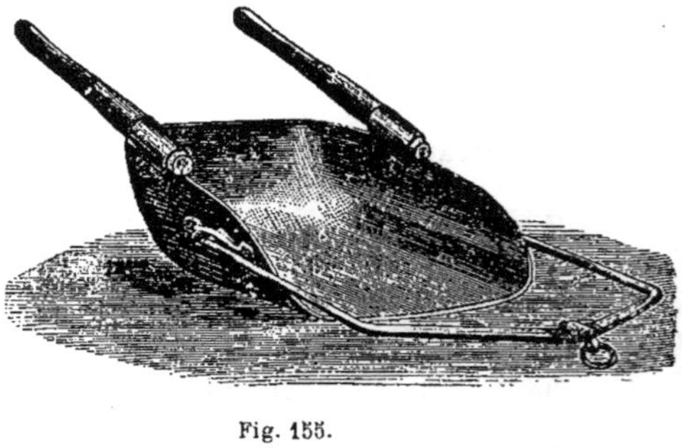

Fig. 155.

demande, en moyenne, pour les trois classes de terrain :

18 750, 32 500 et 50 000 kgm,

ce qui revient à dire qu'un cheval-vapeur correspond par heure à environ $14^{m^3},4$ de déblai de première classe, $8^{m^3},3$ de déblai de deuxième classe, ou $5^{m^3},4$ de déblai de troisième classe.

« Ces chiffres ont trouvé leur confirmation dans l'emploi des appareils mécaniques, dont l'usage se propage de plus en plus dans les chantiers de quelque importance. »

422. *Accidents pouvant se produire dans les fouilles.* — Pendant la construction, il faut autant que possible proscrire les abattages par gros cubes que l'on dégage en dessous par un *havage* ou saignée horizontale. Ce mode est dangereux pour les hommes, qui ont à redouter à chaque instant un éboulement qui peut les ensevelir. On ne doit le tolérer que pour des roches très tenaces, et encore faut-il avoir soin d'étayer. Dans tous les cas, il faut procéder avec une grande prudence (*fig.* 156).

De même, quand on fera une tranchée verticale, il faudra avoir le plus grand soin d'étayer soit avec des planches maintenues par des étais, soit avec des pieux, car,

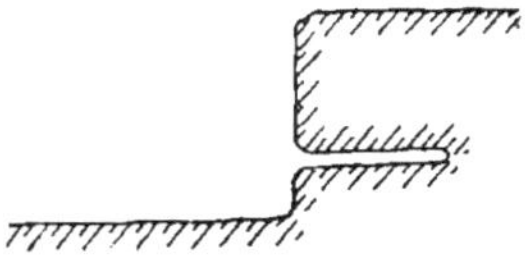

Fig. 156.

arrivé à certaine profondeur, le simple ébranlement causé par un coup de pioche peut déterminer un éboulement amenant des accidents mortels pour les ouvriers.

423. *Emploi de la poudre et de la dynamite.* — Nous insisterons sur trois points intéressant la sécurité des ouvriers :

1° Préférer, si on emploie la poudre, les fusées Bickford (brûlant à raison de 0m,50 à 1m,25 par seconde) aux *canettes*, qui sont plus sujettes à donner des ratés et d'une combustion beaucoup moins régulière ;

2° Prendre, si on emploie la dynamite, les plus grandes précautions si elle a été ou si elle est gelée ; *elle gèle à 6 degrés au-dessus de* 0 ;

3° Les trois quarts des accidents arrivant par les *ratés* ou les longs feux, ne s'approcher des mines qu'après un long temps écoulé, quand le nombre de détonations n'a pas été égal à celui des mines auxquelles on a mis le feu, et prendre les plus grandes précautions pour le débourrage ; le mieux est de noyer le trou de mine.

424. Après leur établissement, les accidents à craindre dans les fouilles sont encore les éboulements. Si la fouille doit rester peu de temps ouverte, de bons boisages scrupuleusement surveillés et entretenus peuvent donner des garanties suffisantes tant qu'il ne pleut pas. Mais aussitôt qu'une pluie abondante vient à tomber, les conditions se modifient immédiatement, surtout si la fouille est coupée par des couches inclinées de terrains imperméables, ces couches n'auraient-elles que quelques millimètres d'épaisseur.

La pluie, tant par suite des sous-pressions hydrostatiques auxquelles elle donne lieu, qu'en diminuant dans une proportion énorme le frottement de glissement sur la glaise formant la couche imperméable, on a tout à redouter. Le mieux dans ce cas est, si on ne veut pas suspendre le travail dans l'intérieur de la fouille pendant le temps nécessaire à l'écoulement des eaux, de faire pratiquer au préalable des saignées en amont pour écouler la plus grande partie possible des eaux superficielles de façon à empêcher leur pénétration dans le sol et leur action sur la couche imperméable. Il sera bon, dans le même but, d'avoir un petit approvisionnement de terre glaise, soit pour détourner les eaux, soit pour boucher les petites fissures qui pourraient se produire dans le sol. Ces précautions nous ont permis d'exécuter en Portugal, et sans accidents, des fondations dangereuses et importantes de viaducs. Dans l'une, entre autres, il nous fallut descendre à plus de 17 mètres en contre-bas du sol pour trouver le terrain solide, et traverser des couches de glaise inclinées, et cela pendant la saison des orages.

425. Si les fouilles exécutées ne doivent pas être comblées par la maçonnerie, il faut bien examiner la contexture des terrains traversés. Nous avons vu, entre autres, après une série de petites pluies, s'ébouler plusieurs milliers de mètres cubes de tranchées d'un seul coup. Une couche d'argile de *quelques millimètres* d'épaisseur formait une sorte de fond de bateau dont la quille était perpendiculaire à l'axe de la tranchée et présentait une pente rapide (*fig.* 157 et 158). Quand les pluies eurent atteint la couche d'argile, celle-ci s'amollit, et toute la partie de terrain qu'elle supportait descendit, comme un navire qu'on lance à la mer ; la couche d'argile avait rempli l'office du berceau savonné que l'on emploie dans ce cas.

126. Cet exemple très typique indique bien nettement quelles mesures on devra prendre pour éviter les éboulements ultérieurs dans les tranchées qui sont établies à demeure. Il faut donner à tout prix un écoulement facile aux eaux de pénétration, et cela aux points où elles vont s'arrêter sur les bancs argileux et les ramollir, car ce sont elles, ainsi que nous l'avons déjà dit, qui provoquent les éboulements sur la ligne de plus grande pente de ces couches (qui peut être très différente des ondulations du sol).

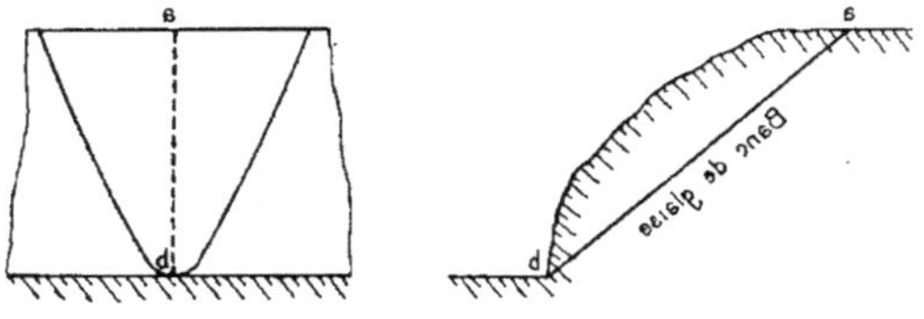

Fig. 157 et 158.

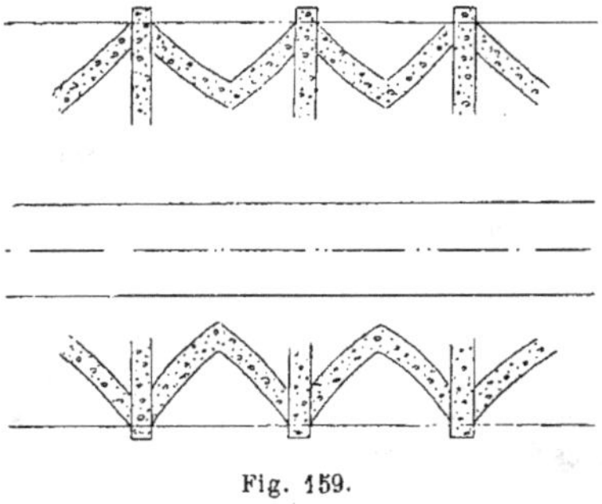

Fig. 159.

On étudiera donc la direction de ces couches, on descendra des rigoles plus ou moins importantes suivant l'épaisseur des couches perméables traversées jusqu'à la surface de ces couches, en leur donnant une pente longitudinale suffisante pour faciliter l'écoulement des eaux ; on les remplira ensuite avec des perrés qui recueilleront toutes les eaux superficielles, pour les conduire en dehors. Nous entrerons dans de grands détails sur ces sortes de constructions quand, plus tard, dans l'utilisation agricole des eaux, nous parlerons du drainage et des irrigations.

On complète la consolidation soit en diminuant la pente du talus de façon à ce que les terres ne s'éboulent plus, soit, s'il y a plus d'économie, par des murs de soutènement, soit enfin en découpant le massif ébouleux par des tranchées verticales drainées, et on fait correspondre ces tranchées avec les drains dont nous avons parlé plus haut (*fig.* 159). Ainsi assainis et découpés, les terrains prennent une assiette définitive.

On empêchera les ravinements par un gazonnement.

REMBLAIS

Les remblais, ainsi que nous l'avons dit, sont faits conjointement avec les déblais, dont ils forment en quelque sorte le complément quand il y a compensation exacte.

127. *Foisonnement.* — La terre fouillée présente toujours un volume plus considérable que quand elle occupait sa place sur le terrain. Il faut, si on est pressé, la comprimer d'une façon quelconque, par couches de $0^m,10$, soit par le pilonnage, le battage, le roulage, etc., pour lui redonner son volume primitif. Les pluies et le temps produisent les mêmes effets, mais souvent on ne peut attendre un temps suffisant (voyez *Cours des chemins de fer*). Si la terre fouillée était très ameublie comme certaines terres végétales, il peut arriver qu'après le pilonnage le volume définitif soit plus petit que le volume primitif.

Le foisonnement des terres est très variable. Voici quelques chiffres à cet égard :

1 de roches très dures donne. . . .	1,4
1 de terre crayeuse	1,2
1 de terre ordinaire.	1,1

Quand les remblais sont ainsi formés, on règle les talus ; cette opération est faite par des ouvriers spéciaux. Il n'est pas besoin de rechercher une forme rigoureusement régulière; il suffit qu'il n'y ait pas de bosses trop apparentes, ni surtout de creux pouvant servir de réceptacle aux eaux, ce qui serait, surtout pour des terres fraîchement remuées, une cause rapide de détérioration.

128. *Accidents sur les remblais.* — Les remblais ont un plus grand nombre de causes d'accidents que les déblais. On a en effet placé des terres ameublies, c'est-à-dire ayant moins de cohésion que le terrain naturel de même nature, sur un sol nouveau qui n'a quelquefois pas la solidité suffisante pour en supporter le poids.

Tout d'abord le tassement des terres est souvent inégal, ce qui crée par l'action du temps des creux et des bosses. Dans ce cas, rien autre à faire qu'à recharger les remblais. Une fois que le talus a pris son assiette, on le consolide par les mêmes procédés que les déblais et aussi par des gazonnements, des plantations d'arbres ou des plantes à racines nombreuses et étalées qui relient entre elles les différentes parties de la terre.

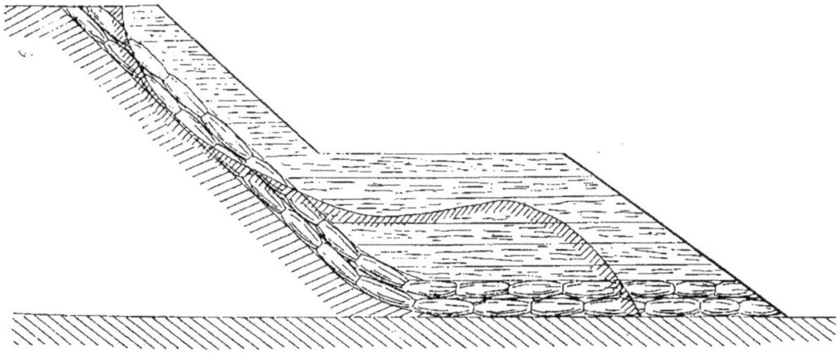

Fig. 160.

Si on est en profil en travers mixte (déblai d'un côté, remblai de l'autre), il faut assurer l'écoulement des eaux du déblai.

La difficulté devient un peu plus grande quand le sous-sol est marécageux. Certains remblais (comme les abords du pont de Cubsac) ont pu, à un moment donné, complètement disparaître dans la vase. Si on ne peut assainir ce terrain en faisant économiquement écouler les eaux, il faudra avoir recours à l'un des deux procédés suivants :

1° Recharger les remblais jusqu'à ce qu'ils ne s'enfoncent plus;

2° Établir les remblais sur une base suffisamment large pour n'avoir qu'une pression par mètre carré pouvant être facilement supportée par le sol marécageux. Ce résultat s'obtient au moyen d'un fascinage établi à la surface du sol, fascinage sur lequel on vient déposer les remblais. On peut consolider ces fascinages par des pieux battus, des palplanches, etc. (*fig.* 160).

129. *Assainissement des chaussées.* — Il peut encore arriver que, les tranchées étant saines, les eaux soient plus ou moins retenues sous l'emplacement de la chaussée et ne permettent pas de donner à celle-ci toute la solidité suffisante pour y établir la surface de roulement.

On assainit alors en approfondissant, si on le peut, les fossés, et en leur donnant une pente suffisante pour un rapide écoulement des eaux.

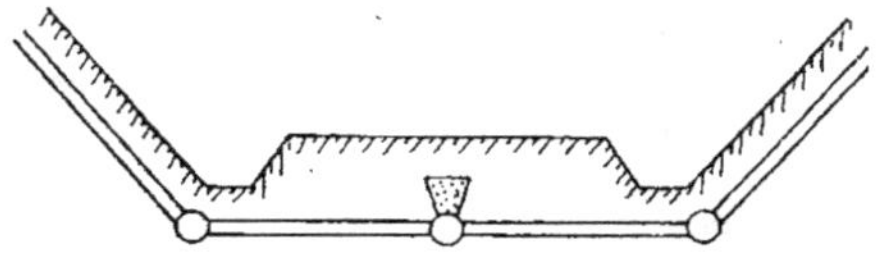

Fig. 161.

Si la disposition du terrain rendait ces travaux trop coûteux, on aurait recours à un drainage du sous-sol de la chaussée (*fig.* 161).

130. *Conclusions.* — On voit que l'ingénieur, suivant la gravité des cas, a à sa disposition les moyens suivants d'éviter les éboulements :

1° Adoucir les pentes ;

2° Les gazonner ou y faire des plantations ;

3° Faciliter l'écoulement des eaux superficielles ;

4° Drainer pour dessécher autant que possible le sous-sol, en le découpant au besoin en parallélipipèdes, par des perrés ;

5° Employer des murs de soutènement, percés de barbacanes pour éviter les pressions hydrostatiques derrière le mur ;

6° Et enfin, comme on ne peut jamais assécher complètement les bancs d'argile qui sont la cause de tous les accidents consécutifs à la construction des déblais et des remblais, éviter d'employer l'argile dans les remblais en en faisant des dépôts dans un lieu où ils ne peuvent nuire, et, si cela n'est pas trop coûteux, enlever du sol naturel toute l'argile des tranchées qui pourrait provoquer les éboulements.

C'est la sagacité et l'expérience de l'ingénieur qui doivent le guider dans le choix de ces différents moyens. Dans le cas où on n'aurait pas d'emplacement pour les argiles, on en formerait une sorte de noyau en dos d'âne, avec écoulement latéral, recouvert de bonne terre; mais cela devient coûteux et difficile comme main-d'œuvre.

TRANSPORT DES DÉBLAIS

131. Quand le produit de la fouille ne peut pas être jeté directement à la pelle au lieu où le remblai doit se faire, on effectue les transports avec des corbeilles, des brouettes, des camions, des tombereaux, des bourriquets, des wagonnets, ou même, pour les très grands travaux, des wagons traînés par des locomotives d'un poids plus ou moins grand (système Decauville, ou locomotives ordinaires).

132. *Corbeilles ou couffins.* — Le mode le plus ancien de transport des déblais est celui encore employé par les fellahs. On le voit figurer sur des monuments égyptiens remontant aux premières dynasties. Il consiste à charger les déblais dans des corbeilles ou couffins, que des hommes, des femmes ou des enfants transportent sur l'épaule. Ces corbeilles renferment ordinairement de 10 à 20 kilogrammes de terre, suivant la force de l'ouvrier.

Malgré son état primitif, ce mode de transport permet d'exécuter des déplacements de terre sur des pentes très raides, que graviraient difficilement les chevaux ou les brouettes.

Nous avons vu, en effet, que trois hommes produisent dans ces circonstances autant de travail qu'un cheval (n° 243).

Quand on peut employer des femmes et des enfants, ces transports peuvent faire réaliser des économies si le cube à déplacer n'est pas très important.

On évite ainsi de tracer des sentiers en lacets souvent difficiles et coûteux à établir dans les pays très accidentés, et dont le coût appliqué à un trop petit cube ne payerait pas les frais de premier établissement.

433. *Transport à la brouette.* — Les brouettes que tout le monde connaît sont montées sur une roue, et contiennent ordinairement $0^{m3},030$ de terre, c'est-à-dire qu'il faut trente-trois brouettées pour un mètre cube. Cette capacité n'est cependant pas constante : on construit des brouettes de diverses grandeurs, depuis 1/20 jusqu'à 1/35 de mètre cube.

Dans l'ouvrage précité de M. Pontzen, nous trouvons les renseignements suivants sur les brouettes.

« Les brouettes pour terrassements ont les capacités et poids propres suivants :

En Allemagne . . .	0,069 et 53^k ;
En Angleterre . . .	0,039 et 35^k ;
En Autriche	0,037 et 36^k ;
En Italie	0,050 et 32^k.

« Les brouettes allemandes sont construites de façon à avoir un rapport du levier du centre de gravité et des poignées égal à 1/4, tandis que celles d'Angleterre ont ce rapport égal à 4/11, et celles d'Autriche et d'Italie à 1/3. Les roues ont généralement $0^m,30$, sauf en Autriche, où on les réduit à $0^m,22$. La hauteur du centre de gravité de la brouette chargée est de $0^m,30$ dans les brouettes allemandes, elle est de $0^m,32$ en Angleterre, mais seulement de $0^m,22$ en Autriche et en Italie. »

434. *Calcul du prix de transport.* — Lorsqu'on fait usage de brouettes pour exécuter des transports de terre à une distance de 60 mètres au moins, un seul ouvrier ne peut pas faire le transport pendant qu'un autre ouvrier charge la brouette ; si l'atelier est bien organisé, il faut qu'aucun des ouvriers ne se repose pendant que les autres travaillent ; or, si la terre est facile, c'est-à-dire si un ouvrier fouille et charge 15 mètres dans une journée de dix heures de travail, il lui faudra, pour fouiller et charger 1 mètre cube, $\frac{10^h}{15}$ et pour un cube de 0,03 :

$$\frac{10}{15} \times 0^{m3},03 = \frac{0^h,3}{15} = 0^h,02.$$

Un autre ouvrier employé au transport du même déblai avec des brouettes contenant ce volume $0^{m3},03$, et parcourant en dix heures 30 000 mètres, fera en une heure 3 000 mètres, et en $0^h,02$, 60 mètres, dont moitié à charge, moitié à vide, puisqu'il faut qu'il revienne au point de départ. Le relais devra donc être réglé à 30 mètres.

Si la brouette contenait 1/20 de mètre cube ou $0^{m3},05$, il faudrait, pour la charger, $0^h,033$; pendant ce temps, le rouleur parcourrait 100 mètres. Ainsi, le relai serait de 50 mètres, en supposant toujours qu'un homme conduisant une brouette parcourt 30 kilomètres en dix heures de travail.

Avec une brouette contenant 1/35 de mètre cube, il faudrait que les relais eussent 28 mètres.

On voit donc qu'il y aurait un rapport à établir, dans tous les cas, entre la capacité des brouettes et la longueur du relais ; mais, en France, en admet toujours que les relais ont 30 mètres ; et cette hypothèse est avantageuse à l'ouvrier, parceque les brouettes dont on fait habituellement usage ont plus de $0^{m3},03$ de déblai. On suppose que cet avantage compense la difficulté que l'on éprouve souvent à rouler une brouette sur des remblais récents, sur des rampes glissantes, etc.

Ce que nous avons dit précédemment suffit pour donner les moyens d'évaluer le prix des transports à faire à la brouette, quelle que soit la capacité de celle-ci, en connaissant le prix de la journée d'un rouleur et en admettant toujours qu'il parcourt 30 kilomètres en dix heures. Prenons l'exemple précédent.

On cherchera d'abord, comme nous venons de le faire, le temps nécessaire pour transporter une brouette ou $0^{m3},03$ de terre à 30 mètres, en observant que le rouleur parcourt le relais deux fois ; or, le temps employé à parcourir 1 mètre est égal à la durée d'une journée de travail divisée par le chemin parcouru dans cette journée, soit à $\frac{10^h}{30,000}$; en multipliant par 60 mètres, on aura le temps employé à parcourir un relai, c'est-à-dire à transporter une brouette de $0^{m3},03$ à 30 mètres ; ce temps sera $\frac{60^m \times 10}{30,000}$, et le temps employé à transporter 1 mètre cube sera :

$$\frac{\frac{60 \times 10}{30,000}}{0,03} = 0^{h},666.$$

Si donc le rouleur est payé un prix p par journée de dix heures, le prix du transport de 1 mètre cube de terre sera :

$$\frac{p}{10} \times 0^{h},666 = 0,066p. \qquad (129)$$

435. *Transport au camion.* — Quand on doit transporter des terres à une distance un peu considérable, l'emploi de la brouette devient désavantageux, et on emploie des camions, des tombereaux ou des wagons Decauville.

Le camion est une voiture à deux roues, ordinairement traînée par trois hommes et contenant alors $0^{m3},20$.

Pour calculer le prix du transport, il faut savoir qu'un camion fait 30 kilomètres par jour, et que le temps nécessaire pour s'atteler au camion, le débarrasser et le remettre en marche est de 50 à 60 secondes, soit, pour avoir égard aux pertes de temps, 72 secondes ou $\frac{72^{s}}{3\ 600^{s}} = 0^{h},02$.

Le temps employé pour transporter $0^{m3},2$ à 30 mètres se composera du temps perdu à chaque voyage, $0^{h},02$, plus le temps nécessaire pour parcourir 60 mètres dans l'hypothèse d'un parcours de 30 kilomètres en dix heures. D'où il résulte que, pour transporter 1 mètre cube, il faudra un temps représenté par l'expression :

$$\frac{0,02 + \frac{60 \times 10}{30,000}}{0,20} = \frac{0^{h},04}{0,20} = 0^{h},20$$

et trois ouvriers y seront employés ; ainsi pour une distance de 30 mètres le prix sera $0^{h},20$ multiplié par trois fois le prix de l'heure d'un des rouleurs.

Pour un nombre R de fois 30 mètres le temps employé sera :

$$\frac{0,02 + \frac{60 \times 10}{30,000} R}{0,20}$$

soit R = 3.

Cette expression deviendra :

$$\frac{0,02 + 3 \times 0.02}{0,20} = \frac{0,08}{0,20} = 0^{h},40.$$

Si les rouleurs sont payés chacun un prix p ensemble, le transport à trois relais reviendra à :

$$0^{h},40 \times \frac{P}{3} = 0,133P. \qquad (130)$$

Avec la brouette, le transport à trois relais serait de trois fois P (v. 434) ou 0,198 P ; on voit donc que le camion a l'avantage sur la brouette pour un transport à 90 mètres. Cependant on n'en fait pas usage pour des distances de moins de 100 mètres. Le motif en est facile à comprendre : le chargement du camion ne se fait que par deux chargeurs qui, pour remplir un camion vide pendant le trajet du camion plein, emploient un temps donné par l'expression :

$$\frac{\frac{0,20}{2 \times 15}}{10} = 0^{h},066. \qquad (131)$$

($0^{m3},20$ étant comme nous l'avons vu la capacité du camion, et $\frac{2 \times 15}{10}$ le volume chargé par deux hommes en une heure).

Les rouleurs qui parcourent 30 kilomètres par jour ou 3 000 mètres à l'heure parcourent pendant ce temps de $0^{h},066$ $3\ 000^{m} \times 0,066 = 198$ mètres, dont la moitié à vide, ce qui fixe, comme on voit, le relai, à 100 mètres environ.

Un autre motif pour n'employer que rarement les camions, c'est que l'on ne peut s'en servir que pour transporter les terres et que, par conséquent, il faut les construire exprès pour ne rien en retirer à la fin des travaux, tandis que les brouettes et les tombereaux sont utilisés partout. Les camions conviennent lorsqu'on a à exécuter une masse de déblais assez considérable pour qu'on puisse les user ou au moins retirer de leur emploi un bénéfice qui couvre, et au delà, les frais de construction.

436. *Transport au tombereau.* — On emploie ordinairement pour transporter des terres à une grande distance des tombereaux attelés d'un cheval et contenant $0^{m3},50$. Cependant il y a des localités où l'on en emploie de plus grands. Pour calculer le prix du transport avec tombereau il faut, non seulement en connaître la capacité, mais encore savoir qu'un tombereau parcourt 30 kilomètres par jour, et qu'il faut $0^h,033$ pour le décharger et le remettre en marche.

Avec ces données et en supposant que le tombereau a une capacité N et qu'il est chargé par un nombre d'hommes représenté par H, on trouve que le temps T, nécessaire pour transporter $0^{m3},50$ à R fois 30 mètres se compose :

1° Du temps employé au chargement, lequel exprimé en fraction d'heure est :

$$\frac{10}{15H} \cdot N;$$

2° Du temps employé au parcours de R fois 30 mètres aller et venir, ou :

$$R \times \frac{60 \times 10}{30,000};$$

3° Du temps perdu ou $0^h,033$, de sorte que pour 1 mètre cube le temps employé sera :

$$T = \frac{\frac{10\,N}{15\,H} + R\,\frac{60 \times 10}{30,000} + 0^h,033}{N}$$

$$= \frac{\frac{10\,N}{15\,H} + 0,02R + 0^h,033}{N} \qquad (132)$$

Si nous appliquons cette formule au cas que nous avons pris pour exemple lorsqu'il s'agissait de camions, c'est-à-dire que nous ayons trois chargeurs, et que le tombereau ait une capacité de $0^{m3},50$, nous trouverons :

$$T = \frac{\frac{5}{45} + 3 \times 0,02 + 0^h,033}{0,50} = 0^h,408. \quad (133)$$

Supposons donc le tombereau payé P avec son conducteur qui travaille à la charge : le prix par heure sera $\frac{P}{10}$ ce qui donnera pour le prix de revient par mètre $0^h,408\,\frac{P}{10}$. Généralement ce prix sera plus élevé que celui du camion et moins que celui de la brouette.

Si l'on n'avait qu'un seul homme à la charge, c'est-à-dire si le tombereau n'était chargé que par son conducteur, le prix de revient serait plus élevé, il le serait un peu moins avec un chargeur adjoint au conducteur, et enfin moins encore avec deux chargeurs, comme nous l'avons supposé. On emploie rarement plus de trois chargeurs, parce qu'ils se gênent quand ils sont plus nombreux.

137. Il est essentiel d'observer que plusieurs tombereaux doivent être employés à la fois, au même atelier, quand le charretier ne charge pas seul, sans quoi les chargeurs se reposeraient pendant le trajet du tombereau. Le nombre de ces tombereaux doit être proportionné à la longueur du transport. Il faut que le temps employé au chargement, lequel est donné dans la valeur T par $\frac{10\,N}{15\,H}$, soit égal au temps employé à parcourir le relai, plus au temps perdu, c'est-à-dire que l'on ait :

$$\frac{10\,N}{15\,H} = R \times 0^h,02 + 0^h,033.$$

Si au moyen de cette formule nous cherchons à quelle distance il conviendra d'employer deux tombereaux contenant $0^{m3},50$ en supposant un chargeur avec le charretier, nous trouverons :

$$R = \frac{0,166 - 0,033}{0,02} = 6,65 \quad (134)$$

Puisque la valeur de chacun des relais est de 30 mètres, pour 6 relais 65 la distance sera $199^m,50$.

Pour trouver à quelle distance le tombereau doit être préféré au camion, il faudrait multiplier l'expression T du temps employé à parcourir un nombre relais R avec un tombereau par le prix de la journée du tombereau, ajouter le prix de la fouille en ayant égard à ce que le conducteur travaille à la fouille, et que celui-ci, au lieu de coûter $\frac{P}{10}$, ne coûte par conséquent que $\frac{p}{10}$, puisque le salaire du conducteur est compté dans le prix du tombereau ; égaler le résultat ainsi obtenu au résultat analogue pour le camion.

Dans les hypothèses faites plus haut nous aurions :

$$0{,}10 + \frac{0{,}02 + R \times 0{,}02}{0{,}20} \times 0{,}45$$

$$= \frac{R \times 0{,}02 + 0{,}111 \times 0{,}033}{0{,}5}\ 0{,}06,$$

d'où nous tirons :

$$R = 4 \text{ relais } 40.$$

D'après cela, le camion devrait être employé jusqu'à 132 mètres, et le tombereau au delà, dans le cas, nous le répétons, où le nombre des chargeurs serait de trois y compris le conducteur.

Une observation essentielle à faire, c'est que les tombereaux ne peuvent pas monter une rampe ayant moins de 20 mètres de base sur 1 de hauteur ; ainsi, pour un relai de 20 mètres de longueur en rampe comptée pour 30 mètres de transport horizontal, un tombereau ne monte que 1 mètre.

438. *Porteur Decauville.* — Si on a des transports un peu importants, il y aura souvent avantage à employer un petit chemin de fer à voie étroite se montant et se démontant avec la plus grande facilité et connu sous le nom de porteur Decauville, du nom de son inventeur. La traction peut être opérée à volonté par des hommes, des chevaux ou des locomotives. La voie se compose d'éléments de 5 mètres de longueur qui trouvent sur un sol non fraîchement remué un appui pour pouvoir supporter la charge de petits wagons.

L'écart des rails suivant l'importance des travaux est de $0^m,40$, $0^m,50$, $0^m,60$. Des croisements de voies, des bifurcations, des plaques tournantes complètent l'ensemble de ce matériel.

Quant au matériel, il est essentiellement variable avec la nature des travaux à entreprendre. On a vu dans toutes les expositions, les types de tous les wagons, de toutes les voitures et de toutes les locomotives que comporte ce système. Aussi n'insisterons-nous pas davantage sur sa description, mais ne nous occuperons-nous que des différents modes de traction qui peuvent être appliqués aux wagons de terrassement, et nous extrairons ces documents du cours de *Géodésie* faisant partie de cette *Encyclopédie.*

439. *Traction à bras.* — Il a été reconnu qu'un homme de force moyenne pousse sans peine un wagon Decauville cubant 300 litres avec une vitesse de 4 000 mètres à l'heure, soit 40 kilomètres par journée de dix heures, et, comme il faut tenir compte du retour, 300 litres à 20 000, soit 60 mètres cubes à 100 mètres.

Le temps employé par un homme pour transporter 1 mètre cube à 100 mètres est (n° 434) :

$$0^h,666 \times \frac{100}{30} = 2^h,22.$$

Il ne transporte donc dans sa journée que :

$\frac{10^h}{2^h,22} = 4^{m3},5$ soit environ 13 fois moins.

Toutefois, comme il y a lieu de tenir compte de la dépense du matériel, on estime que le prix du roulage avec le Decauville est le cinquième de celui du roulage à la brouette.

Pour organiser un atelier de terrassement à bras d'hommes, avec huit wagonnets, il faut un matériel coûtant $4\,423^f,50$ et pesant 7 451 kilogrammes, y compris le poids des wagonnets.

440. *Traction par cheval.* — Un cheval de force moyenne marchant à côté de la petite voie et tirant avec une chaîne de $4^m,50$ de longueur traîne sans peine, en pays plat, huit wagons mesurant 500 litres chacun à une vitesse moyenne de 4 kilomètres à l'heure, ce qui correspond à 4 mètres cubes transportés à 20 kilomètres en dix heures, soit 80 mètres cubes à 1 kilomètre, ou 800 mètres cubes à 100 mètres.

On verrait, en comparant ce mode de transport à celui par tombereau, que le cheval conduit environ dix fois plus. L'économie réalisée est encore comme ci-dessus, en tenant compte du coût et de l'usure du matériel, des 4/5 sur le prix des transports au tombereau.

Si le terrain est en pente, un cheval ne conduit plus que :

6 wagons	sur une pente de...	0,02
4 —	—	0,04
2 —	—	0,07
1 —	—	0,10

Pour organiser un atelier de terrassements à traction de cheval, il faut un matériel coûtant 12 282 francs et pesant 23 533 kilogrammes, y compris les wagonnets.

Nous donnons ci-joint l'organisation

Fig. 162.

d'un chantier avec hommes et chevaux (*fig.* 162).

141. *Traction par locomotive.* — La traction par locomotive exige une voie beaucoup plus solide que les voies à traction de cheval, on ne l'emploie donc que dans des travaux très importants, et que ne comportent ordinairement pas les routes.

On considère toutefois qu'ils procurent la même économie que les autres modes de transport à la condition que le terrain soit en palier, car avec des rampes dépassant $0^m,03$ il faut renoncer à l'emploi des locomotives, qui ont alors beaucoup de peine à se remorquer elles-mêmes.

142. *Transport vertical des terres.* — Il est quelquefois utile de transporter verticalement les terres soit pour faire des sondages ou pour extraire des matériaux.

Dans ce cas, si les travaux sont peu importants, on emploie le *bourriquet* (*fig.* 163) machine composée d'une caisse ou d'un panier que l'on remplit de terre et d'un treuil qui sert à l'élever. Le treuil a ordinairement un arbre de $0^m,60$ de circonférence et 1 mètre de longueur, une manivelle de $0^m,40$ de rayon ; la corde a $0^m,10$

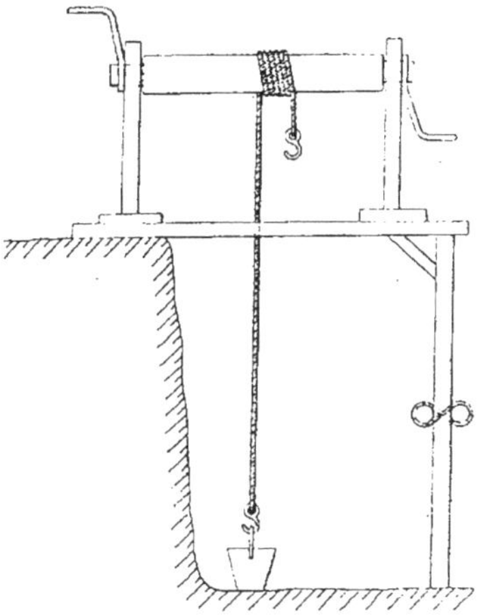

Fig. 163.

de circonférence, et le panier contient $0^{m3},033$ de terre.

On se sert de cette machine pour élever la terre verticalement ; elle exige cinq hommes, savoir : un pour remplir le panier, deux pour tourner la manivelle, deux autres pour décrocher le panier et le vider ; ces quatre derniers alternent.

Le panier s'élève de 5 mètres en vingt secondes, ou $0^h,00555$, et descend de 5 mètres en quinze secondes ou $0^h,00416$.

Pour décrocher une caisse pleine et en accrocher une vide, il faut 20^s ou 0^h0056, pour décharger la caisse pleine, il faut vingt-cinq secondes ou $0^h,00700$, y compris le temps perdu.

Nous avons vu qu'une hauteur de $1^m,65$ correspondait à un relais de 20 mètres en rampe ; nous supposerons donc la hauteur à laquelle les terres doivent être élevées, divisée en relais de $1^m,65$.

Pour monter la caisse ou le panier à $1^m,65$, il faudra............	$0^h,00183$
Pour la descendre........	0 ,00138
Pour la vider........	0 ,00700
Pour l'accrocher et la décrocher.....................	0 ,00560
Total.	$0^h,01581$

D'après ces résultats, pour élever un

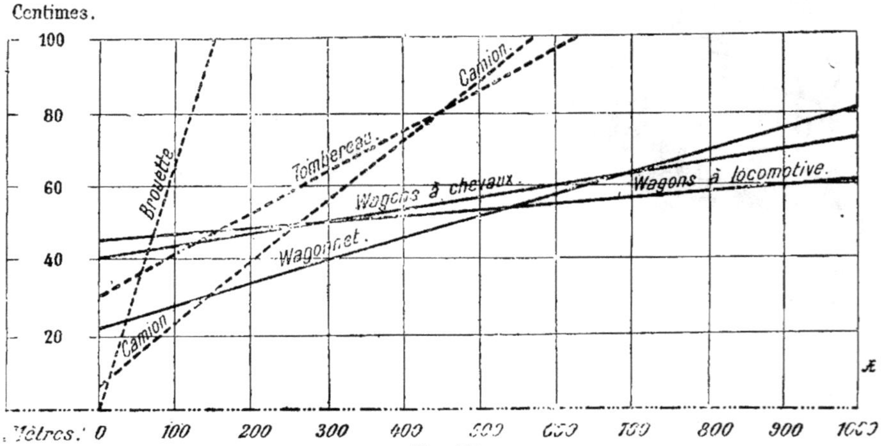

Fig. 164.

volume de $0^{m3},033$ à R relais, il faudra un temps :

$$t = R\,(0^h,00183 + 0^h,00138) + 0^h,00700 + 0^h,00560 = 0,00321\,R + 0,01260.$$

et pour élever un mètre cube il faudra un temps :

$$T = \frac{t}{0,033} = \frac{0,00351\,R + 0,01260}{0,033} \qquad (136)$$

s'il y a trois relais :

$$T = \frac{3 \times 0,00321 + 0,01260}{0,033} = 0^h,673.$$

et le prix d'élévation de 1 mètre cube sera de $0^h,673p$ si les cinq ouvriers sont payés un prix $\frac{p}{5}$ par journée de 10 heures.

443. *Conclusion.* — Tous les calculs que nous venons d'exposer permettent de se rendre compte dans chaque cas particulier (importance des volumes à déplacer, distance, prix du matériel, coût de la journée des hommes, des chevaux, des voitures, difficultés, etc.) du choix que l'on devra faire du mode de transport le plus économique.

Toutefois la limite des distances où on doit préférer un mode de transport à un autre comme plus économique donne lieu à des calculs assez longs et assez ennuyeux ; aussi Lalanne, appliquant les méthodes graphiques, les a-t-il beaucoup simplifiées.

Si on trace en effet, d'après les formules

que nous avons données, les courbes afférentes à chaque mode de transport en ayant égard au prix des journées d'hommes ou de chevaux, et en prenant pour abscisses les distances de transport, et pour ordonnées les coûts de ces transports, l'intersection des courbes donnera les points où il y a égalité de dépenses, et la courbe qui passe au-dessous indiquera le mode préférable.

Comme exemple, nous donnons le tracé extrait de l'ouvrage tant de fois cité de M. A. Moreau ; il se rapporte aux prix courants ordinaires (*fig.* 164).

Ordre des travaux.

444. Il est rare que les travaux soient exécutés par les ingénieurs ou les agents voyers eux-mêmes; généralement on les adjuge à des entrepreneurs, qui les exécutent à leurs risques et périls, et les employés de l'Administration sont chargés de la direction et de la surveillance des travaux.

Quelquefois cependant l'Administration exécute ses travaux elle-même, c'est-à-dire en régie.

Dans tous les cas, il faut commencer par les travaux d'art, ponceaux, etc., qui peuvent faciliter les transports des mouvements des terres ; cette question est essentielle pour arriver à terminer les travaux dans le minimum de temps possible. Ils donnent également des facilités telles aux entrepreneurs que, si ces travaux ne sont pas compris dans leur lot, ils les réclament avec la plus grande insistance.

Quant aux travaux qui exigent une longue durée, on les mène de front avec les terrassements, et les époques doivent être prévues pour que le tout soit terminé en même temps en prenant pour base le travail qui doit avoir le plus de durée.

445. *Etablissement du profil en long.* — Ce que nous avons dit dans le chapitre précédent relativement à l'exécution des déblais et des remblais suffit complètement pour mener à bien l'exécution du profil en long. Il est cependant quelques questions de détail pour lesquelles nous ne croyons pouvoir mieux faire que de donner un extrait du cahier des charges des chemins vicinaux pour la partie de ce travail qui intéresse le profil en long.

446. Extrait du cahier des charges pour l'entretien des chemins vicinaux.

SECTION I

Terrassements.

CHAPITRE PREMIER

TERRASSEMENTS AU MÈTRE COURANT.

Article premier. — *Conditions préliminaires.* — Aucun travail de terrassement payé au mètre courant ne sera exécuté sans qu'il ait été préalablement remis à l'entrepreneur copie certifiée du plan du tracé du profil en long indiquant les hauteurs du déblai et du remblai sur l'axe et du profil des divers types.

Art. 2. — *Piquetage.* — Avant l'ouverture des travaux, le profil en long sera piqueté par les soins de l'agent voyer, en présence de l'entrepreneur régulièrement convoqué ; des piquets numérotés seront plantés aux extrémités de chacun des alignements droits ou courbes, de chaque pente et de chaque rampe et sur des points intermédiaires s'il est jugé nécessaire. Ces piquets prendront une fiche d'au moins 50 centimètres ; leur tête sera dérasée à la hauteur fixée pour les terrassements ; cependant sur les points où l'axe du chemin devra être élevé ou abaissé d'une quantité supérieure à 30 centimètres, la tête des piquets de hauteur sera établie à un nombre exact de décimètres au-dessous ou au-dessus du niveau qu'ils doivent indiquer.

Il sera dressé procès-verbal de cette opération, et notification en sera faite à l'entrepreneur, s'il ne l'a pas signé ou s'il n'a pas assisté aux opérations.

Art. 3. — *Talus, accotements et fossés.* — Le curage des fossés et le règlement des accotements ou des talus payés au mètre courant ne seront pas assujettis aux prescriptions de l'article précédent.

CHAPITRE II

TERRASSEMENTS AU MÈTRE CUBE.

Art. 4. — *Conditions préliminaires.* — Aucun travail de terrassement payé au mètre cube ne sera exécuté sans qu'il ait été préalablement remis à l'entrepreneur copie certifiée du plan du tracé du profil en long, du profil en travers et de l'avant-métré des travaux.

ART. 5. — *Piquetage complémentaire.* — Le piquetage sera opéré comme il a été prescrit à l'article 2 ; l'entrepreneur le complètera en plantant sur l'axe d'autres piquets de hauteur, de manière que la distance entre les deux piquets consécutifs n'excède pas 30 *mètres*.

Indépendamment de ces piquets d'axe, l'entrepreneur en placera d'autres pour marquer les talus.

CHAPITRE III

CONDITIONS APPLICABLES A TOUS LES TERRASSEMENTS.

ART. 6. — *Conservation des piquets.* — L'entrepreneur sera tenu de veiller à la conservation des piquets. Il remplacera à ses frais ceux qui seraient dérangés ou auraient disparu pour une cause quelconque.

ART. 7. — *Erreur dans le piquetage.* — L'entrepreneur ne sera admis en aucun cas à réclamer ultérieurement contre les erreurs qui auraient pu être faites dans l'opération du piquetage, attendu qu'il doit y assister et demander immédiatement la vérification qu'il juge nécessaire.

ART. 8. — *Vérification des calculs.* — Après le piquetage effectué comme il a été dit aux articles précédents, l'entrepreneur, avant de commencer les travaux, devra se rendre compte de l'exactitude du calcul des terrasses, tant pour le cube que pour les distances du transport. A cet effet, il lui sera accordé un délai qui, à défaut d'indication spéciale dans le devis particulier, sera de quinze jours à partir de l'achèvement du piquetage ou de la notification du procès-verbal de cette opération. Avant l'expiration de ce délai, l'entrepreneur devra demander la vérification contradictoire des parties de l'avant-métré qui lui paraîtraient présenter des erreurs soit dans les profils qui lui ont servi de base, soit dans les résultats qui en ont été déduits. Toute réclamation ultérieure sera rejetée.

Les métrés partiels qui seront dressés par suite de cette vérification et les parties de l'avant-métré qui n'auront donné lieu à aucune réclamation serviront de base au règlement définitif du cube des terrasses et de leurs distances de transport. Les résultats ne pourront en être modifiés qu'en raison des changements ordonnés en cours d'exécution, lesquels seront l'objet de profils et d'avant-métrés spéciaux présentés au préalable à l'acceptation de l'entrepreneur.

Tout commencement d'exécution équivaudra à l'acceptation des chiffres de l'avant-métré ou des métrés partiels.

ART. 9. — *Déblai de diverses natures.* — Lorsque le projet aura prévu diverses natures de déblais, les proportions en seront déterminées par des métrés contradictoires dressés, au cours d'exécution, soit à la requête de l'entrepreneur, soit à la diligence de l'Administration.

A défaut de ces attachements, la proportion portée à l'avant-métré des déblais sera conservée dans le compte définitif, sans que l'entrepreneur puisse réclamer aucune modification.

ART. 10. — *Prix unique.* — Le devis particulier de l'entreprise pourra stipuler que les déblais seront payés à un prix unique, quelle que soit la nature des terrains rencontrés.

ART. 11. — *Encaissement des chaussées.* — Les terrassements seront exécutés de manière que leur surface supérieure soit un plan passant par les arêtes extérieures des accotements. Après le délai nécessaire pour assurer le tassement des remblais et sur l'ordre de l'agent voyer, on exécutera l'encaissement de la chaussée conformément aux dispositions énoncées dans le devis particulier de l'entreprise.

Le fond de cet encaissement sera toujours ferme et uni ; dressé à la cerce, il sera fortement battu et pilonné si les agents voyers le jugent nécessaire. Le répandage des matériaux de la chaussée n'aura lieu qu'après la réception de l'encaissement.

ART. 12. — *Déblais dans les terrains rocheux.* — Dans les terrains rocheux on formera les talus par arrachements et réduits ou échelons, conformément aux instructions remises à l'entrepreneur.

Le fond de la forme dans les bancs de pierre sera simplement dégrossi, mais à la condition de l'abaisser au niveau nécessaire pour que la chaussée ait l'épaisseur prescrite. On extirpera les blocs en saillie sur le profil des accotements et on comblera les trous par des terres parfaitement pilonnées, de manière à obtenir une surface régulière. La dimension des fossés pourra être réduite, et leur forme modifiée sur un ordre écrit de l'agent voyer.

Art. 13. — *Écoulement des eaux.* — Lorsque dans l'exécution des déblais il se présentera des sources ou des eaux qui gêneraient les travaux, l'entrepreneur sera tenu de les détourner à ses frais et d'en débarrasser les chantiers. Il devra ébaucher les fossés le plus tôt possible dans les tranchées, et veiller à ce que les eaux s'y écoulent facilement.

Art. 14. — *Façon des remblais.* — Les remblais ne devront contenir ni mottes, ni gazon, ni souches, ni débris de haies ou de végétaux. Le terrain sur lequel ils reposeront sera de même débarrassé de toutes racines, souches et débris d'arbustes ou de haies.

Lorsque l'inclinaison transversale de ce terrain sera supérieure à *cinq centimètres* par mètre, le gazon qui le recouvre sera retourné. Si cette inclinaison dépasse 20 centimètres par mètre, il y sera pratiqué des redans dont la surface sera normale à l'inclinaison du terrain.

Les pierres seront écartées avec soin du milieu du remblai ; si cependant elles y sont employées, on les recouvrira successivement de couches de terre pour éviter qu'il ne reste entre elles aucun vide.

Les pieds des talus baignés par les eaux seront réservés pour le couronnement du remblai, et les terres végétales pour la surface du talus.

Les vases, les terres fluentes et les tourbes ne seront jamais employées dans les remblais ; on devra les mettre au dépôt en dehors du chemin.

Art. 15. — *Épaisseur des couches de remblai.* — Les remblais seront exécutés sur toute leur longueur à la fois.

Ils seront régalés par couches de *trente centimètres* d'épaisseur au plus. Les brouettes et les voitures devront passer sur toute la surface de chaque couche pour en opérer le tassement.

L'entrepreneur devra avoir sur l'atelier de décharge des ouvriers chargés de briser les grosses mottes et d'enlever les gazons, souches et racines qui n'auraient pas été enlevés au déblai.

Les frais nécessaires pour l'exécution des prescriptions de cet article et de l'article précédent sont implicitement compris dans le prix du mètre cube de déblais employé en remblais.

Art. 16. — *Dépôts.* — L'entrepreneur ne pourra mettre en dépôt que l'excès des déblais sur les remblais ou les terres de mauvaise nature indiquées à l'article 14. Il devra disposer ces dépôts de manière à ne pas nuire à la culture des terrains non recouverts, et prendre les mesures nécessaires pour que les terres ne s'éboulent pas dans les fossés et ne gênent pas l'écoulement des eaux.

Art. 17. — *Emprunts pour remblais.* — En cas d'insuffisance des déblais, les emprunts ne seront faits que sur les terrains désignés. Les déblais d'emprunts s'effectueront dans les mêmes conditions que ceux du chemin et de manière à causer le moindre dommage.

Art. 18. — *Indemnités aux propriétaires.* — Moyennant les prix du bordereau les indemnités de toute nature dues aux intéressés pour emprunts et dépôts seront à la charge de l'entrepreneur.

Art. 19. — *Déblais à la mine.* — Pour les mines à faire dans le rocher, quelle que soit sa nature, on emploiera exclusivement des mèches de sûreté dites *mèches anglaises*. La poudre devra être contenue dans de petites cartouches solidement attachées aux mèches. Les bourroirs seront en bois. Les débourroirs et les épinglettes seront en cuivre sur une longueur d'au moins *cinquante centimètres*. Le bourrage sera toujours fait avec des matériaux ne contenant aucun grain siliceux. L'opération sera conduite avec beaucoup de précautions, de manière à ne produire aucun échauffement de l'air intérieur.

Si l'entrepreneur fait usage de dynamite, il devra se conformer à toutes les prescriptions réglementaires sur l'emploi de cette matière.

Le tirage des mines devra être annoncé à son de trompe au moins cinq minutes à l'avance.

Un second signal doit suivre, à *deux minutes* d'intervalle, l'explosion de la dernière mine.

L'entrepreneur devra sous sa responsabilité personnelle et à ses frais prendre toutes les mesures de précaution qui seraient nécessaires pour qu'il ne résulte du tirage des mines aucun danger, ni pour les ouvriers, ni pour les personnes étrangères ; il sera responsable de tous les dommages causés aux propriétés voisines.

Pendant toute la durée du travail, il devra faire visiter fréquemment les talus de déblais et les terrains supérieurs, afin de faire tomber les parties de rochers qui peuvent être ébranlées par les mines ou par toute autre cause.

SECTION IV

Conditions particulières et générales.

CHAPITRE PREMIER

MODE D'ÉVALUER LES OUVRAGES.

ART. 103. — *Fouilles ordinaires.* — Les prix des fouilles ou d'extraction, de charge, transport, régalage s'appliquent au mètre cube mesuré au déblai. Il ne sera jamais tenu compte du foisonnement.

Les prix portés au bordereau comprennent toutes les sujétions, frais et faux frais nécessaires à l'exécution des travaux.

ART. 104. — *Fouilles pour fondations.* — Pour les fondations des ouvrages d'art, le cube des terrassements sera mesuré au déblai, d'après les profils levés avant et après les travaux jusqu'à *cinquante centimètres* au-dessous du niveau du plan d'eau ; les fouilles seront comptées comme déblais ordinaires à sec ; l'entrepreneur restera chargé des frais des petits bâtardeaux et des épuisements qu'il jugera nécessaires pour faciliter le travail.

Les déblais effectués au-dessous de cette limite seront comptés comme dragages.

Le cube des dragages sera mesuré au déblai d'après les profils, comme pour les terrassements ordinaires, en ayant soin de lever les profils contradictoirement chaque fois que l'arrivée d'une crue ou de quelque accident rendra cette mesure nécessaire.

L'entrepreneur devra d'ailleurs se conformer rigoureusement aux dimensions qui lui auront été indiquées. Il ne lui sera rien compté pour les cubes extraits hors de ces dimensions, et il sera chargé de remplir à ses frais avec du béton, de la maçonnerie ou des enrochements les vides excédants, d'après les ordres et avec les précautions jugées nécessaires par les agents voyers.

Les prix des déblais pour fouilles de fondations des ouvrages d'art comprennent le redressement du fond, celui des talus des fouilles et même les frais du blindage, à moins que pour ce dernier travail des dispositions spéciales n'aient été prescrites au devis particulier de l'entreprise.

ART. 105. — *Transport des déblais.* — Les déblais employés en remblai ou mis en dépôt seront subdivisés et comptés quant au transport, quelle que soit leur nature, conformément au tableau du mouvement des terres de l'avant-métré. Les distances et le mode de transport prévus à cet avant-métré resteront la base du décompte définitif ; le cube transporté pourra seul varier, s'il survient des diminutions ou des augmentations par suite d'ordres écrits donnés par des agents voyers, en cours d'exécution, à moins toutefois que ceux-ci n'aient réservé un autre mode d'évaluation.

Pour les calculs de l'avant-métré comme pour les prix spéciaux à établir, on suivra les règles ci-après.

Les distances de transport en plaine seront mesurées suivant la ligne droite qui joint les centres de gravité des déblais et des remblais.

Les transports à la brouette ou en tombereau en descendant à charge et en montant à vide sont considérés comme en plaine.

Pour les autres transports par brouette ou tombereau, on ajoutera à la distance des centres de gravité du déblai et du remblai *dix fois* la différence de hauteur qui existera entre ces deux centres.

Le jet de pelle comprend la reprise du déblai sur la pelle et le jet à une hauteur de 2 mètres ou à une distance horizontale de 4 mètres.

La charge en brouette, en wagon, en tombereau ou sur la berge sera comptée comme un jet de pelle.

CHAPITRE II

Prescriptions diverses.

Art. 122. — *Ordres de service suivant le devis.* — Tous les ordres de service sont donnés dans les limites des conditions du devis ; mais si l'entrepreneur pense qu'il lui est demandé au-delà des obligations de son marché, il doit, dans le délai de vingt-quatre heures, en faire l'observation écrite afin que la question soit immédiatement examinée. Aucune réclamation ultérieure ne serait admise.

Art. 125. — *Changements en cours d'exécution.* — Les indications fournies par le devis particulier sur les emplacements des ouvrages d'art sont de simples renseignements. Elles pourront être modifiées en cours d'exécution sans que l'entrepreneur puisse prétendre à aucune indemnité, sous prétexte d'aggravation des charges et d'une privation d'une partie de ses bénéfices, sous réserve toutefois de l'application des articles 30, 31 et 32 du cahier des charges et conditions générales imposées aux entrepreneurs des travaux des chemins vicinaux, annexé à l'instruction générale du 6 décembre 1870.

Il est entendu que les quantités mentionnées dans les articles 30, 31 et 32 susindiqués ne sont pas celles relatives à chaque ouvrage, mais celles qui s'appliquent à la totalité de l'entreprise. Ces articles ne sont pas applicables, non plus, aux variations que pourraient présenter en exécution les différentes natures de déblais prévues à l'avant-métré; l'ensemble de tous les déblais devant être considéré comme une seule nature d'ouvrage.

Art. 126. — *Précautions contre les accidents.* — L'entrepreneur prendra toutes les mesures d'ordre, de sûreté et de précaution propres à prévenir les accidents sur les chantiers et aux rencontres des routes et chemins.

Les points où la circulation sur les routes et chemins deviendrait dangereuse seront garantis par des garde-corps et seront éclairés la nuit.

L'entrepreneur sera responsable vis-à-vis de ses ouvriers, comme vis-à-vis du public, des conséquences que pourrait avoir sa négligence ou celle de ses agents.

L'Administration se réserve le droit de faire exécuter, aux lieu et place de l'entrepreneur et à ses frais, les mesures qu'il aurait omis de prendre pour la sécurité de la circulation.

Art. 127. — *Payement des dommages.* — L'entrepreneur devra payer, sans recours contre l'Administration, toutes les indemnités et dégradations de toute nature résultant du fait de ses travaux.

Art. 128. — *Instrument à avoir sur le chantier.* — L'entrepreneur devra toujours avoir sur le chantier les niveaux, mires. règles, équerres, chaînes, gabarits et autres instruments nécessaires à l'exécution et à la vérification des travaux.

Art. 129. — *Modifications au projet.* — Les dessins et autres pièces relatives aux changements qui seraient prescrits en cours d'exécution des travaux seront remis à l'entrepreneur dans les mêmes conditions que les pièces du projet approuvé.

Art. 131. — *Etats d'indications.* — Au commencement de chaque campagne, il sera remis à l'entrepreneur un état indiquant les travaux à exécuter et le délai dans lequel ils devront être terminés pour assurer l'emploi des crédits ouverts.

Art. 132. — *Retard dans la livraison des terrains.* — L'entrepreneur ne pourra réclamer aucune indemnité pour le retard ou la gêne que les difficultés relatives à l'acquisition des terrains apporteraient dans l'exécution des travaux.

Art. 133. — *Clauses et conditions générales.* — L'entrepreneur demeure soumis en outre au cahier des clauses et conditions générales imposées aux entrepreneurs des travaux des chemins vicinaux, annexé à l'instruction générale du 6 décembre 1870.

Forme.

447. Aussitôt après l'achèvement des travaux de terrassements, c'est-à-dire, quand la route présente sur une portion suffisamment étendue de sa longueur l'aspect représenté par les figures 104, 105, 106, on peut passer à l'exécution de la surface destinée au roulement des voitures. Le premier travail à exécuter dans ce but est de creuser la *forme* suivant le gabarit adopté. Ce gabarit se rapprochera toujours plus ou moins de celui de la figure 103, et les variations seront seulement relatives à la largeur et au bombement.

Le travail se fera fort simplement en enlevant les terres de part et d'autre de l'axe de la route et en les rejetant sur les accotements. On fera ensuite le régalage, et on pourra s'assurer de la bonne exécution des travaux au moyen de cerces ou de gabarits.

Nous avons dit plus haut qu'on pouvait commencer ces travaux *aussitôt* après les terrassements terminés; cela est exact, à la condition, toutefois, qu'on aura tenu compte, par un petit exhaussement, ainsi que nous l'avons dit du reste au n° 386, du tassement qui devra se produire dans les remblais. Le mieux, si on n'est pas extrêmement pressé, est de laisser s'opérer le tassage naturel. Une saison de pluie ou mieux un hiver suffit généralement. Dans tous les cas, il faut que le terrain offre une résistance suffisante pour que son revêtement (pavage, empierrement, etc.) supporte sans déformation les efforts du roulement.

Quand nous étudierons chaque espèce de chaussées, nous donnerons les gabarits généralement adoptés.

GÉNÉRALITÉS SUR LES CHAUSSÉES.

Comparaison des chaussées pavées et empierrées.

448. Dans l'étude aussi complète que possible que nous avons faite sur le tirage des voitures, nous avons vu que les chaussées pavées avaient un grand avantage sur les chaussées empierrées au point de vue de la traction aux allures lentes, et que les coefficients de frottement étaient, toutes choses égales d'ailleurs, dans le rapport de 2 à 3. Cet avantage est surtout appréciable dans les pays de plaines, et il perd de son importance dans les pays de montagnes, ainsi qu'on peut s'en rendre compte en prenant la formule (83).

Soient, en effet :

$$T = (Pf + i)$$

l'effort de traction pour une route pavée, et :

$$T' = (f' + i)$$

celui relatif à une route empierrée.

En pays de plaines on aura :

$$\frac{T}{T'} = \frac{f}{f'}, \qquad (137)$$

en pays de montagnes, i étant la pente :

$$\frac{T}{T'} = \frac{f + i}{f' + i}, \qquad (138)$$

le premier rapport étant égal d'après les expériences citées à 2/3. On voit que le second (n° 138) se rapprochera d'autant plus de l'unité que i sera plus grand.

Si on prend $f = 0{,}02$, $f' = 0{,}03$ on trouve pour $\frac{T}{T'}$ en faisant successivement :

$$i = 0.\ 0{,}01,\ 0.02,\ 0{,}03,\ 0{,}04,\ 0{,}05,$$
$$\frac{T}{T'} = \frac{2}{3},\ \frac{3}{4},\ \frac{4}{5},\ \frac{5}{6},\ \frac{6}{7},\ \frac{7}{8}.$$

On comprend ainsi parfaitement le sens des observations de Charié-Marsaines.

D'un autre côté, pour les allures rapides, cet avantage disparaît, ainsi que cela résulte des expériences de Dupuit ; en outre, les chaussées empierrées occasionnent moins de bruit, moins de trépidations pour les riverains et moins de chocs aux voitures et aux chevaux que les chaussées pavées ; par suite elles usent moins les unes et fatiguent moins les pieds des autres. En temps de brume et de brouillard, les chaussées pavées deviennent glissantes, tandis que le roulement est peu modifié sur les chaussées empierrées. On peut encore remarquer que les chaussées pavées ne donnent presque pas de boue et de poussière, et que le contraire existe pour les chaussées empierrées.

449. Si maintenant on étudie la question au point de vue financier, on voit que les routes empierrées coûtent beaucoup meilleur marché de frais de premier établissement que les routes pavées ; mais les frais d'entretien sont plus considérables pour les premières que pour les dernières.

M. L. Durand-Claye a donné dans son *Cours de routes* le moyen de résoudre cette dernière question par le calcul.

Appelant C, le capital disponible ;

A, le prix du premier établissement d'un kilomètre de route d'un système donné, on construira avec cette somme :

$\frac{A}{C}$, kilomètres.

Soit T, le tonnage kilométrique qui emploiera cette route ;

P, le prix de transport de une tonne à un kilomètre qui peut se calculer par la formule suivante :

$$P = p + \frac{A\,(r + a) + E}{T}. \qquad (139)$$

En appelant p la dépense faite par le public ;

r, le taux de l'intérêt ;

a, l'amortissement ;

E, les frais annuels d'entretien par kilomètre.

« L'utilité tirée du capital C est proportionnelle à :

$$\frac{\frac{C}{A}\,T}{P}.$$

« Dans un autre système, elle serait proportionnelle à :

$$\frac{\frac{C}{A'}\,T'}{P'}. \qquad (140)$$

« Il reste à voir si on a :

$$\frac{T}{AP} > \frac{T'}{A'P'}. \qquad (141)$$

« Ce calcul conduira presque toujours à donner la préférence aux empierrements, comme on le fait habituellement. »

450. On voit toutefois que ces avantages sont trop peu considérables pour demander, ainsi que l'ont fait quelques personnes, la transformation des chaussées pavées en chaussées empierrées ; ce serait, comme le dit fort bien M. Debauve, faire comme un homme qui démolirait sa maison en pierres de taille solides et bien bâties, débiterait celles-ci en moellons et ferait reconstruire sa maison telle qu'elle était précédemment, sous prétexte que la maçonnerie de moellon est meilleur marché que celle de pierre de taille. La question ne doit être examinée que si la chaussée pavée est irréparable.

Nous verrons, quand nous nous occuperons des tramways, que ceux-ci ont amené la construction de chaussées mixtes, c'est-à-dire dont une portion de la largeur est pavée, et l'autre empierrée.

En résumé, il résulte de l'expérience, ainsi que des enquêtes auxquelles l'Administration s'est livrée (et parmi ces enquêtes nous devons citer en premier lieu celle de Dupuit en Angleterre), que dans les traverses très fréquentées, surtout si elles sont étroites, il faut, à cause des difficultés d'entretien qui deviennent alors considérables, employer les pavés ; que, dans tous les autres cas, on devra recourir pour fixer son choix, aux formules de M. L. Durand-Claye (n° 140 et 141).

Chaussées dallées.

451. Nous avons vu dans la partie historique de ce travail que les voies romaines étaient, notamment en Italie, formées par un véritable mur en maçonnerie, sur lequel on plaçait des dalles plates servant au roulage. Quelquefois ces dalles étaient d'un appareil uniforme ; d'autres fois, l'appareil était irrégulier ; mais alors les pierres étaient taillées exactemement à la demande et juxtaposées avec précision. Les voies encore existantes prouvent avec quel soin et quelle solidité ces constructions étaient faites. Cela était, du reste, absolument nécessaire, car toute remise en place d'une dalle était longue, coûteuse, évidemment difficile et, de plus, devait créer une sorte de monticule au milieu des dalles déjà frayées qui l'entouraient.

Dans tous les cas, ce système était favorable à la traction au point de vue du roulement des véhicules, mais défavorable aux chevaux, qui ne trouvaient pas assez de joints pour prendre pied.

Cela fit imaginer en Italie un système intermédiaire qui fut importé, vers 1850, en Angleterre.

Il consistait à paver avec de longues dalles longitudinales les espaces parcourus par les roues des voitures, et à paver à la façon ordinaire l'entre-deux où se tient le *cheval*. Ce mode de construction paraissait remplir les meilleures conditions pour le tirage, puisqu'on était en possession d'une surface plane et dure, à joints très espacés pour les véhicules, et d'une surface centrale en pavés de petits échantillons, sur lesquels le cheval pouvait facilement prendre pied.

On voit cependant, après un examen moins superficiel, que ce système offre de nombreux inconvénients. D'abord, il ne convient pas aux attelages à deux chevaux de front; ils ont, en effet, deux de leurs pieds qui portent sur les dalles, car la largeur occupée par un attelage à deux chevaux est ordinairement un peu plus grande que celui de la voie de la voiture.

Ce système oblige également les voitures à prendre la file, c'est-à-dire à avoir la même vitesse.

Quand elles se dépassent, les chevaux doivent quelquefois longer le dallage en marchant dessus, ils glissent alors et tombent avec la plus grande facilité.

En résumé, ce système n'est applicable qu'aux rues n'ayant qu'une voie, et dans lesquelles la circulation n'a lieu que dans un sens, ainsi que cela est fort bien organisé, par exemple, dans la partie ancienne de la ville de Barcelone.

Chaussées en cailloux roulés.

152. Dans les villes situées sur le rivage de la mer, le long des grands fleuves (celles qui sont sur les bords du Rhône, par exemple), ou bien encore celles qui sont bâties sur des bancs de sable contenant des cailloux roulés en abondance (Moscou), on a profité de la facilité qu'on avait de se procurer ces matériaux à bon marché.

Primitivement, on a employé tels quels ces cailloux que l'action mécanique des eaux, en les roulant, a dépouillés de leurs

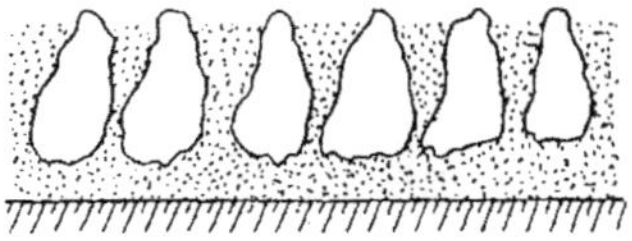

Fig. 165.

parties relativement peu résistantes, et qui présentent ordinairement la forme d'un œuf plus ou moins aplati dans le sens de son petit axe (*fig.* 165).

Pour obtenir la plus grande stabilité possible, on les plaçait le *gros* bout en bas sur un lit de sable, et on les serrait les uns contre les autres. Ce système donne des chaussées sur lesquelles les voitures *ferraillent* d'une façon épouvantable, et la circulation à pied y est impossible. Nous pourrions, à l'appui, citer l'exemple d'une des plus grandes villes de l'Europe qui, pour une population de neuf

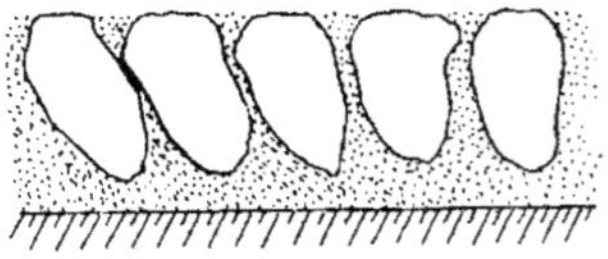

Fig. 166.

cent mille âmes possède plus de trente mille voitures nécessitées pour le service du public à cause de la difficulté qu'y éprouvent les piétons à circuler.

On peut améliorer quelque peu ce système de pavage aux dépens de la solidité, en mettant les cailloux la tête en bas (*fig.* 166).

La grosseur qui paraît la meilleure pour ces chaussées est de $0^m,08$ à $0^m,10$ de diamètre.

453. *Cailloux étêtés.* — Le véritable moyen de faire des chaussées avec des cailloux roulés, qui dans ce cas deviennent excellentes, est de prendre les plus gros de ces cailloux, de les étêter, et d'enlever deux éclats parallèles entre eux, et perpendiculaires à la face étêtée; on obtient ainsi des pavés *très durs* de petits échantillons, et pouvant s'arranger convenablement pour donner des joints croisés (*fig.* 167).

La surface de roulement est très dure, et le pavé étant de petit échantillon, les chevaux ont une prise facile sur lui. Ce sont, on le sait, les meilleures conditions pour le tirage des voitures.

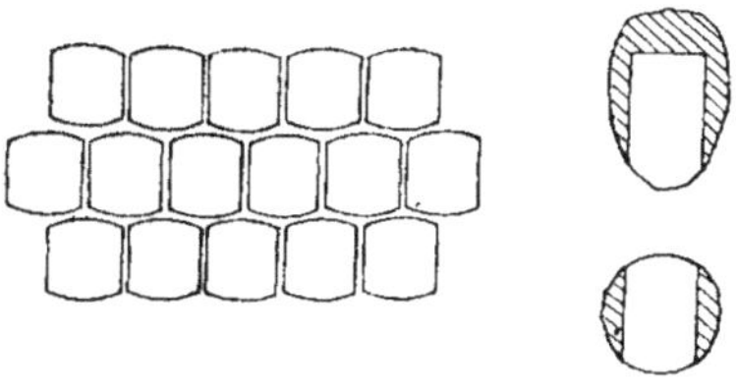

Fig. 167.

Chaussées en briques.

454. En Hollande, le sol contient peu de pierres, et, souvent inférieur au niveau de la mer, il ne permet pas de creuser pour avoir des matériaux à disposition; on a employé des briques pour former les chaussées. Une grande partie de la ville d'Amsterdam est pavée de cette façon. Cette ville, qui est entrecoupée de canaux en forme d'éventail, opère tous ses gros transports par eau. Les transports plus légers se font sur des voitures qui roulent sur des chaussées en briques: mais celles-ci, d'une dureté toujours faible et variable avec le degré de cuisson, s'altèrent rapidement, et aujourd'hui que la circulation, en s'accroissant, fatigue plus les routes d'une part, mais aussi facilite les arrivages de l'autre, on commence à faire venir de la pierre pour construire le milieu des chaussées.

Chaussées en fascinage.

455. Dans les terrains marécageux, là où on est pressé d'établir une route pour faire passer des charges, en temps de guerre par exemple, on construit des chaussées en fascinage qui, répartissant sur une large surface le poids des véhicules, permettent à ceux-ci de circuler sans s'embourber. On a construit ainsi un assez grand nombre de ces routes dans les schotts de l'Algérie. Les fascines étaient remplacées par des couches d'alfa. On les alternait avec des couches d'argile.

Chaussées en asphalte comprimé.

456. Depuis quelques années on a essayé, dans les grandes villes d'Europe, de parer aux inconvénients que présentent les chaussées empierrées au point de vue de la poussière et de la boue, et à conserver les avantages que ce genre de voie présente au point de vue du moindre bruit et de la douceur du roulement. Deux moyens sont actuellement employés pour concourir à ce but : les chaussées en asphalte comprimé et les chaussées en bois.

L'asphalte est une roche calcaire imprégnée de bitume. Quelquefois même on confond les deux noms.

Le bitume (1) ou mieux les bitumes sont un mélange, dans diverses proportions, de substances provenant de la décomposition de matières organiques. Ils se composent de carbures d'hydrogène et d'autres produits plus ou moins oxygénés et azotés. Ils se présentent en masses d'un brun noir ou noires, poisseuses, plus ou moins dures, souvent fragiles, à cassure conchoïde, fusibles vers 100 degrés, brûlant avec une flamme fuligineuse, leur densité varie de 1 à 1,7; ils sont particulièrement solubles dans l'alcool. On les rencontre sur les bords du lac Asphaltique, à la Trinité, au Pérou, en Auvergne (Puy-de-la-Poix), dans les Landes, à Seyssel (Ain).

457. *Composition.* — D'après les recherches de Boussingault, le bitume compact est constitué principalement par un mélange de deux substances définies, l'asphaltène et le pétrolène, la première pou-

(1) Voyez le *Dictionnaire* de Wurtz.

vant être considérée, selon Gerhardt, comme provenant de l'oxydation de la seconde.

Le pétrolène, isolé du bitume de Bechelbronn, séché sur le chlorure de calcium et rectifié, se présente sous la forme d'un liquide huileux et légèrement jaune, d'une odeur bitumineuse et d'une densité de 0,891 à 21° C. Il ne se solidifie pas à — 12 degrés, et bout à 280 degrés. Son analyse ainsi que la densité de sa vapeur conduisent à la formule $C^{20}H^{32}$. Densité de la vapeur trouvée, 9, 415 ; calculée, 9,5.

L'asphaltène, que l'on obtient pur en volatilisant le pétrolène par une température de 250 degrés, maintenue pendant quarante-huit heures, est une substance solide, noire, brillante, qui devient élastique à 300 degrés, et se décompose avant de fondre. Il est soluble dans l'alcool, brûle comme une résine et possède une composition qu'on peut représenter par la formule $C^{20}H^{32}O^{3}$.

Voici les analyses de différents bitumes :

	C	H	O,Az	
BOUSSINGAULT				
Asphalte de Coxitambo (Pérou)	88,6	9,7	1,6	
Pétrolène	87,3	12,1	»	
Asphaltène	74,2	9,9	2	
EBELMEN				
Asphalte de Bastennes (Landes)	78,5	8,8	2,6	1,6
— d'Auvergne	76,1	9,4	10,3	2,3
— des Abruzzes	77,6	7,9	8,4	1,0
REGNAULT				
Asphalte de Pontnavez	67,4	7,2	24,0	1,1
— de Cuba	81,4	9,6	9	

Ces bitumes imprègnent souvent des roches de différentes natures, et ce sont ces roches imprégnées que l'on emploie pour la confection des trottoirs et des chaussées.

458. Voici, d'après M. Léon Malo, comment on peut faire la classification des bitumes.

BITUME	1° A l'état libre	1° Pur, liquide ou visqueux.	Huile de naphte, pétrole malthe de la mer Morte. Fontaine de la Poix (Auvergne.
		2° Impur, solide.	Diverses espèces de houille.
	2° Mélangé à une gangue terreuse.		Bitume terreux du Mexique, de Cuba, de l'île de la Trinidad.
	3° Mélangé à une gangue quartzeuse.		Sable bitumineux de Pyrimont - Seyssel, de Clermont, de Bastennes, etc.
	4° Imprégnant des schistes.		Schistes bitumineux d'Autun, de Buxières-la-Grue (Allier), du Dauphiné, etc.
	5° Imprégnant des calcaires (asphalte).		Asphalte de Seyssel, du Val-de-Travers, de Lobsann, de Chavaroche, de Clermont, etc.

Ainsi qu'on le voit par ce tableau, on donne principalement le nom d'asphalte à une roche calcaire imprégnée de bitume. Généralement, la proportion est de 12 à 16 0/0. Cette matière chauffée vers 120 degrés se réduit d'elle-même en poudre par suite de la fluidité qu'acquièrent les hydrocarbures qu'elle contient; chauffée à nouveau et comprimée, elle reconstitue la roche primitive. C'est sur cette propriété qu'est fondée toute la fabrication des chaussées. Dans le chapitre suivant, nous entrerons dans tous les détails de ce genre de construction.

Aujourd'hui, les reproches que l'on peut faire aux chaussées en asphalte comprimé sont, outre leur prix, de ne pouvoir se réparer que dans la belle saison, d'augmenter le tirage des voitures pendant les grandes chaleurs, par suite de la mollesse que prend la surface de roulement et enfin de ne *pas prendre le sable* en temps de verglas.

459. *Mastic de bitume.* — Pour les trottoirs, on emploie généralement le *mastic de bitume*. Celui-ci est composé d'un mélange d'asphalte et de bitume. Pour les travaux de la ville de Paris, on prescrit ordinairement de l'asphalte de Seyssel ou de Val-de-Travers et du bitume ou goudron minéral de Bastennes ou Lobsann, on y incorpore de 1/4 à 2/3 de sable de rivière passé à la claie.

Pavages en bois.

460. L'idée de se servir du bois est fort ancienne, et nous croyons que le premier emploi que l'on a fait des bois de gros échantillons a été de disposer des bois en grume en travers des chaussées, ainsi que nous l'avons vu pratiquer encore dans certaines localités reculées de l'Amérique du Sud, dans les endroits un peu marécageux. Ce système, absolument primitif, était d'une confection plus rapide et d'une durée plus grande que celle des fascines, aussi ne l'a-t-on utilisé que dans les localités où le bois n'a pas de valeur. Comme on le voit, ce système se prêtait fort mal aux transports par chariots; de plus, les bois étaient, pour ainsi dire, déchiquetés dans le sens de leurs fibres, et ces sortes de passages (nous ne pouvons leur donner le nom de routes) ne se prêtaient qu'à un transit extrêmement limité.

Dans les contrées où, sans être sans valeur, le bois avait cependant peu de prix, comme en Russie et en Allemagne, on améliora beaucoup ce système, et on établit de véritables routes en présentant le bois *debout* à la surface de roulement. Telle est l'origine du pavage en bois tel qu'il se pratique actuellement sous nos yeux.

Ce système fut introduit en France vers 1838, au château de Versailles, et fut l'objet, en 1841, d'un travail de Davilliers inséré dans les *Annales des ponts et chaussées.*

En 1850, Darcy fit une enquête et fit ressortir tous les désavantages de ce pavage, bien qu'il ne donne pas lieu à la formation de poussière et, par suite, de boue. On peut remarquer, en effet, que la boue qui les recouvre provient, en grande partie, de celle qui est apportée par les voitures sortant des rues macadamisées, et du sable que l'on est alors obligé de jeter à sa surface pour diminuer le glissement qui en résulte et qui se réduit en bouillie.

461. On a reproché à ce pavage, dans le commencement de son emploi :

1° Sa combustibilité dans les temps de sécheresse. On en a vu prendre feu dans certaines villes des États-Unis; mais en France ce danger n'est pas à redouter, tant à cause de la température que par suite des arrosages fréquents et possibles si un semblable accident se déclarait ;

2° Son facile écrasement, avec des bois durs qui présentent souvent des couches d'aubier plus tendres. Les pavés s'usaient alors inégalement. On y a remédié en prenant des bois présentant des couches concentriques d'une égale dureté, tels que le pin ou le sapin;

3° La poussière du bois qui forme des échardes pénétrant dans les yeux et qui ont occasionné quelques accidents aux États-Unis;

4° L'insalubrité due à ce que le bois s'imprègne de liquides provenant des détritus de toute nature;

5° Son soulèvement après les gelées.

Le mode de construction et le choix des matériaux ont fait disparaître la plupart de ces inconvénients.

En imprégnant les bois de pin ou de sapin avec du coaltar, on les a rendus imputrescibles et, en quelque sorte, antiseptiques par eux-mêmes, en même temps que l'agglutination des fibres par une matière pâteuse empêchait le dégagement des poussières.

En installant la chaussée sur une couche de béton, on évite en grande partie les inconvénients de la gelée, et aujourd'hui le pavage en bois marche de pair avec le bitume, pour la propreté et l'absence de bruit.

462. La construction de ces chaussées a passé par un grand nombre de phases, avant d'arriver au degré de perfection qu'elle a atteint aujourd'hui. On a successivement employé des pavés cubiques. présentant des angles abattus pour laisser plus de prise aux pieds des chevaux ; puis de véritables planchers en bois triangulaires s'emboîtant les uns dans les autres, enfin des pavés hexagonaux pour mieux utiliser le bois ; mais, tout compte fait, il y avait encore une perte de bois plus considérable qu'avec les pavés parallélipipédiques que l'on emploie aujourd'hui. On conçoit, en effet, qu'il faut dans ce dernier cas que tous les pavés soient de dimensions *rigoureusement* égales, si on veut avoir un pavage ne présentant pas de trous. De plus, le remplacement d'un pavé est difficile, aussi y a-t-on renoncé au moins dans les pays où le bois a une grande valeur.

Résumé.

463. D'après ce que nous venons d'exposer, nous voyons quels efforts ont été faits pour empêcher dans les villes le glissement des chevaux sur les différents revêtements des chaussées. Voici, à cet égard, comment, d'après un Mémoire de M. Brown-Vibert, conducteur des ponts et chaussées attaché au service de la ville de Paris (1), on peut classer les chaussées en commençant par les plus glissantes :

1° Asphalte ;
2° Pavage en bois ;
3° Pavage en pierre.
4° Empierrements ;

(1) M. Brown-Vibert s'est consacré depuis de nombreuses années à l'étude et à l'industrie des pavages en bois et c'est lui qui a installé pour le compte de l'Administration les remarquables usines dans lesquelles se fabriquent aujourd'hui la totalité des pavés en bois employés par le service municipal.

Il faut, toutefois, ainsi que le fait observer l'auteur, n'admettre ce classement que pour la généralité des cas, « car il peut « arriver que par un temps sec le pavé de « grès dur ou de porphyre soit beaucoup « plus glissant que le pavé de bois ; ce « dernier n'est fatigant et dangereux que « pour les véhicules lourdement chargés, « particulièremennt quand il est un peu « mouillé ou, l'hiver, quand sa surface est « verglassée ».

Viabilité dans Paris.

464. Voici, d'après le même auteur, l'état de la viabilité dans Paris en 1892 :

Pavés en pierre	6 300 000	mètres carrés
Empierrement.	1 560 000	—
Pavage en bois.	540 000	—
Asphalte comprimé	300 000	—
Total . .	8 700 000	mètres carrés

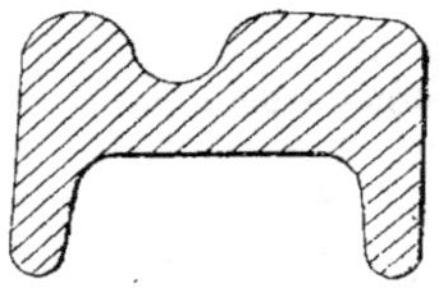

Fig. 168.

Tramways.

465. Les tramways ressortissant plutôt du *Cours de chemins de fer*, où ils seront traités avec tous les détails possibles, nous en parlerons donc fort peu et seulement en qui concerne leur relation directe avec les routes et les rues des grandes villes.

La première de toutes les conditions était évidemment d'entraver aussi peu que possible la circulation des autres voitures. Sur les premiers tramways établis la traversée oblique des voitures ébranlait les rails et les pavés de bordures ; les uns ou les autres s'enfonçaient et il se produisait ordinairement une dénivellation du rail qui faisait alors saillie, ce qui aggravait l'état de choses ; pour y obvier, on a commencé par donner au rail une section horizontale très résistante de manière à ce qu'il ne puisse être déformé par le choc latéral des voitures (*fig.* 168) ; on a ensuite formé une voie très rigide soit sur traverses et longrines soit sur traverses; on a placé des agrafes latérales, on a fréquemment assis le tout sur un blocage en béton.

La fixité étant ainsi obtenue, il n'y avait plus qu'à assurer une solidité semblable au pavage. On eut alors recours à l'emploi de pavés en pierre très dure (du porphyre par exemple) et de petit échantillon, afin de faciliter la prise du pied des chevaux.

On posa ce pavage sur une couche de béton d'une épaisseur suffisante et faisant corps avec celui qui supporte les rails, dans le cas où ceux-ci reposent eux-mêmes sur une infrastructure, et on interposa une petite couche de sable pour répartir les pressions et empêcher le béton de se fendre.

De cette façon, les voies se conservent assez bien, ainsi qu'on le voit dans nos rues de Paris les plus fréquentées; mais il y a encore de grands progrès à faire.

466. *Développement des tramways.* — D'après l'étude des *tramways français* que M. O. Chemin, ingénieur en chef des ponts et chaussées, a publiée comme appendice à sa traduction de l'ouvrage de M. Kinnear-Clark sur la construction et l'exploitation des tramways, nous voyons que c'est seulement en 1853 que fut accordée en France, à M. Loubat, la première concession de tramways, et qu'il faut aller jusqu'en 1873 pour atteindre l'époque à laquelle les tramways commencèrent à se développer. Ainsi, alors qu'on accordait seulement une concession en 1872 (il n'y en avait que six depuis 1854), on en avait accordé vingt-cinq en 1876; l'ensemble formait à cette époque 439 863 mètres, sur lesquels Paris comptait à lui seul 138 650.

467. *Projet de tramway sur une route.* — Quand on voudra prévoir un tramway sur une route, il sera bon de donner à la voie $1^{m},44$, comme pour les chemins de fer; c'est, du reste, la largeur généralement adoptée.

468. *Prix de revient.* — D'après les devis établis par M. O. Chemin, voici la somme qu'il y aurait à dépenser par mètre linéaire.

Sur les chaussées déjà pavées.

Partie métallique fourniture et : pose	21^f, »
Pavage	$11^f,50$
Raccordement du pavage en dehors de la zone du tramway	1^f, »
Travaux accessoires, déplacement des bordures, etc.	$1^f,50$
Total	35^f, »

Sur les chaussées empierrées.

Partie métallique : fourniture et pose	21^f, »
Pavage	37^f, »
Travaux accessoires	$1^f,50$
	$59^f,50$

Soit 35 000 francs le kilomètre pour les voies pavées, et 59 500 francs pour les voies empierrées.

Souvent, ces chiffres ont été dépassés, et les frais du pavage seul se sont montés, rue Lecourbe et avenue de Lamotte-Piquet, à $162^f,97$ le mètre courant, de telle sorte que le prix est devenu, dans ce cas, 183 970 francs le kilomètre. M. O. Chemin ajoute que le prix moyen de Paris s'est beaucoup élevé. A la fin de 1878, la dépense totale pour la voie seulement, à Paris, a été de 129 968 francs le kilomètre.

469. *Cahier des charges.* — Ne devant plus avoir à revenir sur les tramways, nous terminerons en donnant un extrait du cahier des charges imposé par l'Administration, aux villes et aux Compagnies de tramways, dans sa partie qui a trait aux routes.

TITRE PREMIER.

Tracé et construction.

ART. 5. — La position des bureaux d'attente et de contrôle qui pourront être autorisés sur la voie publique, celle des égouts, de leurs bouches et regards, et des conduites d'eau et de gaz, devront être indiquées sur les plans présentés par la ville, ainsi que tout ce qui serait de nature à influer sur la position de la voie et sur la régularité des divers services qui peuvent en être affectés.

Art. 6. — L'Administration déterminera le nombre de voies qui pourront être établies sur les différentes sections des lignes concédées.

Elle déterminera, de même, le nombre et la disposition des gares d'évitement qu'il y aurait lieu d'établir sur certains points spéciaux.

Les voies ferrées seront pavées au niveau du sol sans saillies ni dépressions suivant le profil normal de la voie publique et sans aucune altération de ce profil, soit dans le sens transversal, soit dans le sens longitudinal, à moins d'une autorisation spéciale du préfet.

Les rails, dont l'Administration supérieure déterminera la forme, le poids et le mode d'attache, sur la proposition de la ville, seront compris dans un pavage qui régnera dans l'entre-rail et à ... centimètres au moins au-delà de chaque côté.

Art. 7. — La ville sera tenue de rétablir et d'assurer à ses frais les écoulements d'eau qui seraient arrêtés, suspendus ou modifiés par ses travaux.

Elle rétablira de même les communications publiques ou particulières que ces travaux l'obligeraient à modifier.

Art. 8. — La démolition des chaussées et l'ouverture des tranchées pour la pose et l'entretien de la voie seront effectuées avec toute la célérité et toutes les précautions convenables.

Les chaussées devront autant que possible être rétablies dans la même journée et tenues dans le meilleur état.

Art. 9. — Le déchet résultant de la démolition et du rétablissement des chaussées sera couvert par des fournitures de matériaux neufs de la nature et de la qualité de ceux qui sont employés dans lesdites chaussées.

Pour le rétablissement des chaussées pavées, au moment de la pose de la voie ferrée, il sera fourni, en outre, la quantité de boutisses nécessaire pour opérer ce rétablissement suivant les règles de l'art, en évitant l'emploi de demi-pavés.

Dans le cas où les voies ferrées seraient placées sur les trottoirs ou contre-allées en terre, il sera établi une chaussée empierrée pour la circulation des chevaux employés à l'exploitation.

Les vieux matériaux provenant des anciennes chaussées remaniées ou refaites à neuf et qui n'auront pas trouvé leur emploi dans la réfection seront laissés à la libre disposition de la ville ou des Compagnies instituées en vertu de l'article 2.

Les fers, bois et autres éléments constitutifs des voies ferrées devront être de bonne qualité et propres à remplir leur destination.

Art. 10. — Les travaux d'établissement et d'entretien seront exécutés sous le contrôle des ingénieurs de l'État.

Il seront conduits de manière à nuire le moins possible à la liberté et à la sûreté de la circulation. Les chantiers seront éclairés et gardés pendant la nuit.

Art. 11. — A mesure que les travaux seront terminés sur des parties de voie assez étendues pour être livrées à la circulation, il sera procédé à leur réception par les ingénieurs chargés du contrôle. Leur procès-verbal ne sera valable qu'après homologation du préfet.

Après cette homologation, la ville pourra mettre en service lesdites parties de voies et y percevra le prix de transport et les droits de péage ci-après déterminés. Toutefois, ces réceptions partielles ne deviendront définitives que par la réception générale de la ligne concédée.

Lorsque les travaux compris dans les concessions seront achevés, la réception générale et définitive aura lieu dans la même forme que les réceptions partielles.

TITRE II

Entretien et exploitation.

Art. 12. — Les voies ferrées devront être entretenues constamment en bon état.

Cet entretien comprendra celui du pavage de l'entre-rail et des... centimètres qui servent d'accotements extérieurs aux rails, ainsi que l'entretien des empierrements établis sur les trottoirs et les contre-rails.

Lorsque, pour la construction ou la réparation des voies ferrées, il sera nécessaire de démolir des parties pavées ou empierrées de la voie publique situées en dehors de la zone ci-dessus indiquée, il devra être pourvu à l'entretien de ces parties pendant une année à dater de la réception provisoire des ouvrages exécutés. Il en sera de même pour tous les ouvrages souterrains.

ART. 13. — Il sera établi, par la ville, le nombre suffisant des agents et des cantonniers qui seront chargés de la police et de l'entretien des voies ferrées.

ART. 15. — L'entretien et les réparations des voies ferrées, avec leurs dépendances, l'entretien du matériel et le service de l'exploitation seront soumis au contrôle et à la surveillance de l'Administration.

Le service de l'entretien et de l'exploitation est d'ailleurs assujetti aux règlements généraux de police et de voiries intervenus ou à intervenir, et notamment à ceux qui seront rendus pour régler les dispositions, l'aménagement, la circulation et le stationnement des voitures.

Les frais de contrôle seront à la charge de la ville et seront réglés par le préfet.

TITRE VI

Clauses diverses.

ART. 29. — Aucune indemnité ne pourra être réclamée par la ville pour les causes ci-après :

Dommages aux voies ferrées occasionnées par le roulage ordinaire ;

État de la chaussée et influence pouvant en résulter pour l'entretien de ces voies ;

Ouverture de nouvelles voies de communication et établissement de nouveaux services de transport en concurrence avec celui du concessionnaire ;

Trouble ou interruption du service qui pourrait résulter soit des mesures d'ordre et de police, soit de travaux exécutés sur ou sous la voie publique, tant par l'administration que par les Compagnies ou les particuliers dûment autorisés ;

Enfin, toute circonstance résultant du libre passage de la voie publique.

ART. 30. — En cas d'interruption des voies ferrées par suite des travaux exécutés sur la voie publique, la ville pourra être tenue de rétablir provisoirement les communications, soit en déplaçant momentanément ses voies, soit en les branchant l'une sur l'autre, soit en employant, à la traversée de l'obstacle, des voitures ordinaires qui puissent le tourner en suivant d'autres lignes.

ART. 34. — Comme toutes les concessions faites sur le domaine public, la présente concession est toujours révocable sans indemnité, en tout ou en partie, avant le terme fixé pour sa durée par l'article 16.

La révocation ne pourra être prononcée que dans les formes de la présente concession. En cas de révocation avant l'expiration de la concession ou de la suppression ordonnée à la suite de la déchéance, la ville ou ses ayants droit seront tenus de rétablir les lieux dans l'état primitif à leurs frais.

ART. 36. — La ville de ... sera tenue de déposer à la préfecture de ... un plan détaillé de ses voies ferrées, telles qu'elles auront été exécutées.

ART. 37. — Les droits des tiers sont et demeurent réservés.

CHAPITRE VII

CONSTRUCTION DES CHAUSSÉES

470. *Section de la forme.* — Dans le chapitre précédent, nous avons vu les conditions générales d'établissement des chaussées; nous allons maintenant entrer dans les détails de leur construction, et nous commencerons par donner la formule de la ville de Paris pour les bombements des chaussées.

En désignant par :

f, la flèche au milieu ;

k, un coefficient variable avec la valeur de la chaussée ;

l sa largeur.

$$f = k \frac{l^2}{l-1}.$$

Ainsi qu'on le voit, cette formule est celle d'une parabole ; on fait :

$k = 0^m,015$ pour les pavages en bois et en asphalte fondés sur couches de béton de Portland de $0^m,15$ d'épaisseur ;

Et $k = 0^m,017$ à $0^m,018$ pour les chaussées pavées ou empierrées.

A 1 mètre de la bordure du trottoir, on augmente cette pente pour favoriser l'écoulement des eaux, et on donne alors à k les valeurs suivantes :

$k = 0^m,06$ pour les pavages en bois et en asphalte, et $k = 0^m,065$ à $0^m,07$ pour les pavages en pierre.

CHAUSSÉES DALLÉES.

471. Nous ne reviendrons pas sur les voies dallées, aujourd'hui presqu'universellement abandonnées à cause de leurs graves inconvénients, soit dans les pays de brouillards, car alors les pavés deviennent gras et glissants, soit aussitôt qu'une usure notable se produit. On a bien essayé de mettre les dalles en arêtes de poissons pour éviter le glissement, mais c'est un remède insuffisant. Dans tous les cas les voies dallées doivent être établies, ainsi que le faisaient les Romains, sur une fondation inébranlable.

CHAUSSÉES PAVÉES

472. On emploie à la construction des chaussées pavées toutes les pierres dures, mais particulièrement le grès, l'arkose, le granit, le basalte, le porphyre, le trapp, le schiste, la pierre calcaire, les cailloux roulés, etc. Ces derniers, dans le Midi de la France, en Espagne, en Russie, ont été mis en œuvre tels qu'on les retire du sol ou du lit des rivières. Toutes les autres pierres sont taillées en forme de pavés dont les dimensions varient de $0^m,12$ à $0^m,25$.

L'échantillon du pavé de Paris a beaucoup varié. M. L. Durand-Claye dit qu'en 1420, il avait été fixé à 6 ou 7 pouces ($0^m,16$ à $0^m,19$) puis augmenté de 1 pouce en 1667 et porté en 1730 à 8 ou 9 pouces, c'est-à-dire de $0^m,22$ à $0^m,24$. Ce n'est qu'en 1835 qu'on a essayé des échantillons réduits, soit $0^m,15$ pour les pavés cubiques et $0^m,10$ à $0^m,12$ de largeur pour les pavés oblongs, $0^m,25$ à $0^m,30$ de longueur et une queue de $0^m,15$ à $0^m,20$.

Quelles que soient leur nature et leur

forme, ils se posent sur une couche de sable de 0m,10, 0m,15, 0m,20 d'épaisseur. Le sable, par son incompressibilité et sa demi-fluidité, a la propriété de répartir le poids que supporte un des pavés sur une partie de la forme beaucoup plus étendue que la base inférieure du pavé même.

Quand on construit une chaussée pavée, on doit s'attacher à réunir les pavés de même dureté ; sans cette précaution, ils s'usent inégalement, les plus tendres forment des trous dans lesquels tombent les roues des voitures; les chocs accélèrent la destruction des pavés tendres et amènent, par suite, la désagrégation des pavés voisins, que nous supposons de bonne qualité.

Excepté dans les rues des villes, où le pavage s'étend jusqu'aux maisons, les chemins n'occupent que le milieu de la route, et les accotements les bordent des deux côtés. Pour que les roues des voitures qui passent de la chaussée sur l'accotement, ou réciproquement, ne culbutent pas les pavés extrêmes, on donne à ceux qui sont ainsi placés des dimensions plus fortes que celles des autres pavés; ils portent à cause de leur position le nom de bordures.

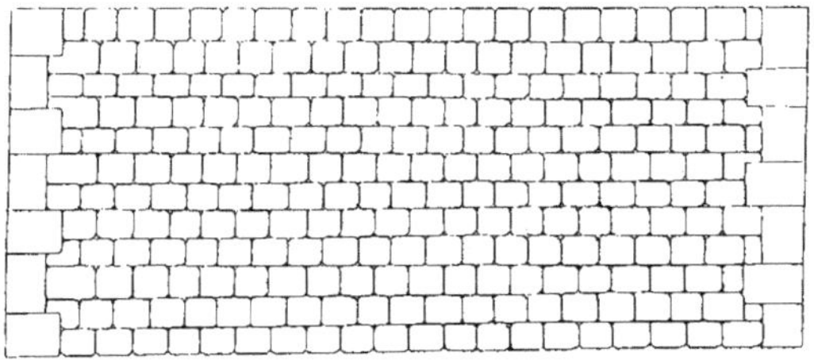

Fig. 169.

473. *Bordures.* — Aux environs de Paris on donnait anciennement aux bordures (*fig.* 169) :

En longueur 2 fois	la dimension d'un pavé, ou, pour des pavés de 0m,11 :	0m,44
En largeur 1 fois $\frac{1}{2}$		0m,33
En épaisseur 1 fois $\frac{1}{2}$		0m,33

Polonceau père et, après lui, quelques ingénieurs, ont réduit la largeur à celle des pavés, ce qui permet de relier les bordures aux pavés; c'est le système aujourd'hui généralement employé *fig.* 170.

Qualité des Pavés.

474. Pour reconnaître la qualité des pavés, on indique plusieurs moyens :

1° La pesanteur spécifique. Ainsi les pavés durs employés à Paris pèsent 2 540 kilogrammes environ le mètre cube, tandis que les pavés tendres de Fontainebleau ne pèsent que 2 390 kilogrammes ;

2° La quantité d'eau qu'ils absorbent lorsqu'ils sont immergés. Cette quantité est, au bout de huit jours d'immersion, de 1/569 pour les plus durs, et de 1/51 pour les plus tendres ;

3° Le son. Lorsqu'un pavé est frappé avec un marteau, il rend un son d'autant plus sourd qu'il est plus tendre ou qu'il est filé.

Sable et sablage de la forme.

475. Pour exécuter une chaussée pavée, on creuse dans la route l'encaissement, auquel on donne une profondeur suffisante pour qu'il se trouve au-dessous du fossé et des bordures, un intervalle de $0^m,10$ à $0^m,20$ pour recevoir la couche de sable destinée à supporter le pavé. Ce n'est que dans des cas très rares et où le sol est très résistant que l'on peut descendre à $0^m,04$ ou $0^m,05$. Cette couche de sable est ensuite damée et arrosée à grande eau avant de bien la tasser. Ce pilonnage réduit, suivant M. Debauve, de $0^m,12$ à $0^m,08$ la couche de sable, autrement dit 3 mètres cubes pris sur l'acco-

Fig. 170.

tement donnent 2 mètres cubes sur la forme.

Un manœuvre peut tasser avec la hie trois couches de 36 mètres carrés chacune, soit 9 mètres cubes après tassement. On consomme environ 40 litres d'eau.

Le sable devra être moyennement fin, non terreux et homogène, et les carrières d'extraction devront être agréées par l'Administration, ainsi qu'on le verra dans le cahier des charges.

Mise en place des pavés.

176. Les pavés sont placés sur cette couche de sable par rangées perpendi-

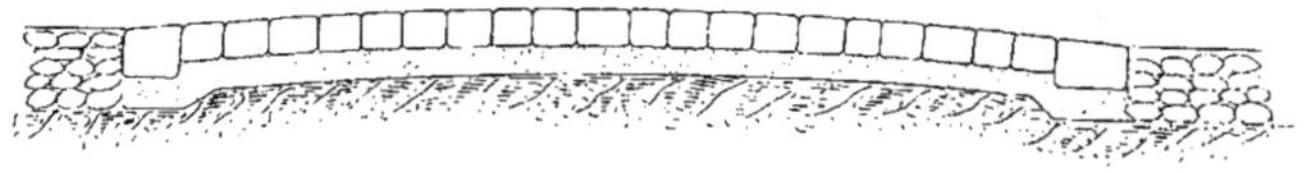

Fig. 171.

culaires à la direction de la route et s'étendent d'une bordure à l'autre. On apporte la plus grande attention à croiser les joints d'une rangée sur ceux de la rangée précédente (*fig.* 170 et 171).

Pour un mètre carré de pavés cubiques de $0^m,22$ à $0^m,23$, on emploie $0^{m3},18$ de sable, savoir : $0^{m3},13$ pour la forme, $0^{m3},03$ pour les joints, et $0^{m3},2$ pour recouvrir le pavage afin d'achever de remplir les joints qui ne peuvent jamais être complètement garnis quand on pose les pavés.

177. *Emploi des vieux pavés.* — Quand, au lieu d'employer des pavés neufs, on emploie des pavés déjà usés, l'épaisseur qui manque à ces pavés est remplacée par

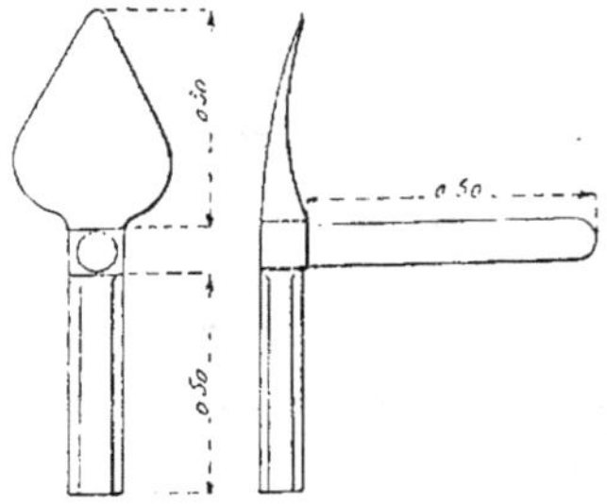

Fig. 172 et 173.

du sable, de manière à conserver toujours la même épaisseur de chaussée.

Pose.

478. La pose des pavés se fait à l'aide d'un marteau qui présente d'un bout la forme d'une houe allongée, et de l'autre une tête (*fig.* 172-173). La houe sert à pré-

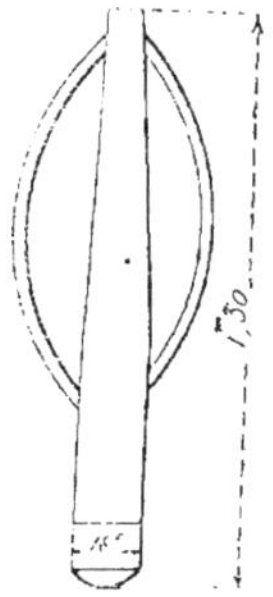

Fig 174.

parer la place du pavé, la tête à l'assurer quand il est placé ; on garnit les joints en sable soit avec la houe, soit avec la main.

On prescrit ordinairement de ne don-

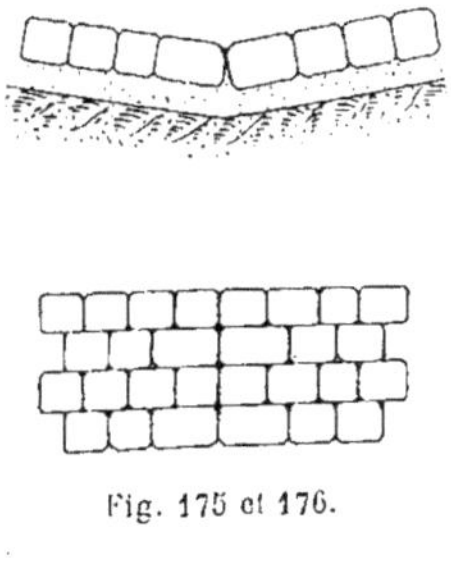

Fig. 175 et 176.

ner que 7 à 8 millimètres aux joints; mais, pour se tenir dans ces limites, il faudrait souvent, à cause des faces bombées des pavés, que ces pavés se touchassent les uns contre les autres, ce qui aurait plus d'inconvénients que de faire des joints de $0^{m},020$ à $0^{m},025$. D'un autre côté, on ne pourrait faire disparaître les faces bombées qu'en taillant les pavés, de sorte que l'on accorde la tolérance dont nous venons d'indiquer la limite.

Les joints d'un rang ou d'une *range* doivent toujours correspondre au milieu des pavés des deux rangs des pavés contigus.

Pour donner de la stabilité à un pavage neuf avant le passage des voitures, on l'affermit et on le dresse en frappant

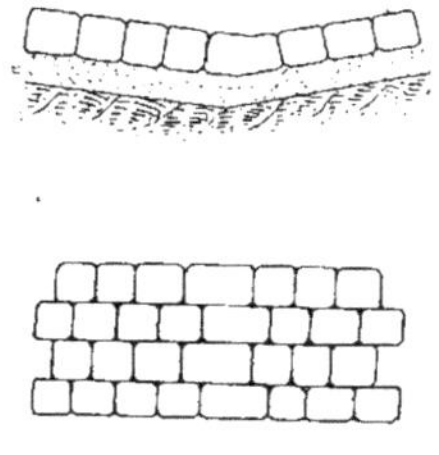

Fig. 177 et 178.

successivement sur chaque pavé avec une hie du poids de 35 à 40 kilogrammes (*fig.* 174). C'est après cette opération qu'on recouvre le pavage d'une couche de sable de $0^{m},02$ d'épaisseur.

Dans les chaussées à revers, le ruisseau est la partie qui fatigue le plus, parce que les roues des voitures y retombent tou-

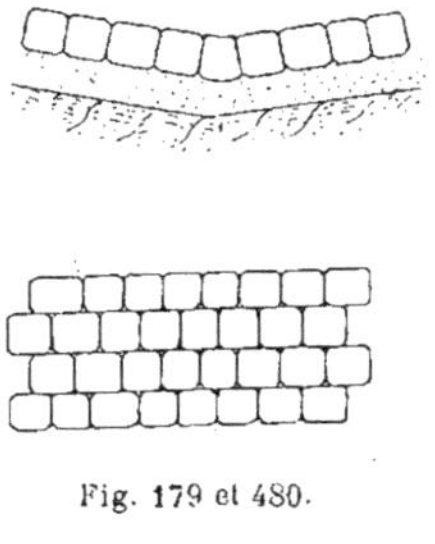

Fig. 179 et 480.

jours, surtout quand la route est en pente.

Nous reproduisons les principales dispositions des ruisseaux en pavage, soit avec joint longitudinal (*fig.* 175-176), soit avec caniveaux taillés (*fig.* 177-178), soit enfin avec joints croisés (*fig.* 179-180).

Quand on exécute des trottoirs le long des maisons pour les piétons, le ruisseau s'appue contre le trottoir; aujourd'hui, dans les villes, il est placé sous le trottoir même au moyen d'un refouillement, creusé dans les bordures en granit; nous nous en occuperons quand nous parlerons des travaux accessoires.

Croisements.

479. Dans les croisements, on place ordinairement les pavés suivant le sens d'une des diagonales du quadrilatère, de façon à ce qu'un des courants de la circulation des voitures ne suive pas une file continue de pavés, ce qui, en imposant à cette file une fatigue exagérée, en déterminerait l'enfoncement (*fig.* 181).

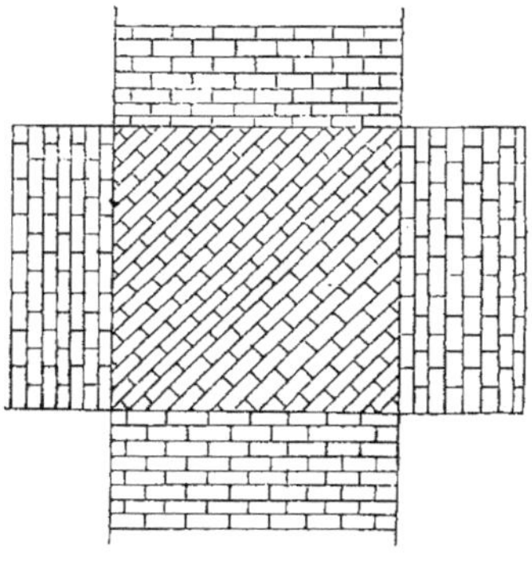

Fig. 181.

Fabrication des pavés.

480. Nous avons déjà vu, n° 453, comment on choisissait et comment on fabriquait des pavés en cailloux roulés.

Il nous reste à décrire la fabrication des pavés en grès ou en pierre dure.

Pavés en grès. — Le grès, ainsi qu'on le sait, est une roche d'origine aqueuse formée de sable fin de différentes provenances (silice, feldspath, etc.), agglutiné par un ciment fréquemment ferrugineux.

Tous les grès, s'ils sont suffisamment résistants, peuvent être employés au pavage, surtout si la circulation n'est pas extrêmement active. Dans ce dernier cas, il vaut mieux recourir aux roches d'origine ignée (porphyre, granit, etc.). C'est ce qui a lieu actuellement à Paris pour les rues étroites et très fréquentées. Anciennement, on y employait presqu'exclusivement le grès de Fontainebleau formé de grains siliceux agglomérés par un ciment siliceux et calcaire en proportions variables. Les grès à ciment siliceux sont plus résistants, mais plus difficiles à tailler.

Voici comment on fabrique des pavés avec cette roche. On commence à la débiter au moyen de coins en fer, qu'on insère dans de grandes rainures longitudinales fabriquées au moyen d'un outil en forme de tranche. Ces rainures sont tracées à des distances un peu plus grandes que celles des dimensions d'un pavé. L'ouvrier doit avoir le soin de bien examiner son bloc, afin de profiter des veines que présente la roche, veines favorables si elles sont bien *saisies*, et défavorables dans le cas contraire.

Les solides ainsi obtenus sont ensuite brisés en morceaux pouvant donner une ou des boutisses. Puis ensuite un dernier ouvrier vient avec un *épinçoir*, sorte de gros marteau à tranchant, donner la dernière forme au pavé ; il en vérifie les dimensions au moyen d'une jauge.

481. *Pavés en pierres dures.* — Pour les pavés en pierre dure, on fait généralement l'abatage de la roche avec la poudre, et on en débite les morceaux par les mêmes procédés.

Durée des pavages en grès.

Coriolis, en 1834, et Darcy, en 1850, se sont occupés de la durée des pavés en grès. Leurs travaux sont publiés dans les *Annales des ponts et chaussées*.

En voici le résumé :

482. *Usure des pavés d'après Coriolis.* — « Désirant connaître d'une manière assez précise quelle était la durée des grès qu'on employait au pavage dans l'arrondissement des routes pavées dont j'ai été chargé dans le département de la Seine, voici l'expérience que j'ai entreprise pour cet objet.

483. TABLEAU DES RÉSULTATS DES EXPÉRIENCES FAITES PENDANT HUIT ANNÉES, SUR LA ROUTE ROYALE N° 20 DE PARIS A TOULOUSE, PRÈS DE LA CARRIÈRE D'ENFER, A PARIS, POUR CONSTATER L'ÉPAISSEUR DE PAVÉ USÉE CHAQUE ANNÉE ET LE DÉCHET DES PAVÉS ÉCRASÉS ET MIS HORS DE SERVICE ; LA FRÉQUENTION POUVANT ÊTRE ÉVALUÉE A ENVIRON 500 TONNES PAR JOUR.

MATIÈRE des PAVÉS	DURÉE des EXPÉRIENCES	ÉPAISSEUR MOYENNE usée dans la durée d'une année	RAPPORT DU NOMBRE DE PAVÉS hors de service chaque année au nombre total des pavés	DURÉE D'UN PAVÉ en supposant qu'on le mette au rebut quand il a 0m.17 sur toutes faces — En supposant qu'il continue de s'user comme pour les huit premières années sans avoir égard aux pavés cassés	En supposant qu'on ait égard à l'usure et au déchet par cassure et que ce déchet s'arrête après la cinquième année	PESANTEUR DU GRÈS par mètre cube à sec	POIDS OU VOLUME d'eau absorbé par mètre cube après un jour d'immersion	EXPÉRIENCES sur le poids de l'eau absorbée faites par M. Delamarck en 1819 sous la direction de M. Davilliers, alors ingénieur en chef du pavé de Paris
	Pavés d'essai posés en juin 1825					kilo-grammes		
1er baie Orsay et environs	Moyenne de huit années........	0.0026	......	69 années	57 années	2.544	négligé comme insensible	La quantité d'eau absorbée est exprimée par son volume comparé au volume du pavé. La durée de l'immersion est huit jours.
	Déchet moyen par an pour cinq années..........	......	0.05	....				
2e baie Sceaux-les-Chartreux	Moyenne de huit années........	0.0027	......	66 années	57 années	2.488	négligé comme insensible	Pavé d'Orsay au sud de Paris { n° 1 $\frac{1}{369}$; n° 2 $\frac{1}{85}$ } (1)
	Déchet moyen par an pour cinq années..........	......	0.03	....				
3e baie Orsay	Moyenne de huit années......	0.0033	......	55 années	42 années	2.508	négligé comme insensible	Pavé de Sceaux-les-Chartreux au sud de Paris $\frac{1}{352}$
	Déchet moyen par an pour cinq années..........	......	0.06	....				
4e baie Marcoussay, d'une roche tendre	Moyenne de huit années........	0.0047	......	38 années	29 années	2.480	50 kilog. ou $\frac{1}{20}$ en volume	Pavé du Bellon au nord de Paris $\frac{1}{367}$
	Déchet moyen par an pour cinq années..........	......	0.07	....				
5e baie Fontainebleau	Moyenne de huit années........	0.0054	......	33 années	23 années	2.407	50 kilog. ou $\frac{1}{18}$ en volume	Fontainebleau bonne qualité $\frac{1}{194}$ — Fontainebleau qualité tendre $\frac{1}{51}$
	Déchet moyen par an pour cinq années..........	......	0.08	....				
6e baie Fontainebleau	Moyenne de huit années........	0.0068	......	26 années	16 années	2.390	58 kilog. ou $\frac{1}{17}$ en volume	(1) Il est probable que cette énorme différence provient d'une cavité intérieure.
	Déchet moyen par an pour cinq années..........	......	0.12	....				

« J'ai fait placer dans la chaussée de la route d'Orléans, à quelques centaines de mètres de la barrière d'Enfer, vingt-quatre rangées transversales de pavés neufs, ayant chacune la largeur de 4 mètres, dans le milieu d'une chaussée de 7 mètres. Quatre rangées consécutives étaient formées de pavés pris à une même carrière, mais sans qu'on se fût astreint à les choisir de la même qualité...

« En posant les pavés on avait mesuré l'épaisseur de chacun d'eux, en la prenant avec un compas d'épaisseur, du milieu de la base au milieu de la tête... à 2 millimètres près ; mais, après huit années d'expérience, l'usure ayant été de 2 à 3 centimètres au moins, cette erreur était peu de chose. »

Coriolis a examiné le nombre de pavés cassés, mais ce nombre lui inspire peu de confiance à cause des remaniements qui ont eu lieu et de la tendance qu'ont les ouvriers à détruire un pavé un peu défectueux sans être cassé et à le remplacer par un pavé neuf. Il lui paraît toutefois entièrement plausible que le déchet des pavés durs doit diminuer au bout de quelques années, et que celui des pavés tendres doit, au contraire, augmenter, ceux-ci s'attendrissant de plus en plus par l'usage. L'auteur donne ensuite les chiffres que nous avons résumés au commencement de ce chapitre relativement à la densité des pavés, à leur facilité d'absorption de l'eau et du son ; il insiste particulièrement sur cette manière de se rendre compte de la qualité d'une matière quelconque, le son étant lié invariablement à l'état moléculaire. Nous reproduisons le tableau complet de ses expériences n° 483.

484. *Rapport de Darcy.* — En 1850, Darcy, alors inspecteur divisionnaire des ponts et chaussées, adressa un Rapport au ministre des Travaux publics sur le pavage et le macadamisage des chaussées de Londres et de Paris. Ce Rapport fut inséré dans le deuxième semestre des *Annales des ponts et chaussées* de 1850.

L'auteur a recueilli les renseignements suivants de M. Lomax, ingénieur chargé de la surveillance des rues du haut et du bas district de Regent's-Street qui dépendent de la Couronne et présentent une superficie de 169 925 yards carrés (162 000 mètres carrés environ). Tous les systèmes de revêtements des chaussées en usage à Londres étant compris dans ces districts, il a pu se rendre compte des frais de dépense première et d'entretien de ces différentes chaussées. En voici le tableau :

CHAUSSÉES MACADAMISÉES.

MATÉRIAUX EMPLOYÉS	PRIX DU PREMIER ÉTABLISSEMENT			ENTRETIEN ANNUEL		
	PAR YARD CARRÉ		PAR MÈTRE CARRÉ	PAR YARD CARRÉ		PAR MÈTRE CARRÉ
	S	P		S	P	
Granit de Guernesey	4	6	6,74	1	6	2,25
Grueby and Winstom	4	6	6,74	1	6	2,25
Tugtan stom	3	6	5,29	2	»	2,98
Flints	3	»	4,48	2	3	3,43

C'est le granit de Guernesey qui seul donne des chaussées pouvant être facilement tenues propres.

CHAUSSÉES PAVÉES.

Pour les pavés en pierre, les chiffres ne portent que sur les granits d'Aberdeen.

L'établissement de ceux de 3 pouces ($7^{cm},6$) de largeur posés sur béton coûtent $17^s,6$ le yard carré ($26^f,20$ par mètre carré), zéro d'entretien pendant les trois premières années et ensuite $0^s,3^d$ par an ($0^f,31$).

Ceux de 5 pouces de largeur ($0^m,127$) sur 9 pouces de queue ($0^m,228$) coûtent 14 schellings par yard ($20^f,95$ par mètre carré) de frais de premier établissement et donnent lieu aux mêmes frais d'entretien. Mais M. Lomax considère le pavé de 3 pouces comme le meilleur et comme celui qui offre les plus grands avantages pour le nettoyage et l'assainissement des rues.

Les pavés en bois coûtent 12s,6 (18f,75 par mètre carré) par yard carré à établir, et 1s,6 (2f,25 par mètre carré) d'entretien annuel. Le produit du balayage est considéré comme un bon engrais.

Mais ceci ne s'appliquait qu'à des pavés non passés au coaltar et reconnus insalubres. Nous doutons qu'il en soit de même aujourd'hui.

485. *Prix de revient.* — Un atelier de de paveur se compose de quatre à cinq paveurs, d'un dresseur et d'autant de manœuvres. Un chef d'atelier peut en surveiller deux à la fois. Chacun de ces ateliers pave de 4 à 10m² à l'heure suivant l'échantillon du pavé.

On compte généralement les gros pavés de Fontainebleau de 0m,225 en moyenne sur les trois dimensions à 600 francs le mille, et voici pour les petits travaux les prix décomposés (non compris la forme) d'après la série des prix de la ville de Paris.

Pavés de Fontainebleau roche dure :

17 pavés de 0m,23 à 600f....	10f,200
Sablage 0m,010 à 6f,50.....	0f,065
Joints en sable 0m,030 à 6f,50	0f,195
0h,666 de paveur à 1f,250 ...	0f,833
Faux frais 10 0/0 de la main-d'œuvre....................	0f,083
Ensemble................	11f,376
Bénéfice 10 0/0............	1f,138
Total......	12f,514

Le remaniement des pavés, y compris le repiquage du sol sans fourniture de pavés, est compté 1f,30.

Les gros pavés en grès de l'Yvette et de la Mine sont comptés au prix de 14 francs le mètre superficiel.

Les pavés bâtards de Fontainebleau, de 0m,18 à 0m,19 de hauteur coûtent 11f,25 ;

Ceux de l'Yvette, 11f,90.

CHAUSSÉES EN EMPIERREMENT

486. *Méthodes de Trésaguet.* — C'est Trésaguet, inspecteur général des ponts et chaussées, mort en 1794, qui le premier a posé des bases sérieuses sur la construction et l'entretien des chaussées. Son travail est intitulé : *Mémoire sur la construction et l'entretien des chemins de la généralité de Limoges*. Une copie de son manuscrit existe à l'École des ponts et chaussées et a été reproduite dans les *Annales des ponts et chaussées* de 1831.

Voici ce qu'il dit au sujet de l'établissement des chaussées ; il se proposait d'en diminuer l'épaisseur qui était de 21 pouces (0m,525) en même temps que le coût :

« Pour parvenir, tout en diminuant ainsi l'épaisseur des chaussées, à leur conserver la force nécessaire au poids qu'elles doivent porter, il a fallu en modifier la disposition et la construction.

« Le fond de l'encaissement est réglé parallèlement au bombement que doit avoir la chaussée ; la profondeur réduite de la forme est de 10 pouces (0m,250), et les côtés sont coupés en talus sur un angle d'environ 20 degrés.

« L'encaissement préparé de la sorte, les bordures sont posées par des paveurs, de façon que leur surface soit recouverte par la pierraille, et qu'il n'y ait que leur arête extérieure d'apparente.

« La première couche dans le fond de l'empierrement est posée de champ et non de plat en forme de pavé de blocage, affermie et bloquée à la masse, sans cependant s'assujettir à ce que les uns ne surpassent pas les autres.

« Le surplus de la pierre est également arrangé à la main, couche par couche, battu et cassé grossièrement à la masse pour qu'il ne reste aucun vide.

« Enfin la dernière couche de 3 pouces (0m,075) est cassée de la grosseur d'une noix environ, au petit marteau à part, et sur une espèce d'enclume, pour être ensuite jetée à la pelle sur la chaussée, et former le bombement. On apporte la plus grande attention à choisir la pierre la plus dure pour cette dernière opération, fût-on même obligé d'aller dans les carrières plus éloignées que celles qui ont fourni la pierre du corps de la chaussée.

La solidité de l'empierrement dépendant de cette dernière couche, on ne peut être trop scrupuleux sur la qualité de la pierre ou du caillou qui doit y être employé. »

Trésaguet préconisait, en outre, les chaussées concaves, pour les pentes au-dessus de 2 pouces ($0^m,050$) afin d'éviter les frais des fossés, mais l'assemblée des ponts et chaussées (aujourd'hui Conseil général des ponts et chaussées) émit un avis défavorable sur ces chaussées, tout en approuvant les autres conclusions du rapport, et prescrivant aux ingénieurs en chef, etc., d'avoir à se conformer aux autres prescriptions avec de très légères modifications.

487. *Procédé de Mac Adam.* — On suivit donc les prescriptions de Trésaguet, quand, vers 1820, Mac Adam, ingénieur anglais, vint les modifier. Il établit d'abord que la viabilité d'une route dépend essentiellement de la couche des pierres cassées qui forme sa surface la plus extérieure, ce qui, ajoute t-il, est démontré par ce fait que, quand cette croûte est traversée par les roues des voitures, les pierres inférieures n'empêchent pas les ornières de se former et d'atteindre une telle profondeur que la route est bouleversée et détruite. Il propose en conséquence d'augmenter l'épaisseur de la couche supérieure, et de la faire plus soigneusement; et il ajoutait que le sol desséché supportait parfaitement, sans se défoncer, le roulement d'une voiture.

En conséquence, il surélevait toutes ses chaussées, afin de recouvrir le sol au moyen de la couche d'empierrement qui formait une sorte d'épiderme imperméable.

Il exigeait des matériaux de dimensions uniformes triés avec le plus grand soin, dont les poids ne dépassent pas 6 onces, bien exempts d'argile, etc. etc.

Il y eut de nombreuses discussions au sujet de cette méthode, et Darcy, ainsi que nous l'avons déjà vu, fut chargé d'une mission à Londres pour étudier le système au sujet duquel il émit un avis favorable.

488. *Méthode de Polonceau.* — Dès 1844, C. Polonceau fit remarquer, dans une notice sur l'amélioration des routes par l'emploi de matières d'agrégation et par la compression par des cylindres d'un grand diamètre et d'un grand poids, que « la liaison des matériaux durs répandus à la surface de la route est fort longue à s'opérer. Il faut que le tassement produit par le passage des voitures force les pierres à se rapprocher, et que les détritus qui proviennent de l'écrasement d'un certain nombre de fragments achèvent de remplir les vides qui existent dans la masse. Alors seulement l'agrégation est complète, et la chaussée devient compacte et unie. Mais ce résultat n'est obtenu qu'avec une grande fatigue pour le roulage et la destruction d'une certaine quantité de matériaux qui sont broyés par les roues. »

Pour obtenir un résultat immédiat :

1° Il comprimait fortement la forme *sablée* avec un rouleau d'un grand diamètre pesant environ 6 000 kilogrammes;

2° Il répandait par dessus des matériaux *tendres* généralement calcaires devant servir d'agrégation ;

3° Une couche de matériaux *durs* mélangés avec des matériaux tendres;

4° Une couche de matériaux durs avec les débris de cassage de ces derniers.

Ces trois dernières couches, au fur et à mesure du répandage, étaient fortement comprimées par le cylindre.

La couche n° 2 formait au-dessus du sable une sorte de solide dans lequel pouvait s'incruster la seconde, qui elle-même formait un mélange lié avec un excès de matières tendres. La dernière couche enfin, formée d'une quantité relativement plus grande de matériaux durs, faisait en quelque sorte *ressuer* par la compression les matériaux tendres en excès de la couche précédente, et donnait immédiatement une surface de roulement dure et liée.

Ce procédé a été légèrement modifié, mais est généralement employé aujourd'hui, aussi bien pour la construction que pour l'entretien. La modification a consisté à supprimer le cylindrage de la forme, à répandre sur une seule couche d'épaisseur suffisante le mélange de matériaux durs, de débris de cassage et de matériaux tendres, et à faire passer le cylindre autant de fois que cela est nécessaire pour obtenir un bon roulage.

Résumé.

489. Les principes appliqués aujourd'hui sont les suivants, résumés ainsi par M. Debauve.

« 1° Avoir du caillou cassé de dimensions à peu près uniformes ;

2° Le purger de terre et d'argile, mais bien laisser le menu gravier et le sable qu'il peut contenir, tant que la proportion ne dépasse pas 20 à 30 0/0 du volume ;

3° Proportionner les dimensions à la dureté du caillou et de la chaussée ;

4° Choisir les matériaux le plus durs possible, et, en tout cas, placer ce qu'on a de plus dur à la surface de la chaussée ;

5° Mélanger aux cailloux des détritus en proportion suffisante pour déterminer la liaison. La matière d'agrégation doit être grasse comme la marne, pour les cailloux siliceux ; au contraire, elle doit être siliceuse ou sableuse pour des matériaux calcaires (1) ;

6° Lorsqu'on a mélangé le cailloux et les détritus, il faut donner à la chaussée la compacité nécessaire au moyen du cylindrage combiné avec l'arrosage ; lorsque le cylindrage n'est pas possible, on doit néanmoins recourir aux détritus et apporter les plus grands soins à l'entretien jusqu'à ce que la prise soit complète ;

7° Diminuer le bombement d'autant plus que la voie recevra un entretien plus perfectionné ;

8° Supprimer, en général, la couche de fondation ; car, lorsque le sous-sol est ferme, la couche de fondation est plus nuisible qu'utile parce qu'elle place le caillou entre l'enclume et le marteau ; cependant, dans les terrains mous et sans consistance, la fondation est nécessaire. »

Ces considérations et un entretien très perfectionné ont permis de réduire considérablement l'épaisseur des chaussées, et on a pu obtenir un bon service avec des chaussées de $0^m,08$. Une couche de $0^m,12$ à $0^m,15$ suffit généralement à Paris dans les endroits où la circulation est la plus active.

(1) On sait, en effet, d'après les expériences de Vicat, que le silice et la chaux agissent l'une sur l'autre en présence de l'humidité et donnent naissance à des composés superficiels insolubles d'une grande solidité. F. B.

490. Nous allons maintenant passer en revue les différents matériaux et leurs différents modes de préparation, puis nous nous occuperons de la construction des chaussées proprement dites.

Matériaux.

491. Pour diminuer la dépense on emploie quelquefois des pierres cassées de grosseurs différentes. Celles du fond de la forme sont cassées à une grosseur telle qu'elles passent dans un anneau de $0^m,08$ de diamètre, tandis que celles du dessus doivent passer dans un anneau de $0^m,06$ de diamètre. On emploie à la formation des empierrements à peu près toutes les pierres dures ; celles qui conviennent le moins sont celles qui sont attaquées par la gelée et celles qui sont trop dures pour former les détritus nécessaires à leur liaison. Les meilleures sont le müschelkalk, le calcaire dur, le silex anguleux non fragile, le quartz, le granit, le porphyre, le trapp.

492. *Calcaires.* — Ils sont généralement tendres avec des degrés variables, depuis celui du marbre jusqu'à celui de la craie. Le müschelkalk, souvent employé pour la fabrication des billes dont se servent les enfants dans leurs jeux, est celui de tous les calcaires qui est le plus favorable pour les routes. Ces matériaux s'écrasent donc assez facilement et sont généralement la base des matériaux d'agrégation, surtout s'ils sont en contact avec des matériaux très siliceux, avec lesquels, ainsi que nous l'avons déjà dit, ils se combinent lentement sous l'influence de l'humidité ; toutefois, il vaut mieux les employer dans les climats relativement secs, car ils donnent une boue abondante et épaisse.

Silex. — Les silex sont formés par de la silice à un degré inférieur de pureté, renfermant généralement 1 à 2 0/0 d'eau. Ils sont durs et fragiles ; par suite, ils donnent une boue passant par la sécheresse à l'état de poussière.

Le silex caverneux des environs de

Paris (meulière) donne de très bons résultats.

Quartz. — Le quartz, très abondant dans certaines localités, donne de très bonnes chaussées, mais manque un peu de liant.

Grès. — Nous ne reviendrons pas sur ces matériaux, dont nous avons déjà parlé.

Granits. — Ces roches, d'origine ignée, composées de silice, de feldspath et d'une troisième roche (mica), donnent une excellente chaussée, à moins que le feldspath qu'elles contiennent ne se décompose facilement à l'air, donnant lieu à de l'argile et, par suite, à de la boue. Nous avons vu dans le Morvan une route ainsi construite absolument impraticable à la fin de l'hiver, malgré l'entretien très soigné auquel elle était soumise.

Le *porphyre*, roche formée de petits cristaux, généralement de quartz, engagés dans une gangue de feldspath fondu est très dur et donne d'excellentes chaussées, de même que le *pétrosilex* ou *feldspath fondu*, ainsi que les *eurites* présentant à l'œil nu un mélange, à l'aspect homogène, de feldspath fondu avec d'autres roches siliceuses.

Les roches *amphiboliques*, ainsi qu'on le sait, sont des roches siliceuses ignées de compositions diverses parmi lesquelles il faut faire un choix judicieux. Les unes se présentent avec peu de dureté; d'autres sont facilement décomposables sous l'influence des agents atmosphériques. On s'assurera de ce défaut capital en examinant la façon dont se comportent les affleurements de ces roches.

Les *trapps*, *basaltes*, *laves*, donnent aussi de bons matériaux, mais ils ont quelquefois l'inconvénient de se réduire en poussière quand ils se rapprochent, par leur contexture, de la pierre ponce. Autrement le trapp des Vosges est peut-être, d'après M. Durand-Claye, « ce que l'on connaît de meilleur pour la confection des chaussées ».

De Boisvillette a publié dans les *Annales* en 1835, un grand travail sur la résistance des matériaux à l'entretien.

En voici le résumé d'après M. Debauve.

DÉSIGNATION DES SUBSTANCES	POIDS MOYEN kilogrammes	PRESSION DÉTERMINANT (kilogrammes) DES ÉCLATS sur fer	DES ÉCLATS sur bois	L'ÉCRASEMENT sur fer	L'ÉCRASEMENT sur bois
Silex varié cassé à 0,06	0.180	2.320	4.500	4.730	6.920
— — — à 0,04	0.157	2.130	3.390	3.890	5.340
Calcaire varié, sec, cassé à 0,06	0.167	1.360	2.000	2.400	3.740
Calcaire varié, sec, cassé à 0,04	0.126	1.060	1.520	2.030	2.090
Calcaire varié, mouillé, cassé à 0,06	0.186	1.350	1.650	2.140	3.380
Calcaire varié, mouillé, cassé à 0,04	0.140	1.010	1.210	1.640	2.550
Grès très dur de la Sarthe cassé à 0,06	0.175	2.500	3.420	4.750	6.200
Lodèze (Eure-et-Loir) cassé à 0,06	0.215	4.080	5.000	6.150	8.900
Quatre silex accolés cassés à 0,06	0.710	4.680	8.950	9.680	12.840
Quatre calcaires accolés cassés à 0,04	0.665	2.980	4.580	6.620	8.160

Par conséquent les $\frac{2}{3}$ du poids qui broie une pierre en détachent des éclats.

493. *État des matériaux.* — Les petites pierres employées à former la couche supérieure des chaussées, ou même les chaussées entières, comme nous l'avons vu, sont cassées de manière à pouvoir passer dans tous les sens à travers un anneau de $0^m,06$ de diamètre. Ces pierres doivent être anguleuses et entièrement purgées de terre argileuse.

Anguleuses, parce qu'elles se lient mieux

les unes avec les autres et que les éclats qui proviennent de la rupture des angles forment des détritus qui contribuent à lier les pierres entre elles.

Purgées de terre argileuse, parce, que s'il y en avait entre les petites pierres, cette terre se gonflerait dans les temps humides, écarterait les pierres et désunirait la chaussée. Cet effet destructif de la liaison des chaussées serait plus sensible encore à l'époque des gelées faibles et du dégel.

Lorsqu'on est forcé d'employer des cailloux roulés, il faut nécessairement suppléer aux détritus qui ne se produisent que difficilement, par du sable, du gravier, etc. Il est même bon de casser une partie des cailloux pour faciliter la formation des détritus.

194. *Cassage des pierres.* — Dans tous les cas, il est nécessaire de casser les pierres de façon à ce qu'elles puissent

Fig. 182.

passer dans tous les sens dans l'anneau de 0m,06. L'uniformité dans les dimensions des matériaux est une des conditions qui permettent d'obtenir une bonne chaussée durable. Aussi, dans les grandes villes, où les chaussées subissent des circulations extraordinaires, fait-on un classement des matériaux à l'anneau de 0m,05 et 0m,06, et de ceux des pierres à l'anneau de 0m,03 et de 0m,04, et on rejette toutes celles qui passent dans l'anneau de 0m,02. Ce triage se fait mécaniquement au moyen d'un crible.

Dans tous les cas, on voit que le cassage des pierres est une opération obligatoire. Nous n'insisterons pas sur les procédés employés par la main de l'homme que tout le monde a vu pratiquer le long des routes, car l'entretien seul en consomme annuellement plusieurs millions de mètres cubes.

Les chemins de fer employant aussi une grande quantité de pierres cassées comme ballast, on a cherché des procédés plus économiques, et inventé des machines à casser les pierres. Tous ces appareils peuvent se classer en deux espèces : les uns à engrenages (*fig.* 182), les autres à mâchoires douées d'un mouvement alternatif (*fig.* 183). Ce sont ces derniers qui ont donné les meilleurs résultats, et parmi eux les concasseurs Lego. M. A. Moreau, dans son *Traité des Chemins de fer*, ayant donné une description très détaillée sur cette machine et son emploi, nous renverrons nos lecteurs à cette publication, nous contentant de dire que « deux concasseurs de ce système employés à Chailloué font deux

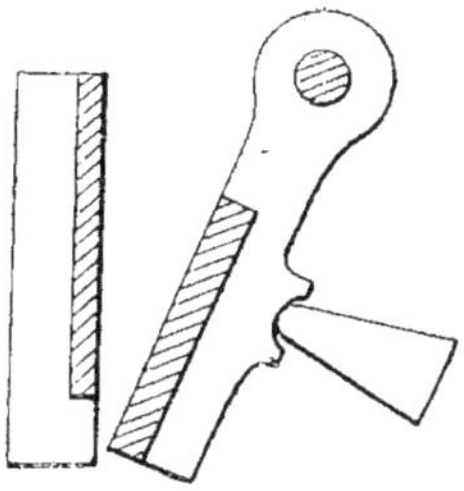

Fig. 183.

cent cinquante à deux cent soixante tours par minute. Leur production collective est considérable; elle dépasse 500 mètres cubes par jour, grâce à l'organisation et à la production continue du chantier. La force motrice nécessaire, répartie entre deux locomobiles, est de 20 chevaux. Le poids total de chaque concasseur est d'environ 12 tonnes et demie.

195. Il résulte d'expériences faites avec soin que les petits matériaux employés purs à la construction des chaussées présentent, avant d'être mis en œuvre, des vides dont le volume comparé au volume total est de $0^{m3},38$ par mètre pour le gravier et de $0^{m3},47$ pour les pierres cassées. Aussi arrive-t-il qu'un mètre cube de ces matériaux n'occupe plus que $0^{m3},71$ quand l'enchevêtrement est complet, c'est-à-dire quand les morceaux supérieurs ont été réduits par les roues des voitures en petits éclats qui remplissent en partie les vides des couches inférieures. D'après cela, on voit combien il y a d'avantages à remplir les vides au moment de la construction.

496. Nous allons maintenant donner les différents modes de construction des chaussées avec ou sans fondations ; nous commencerons par les premières.

Chaussées en empierrement avec fondations, double et simple.

Les chaussées avec fondation double, quelle que soit leur largeur, se construisent avec deux sortes de pierres, souvent avec trois. Dans ce dernier cas, les pierres, que l'on place dans le fond de l'encaissement disposé pour les recevoir, sont plates

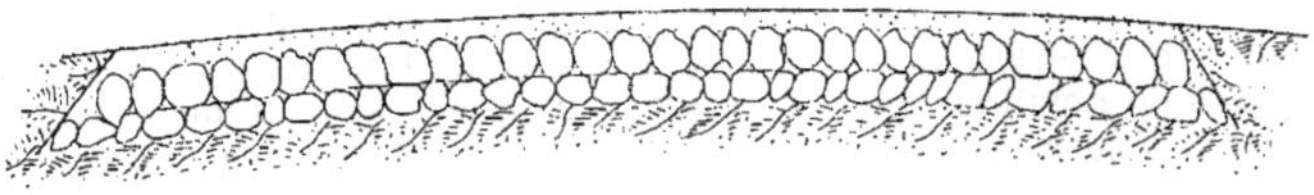

Fig. 184.

et servent de base ou de fondation à la chaussée pour empêcher les petites de pénétrer dans le sol. Ce système n'est applicable que dans les sols peu résistants (*fig.* 184).

Sur ces pierres plates ou sur le sol même (*fig.* 185), quand on n'a pas eu besoin de ce moyen de consolidation, on pose d'autres pierres qui ont, autant que possible, la forme conique. On les place sur leur base, le sommet en haut. Elles doivent avoir de $0^m,15$ à $0^m,20$ de hauteur, et le plus d'assiette possible ; elles présentent ainsi des aspérités offrant peu de surface, mais entre lesquelles on place des cailloux ou pierres cassés sur

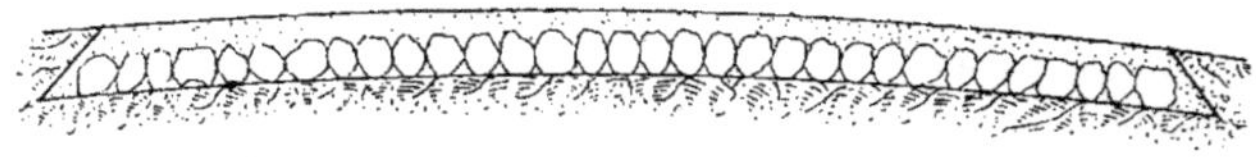

Fig. 185.

lesquels le roulage doit se faire. Il est bon de répandre ces dernières pierres par couche, de les recouvrir de détritus, ou de sable graveleux, ou de terre sablonneuse sur 2 ou 3 centimètres d'épaisseur, et de les comprimer au fur et à mesure à l'aide de la hie ou de rouleaux en fonte, mis en mouvement à la vapeur ou par des chevaux. On se contentait anciennement de faire passer dessus des voitures de roulage ; dans l'un ou l'autre cas, il faut constamment refermer les ornières dès qu'elles se forment par le déplacement des pierrailles.

Les chaussées en empierrement que nous venons de décrire ont été quelquefois comprises, comme les chaussées pavées, entre deux lignes de bordure auxquelles il était avantageux de donner la forme de prismes triangulaires afin d'augmenter leur assiette. Les arêtes parallèles étaient placées dans le sens de la chaussée ; lorsqu'elles avaient la forme de prismes rectangulaires, on les posait sur une arête afin qu'elles n'offrissent pas en dessus une surface horizontale formant enclume sur laquelle se seraient écrasées les pierres cassées. Dans un cas comme dans l'autre, ces bordures étaient appuyées par des pierres cassées de diverses grosseurs, les plus faibles en dessus. On y a renoncé parce que, malgré toutes les précautions, elles contribuaient au broiement des matériaux et qu'elles formaient saillie lorsque la chaussée s'usait; on les a successivement détruites en les cassant sur place.

Chaussées sans fondations.

497. Très généralement, aujourd'hui, on emploie exclusivement à la construction des chaussées des pierres cassées comme celles qui forment la dernière couche des systèmes que nous venons de passer en revue; quelquefois on utilise les cailloux qu'on trouve naturellement à la grosseur indiquée plus haut (*fig.* 186). Il est plus nécessaire dans ce dernier cas que dans les autres de comprimer l'empierrement avant de le livrer à la circulation.

Les routes avec fondation en pierres plates doivent avoir $0^m,35$ à $0^m,40$ d'épaisseur; celles avec une simple fondation en pierres coniques, environ $0^m,25$ à $0^m,30$; enfin celles en petits matériaux, $0^m,12$ à $0^m,25$ suivant le poids des voitures qu'elles peuvent avoir à supporter et suivant la nature du sol.

Si on compare ces trois systèmes, on voit qu'à épaisseur égale des chaussées le troisième doit coûter plus cher, à moins que les pierres ne se trouvent naturellement de petites dimensions; on voit aussi que, si le sol est peu résistant, les petites pierres s'y enfonceront et s'y perdront dès que la route sera abandonnée un certain temps sans entretien, mais d'un autre côté le roulage y sera plus égal et, si le sol est bon, on aura pu donner à la chaussée une épaisseur moindre que dans les autres systèmes, et cependant la route s'usera jusqu'à la fin sans que le roulage en souffre.

Avec les routes fondées en grosses pierres, la couche épaisse supérieure, lorsqu'elle s'amincit soit par défaut d'entretien, soit par imprévoyance, se trouve

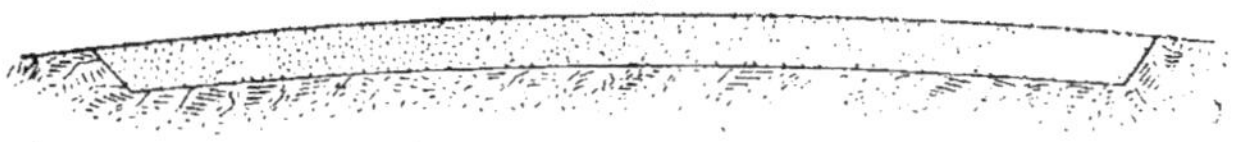

Fig. 186.

comprimé entre les roues des voitures et les pierres qui font l'office d'enclume et ne tarde pas à être broyée. Il y a, dans ce cas, une consommation plus grande de matériaux, et le roulage est extrêmement fatigué par les cahots.

On peut conclure de là que le premier système (*fig.* 184) ne convient que dans les terrains de mauvaise qualité; que le second (*fig.* 185) doit être employé surtout dans les terrains médiocres, où l'on peut craindre encore le défoncement de la forme; enfin, qu'il convient d'appliquer le troisième (*fig.* 186) dans les localités où les petits matériaux sont faciles à obtenir, dans celles où le sol est résistant, et, particulièrement, dans les contrées où les voitures de roulage sont peu chargées, parce que l'on peut donner aux chaussées une épaisseur qui ne pourrait pas être admise même dans le second système.

498. Quel que soit le mode de construction des chaussées, il importe d'éviter au roulage la fatigue que cause aux voitures le passage sur un empierrement neuf et, à l'État la perte résultant de l'écrasement des matériaux; par conséquent on ne doit livrer les routes neuves à la circulation qu'après la consolidation des chaussées. Pour opérer cette consolidation on se sert de rouleaux en fonte mus par la vapeur ou par les chevaux. Ces derniers rouleaux doivent être disposés de manière que l'on puisse les charger à volonté et faire varier leur poids de 3 000 à 6 000 kilogrammes. La forme de ces rouleaux peut être celle indiquée ci-contre (*fig.* 187). Pour faciliter la prise on recouvre les petits matériaux d'une couche de détritus, ou de calcaire écrasé, ou de sable.

Comme nous devons étudier très en détail cette question du cylindrage lorsque nous parlerons de l'entretien des routes, nous ne nous arrêterons pas davantage sur cette question.

499. *Prix de revient.* — Nous renverrons de même au chapitre IX pour l'étude du prix de revient.

Nous ne reviendrons pas sur ce que nous avons dit au sujet de l'assainissement des chaussées et de leur consolidation, mais nous compléterons les moyens de faciliter l'écoulement de l'eau superficielle.

500. *Cassis.* — Quand une route coupe à fleur du sol un vallon dont le thalweg est généralement à sec, on fait passer les eaux qui coulent accidentellement dans un *cassis* ou ruisseau pavé placé au point où les deux pentes inverses de la route viennent se rencontrer. Ce pavé doit remonter sur les deux pentes au-delà du niveau des plus hautes eaux ; ses extrémités, surtout celles d'aval, doivent être défendues contre les affouillements si la pente du thalweg est considérable. Quand, au contraire, elle est faible, pour empêcher le dépôt sur la route des limons que les eaux entraînent, on donne aux cassis une pente plus forte que celle de la vallée, afin que les eaux, ayant à la traversée de la route une vitesse plus grande que leur vitesse ordinaire, n'abandonnent pas sur les chaussées les matières qu'elles tiennent en suspension.

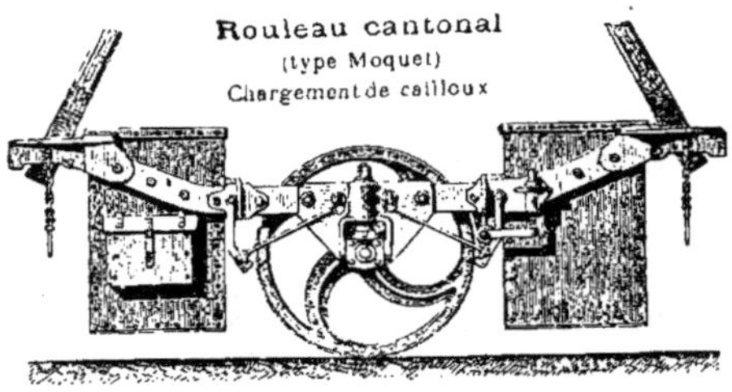

Fig. 187.

501. *Écharpes.* — Les routes en pays de montagnes sont exposées à être ravinées par les eaux pluviales qui s'accumulent dans les frayés des roues, quand leur pente uniforme n'est interrompue nulle part. Pour prévenir cet inconvénient, on construit de distance en distance, suivant la pente de la route et l'abondance des eaux, des *écharpes* destinées à arrêter les eaux qui coulent dans le sens de la route et à les rejeter dans les fossés. Ces écharpes sont des bourrelets formés de petits matériaux comme ceux qui composent les couches supérieures de l'empierrement. Ce bourrelet est très adouci du côté de la vallée, afin de ne pas offrir un obstacle aux voitures qui montent ; du côté d'amont, au contraire, il y a une pente d'environ 0m,05 contraire à celle de la route, afin d'arrêter les eaux. La direction d'une écharpe doit être celle de la ligne de la plus grande pente. Pour les tracer (*fig.* 188) supposons que AB soit l'axe d'une route ayant une pente P par mètre, que CA soit la direction d'un profil en travers, suivant lequel la route a une pente transversale *p*. Je chercherai, pour ces deux pentes, quelle base répond à une même hauteur, à 1 mètre par exemple, et pour cela je diviserai 1 mètre par la pente par mètre : j'aurai ainsi ces bases, qui seront $\frac{1}{P}$ suivant l'axe, et $\frac{1}{p}$ suivant le profil en travers ; je porterai les longueurs ainsi obtenues, la première sur la ligne AB de A en D, la seconde sur le profil en travers de A en E ; je joindrai D et E ; la ligne DE sera une horizontale tracée sur le plan incliné d'un des revers de la route. Ainsi la ligne de plus grande pente sera la ligne AF menée du point A perpendiculairement à DE.

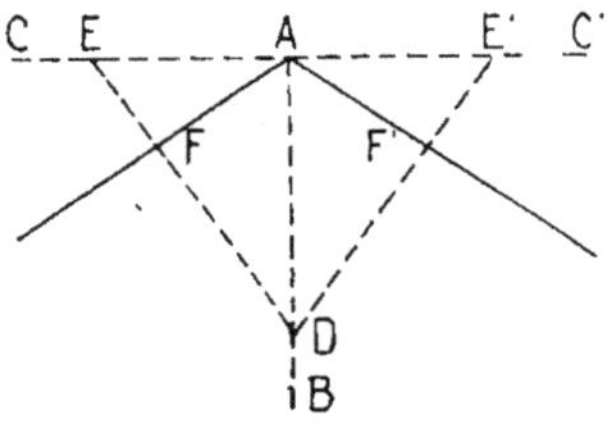

Fig. 188.

Si la route est bombée, l'écharpe aura la forme d'un chevron brisé ; si elle est à revers, elle n'aura qu'une seule direction et sera alors véritablement une écharpe.

Quand les routes sont entretenues de manière qu'il n'y ait jamais assez de boue pour forcer les eaux à couler longitudinalement sur la chaussée, on doit supprimer les écharpes qui gênent beaucoup la circulation des voitures.

502. Nous compléterons ce que nous avons dit sur les chaussées pavées et empierrées par l'ensemble des prescriptions de l'Administration sur l'établissement des routes pavées et empierrées contenues dans le cahier des charges relatif aux chemins vicinaux.

CAHIER DES CHARGES RELATIF AUX CHEMINS VICINAUX.

Chaussées.

SECTION II

CHAPITRE PREMIER

Fourniture de matériaux.

ART. 20. — *Qualité des matériaux.* — Les matériaux destinés aux chaussées seront pris dans les meilleurs bancs des carrières indiquées.

Les matériaux tendres ou poreux, ceux qui ne présenteraient pas les dimensions prévues au devis particulier de l'entreprise, seront rebutés.

Le sable pour pavage devra être d'un grain sec, sans mélange de terre ou d'autres substances étrangères.

ART. 21. — *Dimensions des matériaux.* — Le devis particulier de chaque entreprise fera connaître les conditions spéciales de la fourniture, et notamment les dimensions des fossés, la grosseur maxima et minima des matériaux d'empierrement et les limites de tolérance accordée, soit pour le démaigrissement des pavés et l'uni de leur face, soit pour la qualité, la propreté et la grosseur des graviers des pierres cassées ou non cassées.

ART. 22. — *Purgement des matériaux.* — Les matériaux destinés aux chaussées d'empierrement seront purgés de toute terre ou matières étrangères quelconques; ils ne devront contenir ni débris ni éclats qui n'auraient pas la grosseur fixée.

Les résidus ou purges provenant du nettoyage seront, soit relevés en tas, soit enlevés hors du chemin par l'entrepreneur et à ses frais, suivant les ordres qui lui seront donnés, sans que, dans aucun cas, il puisse prétendre à aucune indemnité à l'occasion de l'emploi que l'Administration ferait de ces résidus.

ART. 23. — *Lieu de cassage.*— Le devis particulier de l'entreprise fera connaître si le cassage doit être effectué sur carrières ou sur le chantier.

Les ouvriers employés au cassage devront toujours être munis de lunettes et d'anneaux ayant les dimensions prescrites pour la grosseur du cassage.

CHAPITRE II

Réception des matériaux.

ART. 25. — *Dispositions générales.* — Il ne sera fait emploi des matériaux d'aucune espèce avant qu'ils aient été reçus par les agents voyers chargés de constater qu'ils satisfont aux conditions mentionnées dans le devis particulier de l'entreprise et dans le présent cahier des charges.

Les réceptions se feront toujours en présence de l'entrepreneur ou lui dûment convoqué.

ART. 26. — *Réception des pavés et des matériaux d'empierrement.* — Les pavés seront examinés successivement sur toutes leurs faces. Ceux qui seraient rebutés seront marqués et rangés sur le bord du chemin, de manière à n'être enlevés que sur l'ordre de l'agent voyer.

Pour les matériaux destinés aux chemins d'empierrement, l'agent voyer désignera un certain nombre de tas ou certaines longueurs de cordon, qui seront soumis en présence de l'entrepreneur ou lui dûment appelé à des vérifications destinées à faire reconnaître leur qualité, la grosseur du cassage et leur degré de propreté.

Les résultats de ces vérifications s'appliqueront à toute la fourniture présentée à la réception.

Le volume total soumis à la vérification

ne devra pas être inférieur au centième de cette fourniture.

Suivant les proportions des matériaux ne satisfaisant pas aux conditions du devis pour la qualité ou pour la grosseur du cassage, la fourniture pourra être refusée ou acceptée avec des réductions fixées par le devis particulier à l'entreprise. Toutefois, les matériaux mal purgés ne pourront être reçus qu'après avoir été repurgés, soit par l'entrepreneur, soit en régie à ses frais.

L'enlèvement des matériaux refusés pour défaut de qualité devra se faire après la réception, dans un délai fixé par l'agent voyer.

ART. 27. — *Procès-verbaux de réception.* — Il sera dressé procès-verbal des matériaux reçus et refusés.

L'entrepreneur pourra faire ses observations par écrit à la suite de ce procès-verbal, dont une expédition lui sera remise, ou les adresser directement à l'agent voyer en chef dans le délai prescrit à l'article 39 du cahier des clauses et conditions générales, annexé à l'Instruction générale du 6 décembre 1870.

CHAPITRE III

Exécution des travaux

ART. 28. — *Exécution des pavages.* — Pour les chaussées et les caniveaux pavés, l'encaissement ayant été convenablement préparé, on répandra et on régalera, suivant le bombement ou les pentes transversales fixées par le devis particulier de l'entreprise, une couche de sable de l'épaisseur indiquée à ce devis. On commencera par poser les bordures. Elles seront établies suivant les alignements et les pentes du projet, affermies au marteau et garnies de sable dans leurs joints. On posera ensuite les pavés par rangées droites, et d'une largeur uniforme, perpendiculairement à l'axe du chemin. Les largeurs des rangées devront croître ou décroître progressivement, de manière qu'une rangée de pavés de petit échantillon ne succède pas à une rangée de pavés d'échantillon notablement supérieur. Les pavés seront en liaison de la moitié de leur parement d'un rang à l'autre, sans que la tolérance puisse jamais dépasser *deux centimètres;* on répandra ensuite sur la surface de ce pavage une couche de sable que l'on fera entrer dans les joints, soit à l'aide de la fiche, soit par un arrosage à pleine eau.

Lorsque les joints seront bien garnis, on balayera la surface et l'on battra chaque pavé à refus avec une hie du poids de *vingt-cinq kilogrammes* tombant d'au moins 30 centimètres de hauteur, jusqu'à ce que la percussion ne produise plus aucun tassement, le bombement et les pentes de la chaussée étant conservés.

L'entrepreneur devra remplacer sans délai les pavés qui s'écraseraient ou se fendraient par l'effet de cette opération, et réparer les flâches qu'elle produirait.

Aucun pavage terminé ne sera recouvert de sable que sur l'ordre de l'agent voyer, et après vérification du travail.

La couche de sable ne devra jamais avoir plus de 1 centimètre d'épaisseur, sauf à la renouveler s'il y a lieu.

Les pavages en pierres brutes, en cailloux étêtés ou non étêtés, s'exécuteront en suivant les mêmes règles. Les pierres et les cailloux seront posés la pointe en bas. On n'emploiera les uns à côté des autres que des matériaux de dimensions à peu près égales. Le poids de la hie sera réduit à 20 kilogrammes, mais le battage s'exercera à deux reprises différentes en laissant un jour d'intervalle entre l'une et l'autre.

ART. 29. — *Fondation des chaussées d'empierrement.* — Lorsque, par suite de la mauvaise nature du sol, il conviendra d'avoir la chaussée d'empierrement sur une fondation, cette fondation sera formée de pierres brutes posées de champ et aussi jointivement que possible sur le fond de l'encaissement. On emploiera les pierres plates ou dégrossies : leur face la plus large devra reposer sur le sol. La face supérieure ne devra jamais avoir plus de *cinq centimètres* de largeur. Les interstices de ces pierres seront remplis au moyen d'éclats enfoncés à la masse, et qui compléteront l'épaisseur indiquée par le devis particulier de l'entreprise. Il ne pourra être employé dans la fondation aucune pierre dont la hauteur excède cette épaisseur.

La fondation pourra également être constituée par une couche de sable d'une épaisseur suffisante.

Il sera toujours construit sous les accotements, en même temps que la fondation, des pierrées destinées à l'assèchement de l'encaissement. Le fond de ces pierrées, qui auront *vingt-cinq centimètres* de largeur, sera à *dix centimètres* au-dessous du fond de l'encaissement au bord de cet encaissement.

Les pierrées déboucheront soit dans les fossés du chemin, soit dans les talus de remblai. Elles seront dirigées obliquement par rapport à l'axe de la chaussée de manière à présenter la plus forte pente possible.

ART. 30. — *Couche supérieure des chaussées d'empierrement.* — Les matériaux destinés à former la couche supérieure de la chaussée, ou la couche unique quand il n'y aura pas de fondations, ne seront chargés dans des brouettes ou répandus directement qu'après avoir été passés au râteau ou à la vannette.

L'entrepreneur devra faire retirer et rejeter sur les accotements les pierres trop grosses et qui pourraient gêner la prise de la chaussée.

La surface et l'épaisseur de la chaussée seront réglées conformément aux prescriptions du devis particulier de l'entreprise.

ART. 31. — *Recassage des matériaux à la surface.* — Après le répandage, l'agent voyer fera, s'il y a lieu, casser les matériaux trop gros qui se trouveraient à la surface de l'empierrement et qu'on n'aurait pas cru devoir faire enlever. Cette main-d'œuvre s'effectuera directement par l'entrepreneur ou, en régie, à ses frais, s'il n'a pas été fait de retenue sur le cassage lors de la réception.

Dans le cas où une retenue aurait été faite, le cassage sera à la charge de l'Administration.

ART. 32. — *Cylindrage.* — L'entrepreneur devra fournir, au prix porté par le bordereau, les attelages nécessaires à la traction de cylindres et à l'arrosage de la chaussée. Il pourra être chargé de cette opération à la tâche. Le prix de tâche sera déterminé par le parcours effectué par le cylindre, et jamais par le cube des matériaux cylindrés.

Les attelages fournis seront de première force et bien enharnachés. Le nombre des conducteurs sera fixé par l'agent voyer.

Faute par l'entrepreneur d'avoir réuni au jour fixé et conservé pendant tout le temps jugé nécessaire les attelages demandés, il y sera immédiatement pourvu à ses frais; toutefois un procès-verbal sera préalablement dressé par l'agent chargé de la direction et de la surveillance des travaux, à l'effet de constater la composition du chantier et l'inexécution des ordres reçus.

ART. 23. — *Banquettes de sûreté.* — Des banquettes de sûreté seront établies sur tous les points où la hauteur du remblai dépassera la limite fixée par le devis particulier de l'entreprise. Ce même devis indiquera si la largeur de ces banquettes sera prise en dehors de la largeur normale du chemin. Lorsque la largeur du chemin ne sera pas suffisante, la banquette pourra être en saillie sur l'arête extérieure de l'accotement. Son talus extérieur sera alors prolongé jusqu'à la rencontre du talus de remblai.

On assurera l'écoulement des eaux du chemin au moyen de coupures ou de petits aqueducs.

Une haie vive sera plantée derrière la banquette quand la nature du terrain le permettra.

Chaussées d'empierrement.

ART. 107. — L'emploi des matériaux pour la construction des chaussées d'empierrement comprenant toutes les mains-d'œuvre et sujétions sera compté au mètre cube.

La construction de la couche de fondation sera comptée au mètre superficiel. Celle des pierrées pour l'assèchement de l'encaissement sera comptée au mètre linéaire.

ART. 121. — *Faux frais.* — Sont compris dans les faux frais de l'entreprise et à la charge de l'entrepreneur toutes les dépenses, fournitures et mains-d'œuvre des ouvrages provisoires nécessaires pour faciliter et assurer l'exécution des travaux dont il n'est pas fait mention soit dans le devis particulier, soit dans le bordereau, tels que ponts de service, chemins de roulage, appareils de levage, location de terrains, indemnités pour extraction de matériaux ou emprunts, droits de bacs, de péage de ponts ou d'octroi, subventions industrielles, etc.

Sont également compris dans ces faux frais :

Les drainages autour des maçonneries et les barbacanes à ménager dans les murs pour l'écoulement des eaux ;

Les travaux et les ouvrages provisoires pour assurer l'assèchement des tranchées pendant l'exécution du terrassement ;

Les frais d'éclairage, de gardiennage, de garde-corps, de construction de chemins provisoires, et en, général, de toutes les mesures à prendre pendant l'exécution des ouvrages, dans l'intérêt de la sécurité de la circulation, conformément aux règlements de la police locale.

Art. 123. — *Carrières.* — L'entrepreneur ne pourra extraire des matériaux, ni ouvrir des carrières ou des sablières dans les lieux autres que ceux désignés par les devis particuliers de l'entreprise ou par un arrêté du préfet. L'entrepreneur devra exploiter les carrières désignées au devis, de manière à ne pas les détériorer ni les encombrer. Il mènera l'exploitation de front et sans laisser aux ouvriers la facilité de choisir les veines les plus abondantes. Enfin il ne pourra remblayer une carrière avant d'avoir fait constater par l'agent voyer qu'elle est épuisée et qu'elle ne donne plus de matériaux de bonne qualité.

Art. 124. — *Approvisionnements.* — On ne considérera comme matériaux approvisionnés que ceux déposés sur les chantiers des travaux, et il ne sera délivré d'acompte que sur la valeur des approvisionnements recevables.

PAVAGE EN BOIS

503. Nous avons vu dans les considérations générales les origines du pavage en bois et les causes de son abandon pendant un certain nombre d'années. Le système en bois triangulaire placé horizontalement (Trénaunay) se coupait sur les angles. Celui des pavés cubiques (Norris) reposant comme les pavés ordinaires mais par l'intermédiaire d'un plancher. sur une couche de sable, avait une trop grande élasticité et s'enfonçait par place.

Ces derniers accidents provenaient de ce qu'on n'avait pas reconnu qu'en principe une bonne chaussée pour être durable doit se composer de deux couches bien distinctes, l'une aussi dure et aussi solide que possible, l'autre élastique. Dans les pavages en bois, la couche élastique étant celle du bois, il faut que la fondation soit très solide.

C'est en Angleterre que l'on appliqua d'abord cette solution, et les résultats furent tels que l'attention publique fut de nouveau attirée sur ce pavage, et que, en 1881, l'Administration se décida à faire de nouveaux essais sur une surface de 3 300 mètres, boulevard Poissonnière. rue Montmartre et rue de Rotrou. Ces essais furent confiés à une Compagnie anglaise. On confia ensuite à cette Compagnie la confection du pavage en bois de la place de la Concorde au Rond-Point, environ 27 000 mètres carrés.

« D'après son marché, dit M. Brown-Vibert dans son remarquable Mémoire sur le pavage en bois, inséré dans le Portefeuille des conducteurs et commis des Ponts et Chaussées et des Contrôleurs des Mines, la Société anglaise exécutait tous les travaux nécessaires, et en cas d'insuccès devait rétablir l'ancienne chaussée, le tout à ses frais. Dans le cas contraire, elle devait toucher au bout de deux ans le montant des travaux de convertissement. »

504. Voici comment se pratique le travail d'après M. R.-S. Rounthwaite chargé de l'entretien des voies municipales en Angleterre (*Ann. des Ponts et Chaussées*, 1881).

L'excavation pour la forme est poussée à $0^{m},43$ de la surface extérieure que l'on veut créer ; le sol qui forme le fond de la fouille est abondamment arrosé et pilonné, si cela est nécessaire. Sur cette surface, on établit la fondation, qui est la partie la plus importante du travail; elle est constituée par une couche de béton composée d'une partie de ciment de Portland, de cinq parties de gravier ou de pierre cassée à l'anneau de $0^{m},05$, et d'une partie de gros sable bien propre. Ces éléments sont d'abord mélangés à sec sur une plateforme en bois, puis arrosés de la quantité d'eau nécessaire pour la prise. Le béton ainsi composé est employé en couche de $0^{m},15$ d'épaisseur; cette couche est bien dressée et battue, puis recouverte, quand elle a durci (après quarante-huit heures environ) d'une couche de sable de $0^{m},012$ à $0^{m},015$ au maximum (*fig.* 189, 190).

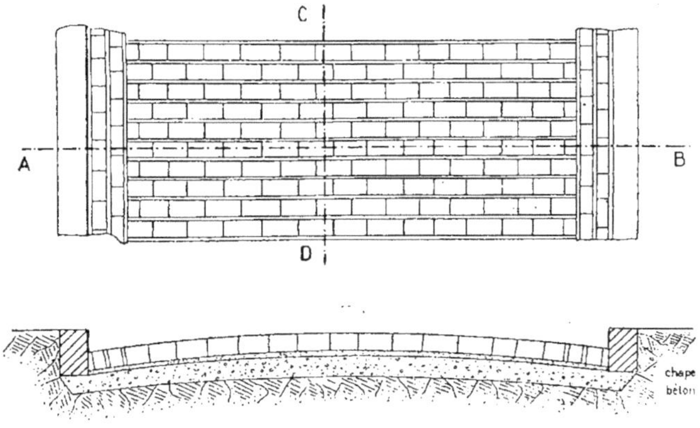

Fig. 189 et 190.

Les pavés sont formés de pin ou de sapin du Nord créosoté, exempts des défauts prévus au cahier des charges. Ils sont dressés à arêtes vives; ils ont de $0^{m},15$ à $0^{m},30$ de longueur, $0^{m},076$ de largeur et $0^{m},15$ de queue; ils sont placés de manière que leurs fibres soient perpendiculaires à la plateforme sur laquelle ils reposent; dans le sens transversal, les pavés se touchent, tandis que perpendiculairement à l'axe longitudinal de la chaussée, les rangées laissent entre elles des joints de $0^{m},0095$ de largeur. On produit ces joints à largeur uniforme au moyen de tringles prismatiques de bois créosoté hautes de $0^{m},025$ et larges de $0^{m},0095$. (*fig.* 191).

Cela fait, ces joints sont remplis de gravier, puis coulés avec un mélange (liquide à chaud) de brai dissous dans de la créosote (on emploie environ 280 litres de créosote pour 1 000 kilogr. de brai). Cette double opération est répétée plusieurs fois, si cela est nécessaire. Le tout est recouvert d'une couche de gravier fin, et soumis à plusieurs passages d'un rouleau traîné par des chevaux. Cette dernière main-d'œuvre a pour but de faire pénétrer le gravier dans le pavage, et de donner ainsi un meilleur appui aux pieds des chevaux, tout en diminuant l'usure.

505. Les ingénieurs anglais attachent la plus grande importance à la fondation en béton; ils prétendent que sans elle on ne peut jamais avoir une bonne surface de roulement et que la durée du pavage se trouve diminuée dans une proportion considérable.

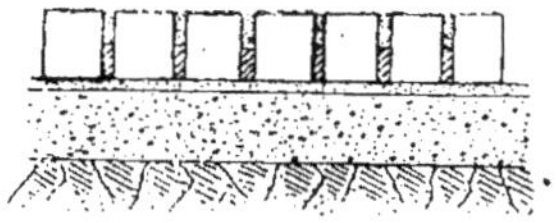

Fig. 191.

On s'est souvent demandé en Angleterre si les pavages en bois ne sont pas plus dangereux que ceux en granit. Il résulte des statistiques fournies par les administrations anglaises que le pavage en bois, constitué comme nous venons de l'indiquer et entretenu dans un état de propreté convenable, est moins glissant que le pavage en granit. Il a, de plus, l'avantage d'être moins bruyant et de donner beaucoup moins de boue. On a constaté qu'une voie macadamisée donnant une quantité de boue représentée par 100, le pavage en granit donne 50 et le pavage en bois 25.

Le prix moyen de la construction varie en Angleterre entre 18 francs et 19f,50 le mètre carré.

506. Nous allons maintenant étudier comment on opère en France, et nous prendrons comme guide l'ouvrage de M. Brown-Vibert dont avons déjà parlé.

Choix des matériaux.

Nous avons vu que les duretés inégales de la matière qui compose les pavés était une cause d'usures inégales amenant promptement des détériorations graves. Il faudra donc tout d'abord rechercher des qualités de bois homogène Le sapin rouge du Nord, le pin maritime des landes et le pitch-pin offrent d'une façon satisfaisante les qualités requises et reviennent à peu près au même prix.

507. *Pin rouge du Nord.* — Ce bois d'une densité de 0,650 se laisse facilement travailler ; mais on lui reproche d'avoir beaucoup d'aubier et beaucoup de nœuds, ce qui nécessite des rebuts ou des emplois moins avantageux du bois (pavés de raccords, réglettes, etc.).

508. *Pin des Landes.* — Cette essence est beaucoup moins noueuses et pèse de 600 à 800 kilogarmme le mètre cube. Seulement les qualités commerciales sont beaucoup plus mélangées que celles des pins du Nord ; il faut apporter une grande attention à la réception (M. Brown-Vibert).

509. *Pitch-pin.* — Le pitch-pin présente de très grandes variations ; sa densité varie moyennement de 800 à 900 kilogrammes et atteint quelquefois 1 100 kilogrammes.

510. *Dimensions des pavés.* — Dans tous les cas, les dimensions suivantes des pavés sont établies d'après les dimensions commerciales des bois, de façon à éviter les déchets, les madriers étrangers ont 3 pouces anglais sur 9 pouces, soit $0^m,076 \times 0^m,228$, et les pins des Landes.

$$\frac{0^m,16.\ 0^m,18.\ 0^m,20.\ 0^m,22}{0^m,08}.$$

Les pavés varient donc de $0^m,076$ à $0^m,08$ de largeur, de $0^m,16$ à $0^m,22$ de longueur ; on leur donne généralement $0^m,15$ de hauteur.

Les déchets provenant des abouts, des nœuds, sont débités soit en réglettes de de $0^m,009$ d'épaisseur, dont nous verrons bientôt l'emploi, soit en pavés pour raccords, soit employés comme pavés de second choix dans les endroits peu fréquentés.

511. *Créosotage.* — Ces pavés sont ensuite préparés par une simple immersion dans une cuve contenant de l'huile lourde de goudron, vulgairement appelée *créosote*. Cette mesure fut prise, dit M. Brown-Vibert, après plusieurs essais de laboratoire, et il ajoute « que, pour donner aux pavés une teinte noire uniforme, et peut-être aussi pour en masquer les défauts, les différentes sociétés avaient pris l'habitude de tremper leurs pavés dans un mélange contenant quatre cinquième d'huile lourde et un cinquième de goudron. Il été a reconnu que la présence du goudron avait plus d'inconvénients que d'avantages, et décidé en conséquence de le faire disparaître ».

512. *Confection de la chaussée.* — L'exécution du pavage en bois comprend cinq opérations :

1° Le piquetage ;

2° L'établissement des profils en béton ;

3° L'exécution de la fondation en béton ;

4° L'approvisionnement et la pose des pavés ;

5° Le garnissage des joints ;

6° Le gravillonnage.

Nous allons passer en revue ces cinq opérations, en prenant toujours pour guide M. Brown-Vibert.

1° *Piquetage.* — Nous supposerons d'abord que l'ancien revêtement a été démoli et enlevé. On pratique alors le piquetage, qui est une des opérations les plus délicates et les plus importantes. On doit s'assurer de temps en temps que le niveau des têtes de piquets n'a pas été dérangé dans le cours du travail par la circulation des brouettes, etc.

2° *Établissement des profils en béton.* — Le piquetage fait, une équipe de huit à dix hommes établit autour des piquets des amorces de profil en béton assez compact, d'environ $0^{m},30$ de largeur ; la partie supérieure est lissée à la pelle et recouverte d'une réglette de $0^{m},08$ de largeur sur $0^{m},01$ d'épaisseur, clouée sur la tête du piquet.

3° *Fondation en béton.* — Une équipe semblable à la précédente, composée de dix hommes, peut faire en dix heures 160 mètres carrés de surface de béton, sur une épaisseur de $0^{m},15$.

On commence par se procurer des caisses sans fond de $0^{m},80 \times 0^{m},80 \times 0^{m},45$ de profondeur, qu'on installe sur des plateaux en bois d'environ 4 mètres carrés ; ces caisses contiennent par conséquent $0^{m3},288$ de sable et de cailloux qui, mouillés et mélangés, se réduisent à $0^{m3},250$. On cloue une réglette aux deux tiers de la hauteur, on remplit la caisse de cailloux jusqu'à cette réglette et on achève avec du sable. On enlève la caisse et on ajoute un sac de 50 kilogrammes de ciment ; puis deux ouvriers, avec des pelles anglaises, opèrent un mélange intime à sec. L'eau nécessaire est ensuite ajoutée. La masse entière brassée à nouveau donne un béton semi-fluent, qui est versé sur la forme et arasé au moyen d'une réglette s'appuyant sur les deux profils voisins.

Dès que le béton a fait suffisamment prise pour pouvoir supporter le roulage d'une brouette, il est recouvert, par une équipe spéciale, d'un enduit de $0^{m},01$. Il faut généralement un ou deux jours pour que le béton puisse supporter cette opération. On compose cette couche avec 300 kilogrammes de ciment par mètre carré de sable tamisé ; on a eu soin, pour régulariser l'épaisseur de cette couche, de clouer des réglettes de $0^{m},01$ sur les têtes de piquets. Quand la prise est opérée, on enlève les réglettes, on abandonne les pieux du piquetage dans le sol, et on fait les raccords de l'enduit avec un mortier un peu gras.

4° *Approvisionnement et pose des pavés.* — Deux ou trois jours après sa pose, l'enduit a généralement assez de consistance pour supporter le transport et la mise en place des pavés. On commence par placer des cordeaux indiquant la disposition des rangs, puis on opère celle des rives en réservant pour la dilatation du bois un joint de largeur variable avec la largeur de la chaussée ; nous en reparlerons un peu plus loin.

Les pavés bien égaux en largeur sont mis bout à bout et jointifs, et on pose une réglette de $0^{m},008$ à $0^{m},010$ de largeur et de $0^{m},03$ à $0^{m},04$ de hauteur entre les rangées successives. Tous les trois ou quatre rangs on régularise l'alignement au moyen d'une forte règle que l'on applique sur la face verticale de la range et sur laquelle on frappe à coups de masse.

5° *Garnissage des joints.* — On jointoie immédiatement au moyen d'un mortier analogue à celui de l'enduit.

6° *Gravillonnage.* — Aussitôt après le rejointoiement on répand une couche d'environ $0^{m},02$ de gravillon, qui pénètre plus ou moins dans le bois suivant la dureté de celui-ci, amenant ainsi une sorte de dureté homogène sur toute la surface de roulement. On employait autrefois le gravillon de silex, qui valait 8 francs le mètre cube ; mais, formé de petits cailloux roulés, il ne pénétrait pas dans la surface ligneuse. On lui préfère aujourd'hui le gravillon de porphyre concassé qui quoique coûtant 17 fr. le mètre cube, produit un effet à peu près décuple de l'autre.

513. *Composition des équipes.* — Voici, toujours d'après M. Brown-Vibert, la composition de différentes équipes, et ce qu'elles peuvent produire en une journée :

	mètres carrés
Piquetage : le piqueteur et son aide	300
Béton (y compris profils) : 1 chef, 9 bétonniers	120
Enduit (y compris profils) : 1 chef, 9 bétonniers	400
Pavage, 2 paveurs : 1 aide, 3 étaleurs	250
Garnissage des joints : 1 chef et 9 bétonniers	450
Gravillonnage 1 manœuvre	1 200

On voit que les équipes de béton d'enduit et de garnissage des joints peuvent se substituer les unes aux autres, ce qui est très avantageux pour les petits travaux.

514. *Observations sur la dilatation.* — Nous avons vu dans les généralités sur les chaussées en bois qu'un des plus graves reproches qu'on peut leur adresser est la dilatation de la chaussée, qui détermine quelquefois le déversement des bordures de trottoir.

Pour en atténuer les effets autant que possible, on maintient sur le long des rives de ces bordures un joint de $0^m,5$ à $0^m,6$ pour des chaussées de 7 à 12 mètres. Toutefois, pour les chaussées atteignant 40 mètres, il est préférable de ne faire le raccord qu'au bout d'une quinzaine de jours. M. Brown-Vibert remarque « que cet effet se produit *surtout* au début, mais il pense qu'il ne cesse jamais d'une façon complète. Ces effets sont souvent considérables, Place de la Concorde, où les chaussées ont 40 mètres de largeur, la dilatation a atteint en quinze jours environ $0^m,40$, dont $0^m,16$ en une seule journée ; il est vrai qu'on était au mois d'août, et que les bois employés étaient très secs. »

Pour obvier autant que possible à cet inconvénient, on met deux, trois, quatre, cinq ranges, suivant la largeur de la chaussée, le long de la bordure du trottoir, et on laisse un joint de $0^m,4$ à $0^m,5$. Quand le joint a disparu, on enlève une range de pavés que l'on diminue d'autant. On arrive même ainsi à en supprimer. La dilatation est, du reste, à peu près nulle dans le sens de la longueur de la rue.

On a essayé de remplacer le joint de sable par de la glaise, espérant que sa plasticité se prêterait aux modifications de largeur des joints ; mais on a dû y renoncer, car ou elle se désséchait, ou elle s'introduisait sous les pavés, créant ainsi des inconvénients autrement graves pour la conservation de la chaussée.

Dans tous les cas, M. Brown-Vibert estime que, sans faire le dégarnissage des joints, les bordures seraient à remanier intégralement environ tous les deux ans.

515. *Pavés spéciaux.* — Il a été fait des essais avec des pavés préparés d'une façon spéciale, soit comme forme (pavés hexagonaux), soit comme injection (procédé Mollet) ; mais les résultats n'ont pas répondu aux vues des inventeurs, et les procédés ont été abandonnés.

516. *Prix de revient.* — Quand l'Administration se décida à faire l'essai du pavage en bois, en 1884, elle adjugea en même temps la fourniture et l'entretien pour une durée de dix-huit ans, moyennant une annuité qui devait servir à l'amortissement et à payer les frais d'entretien. Cette annuité fut fixée à $4^f,16$. Depuis 1886, il n'y a plus eu d'adjudication, l'Administration a monté une usine pour la fabrication des pavés, et exécute les travaux en régie.

Voici les prix donnés par M. Brown-Vibert :

DÉSIGNATION des FOURNITURES	DÉPENSES AU CENT DE PAVÉS non compris l'amortissement des frais d'installation de l'usine. Fourniture des bois pour pavés	Fourniture des bois pour reglettes	Manutention des madriers	Sciage	Triage	Créosotage : consommation d'huile lourde	Créosotage : main d'œuvre	Manutention des pavés	Frais généraux	Dépenses totales	À RETRANCHER RECETTE provenant de la vente de la sciure	RESTE (DÉPENSE RÉELLE)
												fr.
Moyenne pour les bois de Suède	16.68	0.528	0.621	0.843	0.117	0.863	0.391	0.713	0.605	21.361	0.061	21.300
Moyenne pour les bois des Landes........	16.98	0.528	0.621	0.843	0.117	0.313	0.391	0.713	0.605	21.111	0.061	21.050
Pitch-pin	20.52	0.528	0.621	0.843	0.117	0.125	0.391	0.713	0.605	24.463	0.061	24.402
Moyenne générale	16.79	0.528	0.121	0.843	0.117	0.790	0.391	0.713	0.605	21.398	0.061	21.337

Ces prix tendent à se modifier un peu par suite de la variation des cours. Les bois du Nord augmentent, ainsi que les pitch-pins et le bois des Landes diminue.

Voici maintenant le détail de la main-d'œuvre par mètre carré.

Piquetage		0f,020
Fondation sur béton		3 ,198
Enduit		0 ,403
Pavage		0 ,302
Garnissage des joints		0 ,462
Gravillonnage		0 ,027
Glaisage des joints de rive (abandonné aujourd'hui)		0 ,043
Frais généraux	Acquisition du matériel	0 ,216
	Chef de chantier	0 ,148
	Eclairage	0 ,080
	Gardiennage, perte de temps, etc.	0 ,097
	Divers	0 ,056
Premier entretien pendant six mois		0 ,054
Total		5f,106

Si maintenant on remarque qu'il faut employer cinquante pavés par mètre carré et 11 mètres linéaires de réglettes, on aura pour la coût total de mètre carré de pavage en bois :

Fourniture de pavés rendus au chantier : cinquante à 21f,40 le cent	10f,70
Exécution du pavage	5f,11
Amortissement de l'usine	0f,40
Total	16f,21

Plus de 100 000 mètres carrés ont été ainsi exécutés en régie depuis 1886 jusqu'au 31 décembre 1891.

Essais et modifications.

517. M. Brown-Vibert indique encore dans son Mémoire que quelques modifications ont été apportées par l'Administration à la construction du pavage en bois telle que nous la trouverons prescrite dans le cahier des charges de l'Administration.

Les voici dans l'ordre qu'il a indiqué.

1° *Réduction du dosage de la fondation en béton.* — Au lieu de 200 kilogrammes de ciment par mètre carré de béton, on n'en emploie plus aujourd'hui que 150 kilogrammes. La fondation des rues, des Saussaies, de Miromesnil et de Montereau a été exécutée de cette façon et a donné de très bons résultats.

2° *Suppression du joint en glaise.* — Nous avons vu plus haut les causes qui l'ont fait abandonner.

3° *Essai de ciment à prise rapide pour la fondation, l'enduit et les joints.* — La pratique a fait reconnaître que pour la fondation et les joints le ciment de Vassy à prise rapide n'avait que des avantages : on gagne d'abord beaucoup de temps, ce qui est précieux dans les endroits où la circulation est très active.

Quant à l'enduit, le ciment à prise rapide ne s'applique pas facilement ; on n'a fait qu'un essai peu satisfaisant et on continue à appliquer le portland.

4° *Suppression de l'enduit.* — Il est absolument nécessaire que la surface sur laquelle reposent les pavés soit parfaitement unie, une dénivellation dépassant 0m,001 paraissant être tout ce que l'on peut tolérer.

Il s'ensuit que, le béton donnant une surface rugueuse, la suppression de l'enduit devient difficile, et il faut user des plus grands soins dans le bétonnage pour avoir une surface convenable.

5° *Essai de pavés non créosotés.* — M. Brown-Vibert fait remarquer qu'il y aurait une économie d'environ 0f,60 par mètre carré si on pouvait supprimer le créosotage. Il fait remarquer que cela ne peut avoir lieu que pour les endroits de grande circulation où l'usure a lieu avant que le bois puisse être atteint par la pourriture, tels que la rue de Rivoli, ou la rue Royale, là où des sondages effectués chaque année indiquent une usure annuelle de 0m,005 à 0m,008.

Un essai de pavés de pins des Landes non créosotés a été tenté en août 1890, et jusqu'en 1892 ils se sont comportés absolument comme les pavés créosotés.

518. *Durée des pavages en bois.* — Voici le tableau des rélevés généraux, extrait du Mémoire auquel nous avons fait tant d'emprunts :

DÉSIGNATION DES VOIES	SURFACES		DATE		DURÉE	CIRCULATION NOMBRE DE COLLIERS par 24 heures	
	PARTIELLES	TOTALES	de l'établissement du PAVAGE	de la RÉFECTION générale		TOTALE	PAR MÈTRE de largeur
1° TRAVAUX EXÉCUTÉS AU 31 DÉC. 1890							
Boulevard Poissonnière............	2.000	»	1881	1889	8 ans	20.000	1.200
Rue de Rivoli, de la rue du Louvre au guichet de Rohan............	7.800	»	1883	1890	7 ans	42.000	3.500
Boulevard St.-Germain (6e arrondt)...	4.500	»	1883	1890	7 ans	7.000	500
ENSEMBLE................	»	14.300					
2° TRAVAUX A EXÉCUTER EN 1891							
Boulevard St.-Germain (5e arrondt)...	5.000	»	1883	1891	8 ans	8.500	700
Avenue des champs-Élysées (Partie-Basse)........................	27.000	»	1882-83	1891	8 et 9 ans	14.000	500
Rue de Constantinople............	800	»	1884	1891	7 ans	3.000	350
ENSEMBLE................		32.800					
TOTAL...............		47.100					

« Les pavages concédés exécutés de 1881 à 1885 ont aujourd'hui de six à dix ans ; la surface relevée au 31 décembre 1891 ne sera que de 47 100 mètres sur 350 000. La proportion est donc d'environ un huitième.

« On peut donc admettre dès maintenant que la durée des pavages peut, sans optimisme, être prévue à sept ou huit ans pour les chaussées de Paris soumises à la circulation la plus intense qu'on puisse imaginer, et à douze ou quinze ans pour les voies de deuxième et troisième ordre. »

Cahier des charges.

519. Nous terminerons ce que nous à avons dire relativement au pavage en bois par la reproduction d'un extrait du cahier des charges qui avait été imposé à la Compagnie française de pavages en bois. Il complétera ce que nous n'avons pu qu'indiquer, et il n'y aura, pour avoir l'état actuel, qu'à tenir compte des petites modifications apportées par l'Administration, modifications dans les détails desquelles nous sommes entré.

CAHIER DES CHARGES DU 29 MARS 1884.

CHAPITRE PREMIER

ART. 1. — Le présent devis a pour objet la transformation des chaussées actuelles en chaussées pavées en bois sur les diverses voies et places détaillées au tableau ci-annexé, ainsi que l'entretien de ces chaussées pendant une période de dix-huit ans.....

CHAPITRE II

ART. 2. — *Démolition des chaussées actuelles.* — La démolition des chaussées existantes en empierrement, pavage ou asphalte, et les opérations connexes de triage, d'enlèvement et transport des vieux matériaux seront faites aux frais de l'entrepreneur du pavage en bois par les entrepreneurs adjudicataires des lots d'entretien d'empierrement ou de pavage, dans le périmètre desquels sera comprise chaque voie à convertir. Il en sera de même en ce qui concerne les chaussées occupées par les voies des tramways, de la démolition de la zone pavée en pierre comprise entre le rail et le macadam, et du rétablissement de cette zone sur une largeur de $0^{m},80$ entre le rail et le pavage en bois, y compris toutes fournitures et mains-d'œuvre, à l'exception de la fourniture des pavés neufs.....

ART. 3. — Les matériaux provenant de la démolition des chaussées empierrées subiront sur place les opérations de cassage de mottes et passage à la claie nécessaires pour qu'ils puissent être livrés à l'Administration parfaitement propres, exempts de tous détritus et débarrassés des morceaux pouvant passer en un sens quelconque dans un anneau de $0^m,02$ de diamètre. Ces matériaux seront transportés aux lieux de dépôts qui seront désignés par les ingénieurs. Ils devront y être rangés et emmétrés, et l'ingénieur pourra en outre, s'ils ne satisfont pas aux conditions ci-dessus relatées, exiger qu'ils soient de nouveau passés à la claie, et que les détritus soient enlevés des décharges.

ART. 4. — Sur les chaussées où il n'existe pas de tramways, tous les pavés provenant de la démolition des caniveaux, chaussées ou passages pavés seront transportés, pour chaque lot d'entretien, dans l'un des dépôts affectés à ce lot, conformément aux indications de l'ingénieur.

Sur les chaussées où il existe un tramway, le pavage sera démoli sur les deux rives de l'empierrement, depuis la bordure du trottoir jusqu'au rail. Au cours de cette démolition, on laissera de distance en distance, le long du rail, les pavés nécessaires pour en maintenir provisoirement l'écartement. Les pavés seront décrottés et triés sur place ; puis ceux qui seront reconnus capables de remploi seront mis en œuvre pour le rétablissement le long du rail d'une zone pavée de $0^m,80$ de largeur sur forme neuve en sable de $0^m,15$ d'épaisseur. Les joints de ce passage seront garnis de ciment de Portland, composé d'une partie de ciment pour trois parties de sable en volume, et employé à l'état fluent ; tout le reste des pavés sera transporté à l'un des dépôts de la section, comme il est dit à l'article précédent.

ART. 5. — Les débris asphaltiques provenant de la démolition des chaussées ou passerelles en asphalte comprimé seront rangés avec soin à proximité du chantier, en un lieu facilement accessible, pour y être repris par l'entrepreneur des asphaltes.

ART. 6. — Indépendamment des travaux ci-dessus que l'entrepreneur du pavage en bois devra, comme il a été dit à l'article 2, faire exécuter obligatoirement par les entrepreneurs des lots d'entretien de pavage ou d'empierrement, il fera procéder, soit directement, soit par les mêmes entrepreneurs, à son choix, à tous les terrassements restant à faire pour atteindre le fond de la forme, au règlement exact de cette forme, suivant le bombement prescrit, et à l'enlèvement immédiat, aux décharges publiques, des déblais provenant de cette opération, ainsi que des détritus provenant du passage à la claie des matériaux d'empierrement.

ART. 7. — Si, par suite de la démolition des empierrements sur leur épaisseur totale, il arrive qu'un remblai soit nécessaire pour régler le fond de la forme, ce remblai ne pourra être fait qu'avec des matériaux de démolition d'empierrement, qui seront abandonnés pour cet objet par l'Administration. Ces matériaux, purgés de terre et débarrassés des mottes, seront arrosés et pilonnés avec le plus grand soin.

ART. 8. — La forme ayant été préparée et exactement réglée, l'entrepreneur établira une couche de béton de ciment de Portland, d'au moins $0^m,15$ d'épaisseur, qui s'étendra sur toute la largeur comprise entre les bordures du trottoir, et pour les voies à tramways, sur la largeur comprise entre les bordures et la zone pavée bordant le trottoir.

Tous les matériaux entrant dans la composition du béton satisferont aux conditions indiquées aux articles 84 et suivants du cahier des charges généra imposées aux entrepreneurs du service municipal, approuvé par le préfet de la Seine, le 4 août 1879.

Ils devront être, préalablement à l'emploi, vérifiés et reçus par l'ingénieur. Le béton sera composé d'au moins 200 kilogrammes de ciment de Portland pour 1 mètre cube d'un mélange de deux tiers de cailloux, un tiers de sable.

Le dosage des matières sera effectué par l'entrepreneur, sous le contrôle de l'Administration, au moyen de caisses jaugées, d'un modèle agréé par l'ingénieur.

L'entrepreneur sera libre d'assurer le mélange des matières par les procédés qu'il jugera le plus à sa convenance. Mais ce mélange devra être d'abord fait à sec d'une manière complètement intime, et le béton obtenu devra être d'une homogénéité parfaite, de telle sorte qu'on ne puisse distinguer dans la masse un caillou qui ne soit complètement enveloppé de mortier. Il sera d'ailleurs fait usage d'une quantité d'eau suffisante, pour que le béton soit employé à l'état fluent. La matière ne sera pas versée directement sur le sol, mais sur une partie de béton déjà mise en œuvre, d'où on le fera couler doucement à la place qu'elle doit occuper; elle sera légèrement damée à la pelle.

La surface du béton ainsi obtenue devra être parfaitement lissée à la règle, suivant le bombement prescrit, après addition immédiate, si besoin est, d'une couche de mortier fin, de manière qu'en définitive cette surface soit absolument unie, sans saillies, vides, ni dépression quelconques.

Art. 9. — Sur la fondation ainsi préparée et suffisamment séchée l'entrepreneur établira un pavage d'au moins $0^m,15$ d'épaisseur, en bois de sapin rouge de Suède ou de toute autre essence préalablement agréée par l'Administration.

Les pavés pourront, après l'autorisation de l'Administration, être goudronnés, injectés, silicatés ou subir telles autres préparations qui seront proposées par l'entrepreneur; ces diverses préparations seront faites à l'usine et jamais sur le chantier, où les pavés devront arriver prêts à être mis en œuvre.

Les pavés seront posés par rangées régulières qui, en voie courante, seront normales à l'axe de la chaussée. Les joints seront croisés d'une rangée à l'autre. Les pavés seront posés jointifs dans chaque range, mais les joints de 8 millimètres à 1 centimètre seront ménagés entre deux ranges consécutives.

Dans les carrefours les ranges seront disposées suivant les indications qui seront données par l'ingénieur, de telle sorte qu'il ne se trouve pas de joint continu sur aucune des directions habituellement suivies par les voitures.

La surface du pavage devra être parfaitement régulière et présenter exactement les pentes longitudinales et bombements prescrits.

Le garnissage des joints sera effectué en mortier de ciment de Portland composé d'au moins une partie de ciment pour trois parties de sable. La tenue des pavés avant le garnissage pourra être assurée soit par le coulage d'une matière goudronneuse dans le fond des joints, soit par tout autre procédé qui aura été préalablement agréé par l'Administration. Quel que soit le système adopté, tous les joints devront être exactement remplis et ne présenter aucun vide. Cependant, le long des bordures, il sera ménagé provisoirement un vide laissant un certain jeu pour le gonflement du bois pendant les premiers temps.

Après l'achèvement complet du pavage, l'entrepreneur répandra, à ses frais, à la surface, une couche de menu gravier. Ce gravier sera balayé par les soins de l'Administration, aussitôt que les ingénieurs le jugeront utile dans l'intérêt de la circulation; il pourra être remplacé dans les mêmes conditions, par les soins et aux frais de l'entrepreneur, si celle-ci le juge utile.

Art. 10. — Les travaux de chaque groupe devront être terminés dans un délai maximum calculé à raison de 250 mètres carrés par jour, augmenté de quinze jours pour la mise en train des chantiers.

... Les travaux ne seront exécutés simultanément que par moitié environ de la largeur de la chaussée, de manière à conserver libre la circulation sur l'autre moitié; cette règle ne souffrira d'exception que pour les chaussées dont le barrage complet sera autorisé par l'Administration. En tous cas, les portions de chaussée soustraites à la circulation ne pourront excéder une superficie de 4 000 mètres carrés pour les divers chantiers d'une même section, ni une longueur de 300 mètres pour chacun de ces chantiers.

Dans les carrefours, les travaux seront conduits de manière à ne pas intercepter la circulation sur les voies transversales, qui ne seront barrées qu'en cas d'absolue nécessité, constatée par l'Administration.

CHAPITRE III

Entretien et livraison définitive.

ART. 11. — L'entrepreneur sera chargé à forfait de l'entretien des pavages en bois, jusqu'à l'expiration de la dix-huitième année, à partir du commencement du trimestre qui suivra l'achèvement intégral de l'opération comprise dans le présent marché, et la livraison, de toutes les voies sans exception, à la circulation.

Cet entretien consistera à maintenir l'uni de la surface et la régularité du profil dans les conditions indiquées ci-après, et à faire toutes les réfections générales ou partielles qui pourront être nécessaires pour que la chaussée soit constamment en parfait état, même si les dégradations sont le résultat de causes accidentelles, comme des incendies, des tassements du sous-sol, etc., à l'exception toutefois des fontis de carrières.

Ces réfections comprendront d'ailleurs la démolition et l'enlèvement des vieux matériaux, aussi bien que la fourniture, l'apport et la mise en œuvre des matériaux.

ART. 12. — Une réfection générale sera obligatoire sur toutes les portions de chaussée où sera constatée l'une des circonstances suivantes :

1° Une réduction du bombement telle que la flèche donnée à l'origine ait diminué d'eau moins un quart;

2° Une usure de pavés telle que l'épaisseur en soit réduite à 7 centimètres au plus;

3° Des dépressions ou des défectuosités partielles de la chaussée assez multipliées pour la rendre cahotante; l'Administration étant, d'ailleurs, seule juge du moment où la réfection pourra être exigée pour ce motif.

Toutes les dispositions des articles 8, 9 et 10 ci-dessus sont applicables aux travaux de réfection générale : si ce n'est que la fondation en béton sera généralement conservée avec simple rechargement en béton de ciment de Portland, s'il y a lieu, et que la réfection n'en sera obligatoire pour l'entrepreneur qu'en cas de mauvais état constaté.

ART. 13. — Indépendamment des réfections générales, l'entrepreneur assurera, en tout temps, le bon état du pavage par les réparations partielles qui pourront être nécessaires. Il remplacera immédiatement les pavés pourris, écrasés, fendus ou qui se seraient affaissés pour une cause quelconque, ainsi que ceux qui, s'étant imprégnés d'urine ou autres liquides insalubres, répandraient une mauvaise odeur.

Il relèvera les flaches dont la profondeur atteindrait 2 centimètres sur un mètre de longueur, dans un sens quelconque.

Sur les lignes de jonction du pavage en bois avec des surfaces pavées en pierre ou asphaltées, l'Administration pourra exiger que les pavés de bois soient relevés ou remplacés, lorsqu'ils auront subi une usure d'un centimètre. Toutefois, le long des zones pavées de tramways, le remplacement ne sera exigible qu'après une usure de 2 centimètres, lorsque le pavage en pierre ne formera pas arrêt pour l'écoulement des eaux dans le sens transversal. Dans toutes les réparations partielles, le pavage remanié devra être rétabli au niveau du pavage environnant ; aucune saillie ne sera tolérée.

Toute dégradation de la nature de celles qui font l'objet du présent article, si elle n'est pas réparée dans un délai de trois jours, à partir de l'ordre de service, donnera lieu à une retenue de 2 francs par jour, lorsque la surface à relever sera inférieure à un mètre carré ; de un franc par jour et par mètre carré, lorsqu'elle sera supérieure.

ART. 14. — Les réfections sur tranchées ouvertes par l'Administration, pour une cause quelconque, seront exécutées dans le même délai et suivant les mêmes prescriptions, etc.

ART. 15. — Lors des réfections générales, les vieux matériaux et tous les débris provenant du travail devront être enlevés du chantier, au fur et à mesure de l'exécution des travaux.

ART. 16. — Les frais de balayage et d'arrosage des chaussées pavées en bois restent à la charge de la ville.

La ville exécutera également à ses frais

les sablages qu'elle jugera utiles dans l'intérêt de la facilité de la circulation.

L'entrepreneur aura la faculté, après avis donné à l'ingénieur, d'effectuer sur la surface du pavage les répandages de menu gravier qu'il jugerait utiles à sa conservation. Ce gravier sera balayé par les soins de la ville aussitôt que l'ingénieur estimera que son maintien présente quelque inconvénient pour la circulation.

Art. 17. — A l'expiration des dix-huit années définies par l'article 11, les chaussées devront être livrées en parfait état

Trois mois avant cette expiration, les ingénieurs en constateront la situation contradictoirement avec l'entrepreneur, par un certain nombre de sondages exécutés à ses frais. Elles ne seront considérées comme recevables que si elles satisfont aux conditions suivantes :

1° Sur aucun point il n'existera de flaches de plus de $0^m,015$ de profondeur sur 1 mètre de longueur, dans un sens quelconque;

2° Sur aucun point le bombement original ne sera réduit de telle sorte que la flèche de la chaussée soit inférieure aux quatre cinquièmes de sa valeur primitive;

3° L'épaisseur de pavage ne sera, nulle part, inférieure à $0^m,12$.

Après cette vérification contradictoire, l'entrepreneur sera tenu d'effectuer, dans les trois derniers mois de la dix-huitième année, les travaux de mise en état qu'elle aura fait reconnaître nécessaires. Faute de quoi il y sera procédé d'office, dans les conditions indiquées ci-après à l'article 26.

CHAPITRE V

Art. 28. — *Conditions particulières et générales.* — L'entrepreneur devra, à ses frais, clore et éclairer convenablement ses ateliers, chantiers et dépôts de matériaux; il devra aussi, lorsque cela sera nécessaire, y établir des gardiens.

Il sera tenu de n'employer, pour l'éclairage, que des lampes à applique ou des lanternes fermées.

Il est exigé comme minimum, et ce sans qu'il puisse être rien conclu à l'égard des prescriptions plus étendues que pourrait imposer la police, qu'il y aura une applique ou une lanterne par 10 mètres courants de longueur de chantier.

Quand l'éclairage manquera ou ne satisfera pas aux conditions ci-dessus, l'ingénieur ou son délégué pourra faire éclairer d'office, aux frais de l'entrepreneur, sans préjudice des procès-verbaux qui pourront être dressés et d'une amende de 1 franc par feu manquant.

Art. 29. — L'entrepreneur sera responsable envers la ville et envers les tiers des conséquences des incendies qui prendraient naissance sur le pavage en bois ou se seraient propagés par ce pavage.

Art. 30. — Il sera responsable envers la ville des conséquences des poussées qui pourraient être exercées sur les bordures de trottoir, soit par dilatation du pavage en bois, soit par l'action de la gelée dans l'espace libre ménagé entre les pavés et la bordure. Les frais occasionnés en pareil cas par le redressement des bordures et le raccordement du dallage du trottoir seront prélevés sur les sommes dues à l'entrepreneur.

Art. 31. — Il est formellement stipulé que le présent marché entraîne l'abandon par l'entrepreneur, en ce qui concerne les travaux de la ville de Paris, des droits qu'il pourrait se croire fondé à faire valoir par suite des brevets relatifs au pavage en bois dont il est actuellement propriétaire. Il ne sera conséquemment admis à rechercher ni la ville, ni ses entrepreneurs au sujet des travaux de pavage en bois que l'Administration ferait exécuter en dehors du présent marché, soit simultanément, soit ultérieurement, quel que soit d'ailleurs le système adopté pour ces travaux.

Art. 33. — L'entrepreneur sera soumis aux conditions du cahier des charges spécialement applicables aux entrepreneurs du service municipal de Paris, approuvées par M. le Préfet de la Seine, le 4 août 1879, ainsi qu'aux clauses et conditions générales imposées à tous les entrepreneurs des ponts et chaussées en date du 16 novembre 1866, en toutes les dispositions auxquelles il n'est pas formellement dérogé par le présent devis.

CHAUSSÉE EN FASCINAGES

520. Pour terminer ce que nous avons à dire sur l'emploi du bois dans les chaussées, nous parlerons des chaussées en fascinages employées encore aujourd'hui dans les localités marécageuses, là où le sous-sol ne peut supporter le poids du roulage.

Dans ce cas le problème revient à intéresser une grande surface de ce sol compressible de façon à diminuer la pression par centimètre carré et à procurer un écoulement aux eaux qui tendent à amollir de plus en plus la surface sur laquelle repose la chaussée (*fig.* 192).

521. Nous avons vu dans les considérations générales les procédés employés en Algérie, procédés qui ont été couronnés de succès. Dans nos contrées, où les herbes longues et résistantes comme l'alfa (*stipa tenacissima*) ne croissent pas spontanément, on a eu recours à l'emploi de fascines, sortes de fagots fa-

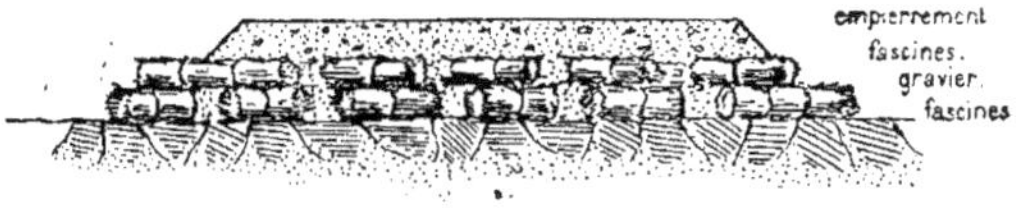

Fig. 192.

çonnés avec la *housse* des arbres. Ces fascines sont mises obliquement sur la direction de l'axe de la route, puis recouvertes de graviers ; on établit ensuite un autre lit de fascines disposées symétriquement avec les premières. On établit sur celles-ci la chaussée, formée de matériaux légers recouverts d'un empierrement, de façon à ce que le tout pèse aussi peu que possible et repose, ainsi que nous l'avons dit dès le commencement, sur une base suffisamment large pour répartir la pression de la route proprement dite ainsi que celle des surcharges sur une surface suffisante pour qu'il n'y ait pas d'enfoncement.

522. Les fascines ou *saucissons* sont fabriquées sur place ; on couche sur deux sortes d'X enfoncés en terre (*fig.* 193) les branchages qui doivent les former, et on les relie avec des harts.

Fig. 193.

Leur prix suivant les localités et l'abondance des bois varie de 0 f, 30 à 0 f, 60 la pièce.

PAVAGE EN ASPHALTE COMPRIMÉ

523. Nous avons vu dans les considérations générales sur les chaussées en asphalte que le travail de la confection de ces dernières consiste à reconstituer la roche telle qu'elle existait avant d'avoir été réduite en poudre fine par l'emploi de moyens mécaniques suivis de l'action d'une température convenable.

La roche, après avoir été tirée de la carrière, est cassée à la masse ou avec un concasseur à hérisson en morceaux de la grosseur d'une noix, puis introduite dans un broyeur système Carr (*fig.* 194). On sait que ces broyeurs consistent en deux plateaux munis de broches concentriques et tournant l'un en face de l'autre, avec une grande vitesse, dans l'intérieur d'une enveloppe fixe. Les matières introduites par une trémie sont lancées par les broches les unes contre les autres, il en résulte des chocs qui déterminent la pulvérisation de la matière. La figure 194 représente les deux plateaux munis de leurs broches.

D'après M. Malo, ingénieur en chef de la Compagnie des asphaltes de France, un broyeur Carr de $1^m,30$ de diamètre marchant à cinq cents tours par minute peut pulvériser 5 tonnes d'asphalte à l'heure.

Quand la roche asphaltique est réduite à l'état de poudre passant par un tamis de 3 millimètres, elle peut être soumise à l'action d'une température désagrégeante de 130 degrés dans des fours semblables à des moulins à brûler le café. Elle tombe directement de ces moulins dans des tombereaux en fer que l'on recouvre d'une double bâche pour empêcher la déperdition de la chaleur, déperdition très faible d'ailleurs, car la matière est par elle-même peu conductrice et conserve pendant plusieurs heures une température suffisante pour pouvoir être agglomérée et reconstituer la roche naturelle par une simple compression.

La température à laquelle a lieu cette reconstitution n'est du reste pas fort élevée : celle d'un ardent soleil d'été est suffisante, et c'est même à ce phénomène qu'a été due accidentellement la découverte qui nous occupe. Des débris de roches tombés sur le sol dans les environs des carrières, réduits en poussière sous l'action d'un soleil ardent et comprimés par les roues de voitures ont donné des fragments de chaussées qui ont été l'origine de la fabrication des voies en asphalte comprimé.

524. Cette matière étant coûteuse et se déformant facilement par les hautes températures, on n'a guère pu l'employer sous des épaisseurs ne dépassant pas 6 centimètres.

La composition très variable des asphaltes modifie cette résistance.

En effet la proportion de bitume descend jusqu'à 2,25 0/0 dans les minerais de Forens et s'élève jusqu'à 12 0/0 dans certains minerais du Val-de-Travers.

M. Léon Malo conclut dans son Mémoire, inséré dans les *Annales des Ponts et Chaussées* en 1879, que les conditions nécessaires pour qualifier un bon minerai d'asphalte sont les suivantes :

« Ne renfermer que du carbonate de chaux et du bitume.

« Être imprégné intimement et régulièrement, sans interposition de grains de calcaire blanc ni de géode ou cavités remplies de bitume libre.

« Fournir au dosage au moins 7 0/0 et au plus 11 0/0 de bitume semblable à celui défini plus haut (1) dépourvu d'huiles volatiles et assez fixe pour ne pas perdre plus de 2 0/0 de son poids dans une cuisson de six heures à 225° C.

525. Pour les trottoirs, au lieu d'employer la roche pure, on fabrique un *mastic d'asphalte ;* voici, d'après M. Léon Malo, le procédé employé : « On jette dans une chau-

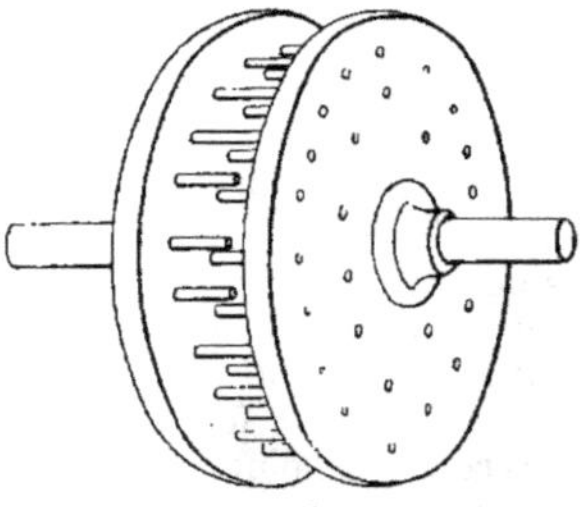

Fig. 194.

dière une petite quantité de bitume libre, quantité variable suivant la richesse bitumineuse de la roche, et l'on ajoute, de quart d'heure en quart d'heure, la poudre par doses réglées de façon qu'en cinq heures environ la totalité de la poudre qui doit entrer dans la composition du mastic soit admise. La pâte est malaxée sans interruption par des agitateurs mécaniques. Nous avons reconnu que, dans des chau-

(1) Voici comment ce bitume est défini :

« Si par le moyen d'un dissolvant énergique, l'éther, par exemple, ou le sulfure de carbone, on extrait de l'asphalte son bitume d'imprégnation, on obtient une matière, visqueuse entre 20 et 40 degrés, solide au dessous, liquide au dessus, d'un beau noir brillant, d'une transparence rougeâtre et dont la composition est d'après M. Boussingault :

C.	87.00	100 00
H	11.20	
O	1.80	

dières de 5 000 kilogrammes, la cuite doit durer environ cinq heures et demie à une température qui ne doit pas descendre au-dessous de 175 degrés, ni s'élever au-dessus de 230 degrés, mais elle doit atteindre ce chiffre dans la dernière demi-heure de l'opération. Il serait dangereux de dépasser la température de 230 degrés, car on risquerait de brûler la pâte, c'est-à-dire de vaporiser les huiles fixes du bitume; mais il est nécessaire d'en approcher pour chasser les huiles trop légères qui, en se volatilisant à la longue au contact de l'air lorsque le mastic est posé en terrasses ou en trottoirs, le rendrait friable et cassant.

« Cette question de la cuisson est la plus importante de celles qui se rattachent à la fabrication du mastic, elle influe d'une façon considérable sur la durée des ouvrages en asphalte. »

On coule ensuite ce mastic dans des moules de formes diverses.

Nous avons vu que, pour fabriquer le mastic, il fallait fondre la roche avec du bitume qui l'empêche de décrépiter. Chaque fois que l'on refond ce mastic, il faut avoir soin d'ajouter du bitume, pour remplacer celui qui s'est évaporé.

Bitume.

526. Voici comment on se procure le bitume. Autrefois on distillait les mollasses bitumineuses provenant des carrières d'asphalte; elles donnaient des bitumes analogues à ceux d'imprégnation, et c'est la matière préférable entre toutes; mais l'extension qu'a prise l'industrie de l'asphalte a fait que l'on a été obligé de recourir à des roches étrangères.

La roche qui paraît la plus employée est celle de la Trinidad (Antilles), qui, outre sa teneur en eau, s'élevant parfois à 50 0/0 offre la composition suivante :

Bitume pur.	52	100
Argile impalpable.	48	

« On chauffe dans des bâches en fonte demi-cylindriques une certaine quantité d'huile lourde ou de schiste provenant du traitement de ces huiles. Ce goudron, liquide à la température de 25 ou 30 degrés, jouit de la propriété d'être fixe. On y verse une fois et demie son poids en roche, on chauffe et on brasse: au bout de huit ou neuf heures la masse se boursoufle, *mousse;* puis la mousse tombe au bout d'une demi-heure à trois quarts d'heure; on laisse en repos et on décante le bitume ainsi séparé. En réalité, le bitume parfait c'est-à-dire celui qui est exactement semblable au bitume d'imprégnation est celui provenant des sables bitumineux de Bastennes (Landes), de Pyrimont-Seyssel (Ain) de Chamalière et de Lissat (Puy-de-Dôme).

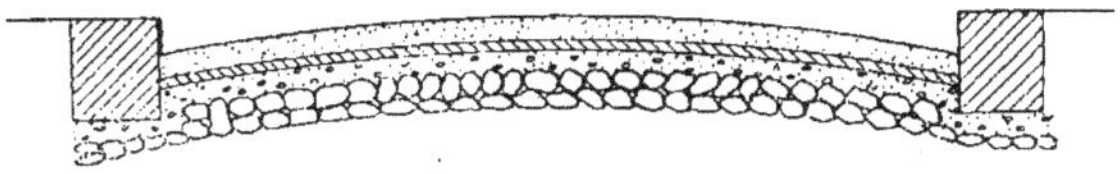

Fig. 195.

527. La couche bitumineuse placée sur les chaussées étant élastique par elle-même, il a fallu, ainsi que nous l'avons expliqué quand nous avons parlé des pavages en bois, donner au sous-sol une grande solidité et, effectivement, ces chaussées n'ont réellement produit de résultats acceptables que le jour où on mit la couche d'asphalte sur une couche de fondation en béton solide et résistant. On donne à cette fondation $0^m,15$ d'épaisseur (*fig.* 195); elle est formée de béton qu'on recouvre d'un enduit de ciment de Portland. Quand la prise est complète et le béton *bien sec*, on amène de l'usine dans des voitures (doublement bâchées pour éviter la déperdition de la chaleur) la poudre asphaltique réduite en cet état par son exposition à une température de 120 à 130 degrés.

Cette poudre chaude est répandue sur la forme, puis étalée et régalée avec un râteau en une couche bien uniforme que l'on pilonne ensuite avec un pilon légèrement chaud et graissé. Cet outil pèse de 16 à 18 kilogrammes. Ce pilonnage terminé on passe le lissoir, sorte de gros fer à repasser emmanché au bout d'un long manche de bois ; on pilonne ensuite une seconde fois, et on passe fréquemment, pour terminer, un cylindre en fonte pesant 4 à 500 kilogrammes portant un foyer à l'intérieur.

Ces différents outils sont chauffés non pour agglutiner la matière, mais pour qu'elle ne s'attache pas après. Nous représentons (*fig.* 196) l'ensemble d'un atelier.

528. L'entretien est, ainsi que nous l'avons dit, la partie délicate de ces chaussées, on ne peut le faire que par un temps sec. Toute trace d'humidité interposée entre l'asphalte et la couche de béton est une cause de détérioration ; il se forme alors des sortes d'ampoules, la chaussée n'adhère plus et se fend sous l'action de la circulation des voitures.

529. Les travaux d'asphalte de la ville de Paris sont divisés en cinq lots dont trois appartiennent à la Compagnie générale, un à la Société des pavages et asphaltes de Paris et le dernier à la Société parisienne des asphaltes.

La première a demandé une prolongation de dix années, qui lui a été refusée,

Fig. 196.

parce que le Conseil municipal réclamait que le prix d'entretien fût abaissé de 2 francs à 1f,50 le mètre carré et l'épaisseur des aires bitumées élevée, sans augmentation de prix, de 15 à 20 millimètres en bitume de deuxième catégorie.

La première réclamation se serait chiffrée par une somme de 65 000 francs par an.

Dans sa réponse, M. Malo fait ressortir que sur les voies les plus fatiguées la couche asphaltique est usée jusqu'au béton en trois années, tandis qu'elle dure dix ans sur les voies de petite circulation.

Le service de la Compagnie se fait dans trois usines : quai Valmy, rue de Javel et à Bercy-Nicolaï. Ces usines comprenaient ensemble le 20 juillet 1890 :

Cinq machines à vapeur ;

Huit appareils à chauffer la poudre ;

Quatre chaudières à épurer le bitume ;

Quinze chaudières à préparer le mastic d'application ;

Soixante-huit locomobiles ;

Quarante chaudières rondes ;

Vingt-huit voitures à transporter la poudre d'asphalte ;

Trente tombereaux ;

Soixante-trois chevaux.

Ce qui permet de préparer et d'appliquer chaque jour :

1 400 mètres carrés d'asphalte comprimé ;

4 500 mètres carrés de bitume coulé.

C'est plus qu'il n'en est jamais demandé.

M. Malo insiste sur la nécessité d'avoir en même temps des lots d'asphalte comprimé et des lots d'aires bitumées, afin d'utiliser les relevages des chaussées pour la fabrication des mastics.

La Compagnie employait anciennement la roche de Seyssel avec celle du Val-de-Travers ; à la suite de difficultés, lors de l'adjudication de cette roche de provenance suisse, elle la remplaça par l'asphalte de Ragusa (Sicile), qui donne de meilleurs résultats comme étant moins huileuse.

530. Ce mode de pavage en asphalte offre d'assez graves inconvénients par les grandes chaleurs, car il s'enfonce sous l'effet du poids des véhicules, augmente ainsi les efforts de traction et se déforme. En outre, pendant l'hiver, non seulement il se détériore, mais il se recouvre facilement d'une couche de verglas, et, la matière augmentant de dureté par l'action du froid, le sablage devient très difficile, si ce n'est impossible. Toutes ces conditions ont fait renoncer à l'extension de son emploi, et aujourd'hui la ville de Paris se contente de faire entretenir les voies existantes (environ 300 000^{m2}) et ne donne plus de nouvelles concessions aux compagnies (exception est faite pour les trottoirs).

Toutefois ces chaussées ont d'assez nombreux avantages : ainsi elles ne s'usent que d'environ 0^{m},001 annuellement par mille colliers quotidiens ; ce sont elles qui donnent le moins de boue, mais en revanche celle-ci est très *grasse*.

Les frais de construction et d'entretien des ouvrages en asphalte et en bitume sont également très élevés, ainsi que nous allons pouvoir nous en rendre compte par l'extrait du cahier des charges et du devis imposés aux entrepreneurs par la ville de Paris.

Avant toutefois de donner ce document, nous allons parler d'un procédé économique qui peut rendre des services pour les endroits soumis à une faible circulation et à l'abri de l'action directe du soleil : nous voulons parler du *bitume factice*.

531. *Bitume factice.* — On prend pour le fabriquer des matières pulvérisées telles que de l'argile bien sèche, des poussières de routes macadamisées, des débris d'ardoises, etc., et on les fait cuire avec du brai ou du goudron de gaz comme pour la fabrication du mastic.

532. *Devis et cahier des charges de l'entreprise des travaux d'entretien et de construction des trottoirs et dallages en bitume et des aires et chaussées en asphalte comprimé dépendant du service municipal du* 15 *mars* 1884 *au* 14 *mars* 1894.

Article premier. — L'entreprise a pour objet :

1° L'entretien à forfait et les travaux de réparation et de réfection des trottoirs et dallages en bitume situés sur les voies publiques et reçus à l'entretien de la ville au commencement du présent bail, ainsi que tous ceux qui seront successivement reçus par l'Administration, quels qu'en aient été les constructeurs.

Les bordures de trottoirs, passages, pavés des portes cochères et gargouilles ne sont pas compris dans la présente entreprise ;

2° L'entretien à forfait et les travaux de réparation et de réfection des aires en asphalte comprimé (chaussées, caniveaux, passerelles transversales de chaussées, passages d'entrée de portes cochères), reçues à l'entretien de la Ville et de toutes celles qui seront successivement reçues par l'Administration pendant la durée du bail.....

Par dérogation aux articles 31 et 32 des clauses et conditions générales imposées aux entrepreneurs des travaux des ponts et chaussées en date du 16 novembre 1866, l'Administration se réserve le droit de supprimer à un moment quelconque telle portion qui lui conviendra des chaussées asphaltées comprises ou non dans le forfait pour les remplacer par des chaussées d'une autre espèce, sans que l'entrepreneur puisse prétendre pour ce motif à aucune indemnité.

L'Administration se réserve en outre le droit de procéder, soit en régie, soit par entreprise, à tous essais de nouveaux bitumes ou asphaltes et à toutes autres expérimentations portant sur le système de construction ou d'entretien des trottoirs et des chaussées asphaltées de Paris.

Art. 3. — L'adjudication des trois premiers lots sera une adjudication restreinte, à laquelle ne seront admis que les entrepreneurs ayant exécuté avec succès des travaux d'asphalte comprimé d'une importance considérable. Les concurrents devront justifier qu'ils possèdent les capitaux nécessaires pour assurer la marche de l'entreprise pendant la durée du bail, et qu'ils sont en situation de fournir des asphaltes des provenances indiquées au devis pour les chaussées en asphalte comprimé.

Ils devront remettre à l'Administration les pièces nécessaires un mois avant l'adjudication, en même temps que les échantillons mentionnés à l'article 17 ci-après.

Il ne sera statué sur leur admission au concours que moyennant l'accomplissement préalable de ces formalités ; ils seront avisés de la décision prise avant l'adjudication.

Art. 5. — Comme garantie des obligations qu'il aura contractées, l'adjudicataire de chaque lot sera tenu de constituer, à la caisse municipale, un cautionnement dont la valeur sera de 150 000 francs pour le premier lot, etc. etc.

Le cautionnement sera fourni soit en numéraire, soit en obligations de la Ville ou en rentes sur l'Etat, au cours moyen de la veille du jour du dépôt. Si le cautionnement est fait en argent, l'adjudicataire recevra l'intérêt à 3 0/0 ; s'il est fait en obligations ou en rentes, l'entrepreneur en touchera les arrérages.

Art. 6. — Lorsque les propriétaires riverains, ou autres parties intéressées, devront supporter la dépense des travaux ci-dessus détaillés, ou y contribuer dans quelque proportion que ce soit, l'entrepreneur sera tenu d'exécuter ces travaux comme ceux qui seront exécutés aux frais de la ville de Paris et conformément aux ordres qui lui seront donnés à ce sujet.

Les dépenses qui en résulteront seront soldées par l'Administration, qui se fera rembourser par qui de droit et comme elle l'entendra.

CHAPITRE II

Formes et dimensions des ouvrages.

Art. 7. — Les trottoirs auront les largeurs déterminées par l'Administration. Ils seront composés d'un dallage en bitume soutenu du côté de la voie publique par une bordure dont l'établissement ne fait pas partie de la présente entreprise.

Leur pente variera suivant les ordres de l'ingénieur.

Le dallage en bitume devra toujours se raccorder exactement avec les bordures, gargouilles, passages pavés, grilles d'arbres, tampons de regard, etc., établis par l'entreprise.

Art. 8. — Les dallages en bitume seront formés d'une couche de mastic de bitume naturel fondu et additionné de sable, comme il sera dit plus loin. Cette couche, de $0^m,015$ d'épaisseur au moins, reposera sur une fondation de béton de chaux hydraulique de $0^m,10$, y compris un enduit de mortier de chaux hydraulique d'au moins $0^m,01$ d'épaisseur.

Art. 9. — Les dallages en asphalte se composeront, suivant l'ordre qui en sera donné par l'ingénieur, d'une couche supérieure en asphalte comprimé de $0^m,04$ à $0^m,06$ d'épaisseur, reposant sur une fondation de béton de chaux hydraulique ou de ciment de $0^m,15$ à $0^m,20$ d'épaisseur, dressé à la cerce et lissé au moment de l'établissement de la fondation de béton ; en aucun cas, cette fondation ne devra être recouverte d'une chape faite après coup.

L'épaisseur et la nature de la couche de fondation, ainsi que l'épaisseur de la couche d'asphalte, seront déterminées, pour chaque travail, par un ordre écrit de l'ingénieur.

Si l'Administration le prescrit, il pourra être établi des chaussées en asphalte comprimé ayant pour fondation un empierrement préalablement comprimé dont la surface sera repiquée à vif et recouverte d'un enduit de ciment de Portland destiné à régulariser la forme.

Il pourra aussi, exceptionnellement,

être établi des trottoirs en asphalte comprimé de 0m,025 d'épaisseur après compression.

CHAPITRE III

Qualité et provenance des matériaux. — Préparation du bitume et de l'asphalte.

ART. 10. — *Roche asphaltique.* — La roche asphaltique devra être un calcaire homogène, de couleur brune, à grains fins, à texture serrée et imprégnée régulièrement de bitume, de manière à ne pas présenter de parties noires ou blanches ; elle devra être exempte de pyrite de fer et ne pas contenir plus de 2 0/0 d'argile ; toute partie de roche renfermant moins de 5 0/0 de bitume sera rejetée.

La roche destinée à la fabrication de l'asphalte comprimé proviendra des mines de Val-de-Travers (Suisse), ou de Volant (Haute-Savoie), ou de Pyrimont (Ain), près Seyssel, ou de Saint-Jean-de-Marvéjols (Gard), ou des autres provenances que l'Administration pourrait agréer.

Pour la fabrication du bitume coulé, on admettra, en outre des produits ci-dessus, les provenances de Lovagny (Haute-Savoie), de Dallay et Pont-du-Château (Puy-de-Dôme), et les autres mines donnant des produits analogues qui seraient ultérieurement agréés par l'Administration.

ART. 11. — *Bitume.* — Le bitume proviendra des mines de Lussat et Malintrat (Puy-de-Dôme), ou de Maestu (Espagne), ou des autres mines donnant des produits analogues, qui seraient ultérieurement agréés par l'Administration.

Le bitume ne devra renfermer ni corps étrangers, ni eau, ni argile, ni huiles légères; chauffé et maintenu à 110 degrés pendant quarante-huit heures, il ne devra pas perdre plus de 3 0/0 de son poids.

Il devra être visqueux à la température ordinaire, jamais cassant ni liquide ; tiré en fil, il devra s'allonger et ne casser qu'en pointes très fines.

On admettra également le bitume de la Trinité, mais seulement après une épuration par fusion et décantation faite à Paris, à l'usine de l'entrepreneur.

Le fondant nécessaire à cette opération sera soit un bitume naturel et pur de l'une des provenances ci-dessus indiquées, soit le goudron du schiste d'Autun, à l'exclusion des brais de gaz, des bitumes dits de suifs et autres produits analogues. Le mélange de bitume de la Trinité et de goudron de schiste d'Autun sera chauffé pendant huit heures et fortement brassé pendant les premières heures. Au contraire, pendant les deux dernières heures, on laissera se former le dépôt des matières impures qui tomberont au fond de la chaudière et devront être retirées après chaque coulée par décantation du bitume raffiné. Celui-ci, en sortant de la chaudière, sera soit employé immédiatement à la cuisson du mastic, soit coulé sur des aires parfaitement propres et sèches, puis tenu à couvert. Le bitume épuré ne devra pas renfermer plus de 25 0/0 de son poids d'argile et devra être exempt de terre, racines, etc.

ART. 12. — *Mastic bitumineux.* — Le mastic bitumineux, employé tant pour dallage neuf que pour réfection et réparations des anciens dallages en bitume, sera composé d'un mélange de roche asphaltique naturelle réduite en poudre et de bitume minéral.

On admettra comme équivalent à la roche asphaltique naturelle le vieil asphalte comprimé provenant du relevage des chaussées, mais débarrassé avec soin du sable et de tous les corps étrangers qui pourraient y adhérer. Les bitumes factices, brais de gaz, bitumes de suif, bitume à base d'ardoise et tous autres produits analogues seront rigoureusement proscrits.

La roche asphaltique sera réduite, à froid, en poudre aussi fine et aussi homogène que possible par les broyeurs mécaniques les plus perfectionnés ; cette poudre devra être passée dans un crible dont les mailles auront au plus 0m,0025 de largeur. Elle sera fondue et brassée pendant au moins six heures avec une quantité convenable de bitume minéral pour former un mastic qui, refroidi, présentera une masse homogène, légèrement élastique et ne se ramollissant pas à une température de 40 degrés. Ce mastic sera moulé en pain portant la marque de fabrique. Sa teneur en bitume ne devra être ni inférieure à 15 0/0 ni supérieure à 18 0/0 du poids total du mastic.

Art. 13. — *Enduits en bitume coulé de première catégorie.* — Les enduits en bitume coulé de première catégorie seront formés du mastic décrit à l'article 12, du mastic minéral (pour fondant), et de sable graveleux pur et sec, dans les proportions suivantes :

Mastic bitumineux.	100 kil.
Bitume pour fondant.	6
Sable.	60

Le sable, parfaitement sec, sera successivement ajouté dans la chaudière au mélange, préalablement fondu, de pains de mastic concassé et de bitume.

Le mélange sera chauffé et brassé pendant au moins huit heures.

Il est interdit de fabriquer le bitume dans les chaudières locomobiles destinées uniquement à son transport.

Art. 14. — L'Administration admettra, dans certains cas, des enduits en bitume coulé de deuxième catégorie, composé ainsi qu'il suit :

Mastic bitumineux neuf. .	100	170 kil.
Bitume pour fondant. . .	10	
Sable.	60	
Vieux bitume provenant de relevage d'anciens trottoirs et soigneusement débarrassé du sable et de toutes les matières étrangères qui pourraient y adhérer. .		170 kil.

L'indication de la catégorie devra, dans tous les cas, être exactement mentionnée sur la lettre de voiture accompagnant la locomobile.

Art. 15. — La poudre asphaltique obtenue par un broyage mécanique, comme il est dit à l'article 12, devra, lorsqu'elle sera destinée à la fabrication de l'asphalte comprimé, contenir au moins 7 0/0 et au plus 13 0/0 de son poids de bitume, l'Administration restant libre de fixer la proportion à exiger suivant les cas et les emplacements.

Cette proportion ne pourra être obtenue par des mélanges qu'avec l'autorisation de l'Administration et sous les conditions suivantes :

1° Les roches à mélanger ne différeront que par leur teneur en bitume. Aucune partie de ces roches ne renfermera moins de 5 0/0 de bitume, et le mélange ne pourra être opéré que dans des proportions et avec les produits agréés par l'Administration ;

2° Les fragments de roches seront mélangés avant le broyage, ou, si le mélange est fait à l'état de poudres, il devra être repassé au broyeur.

Le mélange de vieux débris comprimés provenant des relevages des chaussées avec la poudre asphaltique neuve est interdit.

Art. 16. — *Chauffage de la poudre asphaltique.* — La poudre asphaltique, préparée comme il est dit ci-dessus, sera portée à une température uniforme de 120 à 130° c. dans des rotateurs marchant mécaniquement d'une manière continue et uniforme, et disposés de manière à éviter les coups de feu et les adhérences.

L'Administration se réserve d'exiger à cet égard l'application des procédés les plus perfectionnés.

La poudre sera maintenue à la température ci-dessus indiquée pendant un temps suffisant pour qu'elle soit complètement purgée de toute vapeur d'eau.

Il est interdit de se servir des appareils dits décrépiteurs, soit pour réduire la roche en poudre, soit pour chauffer la poudre.

Art. 17. — *Dépôt d'échantillons.* — Un mois avant l'adjudication, les concurrents devront déposer... des échantillons de roches asphaltiques, etc... Pendant toute la durée du bail, l'entrepreneur ne pourra faire usage que de matières conformes à ces échantillons...

Art. 18. — *Sable.* — Le sable sera dragué dans le chenal de la Seine, en amont de la Marne ; les sables dragués dans les traversées et à l'aval de Paris seront formellement refusés.

Le sable destiné à la préparation des enduits de bitume coulé sera purgé de toutes matières terreuses et de tous corps étrangers ; il sera grenu, séché et débarrassé, par des criblages successifs, de tous grains ayant moins de 2 millimètres ou plus de 4 millimètres dans un sens quelconque, conformément aux échantillons qui seront déposés aux bureaux des ingénieurs en chef et au laboratoire d'essais.

Le sable destiné au mortier aura la même provenance et les mêmes qualités. Il ne devra renfermer aucun grain ayant plus de 6 millimètres en un sens quelconque.

Le sable de berge ne pourra être admis à titre exceptionnel, s'il n'est de première qualité, parfaitement pur et lavé, et s'il a été extrait par voie de drague; l'emploi de ce sable, au lieu de sable de Seine défini ci-dessus, donnera lieu à une moins-value indiquée au bordereau.

ART. 19. — *Cailloux.* — Les cailloux employés pour le béton devront passer en tous sens dans un anneau de 0^{m},06 de diamètre et ne passer en aucun sens dans un anneau de 0^{m},02. Ils devront être purgés de terre et de matières étrangères par un lavage abondant; on devra rejeter ou casser les cailloux trop polis ou se rapprochant trop de la forme sphérique.

ART. 20. — *Chaux et ciments.* — La chaux devra être hydraulique, formée en poudre et livrée sur le chantier en sacs plombés marqués au nom du fabricant et ne présentant ni coutures ni pièces extérieures.

(Suivent les indications de provenance).

. . . .

(De même pour les ciments).

. . . .

Tout sac ne satisfaisant pas aux conditions ci-dessus et trouvé sur les chantiers devra être enlevé immédiatement et l'entrepreneur subira, en outre, une amende indiquée plus loin.

L'Administration se réserve, au cours du bail, sans que l'entrepreneur puisse élever aucune réclamation à ce sujet, d'interdire une des marques de chaux ou de ciments énumérées ci-dessus, ou au contraire d'en admettre de nouvelles présentant des garanties analogues.

Mode d'exécution des travaux.

ART. 21. — Les terrassements et transports des terres seront comptés et réglés conformément aux dispositions du cahier des charges imposé aux entrepreneurs du service municipal. Quand les déblais ou remblais à faire n'auront pas plus de 0^{m},05 d'épaisseur moyenne, et quand la distance de transport n'excédera pas 30 mètres, ces terrassements seront considérés comme un simple dressage pour lequel il ne sera rien compté, la valeur en étant comprise dans le prix de l'ouvrage auquel il se rapportera ; au-delà de 30 mètres le prix seul de transport sera compté.

. . . .

ART. 23. — *Mortiers.* — Les mortiers de chaux hydraulique, de ciment de Portland et de ciment de Vassy présenteront également les compositions suivantes *en volume.*

Mortier de chaux hydraulique :

2 parties de chaux en poudre;
5 parties de sable.

Mortier de ciment de Portland :

1 partie de ciment en poudre ;
3 parties de sable.

Mortier de ciment de Vassy :

2 parties de ciment en poudre ;
5 parties de sable.

. . . .

Pour tous les chantiers de quelque importance et toutes les fois que l'ordre en sera donné, l'usage du tonneau broyeur pour la fabrication des mortiers, autres que ceux de ciment à prise rapide, sera obligatoire.

Il est interdit d'employer à la fabrication du mortier l'eau des ruisseaux ; on ne pourra se servir que d'eau propre et pure, que l'entrepreneur sera tenu d'envoyer prendre aux appareils voulus, en payant suivant la règle ordinaire.

ART. 24. — *Béton.* — Les bétons de chaux hydraulique et de ciment de Portland seront ordinairement composés, en volume, de deux parties de mortier et de trois parties de cailloux, rigoureusement dosés dans des boîtes dont la capacité aura été constatée contradictoirement.

Le caillou sera approché dans des brouettes à claire-voie où il sera abondamment lavé jusqu'à ce que l'eau sorte claire.

Le mélange sera fortement broyé à la griffe et à la pelle sur une aire en planches suffisamment grande, jusqu'à ce que toutes les pierres soient complètement enveloppées de mortier.

Pour le béton de ciment de Portland, on ajoutera la quantité d'eau suffisante pour que le mélange soit employé à l'état fluent.

ART. 25. — *Exécution des trottoirs.* — Le terrain sur lequel devra être établi le dallage en bitume sera toujours préalablement pilonné, arrosé et damé avec soin, particulièrement le long de la bordure.

Lorsque le sol aura été ainsi affermi et bien dressé, l'entrepreneur étendra la couche de fondation, formée de béton de chaux hydraulique de $0^m,10$ d'épaisseur, y compris un enduit de $0^m,01$ en mortier de chaux. Le béton sera soigneusement damé, de manière à faire disparaître tous les vides et à faire refluer le mortier à la surface; après quoi l'enduit sera immédiatement appliqué à la règle, suivant le profil prescrit.

Le dallage en bitume ne devra être établi que lorsque cette fondation aura atteint la consistance voulue et sera bien sèche. Dans l'intervalle, la surface de fondation sera protégée par une couche de sable fin et sec, qui sera balayée avec soin avant l'application du bitume; elle sera en outre barrée à la circulation et gardiennée aux frais de l'entrepreneur.

Le prix du bordereau pour la fondation en béton comprend implicitement la fourniture et l'exécution de l'enduit en mortier, ainsi que les fournitures, le repandage et l'enlèvement de la couche de sable jetée provisoirement sur la fondation.

ART. 26. — *Application du bitume.* — Le bitume fabriqué comme il a été dit ci-dessus sera expédié de l'usine dans des chaudières locomobiles closes, chauffées et munies des appareils nécessaires pour que le malaxage des matières soit continué pendant le transport et jusqu'au moment de l'emploi, de manière à maintenir l'intimité du mélange et d'éviter les coups de feu.

En aucun cas il ne pourra être fabriqué sur place dans des chaudières fixes.

L'enduit de bitume aura généralement $0^m,015$ d'épaisseur, sauf prescription contraire. Il sera coulé par bandes perpendiculaires à la bordure, ayant environ 2 mètres de largeur et limitées par des règles en fer ayant l'épaisseur voulue. Le bitume sera étendu avec une spatule en bois, de manière à former une surface parfaitement dressée, sans flâches ni bosses. Chaque bande nouvelle sera rigoureusement soudée à la précédente, de manière à ne présenter ni joints ouverts, ni fissures, ni retraits. Enfin, l'enduit devra, sans laisser aucun vide, s'araser et se raccorder exactement avec les bordures, dalles, pavés, gargouilles, grilles d'arbres, trappes de regards, bouches à clefs, etc., et joindre généralement sans vide les parpaings et façades de maisons.

Pour l'exécution des zones isolées, la fondation du béton débordera le bitume de $0^m,025$ de chaque côté, et l'enduit bitumineux sera limité par des lignes parfaitement nettes, régulières et sans bavures. On payera à l'entrepreneur l'excédent de béton formé par cet excédent de largeur de $0^m,025$.

L'enduit sera, aussitôt après son application, saupoudré de sable fin, graveleux et séché, dont les grains n'auront en aucun sens plus de $0^m,003$, ni moins de $0^m,002$.

Il est absolument interdit de jeter de l'eau à la surface de l'enduit encore chaud. Avant de livrer le bitume à la circulation, l'entrepreneur sera tenu de barrer et faire garder l'emplacement à protéger jusqu'à ce que le bitume puisse impunément supporter le passage des piétons. Les poteaux et piquets de barrage ne devront point être enfoncés dans le bitume, mais être maintenus au besoin par des solins en plâtre.

ART. 27. — *Exécution des chaussées asphaltées.* — Le terrain sur lequel devra être établi la chaussée en asphalte sera toujours préalablement pilonné, arasé et damé avec soin, particulièrement le long de la bordure. L'Administration se réserve même de le faire cylindrer à ses frais.

Lorsque le sol aura été ainsi affermi et bien dressé, l'entrepreneur étendra la couche de fondation, formée généralement de béton de Portland de $0^m,15$ d'épaisseur.

Toutefois l'Administration pourra augmenter ou diminuer cette épaisseur, ou prescrire l'emploi du béton de chaux hydraulique dans certains cas.

La fondation de béton devra s'étendre sous la bordure avec la même épaisseur de $0^m,15$ et jusqu'à $0^m,10$ en arrière de la face postérieure. L'entrepreneur sera tenu, dans ce cas, s'il en reçoit l'ordre, de faire la pose des bordures à plein bain de mortier et avec encastrement dans le béton, en même temps qu'il exécutera la fondation de la chaussée.

Les bardages et transports de matériaux ne pourront être effectués soit par béton déjà étendu, soit sur le sol préparé pour le recevoir, qu'avec interposition de madriers.

Chaque brouettée de béton sera versée non immédiatement sur le sol, mais sur le bord de la partie précédemment mise en œuvre, et sera ensuite étendue et damée de manière à faire refluer le mortier à la surface; après quoi, cette surface, bien réglée à la cerce, sera *immédiatement* recouverte d'un enduit de mortier de ciment de Portland d'environ $0^m,01$ d'épaisseur, qui sera lissé à la règle et qui ne pourra être, en aucun cas, remplacé par une chape exécutée après coup...

On laissera le béton sécher et faire prise le plus longtemps qu'il sera possible, et, en tous cas, pendant au moins trois jours en temps sec et cinq jours en temps humide...

Aussitôt après son exécution, la fondation en béton sera protégée par une petite couche de sable très fin, qui sera balayé avec soin au moment de l'application de l'asphalte...

L'Administration se réserve de faire exécuter des chaussées asphaltées sur fondations d'empierrement cylindré dont la surface nettoyée à vif sera régularisée au moyen d'un enduit de ciment de Portland.

Art. 28. — *Application de l'asphalte.* — La poudre asphaltique préparée et chauffée comme il a été dit ci-dessus sera transportée à pied-d'œuvre dans des tombereaux couverts et disposés de manière à éviter autant que possible le refroidissement des matières avant leur emploi. Le modèle de ces tombereaux devra être agréé par l'Administration.

La poudre sera étalée sur une épaisseur plus forte des deux cinquièmes environ que l'épaisseur définitive, qui sera de $0^m,05$; elle sera apportée dans des brouettes spécialement affectées à ce transport et roulant sur des madriers disposés de manière qu'en se vidant elles ne puissent atteindre la fondation. La poudre sera régalée au râteau et débarrassée avec le plus grand soin de tous corps étrangers. Elle sera pilonnée d'abord avec précaution, puis avec une énergie croissante au moyen de pilons en fonte chauffés à une température convenable dans des fourneaux portatifs.

Le pilonnage sera commencé par les bords et conduit de manière à assurer la soudure complète des bandes contiguës et la jonction exacte avec les bordures ou pavés limitant l'aire asphaltée.

Un premier, puis un second pilonnage seront suivis d'un lissage opéré au moyen d'un fer chaud légèrement courbé et approprié à cet usage; après quoi il sera procédé à un troisième pilonnage très énergique. La compression sera complétée par le passage de rouleaux d'au moins 500 kilogrammes promenés sur la surface de l'asphalte jusqu'à son entier refroidissement. Les ouvriers circulant sur l'asphalte au moment de l'application seront chaussés d'espadrilles...

La chaussée ne sera livrée à la circulation des voitures et des piétons qu'après son complet refroidissement, qui ne pourra, en aucun cas, être hâté par une projection d'eau froide.

Art. 29. — *Travaux divers, etc.* — Toutes les prescriptions ci-dessus, relatives au mode de construction des aires en bitume et en asphalte, sont applicables :

1° A l'établissement des passages de portes cochères en bitume et en asphalte;

2° A tous les travaux de réfection et d'entretien, de raccordements sur tranchées, etc.

Art. 31. — *Entretien à forfait des trottoirs en bitume et des aires en asphalte comprimé.* — Moyennant les prix à forfait stipulés au bordereau par mètre carré et par année, diminués du rabais de l'adjudication, l'entrepreneur devra :

1° Faire, sur tous les trottoirs, aires bitumées et aires asphaltées qui font partie du forfait, les réparations, réfections, mains-d'œuvre et fournitures de matériaux nécessaires pour que lesdits trottoirs, aires bitumées et asphaltées soient entretenus en parfait état ;

2° Faire chaque année la réfection à neuf de la quinzième partie au moins des aires bitumées comprises au forfait ;

3° Faire chaque année la réfection à neuf de la partie des aires asphaltées comprises au forfait, qui sera fixée par l'Administration.

Les autres articles sont relatifs aux clauses et conditions générales, etc. etc.

ACCOTEMENTS. — TROTTOIRS

533. Pour terminer ce que nous avons à dire sur la construction des chaussées, et avant de passer aux travaux accessoires proprement dits, nous avons à parler des accotements et des trottoirs.

D'une manière générale, on donne à tous deux une pente de $0^m,04$ perpendiculairement à l'axe de la chaussée, avec cette seule différence que pour les accotements cette pente est dirigée de l'axe de la route sur les fossés, et que pour les trottoirs (ce nom étant réservé aux chemins des piétons le long des rues), cette pente est dirigée des maisons vers l'axe de la route, de façon à ce que les eaux recueillies par eux soient rejetées dans le ruisseau qui sépare ce trottoir des chaussées. Ceci entendu, nous allons donner le mode de construction spécial à chacun d'eux.

Accotements.

534. La première condition est de les protéger du côté de la chaussée de l'action des roues qui tendent à les entamer. Pour ce faire, on emploie le long des routes, si la circulation n'est pas très active, des mottes de gazon. Si elle est plus active, on utilise des vieux pavés de rebut ou des pierres brutes que l'on dresse de champ. Celles-ci ne donnent pas autant de régularité à la surface exposée à l'action réciproque destructive des bandages des roues sur cette bordure et de cette bordure sur les bandages des roues.

Trottoirs.

535. Dans les villes, où la circulation des piétons est très active, on prend de plus grandes précautions. Tout d'abord on dirige, ainsi que nous l'avons dit, la pente vers le ruisseau qui sépare la chaussée du trottoir proprement dit. On installe les bordures plus solidement et on établit une surface non sujette à être dégradée par les piétons.

536. *Bordures.* — Les bordures sont, dans ce cas, construites avec de véritables pierres de taille de $0^m,30$ à $0^m,50$ de hau-

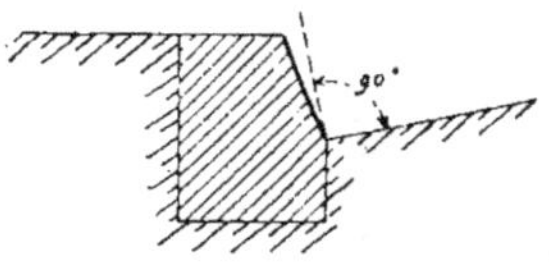

Fig. 197.

teur, de $0^m,15$ à $0^m,25$ de largeur, et aussi longues que le permet la pierre.

Enfoncées dans le sol de façon à former seulement une saillie de $0^m,15$ à $0^m,20$, elles sont taillées en pente sur la partie qui sépare le bord de la chaussée de celui du trottoir. Cette pente est déterminée par celle de la chaussée, augmentée de l'inclinaison des roues sur l'essieu (*fig.* 197), de façon à ce que les rais de la roue ne frottent pas contre l'angle de la bordure.

Il ne suffit pas quelquefois d'enfoncer cette bordure dans le sol pour lui donner la stabilité suffisante. Si le sol est mauvais, cette disposition serait en effet inefficace. Dans ce cas on fait, au-dessous, une petite fondation soit en sable, soit en pierres sèches, soit en béton, soit en maçonnerie, et cela selon la nature du terrain sur lequel on doit l'installer.

537. D'une manière générale, les eaux pluviales, de lavage ou d'arrosage, coulent le long de cette bordure, mais dans les cas où la circulation des voitures et des piétons est très considérable, les roues des voitures, en circulant dans le ruisseau, éclaboussent les passants. Pour obvier à cet inconvénient grave, on peut faire passer l'eau sous la bordure même, au moyen du dispositif représenté par la figure 198.

538. *Chaussées des trottoirs en empierrements.* — Ces chaussées se font exactement de la même manière que les chaussées destinées au roulement des voitures; seulement, n'ayant pas de lourdes charges à supporter, la construction peut en être plus légère; toutefois, on n'a généralement pas recours aux empierrements, car les matériaux n'étant pas broyés par de lourdes charges ne forment pas de détritus, et par suite la surface se délaye par l'action des pluies et des neiges et devient rugueuse, au grand ennui des piétons. A Lisbonne, on dispose de petits galets de couleurs différentes (noirs et blancs) que l'on arrange suivant des dessins formant des sortes de mosaïques. Au premier abord, cela est agréable à voir, mais en marchant cette disposition fatigue la vue et produit une sorte d'éblouissement.

539. *Chaussées en briques.* — Dans les pays où la pierre est rare, à Amsterdam par exemple, on construit les trottoirs en briques que l'on asseoit sur un lit de mortier. Ces chaussées ont, quoique à un degré moindre, les mêmes inconvénients que les chaussées en briques destinées aux voitures.

540. *Chaussées dallées.* — Ces chaussées sont très employées ; on place sur un bain de mortier de longues pierres plates. On recourt aux matériaux offrant le plus de dureté et surtout à ceux que l'on peut se procurer le plus facilement sous la forme voulue. C'est ainsi que l'on emploie certains calcaires en Espagne, du granit à Paris, de la lave de Volvic en Auvergne, etc. Ces chaussées sont généralement d'un bon usage et très usitées.

541. *Chaussées pavées.* — Quelquefois on emploie un pavage fait avec des pavés taillés et rejointoyés au ciment; mais cette construction étant coûteuse, à moins de circonstances spéciales, on ne l'emploie guère à Paris que pour les passages des cours et les passages sous les portes cochères, ainsi que pour les traversées sur les trottoirs.

542. *Chaussées en bois.* — Ces chaussées, à notre connaissance, sont fort peu employées; leur mode de construction devrait, dans tous les cas, aux épaisseurs près, être le même que celui des chaussées en bois; nous ne nous y arrêterons donc pas.

543. *Chaussées en mastic de bitume.*— Celles-ci, comme on peut s'en rendre compte, ont pris une grande extension dans les grandes villes et partout où on peut se procurer l'asphalte et le bitume à des prix non exagérés.

N'ayant pas à supporter le roulement

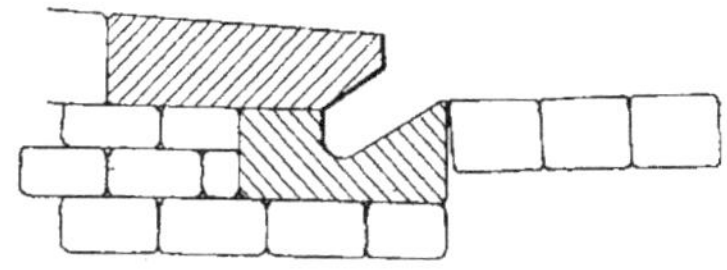

Fig. 198.

des voitures, on a recours *au mastic* qui, ainsi qu'on le verra dans le prix de revient, coûte meilleur marché.

Le principe de leur construction est le même que celui des chaussées, seulement on se contente de donner $0^m,10$ à la couche de béton qu'on recouvre d'un mortier de chaux hydraulique de $0^m,01$.

Quand le béton est bien sec, on fait fondre du mastic en pain préparé ainsi que nous l'avons vu. La température nécessaire est d'environ 120 degrés. On y ajoute environ les 2/3 de son poids de sable, ce qui ramène le prix à être inférieur à celui de l'asphalte; on brasse la matière, et on la coule au moyen d'une poche sur le béton bien sec. On lisse avec une spatule en bois et, avant que la matière soit complètement refroidie, on tamise à sa surface du petit gravier fin bien sec et passé au crible. Avec une batte on fait pénétrer ce sable dans la couche de mastic, de telle sorte que l'on obtient ainsi une surface beaucoup plus résistante à l'action de la circulation.

Dans la figure 199, tirée du *Cours de matériaux* de M. Oslet, nous donnons l'ensemble d'un atelier se livrant à la construction d'une chaussée en mastic coulé.

544. Dans les endroits où la circulation est peu active, on peut employer le bitume factice dont nous avons décrit la fabrication. Dans ce cas, on remplace le

Fig. 199.

bitume naturel par du brai de gaz surchargé plus ou moins de coaltar, et on obtient, si on a opéré sur des aires bien battues, des surfaces faisant un bon service.

545. Nous avons même employé dans des constructions rurales, là où la circulation était restreinte, des surfaces qui nous ont donné toute satisfaction en versant, par un temps très chaud et très sec,

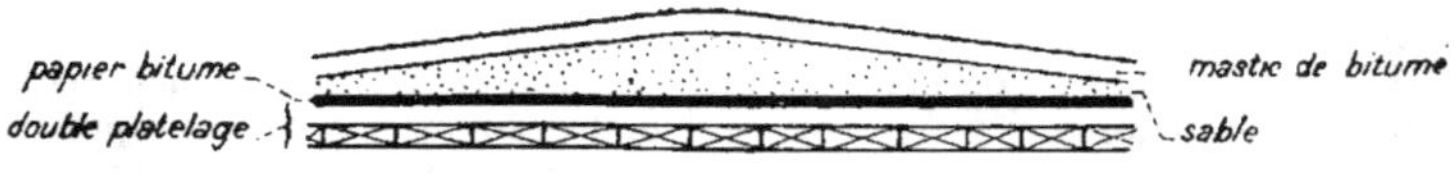

Fig. 200.

un mélange de brai et de coaltar sur des couches d'argiles calcaires bien battues et bien sèches. On saupoudrait abondamment de sable et on soumettait le tout à un pilonnage énergique. Ce mode économique est surtout applicable dans le Midi, après une certaine période de sécheresse.

546. *Trottoirs en bitume sur les ponts métalliques.* — Nous devons à M. Jolibois, conducteur des ponts et chaussées, chargé de l'entretien des ponts de Paris, la description du mode d'établissement telle qu'il a été établi sur le pont des Arts, à Paris.

Le problème se compliquait par suite de l'élasticité due à la construction des fermes métalliques de ce pont, ce qui amenait la prompte détérioration de la surface de bitume servant à la circulation.

Nous allons d'abord décrire l'ancien mode employé, les inconvénients qu'il a

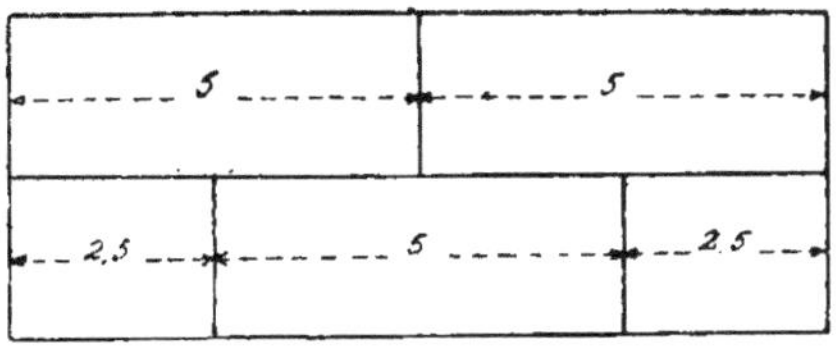

Fig. 201.

présentés et les modifications heureuses apportées dans la suite.

On avait tout d'abord recouvert le double platelage en bois formant le tablier du pont d'une feuille de papier bitumé, puis placé sur cette couche de papier une couche de terre à four de 0m,07 en moyenne, et on avait recouvert le tout d'une chape en mastic de bitume et de sable de 0m,015. On coulait ce mastic par plaques d'égale épaisseur, séparées par des joints de 0m,03 à 0m,04 que l'on remplissait de mastic de bitume pur (*fig.* 200, 201, 202).

Ce mastic naturellement *sec* et par suite de dilatations inégales se séparait des plaques, l'eau s'infiltrait et, au moment de la gelée, du dégel, soulevait le bitume,

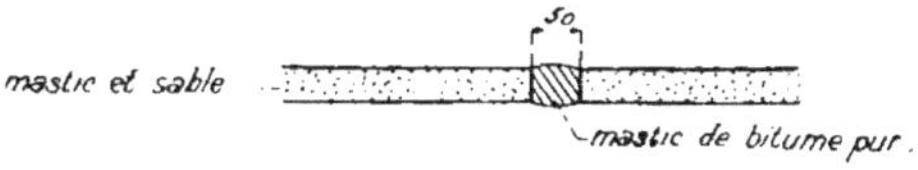

Fig. 202.

qui se fendillait sous l'action de la circulation, formant ainsi des *macarons*.

On commença par interposer un enduit imperméable de mortier de chaux de 0m,02 entre la couche de terre à four et le bitume, de telle sorte que l'eau ne pouvait s'infiltrer et mouiller cette couche placée sur le papier bitumé (*fig.* 203). On diminua ensuite de 0m,20 la largeur des plaques coulées de manière à les porter à

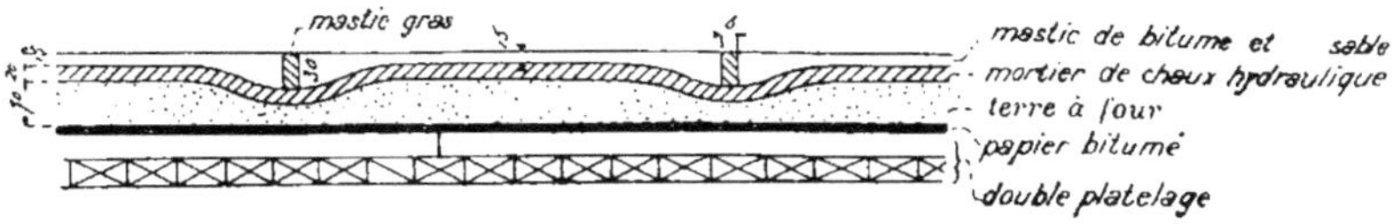

Fig. 203.

1m,80; leur longueur fut portée de 2 mètres à 2m,50; on porta leur épaisseur dans les joints à 0m,03 et on ramena ceux-ci à une épaisseur de 0m,008. Cet espace, au lieu d'être rempli par du mastic de bitume ordinaire, le fut de mastic *gras*, c'est-à-dire contenant une plus grande proportion de bitume et se prêtant par conséquent mieux aux dilatations. Plus adhésif, il ne se sépare plus des plaques coulées.

Ces perfectionnements ont amené les meilleurs résultats et actuellement on peut voir sur place la différence avec laquelle se comportent les parties réfectionnées et celles qui ne l'ont pas été. M. Jolibois exprime en outre l'avis qu'il serait utile de supprimer la feuille de carton bitumé qui retient dans la terre à four les eaux qui peuvent s'infiltrer au lieu de les laisser s'écouler entre les joints du platelage.

547. Nous terminerons ici tout ce que nous avons à dire sur la construction des routes, des chaussées et des trottoirs; mais, avant de passer au chapitre des travaux accessoires, nous donnerons les seuls chiffres que nous ayons pu nous procurer sur le prix de revient des chaussées en asphalte.

Ces travaux n'ayant jamais été exécutés en régie, il est très difficile, si ce n'est impossible, de se procurer un prix parfaitement exact, les Compagnies tenant évidemment aussi secrets que possible tous les éléments qui pourraient servir à le fixer. Nous nous contenterons donc de donner le bordereau des prix fixés par l'Administration pour les adjudications.

Prix de revient.

548. *Coût des chaussées asphaltées.* — Voici les principaux prix du bordereau dressé par les soins de l'Administration sur lesquels l'adjudicataire a fait un rabais de 0^f,10 par 100 francs.

OUVRIERS	L'HEURE
Terrassiers	0^f,55
Maçon	0 ,60
Manœuvre	0 ,50
Gardien de jour (y compris son abri)	0 ,25
Gardien de nuit (y compris son abri)	0 ,30
Bitumier	0 ,75
Voiture ou binard à 1 cheval avec le conducteur	1 ,40
Voiture ou binard à 2 chevaux avec le conducteur	2 ,10
Voiture ou binard à 3 chevaux avec le conducteur	2 ,80

MATÉRIAUX	au m/3
Cailloux cassés, lavés à grande eau	8^f,25
Sable de la Seine dragué en aval de la Marne	7 ,00
Sable de la Seine dragué en amont de la Marne	8 ,00
Sable de la berge dragué en amont de la Marne	6 ,50
Chaux hydraulique	28 ,00
Ciment de Portland. 100 kg.	6 ,00
Béton de cailloux de mortier de chaux de	19^f,50 à 20^f
Béton de Portland de	33^f à 33^f,50
Roche asphaltique de Val-de-Travers, etc. 100 kg.	7, 75
Bitume de Lussat, etc	37, 00
Mastic bitumineux naturel de Pyrimont	11 ,70
Reprise de l'ancien bitume, le mètre carré	1, 00
Reprise de l'asphalte comprimé, épaisseur 0^m,05	3 ,50
Enduit en bitume de 1re catégorie, de 0^m,015	4 ,10
Enduit en bitume de 2e catégorie, de 0^m,015	3 ,30
Réfection en bitume, 1re catégorie, de 0^m,015	2 ,90
Réfection en bitume, 2e catégorie, de 0^m,015	2 ,10
Dallage en bitume avec fondation, 1re catégorie, de 0^m,015	6 ,45
Dallage en asphalte comprimé avec fondation en béton Portland, 0^m,04	17 ,50
Entretien à forfait des chaussées de 0^m,06	21, 50
Entretien à forfait des trottoirs	0 ,70

CHAPITRE VII

TRAVAUX ACCESSOIRES

MAÇONNERIE

Ponts.

549. Les ponts ayant été traités avec tous les détails et toute la compétence possibles dans le *Cours des Ponts* de M. Chaix, faisant partie de cette *Encyclopédie ;* nous y renverrons nos lecteurs, l'importance de ces travaux ne nous permettrait pas de n'y consacrer que quelques lignes.

Nous rappellerons seulement que nous avons donné les moyens de calculer leur débouché en temps de crue, ce qui suffit pour établir le projet de la route en direction et fixer la hauteur de la chaussée.

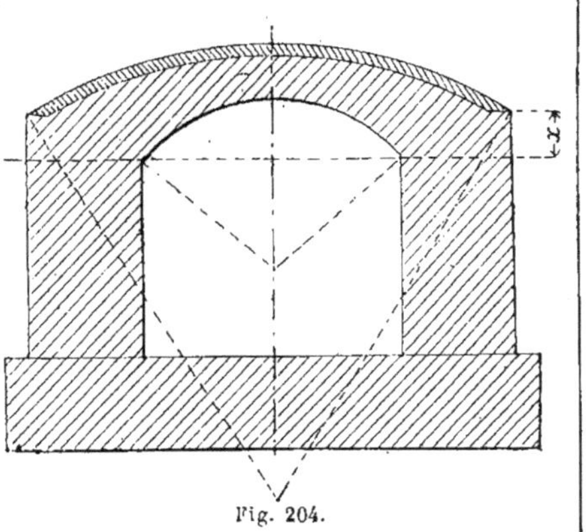

Fig. 204.

Ponceaux.

550. Les mêmes observations s'appliquent aux ponceaux. Cependant, comme ces ouvrages sont moins importants, on peut presque immédiatement en dresser le projet sans avoir recours à tous les calculs et à toutes les épures nécessités par les importants ouvrages cités ci-dessus.

551. *Épaisseur de la voûte.* — Aussitôt qu'au moyen des formules que nous avons indiquées on a déterminé le débouché du ponceau et la hauteur des plus hautes eaux, on peut tracer le profil intérieur de son ouverture. On choisira pour courbes d'intrados le plein cintre ou l'arc de cercle avec flèche minima de 1/6 (*fig.* 204). Ceci fait, on se contentera généralement de la formule empirique suivante, due à M. Léveillé, pour avoir l'épaisseur de la voûte à la clef e :

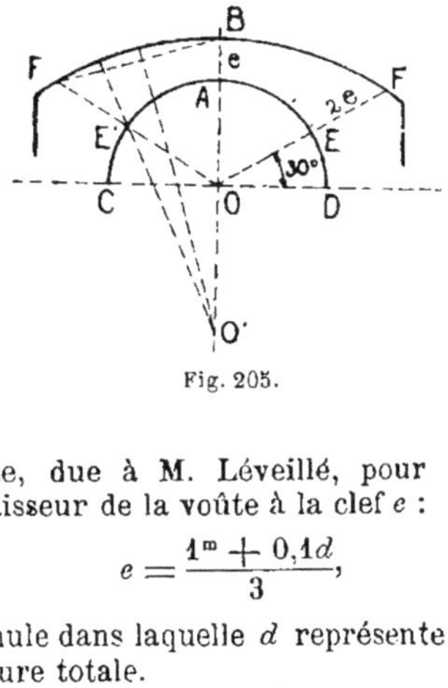

Fig. 205.

$$e = \frac{1^m + 0{,}1d}{3}, \qquad 142)$$

formule dans laquelle d représente l'ouverture totale.

L'expérience a prouvé que l'on pouvait avoir toute confiance dans la résistance d'une voûte en doublant l'épaisseur de la clef ainsi calculée au joint à 30 degrés. Il en résulte un mode de tracé extrêmement simple de l'extrados (*fig.* 205).

Il suffit, en effet, après avoir tracé

l'intrados CAD et calculé la valeur de e, que l'on portera de A en B, il suffit, di-

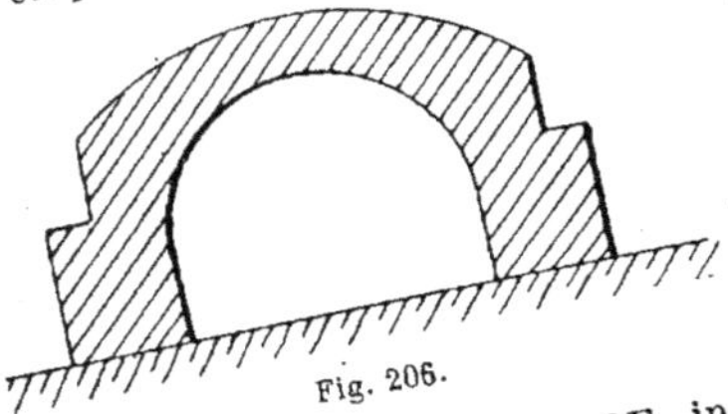

Fig. 206.

sons-nous, de mener la ligne OF, inclinée à 30 degrés, sur OD et, à partir de E, de porter deux longueurs égales à AB ; en joignant le point F, ainsi obtenu, au point B, et en élevant une perpendiculaire au milieu de cette droite, l'intersection de cette perpendiculaire avec OB

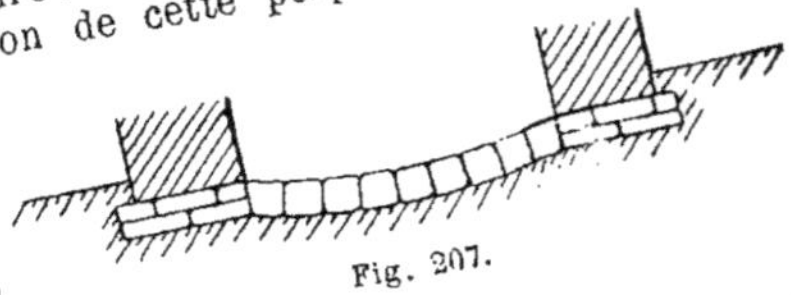

Fig. 207.

prolongé donnera le centre O' du cercle d'extrados.

552. *Culées.* — Pour l'épaisseur à donner aux culées, on a encore recours à

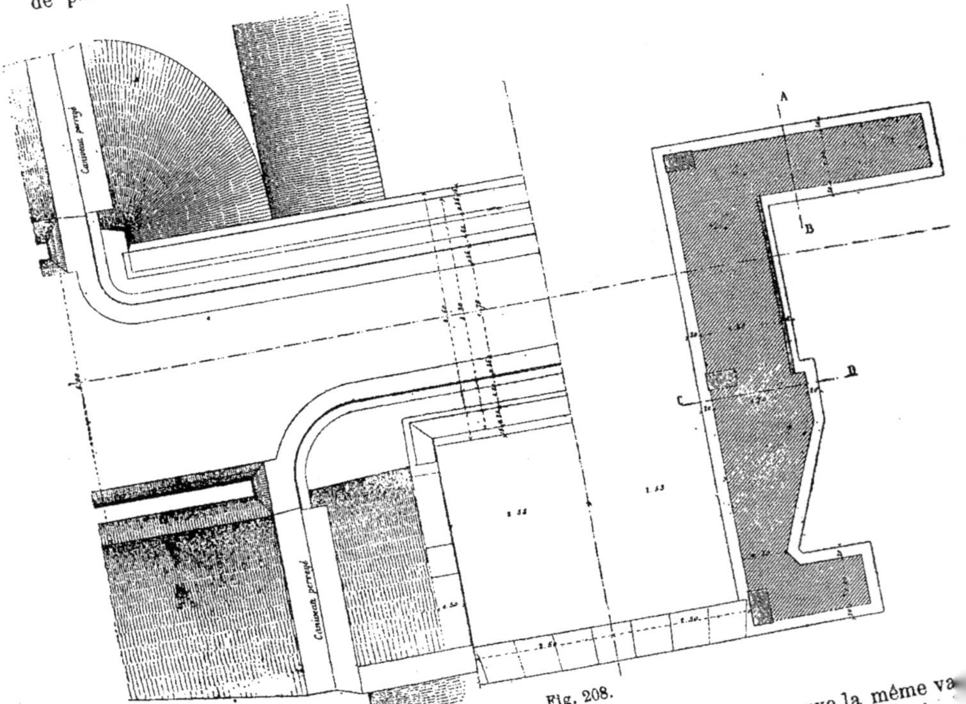

Fig. 208.

une formule empirique. Voici celle indiquée par M. L. Durand-Claye :

$$x = (0{,}8 + 0{,}1h)\,(0{,}5 + 0{,}2d),$$

dans laquelle d conserve la même va que précédemment et h indique la teur de la culée depuis la fondation qu'à la naissance. Quelquefois, quand celles-ci sont un peu hautes, on les raccorde aux naissances par des redans (*fig.* 206).

Pour les voûtes surbaissées, il faut augmenter de 20 0/0 l'épaisseur donnée par la formule.

553. *Radier.* — Lorsque la vitesse de l'eau passant, ou pouvant passer, en temps d'orage est telle que l'on redoute les affouillements, on construit un *radier*. On emploie pour sa construction des matériaux de dimensions d'autant plus considérables que la vitesse présumée du courant est plus grande. Généralement, un simple pavage rejointoyé en ciment est suffisant. On donne ordinairement au radier une flèche de 1/10 (*fig.* 207).

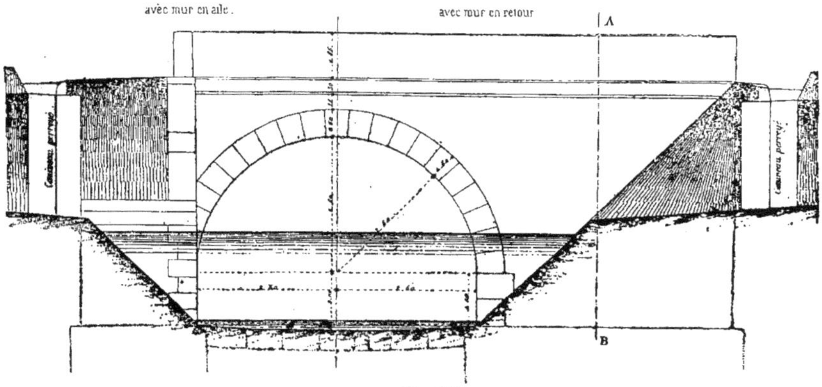

Fig. 209.

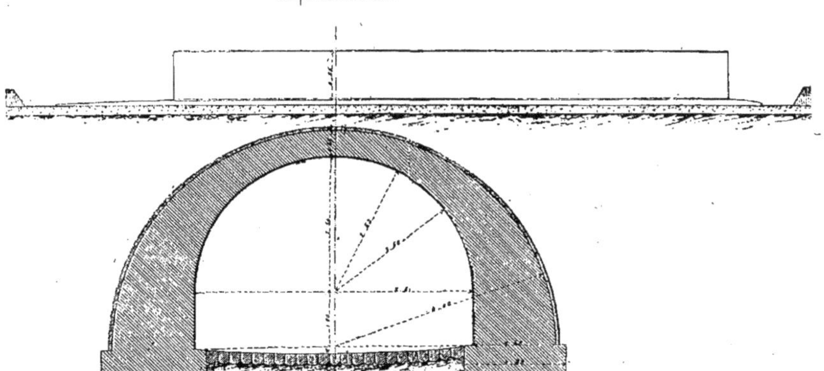

Fig. 210.

Si le terrain sur lequel on doit établir le ponceau était peu solide, on serait forcé de faire, sous le radier et sous les culées, un massif en béton débordant de 10 à 15 centimètres.

554. *Chape.* — On fera toujours bien

de garnir l'extrados d'une chape en bon mortier de chaux hydraulique ou de ciment. On ne devra pas oublier que son but est d'empêcher les eaux de s'infiltrer dans la voûte et de la dégrader soit en agissant, par son action chimique, sur les mortiers, soit par son action physique, c'est-à-dire par son écoulement, et, en temps de gelée, par les poussées que celle-ci détermine.

555. *Têtes.* — Les ponts et les ponceaux sont terminés par des têtes ; ces

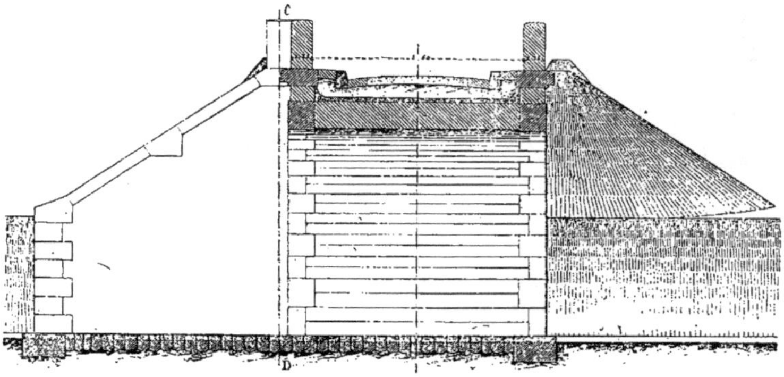

Fig. 211.

têtes affectent plusieurs formes, suivant la nature du terrain, la surface dont on dispose, etc.

Une des formes les plus simples est de faire deux murs dits *en retour* qui sont des murs de soutènement perpendiculaires au sol, parallèles à l'axe de la route, et passant par les plans de la tête de voûte (*fig.* 208 et 209).

On raccorde le talus du remblai avec

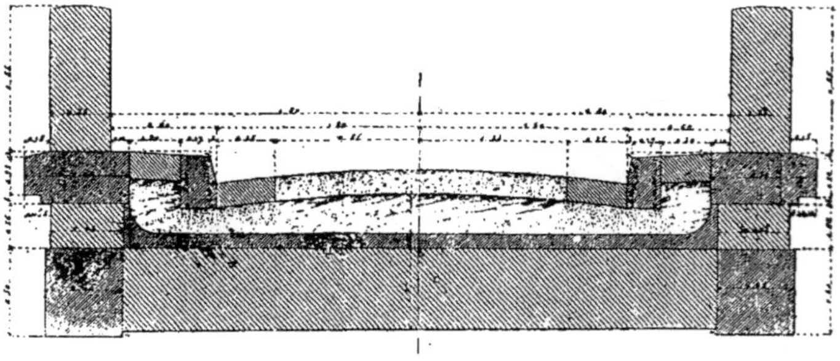

Fig. 212.

ce mur au moyen d'un quart de cône soit en gazon, soit en perrés, soit même en maçonnerie pour la partie inférieure.

D'autres fois, on termine le ponceau par des murs en aile, ce qui permet d'économiser un peu de maçonnerie (*fig.* 208 et 209).

556. Nous donnons comme exemple de ponceau :

1° Un type de petit pont de 5 mètres annexé à la circulaire ministérielle du 20 août 1881.

La figure 208 représente les plans partiels à différents niveaux.

La figure 209, l'élévation, avec mur en aile à gauche de l'axe, et mur en retour à droite.

La figure 210, la coupe transversale de la voûte et du radier pavé.

La figure 211, la coupe longitudinale.

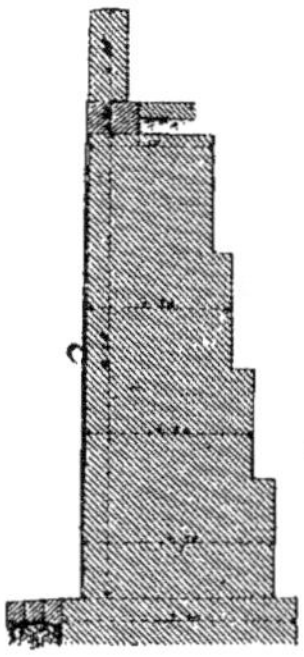

Fig. 213

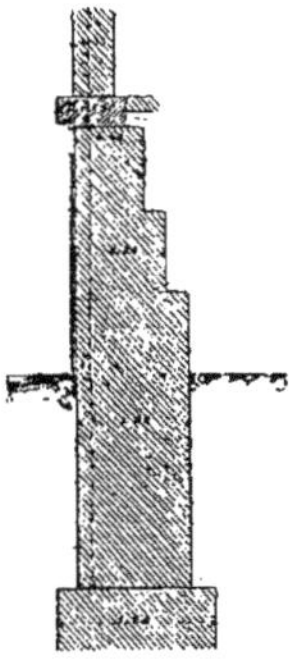

Fig. 214.

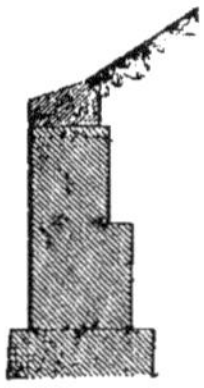

Fig. 215.

La figure 212, le détail des parapets, plinthes et trottoirs.

La figure 213, la coupe d'un mur en aile au milieu du retour du parapet suivant CD.

La figure 214, la coupe d'un mur en retour suivant AB.

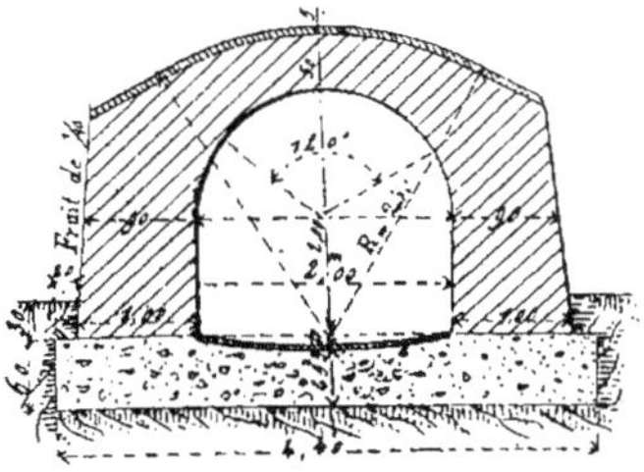

Fig. 216.

La figure 215, la coupe d'un mur en retour à l'extrémité du mur en aile ;

2° Un type de ponceau de 2 mètres avec coupe du radier (*fig.* 216 et 217).

557. Pour le surplus des détails de construction, nous renverrons au cours de ponts en maçonnerie de M. Chaix publié dans cette *Encyclopédie*.

Aqueducs.

558. Les aqueducs sont des ponceaux de petites dimensions ne dépassant pas 1 mètre d'ouverture. Nous donnons (*fig.* 218, 219 et 220) les dessins d'un aque-

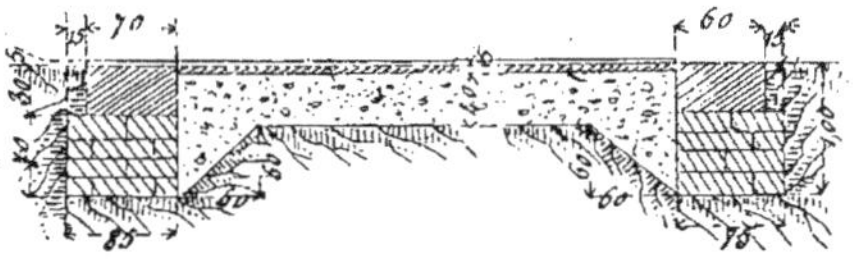

Fig. 217.

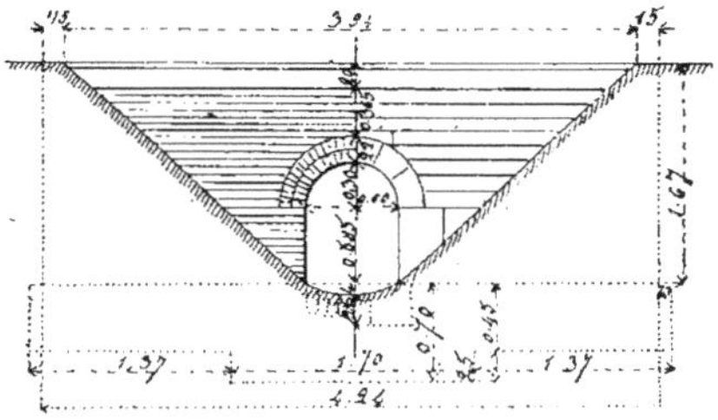

Fig. 218.

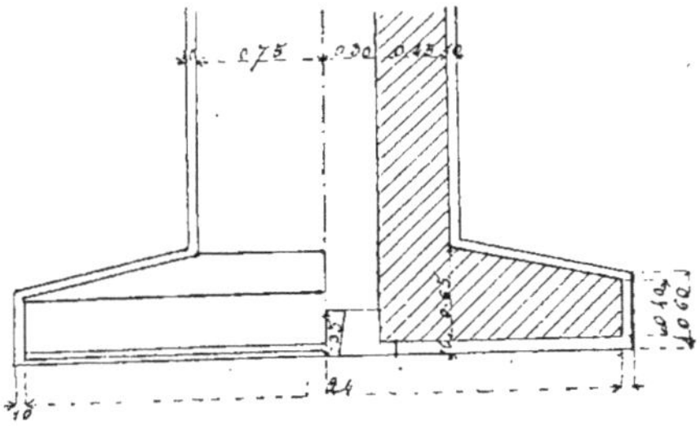

Fig. 219.

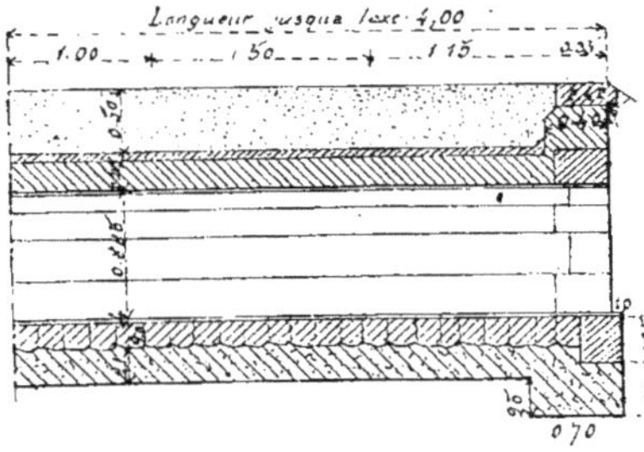

Fig. 220.

duc de $0^m,60$. La partie gauche représente une construction en brique, la partie droite une construction en pierre de taille.

Dallots.

559. Les dallots sont des aqueducs construits dans les localités où on peut se procurer à bon compte des pierres plates d'assez grandes dimensions.

On forme alors une sorte de ponceau au moyen de deux murs parallèles ou piédroits de $0^m,35$ à $0^m,60$ d'épaisseur, et on les recouvre avec des dalles de libage (*fig.* 221, 222, 223).

Nous empruntons encore au traité

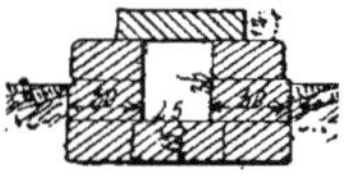

Fig. 221.

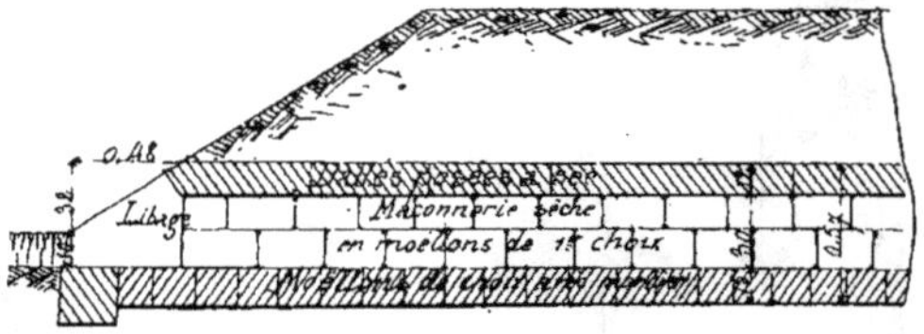

Fig. 222.

de M. Chaix les dessins d'une de ces constructions ainsi que celui d'un type de dallots accolés qui permettent d'obtenir, avec une petite hauteur ou avec des dalles insuffisantes comme largeur, des surfaces de passage offrant le débouché nécessaire aux eaux (*fig.* 224).

Égouts.

560. Dans les villes, on est obligé de pratiquer de longs aqueducs souterrains pour permettre l'écoulement des eaux de lavage de toute espèce, et les entraîner au loin, de façon à ce qu'elles ne puissent

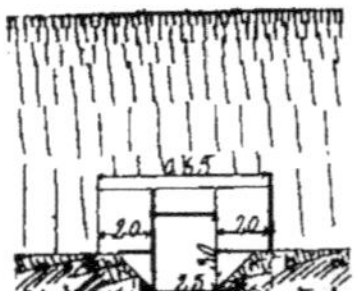

Fig. 223.

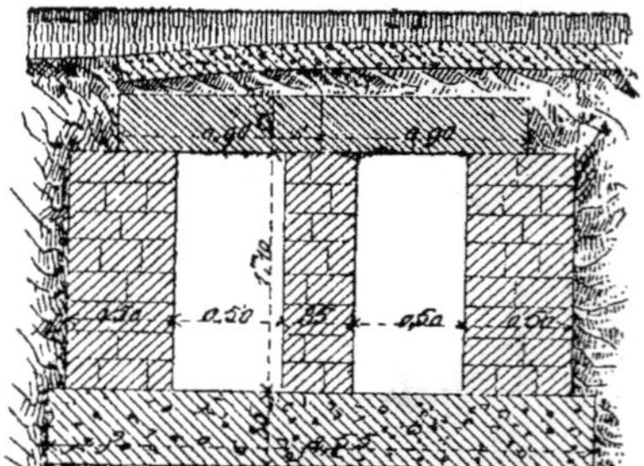

Fig. 224.

nuire à la santé publique; ces sortes d'aqueducs prennent le nom d'égouts.

Le tracé d'un système d'égouts dans une ville est assez compliqué, car les pentes doivent être toutes aménagées de telle sorte que les eaux n'y séjournent pas et qu'elles puissent se rendre dans les *collecteurs*, sorte d'égouts plus vastes que les autres et chargés, comme leur nom l'indique, de réunir les eaux d'un grand nombre d'égouts et de les conduire au *débouché* (*fig.* 225 et 226).

Leurs dimensions varient donc dans de grandes limites, depuis celles des tuyaux en poterie vernissée qui servent à déverser les eaux ménagères des maisons, jus-

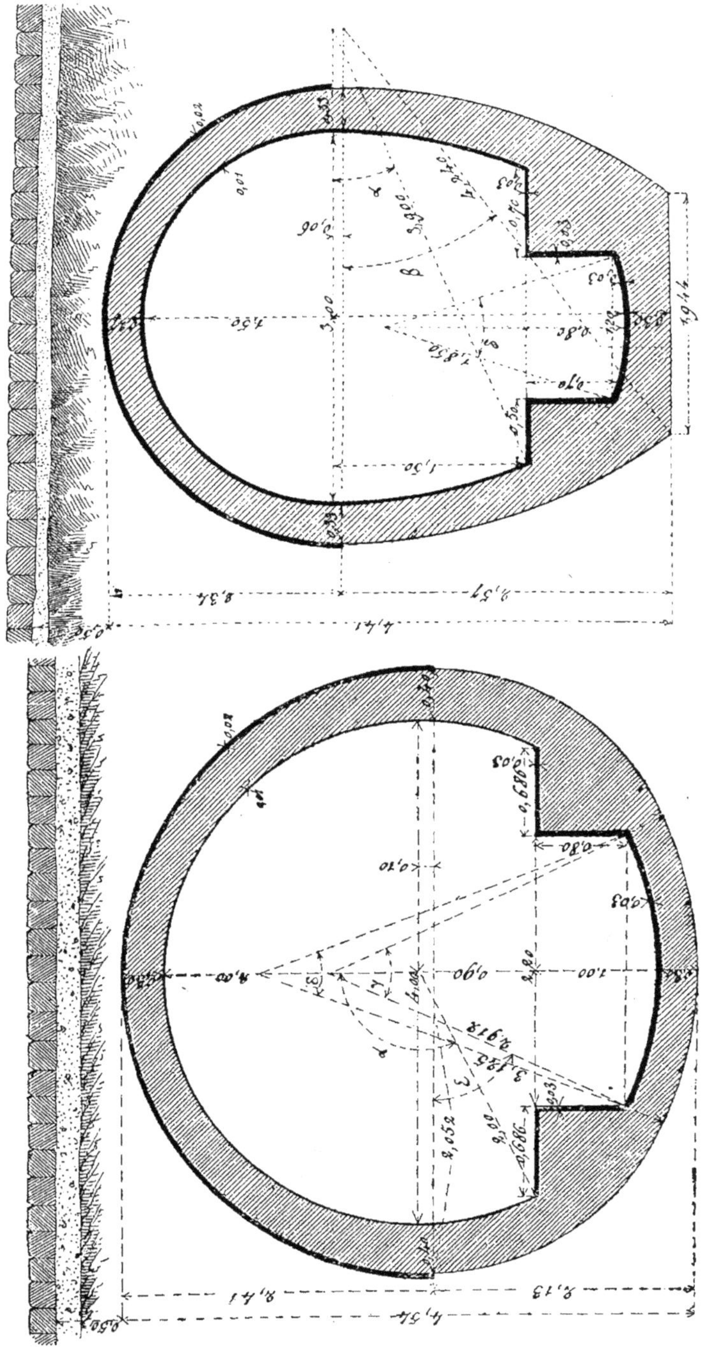

Fig. 225 et 226.

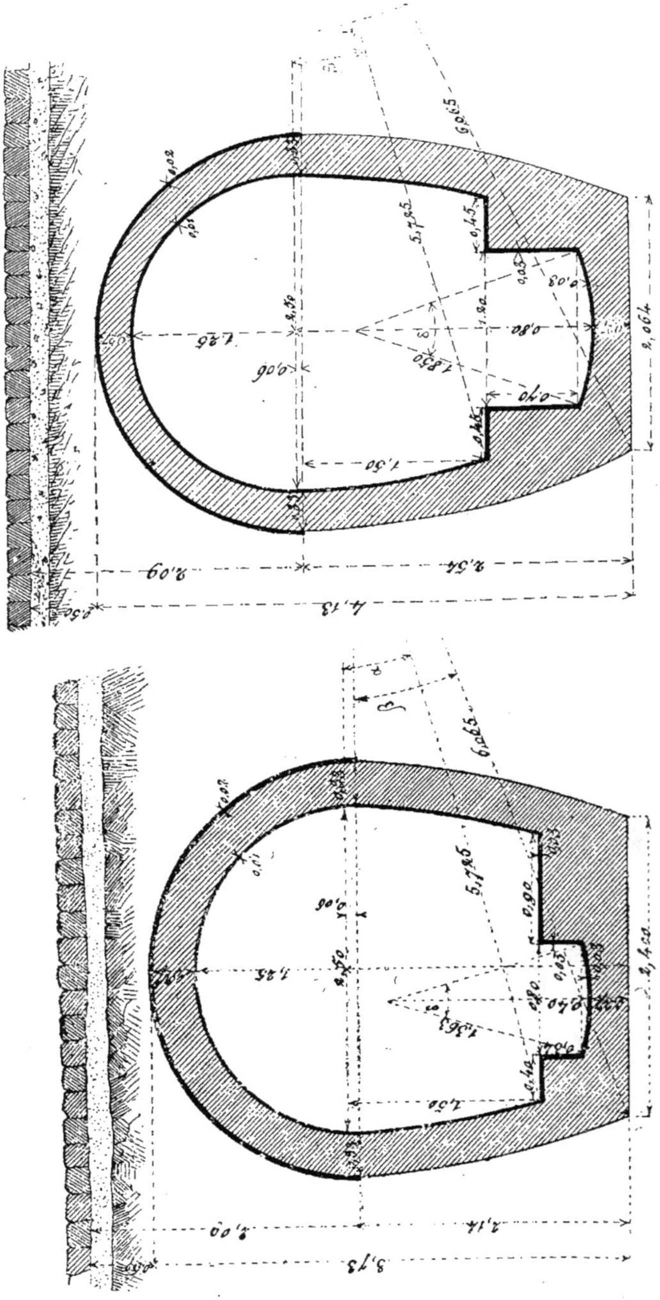

Fig. 227 et 228.

qu'à de véritables tunnels. Aussitôt qu'ils acquièrent des grandeurs un peu considérables, ils rendent les plus grands services et permettent de recevoir et

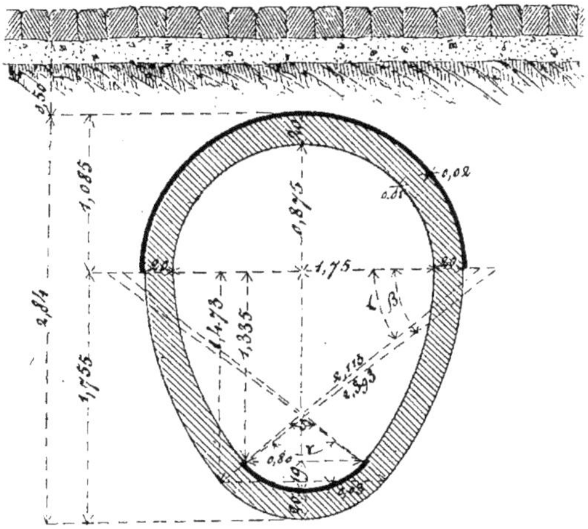

Fig. 229.

d'installer autre part que dans le sous-sol des chaussées, les conduites d'eau, les fils télégraphiques et téléphoniques, les tubes pneumatiques de la poste, les cana-

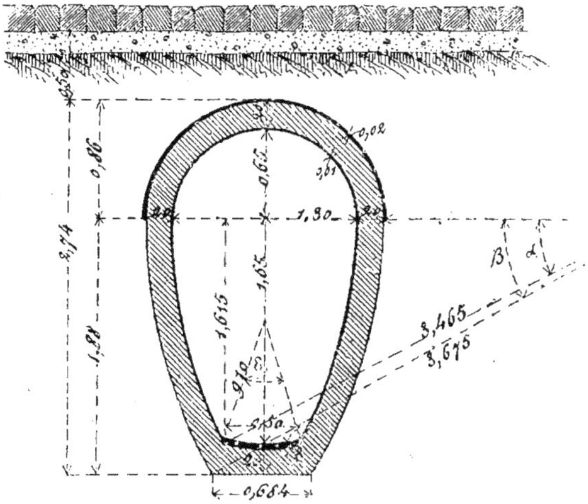

Fig. 230.

lisations d'eau et d'air comprimé, etc. Tous ces objets deviennent ainsi facilement accessibles en cas de réparation, et on n'est pas obligé, pour y procéder, d'interdire la circulation des voitures ou des piétons.

Nous reproduisons dans les figures 227, 228, 229, 230, 231 les dimensions des égouts les plus employés à Paris.

561. *Choix du type.* — Pour choisir le type le plus convenable on se reporte à la formule donnée par Claudel :

$$S = \frac{\omega \sqrt{RI}}{0{,}0239},$$

dans laquelle :

S = représente la surface du bassin par hectare;

ω = l'aire de la section en mètres carrés;

R le rapport de la section du périmètre mouillé;

I = la pente du radier.

Cette formule est extraite de celle de Prony :

$$0{,}32\, v^2 = RI,$$

dans laquelle on suppose que la plus grande quantité de pluie tombée par

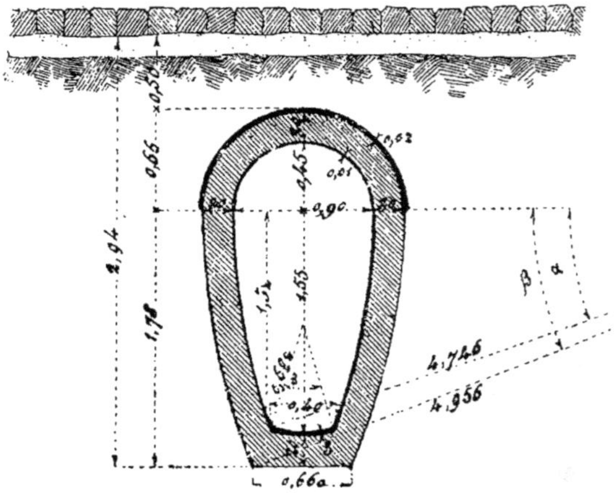

Fig. 231

seconde et par hectare est de $0^{m3},125$ et que le temps de l'écoulement dans les égouts est trois fois plus long que la durée de la pluie.

Voici, tiré du *Traité des fondations, mortiers, maçonneries* de MM. Oslet et Chaix faisant partie de cette *Encyclopédie* le tableau qui donne les surfaces normales des bassins de chaque type d'égout pour les pentes faibles.

Numéros des types d'égout	Aire ω	Périmètre X	Superficie normale S du bassin pour des pentes I par kilomètre de				
			0m 50	1m 00	1m 50	2m 00	2m 50
1	18m 67	16m 60	585 h	828 h	»	»	»
2	16 59	16 11	496	701	»	»	»
3	11 37	12 99	316	447	»	»	»
5	8 65	11 61	220	311	379	439	491
6 modifié	6 98	10 47	169	239	292	337	377
6	6 30	9 83	149	211	257	298	333
7	6 18	9 62	146	207	252	292	327
8	5 06	7 93	120	170	207	240	269
9	4 24	7 78	93	132	161	185	209
10	3 31	6 56	70	99	121	140	156
12	2 42	5 94	44	63	77	89	100

Les égouts sont construits en maçonnerie dans laquelle on force la proportion de ciment, tant pour résister à l'action des eaux intérieures que pour avoir une prise rapide, et interrompre la circulation le moins longtemps possible.

Comme travaux accessoires, les égouts comportent des déversoirs, des siphons, des branchements, des bouches et des regards.

562. *Déversoirs.* — Quand deux égouts sont à peu de distance l'un de l'autre, ou quand un égout se trouve près d'un canal quelconque, on établit quelquefois un déversoir entre les deux égouts ou entre ce canal et un égout, de façon à faciliter l'écoulement des eaux pluviales qui, en cas de grandes averses, pourraient occasionner des inondations. La largeur et

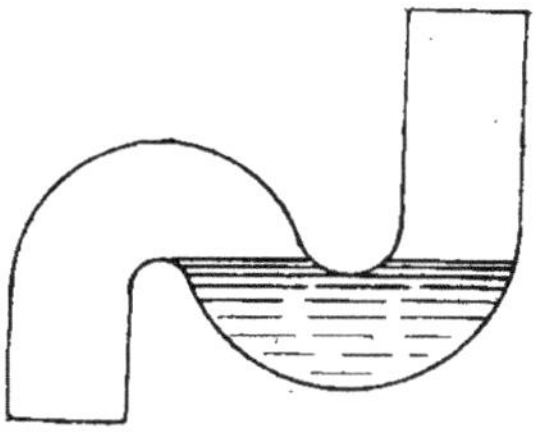

Fig. 232.

la hauteur de ce déversoir se déterminent par les formules connues et d'après la quantité d'eau que l'on veut détourner.

563. *Siphons.* — Les siphons renversés se placent généralement au bas des conduites qui mènent les eaux ménagères aux égouts, par leur forme ils conservent les objets solides qui auraient pu tomber, et ils interceptent toute communication gazeuse entre la conduite et l'égout (*fig.* 232).

564. *Branchements.* — Ces constructions semblables à de petits égouts conduisent les eaux ménagères de toute une maison jusqu'à l'égout. Elles sont ordinairement construites par le propriétaire jusqu'au ras du mur extérieur de sa maison, et prolongées à ses frais par l'Administration jusqu'à l'égout.

Les bouches d'égouts placées le long des ruisseaux des trottoirs communiquent également par un branchement avec l'égout de la rue (*fig.* 233).

Il en est de même des regards d'égout

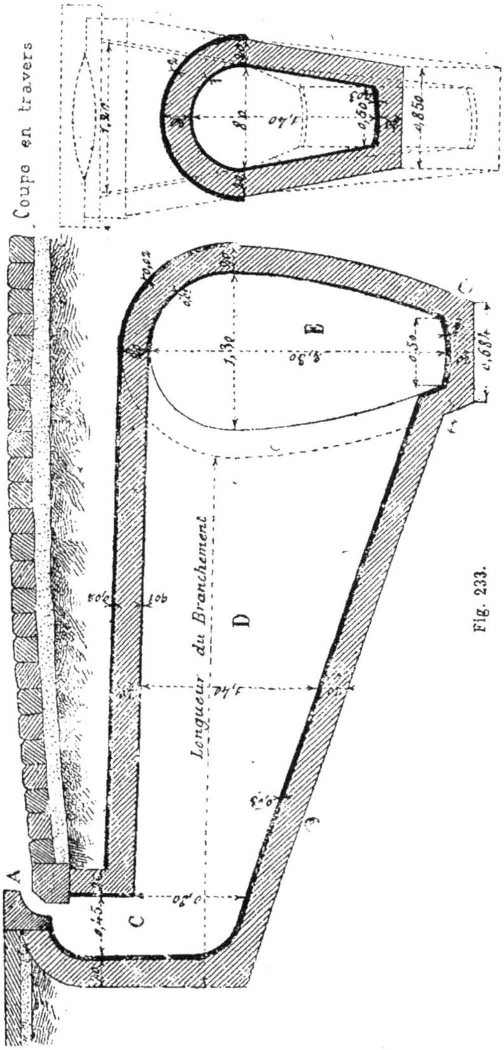

Fig. 233.

destinés à donnr aux ouvriers la possibilité d'y pénétrer (*fig.* 234).

Ces regards sont munis d'échelons en

fer et fermés par des plaques en fonte. Ces plaques se polissant par suite du passage des piétons étaient la cause de nombreux accidents, surtout en temps de neige et de verglas. On y a remédié ces dernières années, en creusant leur surface et en coulant du bitume dans les cavités formées.

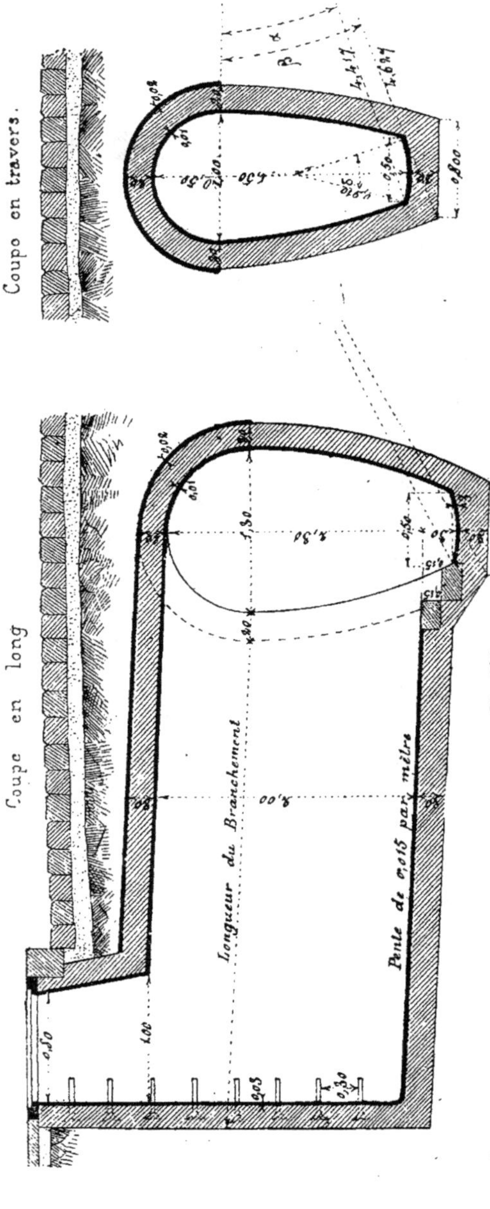

Fig. 234.

Le curage et le nettoyage des égouts se pratiquent de différentes façons suivant que la circulation y est plus ou moins facile.

Le curage de collecteurs principaux qui ont une cunette d'au moins 1 mètre de profondeur se fait au moyen de bateaux-vannes. Celui des collecteurs ordinaires avec des wagons-vannes qui roulent sur des rails placés sur les bords de la cunette.

Les autres se font par des chasses d'eau et des raclages.

Bornes kilométriques et poteaux indicateurs.

565. Les bornes kilométriques et les poteaux indicateurs n'exigent pas de maçonnerie pour leur implantation, mais simplement un peu de pierre de taille.

La division kilométrique des routes partait anciennement pour les routes royales des grandes villes, comme Paris, Lyon, Marseille, etc. Depuis l'ordonnance du 21 juin 1853 la forme et la méthode à suivre ont été réglementées par l'Administration et établies de la façon suivante, afin de donner une uniformité désirable. En voici l'extrait avec les dessins qui s'y rapportent.

« L'utilité du bornage kilométrique et hectométrique ne saurait être mise en doute. Ce bornage donne aux ingénieurs les moyens de préciser les détails du service, tels que les ordres aux conducteurs, piqueurs et cantonniers, les états d'indication pour la distribution des matériaux, les renseignements statistiques; en un mot, il permet d'obtenir une surveillance exacte de toutes les parties des chaussées et de leurs dépendances.

« Le bornage doit en outre donner aux voyageurs des renseignements sur leurs marches et sur les distances qu'ils parcourent entre les villes traversées par les routes. C'est surtout pour parvenir à ce dernier résultat que le besoin d'uniformité se fait le plus vivement sentir.

« L'adoption d'un système uniforme mettra d'ailleurs un terme aux changements que chaque ingénieur prenant possession d'un service se croit le droit de faire subir au système exécuté par son prédécesseur. Cependant, quelque désirable que soit l'uniformité dont il s'agit, il doit être expressément entendu que les instructions qui vont suivre seront appliquées là seulement où il y aura de nouvelles bornes à établir, et que partout où le bornage est complètement fait, il doit être maintenu tel qu'il est.

« Sous cette réserve, Monsieur le Préfet, et après mûr examen de la question, j'ai décidé, sur l'avis du Conseil général des ponts et chaussées, qu'il y a lieu d'adopter pour le bornage des routes impériales et départementales, les dispositions suivantes :

Emplacement des bornes.

1° Les bornes kilométriques et hectométriques, seront placées sur la gauche de la route ;

2° Sur les routes d'une largeur de 10 mètres et au dessus, chaque borne sera posée sur la crête extérieure de l'accotement, ou du trottoir, ou enfin sur la banquette de sûreté des portions de routes en fort remblai. Sur les routes inférieures à 10 mètres, les bornes seront posées sur la crête extérieure du contre-fossé pour les parties de routes en plaine, dans le talus de la tranchée pour les portions de route en déblai ; enfin sur la banquette de sûreté pour les parties en fort remblai.

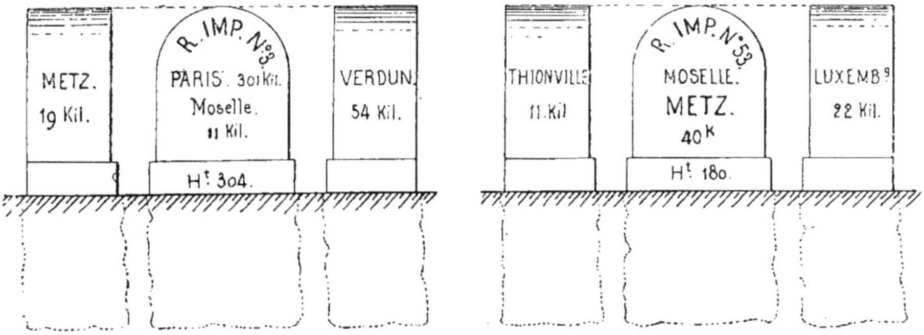

Fig. 235 à 240.

Forme des bornes kilométriques et hectométriques.

« La forme et les dimensions des bornes kilométriques et hectométriques seront celles indiquées et cotées sur les spécimens (*fig.* 235, 236, 237) des dessins joints à la présente circulaire.

3° *Numérotage des bornes.*

« Le numérotage kilométrique sera fait par département traversé et à partir de la borne départementale, limite supérieure, sans tenir compte des emprunts qu'elle peut faire à d'autres routes ou parties de route.

« Pour avoir la longueur totale de la route dans le département, on fera inscrire sur le compartiment droit de la borne départementale, limite inférieure, le numéro de la dernière borne kilométrique, suivi de la fraction métrique exprimant la distance entre ces deux bornes.

Inscriptions.

4° Pour les routes impériales ayant leur origine (*au parvis Notre-Dame*) à Paris, on admettra les inscriptions telles quelles sont figurées et cotées au spécimen (*fig.* 235, 236, 237).

5° Pour les routes ayant leur origine dans une ville ou une commune importante, et ne traversant qu'un seul département, on adoptera le spécimen (*fig.* 238, 239, 240);

6° Enfin, pour les routes ayant leur origine hors du département, ou bien s'embranchant dans le département sur une route en rase campagne, on adoptera le spécimen (*fig.* 241, 242, 243).

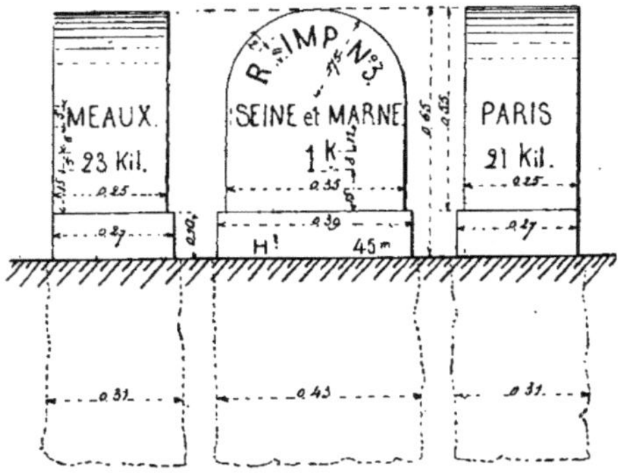

Fig. 241 à 243

Bornes hectométriques.

« 7° Pour les bornes hectométriques, le spécimen unique sera celui donné par la figure 244.

8° *Matériaux à employer dans la confection des bornes.*

« Les bornes kilométriques ou hectométriques seront, autant que possible, exécutées en pierre très dure du pays. Cependant, en l'absence de pierre dure, on pourra employer le bois (*chêne, charme* ou *hêtre*), injecté de sulfate de cuivre.

« Dans l'un et l'autre cas, la partie hors terre des bornes sera peinte à l'huile sur trois couches et en couleur blanche; les lettres des inscriptions seront ensuite soigneusement rechampies en couleur noire.

Inscriptions pouvant varier dans les premiers temps.

9° « Les inscriptions pouvant varier, telles que:

1° La distance des bornes à Paris (au parvis Notre-Dame), face principale; spécimen (*fig.* 236);

2° Les distances aux villes voisines sur les faces latérales;

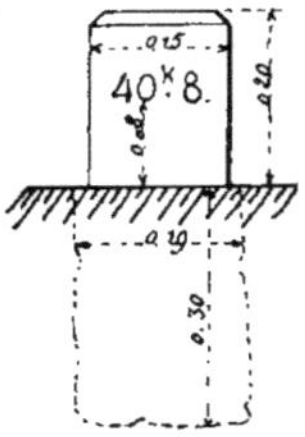

Fig. 244.

Fig. 245.

3° Enfin les cotes de niveau du socle au dessus de la mer. Ces diverses cotes seront provisoirement peintes en noir; elles ne seront incrustées dans la pierre ou le bois que lorsque les ingénieurs auront acquis la certitude qu'elles ne pourront plus varier.

Observations.

« Je ne terminerai pas, Monsieur le Préfet, sans recommander de nouveau, *de la manière la plus formelle*, de n'appliquer les dispositions qui précèdent qu'aux nouvelles bornes à établir sur les routes, etc., etc. »

La figure 245, représente les bornes actuelles placées sur les limites des départements.

FOSSÉS

566. Nous avons donné, lors des travaux de terrassements, les formes généralement adoptées pour les fossés, ainsi que pour les talus. Nous avons vu également quelles précautions on devait prendre quand les fossés avaient une pente longitudinale telle que l'on pouvait redouter, dans les grandes eaux, les affouillements de la cuvette. Nous ne reviendrons donc pas sur ce sujet.

PLANTATIONS

567. Les plantations considérées au point de vue de leur utilité peuvent être divisées en deux groupes bien distincts :

1° Celles qui servent à la consolidation des terrains (remblais, talus, etc.);

2° Celles qui ont pour objet, l'agrément des voyageurs et l'augmentation de la fortune publique en créant des ressources en bois de travail ou de futaie pour l'armée et les constructions.

1° Plantations servant à la consolidation des terrains.

568. Celles-ci sont généralement les plus simples. Elles consistent le plus ordinairement en gazonnements.

Ces derniers se pratiquent de deux façons distinctes, mais, on commence toujours par recouvrir la surface à gazonner avec de bonne terre provenant, soit de celle mise à part au commencement de l'exécution des travaux, ainsi que nous avons eu occasion de le dire quand nous avons parlé des terrassements, soit d'emprunts faits à l'extérieur. Cette couche doit avoir de $0^m,15$ à $0^m,20$ d'épaisseur, et on la pilonne légèrement.

Cette opération faite, on procède de de deux façons différentes : ou par semis, ou par gazonnement proprement dit.

569. 1° *Semis.* — On doit choisir, autant que possible, des plantes à racines nombreuses étalées et profondes, telles que la luzerne, le trèfle, les liserons, certaines graminées et presque toutes les espèces de cypéracées ; ces dernières pour les terrains humides. On choisira celles de ces plantes qui conviendront le mieux au sol et à son exposition. On recouvre ensuite la graine avec un peu de bonne terre, et on arrose de temps en temps.

Nous trouvons, dans l'ouvrage de M. A. Moreau sur les chemins de fer, les prix de revient du dressement de talus avec ensemencement à l'entreprise :

Dressement de 100 mètres carrés une journée de taluteur	$4^f,00$	$4^f,60$
Faux frais et bénéfices 15 0/0.	0,60	
Ensemencement, graines	0,50	2,88
Main d'œuvre demi journée de jardinier	2,00	
Faux frais et bénéfice . .	0,38	
Total.		$7^f,48$

Soit, par mètre carré, $0^f,075$.

On emploie de 20 à 50 kilogrammes de graines à l'hectare, suivant l'essence et la nature du terrain.

570. 2° *Gazonnement.* — Le gazonnement proprement dit consiste à recouvrir le terrain de plaques de gazon en pleine végétation.

On commence par ajouter un peu de bonne terre sur le sol à gazonner, puis on y apporte des plaques de gazon levées dans les champs environnants. Ces plaques doivent avoir $0^m,25$ à $0^m,30$ de côté, et $0^m,06$ à $0^m,10$ d'épaisseur. On les pose à plat, et si la pente du terrain est un peu forte, on commence par le bas, on plaque en remontant, et de place en place on les cheville au moyen de piquets longs et minces.

571. *Gazonnement des quarts de cône.*

— Quand on veut faire des gazonnements plus soignés et plus résistants, comme cela se présente pour les quarts de cône des ponts et des ponceaux, on procède d'une manière un peu différente. Voici ce que dit M. Moreau à cet égard :

« Les blocs de gazon sont encore posés par tranches horizontales, mais perpendiculaires à la surface du talus. On croise les joints comme précédemment ; les assises sont bien réglées, damées et arrosées ; on place ici l'herbe en dessous, à l'exception de la dernière du couronnement, où elle est laissée à l'air libre. On fixe les blocs de quatre en quatre dans chaque assise par des piquets de $0^{m},35$ à $0^{m},40$ de longueur sur 8 centimètres de diamètre. »

Le prix de revient est d'environ $1^{f},50$ le mètre carré.

Quand ces procédés sont insuffisants pour retenir le terrain, ce qui est rare pour les routes, on les plante en taillis. Les arbustes les plus employés sont l'acacia, le saule, l'osier, le vernis du Japon. On devra, du reste, se laisser guider pour le choix par l'examen de la localité et préférer ceux d'entre ces arbustes qui croissent avec le plus de vigueur.

2° Plantation d'arbres.

572. Ainsi que nous l'avons dit, la plantation d'arbres le long des routes a pour objet non seulement l'agrément des voyageurs, agrément sur lequel il est inutile d'insister, mais aussi l'augmentation de la fortune publique.

En effet, ainsi que le fait fort bien observer M. L. Durand-Claye, leur ensemble constitue un capital considérable : « On peut estimer à 250 000 kilomètres la longueur des routes, chemins et canaux susceptibles d'être plantés, ce qui, à raison de 200 pieds par kilomètre, fait 50 millions de pieds. C'est la valeur d'au moins 120 000 hectares de forêt de haute futaie. »

L'utilité en fut reconnue depuis plusieurs siècles. D'après Isambert, le premier édit en date est celui de Henri II, qui, par ses lettres patentes du 19 janvier 1552, ordonne aux propriétaires de planter des arbres le long des *grandes routes* et *voieries*, « comme après avoir entendu le grand nombre d'ormes qui nous fait besoing par chacun an pour servir aux affûts et remontages de nostre artillerie et la difficulté qui se trouve déjà d'en recouvrer, etc. etc.; mandons, commandons et enjoignons et à chacun de vous en son regard que incontinent vous faites à scavoir et notifier à son de trompe et cry public et par affiches que vous ferez mettre aux portes des églises et autres lieux publics de vos ressorts et juridictions, ainsi qu'il est accoustumé, que tous les seigneurs hauts justiciers et semblablement tous manans et habitans des villes, villages et paroisses estant au dedans de nosdits ressorts et juridictions ayent à planter et faire planter dedans la fin de ceste présente année et en saison propre le long des voieries et grans chemins publics et ès lieux qu'ils verront plus commodes et à propos, si bonne et grande quantité ormes que avec le temps nostredit royaume s'en puisse voir bien suffisamment peuplé et pourveu... etc... »

En 1583, un édit sur les eaux et forêts, rendu par Henri III, prescrit de planter les chemins « d'ormeaux, noyers et autres propres, selon la qualité des fonds, etc... ».

Le 3 mai 1720 il y eut un arrêt rendu par le Régent, en ces termes :

« Le roi étant informé de la nécessité qu'il y a de repeupler le royaume d'ormes, hêtres, châtaigners, arbres fruitiers et autres dont l'espèce est considérablement diminuée, S. M. a jugé qu'il n'y avait pas de plus sûr moyen pour y parnir, que de renouveler les dispositions de l'ordonnance des rois ses prédécesseurs, par lesquelles il enjoint à tous les propriétaires aboutissant aux grands chemins, etc... »

Puis vint la loi du 9 ventôse an XIII (28 février 1805), qui ordonnait que les plantations seraient faites sur le sol même des routes ; nous trouvons ensuite un décret du 16 décembre 1811 obligeant les propriétaires à planter sur leur fond à 1 mètre du bord des fossés, et enfin la circulaire ministérielle du 9 août 1850 qui régit actuellement la matière.

573. Malgré tous les avantages reconnus, la plantation des arbres le long des routes a eu de nombreux adversaires. On leur reprochait d'entretenir de l'humidité et de la fraîcheur sur la chaussée. Ce reproche n'a rien de fondé si, d'une part, la route est convenablement assainie, et si l'entretien est bien fait, car alors les eaux s'égouttent facilement et les feuilles mortes enlevées en temps utile par le balayage ne favorisent ni la formation de la boue, ni le séjour de l'eau. La fraîcheur relative qu'entretient l'ombre des arbres empêche la dessiccation de l'empierrement; et nous savons que la sécheresse est, après la boue, une des causes les plus destructives des chaussées. Il n'y a que dans les tranchées profondes et dans les endroits très humides que ces reproches pourraient avoir quelque valeur ; mais, nous le répétons, ce sont des cas extrêmement rares et contre lesquels un bon assainissement peut obvier, et, au pis aller, on peut toujours supprimer la plantation dans les portions, très restreintes, répétons-le, où elles pourraient devenir nuisibles.

574. Ce sont ces avantages indéniables qui ont été visés dans la circulaire du 9 août 1850 par Bineau, alors ministre des Travaux publics: il en tira cette conclusion qu'il était inutile de retirer à l'agriculture les terrains que les anciens règlements obligeaient à planter d'arbres le long des routes, à une certaine distance, et qu'il y avait au contraire avantage à planter les arbres sur le sol des routes.

« Après mûr examen, dit-il, j'ai reconnu qu'il y a lieu d'adopter les dispositions suivantes :

« Pour toutes les routes qui ont au moins 10 mètres de largeur, les plantations seront établies, à l'avenir, sur le sol même du domaine public.

« Ces plantations consisteront en une rangée d'arbres de chaque côté sur les routes de 12 à 16 mètres et en deux rangées d'arbres sur les routes qui ont 16 mètres et plus. »

« Elles (les plantations) se composeront d'essences appropriées au sol et au climat, et, autant que possible, propres à donner un produit, tels que l'orme, le peuplier et le mûrier.

« Il conviendra le plus souvent de faire alterner les essences de prompte venue avec celles dont la croissance est plus lente.

« La distance d'un arbre à l'autre dans chaque rangée sera généralement de 10 mètres; l'intervalle entre deux rangées formant contre-allées devra être au moins de 3 mètres ; les arbres seront plantés en quinconce.

« Les arbres à planter seront tenus à la distance de 2 mètres de la ligne qui sépare le domaine du sol riverain.

« Il ne faudra pas l'appliquer (le système de plantation) aux parties de route qui n'ont pas 10 mètres de largeur, aux traversées des villes et des villages, aux fonds trop encaissés ou trop bas et trop humides, enfin aux cas où une exception sera jugée nécessaire.

575. *Instruction ministérielle du 17 juin 1851.* — Cette circulaire fut suivie, le 17 juin 1851, d'une instruction de laquelle nous extrayons ce qui suit :

5° *Tracé des lignes.* — Les rangées d'arbres seront parallèles à l'axe de la route.

Les arbres se correspondront deux à deux sur une même perpendiculaire à cet axe. Dans le cas où ils formeront une contre-allée des deux côtés de la route, les arbres de chaque contre-allée seront plantés en quinconce.

« 7° *Époque où les plantations devront être faites.* — Les plantations d'automne seront faites du 1er novembre au 15 décembre; celles dites du printemps devront être terminées le 15 mars.

« On choisira de préférence les jours humides pour exécuter ces travaux ; ils devront être suspendus en temps de gelée ou lorsque la terre sera trop détrempée par les pluies.

« 8° *Conditions auxquelles les plants doivent satisfaire.* — Les plants doivent être bien sains, parfaitement droits, à écorce lisse, sans mousse ni gerçure. Leurs racines seront sans écorchures, bien garnies de chevelu et conservées, autant que possible, dans leur intégrité ; celles qu'on aura été obligé de recéper devront avoir $0^m,30$ de longueur au moins.

« Aucun plant étêté ne sera reçu. Les branches inférieures seront seules retranchées; les autres branches, la flèche exceptée, seront simplement raccourcies.

10° *Précautions à prendre entre l'arrachage et la plantation.* — Il ne devra pas s'écouler plus de ... jours entre l'arrachage des arbres et leur plantation sur la route ; dans l'intervalle, leurs racines seront enveloppées avec de la paille, des herbes ou de la mousse, et bien fixées dans cette enveloppe, de manière à ne pas être meurtries dans le transport et à ne pas être desséchées par le hâle ou attaquées par la gelée.

« 11° *Ouverture des fosses.* — Les fosses destinées à recevoir les jeunes arbres seront ouvertes ... jours à l'avance.

« Ces fosses seront de forme rectangulaire.

« Les terres destinées à être rejetées dans la fosse seront bien divisées et complètement purgées des pierres, des cailloux et des racines. La terre végétale sera mise à part.

« Le fond du trou devra être pioché sur une profondeur de $0^m,15$; le piochage sera renouvelé au moment de la plantation.

« 13° *Plantation des arbres et remplissage des fosses.* — Les dispositions prises, on retirera de la fosse l'eau qui aura pu s'y introduire ; le fond de l'excavation sera rempli de la meilleure terre que l'entrepreneur aura à sa disposition, jusqu'à la hauteur convenable pour recevoir le pied de l'arbre; puis le plant (dont les racines auront dû être rafraîchies à leurs extrémités) sera placé verticalement et bien aligné avec la rangée dont il fait partie. On évitera de déranger les racines de leur position naturelle. Elles seront soigneusement garnies avec la main et recouvertes de terre végétale bien meuble, légèrement pressée, de manière qu'il n'y ait aucun vide. On remplira ensuite le trou, et l'on piétinera doucement, surtout vers les bords, pour affermir le remblai. Dans les terrains secs ou médiocrement frais, l'on ménagera autour du plan une dépression suffisante pour recevoir les eaux de pluie et d'arrosement. Dans les terrains humides, au contraire, la terre devra être disposée en butte au pied des arbres.

14° *Epinage.* — L'épinage des nouveaux plants se fera avec des brins d'aubépine, il y en aura au moins douze à chaque pied d'arbre, les épines seront vives et de la meilleure qualité et formeront une garniture de 2 mètres de hauteur au-dessus du sol. Les brins seront enfoncés en terre de $0^m,25$, et leur pied s'écartera de l'arbre de manière que le faisceau ait environ $0^m,20$ de diamètre à sa base.

« Chaque garniture sera fixée par quatre ou cinq liens de fil de fer neuf.

« 15° *Tuteurs.* — Les tuteurs consisteront en une perche plantée du côté de la chaussée et reliée à l'arbre par trois liens en osier ou en fil de fer. Cette perche sera en bois neuf bien sain, écorcé sur toute sa longueur ; elle aura .... de circonférence, ... de longueur et .... de saillie hors du sol. Elle devra être affûtée par le pied et légèrement carbonisée dans la partie qui doit être enterrée.

« L'arbre devra être garanti, au moyen de tampons en paille ou en mousse, de tout frottement contre le tuteur ou les liens. »

Travaux d'entretien

16° *Labours.* — Pendant la durée de la garantie, l'entrepreneur fera labourer deux fois par an, aux époques fixées par l'ingénieur, le pied des arbres qu'il aura plantés ; ces labours seront faits, l'un au printemps, l'autre à l'automne, suivant un diamètre de..., au moins à 15 centimètres de profondeur. On évitera soigneusement de blesser le collet et les racines des arbres. On rendra ensuite à la surface du sol la forme concave qui lui a été donnée après la plantation.

17° *Échenillage.* — L'échenillage devra s'effectuer du 1er décembre au 1er mars. Cette opération consistera à enlever avec un sécateur les extrémités des branches portant les bourses. Celles-ci et les bouts des branches ramassées à la fin de la journée seront mis en tas et brûlés sur la route.

Pendant la pousse des feuilles, une seconde recherche sera faite pour détruire les nouvelles bourses.

18° *Ébourgeonnement.* — L'ébourgeonnement aura lieu deux fois par an, en mai et en août ; il consistera à couper avec un instrument tranchant, le plus près possible de la tige, les pousses qui se montreront au-dessous des premières branches de l'arbre.

19° *Taille.* — La taille sera dirigée de manière à supprimer graduellement les branches qui s'éloignent le plus de la verticale et à donner aux arbres la forme pyramidale qu'ils doivent conserver. On commencera par raccourcir les branches qui devront être retranchées plus tard.

On aura soin de faire disparaître les bois morts et les branches viciées ; ce travail aura lieu à la fin de l'automne.

L'ouvrier qui en sera chargé devra être agréé par l'ingénieur.

20° *Redressement des arbres déviés de leur position primitive.* — L'entrepreneur sera tenu de redresser les arbres que l'action du vent ou le tassement des terres auront fait dévier de leur position primitive.

21° *Entretien des épines et des tuteurs.* — Les épines et les tuteurs seront entretenus en bon état. L'entrepreneur les remplacera, ainsi que les harts et les liens en fils de fer, toutes les fois qu'ils viendront à manquer.

Art. 25. — *Durée et conséquence de la garantie.* — La durée de la garantie est fixée à deux années, qui seront comptées à dater du jour de la réception provisoire. Cette garantie s'appliquera à tous les arbres qui viendront à périr, pour une cause quelconque, avant la fin des deux années.

Pendant ce délai, l'adjudicataire exécutera chaque année tous les travaux d'entretien indiqués ci-dessus. Il ne pourra se permettre de les négliger sous prétexte qu'il répond des arbres.

26° *Récolement et réception définitive.*

. . . .

Les arbres manquants ou gravement mutilés seront considérés comme morts. Les arbres portés comme vivants dans le procès-verbal de récolement seront considérés comme définitivement reçus, et les travaux de plantation ou autres qui se rapportent à ces arbres ne seront plus sujets dès lors à la retenue de garantie.

30° *Travaux par régie.* — L'Administration se réserve la faculté de détacher de l'entreprise, pour les exécuter en régie, les travaux qui lui paraîtront exiger des précautions particulières ou qui pourront servir à faire des essais et des expériences. Dans ce cas, l'entrepreneur sera tenu de fournir au prix de son adjudication les arbres et les autres objets qui pourront lui être demandés.

31° *Clauses et conditions générales.* — L'entrepreneur sera soumis aux clauses et conditions générales, etc., de l'*instruction accompagnant le cahier des charges.*

576. Ce cahier des charges est suivi d'une longue instruction, de laquelle nous allons donner un extrait en la complétant des divers renseignements plus récents.

Il y est tout d'abord remarqué qu'il peut y avoir nécessité de planter certaines routes dont la largeur ne dépasse pas 8 ou 9 mètres, ou des traverses de villes ou de villages. C'est ainsi que dans les pays de montagnes il sera bon de planter au moins une rangée d'arbres du côté du ravin pour éviter les chances d'accident. De même dans les localités où il y a une grande sécheresse ou de fréquents ouragans, une rangée d'arbres pourra être très utile.

Si les traverses des villes ou des villages ont de grandes largeurs, il pourra aussi être avantageux de les planter de une ou deux rangées d'arbres.

577. On devra dans tous les cas toujours éviter de planter les arbres sur l'arête même des talus, ou trop près de cette arête ; le mieux sera de laisser $0^{m},50$ d'intervalle entre l'arête des accotements et la ligne d'arbres la plus voisine, et de ménager un minimum de $4^{m},50$ entre l'axe de la route et cette même ligne d'arbres, ce qui laisse une largeur de 9 mètres pour la circulation.

Les figures nos 246 à 250, représentent les types les meilleurs à adopter. Celle qui porte le n° 250 est relative aux traverses ; on voit que la ligne d'arbres devra être placée à 3 mètres *au moins* des constructions.

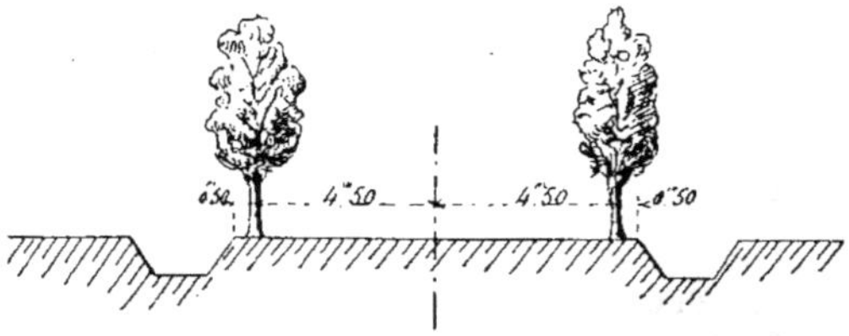

Fig. 246.

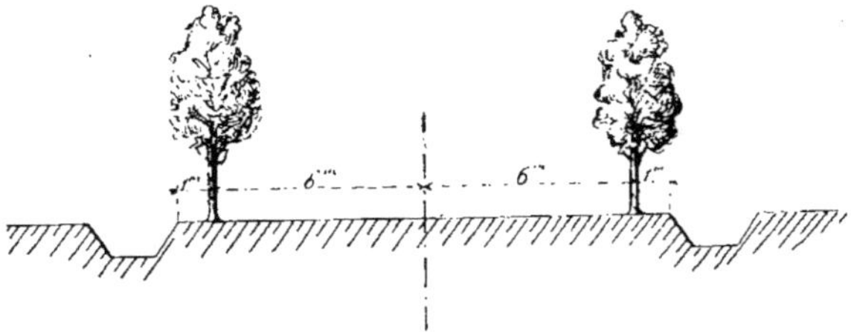

Fig. 247.

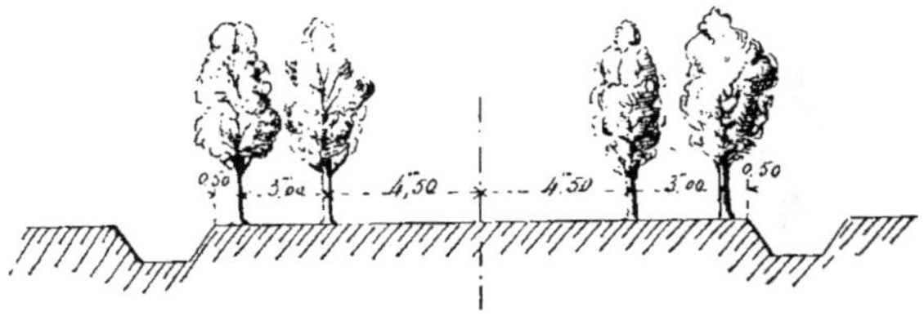

Fig. 248.

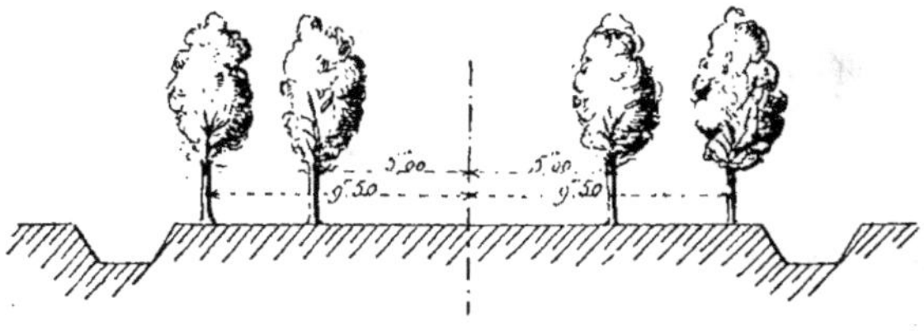

Fig. 249.

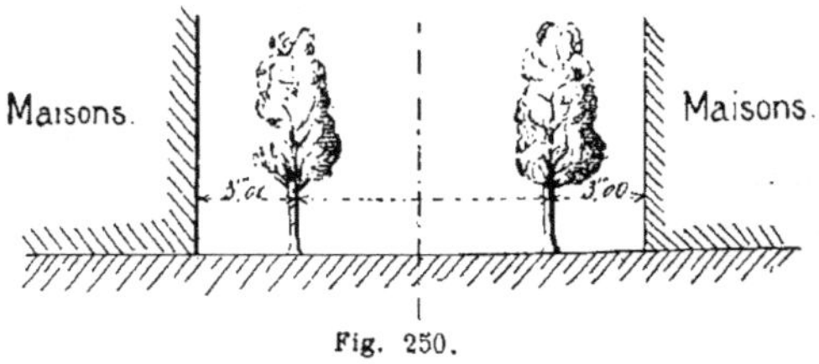

Fig. 250.

Si la route n'était pas d'une largeur constante, mais que la variation ait peu d'importance, on devra maintenir l'alignement des arbres, et la différence sera reportée sur la distance qui sépare le fossé de cet alignement. Si la variation est considérable, il faudra rompre les alignements et on masquera ce défaut le mieux possible en profitant des accidents de terrain dus à la traversée des villes et des villages, voire même aux coudes de la route.

Si les routes ont deux rangées d'arbres, on devra effectuer les plantations en même temps, sans quoi les premiers plantés feraient du tort à ceux qui seraient plantés en second lieu.

578. D'après la circulaire, on doit placer les arbres sur une même rangée, à 10 mètres les uns des autres; mais, sur beaucoup de routes, on pourra réduire cet espace de moitié, en ayant soin de faire alterner les arbres à croissance rapide avec les arbres à croissance lente, car au bout d'un certain temps l'abatage des premiers laissera subsister une plantation régulière d'arbres à 10 mètres.

Quand le pays est ordinairement soumis à la sécheresse, dans le Midi par exemple, on peut sans inconvénient espacer les arbres à moins de 10 mètres. Ils se prêtent ainsi une mutuelle fraîcheur, qui facilite leur croissance et les entretient en bon état.

Choix des essences.

579. Les essences que l'on doit préférer sont celles qui sont le mieux appropriées au sol et qui peuvent donner un bois ayant une valeur commerciale.

On les divise en deux classes :

1° Les bois durs, à croissance lente;

2° Les bois tendres, à croissance rapide.

Les bois durs les plus employés sont : l'orme, le frêne, le hêtre, le chêne, le châtaignier.

Les bois tendres sont : les diverses espèces de peuplier, le platane, l'érable, le sycomore et l'acacia. Tels sont les bois recommandés par l'Administration.

Nous y joindrons un certain nombre d'autres arbres qui peuvent être employés à l'occasion, et parmi eux certains arbres fruitiers, bien qu'on évite généralement d'employer ceux-ci, à cause des déprédations auxquels ils sont sujets lors de la maturité de leurs fruits.

Nous allons passer ces essences successivement en revue, en commençant par les arbres, dont nous avons parlé plus haut :

1° Bois durs

580. *Orme.* — L'orme (*Ulmus*, de la famille des *Ulmacées*) réussit dans la plupart des terrains, quand le climat est tempéré. Les variétés à *petites feuilles* sont généralement préférées comme donnant des produits de meilleure qualité. Il n'est généralement attaqué par les insectes (scolytes, etc.) que quand il a dépassé sa maturité. On choisira, du reste, les variétés qui sont les moins attaquées dans la localité. Il pousse quelques racines obliques, qui consolident l'arbre et lui permettent de consolider les terres nouvellement rapportées.

581. *Frêne.* — Le frêne (*Fraxinus*, famille des *Oléacées*) donne également peu de couvert; il croît moins lentement que l'orme et donne un bois excellent, chaque fois qu'on doit rechercher l'élasticité jointe à la solidité. Il se plaît surtout dans les terrains frais, et résiste bien aux grands vents.

582. Le *hêtre* (*Fagus*, famille des *Cupulifères*) donne de bons produits et se plaît surtout dans les montagnes et dans les régions un peu froides. Sa reprise est difficile, sa croissance lente et il demande de l'ombrage pendant sa jeunesse.

583. Le *chêne* (*Quercus*, famille des *Cupulifères*) est peut-être la plus précieuse des essences, et sa croissance très lente est son seul défaut. On le plante fréquemment sur les grandes routes de Belgique et du Nord de l'Allemagne. Malheureusement, il paraît mieux réussir en forêts qu'en alignements.

584. *Châtaignier.* — (*Castanea*, famille des *Castanéacées*).

Cet arbre a l'inconvénient d'être un arbre fruitier; il se plaît dans les terrains légers. Sa croissance est rapide et il donne un bois recherché; il procure beaucoup d'ombre et, par suite, beaucoup de feuilles mortes à la fin de l'automne, ce qui entretient l'humidité sur la chaussée.

2° Bois tendres

585. *Peuplier*. — (*Populus*, famille des *Salicinées*).

On emploie plusieurs variétés. Les principales sont :

1° Le peuplier suisse ou de Virginie, à croissance très rapide, formant rapidement des avenues, mais par suite durant peu. On s'en sert pour alterner avec des bois d'essence dure. Il croît facilement dans presque tous les terrains. Il est malheureusement attaqué par un grand nombre d'insectes, ce qui fait que dans certaines contrées de l'Allemagne on a défendu de le planter dans le voisinage des vergers. En France même on a été obligé de le restreindre dans certaines localités. La variété dite *régénérée* paraît mieux résister, elle est également plus vigoureuse, et on devra généralement la préférer à la précédente; il exige, comme tous les peupliers, un terrain frais;

2° Le peuplier pyramidal ou d'Italie.

Cet arbre est surtout employé pour faire des rideaux d'arbres. Son bois est le moins estimé de celui de tous les peupliers. Ses feuilles tombées, au parenchyme épais, ont l'inconvénient de conserver longtemps l'eau de la pluie comme le ferait une éponge.

586. *Platane* (*Platanus*, famille des *Platanées*). — Le platane a l'inconvénient de salir les routes par la chute de ses feuilles et par celle de son écorce. C'est un bel arbre croissant très vite, donnant un bois de peu de valeur. Il n'est pas ravagé par les insectes qui ne trouvent pas à se loger dans les rugosités de son écorce, et demande à ne pas être exposé aux grands vents, à cause de sa large cime. Il demande un terrain riche et froid, et résiste mal dans les sols secs ou dans ceux où l'eau est stagnante. C'est ainsi qu'il périclite à Paris aussitôt que ses racines atteignent la couche de craie. Il convient très bien pour les plantations urbaines, car il ne craint ni le voisinage des maisons, ni l'air vicié, ni la fumée des villes.

587. *Érable-sycomore* (*Acer pseudoplatanus*, famille des *Acérinées*). — L'érable-sycomore donne un beau couvert, croît rapidement et, comme le platane, résiste bien à l'air vicié des villes et à la fumée. Il lui faut des sols légers, frais, peu profonds. Toutes les expositions lui conviennent. Il croît plus rapidement que l'érable plane, et son bois offre plus de solidité que celui de l'érable negondo.

588. *Acacia* (*Robinia pseudo-acacia*, famille des *Papillonnacées*). — Son véritable nom est robinier; il a été importé par Robin, en 1601, de l'Amérique septentrionale. Il croît très rapidement et fournit peu d'ombre. Toutes les expositions lui conviennent, pourvu qu'il ne soit pas soumis au vent qui brise ses rameaux trop cassants. Il préfère toutefois les sols légers, pierreux et un peu frais, mais il pousse dans les plus mauvais terrains sablonneux et secs.

Telle est la liste des arbres recommandés par la circulaire. Nous allons la compléter d'après M. Nanot, maître de conférences à l'Institut national agronomique et professeur à l'École d'arboriculture de la ville de Paris; comme lui, nous adopterons l'ordre alphabétique.

589. *Ailante*. — Cet arbre porte vulgairement le nom de *vernis du Japon* (*Ailanthus*, famille des *Zanthoxylés*).

Son bois est cassant, à moelle très développée et de dureté moyenne.

La racine traçante a l'inconvénient de drageonner beaucoup, mais, par contre, maintient très bien les terres nouvellement rapportées.

Cet arbre reprend très facilement, et sa croissance est prodigieuse.

Il craint les grands vents et pousse assez bien dans les mauvais terrains secs et pierreux. Les racines pourrissent dans les sols compacts et humides à l'excès. Il n'est pas exposé aux ravages des insectes.

590. *Catalpa* (*Catalpa*, famille des *Bignoniacées*). — Son feuillage pousse tard et tombe tôt, il réclame une exposition abritée et non sujette aux gelées premières; il ne croît bien que dans les sols de consistance moyenne, frais et profonds.

591. *Cédrèle* (*Cedrela*, famille des *Cédrélacées*). — Le cédrèle ressemble beaucoup à l'ailante avec lequel on l'a fréquemment confondu ; cependant son feuillage est beaucoup plus beau et il résiste mieux aux grands froids.

592. *Marronnier* (*Æsculus*, famille des *Hippocastanées*). — Le marronnier d'Inde fut importé en 1615 par un nommé Bachelier. Le premier fut planté à l'hôtel de Soubise, le second au jardin du roi (Jardin des Plantes), et le troisième au Luxembourg. Il est très précoce et donne un beau feuillage. Il pousse rapidement (moins cependant que le platane), et quinze à vingt ans suffisent pour garnir complètement une avenue. Il réussit très bien dans les sols de consistance moyenne et frais, mais redoute les chaleurs brûlantes.

Le bois ayant peu de valeur, on doit le réserver pour les avenues et les boulevards à cause de son feuillage décoratif. On lui reproche seulement d'être cassant et attaqué facilement par la carie quand il est blessé. Les fruits attirent les enfants qui cherchent à se les procurer en lançant des pierres, et cela au grand dommage des carreaux et des passants.

Le marronnier à fleur double ne rapportant pas de fruits n'a pas cet inconvénient et, planté dans un bon sol suffisamment frais, il résiste mieux que le marronnier dont nous venons de parler.

Le marronnier à fleur rouge est plus délicat, pousse moins vite et atteint une taille inférieure à celle des autres espèces.

593. *Noyer* (*Juglans*, famille des *Juglandées*). — Le noyer commun est originaire de la Perse et de l'Inde, il donne des fruits excellents, ce qui est un inconvénient pour les routes, car il est alors exposé aux déprédations des voyageurs. Les expositions du midi et de l'est sont celles qui lui conviennent le mieux. Il est fort exigeant pour le sol qui doit être de consistance moyenne, profond, suffisamment frais, et il préfère ceux d'origine calcaire.

Il existe une autre espèce importée d'Amérique, appelée noyer noir, qui donne un bois meilleur et de croissance plus rapide que celui du noyer commun, mais des fruits de qualité inférieure. On devra donc greffer le noyer commun sur une haute tige de ce noyer ; le tronc donnera du bois de qualité exceptionnelle, et la tête de bons fruits.

594. *Paulownia*. — Le *Paulownia imperialis* (famille des *Scrophularinées*) est originaire du Japon et s'accroît très rapidement ; son bois est cassant et le plus léger de tous, car sa densité est de 0,24 et ne dépasse pas celle du liège ; il travaille fort peu par l'humidité, aussi est-il excellent pour le placage, et les Japonais l'estiment-ils autant que le hêtre. Il se couvre tard de feuilles et les perd de bonne heure.

Il lui faut pour bien végéter un sol de consistance moyenne, frais et profond. Il supporte bien tous les climats de la France, mais il vaut mieux le réserver pour les situations chaudes et abritées. Il convient spécialement pour les avenues de deuxième grandeur, les allées de parc, les petites places, les cours d'établissement public, etc.

595. *Planère* (*Planera*, famille des *Ulmacées*). — Le planère est originaire du Caucase, son bois est crénelé, dur, tenace, lourd et est surtout propre pour les constructions navales. Il est très recherché parce que les insectes ne l'attaquent pas.

Il ressemble aux ormes. Dans le Nord de la France, il n'atteint pas la hauteur de l'orme champêtre, mais dans le Midi il atteint les dimensions d'un arbre de première grandeur ; malheureusement sa croissance est lente dans sa jeunesse. Il est plus exigeant que l'orme sur la nature du sol et réclame une terre moyennement consistante, fraîche et profonde.

596. *Ptérocaryer* (*Pterocarya*, famille des *Juglandées*). — Cet arbre est originaire du Caucase. Son feuillage se conserve longtemps, quoiqu'un peu tardif. Il est assez rustique et, quand il a un certain âge, il résiste assez bien aux gelées, témoins ceux du Jardin des Plantes et du square de la tour Saint-Jacques, à Paris.

Il mérite d'être employé pour les plantations d'ornement sur les squares, etc. (là où les arbres de deuxième grandeur sont suffisants), mais il exige un sol de bonne qualité.

597. *Tilleul* (*Tilia*, famille des *Tiliacées*). — Son bois a peu de valeur, mais l'arbre est très rustique dans tous les climats tempérés et réclame un sol de consistance moyenne, frais et profond. Dans les sols marécageux, ses racines pourrissent; dans les sols secs, il perd ses feuilles de bonne heure. On doit l'éloigner des maisons exposées au sud, car la réverbération du soleil de midi lui fait perdre ses feuilles.

C'est le tilleul d'Amérique de Parmentier (*Tilia americana Parmentieri*) qui convient le mieux pour les plantations d'alignement des boulevards, à cause de sa beauté, de sa grande vigueur et de la persistance de ses feuilles.

598. *Tulipier* (*Liriodendron*, famille des *Magnoliacées*). — Cet arbre, originaire de l'Amérique du Nord, donne un bois uni et bien veiné, est rustique dans toute la France, mais, en réalité, n'acquiert toute sa beauté que dans le Midi ; et c'est seulement en Portugal, au Bussaco, que nous en avons vu des allées vraiment remarquables. Un sol riche et frais lui est nécessaire.

Nous ajouterons à cette liste quelques autres arbres que nous avons vus admirablement réussir dans différentes contrées.

599. *Eucalyptus* (*Eucalyptus*, famille des *Myrtacées*). — Ces arbres, comme tous ceux de leur famille, renferment des matières résineuses douées de propriétés antiseptiques. Ils sont tous originaires de l'Australie, où on les désigne souvent sous le nom de gommier bleu, surtout l'espèce appelée *E. globulus*.

Leur bois est dur, résineux et, par cela même, inattaquable aux insectes. Sa croissance est extrêmement rapide; aussi se plaît-il dans les terrains frais et même marécageux. L'activité de sa végétation et ses propriétés balsamiques et antiseptiques concourent rapidement à l'assainissement de ces contrées.

Nous avons personnellement vu des essais d'acclimatation très réussis en Portugal, où les chemins de fer emploient ces arbres comme plantation, et où, au bout de peu d'années, ils fournissent d'excellentes traverses.

Cet arbre peut aussi être cultivé dans le midi de la France, mais il se plaît surtout en Algérie, où il a donné les meilleurs résultats.

On en connaît plus de cent cinquante espèces, donnant des arbres de toutes les grandeurs ; les plus recherchées pour les plantations sont l'*Eucalyptus globulus* et l'*Eucalyptus colossea*.

600. Le *micocoulier* (*Celtis*, famille des *Celtidées*) donne un bois excellent, dur, compact et souple ; mais il lui faut une terre substantielle et profonde.

601. *Palmiers*. — Ces arbres splendides, qui, suivant la belle expression de Humbold, forment des forêts sur les forêts, ne peuvent être utilisés comme plantations des routes que dans les contrées où la température moyenne s'élève entre 19 et 20 degrés centigrades ; on choisit de préférence les espèces naines et celles dont les fruits ont de petites dimensions, et qui, par leur chute, ne peuvent occasionner d'accidents, tels que les Phœnix, les Coripha, les Areca, les Chamœrops, qui peuvent atteindre jusqu'à 7 et 8 mètres, etc. etc.

602. *Poivrier d'Amérique* (*Schinus molle*, famille des *Anacardiacées*). — Son feuillage léger et ses grains rouges en automne sont extrêmement décoratifs ; très employé à Lisbonne.

603. Dans certaines contrées du Midi, Espagne, Portugal, Brésil, etc., pour défendre les propriétés, on emploie différentes espèces d'*Agave*, de *Cactus* et de *Yucca*.

604. Dans les pays du nord de la Russie, les essences les plus employées sont différentes espèces de *sapins* et surtout les *bouleaux*.

605. En Allemagne et en Alsace-Lorraine on plante des arbres fruitiers le long des routes, et le Dr Ed. Lucas prétend que sur quelques points de la province de Hanovre et du grand-duché de Bade les frais d'entretien des routes sont presque couverts par les produits des arbres. Dans d'autres régions, les recettes seraient de 50 à 100 francs par kilomètre.

M. Nanot pense qu'il y aurait un grand intérêt à mettre ainsi sous les yeux des cultivateurs les choix des meilleures espèces de fruit, car « la mauvaise qualité des fruits à la campagne est un fait bien constaté, qui a sa source principale dans la connaissance imparfaite des variétés de choix ». Nous verrons un peu plus loin les arbres fruitiers à employer en France.

606. *Pépinières, déplantation et fosses.* — D'après les instructions contenues dans la circulaire de juin 1851, l'ingénieur doit désigner lui-même les pépinières dans lesquelles les plants devront être pris. On a pour habitude de demander des arbres d'une hauteur totale variant de $2^m,30$ à $3^m,50$, suivant les espèces et les dispositions des branches. Depuis le collet jusqu'à la couronne l'arbre devra avoir de $1^m,80$ à $2^m,40$ de hauteur, et sa circonférence à un mètre du collet devra être de $0^m,12$ à $0^m,16$.

Relativement à leur âge, les peupliers et les acacias bons à planter ont de trois à cinq ans ; les frênes, les hêtres, les platanes, les sycomores, de quatre à six ans ; les ormes et les chênes, de cinq à sept.

On devra refuser les arbres étêtés, car la sève dévoyée donne des arbres plus difficiles à conduire, et un grand nombre de pousses parasites le long du tronc.

On ne devra jamais perdre de vue qu'il existe une relation entre les racines et les branches, et, comme ce sont les racines qui souffrent le plus de la transplantation, on devra supprimer les branches inférieures et raccourcir les branches latérales pour maintenir une juste pondération entre la quantité de sève fournie par les racines et celle nécessitée par les branches.

La déplantation devra donc se faire avec les plus grands soins pour laisser à l'arbre le plus de racines et de chevelu possible. Aussi devra-t-on choisir autant que possible un temps doux et humide, de façon à ce que les racines ne puissent être ni desséchées ni gelées. Généralement on fait autour de l'arbre une tranchée circulaire d'un diamètre proportionné à sa force, mais jamais inférieure à $0^m,60$.

Pour la plantation, il paraît avantageux d'ouvrir les fosses un mois d'avance ; mais alors il faut prémunir les voyageurs contre les chutes auxquelles elles peuvent donner lieu.

607. *Nécessité de rafraîchir les racines.* — Le premier soin qu'il faut avoir avant de procéder à la plantation est de rafraîchir les racines en recépant leurs extrémités et en supprimant toutes les parties meurtries ou desséchées. Le chevelu doit être également rafraîchi, et s'il était trop sec, il faudrait le couper entièrement ou rebuter l'arbre.

608. *Main-d'œuvre de la plantation* — Cette main-d'œuvre a été décrite dans le cahier des charges. Le but principal est de mettre en contact, avec les racines du jeune plant, la terre de la couche supérieure, qui est la plus meuble et la plus riche en principes nutritifs.

Il est avantageux de former au fond du trou un lit serré de gazon, morcelé et placé les racines en l'air ; il faut faire couler avec la pelle et les mains de la terre réduite en poudre fine, et ne pas soulever la tige et la secouer légèrement, ce qui dérange les racines.

En résumé, les jeunes arbres doivent être plantés de façon à se retrouver autant que possible (y compris la profondeur) dans les conditions où ils étaient dans la pépinière.

609. *Arrosage.* — L'arrosage, sans être indispensable pour le succès de la plantation, est utile et doit être recommandé. Il devra même, si l'eau se trouve à proximité, être formellement exigé par le devis.

610. *Drainage dans les terrains argileux.* — On doit surtout empêcher, dans les terrains argileux, que l'eau soit retenue dans les parois de l'excavation; il faut donc s'efforcer de l'assainir par des drains, des perrés ou tout autre moyen facilement applicable.

611. *Garniture d'épines.* — On devra toujours exiger la garniture d'épines pour défendre les jeunes plants de la main de l'homme ou de la dent des animaux. Généralement on emploie l'aubépine et, à son défaut, d'autres arbustes épineux (églantier, ajonc, etc. etc.).

612. *Tuteur.* — Les tuteurs ne sont pas toujours nécessaires. On les économisera donc chaque fois qu'on le pourra. Ils devront avoir de $2^m,60$ à $3^m,20$. Leur diamètre moyen sera de 5 à 7 centimètres et ils devront être enfoncés en terre de $0^m,60$.

On les fabriquera en bois écorcé, afin que les insectes ne puissent s'y loger, et on les plantera en même temps que les arbres pour ne pas attaquer les racines ; on les placera du côté de la chaussée.

613. *Résumé.* — D'après M. Nanot, on peut classer les arbres, eu égard à leur croissance, de la façon suivante :

Essences à croissance très rapide.

Ailante.	Peuplier.
Marronnier.	Platane.
Paulownia.	Robinier (*Acacia*).

Essences à croissance rapide.

Catalpa.	Noyer noir.
Cédrèle.	Planère.
Érable.	Ptérocaryer.
Frêne.	Tilleul.
Orme.	Tulipier.

Essences à croissance lente.

Chêne.	Hêtre.

614. Au point de vue de l'ombrage.

Essences procurant suffisamment d'ombrage.

Ailante.	Orme.
Catalpa.	Paulownia.
Cédrèle.	Planère.
Érable.	Platane.
Hêtre.	Tilleul.
Marronnier.	Tulipier.

Essences procurant peu d'ombrage.

Chêne.	Peuplier.
Frêne.	Ptérocaryer.
Noyer.	Robinier (*Acacia*).

615. Au point de vue de la précocité du feuillage.

Essences à feuillage précoce.

Érable.	Peuplier.
Marronnier.	Planère.
Orme.	Tilleul.

616. *Essences remarquables par la beauté de leur feuillage.*

Ailante.	Peuplier de la Caroline.
Cédrèle.	Robinier à une feuille.
Marronnier.	Tilleul argenté.
Noyer noir.	Tilleul d'Amérique.
Ptérocaryer.	Tulipier.
Paulownia.	
Platane.	

617. *Essences remarquables par la beauté de leurs fleurs.*

Catalpa.	Paulownia.
Frêne orne.	Robinier.
Marronnier.	Tulipier.

618. *Essences résistant à l'air vicié et à la fumée des villes.*

Ailante.	Platane.
Érable.	Peuplier.
Marronnier.	Robinier.
Orme.	Tilleul.

619. *Essences exposées aux ravages des insectes.*

Chêne.	Orme.
Érable.	Peuplier.
Frêne.	Tilleul.

620. *Essences à reprise très facile.*

Ailante.	Marronnier à fleurs doubles.
Érable.	Peuplier.
Marronnier commun.	Platane.

621. *Essences à reprise facile.*

Catalpa.	Paulownia.
Cédrèle.	Planère.
Frêne.	Ptérocaryer.
Marronnier rouge.	Robinier.
Noyer.	Tilleul.
Orme.	

622. *Essences à reprise difficile.*

Chêne.	Tulipier.
Hêtre.	

623. Enfin, pour les plantations d'ornement des *boulevards* et des *avenues*, on devra employer les espèces suivantes :

Ailante glanduleux. Planère crénelé.
Érable sycomore. Platane d'Occident.
Marronnier d'Inde. Robinier commun.
Marronnier d'Inde à fleurs doubles. Robinier de Decaisne.
Orme de Clemmer. Robinier de Besson.
Orme de Belgique. Tilleul argenté.
Paulownia impérial. Tilleul d'Amérique de Parmentier.

624. Pour les *promenades* et les *places publiques*, on ajoutera les espèces suivantes :

Catalpa commun. Marronnier rouge.
Cédrèle de Chine. Ptérocaryer du Caucase.
Érable-sycomore à feuilles pourpres. Ptérocaryer du Japon.
Érable plane. Robinier à une feuille.
Frêne à feuilles de noyer.
Frêne orne. Tilleul de Hollande.
Hêtre pourpre. Tulipier.

625. *Essences à employer pour plantations économiques (routes, avenues, etc.).*

Chêne pédonculé. Orme de Clemmer.
Érable sycomore. Orme de Belgique.
Érable plane. Peuplier suisse.
Érable negondo. Peuplier suisse régénéré.
Frêne commun. Platane d'Occident.
Hêtre. Robinier.
Noyer noir.
Orme champêtre.

Arbres fruitiers.

Poirier. Cerisier.
Pommier. Prunier.

626. A Paris, l'emplacement des lignes d'arbres a été déterminé ainsi qu'il suit par un arrêté préfectoral :

LARGEUR DES BOULEVARDS et avenues	LARGEUR DES CHAUSSÉES entre les bordures	LARGEUR de chaque CONTRE-ALLÉE	PLANTATION SUR CHAQUE CONTRE-ALLÉE		
			NOMBRE DE LIGNES d'arbres	DISTANCE DE LA BORDURE POUR LA LIGNE LONGEANT les maisons	DISTANCE DE LA BORDURE POUR LA LIGNE LONGEANT la chaussée
mètres	mètres	mètres		mètres	mètres
26 à 28	12	7 à 8	1	5.50 à 6.50	1.50
30 à 34	14	8 à 10	1	6.50 à 8.50	1.50
36 à 38	12 à 13	12 à 12.50	2	5 à 5.50	1.50
40	14	13	2	6.50	1.50

627. M. Nanot fait remarquer que, quand les lignes des arbres sont suffisamment éloignées les unes des autres, il y a peu d'avantages, au point de vue de l'ombre, à planter les arbres en quinconce ou en carré. Les branches recherchent toujours le plus de lumière possible; la disposition en quinconce n'est donc avantageuse que quand les distances entre les lignes sont égales ou peu supérieures à 5 mètres (voyez le tableau page 316).

628. *Nature du terrain.*

Au point de vue de la nature du terrain, M. Nanot donne la liste suivante :

1° *Dans un sol léger, sec, peu profond.*

Ailante. Robinier.

2° *Dans un sol léger, frais et peu profond.*

Les essences précédentes.
Cédrèle. Marronnier.
Érable. Orme.

3° *Dans un sol de consistance moyenne, frais et profond.*

Toutes les essences, mais les suivantes sont les plus exigeantes :
Catalpa. Planère.
Chêne. Platane.
Hêtre. Ptérocaryer.
Noyer. Tilleul.
Paulownia. Tulipier.

4° *Dans les sols frais et profonds. — Bord des cours d'eau.*

Frêne. Platane.
Peuplier.

DISTANCE ENTRE LES ARBRES

NOMS DES ESSENCES	DISTANCE A RÉSERVER ENTRE LES ARBRES dans un mauvais sol (analogue à celui des boulevards intérieurs de Paris)	PLANTÉS dans un bon sol
Ailante glanduleux... Orme de Clemner.... Orme de Belgique.... Paulownia impérial.. Platane d'Occident...	7 mètres	10 mètres
Érable-sycomore..... Marronnier d'Inde.... Marronnier d'Inde à fleurs doubles..... Planère crénelé...... Robinier commun.... Robinier de Besson. . Robinier de Decaisne. Tilleul argenté....... Tilleul d'Amérique...	5 mètres	8 mètres

629. A l'égard des époques auxquelles il faut faire les plantations, il faut en général transplanter les arbres au commencement de l'hiver, excepté pour les essences suivantes, à moins que le terrain ne soit très sec :

Essences qu'il est préférable de planter au printemps.

Ailante.	Planère.
Orme.	Robinier.
Paulownia.	Tulipier.
Peuplier de la Caroline.	

630. Au point de vue de la taille, la tête des arbres doit être *rabattue* quand ils sont couronnés, c'est-à-dire lorsqu'ils ont cessé de croître en hauteur, excepté pour les essences suivantes :

Chêne.	Noyer.
Frêne.	Peuplier.
Hêtre.	Tulipier.
Marronnier.	

631. *Frais de plantation.*

Un arbre planté sur l'accotement d'une route départementale coûte ordinairement, d'après M. E. André, 2f,50 et, d'après M. Nanot, 4 francs. Ce prix se décompose ainsi :

	M. André.	M. Nanot.
Creusement du trou.....	0f,30	0f,75
Achat de l'arbre........	1 50	2 00
Plantation	0 25	0 25
Tuteur et épines........	0 50	1 00
Total....	2 50	4 00

Pour les arbres d'ornement, le prix est beaucoup plus élevé. D'après M. Alphand, la plantation de chaque arbre d'alignement au bois de Boulogne est revenue à 16f,50.

A l'intérieur de Paris et sur les boulevards extérieurs, ce prix a été de 23 francs, ainsi décomposable :

Préparation du trou $2 \times 2 \times 1 = 4$ m.c.

Piochage, extraction et rejet de la terre dans la fouille............	3 francs.
Achat d'un arbre...........	5
Achat d'un corset...........	10
Perche-tuteur et collier.....	3
Plantation, dressage de l'arbre contre le tuteur, et pose du corset................	2
Total.........	23 francs.

632. Dans l'intérieur de Paris, où il faut rapporter de bonne terre, placer une grille en fonte et un système de tuyaux d'irrigation, le prix s'élève à 175 francs, indiqué dans le tableau suivant, page 317.

633. *Entretien des arbres à Paris.*

Le prix d'entretien à Paris est de 2f,50 par arbre, y compris le remplacement des sujets morts.

Sur les routes, au contraire, les arbres doivent être un objet de rapport.

634. Pour les arbres de forte dimension destinés principalement aux boulevards des grandes villes et aux places, voici, toujours d'après M. Nanot, les essences qui supportent le mieux la transplantation dans un âge avancé :

Marronnier.	Platane.
Ailante.	Tilleul.
Peuplier.	

On ne doit pas transporter à racines nues des arbres dépassant 0m,50 à 0m,60 de circonférence à un mètre au-dessus du collet, et il faut opérer alors les transplantations en motte ; le mieux est d'opérer ainsi pour les arbres à partir de 0m,40 de circonférence. Elle se fait aux mêmes époques que les autres transplantations,

DÉSIGNATION DES ARTICLES	QUANTITÉS	PRIX DE L'UNITÉ	SOMMES	TOTAUX
	m. c.	fr.	fr.	
Mètres cubes de déblai (3 × 5 × 1)..........	15	4.00	60.00	
Mètres cubes de terre végétale (3 × 5 × 1)....	15	4	60.00	
Perche pour tuteur de 5 à 6 mètres de haut....	1	»	1.75	
			121.75	
A déduire rabais moyen de 17,50 pour 100.....			21.67	
			100.8	100.08
Drainage comprenant tuyaux de 0,05 à 0,06 et raccords..................................				11.42
Grille au pied de l'arbre......................			41.20	
Transport et pose..........................			5	
			46.20	46.20
Corset-tuteur en fer élégi de 14 kil. et peinture..				8.70
Fourniture de l'arbre			5	
Plantation paillon fil de fer..................			1.68	
			6.68	6.68
				174.07

et devient très aléatoire quand elle a lieu vers la fin du printemps.

« Le tableau suivant donne les dimensions adoptées par l'Administration de la ville de Paris et les prix payés aux entrepreneurs chargés de ce travail. Les entrepreneurs sont responsables pendant deux ans de la reprise des arbres ; ils doivent en conséquence les entretenir et les remplacer, s'il y a lieu, à leurs frais. L'Administration fournit les sujets pour les remplacements, et met gratuitement à la disposition des entrepreneurs le matériel nécessaire pour l'entretien des arbres transplantés. »

635. Dimensions a donner aux mottes et prix de revient de la transplantation au chariot

CIRCONFÉRENCE DU TRONC à 1 mètre au-dessus du collet	DIAMÈTRE de la MOTTE	PRIX supposant un PARCOURS de 2500 mètres	PLUS-VALUE pour CHAQUE DISTANCE de 100 mètres parcourue en plus
Mètres Mètres	Mètres	Francs	
0.30 à 0.45	1.20	25	0.15
0.46 à 0.60	1.40	30	0.20
0.61 à 0.90	1.70	45	0.20
0.91 à 1.20	2.20	70	0.20
1.21 à 1.50	2.50	90	0.30

Lorsque les arbres sont à déplacer sur les lieux mêmes, sans transport au-delà de 20 mètres, les prix ci-dessus sont réduits, savoir : le premier, de 7 francs ; le deuxième de 10 francs ; le troisième, de 15 francs ; le quatrième, de 20 francs ; et le cinquième, de 40 francs.

Pour tous les détails relatifs à la taille, aux soins à donner aux arbres, à la destruction des insectes, nous renverrons aux ouvrages spéciaux et, principalement, aux excellentes publications de M. Nanot.

Toutefois nous terminerons par quelques observations sur l'arrosage.

Arrosage.

636. Il n'y a pas besoin d'insister sur son influence au point de vue de la végétation des arbres, influence considérable dans les villes où les chaussées, les trottoirs, le bitume, etc., empêchent l'eau superficielle de pénétrer, et sous lesquels il y a même intérêt à ce qu'elle ne pénètre pas. C'est ainsi que, d'après les expériences de M. Nanot, et suivant la qualité du sous-sol, cette quantité a varié à 0m,80 de profondeur de 5 0/0 (Porte Daumesnil) à 32 0/0 (boulevard Voltaire). Dans le premier cas les marronniers sont peu vigoureux et perdent leur feuilles ; dans le second, les racines des vernis du Japon ont été trouvées pourries.

Dans tous les cas la quantité d'eau nécessaire varie avec l'essence des arbres.

637. Pour fixer les idées, voici, d'après Shübler, les quantités absorbées par les terres suivant la nature des éléments qui les constituent.

Quantité d'eau absorbée par 100 kil. de terre

Sable siliceux	25 kil.
Gypse	27
Sable calcaire	29
Glaise maigre	40
Glaise grasse	50
Terre argileuse	60
Argile pure	70
Terre calcaire fixe	85
Terre de jardin	89
Terreau	190
Carbonate de magnésie	456

638. *Quantité d'eau nécessaire par arbre.* — M. Nanot fait justement remarquer que les arbres plantés dans l'intérieur des villes exigent beaucoup plus d'eau que ceux des forêts, car ils évaporent davantage, tant par suite de leur isolement que par suite de la réflexion de la chaleur opérée par les maisons.

En résumé, à Paris, il faut à peu près, pour mouiller un arbre suffisamment :

100 litres d'eau pour un jeune arbre planté depuis quatre ou cinq ans ;

200 litres pour un arbre de cinq à quinze ans de plantation;

300 litres pour un grand arbre.

« Les sols (si le sous-sol est perméable), recouverts de bitume ou de dalles, doivent recevoir plus d'eau que ceux qui sont sablés ; mais si, au contraire, le sous-sol est imperméable, il faut les arroser modérément pour ne pas avoir à redouter un excès d'humidité. »

Autant que possible l'eau doit être à la température ambiante. Trop froide, elle diminue l'absorption des racines, et la tige, continuant à évaporer d'autant plus que la température extérieure est plus élevée, souffre nécessairement.

L'eau de l'arrosage est reçue, soit dans une cuvette, soit dans des tuyaux d'irrigation formant un tuyau souterrain autour des arbres.

639. *Cuvette.* — La cuvette devrait avoir un diamètre égal au plus grand diamètre de la tête des arbres, de façon à ce que les radicelles qui y correspondent soient humectées. Mais cela est impossible dans les villes, et on ramène leurs dimensions à $0^m,75$ ou 1 mètre autour des jeunes arbres, et $1^m,50$ à $2^m,50$ autour des plus gros. La profondeur est de $0^m,15$ à $0^m,20$.

On ne doit jamais accumuler les neiges et les glaces dans les cuvettes ; le mieux serait de les combler à l'entrée de l'hiver.

Quelquefois, sur les boulevards extérieurs, là où la circulation est moins active, on fait des cuvettes annulaires de $0^m,40$ à $0^m,50$ de largeur et de $0^m,15$ à $0^m,20$ de profondeur placées à $1^m,25$ ou $1^m,50$ du collet.

En Belgique, on fait des cuvettes ovales, le grand axe étant dirigé suivant le sens de la plantation.

M. Nanot ayant dosé l'humidité du sol dans l'avenue Daumesnil, a trouvé 14 à 16 0/0 d'eau à 1 mètre du collet des arbres et 8,9 à 10 0/0 au milieu de l'intervalle qui les sépare, ce qui est nuisible au développement des racines ; il a fait alors pratiquer des cuvettes intermédiaires. « Les résultats obtenus ont été bons ; les platanes sont restés verts toute la saison. »

640. *Tuyaux d'irrigation.* — Quand les arbres ont plus de 4 ou 5 ans de plantation, les cuvettes deviennent insuffisantes ; on a recours alors aux tuyaux d'irrigation souterrains, qu'il ne faut pas confondre avec les tuyaux de drainage qui, dans les sols argileux, sont placés sous les racines, à 1 mètre ou $1^m,20$ de profondeur afin d'assainir le sol.

« Autour de la racine des arbres, à une profondeur de $0^m,40$ à $0^m,50$, on établit un réseau de tuyaux formant un carré de $2^m,20$ à $2^m,50$ de côté. Ces tuyaux en terre cuite, comme ceux employés pour le drainage, sont posés bout à bout sans se toucher (généralement on laisse un intervalle de $0^m,10$ entre les bouts). On les fait communiquer entre eux par des manchons, c'est-à-dire par des tuyaux de drainage semblables aux premiers, mais ayant un diamètre intérieur assez grand pour que les bouts des petits tuyaux pénètrent dans leur intérieur, et pour qu'il reste, à chaque jointure, un espace annulaire de 2 à 3 millimètres, par où l'eau sort du système. Les petits tuyaux les plus employés sur les boulevards de Paris, ont 5 centimètres de diamètre intérieur et 32 centimètres de longueur ; les manchons, les gros tuyaux ont la même longueur et 8 centimètres de diamètre intérieur ».

Les jointures des tuyaux sont couvertes de paille, à raison de 300 grammes par mètre linéaire.

Aux angles du rectangle, on place des tuyaux coudés à angle droit. Les carrés formés par les tuyaux sont réunis au nombre de deux, trois, quatre ou cinq, suivant la pente du terrain par une autre conduite en drain placée à l'opposé de la bordure du trottoir. Un tuyau en forme de T est emboîté sur ce drain et arrive à la surface du sol ; on le bouche avec un bouchon en terre cuite et une grille.

On reproche à ces tuyaux leur obstruction facile, soit par la terre, soit par les racines, et la difficulté que l'eau éprouve pour en sortir.

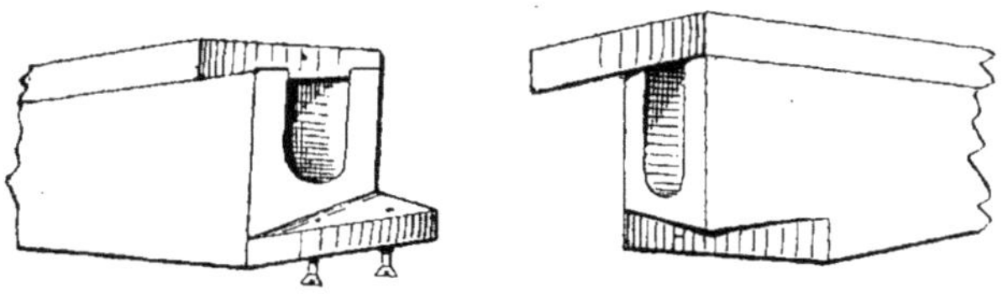

Fig. 251 et 252.

Quoiqu'il en soit, voici le prix de revient pour deux arbres accouplés.

Pour deux arbres espacés à 6 mètres
(Système accouplé)

26^{m},50 × 0^{m},30, prix du mètre linéaire	7^{f},65
2 bouchons à 0^{f},10 l'un.	0 20
Achat de 64 tuyaux (2 1/2 par mètre) de 0^{m},05 de diamètre intérieur, à 4^{f},70 le cent.	3 00
Achat de 64 manchons (2 1/2 par mètre) de 0^{m},08 de diamètre intérieur, à 11^{f},50 le cent.	7 36
Achat de six coudes de 0^{m},05 de diamètre intérieur, à 0^{f},40 l'un.	2 40
Achat de 4 T de 0^{m},05 de diamètre intérieur, à 0^{f},50 l'un . . .	2 00
Total pour deux arbres.	22 61

Soit par arbre : 11^{f},30.

Si, pour faciliter la sortie de l'eau hors du tuyau, on place dans le fond de la tranchée d'irrigation une couche de cailloux, la dépense est élevée à 0^{f},80 par arbre.

641. *Tuyaux flamands.* — M. Nanot (1) a proposé d'améliorer ce système d'arrosage par l'emploi des tuyaux en bois de pin créosoté dits tuyaux *flamands*, ainsi nommés parce qu'ils sont fabriqués dans la grande forêt de Flamand, dans les Landes. Ce pin, créosoté dans des cylindres en fer sous pression, absorbe environ de 70 à 120 kilogrammes de créosote par mètre cube. Le bois ainsi injecté et durci n'absorbe plus d'humidité et n'est plus attaquable par les animaux.

M. Nanot remplace les drains en terre par quatre de ces tuyaux flamands assemblés à l'angle de manière à former un rectangle de 3 mètres de long sur 2 mètres de large (*fig.* 251-252). « A la face supérieure de ces tuyaux, qui ont environ 15/15 d'équarissage, est creusé un canal en forme de gouttière qui a environ 6 centimètres de profondeur ; ce canal est recouvert au moyen d'une planche épaisse formant couvercle et vissée sur les bords (*fig.* 253-254). Quand la pente du terrain ne dépasse pas 2 ou 3 centimètres

(1) *Etudes sur l'arrosage des boulevards.* — Mâcon, 1889.

par mètre, les deux systèmes, entourant les racines de deux arbres voisins, sont accouplés entre eux au moyen d'un tuyau

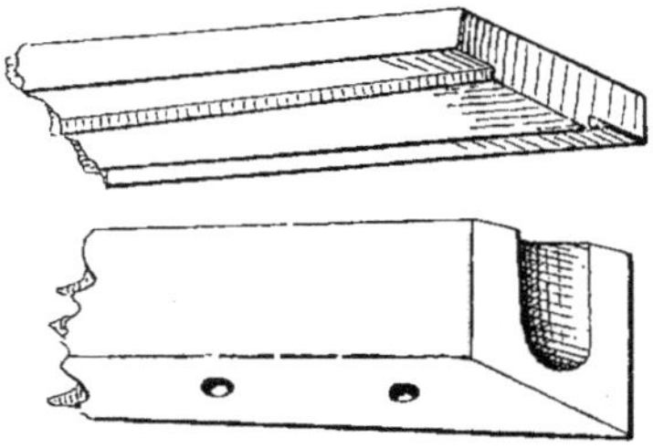

Fig. 253 et 254.

également en pin créosoté. Ce tuyau de communication est emmanché, à ses deux extrémités, au milieu des deux côtés voisins des deux rectangles, qui sont en communication ; afin de se trouver dans l'axe de la tranche de terre végétale, le canal d'amenée est inséré verticalement en R, juste au milieu de l'intervalle qui sépare deux arbres. Si la pente est plus forte on laisse chaque rectangle isolé, et on emmanche le canal d'amenée verticalement sur l'un des côtés.

Pour permettre à l'eau de s'écouler extérieurement, le fond du canal est percé tous les 10 centimètres de trous ronds de 2 à 3 centimètres de diamètre (*fig.* 255-256).

« L'orifice du canal d'amenée, qui vient aboutir au niveau du sol du trottoir et loin de la cuvette, est muni d'un récipient en fonte (*fig.* 257-258).

« Au fond de la tranchée creusée pour installer ces tuyaux, on dépose une couche de cailloux. »

Ces tuyaux sont moins faciles à briser

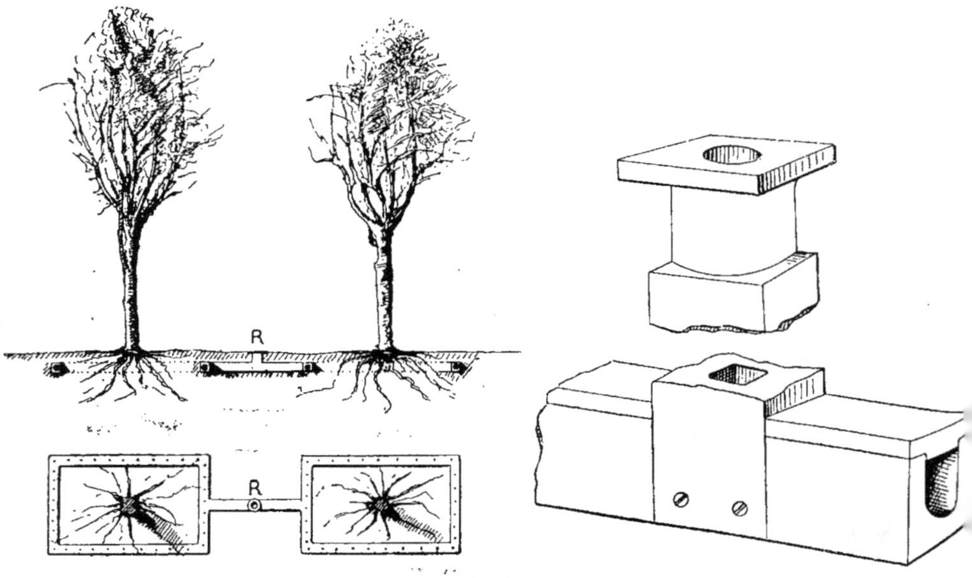

Fig. 255 à 258.

et à se disloquer, soit par les tassements, soit par les travaux des ouvriers, que les tuyaux en poterie.

Ils diminuent également les chances d'obstruction par les racines qui, croissant généralement en profondeur, ont peu de tendance à remonter par les trous percés dans la partie inférieure du tuyau.

On espère que leur durée sera d'environ quinze ans. L'expérience a été commencée en 1888 sur l'avenue de Saint-Mandé, côté des numéros impairs, entre la rue du Rendez-Vous et le boulevard Picpus. On continue les expériences.

Le coût a été de 32 francs pour deux arbres distants de 6 mètres. Ce prix se décompose ainsi :

Ouverture de la tranchée, mise en place des cailloux, pose des tuyaux, remblai et pilonnage des terres, 23 mètres à 0f,30 le mètre.	6f,90
1 bouchon en terre cuite. . . .	0 10
Achat de tuyaux flamands, 23m,40 à 1 franc.	23 40
Achat de 1/5 de mètre cube de cailloux	1 60
Total pour deux arbres.	32 00

Soit par arbre : 16 francs.

CHAPITRE IX

ENTRETIEN DES CHAUSSÉES

641. *Considérations générales.* — Pour donner une idée de l'importance de la question, M. L. Durand-Claye fait remarquer que « la circulation moyenne, sur l'ensemble des routes, tant nationales que départementales qui comprennent un réseau de 80 000 kilomètres environ, est d'au moins soixante mille colliers par an. Chaque centime de diminution, dans les frais de passage d'un collier sur un kilomètre, produit donc une économie annuelle de 50 millions. Ce chiffre serait sans doute doublé si on tenait compte des chemins vicinaux ». De telle sorte que le prix de la force motrice destinée à vaincre cette résistance (traction) est un des éléments principaux du prix des transports, qui se chiffrent, comme on l'a vu, à près d'un milliard sur les routes et les chemins.

Il n'y a guère, ainsi que nous le verrons, qu'une cinquantaine d'années que l'entretien des routes est entré dans la voie du progrès où elle est aujourd'hui. Cela tenait, suivant nous, à ce qu'anciennement on ne s'occupait que des routes royales ou départementales qui étaient toutes pavées ; ce genre de chaussées, ainsi que nous le verrons un peu plus loin, est celui qui exige le moins d'entretien, ou du moins dont l'entretien est le plus simple et le plus facile.

Les autres chaussées étaient généralement entretenues par les cantons et les communes qui y apportaient peu de soins ; le mode de construction lui-même était généralement vicieux, et il n'y a réellement que depuis l'adoption des principes si rationnels de Mac-Adam que l'entretien a pu acquérir la perfection qu'il possède aujourd'hui.

642. Avant de décrire les différents procédés d'entretien nous croyons devoir donner quelques détails sur l'organisation du personnel ouvrier spécialement chargé de ce service, nous réservant de parler du haut personnel dans un chapitre spécial (chap. XII).

Les obligations des cantonniers sont réglementées par un arrêté du ministre des Travaux publics en date du 20 février 1882, dont nous donnons la copie.

Règlement pour le service des cantonniers des routes nationales.

643. Article premier. — *Définition du service des cantonniers.* — Les cantonniers sont chargés des travaux de main-d'œuvre relatifs à l'entretien journalier des routes, chacun sur une certaine étendue de route, qui prend le nom de *canton*.

Ils doivent obéissance, pour tout ce qui se rapporte à leur service, aux ingénieurs, conducteurs et autres agents de l'Administration des Ponts et Chaussées.

ART. 2. — *Nomination des cantonniers.* — Les cantonniers sont nommés par le préfet, sur une liste de propositions présentée par l'ingénieur en chef et contenant, autant que possible, un nombre de candidats double du nombre d'emplois à remplir.

Ils sont congédiés par le préfet sur la proposition ou l'avis de l'ingénieur en chef.

Tout cantonnier qui abandonne son service sans avoir prévenu son chef immédiat, huit jours à l'avance, subit une retenue égale à quatre jours de salaire.

La date à laquelle les cantonniers avisent de leur départ leur cantonnier chef est inscrite immédiatement par cet agent sur leur livret.

ART. 3. — *Conditions d'admission.* — Pour être nommé cantonnier, il faut:

1° Être âgé de plus de vingt et un ans et de moins de quarante ans ;

2° N'être atteint d'aucune infirmité qui puisse s'opposer à un travail journalier et assidu ;

3° Avoir travaillé dans les ateliers de construction ou de réparation des routes;

4° Être porteur d'un certificat de moralité délivré par le maire de la commune ou le sous-préfet de l'arrondissement ;

5° Sauf exception motivée par des circonstances locales, savoir lire et écrire.

ART. 4. — *Cantonnier-chef.* — Tous les cantons de route d'un département sont répartis en circonscriptions contenant chacune au moins six cantons ; les six cantonniers forment entre eux une brigade; l'un d'eux, désigné à cet effet par l'ingénieur en chef, sur la proposition de l'ingénieur ordinaire, est cantonnier-chef ; il doit savoir lire et écrire ; il est choisi parmi les cantonniers qui se sont distingués par leur zèle, leur bonne conduite et leur intelligence.

Les cantonniers-chefs ont un canton plus court que celui des autres cantonniers, pour qu'il leur soit possible de vaquer aux divers devoirs qui leur sont imposés.

Ils accompagnent les conducteurs et les employés secondaires des Ponts et Chaussées dans leurs tournées.

Ils prennent connaissance des ordres qui sont donnés par ces agents aux cantonniers de leurs brigades, et ils veillent à ce que ces ordres reçoivent leur exécution.

Ils parcourent en conséquence toute l'étendue de leurs circonscriptions au moins une fois par semaine, suivant des itinéraires, à des jours et heures variables fixés par le conducteur de la subdivision, pour s'assurer de la présence des cantonniers ; ils guident ces derniers dans leur travail ; ils rendent compte de la marche du service, notamment au moyen de la feuille hebdomadaire de tournée (circulaire ministérielle du 31 août 1852), aux agents de l'Administration sous les ordres desquels ils sont plus spécialement placés ; enfin ils fournissent aux ingénieurs tous les renseignements qui leur sont demandés.

Les cantonniers-chefs peuvent être momentanément employés à surveiller l'exécution, et à tenir les attachements des travaux de repiquage des chaussées pavées, et à diriger des ateliers ambulants.

Ils concourent à la constatation des délits de grande voirie et des contraventions aux règlements sur la police de roulage après avoir été dûment assermentés à cet effet.

Ils peuvent également être commissionnés pour la constatation des délits de pêche.

ART. 5. — *Signe distinctif des cantonniers.* — Les cantonniers portent à leur coiffure un ruban avec le mot *cantonnier*.

Les cantonniers-chefs portent en outre au bras gauche un brassard conforme au modèle arrêté par l'Administration.

Il est remis à chacun d'eux un guidon formé d'une tige ou jalon divisé en décimètres, garni par le haut d'une plaque indiquant le numéro du cantonnier en chiffre de $0^m,08$ de hauteur.

Ce guidon est toujours planté sur la route à moins de 100 mètres de distance de l'endroit où travaille le cantonnier.

ART. 6. — *Du travail des cantonniers.* — Les cantonniers doivent se conformer aux ordres qui leur sont donnés pour la succession des travaux à faire, et pour la manière de les exécuter.

Art. 7. — *Feuille de travail.* — Chaque cantonnier tient une feuille mensuelle de travail dans laquelle il rend compte, jour par jour, de la quantité de travail qu'il a exécuté.

Art. 8. — *Tâches à remplir.* — Pour exciter et soutenir l'activité des cantonniers, les ingénieurs, les conducteurs ou les employés secondaires leur assignent des tâches à remplir dans un temps donné toutes les fois que les circonstances locales le permettent.

L'indication sommaire de ces tâches est inscrite sur la partie du livret réservée aux ordres de service.

Les travaux ainsi prescrits seront un des principaux objets de la surveillance tant des chefs immédiats des cantonniers que de MM. les maires.

Art. 9. — *Fixation des heures de travail.* — Du 1er mai au 1er septembre, les cantonniers seront sur les routes, sans désemparer, depuis cinq heures du matin jusqu'à sept heures du soir. Le reste de l'année, ils y seront depuis le lever jusqu'au coucher du soleil.

Ils prennent leurs repas sur la route, aux heures qui sont fixées par l'ingénieur en chef. La durée totale des repas n'excède pas deux heures ; toutefois, durant les grandes chaleurs, elle peut être portée à trois heures.

Art. 10. — *Déplacement des cantonniers.* — Les cantonniers peuvent être déplacés, soit isolément, soit en brigades, lorsque les besoins du service l'exigent impérieusement, pour être dirigés sur les points qui leur sont indiqués.

Ces déplacements ne doivent jamais avoir lieu que sur l'ordre de l'ingénieur ou du conducteur. Le carnet reçoit l'indication du commencement et de la fin de chaque déplacement, et précise le travail auquel le cantonnier a été occupé.

Art. 11. — *Présence obligée des cantonniers en temps de pluie et de neige, etc.* — Les pluies, les neiges et autres intempéries ne peuvent être le prétexte de l'absence pour les cantonniers ; ils doivent même dans ces cas redoubler de zèle et d'activité pour prévenir les dégradations, et assurer une viabilité constante dans toute l'étendue de leur canton ; ils sont autorisés, néanmoins, à faire des abris fixes ou portatifs qui n'embarrassent ni la voie publique, ni les propriétés riveraines, et qui soient en vue de la route à moins de 10 mètres de distance.

Art. 12. — *Assistance gratuite aux voyageurs.* — Les cantonniers doivent porter gratuitement aide et assistance aux voituriers et voyageurs, mais seulement dans les cas d'accidents.

Art. 13. — *Surveillance en matière des contraventions de grande voirie.* — Pour prévenir autant que possible les délits de grande voirie, les cantonniers doivent avertir les riverains des routes qui, par des dispositions quelconques, feraient présumer qu'ils pourraient se mettre en contravention. Ils ont l'œil, en conséquence, sur les réparations, constructions, dépôts, anticipations et plantations qui auraient lieu sans autorisation sur la voie publique dans l'étendue de leur canton.

Ils doivent signaler ces contraventions aux agents de l'Administration, lors des tournées de ces agents, ou même les leur faire connaître immédiatement, soit par correspondance, soit par l'intermédiaire des cantonniers-chefs.

Art. 14. — *Outils dont les cantonniers doivent être munis.* — Chaque cantonnier est pourvu à ses frais :

1° D'une brouette ;
2° D'une pelle en fer ;
3° D'une pelle en bois ;
4° D'un rabot en fer ;
5° D'un rabot en bois ;
6° D'un râteau en fer ;
7° D'une masse en fer ;
8° Enfin d'un cordeau de 20 mètres.

Les cantonniers-chefs doivent être munis, en outre, de trois nivelettes, d'une roulette ou ruban décamétrique et d'une canne graduée conforme au modèle arrêté.

Art. 15. — *Outils d'espèce particulière à fournir par l'Administration.* — Il est remis à chaque cantonnier un anneau en fer de 6 centimètres de diamètre afin qu'il puisse reconnaître si le cassage de la pierre qu'il aura à répandre sur la route est fait conformément aux prescriptions du devis.

Il reçoit un outil dit *tournée*, formant pioche d'un côté et pic de l'autre. Il lui est remis, en outre, un pilon du poids de 10 à 11 kilogrammes pour comprimer les pierres après leur répandage, et, s'il y a lieu, d'autres outils dont la liste est inscrite au livret.

Le cantonnier est responsable de la conservation de ces divers objets.

Les cantonniers-chefs reçoivent une gibecière destinée au transport des papiers.

ART. 16. — *Fournitures d'outils aux cantonniers à titre d'avance.* — Il peut être fourni, à titre d'avance, aux cantonniers qui n'auraient pas les moyens de se les procurer, les outils qui leur manqueraient. Le remboursement de la valeur de ces outils est assuré à l'Administration par des retenues successives qui, sauf le cas de renvoi d'un cantonnier, ne peuvent excéder le sixième du salaire mensuel.

ART. 17. — *Entretien des outils.* — Les cantonniers maintiennent constamment leurs outils dans un bon état d'entretien. S'ils se rendent coupables de négligence à cet égard, il y sera pourvu d'office par l'Administration qui se remboursera de ses frais, comme il est dit à l'article 16.

Les outils ne doivent être portés à la réparation que dans les intervalles des heures de travail. Les excuses d'absence motivées sur la nécessité de remettre les outils en état ne sont point admises.

ART. 18. — *Livret des cantonniers.* — Chaque cantonnier est pourvu d'un livret conforme au modèle joint au présent règlement; ce livret est destiné à recevoir les notes sur le travail et la conduite de ces ouvriers, les ordres et instructions qui leur sont donnés et l'indication des tâches qui peuvent leur être assignées. Il doit être représenté par eux aux agents chargés de la surveillance des routes, toutes les fois qu'ils en sont requis, sous peine d'une retenue d'une demi-journée de salaire pour chaque fois qu'ils ont négligé de se munir de cette pièce.

ART 19. — *Moyen de constater les absences des cantonniers.* — Les absences et les négligences des cantonniers sont constatées par les ingénieurs et les agents de l'Administration employés sous leurs ordres. Il en est fait note par les agents dans les livrets dont il vient d'être parlé.

Elles peuvent aussi être constatées par les gendarmes en tournée et par les maires des communes sur le territoire où les cantons sont situés.

ART. 20. — *Congés lors des moissons.* — Dans le temps des moissons et lorsque la route est en bon état, les cantonniers peuvent obtenir des congés de l'ingénieur ordinaire, sous la réserve de l'autorisation de l'ingénieur en chef. Ils ne reçoivent aucun traitement pendant la durée de ces congés, à l'expiration desquels ils doivent être exactement rendus à leur poste, sous peine de s'exposer à être immédiatement remplacés.

ART. 21. — *Remise du livret et des signes distinctifs lors de la cessation des fonctions.* — Lorsqu'un cantonnier cesse ses fonctions, il fait à l'ingénieur la remise de son livret et des signes distinctifs qu'il aura portés, ainsi que des objets et outils qui auront été fournis par l'Administration. Il est opéré, sur ce qui lui est dû, une retenue équivalente à la valeur de ceux de ces objets qui n'auraient pas été remis.

ART. 22. — *Classement et salaire des cantonniers.* — Les cantonniers de chaque département sont divisés en trois classes égales en nombre, dont le salaire, pour chacune des classes, est fixé par le préfet, sur la proposition de l'ingénieur en chef.

Le classement se fait chaque année par l'ingénieur en chef, sur le rapport de l'ingénieur ordinaire, et d'après les services des cantonniers dans le courant de l'année précédente.

Les cantonniers-chefs sont divisés en deux classes pareillement égales en nombre. Leurs salaires sont fixés, comme ceux des cantonniers ordinaires, par le préfet sur les propositions de l'ingénieur en chef.

ART. 23. — *Indemnité de déplacement.* — Les cantonniers qui sortent de leur canton par l'ordre de l'ingénieur reçoivent, à titre d'indemnité, un cinquième en sus de leur salaire, s'ils ne découchent pas, et trois cinquièmes s'ils découchent.

Il n'est point alloué d'indemnité de déplacement aux cantonniers-chefs, si ce n'est dans le cas où ils sortent de la circonscription de leur brigade. Dans ce cas, les indemnités auxquelles ils ont droit sont réglées sur les bases indiquées pour les simples cantonniers.

ART. 24. — *Encouragements annuels.* — Chaque année, sur le rapport de l'ingénieur en chef, il peut être accordé par le préfet, au cantonnier le plus méritant de chaque arrondissement d'ingénieur ordinaire, une gratification qui n'excède pas un mois de salaire.

Une semblable gratification peut être également accordée à celui des cantonniers-chefs du département qui, pendant l'année, aura rendu les meilleurs services.

ART. 25. — *Retenues pour cause d'absence.* — Tout cantonnier qui n'est pas trouvé à son poste par un des agents ayant droit de surveillance sur la route peut subir une retenue de deux jours de solde la première fois, de trois jours en cas de récidive, et être congédié la troisième fois.

Celui qui, sans s'être absenté, n'aura pas assez travaillé, pendant le mois, ou qui aura négligé le service dont il était chargé, supportera une retenue suffisante pour payer la réparation des dégradations qui seraient résultées de sa négligence.

Le produit de ces retenues peut être alloué par l'ingénieur en chef, sur le rapport de l'ingénieur ordinaire, à ceux des cantonniers qui, par leur zèle et leur travail, ont mérité des encouragements.

Arrêté le 22 février 1882.

CHAUSSÉES PAVÉES

644. Quels que soient les matériaux dont sont composées ces chaussées : pavés cubiques, cailloux roulés ou étêtés, les travaux à faire pour l'entretien s'exécutent de la même manière. Il n'y a jamais eu de discussion sur le système de construction, et il n'y en a pas davantage pour le système d'entretien. On distingue toutefois trois sortes d'entretien : les relevés à bout, le repiquage et le soufflage.

Relevés à bout.

645. On entend par *relevé à bout* un travail qui consiste à démonter une portion de chaussée, à en enlever les pavés pour découvrir la forme, à piocher cette forme pour lui rendre la semi-fluidité qu'elle a perdue, et à découvrir le fond de l'encaissement, qu'on se gardera d'attaquer, et qu'au contraire on consolidera le mieux possible, avant de rapporter le sable en quantité suffisante pour remplacer celui que les infiltrations et le mélange avec la boue auront rendu terreux. On rétablira ensuite le pavé, comme si on faisait une chaussée neuve.

Les précautions à prendre, pour que ce travail soit bien fait, consistent :

1° A mettre au rebut tous les pavés cassés, déformés, de mauvaise qualité, de dimensions trop faibles (ceux que l'usure due au frottement a amenés à avoir moins de $0^m,16$ de longueur de queue, sont mis au rebut à Paris) ;

2° A employer d'abord un ou deux rangs de pavés neufs pour faire connaître le point où commence le relevé à bout, puis, tous les anciens pavés, que l'on dispose, autant que possible, de manière à réunir ceux de mêmes dimensions ;

3° A terminer le travail par tous les pavés neufs ;

4° A réunir autant que possible les pavés de même dureté. Si le relevé à bout s'étendait à une grande distance, on interromprait les parties en vieux pavés par des parties en pavés neufs, afin de n'avoir pas à transporter les premiers loin du lieu d'où ils auraient été tirés.

La quantité de sable à rapporter varie

suivant que l'on emploie du pavé neuf ou du vieux, puisque les premiers ont plus de longueur de queue que les seconds.

A Paris, on rapporte pour les parties en pavé neuf 0^{m3},07 de sable dont 0^{m3},02 pour rafraîchir la forme, 0^{m3},03 pour les joints, et 0^{m3},2 pour recouvrir l'ouvrage.

Pour les parties en pavé vieux, on emploie 0^{m3},10 de sable, savoir : 0^{m3},07 comme ci-dessus pour rafraîchir la forme, faire les joints, et recouvrir l'ouvrage, et 0^{m3},03 pour complément de la forme et tenir lieu de la longueur de queue qui manque aux pavés.

Pour faire ces travaux, les matériaux sont approvisionnés d'avance. A Paris, les pavés neufs se reçoivent dans les dépôts à ce destinés. Dans la campagne, les réceptions se font sur les accotements mêmes de la route où les matériaux (sable et pavés) sont approvisionnés.

La quantité de sable est calculée d'avance d'après les bases qui précèdent; le nombre des pavés qui seront nécessaires est évalué d'après les expériences que l'on a faites précédemment dans des circonstances analogues. On sait qu'à Paris, il faut généralement $^1/_8$ de pavés neufs, et lorsque le grès est plus dur, il ne faut que $^1/_{10}$.

A Paris, les rues très fréquentées (dont le pavage a été depuis en grande partie transformé) se relevaient à bout, à peu près de six en six ans; quelques-unes, construites en mauvais pavés sur un sol argileux, de trois en trois ans. D'autres, peu passantes, ne se relèvent pas une fois en vingt ans.

On doit autant que possible proportionner la quantité de pavés neufs à la fréquentation de la chaussée, et établir les proportions, de manière à conserver toujours à celle-ci la même épaisseur, sans cela le capital de la route diminuerait chaque année, et l'on finirait par arriver à un moment où il faudrait pour ainsi dire la reconstruire à neuf. Mary en cite un exemple, et dit que c'est ce qui est arrivé à Paris après la Révolution, sur la route de Paris à Lille par Péronne, en 1812, 1813 et 1814, quand Anvers appartenait à la France.

Les expériences de Coriolis ont jeté une vive lumière sur cette question, et montré la marche à suivre dans les cas analogues.

Repiquage.

646. L'entretien simple ou repiquage consiste à remplacer les pavés cassés, et à relever les flaches. Dans quelques localités, ce travail se fait par des ateliers de paveurs payés directement par l'Administration. A Paris, les repiquages sont généralement faits par les entrepreneurs. On mesure l'étendue de chaque flache, ou plutôt on compte le nombre de pavés arrachés, et par un tableau fait d'avance et convenu une fois pour toutes on en conclut les surfaces.

Il faut pour ce travail quelques pavés neufs, pour remplacer ceux qui sont cassés ou usés, et 0^{mc},08 de sable environ par mètre carré. L'exécution du repiquage exige les mêmes soins que celle des relevés à bout, tant pour le piochage de la forme que pour la disposition des pavés, c'est-à-dire qu'il convient de vider la forme et de raffermir le fond du trou, avant de replacer le sable vieux et le sable neuf nécessaires pour reposer le pavé ou les pavés dans leurs alvéoles, à la hauteur des pavés environnants.

Moins on peut piocher la forme, mieux cela vaut. Comme les pavés neufs ont des dimensions plus fortes que les pavés des chaussées à repiquer, et que leur emploi dans le repiquage forcerait à les tailler, on préfère généralement employer la totalité des pavés neufs à faire les relevés à bout, et faire servir les pavés vieux provenant des chaussés ainsi démontées à exécuter les repiquages.

Soufflage.

647. Le soufflage a pour but de ramener à son niveau la surface supérieure d'un pavé qui s'est enfoncé, et cela sans l'enlever de son alvéole. Il est surtout applicable dans le cas où les pavés sont démaigris sur leurs faces latérales (*fig.* 259, 260).

Pour le pratiquer, on dégarnit les joints

sur 0m,03 de profondeur avec un grattoir ou fiche aiguë, on soulève le pavé de quelques centimètres avec des pinces, on le maintient en place avec un coin en fer, et on fait couler du sable neuf dans le joint. Le mieux pour pratiquer cette opération est d'arroser un peu ce sable;

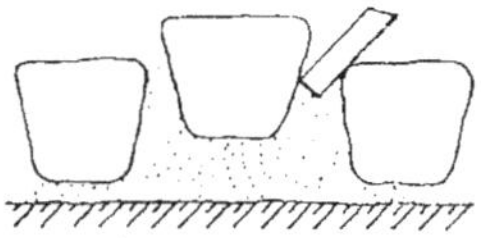

Fig. 259.

l'eau facilite son glissement et, par suite, sa pénétration sous le pavé.

Le pavé est ensuite décalé, et on le bat fortement au pic, de façon à le remettre bien de niveau.

On a appliqué ce système aux flaches de peu d'étendue. Dans ce cas, on opère sur les pavés les uns après les autres; mais le coût de cette opération dépasse celui du repiquage quand la surface de la flache est un peu étendue.

Quant aux autres soins qu'exigent les chaussées pavées, ils sont fort peu nombreux. On se contente de les balayer soit à la main, soit avec une balayeuse mécanique, et de les regarnir de sable de temps en temps, quand les eaux pluviales ou toute autre cause les ont dégarnies.

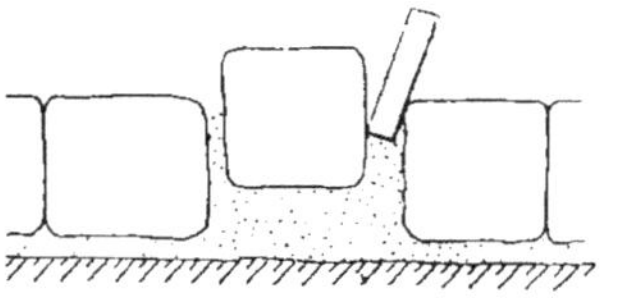

Fig. 260.

Ces travaux se font soit en régie avec des équipes volantes, soit par des cantonniers, ce qui n'est applicable que pour les soufflages, soit à l'entreprise. Dans ce cas, le travail se paye au mètre carré, et il faut une grande surveillance pour empêcher soit les malfaçons, soit les quantités comptées en trop. Cette surveillance est d'autant plus difficile que les traces de réparations disparaissent en très peu de temps.

CHAUSSÉES EMPIERRÉES

648. Jusque vers 1830, l'entretien des chaussées en empierrement se faisait sans principes fixes, ou ceux qui étaient généralement admis étaient vicieux. Depuis cette époque, l'attention des ingénieurs les plus habiles s'est portée sur cet objet essentiel à la prospérité publique, et maintenant les principales bases sont fixées d'une façon à peu près définitive. Autrefois, quand une chaussée était pleine de fondrières, on recourait à la corvée, on faisait recharger les parties devenues impraticables, et on laissait le roulage comprimer les matériaux et les lier entre eux.

649. Nous avons vu que Tressaguet avait le premier donné des principes généraux pour la construction. Il fit de même pour l'entretien, qu'il organisa d'une façon continue par l'intermédiaire de l'entreprise, et il a donné le modèle d'un bail d'Administration.

Méthode du point à temps.

650. Après lui, Berthault-Ducreux fit paraître en 1834 un mémoire inséré dans les *Annales des Ponts et Chaussées*, dans lequel il exposa tous les défauts du système alors suivi, et il posa les trois préceptes suivants, qu'il indiqua comme fondamentaux :

« 1° Une chaussée bien polie, sans aspérités, reçoit de la circulation le minimum de dommage, et lui cause le minimum de fatigue. Dès que le poli cesse et que les aspérités paraissent, il y a accroissement de souffrance et pour la chaussée et pour le roulage. Le bon sens nous dit donc qu'il faut réparer aussitôt, qu'il faut faire, comme la bonne ménagère, *un point à temps;*

« 2° Pour faire ce point à temps, il faut avoir constamment, en tout temps, sur les routes, une quantité suffisante d'ouvriers ».

Il cite à cet égard la route de Chagny. Cette route était entretenue en parfait état, mais, ayant été négligée quelque peu, il se forma immédiatement des ornières;

« 3° Des ouvriers, quelque nombreux qu'ils fussent, ne sauraient seuls réparer le mal; il leur faut donc de la pierre disponible, et en tout temps, car en tout temps il peut y avoir des dégradations. Il en résulte que l'on doit former des ouvriers spéciaux placés sous la direction de l'Administration ». On doit multiplier le dépôt de matériaux, et l'auteur s'élève contre l'emmétrage qui coûte fort cher et qui suivant lui est peu utile.

Il fait également remarquer que c'est l'alternative de la gelée et du dégel qui altère les routes bien plus que la gelée.

Les détritus de la route s'attachent alors aux roues, dénudent la portion restante de la surface de roulement qui est bientôt attaquée, et c'est ainsi qu'il se forme des flaches et des ornières.

Berthault-Ducreux s'élève aussi contre le rigoles et les écharpes transversales, qui sont nuisibles aux personnes et aux voitures.

L'ébouage devra être pratiqué suivant l'entretien de la chaussée. Sur les chaussées mal entretenues on devra agir fortement; on enlève ainsi l'excès de boues et de détritus, et la chaussée s'améliore d'elle-même. Le balayage doit, au contraire, être très modéré sur les chaussées bien unies et bien entretenues.

651. Vignon, en 1837 et en 1838, tout en approuvant les idées de Berthault, fait remarquer qu'il ne faut pas adopter de théories *absolues*. C'est ainsi qu'il admet les ouvriers auxiliaires et ne préconise pas l'emploi en tout temps, etc.

652. A la même époque, de Boisvillette, sur les travaux historiques duquel nous nous sommes déjà étendu, applique ces principes pour la remise en état d'une vieille chaussée boueuse et déformée. Ces chaussées ont, en général, une épaisseur considérable, mais renferment en abondance des débris de toute espèce. Voici la marche à suivre qu'il indique.

La première chose à faire est de régulariser les accotements pour faciliter l'écoulement des eaux, et empêcher qu'elles séjournent en un point quelconque. On procède ensuite à l'ébouage de façon à purger la route des matières boueuses et des détritus qu'elle possède en excès. On peut poser en principe que tout ce qui ressue et remonte à la surface d'une route est inutile, et qu'il vaut mieux que l'épaisseur d'un chemin soit réduite à 15 ou 20 centimètres que d'avoir une épaisseur double recouverte de boue.

Pour rétablir le bombement on combine l'ébouage avec les rechargements dans des places convenablement choisies, et au bout d'un petit nombre d'années, on arrive à reconstituer une chaussée dans d'excellentes conditions.

653. Enfin Dupuit rédigea une circulaire qui fut adressée par le ministre à tous les ingénieurs. Ses principes, qui servent encore aujourd'hui de guide, y sont exposés d'une façon magistrale, et c'est à peine si les procédés dus aux perfectionnements des cylindres à vapeur sont venus modifier ses conclusions; aussi allons-nous donner la circulaire dans son entier.

Circulaire du 25 avril 1839.

654. « J'ai remarqué, Monsieur le Préfet, et vous avez pu remarquer comme moi, que les procédés de l'entretien présentaient encore des diversités que les instructions pressantes que je renouvelle tous les ans n'ont pas réussi à faire disparaître. Sans doute, il est des différences qu'il faut admettre, et qui tiennent à la nature du climat, à l'espèce des matériaux, à la nature du sol; mais cependant il est constant qu'il y a aussi quelques règles générales qu'il est bon de prescrire, et dont il est fâcheux que l'on ne se soit pas encore partout pénétré ainsi que le requiert l'intérêt des routes : ce sont ces règles que j'ai cherché à recueillir en consultant l'expérience, et que je me propose d'exposer dans la présente circulaire.

« Je ne m'occuperai ici que des routes d'empierrement qui composent la presque totalité des routes de France ; les routes pavées seront l'objet d'une instruction postérieure.

« Je supposerai d'abord les routes arrivées à l'état normal d'entretien ; je les considérerai ensuite dans l'état de dégradation où elles se trouvent encore malheureusement sur une assez grande partie de leur longueur, et j'indiquerai, pour chacun de ces deux cas, les procédés généraux qu'il me paraît utile d'employer, et qui n'excluent d'ailleurs ni les procédés particuliers, ni cette foule de soins et de précautions de tout genre que MM. les ingénieurs doivent mettre partout en usage pour assurer la viabilité des communications confiées à leur surveillance.

1° ENTRETIEN DES ROUTES

« Lorsqu'une route est en bon état, que la chaussée est saine et unie, par conséquent sans ornières, sans flaches, sans boue et sans poussière, que les accotements et les fossés ont le profil convenable, on peut toujours maintenir cet état de choses pendant toutes les saisons, quelle que soit la fréquentation, par de bonnes méthodes d'entretien.

« Dans une bonne méthode d'entretien, il n'y a jamais que deux opérations à faire :

« 1° L'enlèvement continu de l'usure journalière de la route, soit en boue, soit en poussière ;

« 2° L'emploi des matériaux qui doivent remplacer cette usure. Ces deux opérations bien faites, et faites à propos, préviennent les dégradations ; la route frayée dans tous les sens ne fait plus que s'user parallèlement à sa surface.

Enlèvement de l'usure.

« 1° *Poussière.* — Lorsque les voitures ont circulé pendant plusieurs jours sur une route telle que nous venons de la définir, si le temps est sec, la chaussée se couvre bientôt d'une petite couche de poussière. Cette poussière gêne les voyageurs et les chevaux, nuit aux propriétés riveraines, rend la route plus tirante, et, si une pluie continue survient, elle se change en boue, et la boue amène des ornières et des dégradations de toute espèce. Dans l'intérêt de la viabilité comme dans celui de l'entretien de la chaussée, il faut donc enlever la poussière. Cet enlèvement peut se faire, comme celui de la boue au racloir, mais, à cause des petites inégalités du sol, cet outil ne peut être utilement employé que lorsque la poussière a une petite épaisseur, c'est-à-dire lorsque depuis longtemps elle est déjà nuisible; enfin, il en laisse une quantité encore sensible. Le balai de bouleau convient beaucoup mieux pour cette opération ; pénétrant dans toutes les inégalités et concavités de la surface, il enlève tout ce qui est mobile et, par conséquent, tout ce qui est inutile ou nuisible. L'opération du balayage est trop simple pour avoir besoin d'être expliquée. Cependant il ne sera peut-être pas inutile de dire que par un temps très sec et sur les chaussées en gravier on ne peut pas balayer aussi serré que sur les chaussées en calcaire : on désagrégerait ainsi beaucoup de petits matériaux de la surface. Sur ces chaussées, c'est après une petite pluie que le balayage fait le meilleur effet.

« Une route bien balayée, si la pluie survient, ne présente pendant plusieurs jours aucune trace de boue. La surface de la chaussée est parfaitement unie et comme glacée ; quelques heures de temps sec suffisent pour la sécher complètement. La poussière, en effet, absorbe et retient l'humidité ; en parcourant une route dans cette circonstance, on peut, par le degré de siccité des diverses parties, retrouver l'ordre dans lequel elles avaient été balayées avant la pluie.

« 2° *Boue.* — Mais si l'humidité continue, la chaussée devient d'abord grasse, puis se recouvre de boue dont la couche va en s'épaississant ; il faut alors l'enlever promptement, parce que la boue rend le frayé des voitures apparent, et, comme ce frayé est plus roulant que le reste de la chaussée, les voitures cherchent et parviennent à le suivre, maintenues qu'elles sont par deux bourrelets latéraux; on aurait donc bientôt des ornières. Mais si on a le soin d'enlever la boue au racloir au fur et à mesure qu'elle se forme, les voitures continuent à marcher dans tous les sens. La chaussée, quoique plus tendre, quoique plus facile à entamer, reste cependant unie. Chaque voiture laisse bien une impression visible ; mais il serait impossible à la voiture suivante de s'y placer exactement ; ainsi le milieu de la bande de la roue va passer là ou était tout à l'heure le bord de la précédente, et remettre à leur place les molécules qui tendaient à se soulever. Il n'y a point de dégradation ou de déformation par la pluie comme par la sécheresse : il n'y a que de l'usure.

« Je viens de dire que la boue devait être enlevée au racloir, c'est l'outil le plus avantageux lorsqu'elle est grasse ; mais lorsqu'elle est liquide, le balai réussit parfaitement. Quoi qu'il en soit, jamais la boue ne peut s'enlever aussi exactement que la poussière. Ainsi, lorsque le temps sec succède à la pluie, on a quelquefois un peu de poussière là où on n'avait pas de boue, tandis qu'on n'a jamais de boue là ou on n'avait pas de poussière.

« Avec l'enlèvement continuel de la poussière et de la boue, la chaussée peut être maintenue toujours roulante ; mais elle s'aplatit, se creuse, et on atteindrait le fond de l'encaissement si on ne remplaçait pas le détritus enlevé : c'est le but de la seconde opération de l'entretien, l'emploi des matériaux.

« *Emploi des matériaux.* — L'emploi des matériaux est une opération nécessaire, essentielle même, mais elle n'a pas le même caractère d'urgence que l'opération du balayage. La chaussée s'use, en effet, fort lentement, et il est indifférent que, si $0^m,25$ est son épaisseur normale, elle n'ait, à un moment donné, que $0^m,24$, $0^m,23$ ou $0^m,22$: c'est un inconvénient dont le public ne s'aperçoit pas. On peut donc choisir pour l'emploi des matériaux le moment le plus convenable. Sous ce rapport, les temps pluvieux ont sur les temps secs un avantage immense. Des matériaux placés dans un moment où la chaussée est dure et où le temps est sec ne se lient point et s'écrasent sans pénétrer dans la masse de l'empierrement ; employés au contraire par les temps humides, avec le soin convenable, ils pénètrent dans la chaussée sans s'écraser et ne gênent que peu le roulage.

« Lors donc que les circonstances atmosphériques sont convenables, que des pluies fréquentes ont amolli la surface, et qu'on ne craint pas de gelée, on doit commencer l'emploi des matériaux. Le principe qui doit guider le cantonnier dans cette opération, qui rend le tirage un peu plus pénible sur certains points, c'est de ne pas créer de motif déterminant pour les voitures de suivre une direction plutôt qu'une autre ; et cela est facile là où le curage et le balayage ont été faits avec soin. On ne voit point alors ces longues dépressions, soit au milieu, soit sur les côtés de la chaussée, qui semblent demander un emploi étendu des matériaux. Une chaussée qui a subi l'enlèvement continu des détritus ne présente sur sa surface que de légères flaches (1) que la pluie rend apparentes. Ces flaches sont réparties d'une manière irrégulière, à droite, à gauche et au milieu ; elles indiquent l'emplacement des matériaux à employer. Ces flaches, d'une profondeur de $0^m,02$ à $0^m,03$ environ au milieu, et qui se réduit à rien sur les bords, doivent être piquées dans leur contour, de manière à donner un point d'arrêt ; on y place ensuite les matériaux, en les arrangeant avec soin, les plus gros au milieu, les plus fins sur les bords. Cet emploi ne doit avoir que 2 ou 3 mètres de longueur, 1 ou 2 mètres de largeur au plus. La même opération se répète sur toutes les

(1) Lorsque je dis que dans une bonne méthode d'entretien, on n'a ni boue, ni poussière, ni ornière, ni frayé, ni *flache*, il ne faut pas attribuer à ces mots, excepté aux ornières et frayés, un sens rigoureux et absolu. Il y a évidemment un peu de poussière et de boue, là où on les enlève ; mais il n'y en a que quelques millimètres ; il y a aussi des flaches, mais les plus profondes ne doivent pas avoir plus de 3 centimètres.

parties déprimées. Cependant, si elles étaient en grand nombre, il ne faudrait pas les recharger toutes ainsi; il faudrait choisir les flaches les plus profondes, attendre la prise de celle-ci pour remplir les suivantes ; sans cela, la gêne imposée au roulage sur cette partie de la route, serait trop considérable ; il vaut beaucoup mieux, dans son intérêt, la répartir sur un temps plus long. Il ne faut pas non plus l'accumuler sur un même point. Ainsi le cantonnier ne doit pas commencer l'emploi par le commencement de son canton pour le finir à l'extrémité. Il doit le commencer là où les flaches lui paraissent les plus profondes et les plus nombreuses, et continuer toujours ainsi pour terminer par les parties les moins usées.

« Lorsque sur une longueur de 40 ou 50 mètres on a ainsi rempli les flaches avec les soins qui viennent d'être prescrits, ce serait une erreur de croire que cette route est restaurée, et qu'on peut passer à une autre en l'abandonnant quelque temps. C'est la faute la plus grave, et malheureusement la plus fréquente, que commettent les cantonniers. En effet, quoique les flaches soient remplies, les matériaux y sont mobiles ; ils sont aussi dérangés par les roues, par les pieds des chevaux ; il faut, avec le râteau, les ramener à leur place pour qu'ils ne soient pas remontés isolément par les roues et écrasés inutilement. Malgré le soin mis dans la répartition des emplois pour dérouter les voitures, elles finissent quelquefois par préférer une direction dans laquelle le frayé se prononce ; il faut promptement l'effacer, faire quelquefois de nouveaux emplois, enlever ou diminuer ceux que l'on reconnaîtrait mal placés, sauf à y revenir plus tard ; il faut curer la boue que les matériaux font sortir de la chaussée en y pénétrant ; en un mot, il faut que le cantonnier soit bien convaincu qu'il n'y a pas de partie de route qui ne réclame plus de soin, plus de vigilance et d'attention que celle où il a fait récemment un emploi de matériaux. Ce n'est qu'alors que son opération est terminée. On est, d'ailleurs, largement indemnisé de tous ces soins par l'économie des matériaux qui s'incorporent dans la chaussée presque sans perte, par la dégradation qu'on évite, dégradation dont la réparation serait bien autrement dispendieuse.

« *De la quantité des matériaux à employer.* — On pourrait objecter que la méthode d'emploi qu'on vient d'exposer ne laisse pas que d'être insuffisante, en ce que le remplissage exact des flaches ne sera pas l'équivalent de détritus enlevés, et que, par conséquent, l'épaisseur de la chaussée ira toujours en diminuant. Il pourra en être ainsi, en effet, lorsque le profil demandera à être baissé; on pourra même diriger le curage de manière que les flaches s'effacent sans emploi de matériaux ; mais, lorsqu'on voudra relever le niveau de la route sur certains points, rien ne sera si facile. L'expérience, en effet, apprend que, quelque temps après qu'on a fait un premier emploi de matériaux, il se représente de nouvelles flaches, qui disparaissent peu à peu par l'effet du passage des voitures et du curage, mais dont on peut profiter pour augmenter l'épaisseur de la chaussée en y faisant de nouveaux emplois qu'on peut renouveler ainsi cinq ou six fois en hiver. On est donc libre de mettre sur une partie de chaussée à peu près ce qu'on veut de matériaux. Or, lorsque l'entretien est dans son état normal, il faut qu'il y ait une compensation exacte entre le poids de ce qu'on fait entrer dans la chaussée et le poids qu'on en retire; mais il n'est pas nécessaire que ce poids soit tout entier en matériaux, car une chaussée, même parfaite, contient encore beaucoup de détritus qui sont essentiels pour en remplir tous les vides. Si pendant l'année on a ôté 100 mètres cubes de détritus, soit en boue, soit en poussière, la chaussée n'a peut-être perdu que 60 mètres cubes en matériaux. On peut donc ajouter aux matériaux qu'on emploie une certaine quantité de détritus qui, mélangés avec eux ou les recouvrant, en facilitera la prise, évitera des cahots aux voitures et des chocs aux matériaux. L'emploi judicieux des détritus peut donc apporter une assez grande économie dans la dépense des matériaux.

« D'après les détails que nous venons de donner sur les deux opérations d'entretien, on voit que le curage n'exige que de l'assiduité et du travail, mais que l'emploi des matériaux demande de l'intelligence et de l'expérience. Les fautes y ont toujours des conséquences graves, et pour l'état de la route et pour la dépense.

« *La méthode demande et facilite beaucoup la main-d'œuvre.* — Une des conditions essentielles de la méthode, c'est d'avoir toujours sur la route une grande quantité de main-d'œuvre à sa disposition. Une des difficultés qui s'opposaient à ce qu'il en fût toujours ainsi, c'est qu'on pensait qu'il y avait une différence très grande entre l'hiver et l'été pour l'usure des routes.

« C'est une erreur que démontre l'enlèvement continu des détritus. Le poids qui s'enlève en poussière n'est pas moindre que celui qui s'enlève en boue. On attribuait à l'hiver toute la boue qu'on voyait sur la route, et ce n'était souvent que la poussière qu'on avait négligé d'enlever pendant l'été.

« Le balayage fait donc disparaître une des graves objections qu'on faisait à l'emploi permanent d'un grand nombre de cantonniers, car non seulement il fournit un travail pour l'été, mais il diminue celui de l'hiver. Il ne faut pas cependant proscrire celui des aides, car, en admettant (et cela n'est pas) que l'hiver n'exige pas plus de travail que l'été, il faut encore compenser la brièveté des jours par un plus grand nombre d'ouvriers. Il y a d'ailleurs des circonstances extraordinaires où la route a besoin de plus de main-d'œuvre ; de longues pluies qui ont retardé le travail, des gelées et des dégels consécutifs mettent en retard l'opération du curage ; il ne faut pas hésiter à donner au cantonnier les moyens de se mettre au courant ; tout retard, loin d'être une économie, serait une dépense.

« Telles sont les prescriptions générales à l'aide desquelles les routes peuvent toujours être maintenues en bon état, sans boue, sans poussière, sans ornières ni frayés. Il ne faudrait pas en conclure cependant que l'ingénieur qui s'applique à les suivre n'aura jamais de dégradations à réparer. Quelque active que soit la surveillance du personnel chargé de la main-d'œuvre, comme il est fort nombreux, sujet à des mutations fréquentes, il est impossible qu'il ne se commette pas de fautes provenant soit de la négligence, soit de l'inexpérience. Quelque rares qu'elles soient, encore faut-il savoir les réparer.

« *Réparation des dégradations accidentelles.* — Les routes ne se dégradent que parce que l'on ne cure pas assez la boue, qu'on emploie mal les matériaux, ou qu'on néglige ceux qui sont mal employés. Le défaut de curage amène des ornières, comme nous l'avons expliqué plus haut. Pour les faire disparaître, le premier soin à prendre, c'est de curer la route à vif. Dans une chaussée boueuse, l'ornière n'est souvent qu'apparente, les bourrelets qui la dessinent ne sont que la boue chassée par les roues. Cette boue enlevée, on ne trouve souvent qu'un frayé insignifiant que les voitures effacent d'elles-mêmes. Un emploi de matériaux fait entre ces deux bourrelets, comme seraient disposés à le faire des cantonniers sans expérience, serait une main-d'œuvre inutile et qui même aggraverait le mal. Il n'y aurait d'autre moyen de réparation, si elle avait été entreprise, que d'ordonner l'enlèvement des matériaux avec la boue, sauf à les séparer plus tard, si cette opéraion présentait quelque avantage.

« Si après le curage de la boue, il reste encore une ornière assez creuse pour que les voitures n'en sortent pas facilement, il faut y mettre des matériaux, mais seulement à fleur de la route, plutôt plus bas que plus haut, pour que rien ne guide les voitures, et que les roues qui voudraient la suivre parallèlement y retombent de temps en temps. Il faut faire ainsi des emplois sur les flaches de la chaussée, d'après la direction que cherchent à prendre les voitures, et au bout de quelque temps la route sera frayée en tous les sens ; mais il ne faut pas se le dissimuler, cette opération demande quelque intelligence et quelque habitude. Le chef cantonnier, le piqueur, et souvent le conducteur doivent la diriger ; car si la faute a été commise par inexpérience, celui qui l'a faite ne saura pas la réparer.

« La cause la plus fréquente des dégradations est le mauvais emploi des matériaux : je viens d'en citer un exemple; mais un cantonnier inexpérimenté en fait beaucoup d'autres. Ainsi, un côté de la route lui paraît plus déprimé sur 50 ou 60 mètres de longueur : il s'empresse de le recouvrir de matériaux ; toutes les voitures viennent alors passer sur l'autre côté sans changer de frayé; de là, des ornières, non seulement vis-à-vis l'emploi, mais avant et après dans la même direction. Il n'y a pas d'autre moyen de réparation que de relever la pierre mal employée, de combler les ornières comme il vient d'être dit. Quant au côté plus bas, c'est par le remplissage successif des flaches, en commençant par les plus profondes, qu'il doit être relevé. Le rechargement général sur toute la largeur de la chaussée a le même inconvénient; car, s'il n'existe pas d'abord de motifs de préférence pour la direction des premières voitures, elles en créent bientôt un très déterminant, en ouvrant une ornière moins tirante, dans laquelle toutes les voitures cherchent à se placer.

« Ce n'est pas éviter cet inconvénient que de diviser le rechargement général en bandes de 7 à 8 mètres, interrompues par des parties non rechargées. L'ornière des parties rechargées se prolonge bien vite sur celles qui ne le sont pas ; les voitures, dirigées par l'ornière dont elles sortent et par celles dans lesquelles elles vont entrer, se maintiennent dans le même frayé.

« Pour faire disparaître le mal, il n'y a pas d'autre moyen que d'en faire disparaître la cause. Il faut donc enlever au racloir tous ces rechargements, au moins tout ce qui serait encore mobile.

« Des emplois bien faits donnent souvent lieu à des ornières, s'ils sont abandonnés, parce que quelques-uns d'entre eux se liant plus facilement disparaissent complètement, et que ceux qui restent encore apparents indiquent aux voitures une voie préférable. Réparer l'ornière comme nous l'avons dit, retrancher ou diminuer quelques emplois, rétablir l'uniformité du tirage dans toute la largeur de la chaussée, c'est le seul moyen de ramener la route à son état normal.

2° Réparation des routes

Dans tout ce qui vient d'être dit, on a supposé la route bonne; mais malheureusement il en existe beaucoup de mauvaises, et les ingénieurs ont souvent plus à réparer qu'à entretenir. Le mal est quelquefois si grave qu'on prend souvent le parti de refaire à neuf. C'est toujours une opération très gênante pour le public et très dispendieuse pour le Trésor. Voici, en effet, comment on procède ordinairement.

Inconvénients du remontage des chaussées. — On démonte l'ancienne chaussée, on la passe à la claie, si elle se compose de quelques matériaux mélangés avec beaucoup de terre; on la casse, si elle ne se compose plus que des grosses pierres du fond de l'encaissement; on ajoute à ces anciens matériaux une certaine quantité de matériaux neufs pour compléter l'épaisseur qu'on veut donner à la chaussée, et on replace ensuite le tout sur une forme bien dressée. Le moindre inconvénient du travail est d'être fort dispendieux, il ne coûte jamais moins de 3 ou 4 francs le mètre courant; mais le plus grave, c'est d'entraver la circulation, d'une manière très gênante pour le public. On est obligé, en effet, de s'emparer d'abord de la chaussée pour la démonter et y faire une forme régulière, puis d'un accotement pour passer à la claie, ou casser les anciens matériaux, et recevoir les nouveaux ; quelquefois même ces travaux empiètent sur le second accotement, et on ne laisse aux voitures que le passage d'une voie ; ce passage y amène à la moindre pluie de profondes ornières dans lesquelles on engloutit en vain beaucoup de pierres ; les voitures ne vont plus qu'au pas ; elles sont obligées de s'attendre pour se croiser, et quelquefois des accidents graves arrivent. Enfin, si on est surpris par la mauvaise saison avant d'avoir achevé, la circulation est complètement interrompue pendant plusieurs mois. Et cela se passe ordinairement sur d'anciennes routes, où il existe depuis longtemps des relations nombreuses et régulières. Que de dommages pour le public, qui regrette avec raison sa mauvaise chaussée, et qui la regrette encore lorsqu'on lui livre ce massif de $0^m,25$ à $0^m,30$ de pierres cassées que le roulage doit écraser et broyer longtemps encore, avant d'avoir une surface aussi roulante que celle qui existait.

Si la route que l'on veut réparer par cette méthode est un peu longue, et que les allocations annuelles ne permettent d'achever le travail que dans quatre ou cinq ans, il en résulte que pendant cet espace de temps la circulation pénible sur les parties récemment faites, difficile et quelquefois dangereuse sur celles en construction, est soumise, d'ailleurs, à des interruptions continuelles.

Il n'y a de viables que les parties auxquelles on n'a pas touché. Ainsi dans ce système l'amélioration ne commence réellement que lorsque le travail est complètement terminé.

Ce sont ces inconvénients qui ont déterminé à employer d'autres méthodes dont le succès est aujourd'hui sanctionné par l'expérience.

Réparation des chaussées en mauvais état. — Lorsqu'on veut restaurer une chaussée, il faut d'abord y faire quelques coupures qui apprennent de quelles couches elles se composent; il n'est pas rare en effet de trouver des épaisseurs considérables, là où on ne les soupçonnait pas. Cela arrive ordinairement dans les parties de niveau, dans les bas-fonds; la chaussée s'y est successivement épaissie sous l'influence d'un système d'entretien dans lequel l'emploi des matériaux était considéré plutôt comme une réparation que comme une restauration d'épaisseur. Plus la chaussée était mauvaise, plus on y mettait de matériaux. Il en est résulté des épaisseurs considérables de pierre et de terre qui se laissent facilement couper à la moindre pluie.

Dans ce cas, il faut multiplier immédiatement la main-d'œuvre, faire enlever tout ce qui est mobile sur la chaussée, y eût-il même beaucoup de pierres mêlées à ces détritus. On arrive ainsi à une couche un peu plus fixe; la pression des voitures en fait continuellement sortir soit de la poussière, soit de la boue en grande quantité; on les enlève au fur et à mesure qu'elles paraissent, on pique les parties saillantes, et la chaussée descend ainsi parallèlement à elle-même en s'assainissant. Mais si le profil est trop plat, s'il n'a même que le bombement convenable, on remplit les flaches nombreuses qui se forment avec des matériaux; ces emplois contribuent puissamment à l'amélioration de la surface; ils sont même plus faciles et gênent moins le roulage que sur une bonne chaussée, parce qu'ils y pénètrent plus facilement. Au bout de quelque temps de ces soins continus, la surface de la chaussée devient dure, unie, roulante.

Si on veut se rendre compte alors de ce qui s'est passé, qu'on fasse de nouvelles coupures, et on reconnaîtra que l'on a obtenu seulement une couche de $0^m,05$ à $0^m,06$ parfaitement saine, reposant sur l'ancien massif de la chaussée. Or cette couche peut suffire, car c'est d'elle seule que les voitures se servent; avec un bon système d'entretien, les dégradations ne descendent jamais plus bas. On est libre d'ailleurs d'augmenter peu à peu cette épaisseur par les emplois de l'hiver.

La même méthode de réparation convient également aux chaussées usées. Par le remplissage des trous et des flaches on arrive bien vite à leur donner l'épaisseur suffisante; on y arriverait sur le terrain naturel, à plus forte raison sur la chaussée. Cette méthode a l'avantage de proportionner l'épaisseur à la qualité du terrain : ainsi là où les trous sont plus fréquents, où la chaussée s'enfonce, il se fait naturellement un plus grand emploi des matériaux, et la chaussée prend plus d'épaisseur.

« C'est lorsqu'il ne reste plus des anciennes chaussées que la fondation des grosses pierres, qu'on est le plus disposé à proposer une reconstruction. On est convaincu que tout emploi de petits matériaux est complètement inutile ; on croit que la pierre va se trouver entre l'enclume et le marteau; cela est vrai pour une pierre isolée, mais cela cesse de l'être pour un grand nombre encastré dans les irrégularités de la chaussée. Il n'y a rien, en effet, de si inégal, de si raboteux que ces chaussées, lorsqu'elles ont servi quelque temps à la circulation :

or, les inégalités sont très favorables à la liaison des menus matériaux. Au lieu donc d'arracher l'ancienne chaussée, il faut se borner à casser sur place les pierres les plus saillantes qui dépasseraient l'épaisseur de la couche qu'on veut obtenir; on fait ensuite, par un temps humide, des emplois de matériaux dans les flaches nombreuses de la chaussée, avec les soins prescrits plus haut : ces matériaux se lient parfaitement, et la chaussée s'unit graduellement sans causer la moindre gêne au roulage.

« L'avantage de ces méthodes, c'est que l'amélioration est générale, immédiate et progressive, c'est que, dès que le travail est commencé, la chaussée va en s'améliorant dans toute sa longueur sans jamais passer à un état pire pour devenir meilleure; c'est que la réparation n'impose aucune gêne au public; c'est que le travail se fait de la manière la plus économique, puisque non seulement on n'a pas à détruire ce qui est fait, mais qu'on en profite. Il ne faut donc avoir recours à la reconstruction des chaussées que dans le cas où on veut modifier le profil en long par des déblais et des remblais.

« *Du bombement et de la largeur des chaussées.* — Je n'entrerai pas ici dans les détails de la constitution des chaussées; cependant je dirai un mot des conditions qui sont les plus favorables à l'entretien. Puisqu'avec des soins continus on est maître d'empêcher que les dégradations ne descendent jamais au delà de quelques centimètres, il s'ensuit que ces grandes épaisseurs de chaussées qu'on construisait autrefois sont complètement inutiles; il est bien préférable de mettre la même quantité de pierres en largeur qu'en épaisseur. On donne une voie plus large à la circulation; on favorise le changement de frayé, et on diminue les accotements boueux dont l'entretien est presque impossible. Il faut renoncer aussi à ces bombements exagérés destinés à faire écouler les eaux; celles-ci ne restent jamais sur une surface unie. Moins la chaussée est bombée, plus les voitures la parcourent dans tous les sens, et plus on évite ainsi la formation des ornières.

« *Résumé.* — La méthode d'entretien et de réparation des chaussées d'empierrement que je viens d'exposer peut se résumer par les prescriptions suivantes :

« Pour n'avoir point de boue, pour n'avoir point de poussière sur les routes, il faut enlever la boue ou la poussière à mesure qu'elle se forme.

« Pour n'avoir point d'ornière, c'est-à-dire pour que les voitures ne passent pas toujours dans la même direction, il faut qu'elles puissent passer sur toutes les parties de la chaussée.

« Pour que les chaussées ne s'abaissent ni ne s'élèvent, il faut leur rendre, par les emplois de matériaux, l'équivalent, ni plus ni moins, de ce qu'on leur a enlevé par le curage.

« Ces principes sont si simples, si évidents par eux-mêmes que dans toute autre question il suffirait de les énoncer. Les explications que j'ai données, les détails minutieux dans lesquels je suis entré, ne se justifient que par l'importance de la question de l'amélioration des routes, et des résultats que cette amélioration doit procurer au public.

« C'est surtout au zèle, au dévouement et à l'activité de MM. les ingénieurs que je confie l'application des règles que je viens de tracer; mais je vous prie, Monsieur le Préfet, de vouloir bien en surveiller l'exécution et surtout de vous faire rendre compte des résultats obtenus. La bonne viabilité des routes est aujourd'hui l'un des premiers besoins de la société : tant que leur état excitera des plaintes, on pourra dire que l'un des buts principaux de l'institution du corps des Ponts et Chaussées n'est pas atteint. Je désire que MM. les ingénieurs soient bien pénétrés de cette importante vérité...

« *Le conseiller d'État, directeur général des Ponts et Chaussées et des Mines,*

LEGRAND. »

Balayage à outrance.

655. Après cette circulaire, qui, ainsi que nous le disions au commencement, fixe si bien les principes de l'entretien des routes, nous voyons, en 1842, L. Dumas, ingénieur en chef des Ponts et Chaussées, poser le principe économique suivant (*Annales des Ponts et Chaussées*, 1841) :

« Étant donnée une route à l'état normal, c'est-à-dire construite dans des conditions rationnelles, parfaitement liée, offrant une surface unie et dure et un profil régulier, on peut lui appliquer divers systèmes d'entretien ayant pour effet de la maintenir plus ou moins belle. Or, nous posons en principe que la dépense de ces divers systèmes est en raison inverse du degré de beauté qu'ils procurent, de telle sorte que celui qui donne la plus belle route est en même temps le plus économique, et que celui qui donne la plus mauvaise est le plus dispendieux. Il va sans dire que l'épaisseur est supposée rester la même dans tous les cas. »

Dumas préconise donc le balayage continu, la méthode du point à temps de Berthault-Ducreux, mais en perfectionnant la mise en place de l'emploi des matériaux mélangés de détritus, et agglomérés au moyen d'arrosage et de pilonnage, voire même de cylindrage.

Il cite à l'appui la route n° 158 de Tours à Caen, sur laquelle il fit appliquer son système. La route était en fort mauvais état et coûtait environ 24 000 francs d'entretien. Au bout de quatre années d'application de cette méthode, ces frais tombèrent à 16 000 francs, et cette économie a porté tout entière sur la dépense en matériaux.

Ce système dit du *balayage*, on le voit, diffère de celui du *point à temps* par des emplois plus restreints et faits avec plus de soin, de façon à avoir constamment une surface de roulement en parfait état.

656. Le général Burgoyne, directeur général des routes de l'Irlande, dans un Mémoire traduit par M. S.-C. Delacroix et inséré dans les *Annales des Ponts et Chaussées* de 1847, fait le plus grand éloge du système de Dumas et en tire des conclusions remarquables au sujet du tirage des voitures et des fardeaux transportés. Il fait, entre autres, observer que le nombre de chevaux peut être diminué de 1/4 pour un même trafic, et cela pour le plus grand bien de la fortune publique. Il se prononce nettement pour l'emploi de rouleaux compresseurs.

Emploi-béton.

657. En 1857, M. Monnet publia dans les *Annales* un Mémoire sur un nouveau système d'entretien des routes que l'on désigne sous le nom d'emploi-béton.

Son Mémoire débute ainsi :

« Les procédés appliqués depuis 1850 à l'entretien des chaussées en empierrement dans l'arrondissement de Saint-Claude permettent de faire des emplois de matériaux en toute saison, et de les livrer presque immédiatement, pris et liés au roulage, sans qu'il en éprouve aucune fatigue appréciable, et sans que la liaison soit opérée aux dépens d'une partie de la pierre mise en œuvre. »

Il pose ensuite les quatre principes généraux suivants :

« 1° *Composition des chaussées.* — La liaison des pierres cassées qui entrent dans la composition d'une chaussée empierrée n'est et ne peut être obtenue qu'à l'aide d'une matière d'aggrégation, directement introduite dans la chaussée ou provenant du broiement d'une partie des pierres elles-mêmes.

« Le cube est variable d'un point à un autre, d'après ses expériences. Ainsi, dans son service, les bonnes chaussées renferment de $0^{m3},35$ à $0^{m3},45$ de détritus pour 1 mètre cube de pierre. Si la proportion de détritus atteint ou dépasse $0^{m3},50$, la chaussée devient médiocre. Si elle atteint ou dépasse $0^{m3},75$, la chaussée devient mauvaise.

2° *Nécessité d'enlever les détritus.* — Dès lors, on doit chercher à maintenir la composition normale de la chaussée, et par conséquent il est nécessaire d'enlever continuellement les détritus qui peuvent être flottants à sa surface. »

M. Monnet rappelle ensuite les autres motifs dont avons longuement entretenu nos lecteurs, sur la nécessité d'enlever ces mêmes détritus.

« 3° *Usure de la chaussée.* — L'usure d'une chaussée, et plus généralement l'usure d'une couche de pierre cassée, soumise à l'action du roulage, se compose de deux parties, ou comprend deux termes :

« Le premier est relatif à l'usure extérieure, produite directement par la pression ou par le frottement des roues sur les pierres qu'elles rencontrent ;

« Le second est relatif à l'usure produite, dans l'intérieur de la chaussée ou de la couche, par le frottement des pierres les unes contre les autres, lorsqu'elles deviennent mobiles par suite du déplacement des pierres de la surface.

« Toutes choses égales d'ailleurs, on ne peut atténuer l'usure extérieure qu'en augmentant l'uni et le poli de la surface, c'est-à-dire en supprimant les bosses, les flaches et, en général, les aspérités qui produisent des chocs. Quant à l'usure intérieure, elle peut être beaucoup plus grande que la première, mais elle sera évidemment d'autant moindre que les pierres seront mieux serrées et mieux assises, qu'elles seront plus fixes et moins mobiles les unes par rapport aux autres, et que la proportion des détritus se rapprochera plus de la quantité normale ou de celle qui suffit pour la liaison.

« 4° *Nécessité d'une composition homogène.* — On comprend, sans qu'il soit besoin d'insister sur ce point, que plus

Fig. 261.

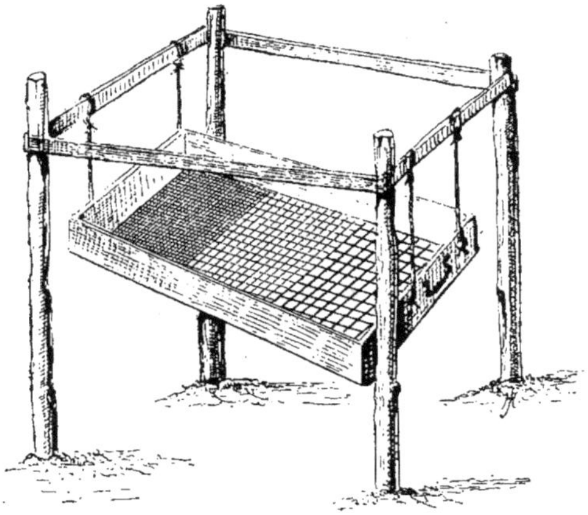

Fig. 262.

la composition de la chaussée sera homogène, plus il sera facile de maintenir l'uni de sa surface, parce que si toutes les parties étaient absolument homogènes, la chaussée serait partout également résistante. »

MODE D'EMPLOI DES MATÉRIAUX

658. « *Outils.* — Indépendamment des outils prescrits par le règlement, chaque cantonnier est muni d'un arrosoir ordinaire à pomme, contenant 12 à 14 litres, et d'un ou plusieurs pilons en bois, du poids de 12 à 15 kilogrammes (*fig.* 261).

« *Triage.* — La pierre est cassée à l'anneau de 6 centimètres, et on classe les morceaux en trois numéros : les gros (n° 1), les moyens (n° 2) et les menus (n° 3). On se sert pour ce classement du râteau ou du crible ; nous n'insisterons pas sur le râteau.

« Le crible est formé d'un cadre rectangulaire ayant $1^m,50$ de longueur sur $0^m,50$ de largeur. Il est divisé en trois cases ayant chacune $0^m,50$ en carré. Les mailles sont carrées. Celles de la première case ont $0^m,015$ de côté, celles de la seconde $0^m,03$, et celles de la troisième $0^m,05$ (*fig.* 262).

« Les petits côtés du cadre portent des chaînettes en fer, au moyen desquelles on peut le suspendre. Les grands côtés portent latéralement des manettes qui permettent de donner un mouvement transversal.

« Le support du crible est formé de quatre tiges verticales, reliées à leur sommet par quatre traverses. Les deux traverses opposées, correspondant aux petits côtés du rectangle, portent des crochets. On suspend le crible à ces crochets au moyen de chaînettes, en lui donnant une inclinaison d'environ 30 degrés, les mailles les plus serrées étant à la partie supérieure. Une auge en bois sans fond peut être placée sur les traverses du support ; elle correspond à la partie supérieure du crible.

« On jette dans l'auge les matériaux à cribler, et l'on agite en même temps le crible. Le triage des pierres en trois classes s'opère ainsi régulièrement, et l'on obtient, en outre, la séparation des pierres qui, ne passant pas dans les mailles de la dernière case, sont généralement d'un échantillon supérieur à l'anneau de 6, et doivent, par conséquent, être cassées de nouveau avant l'emploi.

« *Préparation de la forme.* — Avant de faire un emploi de matériaux, on trace sur la chaussée les limites de la partie à recouvrir ; puis la forme est piquée de manière à ce que les bords soient coupés verticalement, et à ce que le fond soit partout de $0^m,06$ à $0^m,07$ en contre-bas de la surface supérieure de l'emploi projeté. Les produits du piquage sont ramassés à l'aide du rabot et du balai ; on sépare les pierres des détritus ou de la poussière, et on les réserve pour les remployer de suite, suivant leur grosseur, avec les matériaux neufs de la classe correspondante. La forme est arrosée au besoin de manière à assurer la liaison de l'emploi avec la chaussée.

« *Préparation du béton.* — On prépare un béton composé en volume généralement de quatre parties de pierres du n° 1 et d'une partie de matière d'agrégation ou de boue de route, gâchée avec de l'eau, et ramenée à son maximum de consistance et de liant. Il est à peine besoin de dire que la proportion ci-dessus des pierres et des mortiers peut varier avec la nature des matériaux. Quelques essais suffisent pour la déterminer dans chaque cas.

« Le dosage des matières est fait scrupuleusement. On les brasse absolument comme s'il s'agissait d'un béton ordinaire, à mortier de chaux et de sable, et en prenant les mêmes précautions. Ainsi l'on ne doit apercevoir aucune pierre ou partie de pierre qui ne soit pas recouverte de mortier, et l'on ne doit rencontrer aucune partie de mortier isolé. Chaque pierre broyée ne doit contenir, du reste, que le cube qui peut être mis en œuvre sans que le béton soit desséché.

« *Mise en œuvre du béton.* — Le béton est apporté dans la forme, régalé et serré à l'aide de la pelle, puis fortement tassé et damé au pilon.

« A la suite de ce pilonnage, le béton doit affleurer les bords de la forme, sans boues ni flaches, et sa surface doit être précisément celle que l'on veut donner à l'emploi lorsqu'il sera achevé. Le pilonnage doit avoir d'ailleurs assez d'énergie pour que les roues des voitures les plus chargées ne laissent pas de traces à la surface du béton.

« *Mise en œuvre des pierres n° 2.* — Après le pilonnage du béton, il y a des vides entre les pierres ; à la surface de l'emploi, les vides sont comblés, et les pierres elles-mêmes sont serrées et calées à l'aide des pierres du n° 2 que l'on emploie sans mélange de détritus. On saupoudre la surface avec ces *pierres-coins*, et l'on pilonne ensuite avec assez de force pour que les pierres répandues pénètrent et disparaissent dans le béton, et pour qu'elles se logent dans les vides de l'emploi sans que la surface en soit exhaussée.

« Après le pilonnage aucune des pierres du n° 2 ne doit être libre ou mobile. S'il en était autrement, c'est qu'on en aurait répandu en trop grande quantité. L'excédent devrait alors être retiré avec soin.

« *Mise en œuvre des pierres n° 3.* — Les pierres du n° 3 sont employées de la même manière que celles du n° 2. Elles servent à compléter le garnissage des vides et le coinçage de la surface, sans que l'emploi soit davantage exhaussé, sans que son relief ou son épaisseur augmente.

« *Couche de couverture.* — Enfin on peut glacer et assécher l'emploi en répandant à la surface une légère couche de détritus que l'on pilonne fortement, et qui doit laisser apercevoir toutes les pierres de la mosaïque. Cette dernière opération doit être faite avec beaucoup de discrétion. »

Entretien des emplois jusqu'à prise complète. — M. Monnet recommande d'entretenir l'emploi avec le plus grand soin jusqu'à prise complète. Cet entretien consiste à effacer, à l'aide du pilon, tous les arrachements produits par les voitures ou le pied des chevaux. On doit exclure les détritus.

Arrosage. — On doit arroser la forme et les pierres avant l'emploi, mais jamais le béton.

Temps nécessaire pour la prise de l'emploi. — Ce temps varie de vingt-quatre à trente-six heures.

Saison la plus favorable. — On doit éviter les gelées, les grandes pluies, les temps très humides. Les temps secs, au contraire, sont favorables ; il suffit alors de doser la quantité d'eau.

659. On a reproché à ce procédé son prix élevé et sa complication ; toutefois il donne tant d'avantages pour le roulage, que dans les villes qui ne possèdent pas encore de cylindres à vapeur nous ne doutons pas qu'il puisse rendre de grands services ; c'est pourquoi nous sommes entrés dans de grands détails sur la manière de procéder.

Emploi des matières d'agrégation.

660. En 1865, M. Picard, ingénieur des Ponts et Chaussées, a publié un Mémoire dans lequel il rappelle que c'était seulement depuis vingt ans que, parmi les perfectionnements les plus incontestablement utiles, figurait l'emploi d'une matière d'agrégation mélangée avec les matériaux, et il montre que pour les chaussées neuves cet emploi est aussi nécessaire que le cylindrage, et que combinés ils se complètent l'un l'autre ; il ajoute :

« Si l'on connaît bien le rôle de la matière d'agrégation dans les chaussées neuves, on ne paraît pas aussi fixé sur le choix de celle que l'on doit préférer. Sous ce rapport, il se commet encore bien des erreurs dont nous avons eu plusieurs exemples. »

M. Picard s'occupe, dans son Mémoire, spécialement de l'emploi des matériaux siliceux. « L'inconvénient de ces chaussées, dit-il, consiste surtout en ce qu'elles n'ont pas assez de liant, et que sous l'influence de la sécheresse les matériaux perdent toute cohésion et se désagrègent. L'usure d'une chaussée siliceuse peut devenir énorme en été sous l'influence d'une sécheresse prolongée. Les matériaux rendus mobiles, par suite de la réduction en poussière des détritus qui les unissaient, ne résistent plus solidairement aux actions du roulage, et se broient autant par le frottement qu'ils exercent les uns sur les autres dans l'intérieur de la chaussée que par l'écrasement direct des voitures. On ne remédie en rien à cet inconvénient en introduisant dans une chaussée siliceuse un sable tout à fait analogue à celui que produit l'écrasement des matériaux qui la composent. Si, au contraire, on mélange aux matériaux siliceux une matière calcaire convenablement choisie et réduite en poudre, si c'est possible, on obtiendra un résultat bien différent : la chaussée acquerra la cohésion qui lui manquait, et résistera à l'effet destructeur de la sécheresse, car la matière d'agrégation, naturellement hygrométrique, qu'on y aura introduite, absorbera pendant la nuit, ou même dans le jour, le degré d'humidité nécessaire pour maintenir le liant des matériaux. »

M. Picard en conclut que ce procédé doit être appliqué également à l'entretien. On le pratiquera en enlevant la boue et faisant l'emploi avec des cailloux et des matières calcaires. On arrive ainsi à transformer les anciennes chaussées en constituant à leur surface des plaques cohérentes, dans lesquelles les matériaux seront juxtaposés et reliés entre eux par la matière d'agrégation, comme dans une chaussée neuve après le cylindrage. Il ajoute :

« Nous n'avons pu nous rendre compte exactement de la diminution d'usure obtenue sur nos routes. Cependant, bien des indices font reconnaître que, sous ce rapport, il y a eu amélioration réelle. Sur la route impériale n° 13, l'insuffisance du crédit d'entretien ne permet de consommer qu'environ 12 mètres cubes de matériaux siliceux de médiocre qualité par kilomètre et cent colliers. Cependant, malgré cette faible consommation, la chaussée de cette voie se conserve avec son épaisseur. Cette même route, aux abords de Mantes, fournissait aux maçons de la ville le sable nécessaire à leurs travaux, que l'on recueillait dans les ruisseaux. Depuis que nous employons de la craie avec des matériaux siliceux, la quantité de sable que l'on peut ramasser a beaucoup diminué, et encore ce sable est-il mélangé de craie dans une certaine proportion.

« Il nous reste à indiquer dans quelles mesures la matière d'agrégation doit être employée. Nous adoptons, sous ce rapport, une proportion représentée par une fraction variant de 1/5 à 1/10 du cube des matériaux de la fourniture d'entretien. Les tas de marne cubant 1 mètre ou 0m,50 sont disposés par l'entrepreneur d'entretien de manière que l'on rencontre un tas de 1 mètre ou deux tas de 0m,50 sur cinq ou dix tas de cailloux, suivant que ces tas sont plus ou moins rapprochés ».

Résumé.

661. En résumé, on voit que l'on doit se proposer dans l'entretien d'une chaussée en empierrement formée de petits matériaux enclavés les uns dans les autres, on doit se proposer, disons-nous, de lui conserver une surface unie, résistante, et une épaisseur constante afin de ne pas diminuer le capital représenté par la valeur de la route.

Nous avons passé en revue les différents moyens proposés par les ingénieurs depuis cinquante ans pour obtenir ces résultats. Ils se réduisent à quatre systèmes principaux :

Le *répandage en grand*, anciennement pratiqué, abandonné, puis repris avec raison quand son emploi a pu être complété par celui des cylindres et surtout de ceux qui sont mus par la vapeur :

Le *point à temps ;*

Le *balayage à outrance ;*

L'*emploi-béton.*

Tous les systèmes d'entretien pour donner de bons résultats exigent deux sortes de travaux bien distincts :

1° Les travaux journaliers (balayage, etc.), ou entretien proprement dit pour conserver la surface de roulement ;

2° L'emploi des matériaux destinés à conserver l'épaisseur de la chaussée.

Nous allons entrer maintenant dans les détails techniques de ces deux genres d'opérations, et nous les ferons suivre du prix de revient afférent à chaque système, ce qui nous permettra d'établir les conditions dans lesquelles on devra préférer les uns aux autres.

ENTRETIEN PROPREMENT DIT

662. Nous nous occuperons d'abord de l'entretien de la partie qui a le plus à souffrir de la circulation, nous voulons parler de la *chaussée*. Il résulte de ce que nous avons dit que la première opération à faire est de supprimer la poussière, c'est-à-dire d'époudrer les routes.

Balayage.

663. L'opération la plus fréquente est celle de l'enlèvement de la poussière ou *époudrement*. Elle se pratique au moyen de balais et doit s'exécuter avec une certaine légèreté, de façon à ne pas entraîner les menues pierrailles, surtout dans le cas des chaussées siliceuses qui se désagrègent facilement par la sécheresse.

Les balais se rapportent à deux types principaux :

1° Les *balais ronds*, en brindilles de

bouleau, de bruyère, de genêt ou en piazzava (sorte de jonc d'Amérique long et souple). Les meilleurs sont ceux faits avec de jeunes branches de bouleau encore garnies de leurs feuilles. Dans tous les cas, les balais du commerce sont trop lourds, trop courts et trop rudes pour être employés. En donnant une grande longueur au balai et au manche, un cantonnier peut balayer 3 à 4 kilomètres de route dans sa journée ;

Fig. 263.

2° Les *balais carrés* dits *anglais*, sorte de brosses en piazzava, emmanchées obliquement sur un long manche de bois (*fig.* 263). On se sert de ces dernières quand la poussière est très épaisse. Chaque brosse coûte de 2 francs à 2f,50.

Ébouage.

664. L'ébouage se pratique, quand la boue est liquide, avec le balai ordinaire, si on n'a pas de balai anglais à sa disposition.

Quand la boue est plus épaisse, on emploie le rabot (*fig.* 264), sorte de plaque en tôle avec laquelle on repousse la boue.

Lorsqu'enfin la boue est très visqueuse et devient alors plus dangereuse pour la chaussée, on arrose et on pratique comme ci-dessus.

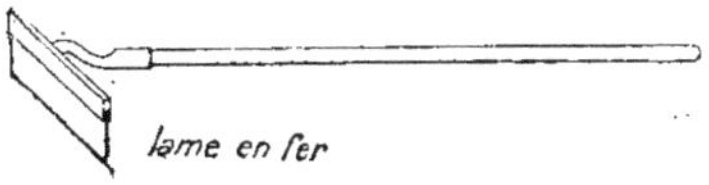

Fig. 264.

Dans les villes, sur les trottoirs et les surfaces lisses, on emploie avec succès des balais en forme de rabots (*fig.* 265), dans lesquels la lame de fer est remplacée par une lame de caoutchouc.

665. *Balayeuse.* — Depuis un certain nombre d'années, pour activer le nettoyage des chaussées des villes, on se sert de balayeuses mécaniques du système Tailfer (*fig.* 266).

Ainsi qu'on le voit sur la figure, le balai est cylindrique généralement, de 1m,50 à 2m,10 de longueur, et disposé obliquement à l'axe de la charrette qui le porte, de façon à rejeter la boue sur le côté ; celle-ci forme ainsi un bourrelet, qui est repoussé à chaque voyage jusqu'à ce qu'il soit conduit au ruisseau. Souvent on fait suivre un certain nombre de ces machines, dont les voies empiétant les unes sur les autres rejettent d'un coup la boue dans les ruisseaux.

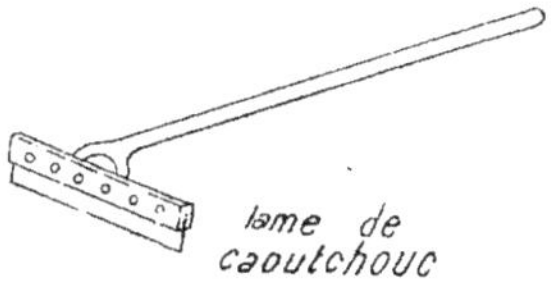

Fig. 265.

Le balai est mis en mouvement par l'action même des roues au moyen d'engrenages et de chaînes sans fin. Un déclanchement permet de le faire agir ou de le soulever ; un levier chargé d'un poids sert à le faire appuyer plus ou moins fortement suivant la nature de la chaussée que l'on doit balayer, et l'épaisseur de la boue à enlever.

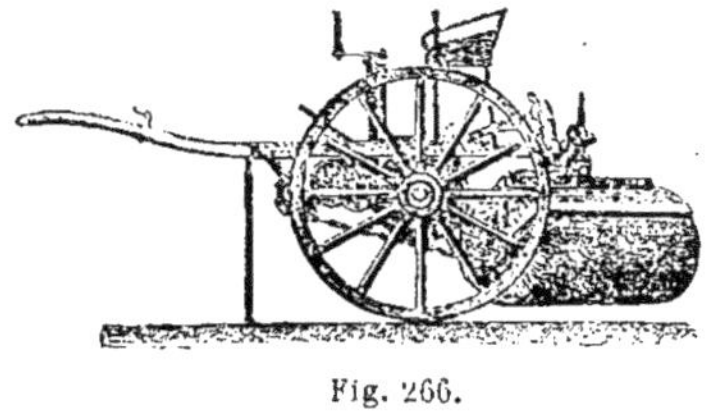

Fig. 266.

Cette machine, mue par un cheval, est, par cela même, difficile à employer sur les routes, elle coûte cher (de 1 000 à 1 500 fr.) ; de plus, une fois réglée, elle agit toujours de la même façon, ce que ne fait pas un cantonnier intelligent, qui appuie plus ou moins par place suivant l'effet qu'il veut produire pour l'entretien dont il est chargé.

666. Une balayeuse réglée naturellement sur le pas du cheval balaye environ 5 000 mètres carrés à l'heure, et fait ainsi la besogne de dix hommes. Le prix de revient du mètre carré est à peu près le même dans les deux cas; mais le travail s'exécute très rapidement et avec un encombrement moindre, ce qui est avantageux pour les voies très fréquentées comme celles des villes.

Sur les routes on ramasse et on met sur les accotements les produits de l'époudrement et de l'ébouage.

Enlèvement des feuilles mortes.

667. Nous avons vu tout l'intérêt qu'il y a à ne pas maintenir d'humidité sur la chaussée, et, par suite, à enlever les feuilles mortes. Cet enlèvement se fait au balai; on les ramasse en tas, et on les rejette soit sur les terrains riverains, si les propriétaires ne s'y opposent pas, soit, si on a des pépinières dans le voisinage, dans des

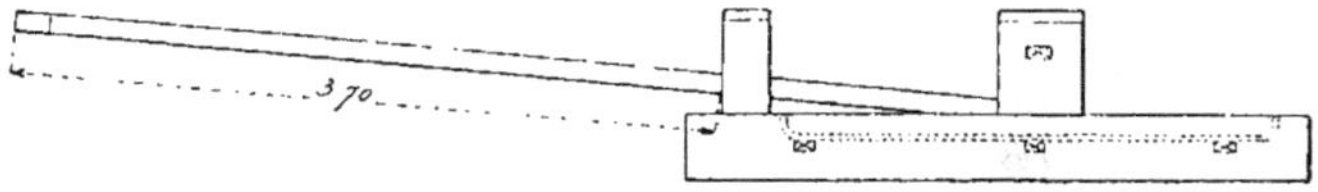

Fig. 267.

fosses où elles se transforment en terreau.

Évacuation des eaux.

668. Quand les eaux sont abondantes, par suite des pluies ou par la fonte des neiges, il faut que le cantonnier en assure l'écoulement en désobstruant avec la tournée les passages qui seraient encombrés. Il doit également chasser avec

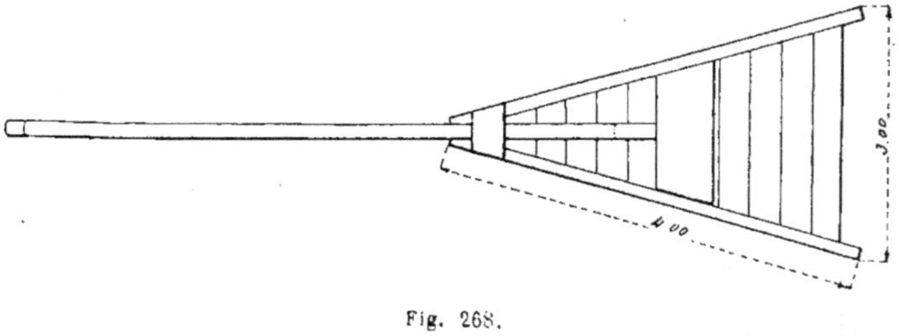

Fig. 268.

son balai l'eau des flaches de façon à ce qu'elle n'y séjourne pas. A Paris, on ouvre des bouches supplémentaires d'égout placées sous les bordures des trottoirs.

Déblaiement des neiges.

669. Dans les pays où le traînage n'est pas organisé comme en Russie, il faut enlever la neige le plus promptement possible pour faciliter la circulation des voitures et des piétons. Si la neige est peu épaisse, on emploie le balai et on pratique au milieu de la chaussée une voie de $2^m,50$. Si la couche est suffisamment épaisse, et que le balai ne suffise plus, on emploie le rabot.

Dans les pays de montagnes et sur les grandes voies des grandes villes on emploie pour aller plus vite des *charrues à neige* (*fig.* 267, 268); c'est un grand triangle qui, traîné par des hommes ou des chevaux, rejette la neige à droite et à gauche. On le charge avec des pavés de façon à ce qu'il s'enfonce dans la neige sans cependant attaquer la chaussée. Aux grandes charrues pouvant déblayer 3 mètres de largeur, on attelle quatre chevaux pour une épaisseur de 5 à 6 centimètres de neige. Elles coûtent 600 francs.

Déblayage par le sel.

670. En 1879, M. d'Ussel a commencé à employer à Paris le salage des chaussées qui se pratique dans les villes maritimes.

On sait que le sel forme avec la neige un mélange réfrigérant, qui pour deux parties de neige et une de sel descend à — 21 degrés. Si donc la température extérieure est supérieure à — 21 degrés, et si on met du sel en quantité suffisante sur la neige, celle-ci fondra et formera une boue liquide que l'on pourra balayer.

Voici quelques chiffres empruntés au Mémoire publié par M. d'Ussel dans les *Annales des Ponts et Chaussées* de 1880 :

« Une couche de neige ramenée par la circulation et la gelée à former une couche de $0^{m},04$ à $0^{m},05$ de glace est très bien réduite par un répandage de sel à la dose de 200 grammes par mètre carré. Les couches de glace de $0^{m},15$ à $0^{m},20$ doivent être attaquées en deux fois : un premier répandage fait immédiatement cesser le glissement, disparaître les ondulations, transforme la partie supérieure en boue réfrigérante, et ramollit la partie inférieure. On enlève le dessus, et on attaque le dessous par un second répandage. Dans les voies où avait été exécuté un piquage à vif par la pioche, pour dissoudre les petites crêtes de glace restées encore adhérentes à la surface et la garantir contre la gelée pendant plusieurs jours, il nous a suffi de saler à raison de 100 grammes par mètre carré. »

Pour pratiquer ce système, un ouvrier traîne une brouette chargée de sel, et un autre fait le répandage à la pelle. Les chevaux et les voitures opèrent le mélange intime ; aussi il est préférable d'opérer le jour.

Le sel, exempt de droits d'octroi et autres, revient de 6 à 3 francs les 100 kilogrammes à Paris, de telle sorte qu'avec $0^{f},044$ le mètre carré on fond une croûte de $0^{m},03$ à $0^{m},04$, et on garantit la surface contre la gelée pendant quatre ou cinq jours. Cette opération coûte huit fois moins que le raclage et le sablage.

On ne peut employer le chlorure de calcium, celui que l'on peut se procurer à bon marché étant toujours acide.

Sablage.

671. Dans les temps de verglas, on répand sur les endroits glissants des chaussées, en les jetant à la pelle et à la volée, les résidus de l'époudrement et de l'ébouage, ou les matières pulvérulentes que l'on peut se procurer : cendres, escarbilles, poussières de tan, etc.

A Paris, on a pratiqué sous les trottoirs des fosses recouvertes de plaques de tôles striées remplies de sable, lequel est ainsi toujours prêt à servir dans les temps de verglas ou de boue fine et grasse comme celle que produisent les chaussées en asphalte.

Surface lisse de la chaussée.

672. Les cantonniers maintiennent le poli de la chaussée en effaçant les frayés, les petites ornières, rabotant les parties paraissant en saillie autour des flasques, et ramenant dans celles-ci les graviers et les plus gros résidus de ce rabotage. Il brise également à la masse les pierres (*têtes de chats*) qui émergent quelquefois de l'empierrement et font saillie. Quand les chaussées se soulèvent à la suite des dégels, il faut les pilonner une ou plusieurs fois avec le pilon réglementaire tombant d'environ $0^{m},30$, et en ayant soin de faire recouvrir les coups de pilon de 1/3 à 1/2. Quelquefois même on fait passer le cylindre compresseur avec certaines précautions que nous indiquerons quand nous parlerons de ces appareils.

Arrosage.

673. L'arrosage est surtout nécessaire et même indispensable dans les villes et sur les chaussées où la circulation des voitures est considérable.

Plus les véhicules qui parcourent ces

voies ont une vive allure, plus cet arrosage est nécessaire.

Il se pratique de quatre façons différentes :

1° Avec des arrosoirs à main ;

2° Avec des lances quand on a de l'eau sous pression ;

3° Avec des tonneaux ;

4° Par l'arrosage chimique ou chlorurage des chaussées.

674. *Arrosoirs.* — Nous n'insisterons pas sur les arrosoirs à main, qui sont connus de tout le monde. C'est, du reste, le cas exceptionnel. Ils contiennent environ 12 litres. D'après M. Debauve, un ouvrier peut remplir et vider vingt arrosoirs à l'heure, et chaque arrosoir peut arroser 20 mètres superficiels. Pratiquement, on compte qu'un ouvrier peut arroser une surface de 320 mètres carrés par heure.

D'après le même auteur, pour entretenir une humidité constante, et prévenir la poussière, il faut, en été, arroser les empierrements six à huit fois par jour, et les pavages trois à quatre fois. Il faut donc un ouvrier arroseur pour 500 mètres carrés d'empierrement et 1 000 mètres carrés de pavage. Le prix de revient en comptant les journées à 3 francs est donc de 0f,006 par mètre carré pour le macadam, et 0f,003 pour le pavé.

675. *Lances.* — Ce système a été établi par M. Darcel, ingénieur des ponts et chaussées et a été l'objet, par son auteur, d'un Mémoire publié dans les *Annales des Ponts et Chaussées* en 1859. Il exige des tuyaux de conduite contenant de l'eau sous pression, et des bouches placées à des distances convenables les unes des autres. Il a été essayé d'abord au bois de Boulogne, et l'espacement des bouches a été fixé à 30 mètres pour les routes de 17 à 20 mètres, et à 40 mètres pour celles de 10 mètres et au dessous.

Fig. 269.

Les manches à eau ont les dimensions adoptées par le corps des sapeurs-pompiers, soit 0m,041 intérieurement. Voici comment on les construit actuellement (*fig.* 269).

Quatre tubes de 2 mètres, un tube de 1 mètre pour bout de lance, quatre chariots en fer sur roulettes en fonte, une jonction de prise d'eau en cuir, à spirale intérieure de 0m,40 de longueur, quatre jonctions intermédiaires en cuir de 0m,25 de longueur, une jonction en cuir de 0m,32 pour bout de lance.

Ces appareils coûtent environ 6f,25 le mètre courant, non compris la lance dont le prix est d'environ 15 francs ; l'extrémité de celle-ci a généralement 0m,012.

L'amplitude du jet sous 15 mètres de charge d'eau est d'environ 12 mètres. Ce sont ces chiffres qui ont servi à régler l'espacement des bouches au bois de Boulogne.

Le débit des lances par seconde varie de 0l,9 à 2 litres, le débit moyen est de 1 litre, et la dépense moyenne de 3 litres par mètre carré et par jour ; celle de la main d'œuvre étant de 0f,000408 par mètre carré, la dépense totale devient 0f,000658.

Fig. 270.

676. *Tonneaux.*—Les tonneaux d'arrosage sont traînés par des hommes ou par des chevaux. Ce ne sont guère que les premiers qui peuvent être utilisés sur les routes, où il est difficile et coûteux de se procurer des chevaux. On emploie encore les tonneaux à bras sur les voies étroites, les squares, etc. Nous donnons (*fig.* 270) le modèle d'un de ces tonneaux employés à Paris et dont le prix varie de 275 à 420 francs suivant que leur contenance est de 150 ou 250 litres.

On se sert plus généralement de gros tonneaux en tôle ayant la forme d'un cylindre aplati (*fig.* 271); de cette façon, pour une même contenance de 1 000 litres, la charge sur le tube d'arrosage est plus régulière. Les tonneaux sont traînés par un cheval; ils se remplissent aux poteaux d'arrosement. Le tuyau d'arrosage proprement dit a environ $0^m,06$ de diamètre et est percé de trois cent quatre-vingt-dix trous de $0^m,002$ de diamètre, répartis sur deux génératrices courbes distantes de $0^m,012$. Une manette à la main du conducteur monté sur son siège lui permet d'interrompre l'arrosage à volonté.

Fig. 271.

D'après M. Debauve, à Paris, un tonneau d'arrosage de 1 000 litres « se vide, en moyenne, trente fois par jour, et couvre à chaque fois 2 400 mètres carrés, et, comme il doit passer huit fois sur l'empierrement ou quatre fois sur le pavage, il faut un tonneau par 10 000 mètres carrés d'empierrement et 20 000 mètres carrés de pavage. Un tonneau, y compris les frais de toute nature, revient à 12 francs par jour d'emploi ; donc l'arrosage d'un mètre carré de macadam coûte $0^f,0012$ et d'un mètre carré de pavé $0^f,0006$ ».

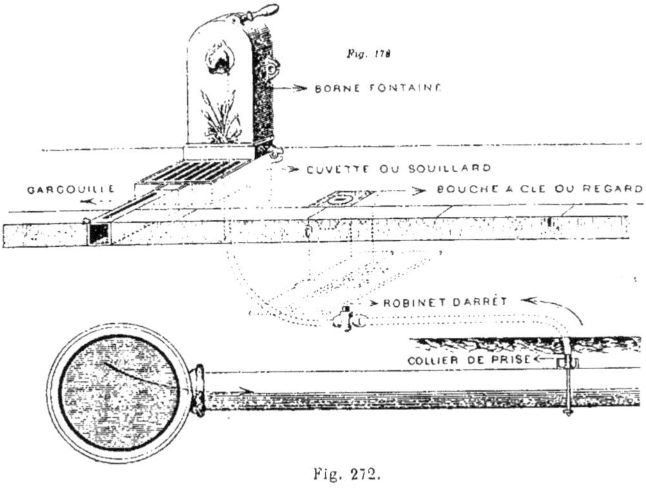

Fig. 272.

677. *Arrosage chimique ou chlorurage des chaussées.* — M. Cousté, ingénieur des manufactures de l'État, a imaginé de répandre sur les chaussées un sel déliquescent pour y maintenir une humidité convenable.

On a employé, dit M. Darcel, au bois de Boulogne le chlorure de magnésium et le chlorure de calcium. Ce dernier est le plus déliquescent, et convenablement calciné il est amorphe et peut se répandre à la pelle. On peut aussi le dissoudre avec un arrosoir.

On lui reproche d'être généralement noirâtre, et de donner une boue visqueuse. Le chlorure de magnésium n'a pas cet inconvénient,

On répand ces sels à une dose variant de 1/2 à 1/4 de kilogramme par mètre carré, ce qui occasionne une dépense de 0f,01 à 0f,02.

Sur l'avenue de l'Impératrice (aujourd'hui du Bois-de-Boulogne), dit M. Darcel, par un beau temps, le répandage (de 1/4 de kilogramme par mètre carré) dure huit jours, au bout desquels il faut racler la chaussée sur laquelle les détritus, à l'état de boue presque ferme le matin, forment de petites aspérités désagréables pour les voitures, tandis que sous l'ardeur du soleil ils repassent à l'état de sable assez humide, cependant, pour ne pas former de poussière. La fréquentation de l'avenue de l'Impératrice est de dix à douze mille voitures suspendues, le dimanche; durant la semaine, le nombre peut être évalué à deux ou trois mille par jour. Sur d'autres points où la fréquentation est moins forte, un répandage d'un demi-kilogramme par mètre carré a duré plus de deux mois. Ainsi, en supposant que le sel répandu revienne à 4 francs les 100 kilogrammes, l'entretien de l'humidité pendant six mois sur l'avenue de l'Impératrice coûterait 2 400 fr. l'hectare, même prix que pour l'eau, en y faisant entrer la valeur de celle-ci et de l'établissement des conduites.

D'une manière assez générale, on a renoncé à ce système comme étant plus coûteux, donnant des chaussées humides, visqueuses et contraires à la salubrité en enlevant l'humidité de l'air, tandis que l'arrosage ordinaire l'augmente. Nous nous permettrons quelques doutes à ce dernier égard, car la vapeur d'eau paraît être favorable au développement et au transport des miasmes, et nous avons constaté par notre expérience personnelle, sous les tropiques de l'Amérique du Sud, que l'on supporte bien plus facilement au point de vue de la santé, ainsi qu'au point de vue de l'agrément personnel, une température haute et sèche qu'une température plus basse et humide.

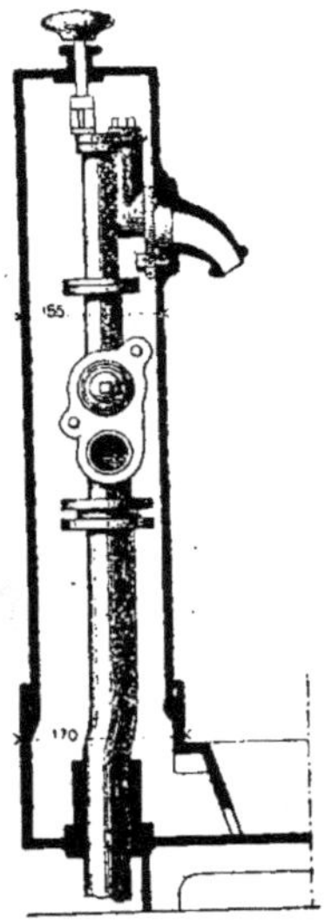

Fig. 273.

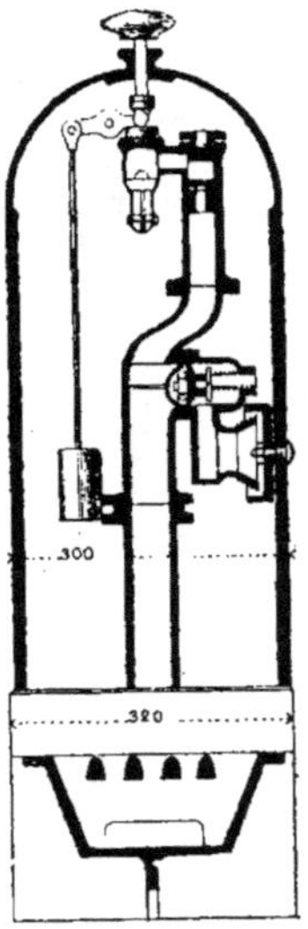

Fig. 274.

678. *Bornes-fontaines.* — Pour l'arrosage et le nettoyage des ruisseaux on se sert fréquemment des bornes-fontaines, qu'on laisse couler tous les jours pendant un certain temps à des heures déterminées. Nous donnons (*fig.* 272) l'installation d'un de ces appareils, et (*fig.* 273-274) le détail de l'un d'eux avec son souillard. Le prix est de 180 francs.

NETTOIEMENT DE LA VOIE PUBLIQUE A PARIS

679. Nous terminerons ce que nous avons à dire sur l'entretien proprement dit des chaussées par un extrait très succinct d'un travail extrêmement intéressant publié, en 1877, par M. Vaissière, ingénieur en chef des Ponts et Chaussées, sur le nettoiement de la voie publique à Paris. Ce résumé pourra servir de type pour l'entretien d'une bonne viabilité dans les grandes villes où les conditions de circulation sont autres que celles des routes ordinaires.

Ce travail est divisé en cinq chapitres :

1° Personnel ;

2° Matériel et désinfectants ;

3° Balayage de la voie publique, balayage des halles et marchés, balayeuses mécaniques ;

4° Enlèvement des boues, immondices, neiges et glaces ;

5° Arrosement.

1° Personnel.

A cette époque, le service était réparti entre deux ingénieurs en chef chargés chacun de dix arrondissements. Un ingénieur ordinaire était à la tête de deux arrondissements et cent douze agents ainsi répartis : cinquante et un conducteurs et soixante et un piqueurs.

La dépense annuelle non compris les ingénieurs était alors :

1re division	138 000 fr.
2e division	122 000
Total	260 000 fr.

En 1891, d'après l'*Annuaire statistique de la ville de Paris*, le personnel y compris dix ingénieurs se montait à trois cent onze personnes et occasionnait une dépense de. . . . . 1 106 890 fr.

2° Matériel et désinfectants.

680. On emploie comme désinfectants :

Le *chlorure de chaux* à la dose de 1 kilogramme pour 20 litres d'eau ;

Le *sulfate de fer* et le *sulfate de zinc*, 1 kilogramme pour 10 litres d'eau.

Le sulfate de zinc est plus énergique. Coupé à 1/8 et mélangé à 3 0/0 de sulfate de cuivre, il constitue l'eau Larnaudès qui se conserve très longtemps et rend de grands services ;

L'*acide phénique*, employé chaque fois que l'on veut détruire les germes putrides.

Les coupages avec de l'eau se font à 1/20, 1/40 et 1/100 ; ils donnent de bons résultats pour les arrosages des latrines, boyauderies, triperies, tueries, pavillons aux poissons et aux fromages des Halles Centrales.

A 1/1000 on l'emploie en arrosage autour des halles et dans les ruisseaux infectés ;

L'*acide chlorhydrique* à 1/6 pour le lavage des urinoirs, des encoignures et des parties très encrassées, à 1/10 pour le nettoyage des murs et dalles lisses ; pour les lavages ordinaires, on emploie le liquide à 1/15 ;

L'*acide de Mirbane* (nitrobenzine), qui est plus énergique, s'emploie aux mêmes dosages.

Le tout a coûté pour la 1re division.	135 000 fr.
Pour la 2e division	85 000
Total.	220 000 fr.

3° Balayage des rues.

681. Le balayage est depuis 1876 tout entier dans les mains du service des ingénieurs, moyennant une taxe municipale qui varie de 0f,10 à 0f,70 par mètre carré suivant une des sept catégories dans laquelle la rue ou la place est classée. Ce service s'applique à 14 500 000 mètres carrés. On y emploie environ deux mille deux cents hommes, neuf cent cinquante femmes et trente enfants, plus cent seize balayeuses mécaniques dans la première division, et soixante-quatorze dans la seconde, qui représentent ensemble le travail de mille neuf cents ouvriers.

Halles et marchés.

Les soins à appliquer sont :

1° Le balayage ;

2° Le lavage ;

3° L'enlèvement des détritus et débris de toute nature ;

4° La désinfection.

Le balayage employait soixante ouvriers.

Les lavages se font d'abord à l'eau ordinaire bien répandue à la surface à l'aide de la brosse en piazzava, puis à l'eau chlorurée ou phéniquée, et terminés à la raclette en caoutchouc. Le travail commence par l'extérieur et se fait à des heures réglementaires ; il est terminé en toute saison à huit heures du soir.

5° *Enlèvement des détritus.* — Ce service est également fait à des heures spéciales. Le produit des sous-sols à enlever, variant de 45 à 70 mètres cubes pour débris de légumes, boyaux et détritus divers, se fait au moyen de grues qui les remontent à la hauteur des tombereaux dans lesquels elles les déchargent. Cette opération a lieu de six à huit heures du soir.

6° *Désinfection.* — Les lavages des sous-sols, urinoirs, gargouilles ainsi que les dépôts de matières putréfiées, sont désinfectés avec le plus grand soin.

Ce système est employé sur une échelle réduite dans tous les marchés de la capitale.

Balayeuses mécaniques.

Le système le plus satisfaisant est celui de M. Sohy, qui consiste en une machine pesant 750 kilogrammes, coûtant 1 000 fr. Son entretien est de 200 francs, indépendamment de celui du rouleau-brosse qui coûte 70 francs et dure cent soixante à cent quatre-vingts heures.

En résumé ce service revient à :	1re Division	2e Division
Cantonniers et auxiliaires.	1 401 000	1 289 000
Frais de traction des machines, balayeuses.	129 000	101 000
	1 530 000	1 390 000
Total général.	2 920 000 fr.	

4° Enlèvement des boues, immondices, neiges et glaces.

682. Le fonctionnement des tombereaux constitue le service d'enlèvement qui a lieu de six à huit heures du matin en été, et de sept à neuf heures en hiver. Les rues réparties par groupes forment un *itinéraire*. Anciennement, on louait ces itinéraires aux cultivateurs des environs de Paris ; mais les *gadoues* (nom donné aux boues de Paris) diminuent constamment de valeur au point de vue de leur richesse comme engrais, et cela à cause de la conversion des chaussées fendues, de la multiplicité des égouts, des lavages plus fréquents. Aussi ce service, au lieu d'être productif à la recette municipale, est-il devenu onéreux, et aujourd'hui on a recours à l'adjudication. On exclut du cahier des charges l'ébouage des chaussées, celui des sables provenant des relevés à bout de ces mêmes chaussées, les menus gravois, cendres d'usines, décombres, résidus du commerce, coquilles d'huîtres des restaurants, et autres résidus dont l'Administration reste chargée d'opérer l'enlèvement.

On emploie cinq cent vingt charretiers, le même nombre de tombereaux et neuf cent quatre-vingts chevaux.

Le cube moyen enlevé par jour est :

1re division. . .	900	mètres cubes.
2e division. . .	800	» »
Total.	1 700	mètres cubes.

On a interdit aux particuliers de jeter les ordures sur la voie publique ; elles doivent être mises dans des boites à l'heure du passage des tombereaux.

Cette mesure a tué le chiffonnage dans les rues ; il a été remplacé par le chiffonnage à domicile (chiffonniers *placiers*). Cette industrie occupait autrefois quatorze à quinze mille personnes, et son produit était de 20 000 francs par jour, soit 7 à 8 millions par an.

Enlèvement des neiges et des glaces.

Le service des glaces n'a plus l'importance qu'il avait autrefois, il a été très très simplifié par le drainage à l'égout des eaux pluviales et ménagères.

Une ordonnance de police du 14 décembre 1851 oblige les habitants :

1° A casser la glace dans les ruisseaux et caniveaux, et à balayer la neige sur les trottoirs devant leurs maisons ;

2° A relever la neige en tas lorsqu'ils

en sont requis par les agents de l'Administration;

3° A gratter et nettoyer les trottoirs et parties voisines des voies publiques correspondantes;

4° A jeter, tant sur les trottoirs que sur la chaussée, du sable, du mâchefer, etc., pour éviter le glissement des piétons et des chevaux.

Ce règlement avait l'inconvénient ou de n'être pas appliqué, ou de l'être trop, et dans ce cas on formait sur la voie publique des tas de neige qui l'encombraient, car le matériel manquait pour en faire l'enlèvement en peu de temps. En effet, une couche de 0m,10 de neige sur les 15 millions de mètres carrés de voie publique représente 1 500 000 mètres cubes.

Aujourd'hui, d'après une instruction du Préfet datée de 1871, on s'occupe de suite, avant tout, d'assurer la circulation des piétons par le déblai des trottoirs et des carrefours.

Les ouvriers de la ville sablent partout où il en est besoin pour le bien de la circulation des voitures.

En même temps, des escouades nombreuses d'ouvriers supplémentaires sont organisées pour relever la neige sur les voies principales désignées à l'avance et dans l'ordre de leur importance relative.

On requiert en même temps :

1° Les cinquante tombereaux à deux chevaux que la Compagnie des omnibus est obligée de fournir;

2° Les voitures pour lesquelles des marchés spéciaux sont passés;

3° Celles des entrepreneurs de main-d'œuvre pour la voie publique.

On pousse la neige dans ceux des égouts dans lesquels il coule de l'eau chaude.

Au dégel on pratique un balayage général, en faisant travailler les ouvriers autant que leur force le leur permet.

Le service est, du reste, prévu à l'avance, et chacun sait le poste qu'il doit occuper de façon à ce qu'il n'y ait pas de confusion; les agents de nettoiement se réunissent tous les jours de six à sept heures du matin et de trois à quatre heures du soir pour aviser en commun aux mesures générales à prendre.

Fusion de la neige.

La fusion de la neige est la seule méthode réellement pratique. On a voulu employer la vapeur d'eau, mais on a dû y renoncer: la fusion s'opérait trop lentement. Quant aux chasse-neige, ils ne sont réellement utiles que lorsque la neige a une épaisseur suffisante, et qu'elle n'a pas été trop endurcie par le piétinement des hommes et des chevaux.

Les dépenses prévues et souvent dépassées sont les suivantes :

1re division	70 000
2e —	100 000
Total.	170 000

Si on fait la somme totale, on voit que l'ensemble du troisième chapitre se monte à 908 000 francs.

5° Arrosement.

683. L'arrosage commence, sauf les interruptions motivées par l'état météorologique, le 15 mars sur les chaussées empierrées, et du 1er au 15 avril sur les chaussées pavées.

Nous ne reviendrons pas sur la forme, la contenance et le remplissage des tonneaux; nous dirons seulement que leur nombre était à cette époque de trois cent vingt-deux répandant environ 6 000 mètres cubes d'eau par jour.

Les frais de traction sont de 240 francs par mois.

Les prix d'achat sont ceux que nous avons indiqués pour ces appareils.

Les surfaces arrosées au tonneau sont:

Dans la 1re division de . . .	2 618 400
— 2e — . . .	3 350 800
Total.	5 969 000

Les surfaces arrosées à la lance, qui coûte moitié moins cher, sont:

Pour la 1re division.	1 060 000
— 2e —	1 267 000
Total.	2 327 000

L'arrosage aux sels déliquescents ne paraît avoir d'avantages que dans le cas d'une grande pénurie d'eau.

La dépense annuelle est de :

1re division	240 000 fr.
2e —	240 000
Total	450 000 fr

684. En résumé, l'organisation du nettoiement et de l'arrosement à Paris coûtait à cette époque au budget de la Ville.

Personnel	260 000
Matériel	250 000
Balayage, etc	2 920 000
Enlèvement des boues. . .	908 000
Report	4 338 000
A reporter	4 338 000
Arrosement	450 000
Dépenses diverses	80 000
Total.	4 868 000

M Vaissière fait suivre son Mémoire d'une pièce annexe très intéressante, dans laquelle il donne l'état des outils, instruments et produits en usage pour le service du nettoiement de la voie publique et des halles ou marchés On y trouve également les prix de chacun de ces appareils.

EMPLOI DES MATÉRIAUX

Généralités.

685. Le premier problème que l'on doit se poser dans l'emploi des matériaux, quel que soit le système employé, est de compenser aussi exactement que possible l'usure de la chaussée, de façon à ne pas amoindrir le capital qu'elle représente, et à ne pas diminuer ainsi la fortune publique. Toute la différence entre les différents modes adoptés consiste à faire ce travail, soit par opérations journalières, soit par opérations périodiques suffisamment rapprochées. Nous devons donc commencer cette étude par celle de l'usure des routes.

Usure des routes.

Ce n'est que vers 1840 que les ingénieurs s'occupèrent sérieusement de cette question. Le premier rapport signé X... qui a paru dans les *Annales des Ponts* en 1838 est intitulé : « Mesure de la destruction des routes en empierrement par le roulage ». Dans un premier Mémoire publié en 1840, Dupuit établit que la dépense d'entretien des routes est une fonction de quatre circonstances :

1° Leur fréquentation ;
2° La qualité des matériaux ;
3° Le prix de ceux-ci ;
4° Le prix de la main-d'œuvre.

Conditions qui peuvent faire varier les prix dans le rapport de 1 à 1,50.

Pour le sujet qui nous occupe en ce moment, nous n'avons à retenir que les deux premières : la fréquentation et la qualité des matériaux.

Évaluation de la circulation.

686. Deux procédés se présentent immédiatement pour obtenir l'usure. Le premier consiste à mesurer la quantité de détritus fournie par la route pendant une période déterminée ; le second, à compter le nombre de piétons, de chevaux, de tonnes, etc., qui passent sur cette route, et à affecter chacun de ces nombres d'un coefficient d'usure. La somme donnera l'usure totale.

687. *Expériences de Dupuit.* — Dupuit proposait de prendre pour unité celle représentée par cent colliers en affectant du coefficient de 1/3 celui des voitures vides et des voitures de maîtres, et il donnait la moyenne suivante des expériences de deux années (voir le tableau page 351).

Il a obtenu, d'autre part, les proportions suivantes :

De 1838 à 1839, usure l'été 0,65, l'hiver 0,35
1839 à 1840 » » 0,57 » 0,43

Ce fait de l'usure moindre en hiver qu'en été a beaucoup étonné Dupuit ; il l'explique en disant « qu'il résulte de ce fait une nouvelle preuve que les détritus que nous avons recueillis dans ces expériences ne contiennent que fort peu de matières étrangères, car la saison qui en

USURE

INDICATION DE LA ROUTE	FRÉQUENTATION JOURNALIÈRE exprimée par le nombre DE COLLIERS	1838-1839		1839-1840	
		par KILOMÈTRE	pour 100 COLLIERS	par KILOMÈTRE	pour 100 COLLIERS
		m.	m/3	m.	m/3
Route de Paris à Nantes n° 23	195	114.25	58.59	113.35	58.13
	230	139.50	60.65	133.25	57.94
	230	137.35	59.72	133.25	57.94
Route départementale n° 4, de Château-du-Loir à Montoire	70	58.85	84.67	41.15	58.79
Route départementale n° 6, de la Ferté-Bernard à Tours	30	24.10	80.33	12.60	42.00
	30	23.00	76.66	16.75	55.83
TOTAUX	820	576.30	70.27	500.15	61.00

amène le plus sur les chaussées, soit des bermes, soit des chemins aboutissants, est sans contredit l'hiver. Si donc elles entraient pour une partie notable dans ces détritus, elles auraient renversé la proportion que nous venons de signaler».

En résumé, Dupuit prend les cent colliers pour unité avec un coefficient de 1/3 pour les voitures vides ou de maîtres, et exprime la qualité des matériaux par le nombre de mètres cubes usé par kilomètre et par cent colliers; la moyenne qu'il indique est de 50 mètres cubes.

688. *Expériences de Müntz.* — M. Müntz est arrivé par le cubage des détritus aux mêmes chiffres sur des routes d'Alsace dont l'empierrement était formé soit de « müschelkalk », soit de gravier quartzeux du Rhin.

Quelle que soit donc la route, le cube représentant la consommation annuelle sera par kilomètre le produit de la fréquentation exprimée en centaines de colliers par le coefficient d'usure de cette route. Le procédé le plus simple pour avoir ce coefficient est de mesurer directement les détritus fournis par la route. Voici comment la circulaire du 6 juin 1850 prescrit de calculer les approvisionnements.

Circulaire du 6 juin 1850.

689. Bineau, alors ministre des Travaux publics, après avoir constaté qu'on ne pouvait pas se rendre bien exactement compte des dépenses d'entretien des routes, et constaté que l'on était obligé de se servir d'année en année de la répartition antérieure, adressa aux préfets une circulaire ainsi conçue :

« 1° On prendra pour la fréquentation de chaque partie de route le résultat des comptages faits par ordre de l'Administration en 1844 et 1845, mais en ne comptant les colliers vides que pour le quart de leur nombre réel. Toutefois, lorsque depuis ces comptages l'ouverture de nouvelles voies de communication aura notablement modifié la circulation, il y aura lieu, afin de mettre l'Administration à même d'avoir égard à cette circonstance, d'indiquer, à titre de renseignement, le chiffre de la fréquentation actuelle que vous apprécierez aussi approximativement que possible. Mais, dans tous les cas, la fréquentation doit être basée sur la fréquentation de 1844 et 1845 ;

« 2° Lorsque les expériences directes auront déterminé le cube annuel des matériaux consommés par kilomètre et par cent colliers, on fera connaître le résultat de ces expériences, et on le prendra pour base du calcul de la consommation normale.

« Si l'on n'a pas fait d'observation de ce genre, et si l'on manque entièrement de données sur l'usure des matériaux, on admettra provisoirement le chiffre 40.

« A côté de la consommation normale, qu'on obtiendra par cette méthode, on indiquera le cube moyen des matériaux employés sur chaque partie de la route pendant les cinq dernières années. »

Les autres articles de cette circulaire, relatifs aux dépenses, trouveront leur place un peu plus loin.

690. *Procédé de M. Laterrade.* — Une autre circulaire du 10 mai 1875 prescrivit d'opérer en 1876 un recensement général de la circulation sur les routes, et enfin, le 23 août suivant, une autre circulaire recommanda de surveiller les observateurs, et indiqua, comme pouvant être employé à titre de vérification, le *comptage ambulant* décrit par M. Laterrade dans les *Annales*.

L'année suivante, c'est-à-dire en 1876, M. Laterrade publia une note explicative dans laquelle il donne le modèle des carnets pouvant être employés. Le comptage peut être pratiqué par les agents chargés de la surveillance des routes en profitant beaucoup des tournées dont leur service leur fait une obligation. Il consiste en ce que « l'observateur, au lieu de rester stationnaire en un seul point de la section du comptage, la parcourait, pendant toute la durée de l'observation, avec une vitesse de 2 kilomètres à l'heure, mettant par conséquent une demi-heure juste d'intervalle entre son passage à deux bornes kilométriques consécutives et revenant sur ses pas dès qu'il était arrivé à l'une des extrémités de la section. Ce mode de recensement est, à coup sûr, le plus exact qui puisse exister ; il est donc très supérieur au comptage fixe, car il ne coûte pas plus cher et n'entraîne pas plus de dérangements pour le service ».

« On a bientôt reconnu que les comptages ambulants, nécessairement moins réguliers, faits par des agents dans leurs tournées et dont on n'avait d'abord fait usage qu'à titre de vérifications, donnaient une exactitude presque aussi grande que les précédents et, dans tous les cas, très suffisante dans la pratique. » Cet examen a conduit à modifier certains coefficients. Il y avait d'abord des coefficients quotidiens, qu'on a retranchés, et on a supprimé le comptage du dimanche, qui était une augmentation de coût. On a trouvé que ce coefficient était de 0,56, de telle sorte que la somme des coefficients des six autres jours de la semaine est de :

$$7 - 0,56 = 6,44.$$

« Et la suppression du comptage du dimanche a pour effet d'augmenter la moyenne de la circulation dans la proportion de 7 à 6,44. On obtiendra donc cette moyenne en multipliant les résultats obtenus par $\frac{6,44}{7} = 0,92$ ».

« D'autre part, en combinant les chiffres obtenus avec les heures où les cantonniers doivent se trouver sur les routes qui sont aussi celles où les agents chargés de les surveiller doivent faire leurs tournées, on voit que le coefficient horaire moyen répondant à l'année entière est 0,0657.

« Si donc on appelle T le nombre de minutes qu'a duré l'observation, C la circulation pendant ce temps, et m le coefficient horaire, la circulation totale sera :

$$\frac{60}{m} \times \frac{C}{T},$$

et si on donne à m la valeur 0,0657, on trouvera :

$913 \frac{C}{T}$, qui multiplié par 0,92 donne $840 \frac{C}{T}$, et on trouve la règle pratique :

$$0,84 \frac{1\,000\,C}{T}.$$

« Le nombre $\frac{1\,000\,C}{T}$ est la *circulation proportionnelle*, c'est-à-dire la circulation des diverses routes ou parties de routes considérées.

« Les erreurs ainsi commises en supprimant le comptage de nuit et celui du dimanche n'entraînent qu'à une erreur qui ne peut atteindre 1 0/0.

« Si on voulait tenir compte des voitures vides, il faudrait modifier le chiffre de la circulation, qui, d'après certaines expériences dans le Lot-et-Garonne, devrait être 0,871, ce qui donnerait :

$$0,73 \times \frac{1\,000\,C}{T}.$$

« Les comptages réglementaires sont faits

par les conducteurs et les chefs cantonniers; ils doivent toujours avoir lieu à pied. Les comptages de vérification sont faits par les ingénieurs et généralement en voiture.

Par mois, chaque conducteur fait un comptage, et chaque chef cantonnier deux, qui doivent être répartis par jours de la semaine, de telle sorte qu'au bout de l'année il doit y avoir trois comptages le lundi, trois le mardi, trois le mercredi, trois le jeudi, trois le vendredi, trois le samedi. Ils peuvent, en outre, être répartis entre les heures de la journée. Cette note est suivie d'une série de modèles de carnets.

691. *Circulaires plus récentes.* — Cette circulaire a été légèrement modifiée à chaque recensement quinquennal. La dernière est celle du 18 août 1887 relative au recensement de 1888.

On a rétabli les comptages du dimanche et ceux de nuit, de telle sorte qu'il y a quatre comptages, quatre du dimanche, quatre du lundi, quatre du mardi, etc...

Les voitures ont été classées par catégories :

1° Les voitures chargées de produits et de marchandises;

2° Les voitures publiques pour voyageurs, chargées ou vides;

3° Les voitures particulières pour voyageurs;

4° Les animaux non attelés distingués en animaux montés et non montés (chevaux, mulets, bœufs, ânes);

5° Menu bétail (veaux, moutons, porcs, chèvres).

Les voitures de tramways seront comptées pour le nombre réel de chevaux qui y sont attelés.

Les voitures à vapeur seront évaluées en colliers d'après le poids traîné.

692. Voici les résultats généraux d'un des derniers recensements (1882) pour l'ensemble des routes nationales de France, d'après M. Durand-Claye :

1° Colliers attelés.

1re Catégorie, voitures chargées.	102,7
2e » » publiques.	10,5
3e » » vides ou particulières	106,6
	219,8
2° *Animaux non attelés*	44,6
3° *Têtes de menu bétail*	82,2

On a adopté les coefficients suivants :

1 pour les voitures chargées et publiques (102,7 + 10,5)	113,2
$\frac{1}{2}$ pour les voitures particulières.	53,3
$\frac{1}{5}$ un animal non attelé	8,9
$\frac{1}{30}$ une tête de menu bétail	2,9
TOTAL	178,3

On a pris pour poids brut traîné par un collier :

$1^T,51$ par collier de voiture chargée;
$0^T,95$ » » publique;
$0^T,47$ » » vide ou particulière.

Soit $0^T,98$ par collier de toute catégorie, et pour poids utile.

$1^T,03$ par collier de voiture chargée;
$0^T,19$ » » publique;
$0^T,00$ » » particulière.

Soit $0^T,49$ par collier de toute catégorie; d'où résultent les chiffres suivants :

Tonnage quotidien.

A distance entière, brut 215^T, utile 108^T, tonnage kilométrique, brut 8 056 000, utile 4 056 000.

Tonnage annuel.

A distance entière $78\,500^T$, utile 108^T.

Tonnage kilométrique 2 940 000 000, utile 1 600 000 000.

Le poids moyen des chevaux est de :

500^k pour les chevaux de roulage;
450^k » de messagerie;
430^k » particuliers.

et si l'on compare ces poids aux charges brutes, on voit que les charges sont en nombres ronds :

3 fois pour les voitures chargées;
2 » » publiques;
1 » » vides.

La dépense totale moyenne d'entretien était alors de 390 francs par 100 colliers.

Le coefficient moyen de qualité des matériaux a été de 10,97.

(Les meilleurs ayant le coefficient 20.)

Leur prix moyen. . . .	8f, 24
La consommation totale	1 232 739m3,
La consommation par kilomètre.	35m3,25
La consommation par kilomètre et par cent colliers.	22m3,33
Prix moyen de la journée d'ouvrier	2f,51
Nombre moyen de journées employées, par kilomètre, aux fossés, etc . .	41j,02
Nombre moyen de journées employées par mètre cube pour l'emploi et la prise des matériaux. . . .	0j,92
Pour l'ébouage et l'époudrement.	0j,80

Ces chiffres ne comprennent pas les répandages généraux.

En résumé, le passage d'un collier sur 1 kilomètre coûte à l'Etat 0f,011, et s'élève à 0f,015, si l'on tient compte de tous les frais (répandage général, etc.).

Approvisionnements.

693. L'usure des chaussées étant ainsi déterminée, il faut au moyen des crédits obtenus se procurer la quantité de matériaux nécessaires. Ils doivent généralement satisfaire aux mêmes conditions que ceux qui ont servi à la confection de la route. Quelquefois cependant on a recours à des matériaux d'une dureté moyenne ou de matériaux durs avec matière d'agrégation. Dans ce cas, il faut diminuer les dimensions des pierres et les faire passer dans l'anneau de 5 ou de 4 centimètres. Généralement les approvisionnements se font partie avec des pierres cassées, partie avec des pierres brutes que les cantonniers doivent casser à leurs moments perdus. Les pierres brutes sont mises sur les accotements en tas de 1 mètre cube.

694. *Tas de cailloux.* — Les pierres cassées sont emmagasinées sous forme de tronc de pyramide quadrangulaire dont les arêtes sont horizontales et les faces latérales inclinées à 45 degrés.

Ordinairement ces tas ont la forme indiquée par la figure 275 ; on les compte pour un mètre cube ; en réalité, ils mesurent 1m,04.

Quelquefois on emploie des tas d'un demi-mètre cube, et d'autres fois d'autres tas beaucoup plus longs, surtout quand il s'agit des rechargements généraux.

Ce sont ordinairement des petits tâcherons du pays qui se rendent adjudicataires de ces lots. On met alternativement chaque année les dépôts sur l'accotement de droite, puis sur celui de gauche de telle sorte qu'il ne peut y avoir d'erreur de compte. Les dates des livraisons généralement adoptées sont moitié avant le 1er juin, trois quart le 15 juillet, et la fin le 1er septembre.

La réception est préparée par le conducteur et faite par l'ingénieur contradictoirement avec le fournisseur. L'ingénieur choisit un tas au hasard, qui est

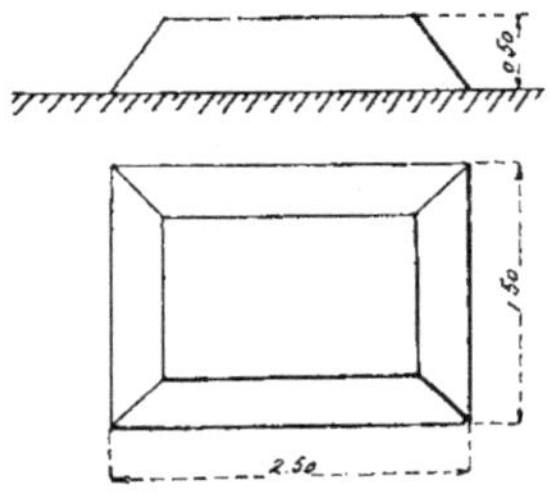

Fig. 275.

mesuré au moyen d'un gabarit en bois ; puis ce tas est éventré, et on vérifie les matériaux qu'il contient relativement aux dimensions des cailloux, à leur propreté, etc.

Si les conditions de délai ne sont pas exécutées, l'Administration, conformément aux clauses et conditions générales, fait exécuter la fourniture en régie.

695. Pour employer utilement les matériaux que nous avons maintenant à notre disposition, il faut, en dehors du matériel de petit entretien, ajouter, si on veut recourir à certains des procédés en usage, tels que le répandage général, il faut, disons-nous, des cylindres et des tonneaux d'arrosage spéciaux. Nous avons déjà vu, en effet, lors de la construction des chaussées, que ces appareils étaient indispensables pour obtenir immédiatement une surface qui ne laisse pas le roulage effectuer, fort mal, la prise des matériaux et à son détriment.

696. *Tonneaux d'arrosage pour rechargement de route.* — Les tonneaux employés pour le cylindrage des routes (*fig.* 276) diffèrent des tonneaux d'arrosage de ville en ce qu'ils portent une pompe qui leur permet de puiser l'eau des mares et des ruisseaux.

697. *Cylindres ou rouleaux compresseurs (avec chevaux).* — Les premiers cylindres étaient en fonte ou même en bois ; ils furent l'objet de nombreux perfectionnements. Les premiers ingénieurs qui s'en occupèrent furent Morandière, Polonceau, de Coulaines. Le principe de tous est le même. C'est un rouleau d'un poids déterminé, qu'on peut charger au fur et à mesure que les passages sur l'empierrement neuf ont cassé les pierres, et consolidé la chaussée.

Les premiers cylindres pesaient 1 300 kilogrammes vides et 3 000 kilogrammes chargés pour des largeurs de table de $0^m,75$, ils étaient de beaucoup trop petits.

Il existe aujourd'hui un assez grand

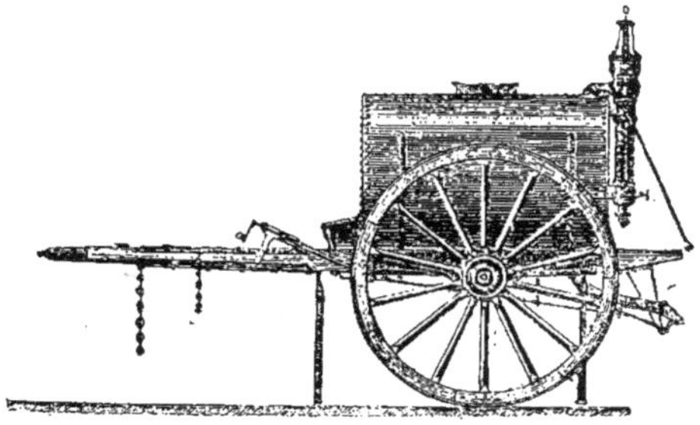

Fig. 276.

nombre de types de ces appareils. Ils varient par le mode d'appliquer la surcharge additionnelle en la mettant soit au-dessus, soit à l'avant et à l'arrière du rouleau,

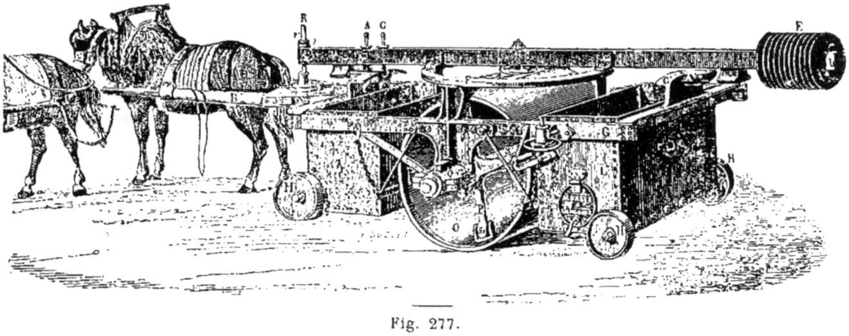

Fig. 277.

soit même dans l'intérieur, ce qui se pratique en fermant les bases du cylindre et en y introduisant de l'eau par un trou d'homme Le mode d'attelage a subi également de nombreuses variations: tantôt il y a un brancard à l'avant et un brancard à l'arrière, de telle sorte que l'on n'a qu'à dételer les chevaux d'un des brancards à l'extrémité de chaque course pour les atteler à l'autre ; tantôt le brancard est monté sur un disque à taquet, comme une plaque tournante de tramway, et il suffit de faire tourner les chevaux sans les dételer (cylindre Bouillant construit sur les indications de M. Vaissière, ingénieur des ponts et chaussées).

698. *Cylindre Bouillant.* — Le cylindre dont nous donnons le dessin (*fig.* 277) représente le cylindre compresseur à traction de chevaux n° 1, construit par la maison Albaret. Son poids est d'environ 5 200 kilogrammes vide et peut être porté à environ le double par la surcharge. Les autres types, un peu différents comme détails de construction, pèsent : le n° 2, 4 850 kilogrammes à vide; le n° 3, 2 960 kilogrammes, et le n° 4, 1 030 kilogrammes; ils se vendent à raison de 0f,50 le kilogramme environ.

Voici la description du type n° 1. Tout d'abord il est du système à changement de direction obtenu sans être obligé de dételer les chevaux. On le fait tourner comme un manège. Le brancard est équilibré au moyen de rondelles en fonte du poids de 20 kilogrammes chacune.

L'instrument est muni de quatre petites roues porteuses H placées aux angles extrêmes des deux caisses L.

Par suite de cette disposition, le châssis G, sans son rouleau, devient un véritable chariot dont le déplacement, en cas de réparation, serait beaucoup plus facile que celui d'un rouleau ne possédant que deux galets. De plus, cette disposition permet de diminuer la charpente en fer supportant les roues porteuses H. Il arrive quelquefois qu'un seul galet est en contact avec le sol; mais cela a peu d'inconvénients, le châssis étant équilibré par

Fig. 278.

les rondelles que l'on peut, du reste, déplacer sur leurs traverses.

Chaque caisse L est percée de deux ouvertures circulaires N fermées par des plaques à charnières pour faciliter le déchargement.

Le rouleau proprement dit est en fonte très dure. On peut le remplacer facilement; il est muni, comme à l'ordinaire, de roulettes et d'un sabot de frein manœuvrable à la main au moyen d'un petit volant.

699. *Cylindre à vapeur.* — Le premier rouleau à vapeur a été construit par M. Lemoine en 1860. Le cylindre compresseur était unique. Le deuxième type à deux rouleaux date de 1861 et est dû à M. Ballaison. Des essais comparés de ces deux appareils furent faits par les ingénieurs Darcel et de Labry. Ils donnèrent la préférence au système Ballaison, qui effraye moins les chevaux, n'écrase pas les matériaux, et tourne plus facilement.

Depuis cette époque (*fig.* 278), un modèle un peu différent, inventé par MM. Aveling et Porter, en Angleterre, et construit en France par la maison Albaret, s'est fort répandu.

En voici les dimensions principales :

Longueur totale	5^m,700
Hauteur totale à l'aplomb de la machine	3 200
Largeur des roues motrices, chacune	0 440
Largeur des roues directrices y compris un jeu de 0^m,005, ensemble	1 260
Largeur totale de la voie du rouleau	2 025
Diamètre extérieur des roues motrices	1 480
Diamètre extérieur des roues directrices	1 130
Épaisseur des roues motrices.	0 090
Épaisseur des roues directrices	0 110
Diamètre du piston	0 195
Course du piston	0 280
Nombre de tours environ. . .	100

Le rouleau n° 3, le plus lourd, pèse environ 14 700 kilogrammes; avec son chargement complet, son poids est de 15 800 kilogrammes, et le poids moyen 15 400 kilogrammes dont 6 650 sur les roues directrices et 8 750 sur les roues motrices.

La charge est donc de 5 278 kilogrammes par mètre linéaire de génératrices du cylindre sur les roues d'avant et de 9 943 sur les roues d'arrière.

Son prix est de 15 500 francs, et il comprend comme accessoires : un injecteur. une pompe alimentaire, un compteur de six chiffres avec son mouvement, un vérin, une pelle, une tringle, une brosse à tube, etc., et enfin les crampons pour éviter le patinage, et pour faire franchir les terres mouvantes.

Le cylindre n° 2 pèse 13 800 kilogrammes, et le n° 1 11 700 kilogrammes. Les dimensions sont peu différentes. Les plus grandes variations existent dans la longueur totale, qui varie de 5^m,70 à 5^m,20, et la largeur de la voie de 2^m,025 à 1^m,975. Ce qui fait varier les charges par génératrice de 5 278 kilogrammes à 3 678 kilogrammes sur les roues d'avant et de 9 943 kilogrammes à 9 034 kilogrammes sur les roues d'arrière.

Ces appareils sont munis d'une double vitesse qui permet de gravir les rampes économiquement. On peut, à la rigueur, s'en servir soit comme machine routière pour le transport des matériaux, soit comme machine fixe en désembrayant les rouleaux et prenant le travail sur le volant; on peut faire marcher ainsi un concasseur de pierres.

700. *Comparaison des deux systèmes de rouleaux.* — D'une manière générale, on a reconnu qu'un rouleau agit en raison de la charge rapportée à une génératrice rectiligne, à la condition que celle-ci repose en entier sur la chaussée. On a donc intérêt à faire les cylindres relativement courts et d'un grand diamètre; toutefois on ne peut dépasser certaines limites à cause de la stabilité, et on s'en tient à des génératrices, de 1^m,10 à 1^m,30.

701. *Atelier de cylindrage à traction.* — L'atelier de cylindrage à traction par chevaux exige, outre le rouleau, des chevaux, des conducteurs pour les chevaux et des manœuvres pour les mains-d'œuvre accessoires.

D'après M. L. Durand-Claye, le nombre de chevaux peut se régler ainsi qu'il suit. Au début la résistance à la traction est très considérable ; on ne possède pas d'expérience à cet égard, mais on peut admettre que son coefficient est de 0,15. Il diminue à mesure que le cylindrage avance, et vers la fin il se réduit à 0,05 environ. On peut donc admettre qu'il passe du triple au simple. La surcharge doit être réglée progressivement, de façon que l'effort de traction reste à peu près constant.

On voit cependant, d'après les poids des cylindres, que la charge additionnelle ne fait varier le poids total que du simple au double. De cette façon, les chevaux se fatiguent moins vers la fin; mais, ainsi que le fait remarquer l'auteur précité, cela est avantageux au point de vue de la chaussée, car les pieds des chevaux déplacent d'autant plus les matériaux que leur effort est plus énergique, et ce déplacement est d'autant plus désavantageux que le cylindrage de la route avance.

On peut régler le nombre des chevaux de l'attelage par la formule ordinaire de la traction :

$$M\pi n = P(f + r), \qquad (142)$$

dans laquelle :

M est le coefficient de l'effort de 100 kilogrammes de poids vif (voyez page 45, n° 92, = 0,18);

π, le poids du cheval ;

n, le nombre de chevaux ;

P, le poids du rouleau ;

f, le coefficient de frottement (0,15) ;

r, la rampe de la route.

On emploie deux conducteurs quand n est plus grand que 4.

702. *Atelier de cylindrage à vapeur.* — Les cylindres à vapeur donnent moins d'encombrement dans les villes et produisent beaucoup plus de travail dans un temps donné; ils peuvent aussi gravir plus facilement les pentes, et sont, par suite, d'autant plus applicables dans les grandes villes qu'une circulation très active ne peut être interrompue sans inconvénients. Il suffit de prendre quelques précautions pour qu'ils n'effraient pas les chevaux des attelages de luxe ; pour cela, on exécute les travaux la nuit, ou même on se contente, ainsi qu'on le fait aujourd'hui, de barrer les rues.

Par contre, ces cylindres coûtent beaucoup plus cher d'achat et d'entretien; aussi, pour qu'ils donnent des résultats vraiment économiques, il est nécessaire qu'on puisse les employer d'une façon à peu près continue.

703. Voici, d'après un rapport fait le 30 mai 1862 par les ingénieurs Darcel et de Labry, rapport cité par M. Debauve, la comparaison des prix sur une expérience faite avec un soin particulier. Cette expérience a eu lieu avenue Montaigne, aux Champs-Élysées. On a divisé cette allée en deux sections identiques, et on les a rechargées en même temps d'une couche uniforme de matériaux semblables ; elles ont été cylindrées simultanément, l'une par un rouleau à traction de chevaux, l'autre par un cylindre à vapeur Bertillon.

« Il résulte de ces chiffres, ajoute M. Debauve, qu'en évaluant à 6 francs par heure la dépense faite pour le cylindrage

DÉSIGNATION	CYLINDRE À CHEVAUX	DOUBLE CYLINDRE à vapeur
Surface cylindrée......	1 915^{m2},80	1 915^{m2},80
Temps total employé...	34^{h},30	18^{h},47
Temps utilisé.........	24^{h},40	14^{h},57
Temps d'arrêt.........	9^{h},50	3^{h},50
Longueur de la passe..	347^{m},00	309^{m},00
Nombre de passes......	265	104 + 191
Espace parcouru.......	91 955^{m},00	32 327^{m},00
Poids moyen des cylindres................	6 318^{K},00	13 240^{K},00
Nombre de tonnes kilométriques...........	580^{tk},197	428^{tk},01

à chevaux, et c'est en effet à ce prix qu'il est revenu, le cylindrage des 1 915^{m2},80 a coûté la somme de 207 francs, soit 0^{f},108 par mètre carré.

« Le cylindre à vapeur étant loué à raison de 9 francs l'heure, la dépense a donc été de 169^{f},20, soit pour 1 mètre carré 0^{f},083. »

On doit remarquer que, comme il s'agissait d'un essai, la vitesse des chevaux a été relativement considérable, c'est-à-dire qu'elle était de plus de 3 600 mètres à l'heure, c.-à-d. plus de 1 mètre par seconde, tandis que les chevaux ne font ordinairement que 2 500 mètres, soit environ 0^{m},70.

Le prix du cylindrage à traction que nous venons d'indiquer s'est à peu près maintenu jusqu'à ce jour. Celui du cylindrage à vapeur paraît avoir baissé en notable proportion (environ 4^{f},50 à l'heure). Ainsi donc, si on peut marcher d'une manière continue, on réalise une grande économie d'argent, environ 50 0/0, et de temps, environ 45 0/0.

704. Maintenant que nous connaissons tous les engins nécessaires à l'entretien des routes, nous allons passer à l'examen des différents modes d'emploi, en suivant l'ordre que nous avons indiqué au n° 601, puis nous établirons les prix de revient, et nous en conclurons dans quelles conditions il paraîtra préférable de choisir un système plutôt qu'un autre.

RECHARGEMENT CYLINDRÉ

705. Les matériaux reçus et emmétrés ainsi que nous l'avons vu précédemment sont répandus sur la route. La meilleure époque est la saison des pluies, soit à l'entrée de l'hiver, soit au commencement du printemps. On surcharge légèrement les parties les plus déprimées, que l'on pique à la pioche sur tous les points que l'on veut recharger, en ayant soin de pratiquer une rigole de 5 à 6 centimètres de façon à former un cerne autour de la partie à réparer; on met de côté les poussières et détritus pour les remplacer dans les conditions que nous connaissons.

Si l'on a pratiqué un des systèmes qui consistent à entretenir une bonne surface de roulement en laissant la chaussée s'user parallèlement à elle-même jusqu'à une épaisseur de 8 à 10 centimètres (8 centimètres étant la limite inférieure), on procède par *rechargements généraux*.

Dans ce cas, on répand sur toute la surface de la chaussée, en une ou plusieurs fois, après l'avoir repiquée, la quantité des matériaux nécessaires pour lui redonner l'épaisseur et le bombement voulus.

706. *Repiquage des chaussées.* — Pour opérer économiquement ce repiquage, on peut prendre la herse à décaper les chaussées de M. Mothiron, conducteur des ponts et chaussées. Cette herse, décrite par M. Pochet dans les *Annales* de 1881, se compose d'un plateau en fonte porté sur trois roues, et pourvu de neuf fortes dents en acier fondu, affectant à la base la forme d'un fer de pioche. Le plateau, en s'inclinant plus ou moins, fait mordre les dents en fer qui tracent leur sillon.

La machine pèse environ 1 200 kilogrammes, ce qui a paru suffisant. Sur la route nationale n° 20, dans la traversée d'Orléans, on a hersé une bande de 250 mètres de longueur sur 6 mètres de largeur en $1^h,15$ à une profondeur de $0^m,05$ à $0^m,06$. Les chevaux, au nombre de dix, après le hersage, sont immédiatement appliqués au cylindre. La dépense peut être établie ainsi :

10 chevaux à 1 franc l'heure, soit pour 2 heures	$20^f,00$
3 hommes à $0^f,60$	3 ,60
Rechargement des 9 dents à 1 franc	9 ,00
	$32^f,60$

Soit par mètre carré :

$$\frac{32^f,60}{1\,500} = 0^f,022.$$

707. Dans tous les cas, il faut pratiquer un arrosage afin d'aider à la liaison des matériaux, et faire passer le cylindre compresseur. Voici comment se pratique cette opération.

On divise la chaussée en sections plus ou moins grandes, suivant qu'on opère avec des chevaux ou avec des rouleaux à vapeur. Dans le premier cas, les sections ne doivent pas avoir plus de 500 mètres, afin de pouvoir donner quelques instants de repos aux chevaux.

On commence d'abord par affermir les côtés qui se trouvent le long des accotements, de façon à ce que les matériaux placés plus au centre ne soient pas refoulés sur les côtés. Les premiers passages déterminent des frayés que les ouvriers font disparaître, et on arrive ainsi à l'axe de la chaussée. On recommence ensuite le cylindrage en ayant soin de recharger les parties qui se sont enfoncées, et au bout d'un nombre de passages suffisants, les matériaux, surtout si l'on a recours aux arrosages, prennent une position définitive. On répand alors la matière d'agrégation, on comprime de nouveau, et on obtient ainsi la prise complète de la chaussée. On est averti que ce desideratum est obtenu quand un caillou projeté sous le rouleau *s'écrase* au lieu de *s'enfoncer*.

708. *Cylindrage après dégel.* — Quelquefois, ainsi que nous l'avons vu, après le dégel, il est utile de faire repasser le rouleau compresseur pour relier la chaussée à sa forme. Dans ce cas, il faut arroser abondamment pour que la matière même de la chaussée n'adhère pas au rouleau qui l'entraînerait avec lui. Pour remédier à cet inconvénient, M. Bosramier, conducteur des ponts et chaussées, à Boissy-Saint-Léger, a indiqué, en 1876, dans une note insérée dans les *Annales des Ponts et Chaussées* en 1877, un mode fort simple, qui consiste *à arroser le cylindre lui-même pendant sa marche, et à entretenir à sa surface une lame d'eau très mince.*

Il suffit, d'après les expériences de M. Bosramier, de 4 litres à 4 litres et demi d'eau pour 100 mètres de longueur parcourus avec un cylindre de $1^m,10$, soit pour 110 mètres carrés, et, si la chaussée est boueuse, cette quantité peut descendre à 2 litres.

709. *Nombre de passages du cylindre.* — Le nombre de passages du cylindre varie de neuf à trente. Des circonstances très nombreuses influent sur cette quantité : poids du cylindre, nature, forme, dureté des matériaux, arrosement plus ou moins abondant, et enfin épaisseur de la chaussée, de son sous-sol et du rechargement.

Dans tous les cas, quand on ne peut fermer complètement la route, on ne fait l'emploi que sur la moitié de la chaussée, et c'est seulement quand elle est terminée et rendue à la circulation que l'on opère sur l'autre moitié.

710. *Excès de détritus.* — Lorsque l'on a employé un excès de détritus comme matière d'agrégation, ou mieux pour être certain qu'il n'y en a pas audelà de ce qui est nécessaire, on arrose abondamment, et on fait passer le rouleau. La chaussée *ressue* alors et chasse tout ce qui est inutile au remplissage des vides. Ce procédé donne immédiatement d'excellentes chaussées.

POINT A TEMPS, EMPLOI-BÉTON, BALAYAGE A OUTRANCE, MÉTHODE DES AMÉNAGEMENTS

711. Nous n'avons rien à ajouter aux détails que nous avons donnés sur la première méthode, si ce n'est que pour les chaussées très fréquentées on l'a combinée avec celle des rechargements généraux, c'est-à-dire qu'on laisse la chaussée s'user parallèlement à elle-même, en se contentant de maintenir la surface en bon état sans flaches ni ornières, puis en ayant recours au rechargement général quand l'épaisseur minima fixée à l'avance a été atteinte ; c'est la méthode dite des *aménagements*. Elle est très employée à Paris, et pour les grandes voies de communication.

Il en est de même de l'*emploi-béton* et du *balayage à outrance.*

Les emplois doivent être surveillés pendant les premiers temps, et comme on ne peut amener le cylindre compresseur chaque jour pour les petites réparations, on remplace son action par un pilonnage énergique.

712. *Comparaison des différents systèmes.* — En réalité, nous ne sommes en présence que de deux systèmes différents.

Le premier consiste à faire l'entretien par pièces en maintenant une bonne surface de roulement et une épaisseur constante à la chaussée.

Le second, à laisser cette chaussée s'user parallèlement à elle-même dans de bonnes conditions de roulement et à la recharger périodiquement, c'est la méthode des aménagements.

On voit *à priori* que les premières méthodes, qui exigent la présence prolongée des cantonniers sur la route, puisqu'ils ont non seulement à entretenir, mais à conserver l'épaisseur de la chaussée, sont défavorables à la circulation si elle est très active. On est donc conduit à préférer dans ce dernier cas la méthode des aménagements. C'est ce qui a lieu à Paris.

Beaucoup d'ingénieurs, entre autres M. Debauve, admettent qu'à partir de trois cents colliers par jour on doit préférer les rechargements généraux, et qu'au-dessous de ce chiffre on peut appliquer les principes de la circulaire de 1839.

Un des autres avantages de ce système est de concentrer le travail, pendant une courte durée, ce qui permet de mieux le surveiller ; il y a donc moins de perte de temps et de matériaux, et on peut diminuer le nombre de cantonniers nécessaires à l'entretien normal. En outre, on obtient immédiatement et indépendamment du roulage, une chaussée de profil normal et en bon état. La gêne qui est occasionnée est peut-être un peu plus grande, mais elle dure beaucoup moins longtemps. Le seul reproche qu'à notre avis on peut faire à cette méthode est d'exiger des répartitions de fonds différents d'une année à l'autre. Il faut, si on admet une dépense moyenne d'entretien, reporter une partie des sommes ainsi prévues pour économiser celles nécessaires au rechargement général. Il faut, en outre, aussitôt qu'un aménagement a été fixé, ne pas s'en départir, absolument comme on le fait dans l'aménagement des forêts. Il y a donc lieu d'en calculer les périodes.

713. *Période d'aménagement.* — Les calculs sont donnés d'une façon très claire par M. L. Durand-Claye ; aussi lui emprunterons-nous son mode de calcul.

Soit L la longueur de la route ;

θ, l'aménagement ou l'intervalle entre deux rechargements successifs ;

u, l'épaisseur de l'usure annuelle;

r, celle du rechargement;

e, l'épaisseur de la route au dehors de laquelle on ne veut pas descendre ;

m, l'épaisseur moyenne ;

x, la longueur moyenne à recharger chaque année.

On aura les équations suivantes:

$$x = \frac{L}{\theta}, \qquad (143)$$

$$r = \theta u \quad \text{d'où } \theta = \frac{u}{r}, \qquad (144)$$

$$m = e + \frac{r}{2}, \text{ d'où } r = 2\,(m - e) \qquad (145)$$

On commence par s'assurer de la valeur de m et on se donne e, ce qui détermine r.

u résultant de l'expérience, θ se trouve déterminé, et par suite la valeur de x.

M. Durand-Claye remarque ensuite :

1° Qu'on ne peut guère prendre $r < 0^m,06$ à cause de la grosseur des cailloux des rechargements, et que, d'autre part, on ne peut faire $e < 0^m,08$; il s'ensuit que m ne peut être plus petit que $0^m,11$.

Le mieux est de prendre, ainsi que nous l'avons vu, $e = 0^m,10$, ce qui donne $m = 0,13$;

2° Si m diffère peu de e, r est petit ainsi que θ, et les rechargements se répétant fréquemment deviennent coûteux.

3° La longueur à recharger $\frac{L}{\theta}$ est variable dans l'application, et les dépenses par unité de longueur sont également variables dans les diverses sections; le crédit seul est invariable. Si donc on appelle P, P′, P″ la dépense par unité de longueur des sections, on aura pour la dépense totale D :

$$D = Px + P'x' + P''x'' \ldots \qquad (146)$$

et:

$$x + x' + x'' + \ldots = L. \qquad (147)$$

le nombre de sections étant égal à θ ;

4° Il est clair que, sous le rapport de l'économie, et pour éviter les fausses manœuvres, il vaut mieux recharger une section tout entière que de la diviser en différentes portions.

714. *Transition d'un système à l'autre.* — Quand on veut passer du système de l'entretien journalier à celui de l'entretien périodique, la route se trouve soumise à un système transitoire qui sera le temps θ pris pour base du système de l'aménagement.

« Le premier rechargement n'aura pas l'épaisseur $r = 2\,(m - e)$, mais seulement $m - e$ de façon à donner à la chaussée son épaisseur normale maxima, qui est égale à $m = \frac{m - e}{2}$. »

Si $m - e$ était plus petit que 0,06, on ne pourrait recourir cette année-là au rechargement cylindré : il faudrait agir par emplois partiels.

La moitié des matériaux inutilisés sera répandue sous forme d'emplois partiels sur les autres sections.

715. *Dépenses d'entretien.* — Beaucoup d'ingénieurs se sont occupés de cette question, et entre autres M. Graeff, qui a publié, en 1851, dans les *Annales des Ponts et Chaussées*, un Mémoire sur ce sujet. Il y préconise l'emploi des rechargements généraux, et il donne les formules suivantes pour évaluer la dépense :

Soient :

u, la consommation annuelle des matériaux, quantité égale à celle des détritus, ou, si l'on n'a pas de chiffre d'expériences, à 40 mètres cubes par circulation de cent colliers ;

V, la consommation moyenne annuelle par kilomètre de cette route dans le système de l'entretien par rechargements généraux ;

V′, le cube nécessaire pour un rechargement sur un kilomètre de longueur ;

V″, le cube annuel nécessaire à l'entretien de l'uni de la surface entre deux rechargements ;

x, les périodes d'aménagements ;

p, le prix du mètre cube de cailloux ;

p', le prix de la journée de main-d'œuvre ;

n, le nombre de journées nécessaires à l'emploi de 1 mètre cube ;

n', le nombre de journées nécessaires pour les travaux accessoires ;

S, le prix de la surveillance du cantonnier chef par kilomètre ;

p'', le prix de l'emploi de 1 mètre cube par le cylindre ;

d', la dépense moyenne du rechargement ;

d'', celle de l'entretien annuel d'un kilomètre cylindré ;

D, la dépense annuelle d'entretien de 1 kilomètre.

On aura d'abord pour 1 kilomètre :

$$Vx = V' + V''x,$$

d'où :

$$x = \frac{V'}{V - V''}. \qquad (148)$$

La valeur de l'entretien par la méthode indiquée dans la circulaire de 1850 sera :

$$D = (p + p'n)\,u + p'n' + S. \qquad (149)$$

Dans la méthode des aménagements, on aura d'abord :

$$d' = (p + p'')\,V'$$

$$d'' = (p + p'n)V'' + p'u' + S \qquad (150)$$

si on appelle d la dépense moyenne annuelle d'entretien de 1 kilomètre dans ce système :

$$d = \frac{d'}{x} + d'' = \frac{(p + p'')V'}{x} + (p + p'u)V'' + p'u' + S.$$

M. Graeff, d'après ses expériences, admet que u varie de 30 à 50 mètres cubes suivant la circulation, et il admet que $V = 0{,}90u$.

Les autres chiffres se déterminent d'après les prix sur place ; quant à p'', voici le résultat des attachements pris sur deux routes du département du Bas-Rhin (route n° 4 et route n° 61).

	1re route.	2e route.
Approche et répandage des matériaux	0f,575	0f,427
Répandage des matières d'agrégation	0 ,107	0 ,090
Arrosage	0 ,147	0 ,127
Compression	0 ,587	0 ,436
Achat des matières d'agrégation	0 ,374	0 ,175
Dépenses accessoires	0 ,011	0 ,016
	1f,801	1f,271
Soit	1 ,80	1 ,27

Ces prix ont amené une économie de 20 0/0 sur les prix ordinaires. Ils doivent être un peu modifiés aujourd'hui, mais la proportion est restée à peu près la même.

Après cette étude, M. de Gasparin, en 1853, dans un très savant Mémoire, a également cherché à évaluer les frais d'entretien, mais malheureusement il y a tant d'éléments variables et d'hypothèses dans ses formules, qu'il a été bien difficile, si ce n'est impossible, de les appliquer. Il doit, du reste, en être ainsi puisque les frais peuvent varier de 255 francs à 5 900 francs par kilomètre, suivant les cas.

716. Aujourd'hui, on s'en tient à l'expérience et on ne fait que modifier un peu les crédits précédents, en s'attachant à maintenir une bonne viabilité et une épaisseur constante à la chaussée, ce dont on s'assure par des sondages périodiques.

En résumé, on ne doit pas perdre de vue que, pour un crédit déterminé, si on fait une trop grande part à la main-d'œuvre au détriment des matériaux, on a une route excellente dont on mange le capital ; si, au contraire, on sacrifie trop aux matériaux, on a une route qui s'enrichit, mais dont la surface est détestable. Il y a donc là une question de tact et d'habileté dont l'ingénieur a la responsabilité à peu près entière. La méthode qui paraît la meilleure pour s'assurer du capital représenté par la chaussée, paraît être de faire des sondages et de passer les matériaux à la claie de $0^{m},02$ et de mesurer la pierre saine qui reste à la surface de la claie.

Entretien des travaux accessoires.

717. Nous n'avons que très peu de choses à dire sur l'entretien de ces travaux, auxquels il suffit simplement d'appliquer les notions que nous avons déjà acquises sur la construction et l'entretien des chaussées.

ACCOTEMENTS.

718. Ainsi, pour les accotements, il suffira de veiller à les maintenir à leur niveau eu égard à celui de la chaussée et à assurer l'écoulement des eaux en comblant les flaches et en maintenant les pentes.

Il en sera de même des

FOSSÉS, TALUS, BANQUETTES.

719. On aura soin de maintenir leurs profils et leurs pentes. Le produit du curage des fossés servira soit à combler les flaches des accotements, soit au *colmatage* des terrains avoisinants.

OUVRAGES D'ART.

720. Quant aux ouvrages d'art, on leur donnera les soins que l'on applique ordinairement aux bâtiments, c'est-à-dire l'enlèvement de la mousse, le rejointoiement, etc. etc.

PLANTATIONS.

721. Elles exigent plus de soins spéciaux, il faut un ouvrier qui soit un peu forestier. Nous avons donné les soins généraux, mais nous sortirions des bornes de ce traité si nous voulions donner seulement l'indication des diverses maladies qui peuvent attaquer les arbres, la façon de détruire les insectes qui les rongent, etc. etc.

Nous renverrons, ainsi que nous l'avons déjà dit, aux ouvrages spéciaux.

CHAUSSÉES EN BOIS

722. Nous avons été amené, par suite de l'étude des contrats passés avec les entrepreneurs, à étudier presque complètement cette question ; nous n'y reviendrons donc que pour dire que, généralement, les surfaces à réparer ont une étendue suffisante pour que l'on procède, comme pour les chaussées pavées en grès, par des relevages. Quand on a démonté la partie à réparer, on met de côté tous les pavés qui ne sont ni cassés ni pourris et qui ont au moins $0^m,12$ de queue ; on les trie par grandeur et, on les fait resservir en interposant du sable entre le béton et le pavage pour compenser l'usure. Le complément se fait comme dans les pavages avec des pavés neufs. Le sable remplace les baguettes de joint qu'on supprime ; on termine comme dans la construction.

Les vieux pavés sont utilisés comme combustible.

CHAUSSÉES EN ASPHALTE

723. Nous avons été obligé, pour les mêmes causes que ci-dessus, de traiter complètement cette question lorsque nous avons parlé de la construction de ces chaussées, nous y renverrons donc nos lecteurs.

CHAPITRE X

LÉGISLATION ET CONTRATS

724. Nous avons étudié dans le premier chapitre de ce cours l'histoire des routes depuis les temps les plus anciens jusqu'en 1750, époque à laquelle fut fondée l'École des Ponts et Chaussées. D'autres écoles furent fondées, sur les mêmes bases que celle de Paris, dans les États du Languedoc et de Bretagne ; mais en 1791 un décret en date du 19 janvier supprima ces dernières, et maintint la hiérarchie adoptée jusqu'alors, ce qui unifia le corps des ingénieurs de l'État.

Le 25 août 1804, ce corps ainsi que l'école furent réorganisés, et un directeur général fut placé directement sous les ordres du ministre de l'Intérieur. Après différentes vicissitudes, en 1817, 1839, 1853, 1869, années pendant lesquelles les ingénieurs furent placés sous les ordres de ministères différents, ils reçurent enfin leur organisation actuelle que nous décrirons dans le chapitre XII.

Parmi les différentes lois, celles qui nous intéressent immédiatement sont celles qui sont relatives à la possibilité de faire les études des projets de routes, malgré le mauvais vouloir que l'on peut rencontrer de la part d'un ou des habitants des propriétés traversées. Nous examinerons ensuite les lois relatives à l'expropriation définitive ou temporaire.

Tout en n'omettant aucun détail essentiel, nous serons très bref, ce sujet ayant déjà été traité avec tous ses détails par M. A. Moreau dans son *Cours de chemins de fer*. Pour plus de méthode, nous suivrons pas à pas la construction d'une route.

Étude du projet.

725. Pour cette étude on est souvent obligé de pénétrer dans les propriétés privées. Si il y a opposition de la part du propriétaire, il faut se munir d'une *autorisation préfectorale*, sans quoi on se trouverait sous le coup d'une action pénale ou judiciaire.

On sollicite donc du préfet une autorisation de pénétrer dans les propriétés particulières. L'arrêté indique les délais, et, comme on peut causer des dommages en abattant des arbres, des pans de murs, causer des chômages, etc., le préfet peut, s'il s'agit d'une autorisation pour une compagnie particulière, exiger la justification de ressources suffisantes pour payer les indemnités.

Si le préfet refusait l'autorisation, on pourrait en appeler au ministre qui est appelé à en connaître.

L'autorisation accordée, les tribunaux ordinaires sont dessaisis de toute action, et le Conseil de préfecture peut seul juger les différends avec recours au Conseil d'État.

L'avant-projet rédigé est soumis à une enquête administrative d'utilité publique.

726. *Enquête administrative d'utilité publique* (loi du 3 mai 1861). — Ces enquêtes étaient appelées généralement autrefois de *commodo* et *incommodo*.

Les pièces principales du projet : plans, nivellements, ouvrages d'art, sont déposées dans les chefs-lieux de département, d'arrondissement et dans les mairies des communes que les travaux doivent traverser, en un mot sur la surface administrative du territoire intéressé. Le plan parcellaire devra être déposé à la mairie de chaque commune intéressée pendant un temps variant de un à quatre mois. Des insertions devront être faites dans les journaux de l'arrondissement ou du département, si celui-ci est intéressé tout entier.

Une commission d'enquête est nommée, elle est composée de neuf membres au moins, treize au plus, choisis parmi les principaux propriétaires de terres, bois, mines, etc., et d'un des ingénieurs chargés de l'exécution des travaux. Elle ne peut délibérer valablement que si cinq de ses membres sont présents. Cette Commission ne peut faire exécuter des travaux préparatoires, et doit se prononcer dans le délai d'un mois.

Pour les travaux d'intérêt vicinal ou pour les chemins vicinaux n'intéressant qu'*une* commune, toutes ces formalités ne sont pas prescrites. Le procès-verbal est simplement soumis à l'approbation du Conseil municipal. Si une loi avait déclaré à l'avance le projet comme étant d'utilité publique, l'enquête préparatoire ne serait pas *indispensable*, une loi n'étant susceptible d'aucun recours.

Déclaration d'utilité publique.

727. La première condition pour que les travaux puissent être exécutés est la possession des terrains sur lesquels ces travaux doivent être entrepris; il faut donc que l'on puisse acquérir cette propriété par un moyen *exceptionnel*, puisqu'il porte atteinte au principe de l'inviolabilité de la propriété privée. Cette atteinte ne peut être justifiée qu'en étant renfermée dans les limites de l'intérêt social. On ne peut admettre, en effet, que le mauvais vouloir d'un seul propriétaire empêche la création d'institutions favorables au pays. D'autre part, on doit à celui que l'on dépouille de sa propriété une juste indemnité pour le dommage qu'on lui cause.

L'expropriation paraît avoir été pratiquée avec plus ou moins de justice dans toutes les époques.

La première loi qui a commencé à donner des garanties sérieuses aux intérêts en présence est datée du 16 septembre 1807. L'Administration réglait les indemnités.

La loi du 8 mars 1810 investissait les tribunaux du pouvoir d'examiner si toutes les formalités avaient bien été remplies.

Celle du 7 juillet 1833 fit faire un grand progrès par l'institution du jury et prépara la loi du 3 mai 1841 qui régit encore la matière, sauf de petites modifications apportées en 1852 et en 1870, modifications dont nous parlerons tout à l'heure.

Loi du 3 mai 1841.

TITRE I

Dispositions préliminaires.

728. L'article 3 de cette loi est ainsi conçu:

Tous les grands travaux publics, routes royales, canaux, chemins de fer, canalisation des rivières, bassins et docks, entrepris par l'Etat, les départements, les communes ou par les compagnies particulières, avec ou sans péage, avec ou sans subsides du Trésor, avec ou sans aliénation du domaine public, ne pourront être exécutés qu'en vertu d'une loi, qui ne sera rendue qu'après une enquête administrative.

Une ordonnance royale suffira pour autoriser l'exécution des routes départementales, celle des canaux et chemins de fer d'embranchement de moins de 20 000 mètres de longueur, des ponts et tous autres travaux de moindre importance.

Cette ordonnance devra être également précédée d'une enquête.

Ces enquêtes auront lieu dans les formes déterminées par un règlement d'administration publique.

Un sénatus-consulte du 25 déc. 1852 élargissait considérablement les limites du pouvoir exécutif, il était ainsi conçu :

Tous les travaux d'utilité publique, toutes les entreprises d'intérêt général, sont ordonnés ou autorisés par décrets de l'empereur. Ces décrets sont rendus dans les formes prescrites par les règlements d'administration publique. Néanmoins, si ces travaux ou entreprises ont pour conditions des engagements ou des subsides du Trésor, le crédit devra être accordé, ou l'engagement ratifié par nos lois avant la mise à exécution.

729. La *loi du* 27 *juillet* 1870 revient aux errements de 1841. En voici le texte:

ARTICLE PREMIER. — Tous les grands travaux publics, routes impériales, canaux, chemins de fer, canalisation des rivières, bassins et docks entrepris par l'État ou par compagnies particulières, avec ou sans péage, avec ou sans subsides du Trésor, avec ou sans aliénation du domaine public, ne pourront être autorisés que par une loi rendue après enquête administrative.

Un décret impérial, rendu en la forme des règlements d'administration publique, et également précédé d'une enquête, pourra autoriser l'exécution des canaux et chemins de fer d'embranchement de moins de 20 kilomètres de longueur, des lacunes et rectifications des routes impériales, des ponts et de tous autres travaux de moindre importance.

ART. 2. — Il n'est rien innové, quant à présent, en ce qui touche l'autorisation et la déclaration d'utilité publique des travaux publics à la charge des départements et des communes.

730. *Départements et communes.* — Il y a lieu de remarquer que les attributions des conseils généraux et des conseils municipaux fixées par les lois des 18 juillet 1866 et 24 juillet 1867 donnent, dans des conditions déterminées, aux départements et aux communes, le droit de se prononcer d'une manière définitive sur les travaux qu'ils veulent entreprendre, sauf à recourir à l'autorité supérieure pour en faire déclarer l'utilité publique, lorsque ces travaux ne peuvent s'exécuter qu'au moyen de l'expropriation.

Cet ensemble termine l'examen du titre I.

731. *Continuation de l'examen de la loi du* 3 *mai* 1841. — Le titre II est intitulé : *Des mesures d'administration relatives à l'expropriation.* La loi prescrit aux ingénieurs, etc., de déposer à la mairie de la commune, pendant huit jours, le plan parcellaire des terrains ou édifices à exproprier. Un avertissement, en dehors des publications locales, dans les journaux de l'arrondissement ou du département, est donné à son de trompe ou de caisse dans les communes intéressées.

Le maire certifie ces publications par un procès-verbal, et les parties qui comparaissent sont tenues de signer leurs déclarations ou réclamations.

A l'expiration du délai, une Commission se réunit au chef-lieu de la sous-préfecture, elle est composée du sous-préfet, président, de quatre membres du Conseil général du département ou de l'arrondissement, du maire de la commune où les propriétés sont situées, et de l'un des ingénieurs chargés de l'exécution. Il faut qu'ils soient cinq pour délibérer valablement.

Les propriétaires qui doivent être expropriés ne peuvent faire partie de la Commission, qui, à l'exception du maire, pourra être composée des mêmes personnes pour l'ensemble de l'arrondissement.

732. *Arrêté de cessibilité.* — L'article 11 de la loi dit que, « sur le vu du procès-verbal et des documents y annexés, le préfet détermine, par un arrêt motivé, les propriétés qui doivent être cédées, et indique l'époque à laquelle il sera nécessaire d'en prendre possession. Toutefois, dans le cas où il résulterait de l'avis de la Commission qu'il y aurait lieu de modifier le tracé des travaux ordonnés, le préfet surseoira jusqu'à ce qu'il ait été prononcé par l'Administration supérieure ».

Celle-ci pourra, suivant les circonstances, ou statuer définitivement ou ordonner qu'il soit procédé de nouveau à tout ou partie des formalités prescrites précédemment.

Cet arrêté est important, car, en son absence ou en l'absence de cession amiable, le tribunal doit refuser de désigner le jury (19 décembre 1883).

733. Le titre III est relatif à *l'expropriation et à ses suites, quant aux privilèges, hypothèques et autres droits réels.*

Si les biens appartiennent à des mineurs, interdits, absents ou autres incapables, biens dotaux et majorats, tous leurs représentants auront le droit de traiter à l'amiable, mais le tribunal ordonnera les mesures de conservation ou de remploi.

Les préfets pourront dans les mêmes cas aliéner les biens des départements, s'ils y sont autorisés par le Conseil général; les maires ou administrateurs pourront également aliéner les biens des communes ou des établissements publics, s'ils y sont autorisés par délibération du Conseil municipal ou d'Administration.

Le ministre des Finances peut consentir à l'aliénation des biens de l'État.

A défaut de convention amiable avec les propriétaires des terrains, le préfet transmet au procureur du roi du ressort la loi ou l'ordonnance qui autorise les travaux (art. 13).

Dans les trois jours le procureur du roi requiert, et le tribunal prononce l'expropriation pour cause d'utilité publique, des terrains ou des bâtiments indiqués dans l'arrêté préfectoral. Le tribunal n'est juge que de la forme, et il doit constater et détailler dans son jugement l'accomplissement des formalités prescrites par la loi.

Le jugement est affiché par extraits dans les communes; inséré dans les journaux et notifié aux intéressés, il est transcrit au bureau des hypothèques, et doit être inscrit dans la quinzaine de cette transcription.

Ce jugement ne pourra être attaqué que par voie de recours en Cassation et seulement pour incompétence, excès de pouvoir ou vice de forme.

734. Le titre IV est relatif au *règlement des indemnités*. Il est divisé en trois chapitres.

Le premier est relatif aux *mesures préparatoires*. Dans la huitaine de la notification faite au propriétaire, celui-ci est tenu de faire connaître à l'Administration les fermiers, locataires, usufruitiers, sous peine de rester seul chargé envers eux des indemnités qu'ils pourront réclamer. L'effet du jugement d'expropriation est, en effet, d'opérer la résolution des baux consentis par les propriétaires.

L'Administration notifie aux intéressés les sommes qu'elle offre pour indemnités, et dans la quinzaine ceux-ci doivent ou déclarer leur acceptation, ou, s'ils n'acceptent pas les offres, indiquer le montant de leurs prétentions. Ce délai est porté à un mois pour les préfets, maires, administrateurs, femmes mariées sous le régime dotal, etc.

735. Le chapitre II est relatif à la *constitution du jury spécial chargé de régler les indemnités*.

Tous les ans, dans sa session annuelle, le Conseil général du département désigne pour chaque arrondissement de sous-préfecture, tant sur la liste des électeurs que sur la seconde partie de la liste du jury, trente-six personnes au moins et soixante-douze au plus, qui ont leur domicile réel dans l'arrondissement, parmi lesquelles ils sont choisis, les membres du jury spécial, appelé le cas échéant, à régler les indemnités dues par suite d'expropriation pour cause d'utilité publique (art. 29).

Le nombre des jurés pour le département de la Seine est de six cents.

Toutes les fois qu'il y a lieu de recourir à un jury spécial, la première chambre de la cour royale, dans les départements du tribunal du chef-lieu judiciaire, choisit en la chambre du Conseil, sur la liste dressée en vertu de l'article précédent, pour l'arrondissement dans lequel ont lieu les expropriations, seize personnes qui formeront le jury spécial chargé de fixer définitivement le montant de l'indemnité, et, en outre, quatre jurés supplémentaires.

Ne peuvent être choisis tous les intéressés à un titre quelconque.

Ce jury est présidé par un magistrat directeur. Il tient des audiences publiques et peut se transporter sur les lieux, il entend les intéressés ou leur fondé de pouvoir.

L'instruction terminée, les jurés se retirent dans leur chambre de délibération sous la présidence de l'un d'eux, et fixent à la majorité des voix le montant de l'indemnité. En cas de partage la voix du président est prépondérante.

L'indemnité accordée ne peut jamais être inférieure à l'offre de l'Administration, ni supérieure à celle réclamée (art. 38).

La décision du jury, signée des membres qui y ont concouru, est remise par le président au magistrat-directeur qui la déclare exécutoire, statue sur les dépenses et envoie l'Administration en possession de la propriété, à charge par elle de se conformer aux dispositions des articles 53, 54 et suivants (voy. n° 737).

La décision du jury et l'ordonnance du magistrat-directeur ne peuvent être attaquées que par voie de Cassation et seulement pour violation des articles sur la composition du jury et sur les délibérations. Le délai de ce recours est de quinze jours à partir de la décision.

Toute décision cassée est renvoyée à un nouveau jury voisin.

Règles à suivre pour la fixation des indemnités.

CHAPITRE III

736. Le jury est juge de la sincérité

des titres. S'il y a contestation sur la propriété, le jury fixe l'indemnité, et le magistrat-directeur en ordonne la consignation jusqu'à ce que le litige soit vidé par les tribunaux compétents.

Les bâtiments dont une portion est nécessaire doivent être achetés en entier si le propriétaire le requiert.

Il en sera de même de toute parcelle de terrain qui, par suite du morcellement, se trouvera réduit au quart de la contenance totale, si toutefois le propriétaire ne possède aucun terrain immédiatement contigu, et si la parcelle ainsi réduite est inférieure à 10 ares (art. 50).

Le jury devra prendre en considération la plus-value que l'exécution des travaux pourra donner aux terrains, et ne devra pas tenir compte des constructions, améliorations, etc., lorsqu'il aura la conviction qu'elles ont été faites en vue d'une prochaine expropriation.

TITRE V

Payement des indemnités.

737. Les indemnités réglées par le jury seront, préalablement à la prise de possession, acquittées entre les mains des ayants droit.

S'ils se refusent à les recevoir, la prise de possession aura lieu après offres réelles et consignation.

S'il s'agit de travaux exécutés par l'État ou les départements, les offres réelles pourront s'effectuer au moyen d'un mandat égal au montant de l'indemnité réglée par le jury ; ce mandat, délivré par l'ordonnateur compétent, visé par le payeur, sera payable sur la caisse publique qui s'y trouvera désignée (art. 53).

Il ne sera pas fait d'offres réelles toutes les fois qu'il existera des inscriptions sur l'immeuble exproprié ou d'autres obstacles au versement des deniers entre les mains des ayants droit ; dans ce cas, il suffira que les sommes dues par l'Administration soient consignées, pour être, ultérieurement, distribuées ou remises selon les règles du droit commun (art. 54).

Si, dans les six mois du jugement d'expropriation, l'Administration ne poursuit pas la fixation de l'indemnité, les parties pourront exiger qu'il soit procédé à ladite fixation.

Quand l'indemnité aura été réglée, si elle n'est ni acquittée ni consignée dans les six mois de la décision du jury, les intérêts courront de plein droit à l'expiration de ce délai (art. 55).

TITRE VI

Dispositions diverses.

738. Les premiers articles sont relatifs aux droits d'enregistrement; mais nous rencontrons plus loin les articles suivants : si les terrains acquis pour des travaux d'utilité publique ne reçoivent pas cette destination, les anciens propriétaires ou leurs ayants droit peuvent en demander la remise.

Le prix des terrains rétrocédés est fixé à l'amiable, et, s'il n'y a pas accord par le jury dans les formes ci-dessus prescrites, la fixation du jury ne peut en aucun cas excéder la somme moyennant laquelle les terrains ont été acquis (art. 60).

Un avis publié à la manière ordinaire fait connaître les terrains à revendre. Dans les trois mois, les anciens propriétaires sont tenus de se déclarer réacquéreurs et ils doivent, sous peine de déchéance, payer le prix dans le mois de sa fixation soit à l'amiable, soit judiciaire (art. 61).

Ces dispositions ne sont pas applicables aux terrains acquis sur la réquisition du propriétaire (voy. art. 50, n° 736).

TITRE VII

Dispositions exceptionnelles.

739. Lorsqu'il y aura urgence de prendre possession de terrains non bâtis qui seront soumis à l'expropriation, l'urgence sera spécialement déclarée par ordonnance royale (art. 65).

Le tribunal fixe la somme à consigner après avoir pris connaissance des sommes demandées par le propriétaire, et des sommes offertes par l'Administration, et le président ordonne la prise de possession aussitôt la consignation faite. Elle doit être augmentée de l'intérêt à 5 0/0 pendant deux ans.

Après la prise de possession, la fixation définitive de l'indemnité a lieu conformément au titre IV, et, si cette fixation est supérieure à la somme consignée, le supplément doit l'être dans la quinzaine où le propriétaire a le droit de faire arrêter les travaux (art. 74).

740. Les formalités indiquées dans les titres I et II ne sont pas applicables aux travaux militaires ni à ceux de la marine royale.

TITRE IX

Disposition finale.

Abroge les lois du 8 mars 1810 et du 7 juillet 1833.

Chemins vicinaux.

741. Cette procédure, ainsi du reste que nous l'avons déjà dit, a été simplifiée pour l'ouverture des chemins vicinaux. Le nombre des jurés est réduit à quatre, etc.

Si l'expropriation doit avoir lieu seulement pour l'élargissement d'un chemin vicinal, et s'il n'y a pas de propriété bâtie, les formalités sont encore simplifiées. La cession à l'amiable se fera avec le maire et l'agent voyer, et sera approuvée par le Conseil municipal. S'il n'y a pas accord, le propriétaire nommera un expert, le sous-préfet un autre et le juge de paix sera chargé de régler l'indemnité sur le rapport des experts; mais dans ce cas, comme il agit comme juge, sa décision peut être attaquée.

742. On trouve dans le commerce toutes les formules imprimées contenues dans la circulaire ministérielle du 28 juin 1879, et on évite ainsi les omissions qui sont, comme on l'a vu, des causes d'annulation; il n'y a pas moins de soixante-six pièces diverses composant huit dossiers avant de pouvoir entrer en possession d'un terrain.

EXTRACTION DES MATÉRIAUX

743. Il peut être *indispensable* ou même utile pour certains travaux d'extraire du sol les matériaux nécessaires aux constructions d'utilité publique.

Cette circonstance a été prévue depuis longtemps, et le droit en a été établi par des arrêts du Conseil d'État du Roi en date des 3 octobre 1667, 3 décembre 1672, 22 juin 1706, 7 septembre 1755 et 20 mars 1780. De nombreuses difficultés se présentant à chaque instant pour l'exécution de ces lois, et par suite des mesures prises dans chaque généralité, une loi du 6 octobre 1791, faisant partie du Code rural, reconnut définitivement le droit d'extraire les matériaux dans les propriétés particulières, et une loi du 16 septembre 1807 (art. 35) règle la forme des indemnités de la façon suivante :

Les terrains occupés pour prendre les matériaux nécessaires aux routes ou aux constructions publiques pourront être payés aux propriétaires comme s'ils eussent été pris pour la route même.

Il n'y aura lieu de faire entrer dans l'estimation la valeur des matériaux à extraire que dans le cas où l'on s'emparerait d'une carrière déjà en exploitation; alors lesdits matériaux seront évalués d'après leur prix courant, abstraction faite de l'existence et des besoins de la route pour laquelle ils seraient pris, ou des constructions auxquelles on les destine.

Enfin, en 1867, M. Forcade, alors ministre des Travaux publics, adresse à l'Empereur un rapport dans lequel il expose que d'anciens arrêts du Conseil et la loi du 16 septembre 1807 ont autorisé le principe de l'occupation temporaire, mais qu'aucun n'a déterminé d'une manière précise les formalités à suivre pour ces mêmes occupations, etc., et propose une loi qui fut promulguée le 8 février 1867.

Cette loi rappelle tous les arrêts du Conseil et toutes les lois dont nous avons parlé plus haut, elle comprend neuf articles.

En voici le résumé :

744. Lorsqu'il y a lieu d'occuper temporairement un terrain, soit pour y extraire des terres ou des matériaux, soit pour tout autre objet relatif à l'exécution des travaux publics, cette occupation est autorisée par un arrêté du préfet indiquant le nom de la commune où le terrain est situé, les numéros que les parcelles dont il se compose portent sur le plan cadastral et le nom du propriétaire (art. 1).

Le maire notifie l'arrêté au propriétaire ou à son représentant (art. 2).

A défaut de conventions amiables, l'entrepreneur, préalablement à toute occupation du terrain désigné, fait au propriétaire ou à ses représentants une notification par lettre chargée, indiquant le jour où il compte se rendre sur les lieux. Il doit y avoir au moins 10 jours d'intervalle entre la notification et le jour où il se présente. Le propriétaire est également invité à amener un expert pour constater l'état des lieux.

Le maire est averti en même temps (art. 4).

Les experts rédigent en trois expéditions leur rapport de façon à ce qu'on puisse juger des dépréciations du terrain ou des dommages causés. Ils peuvent même, si les parties y consentent, en faire l'évaluation.

Une des expéditions est remise au maire, l'autre à l'entrepreneur, la troisième au propriétaire (art. 5).

Si le propriétaire ne comparaît pas, le maire désigne un expert d'office pour le remplacer.

Immédiatement après les constatations prescrites, l'entrepreneur peut occuper le terrain et, en cas d'opposition, requérir l'assistance du maire.

S'il existe des arbres fruitiers ou de haute futaie qu'il y ait nécessité d'abattre, l'entrepreneur est tenu de les laisser subsister jusqu'à ce que l'estimation en soit faite conformément à la loi (art. 7).

Après l'achèvement des travaux ou à la fin de chaque campagne, il est fait une constatation de l'état des lieux.

A défaut d'accord entre l'entrepreneur et le propriétaire pour l'évaluation partielle ou totale de l'indemnité, il est procédé conformément à l'art. 56 de la loi du 16 novembre 1807 (art. 8).

Lorsque les travaux sont exécutés directement par l'Administration, la notification est faite par l'ingénieur et l'expert nommé par le préfet (art. 9).

Carrières en exploitation.

745. L'indemnité variant suivant qu'une carrière est ou non en exploitation, il y a de nombreuses controverses à cet égard. En général, on admet qu'une carrière doit être considérée comme abandonnée quand elle est plantée de bois. De même un banc de gravier *distinct* de celui qui a été exploité.

Dans tous les cas, l'extraction est interdite dans tous les terrains qui, compris dans la même clôture qu'une maison d'habitation, doivent être considérés comme une dépendance ; la clôture peut être faite en treillage de bois et de fil de fer.

746. L'extraction des matériaux pour les chemins vicinaux est soumise à peu près aux mêmes formalités ; mais elle relève de la loi du 21 mai 1836. La loi de 1868 n'a été rendue que sur le rapport du ministre des Travaux publics.

Dans les lois soumises au régime forestier il faut d'après la loi du 1er août 1827, l'autorisation du directeur général des forêts, s'il s'agit des forêts de l'État, dans les bois communaux celle des maires, dans les propriétés particulières celle des propriétaires, mais ces autorisations devront être approuvées par le directeur général des forêts.

747. Sur le domaine maritime les autorisations sont accordées par le préfet, sur les propositions de l'ingénieur en chef, avec avis favorable du préfet maritime et du directeur des fortifications.

CONTRAT AVEC LES ENTREPRENEURS

748. Les contrats avec les entrepreneurs, sur l'importance desquels nous n'avons pas besoin d'insister, ont été l'objet de nombreux règlements. Il faut, en effet, tâcher de tout prévoir de façon à mettre l'Administration en garde contre toutes les difficultés que les intérêts particuliers cherchent à créer, et il ne faut pas cependant méconnaître les droits de ceux-ci.

De nombreux règlements se sont succédé à cet égard. Le premier en date est celui de 1811, rédigé par l'ingénieur Tarbé de Vauxclair ; il était quelque peu draconien ; aussi, un autre cahier des charges l'a-t-il remplacé en 1833. Voici le régime suivi à cette époque.

Pour les travaux de l'État, chaque travail spécial est soumis à un cahier des charges également spécial. Dans ce cours, nous les avons examinés chacun en particulier, et ils portent tous la mention que les entrepreneurs seront soumis aux clauses et conditions générales du cahier des charges qui leur est imposé ; exception est faite pour certaines stipulations particulières à chaque devis spécial.

Ce cahier des charges spécial, élaboré le 16 novembre 1866, est le fruit d'une longue expérience et d'une longue pratique. Toutes les difficultés qui ont pu se présenter y sont maintenant prévues ; nous ne pouvons donc mieux faire que de le donner en entier.

Quelques modifications qui le complètent ont été données en temps et lieu.

749. Cahier des clauses et conditions générales imposées aux entrepreneurs des travaux publics (16 novembre 1866).

Article premier. — *Dispositions générales.* — Tous les marchés relatifs à l'exécution des travaux dépendant de l'administration des ponts et chaussées, qu'ils soient passés dans la forme d'adjudications publiques, ou qu'ils résultent des conventions faites de gré à gré, sont soumis, en tout ce qui leur est applicable, aux dispositions suivantes :

TITRE PREMIER

ADJUDICATION

Art. 2. — *Conditions à remplir pour être admis aux adjudications.* — Nul n'est admis à concourir aux adjudications, s'il ne justifie qu'il a les qualités requises pour garantir la bonne exécution des travaux.

A cet effet, chaque concurrent est tenu de fournir un certificat constatant sa capacité, et de présenter un acte régulier de cautionnement ; l'engagement doit être réalisé dans les huit jours de l'adjudication.

Art. 3. — *Certificats de capacité.* — Les certificats de capacité sont délivrés par les hommes de l'art. Ils ne doivent pas avoir plus de trois ans de date au moment de l'adjudication. Il y est fait mention de la manière dont les soumissionnaires ont rempli leurs engagements, soit envers l'Administration, soit envers les tiers, soit envers les ouvriers, dans les travaux qu'ils ont exécutés, surveillés ou suivis. Ces travaux doivent avoir été faits dans les dix dernières années.

Les certificats de capacité sont présentés huit jours avant l'adjudication, pour être visés à titre de communication, à l'ingénieur en chef qui doit les viser.

Il n'est pas exigé de certificat de capacité pour la fourniture des matériaux destinés à l'entretien des routes en empierrement, ni pour les travaux de terrassement dont l'estimation ne s'élève pas à plus de 20 000 francs.

Art. 4. — *Cautionnement.* — Le cahier des charges détermine, dans chaque cas particulier, la nature et le montant du cautionnement que l'entrepreneur doit fournir.

S'il ne stipule rien à cet égard, le cautionnement est fait soit en numéraire, soit en inscription de rentes sur l'État, nominatives ou mixtes, et le montant en est fixé au trentième de l'exécution des travaux, déduction faite de toutes les sommes portées à valoir pour dépenses imprévues et ouvrages en régie ou pour indemnité de terrain.

Le cautionnement reste affecté à la garantie des engagements contractés par l'adjudicataire jusqu'à la liquidation définitive des travaux. Toutefois, le préfet peut, dans le cours de l'entreprise, autoriser la restitution du tout ou partie du cautionnement.

Art. 5. — *Approbation de l'adjudication.* — L'adjudication n'est valable qu'après l'approbation du préfet. L'entrepreneur ne peut prétendre à aucune indemnité, dans le cas où l'adjudication n'est point approuvée.

Art. 6. — *Pièces à délivrer à l'entrepreneur.* — Aussitôt après l'approbation de l'adjudication, le préfet délivre à l'entrepreneur, sur son récépissé, une expédition vérifiée par l'ingénieur en chef et dûment légalisée, du devis, du bordereau des prix et du détail estimatif, ainsi qu'une copie certifiée du procès-verbal d'adjudication et un exemplaire imprimé des présentes clauses et conditions générales.

Les ingénieurs lui délivrent, en outre, gratuitement, une expédition certifiée des dessins et autres pièces nécessaires à l'exécution des travaux.

Art. 7. — *Frais d'adjudication.* — L'entrepreneur verse à la caisse du trésorier-payeur général le montant des frais du marché.

Ces frais, dont l'état est arrêté par le Préfet, ne peuvent être autres que ceux d'affiches et de publication, ceux de timbre et d'expédition du devis, du bordereau des prix, du détail estimatif et du procès-verbal d'adjudication, et le droit fixe d'enregistrement d'un franc.

Art. 8. — *Domicile de l'entrepreneur.* — L'entrepreneur est tenu d'élire un domicile à proximité des travaux et de faire connaître le lieu de ce domicile au préfet. Faute par lui de remplir cette obligation dans un délai de quinze jours, à partir de l'approbation de l'adjudication, toutes les notifications qui se rattachent à son entreprise sont valables lorsqu'elles ont été faites à la mairie de la commune désignée à cet effet par le devis ou par l'affiche d'adjudication.

TITRE II

Art. 9. — *Défense de sous-traiter sans autorisation.* — L'entrepreneur ne peut céder à des sous-traitants une ou plusieurs parties de son entreprise sans le consentement de l'Administration. Dans tous les cas, il demeure responsable, tant envers l'Administration qu'envers les ouvriers et les tiers.

Si un sous-traité est passé sans autorisation, l'Administration peut, suivant les cas, soit prononcer la résiliation pure et simple de l'entreprise, soit procéder à une nouvelle adjudication à folle enchère de l'entrepreneur.

Art. 10. — *Ordre de service pour l'exécution des travaux.* — L'entrepreneur doit commencer les travaux dès qu'il en a reçu l'ordre de l'ingénieur. Il se conforme strictement aux plans, profils, tracés, ordres de service et, s'il y a lieu, aux types et modèles qui lui sont donnés par l'ingénieur ou par ses préposés en exécution du devis.

L'entrepreneur se conforme également aux changements qui lui sont prescrits pendant le cours du travail, mais seulement lorsque l'ingénieur les a ordonnés par écrit ou sous sa responsabilité. Il ne lui est tenu compte de ces changements qu'autant qu'il justifie de l'ordre écrit de l'ingénieur.

Art. 11. — *Règlement pour le bon ordre des chantiers.* — L'entrepreneur est tenu d'observer tous les règlements qui sont faits par le préfet, sur la proposition de l'ingénieur en chef, pour le bon ordre des travaux et la police des chantiers.

Il est interdit à l'entrepreneur de faire travailler les ouvriers les dimanches et jours fériés.

Il ne peut être dérogé à cette règle que dans les cas d'urgence et en vertu d'une autorisation écrite ou d'un ordre de service de l'ingénieur.

Art. 12. — *Présence de l'entrepreneur sur les travaux.* — Pendant la durée de l'entreprise, l'adjudicataire ne peut s'éloigner du lieu des travaux qu'après avoir fait agréer par l'ingénieur un représentant capable de le remplacer, de manière qu'aucune opération ne puisse être retardée ou suspendue à raison de son absence.

L'entrepreneur accompagne les ingénieurs dans leur tournée toutes les fois qu'il en est requis.

Art. 13. — *Choix des commis, chefs d'ateliers et ouvriers.* — L'entrepreneur ne peut prendre pour commis et chefs d'ateliers que des hommes capables de l'aider et de le remplacer au besoin dans la conduite et le métrage des travaux.

L'ingénieur a le droit d'exiger le changement et le renvoi des agents et ouvriers de l'entrepreneur pour insubordination, incapacité ou défaut de probité.

L'entrepreneur demeure d'ailleurs responsable des fraudes, des malfaçons qui seraient commises par ses agents et ouvriers dans la fourniture et dans l'emploi des matériaux.

Art. 14. — *Liste nominative des ouvriers.* — Le nombre des ouvriers de chaque profession est toujours proportionné à la quantité d'ouvrage à faire. Pour mettre l'ingénieur à même d'assurer l'accomplissement de cette condition, il lui est remis, périodiquement, et aux époques par lui fixées, une liste nominative des ouvriers.

Art. 15. — *Payement des ouvriers.* — L'entrepreneur paye tous les mois ou à des époques plus rapprochées, si l'Administration le juge nécessaire.

En cas de retard régulièrement constaté, l'Administration se réserve la faculté de faire payer d'office les salaires arriérés sur les sommes dues à l'entrepreneur sans préjudice des droits réservés par la loi du 20 pluviôse an II, aux fournisseurs qui auraient fait des oppositions régulières.

Art. 16. — *Caisse de secours pour les ouvriers blessés ou malades.* — Une retenue d'un centième est exercée sur les sommes dues à l'entrepreneur, à l'effet d'assurer, sous le contrôle de l'Administration, des secours aux ouvriers atteints de blessures ou de maladies occasionnées par les travaux, à leurs veuves et à leurs enfants, et de subvenir aux dépenses du service médical.

La partie de cette retenue qui reste sans emploi à la fin de l'entreprise est remise à l'entrepreneur.

Art. 17. — *Dépenses imputables sur la somme à valoir.* — S'il y a lieu de faire des épuisements ou autres travaux dont la dépense soit imputable sur la somme à valoir, l'entrepreneur doit, s'il en est requis, fournir les outils et machines nécessaires pour l'exécution de ces travaux.

Le loyer et l'entretien de ce matériel lui seront payés au prix de l'adjudication.

ART. 18. — *Outils, équipages et faux frais de l'entreprise.* — L'entrepreneur est tenu de fournir, à ses frais les magasins, équipages, voitures, ustensiles et outils de toute espèce nécessaires à l'exécution des travaux, sauf les exceptions stipulées au devis.

Sont également à sa charge l'établissement des chantiers et chemins de service, et les indemnités y relatives, les frais de tracé des ouvrages, les cordeaux, piquets et jalons, les frais d'éclairage des chantiers, s'il y a lieu, et généralement toutes les menues dépenses et tous les faux frais relatifs à l'entreprise.

ART. 19. — *Carrières désignées au devis.* — Les matériaux sont pris dans les lieux indiqués au devis. L'entrepreneur y ouvre, au besoin, des carrières à ses frais.

Il est tenu, avant de commencer les extractions, de justifier l'autorisation du propriétaire s'il a traité à l'amiable pour l'occupation des terrains, ou de les prévenir suivant les formes déterminées par les règlements.

Il paye, sans recours contre l'Administration et en se conformant aux lois et règlements sur la matière, tous les dommages qu'ont pu occasionner la prise ou l'extraction, le transport et le dépôt des matériaux.

Dans le cas où le devis prescrit d'extraire des matériaux dans des bois soumis au régime forestier, l'entrepreneur doit se conformer, en outre, aux prescriptions de l'article 45 du Code forestier (1), ainsi que des articles 172, 173 et 175 (2) de l'ordonnance du 1er août 1817, concernant l'exécution de ce Code.

(1) Les adjudicataires, à dater du permis d'exploiter et jusqu'à ce qu'ils aient obtenu leur décharge, sont responsables de tout délit forestier commis dans leur vente et à l'ouïe de la cognée, si leurs facteurs ou gardes-ventes n'en font leur rapport, lesquels doivent être remis à l'agent forestier dans le délai de 5 jours.

(2) ART. 172. — L'évaluation des indemnités dues à raison de l'occupation ou de la fouille des terrains, et des dégâts causés par l'extraction, sera faite conformément aux articles 55 et 56 de la loi du 16 septembre 1807.

L'agent forestier supérieur de l'arrondissement remplira les fonctions d'expert dans l'intérêt de l'État; et les experts dans l'intérêt des communes ou des établissements publics seront nommés par les maires ou les administrateurs.

ART. 173. — Les agents forestiers et les ingénieurs et conducteurs des ponts et chaussées sont expressément chargés de veiller à ce que les entrepreneurs n'emploient pas les matériaux provenant des extractions à d'autres travaux que ceux pour lesquels elles auront été autorisées.

Les agents forestiers exerceront contre les contrevenants toutes poursuites de droit.

ART. 175. — Les réclamations qui pourraient s'élever relativement à l'exécution des travaux d'extraction et à l'évaluation des indemnités seront soumises aux Conseils de préfecture, conformément à l'article 4 de la loi du 17 février 1809 (28 pluviôse, an VIII).

L'entrepreneur doit justifier, toutes les fois qu'il en est requis, de l'accomplissement des obligations énoncées dans le présent article, ainsi que du payement des indemnités pour l'établissement de chantiers et chemins de service.

ART. 20. — *Carrières proposées par l'entrepreneur.* — Si l'entrepreneur demande à substituer aux lieux ou carrières indiqués dans le devis d'autres carrières fournissant des matériaux d'une qualité que les ingénieurs reconnaissent au moins égale, il reçoit l'autorisation de les exploiter, sans aucune modification sur le prix de l'adjudication; si les transports doivent être faits par les prestataires, la substitution ne pourra avoir lieu que si la nouvelle carrière n'est pas à une distance plus grande que celle indiquée au devis ni d'un accès plus difficile.

ART. 21. — *Défense de livrer au commerce les matériaux extraits des carrières désignées.* — L'entrepreneur ne peut livrer au commerce, sans l'autorisation du propriétaire, les matériaux qu'il a fait extraire dans les carrières exploitées par lui en vertu du droit qui lui a été conféré par l'Administration.

ART. 22. — *Qualité des matériaux.* — Les matériaux doivent être de la meilleure qualité dans chaque espèce, être parfaitement travaillés et mis en œuvre conformément aux règles de l'art; ils ne peuvent être employés qu'après avoir été vérifiés et provisoirement acceptés par l'ingénieur ou par ses préposés. Nonobstant cette réception provisoire et jusqu'à la réception définitive des travaux, ils peuvent, en cas de surprise, de mauvaise qualité ou de malfaçon, être rebutés par l'ingénieur, et ils sont alors remplacés par l'entrepreneur.

ART. 23. — *Dimensions et dispositions des matériaux et des ouvrages.* — L'entrepreneur ne peut, de lui-même, apporter aucun changement au projet.

Il est tenu de faire immédiatement, sur l'ordre des ingénieurs, remplacer les matériaux, ou reconstruire les ouvrages dont les dimensions ou les dispositions ne sont pas conformes au devis.

Toutefois, si les ingénieurs reconnaissent que les changements faits par l'entrepreneur ne sont contraires ni à la solidité ni au goût, les nouvelles dispositions pourront être maintenues; mais alors l'entrepreneur n'a droit à aucune augmentation de prix, à raison de dimensions plus fortes ou de la valeur plus considérable que peuvent avoir les matériaux ou les ouvrages. Dans ce cas, les métrages sont basés sur les dimensions prescrites par le devis. Si, au contraire, les dimensions sont plus faibles ou la valeur des matériaux moindre, les prix sont réduits en conséquence.

ART. 24. — *Démolition d'anciens ouvrages.* — Dans le cas où l'entrepreneur a à démolir d'anciens ouvrages, les matériaux sont déplacés avec soin pour qu'ils puissent être façonnés de nouveau et remplacés s'il y a lieu.

ART. 25. — *Objets trouvés dans les fouilles.* — L'Administration se réserve la propriété des matériaux qui se trouvent dans les fouilles et démolitions faites dans les terrains appartenant à l'État, sauf à indemniser l'entrepreneur de ses soins particuliers.

Elle se réserve également les objets d'art et de toute nature qui pourraient s'y trouver, sauf indemnité à qui de droit.

ART. 26. — *Emploi des prestations, des matières neuves ou de démolition.*

Lorsque les ingénieurs jugent à propos d'employer des matières neuves ou de démolitions, l'entrepreneur n'est payé que des frais de main-d'œuvre et d'emploi, d'après les éléments des prix du bordereau, rabais réduit.

ART. 27. — *Vices de construction.* — Lorsque les ingénieurs présument qu'il existe dans les ouvrages des vices de construction, ils ordonnent, soit en cours d'exécution, soit avant la réception définitive, la démolition et la reconstruction des ouvrages présumés vicieux.

Les dépenses résultant de cette vérification sont à la charge de l'entrepreneur, lorsque les vices de construction sont constatés et reconnus.

ART. 28. — *Pertes et avaries; cas de force majeure.* — Il n'est alloué à l'entrepreneur aucune indemnité à raison des pertes, avaries ou dommages occasionnés par négligence, imprévoyance, défaut de moyens ou fausses manœuvres.

Ne sont pas compris, toutefois, dans la disposition précédente les cas de force majeure, qui, dans le délai de dix jours au plus après l'événement, ont été signalés par l'entrepreneur; dans ces cas, néanmoins, il ne peut être rien alloué qu'avec l'approbation de l'Administration. Passé le délai de dix jours, l'entrepreneur n'est plus admis à réclamer.

ART. 29. — *Règlements de prix des ouvrages non prévus.* — Lorsqu'il est jugé nécessaire d'exécuter des ouvrages non prévus, ou d'extraire des matériaux dans des lieux autres que ceux qui sont désignés dans le devis, les prix en sont réglés d'après les éléments de ceux de l'adjudication, ou par assimilation aux ouvrages les plus analogues. Dans le cas d'une impossibilité absolue d'assimilation, on prend pour terme de comparaison les prix courants du pays.

Les nouveaux prix, après avoir été débattus par les ingénieurs avec l'entrepreneur, sont soumis à l'approbation de l'Administration. Si l'entrepreneur n'accepte pas la décision de l'Administration, il est statué par le Conseil de préfecture.

ART. 30. — *Augmentation dans la masse des travaux.* — En cas d'augmentation dans la masse des travaux, l'entrepreneur est tenu d'en continuer l'exécution, jusqu'à concurrence d'un sixième en sus du montant de l'entreprise. Au-delà de cette limite, l'entrepreneur a droit à la résiliation de son marché.

ART. 31. — *Diminution dans la masse des travaux.* — En cas de diminution dans la masse des ouvrages, l'entrepreneur ne peut élever aucune réclamation tant que la diminution n'excède pas le sixième du montant de l'entreprise. Si la diminution est de plus du sixième, il reçoit, s'il y a lieu, à titre de dédommagement, une indemnité qui, en cas de contestation, est jugée par le Conseil de préfecture.

ART. 32. — *Changement dans l'importance des diverses espèces d'ouvrages.* — Lorsque les changements ordonnés ont pour résultats de modifier l'importance de certaines natures d'ouvrages, de telle sorte que les quantités prescrites diffèrent de plus d'un tiers en plus ou en moins des quantités portées au détail estimatif, l'entrepreneur peut présenter, en fin de compte, toujours sous la condition que la différence ne résultera pas de l'exécution des prestations ou des souscriptions en nature, une demande en indemnité, basée sur le préjudice que lui auraient causé les modifications apportées à cet égard dans les prévisions du projet.

ART. 33. — *Variation dans le prix.* — Si, pendant le cours de l'entreprise, les prix subissent une augmentation telle que la dépense totale des ouvrages restant à exécuter d'après le devis se trouve augmentée d'un sixième comparativement aux estimations du projet, le marché peut être résilié sur la demande de l'entrepreneur.

ART. 34. — *Cessation absolue ou ajournement des travaux.* — Lorsque l'Administration ordonne la cessation absolue des travaux, l'entreprise est immédiatement résiliée. Lorsqu'elle prescrit leur ajournement pour plus d'une année, soit avant, soit après un commencement d'exécution, l'entrepreneur a le droit de demander la résiliation de son marché, sans préjudice de l'indemnité, qui, dans ce cas comme dans l'autre, peut lui être allouée.

Si les travaux ont reçu un commencement d'exécution, l'entrepreneur peut requérir qu'il soit procédé immédiatement à la réception provisoire des ouvrages exécutés et à leur réception définitive après l'expiration du délai de garantie.

Art. 35. — *Mesures coercitives.* — Lorsque l'entrepreneur ne se conforme pas soit aux dispositions du devis, soit aux ordres de service qui lui sont donnés par les ingénieurs, un arrêté du préfet le met en demeure d'y satisfaire dans un délai déterminé. Ce délai, sauf le cas d'urgence, n'est pas de moins de dix jours, à dater de la notification de l'arrêté de mise en demeure.

A l'expiration de ce délai, si l'entrepreneur n'a pas exécuté les dispositions prescrites, le préfet, par un second arrêté, ordonne l'établissement d'une régie aux frais de l'entrepreneur.

Dans ce cas, il est procédé immédiatement, en sa présence, ou lui dûment appelé, à l'inventaire descriptif du matériel de l'entreprise.

Il est aussitôt rendu compte au ministre, qui peut, selon les circonstances, soit ordonner une nouvelle adjudication à la folle enchère de l'entrepreneur, soit prononcer la résiliation pure et simple du marché, soit prescrire la continuation des travaux par voie de régie.

Pendant la durée de la régie, l'entrepreneur est autorisé à en suivre les opérations sans qu'il puisse toutefois entraver l'exécution des ordres des ingénieurs.

Il peut, d'ailleurs, être relevé de la régie, s'il justifie des moyens nécessaires pour reprendre les travaux, et les mener à bonne fin.

Les excédents de dépense qui résultent de la régie ou de l'adjudication sur folle enchère sont prélevés sur les sommes qui peuvent être dues à l'entrepreneur, sans préjudice des droits à exercer contre lui, en cas d'insuffisance.

Si la régie ou l'adjudication sur folle enchère amène, au contraire, une diminution dans les dépenses, l'entrepreneur ne peut réclamer aucune part de ce bénéfice, qui reste acquis à l'Administration.

Art. 36. — *Décès de l'entrepreneur.* — En cas de décès de l'entrepreneur, le contrat est résilié de droit, sauf à l'Administration à accepter, s'il y a lieu, les offres qui peuvent être faites par les héritiers pour la continuation des travaux.

Art. 37. — *Faillite de l'entrepreneur.* — En cas de faillite de l'entrepreneur, le contrat est également résilié de plein droit, sauf à l'Administration à accepter, s'il y a lieu, les offres qui peuvent être faites par les créanciers pour la continuation de l'entreprise.

TITRE III

RÈGLEMENT DES DIFFÉRENCES

Art. 38. — *Bases du règlement des comptes.* — A défaut de stipulations spéciales dans les devis, les comptes sont établis d'après les quantités d'ouvrages réellement effectuées, suivant les dimensions et les poids constatés par des métrés définitifs et des pesages faits en cours ou en fin d'exécution, sauf les cas prévus par l'article 23, et les dépenses sont réglées d'après le prix de l'adjudication.

L'entrepreneur ne peut, dans aucun cas, pour les métrés et pesages, invoquer en sa faveur les us et coutumes.

Art. 39. — *Attachements.* — Les attachements sont pris au fur et à mesure de l'avancement des travaux, par l'agent chargé de leur surveillance, en présence de l'entrepreneur et contradictoirement avec lui ; celui-ci doit le signer au moment de la présentation qui lui est faite.

Lorsque l'entrepreneur refuse de signer les attachements, ou ne les signe qu'avec réserve, il lui est accordé un délai de dix jours, à dater de la présentation des pièces, pour formuler par écrit ses observations. Passé ce délai, les attachements sont censés acceptés par lui, comme s'ils étaient signés sans réserve. Dans ce cas, il est dressé procès-verbal de la présentation et des circonstances qui l'ont accompagnée. Ce procès-verbal est annexé aux pièces non acceptées.

Les résultats des attachements inscrits sur le carnet ne sont portés en compte qu'autant qu'ils ont été admis par les ingénieurs.

Art. 40. — *Décomptes mensuels.* — A la fin de chaque mois, il est dressé un décompte des ouvrages exécutés et des dépenses faites, pour servir de base aux payements à faire à l'entrepreneur.

Art. 41. — *Décomptes annuels et décomptes définitifs.* — A la fin de chaque année, il est dressé un décompte de l'entreprise, divisé en deux parties ; la première comprend les ouvrages et portions d'ouvrages dont le métré a pu être arrêté définitivement, et la seconde les ouvrages et portions d'ouvrages dont la situation n'a pu être établie que d'une manière provisoire.

Ce décompte, auquel sont joints les métrés et les pièces à l'appui, est présenté, sans déplacement, à l'acceptation de l'entrepreneur ; il est dressé procès-verbal de la présentation et des circonstances qui l'ont accompagnée.

En ce qui concerne la première partie du décompte, l'acceptation de l'entrepreneur est définitive, tant pour l'application des prix que pour les quantités d'ouvrages.

S'il refuse d'accepter ou, s'il ne signe qu'avec réserve, il doit déduire ses motifs par écrit dans les vingt jours qui suivent la présentation des pièces.

Il est expressément stipulé que l'entrepreneur n'est point admis à élever de réclamations au sujet des pièces après le délai de vingt jours, et que, passé ce délai, le décompte est censé accepté par lui, quand bien même il ne l'aurait pas signé ou ne l'aurait signé qu'avec une réserve dont les motifs ne seraient pas spécifiés.

Le procès-verbal de présentation doit toujours être annexé aux pièces non acceptées.

En ce qui concerne la deuxième partie du décompte, l'acceptation de l'entrepreneur n'est considérée que comme provisoire.

Les stipulations des paragraphes 2, 3, 4, 5 et 6 du présent article s'appliquent au décompte général et définitif de l'entreprise.

Elles s'appliquent aussi aux décomptes définitifs partiels, qui peuvent être présentés à l'entrepreneur dans le courant de la campagne.

ART. 42. — *L'entrepreneur ne peut revenir sur les prix des marchés.* — L'entrepreneur ne peut, sous aucun prétexte, revenir sur les prix du marché qui ont été consentis par lui.

ART. 43. — *Reprise du matériel en cas de résiliation.* — Dans les cas de résiliation prévus par les articles 34 et 36, les outils et équipages existant sur les chantiers, et qui eussent été nécessaires pour l'achèvement des travaux, sont acquis par l'État si l'entrepreneur ou ses ayants droit en font la demande, et le prix en est réglé de gré à gré ou à dire d'experts.

Ne sont pas comprises dans cette mesure les bêtes de trait ou de somme qui auraient été employées aux travaux.

La reprise du matériel est facultative pour l'Administration dans les cas prévus par les articles 9, 30, 33, 35 et 37.

Dans tous les cas de résiliation, l'entrepreneur est tenu d'évacuer les chantiers, magasins et emplacements utiles à l'entreprise dans le délai qui est fixé par l'Administration.

Les matériaux approvisionnés par ordre et déposés sur les chantiers, s'ils remplissent les conditions du devis, sont acquis par l'État aux prix de l'adjudication.

Les matériaux qui ne seraient pas déposés sur les chantiers ne sont pas portés en compte.

TITRE IV

PAYEMENTS

ART. 44. — *Payements d'acomptes.* — Les payements d'acomptes s'effectuent autant que possible tous les mois, en raison de la situation des travaux exécutés, sauf retenue d'un dixième de garantie et d'un centième pour la caisse de secours des ouvriers.

Il est, en outre, délivré des acomptes sur le prix des matériaux approvisionnés, jusqu'à concurrence des quatre cinquièmes de leur valeur.

Le tout sous la réserve énoncée à l'article 49 ci-après.

ART. 45. — *Maximum de retenue.* — Si la retenue du dixième est jugée devoir excéder la proportion nécessaire pour la garantie de l'entreprise, il peut être stipulé au devis ou décidé en cours d'exécution qu'elle cessera de s'accroître lorsqu'elle aura atteint un maximum déterminé.

ART. 46. — *Réception provisoire.* — Immédiatement après l'achèvement des travaux, il est procédé à une réception provisoire par l'ingénieur ordinaire, en présence de l'entrepreneur ou lui dûment appelé par écrit. En cas d'absence de l'entrepreneur, il en est fait mention au procès-verbal.

ART. 47. — *Réception définitive.* — Il est procédé de la même manière à la réception définitive, après l'expiration du délai de garantie.

A défaut de stipulation expresse dans le devis, ce délai est de six mois, à dater de la réception provisoire, pour les travaux d'entretien, les terrassements et les chaussées d'empierrement, et d'un an pour les ouvrages d'art. Pendant la durée de ce délai, l'entrepreneur demeure responsable de ses ouvrages, et est tenu de les entretenir.

ART. 48. — *Payement de solde.* — Le dernier dixième n'est payé à l'entrepreneur qu'après la réception définitive et lorsqu'il a justifié de l'accomplissement des obligations énoncées dans l'article 19.

ART. 49. — *Intérêts pour retards de payements.* — Les payements ne pouvant être faits qu'au fur et à mesure de la disponibilité des fonds, il ne sera pas alloué d'indemnité pour retard de payement pendant l'exécution des travaux.

Toutefois, si l'entrepreneur ne peut être entièrement soldé dans les trois mois qui suivent la réception définitive, régulièrement constatée, il a droit, à partir de l'expiration de ce délai de trois mois, à des intérêts, calculés d'après le taux légal, pour la somme qui lui reste due à partir de l'expiration de ce délai.

TITRE V

CONTESTATIONS

ART. 50. — *Intervention de l'ingénieur en chef.* — Si dans le cours de l'entreprise des difficultés s'élèvent entre l'ingénieur ordinaire et l'entrepreneur, il en est référé à l'ingénieur en chef.

Dans les cas prévus par l'article 22, par le deuxième paragraphe de l'article 23, et par le deuxième paragraphe de l'article 27, si l'entrepreneur conteste les faits, l'ingénieur dresse procès-verbal des circonstances de la contestation, et le notifie à l'entrepreneur, qui doit présenter ses observations dans un délai de vingt-quatre heures; ce procès-verbal est transmis par l'ingénieur ordinaire à l'ingénieur en chef pour qu'il y soit donné telle suite que de droit.

ART. 51. — *Intervention de l'Administration.* — En cas de contestation avec les ingénieurs, l'entrepreneur doit adresser au préfet, pour être transmis avec l'avis des ingénieurs à l'Administration, un Mémoire où il indique les motifs et le montant de ses réclamations.

Si dans le délai de trois mois, à partir de la remise du Mémoire, le préfet n'a pas fait connaître sa réponse, l'entrepreneur peut, comme dans le cas où ses réclamations ne seraient point admises, saisir desdites réclamations la juridiction contentieuse.

ART. 52. — *Jugement des contestations.* — Conformément aux dispositions de la loi du 28 pluviôse an VIII, toute difficulté entre l'Administration et l'entrepreneur, concernant le sens ou l'exécution des clauses du marché, est portée devant le Conseil de préfecture, qui statue, sauf recours, au Conseil d'État.

Clauses et conditions imposées aux entrepreneurs des travaux des chemins vicinaux.

750. Par une circulaire du ministre de l'Intérieur datée du 6 décembre 1870, ce cahier de 1866 a subi quelques modifications sans importance relativement à son application pour les *chemins vicinaux*. Nous allons toutefois les indiquer article par article, de telle sorte que nos lecteurs posséderont ces deux cahiers généraux.

Pour simplifier ces modifications, on devra d'une manière générale remplacer ingénieur en chef par agent voyer en chef et ingénieur par agent voyer d'arrondissement; aussi n'indiquerons-nous pas ces substitutions.

ART. 2, 2e alinéa. — A cet effet, chaque concurrent est tenu de fournir un certificat constatant sa capacité, et de justifier du versement du cautionnement dans la caisse d'un trésorier-payeur général ou d'un receveur particulier des finances pour les adjudications des travaux des chemins de grande communication et d'intérêt commun, ou dans la caisse du receveur municipal de la commune pour les chemins vicinaux ordinaires.

La justification du versement de cautionnement peut être remplacée par un engagement valable de le fournir.

ART. 3. — Supprimer dans le deuxième alinéa « à l'ingénieur en chef » et ajouter « pour être visés à titre de communication par l'agent voyer en chef pour les chemins de grande communication et d'intérêt commun, à l'agent voyer d'arrondissement pour les chemins vicinaux ordinaires ».

3e alinéa, 1 000 francs au lieu de 20 000 francs.

ART. 4. — Au lieu de « ministre », mettre le « préfet ».

ART. 5. — Au lieu de l' « autorité compétente », mettre du « préfet ».

ART. 6. — Ajouter à le « préfet » le « sous-préfet ou le maire ».

ART. 7, 1er alinéa. — Après les « frais du marché » ajouter « ou à celle de receveur particulier pour les chemins de grande communication ou d'intérêt commun. Pour les chemins vicinaux ordinaires, le versement pourra être fait, suivant les cas, dans les mains du receveur particulier ou dans celles du receveur principal ».

2e alinéa, au lieu de « par le préfet », mettez « par le fonctionnaire qui a présidé à l'adjudication ».

ART. 8. — Après « le lieu de domicile du préfet », ajouter « pour les chemins de grande communication ou d'intérêt commun, et au maire de la commune pour les chemins vicinaux ordinaires. »

ART. 15. — Supprimer le deuxième alinéa.

ART. 17. — Supprimer le deuxième alinéa.

ART. 19. — Remplacer les « règlements » par « le règlement général des chemins vicinaux ».

ART. 26. — Ajouter : « L'entrepreneur devra recevoir en compte, suivant les conditions stipulées au devis particulier de son entreprise, les journées ou les matériaux provenant soit des prestations, soit de souscriptions, ou appartenant aux communes.

« Il ne pourra demander aucun dommage ni aucune indemnité pour manque de gain sur les travaux que l'Administration fera exécuter par la prestation en nature ou par l'acquit des souscriptions en nature. »

ART. 31. — Ajouter à la fin : « Dans aucun cas il ne peut élever de réclamations si cette diminution résulte de l'exécution des travaux de prestation ou de souscriptions en nature, ainsi qu'il a été dit article 26. »

ART. 35, 3e alinéa.— Au lieu de : « Il est aussitôt rendu compte au ministre qui peut... etc. » substituer « l'Administration peut... etc. »

Art. 41, 2e alinéa. — Après « la présentation », retrancher « et des circonstances qui l'ont accompagnée ».

Art. 42. — A la fin ajouter : « L'entrepreneur est autorisé à faire transcrire par ses commis, dans les bureaux des agents voyers, les pièces dont il veut se procurer des expéditions. »

Art. 43. — Remplacé par : « Dans tous les cas de résiliation, l'entrepreneur est tenu d'évacuer les chantiers, magasins et emplacements utiles à l'entreprise, dans le délai qui est fixé par l'Administration. »

Art. 44. — Supprimer le second alinéa et « le tout ».

Art. 46. — Ajouter « à une réception provisoire » « s'il y a lieu ».

Art. 48. — Ainsi modifié : « L'entrepreneur ne reçoit son solde qu'après la réception définitive et lorsqu'il a justifié de l'accomplissement des obligations énoncées dans l'article 19. Faute par l'entrepreneur de faire cette justification dans un délai fixé par un arrêté du préfet ou du maire, suivant le cas, ce solde pourra être versé à la Caisse des dépôts et consignations ».

Art. 49, 2e alinéa. — Retrancher « toutefois », et au lieu de : « à partir de l'expiration de ce délai de trois mois, » mettre « à moins de conditions expresses ».

Ajouter à la fin : « Toutefois ces intérêts ne lui seront payés que sur sa demande et à partir de sa demande. »

Art. 51, 1er alinéa. — Ainsi modifié : « En cas de contestation avec les agents voyers, l'entrepreneur doit adresser au préfet un mémoire où il indique les motifs et le montant de ses réclamations. Ce Mémoire est communiqué à l'agent voyer en chef pour avoir un rapport dans le délai d'un mois ».

CHAPITRE XI

RÈGLEMENTS RELATIFS A LA CONSERVATION DES ROUTES

751. Ainsi que nous l'avons vu dans le premier chapitre, la *voirie*, qui concerne l'ensemble des voies de communication de toute espèce, comporte deux divisions :

La *grande voirie*, qui comprend toutes les voies de terre et d'eau, et les routes traversant les villes et villages (sous ce rapport les rues de Paris sont assimilées aux grandes routes) ;

La *petite voirie*, qui comprend les voies d'intérêt local, qui ne dépendent ni des routes nationales ni des routes départementales. Cette division a une importance réelle au point de vue juridique. En effet, les contraventions de grande voirie sont portées devant le Conseil de préfecture, et celles de petite voirie devant les tribunaux de police.

752. Le plus ancien des règlements sur la voirie paraît être celui de saint Louis, rendu en 1270, et nommant voyer Jean Sarazin, son chambellan.

Plus tard, en décembre 1599, Henri IV nomma Sully grand voyer de France, et en 1607 régla les attributions de ce fonctionnaire ainsi que sa juridiction en matière de voirie et de police des rues et chemins, aussi bien sur les grandes routes que dans les villes. En 1626, la charge de grand voyer fut supprimée, et ses attributions furent confiées aux trésoriers des généralités jusqu'à la Révolution.

Depuis cette époque, les ordonnances et arrêts du Conseil se multiplièrent. Nous en trouvons en 1720 et en 1721 qui sont relatifs aux plantations, en 1731 d'autres pour prévenir les dégradations des routes, en 1759 les dégradations dues au passage des bestiaux.

En 1765, un arrêt relatif aux alignements se référait à une ordonnance du bureau des finances; il est un des plus importants : c'est lui qui a établi qu'aucun alignement de routes et de traversée de villes ou villages ne pouvait être donné que par les trésoriers de France, commissaires de Sa Majesté pour les ponts et chaussées, sous peine de démolition des ouvrages, confiscation des matériaux et amende de 300 livres. La même peine était édictée contre les maçons et charpentiers qui avaient construit l'ouvrage.

753. En 1776, on divisa les routes en quatre classes :

La première comprenait les grandes routes qui traversaient complètement le royaume ;

La deuxième, les routes faisant communiquer entre elles les provinces et les principales villes des différentes provinces;

La troisième, les routes faisant communiquer les villes principales d'une même province et des provinces limitrophes;

La quatrième, les chemins particuliers faisant communiquer les bourgs, etc.

Les lois des 19-22 juillet, 27 septembre et 6 octobre 1791 abolirent les droits seigneuriaux sur la voirie, mais confirmèrent provisoirement *tous* les anciens règlements. Cette loi n'ayant pas été révisée, il s'ensuit que beaucoup de ces anciens règlements sont encore appliqués dans certaines localités.

754. La loi du 28 pluviôse an VIII investit le Conseil de préfecture du pouvoir de connaître « des difficultés qui pourront s'élever en matière de grande voirie ».

755. Celle du 29 floréal an X est ainsi conçue :

ARTICLE PREMIER. — Les contraventions en matière de grande voirie, telles qu'anticipation, dépôts de fumiers ou autres objets, et toute espèce de détériorations commises sur les grandes routes, sur les arbres qui les bordent, les fossés, ouvrages d'art et matériaux déposés pour leur entretien, sur les canaux, fleuves et rivières navigables, leurs chemins de halage, francs-bords, fossés et ouvrages d'art, seront constatées, réprimées et poursuivies par voie administrative.

ART. 2. — Les contraventions seront constatées concurremment par les maires ou adjoints, les ingénieurs des ponts et chaussées, leurs conducteurs, les agents de navigation, les commissaires de police, et par la gendarmerie. A cet effet, ceux des fonctionnaires publics ci-dessus désignés qui n'ont pas prêté serment en justice, le prêteront devant le préfet.

756. La loi du 16 décembre 1811 établit les pénalités et désigne les personnes qui auront le droit de constater les délits ; en voici le texte :

TITRE IX

RÉPRESSION DES DÉLITS DE GRANDE VOIRIE

ART. 112. — A dater de la publication du présent décret, les cantonniers, gendarmes, gardes champêtres, conducteurs des ponts et chaussées et autres agents appelés à la surveillance de la police des routes pourront affirmer leurs procès-verbaux de contravention ou de délits devant le maire ou l'adjoint du lieu.

ART. 113. — Ces procès-verbaux seront adressés au sous-préfet, qui ordonnera sur-le-champ, aux termes des articles 3 et 4 de la loi du 29 floréal an X, réparation des délits par les délinquants, ou à leur charge, s'il s'agit de dégradations, dépôts de fumiers, immondices ou autres substances, et en rendra compte au préfet en lui adressant les procès-verbaux.

ART. 114. — Il sera statué sans délai, par les Conseils de préfecture, tant sur les oppositions qui auraient été formées par les délinquants que sur les amendes encourues par eux, nonobstant la réparation du dommage.

Seront, en outre, renvoyés à la connaissance des tribunaux les violences, vols de matériaux, voies de fait, ou réparations des dommages réclamés par les particuliers.

ART. 115. — Un tiers des amendes de grande voirie appartiendra à l'agent qui aura constaté le délit ; le deuxième tiers, à la commune du lieu du délit ; et le troisième tiers sera versé comme fonds spécial à notre trésor impérial, et affecté au service des ponts et chaussées.

ART. 116. — La rentrée des amendes prononcées par les Conseils de préfecture, en matière de grande voirie, sera poursuivie à la diligence du receveur général du département, et dans la forme établie pour la rentrée des contributions directes.

ART. 117. — Toutes dispositions contraires au présent décret seront abrogées.

757. La loi du 23 mars 1842 établit que (art. 13) les *amendes fixes* établies par les règlements de grande voirie antérieures à la loi du 19-22 juillet 1791 pourront être modérées, eu égard aux circonstances atténuantes des délits, jusqu'au vingtième desdites amendes, sans que ce minimum puisse descendre au-dessous de 16 francs.

A dater de cette même époque, les amendes, dont le taux, d'après ces règlements, était laissé à l'arbitraire du juge, pourront varier entre un minimum de 16 francs et un maximum de 300 fr.

L'article 2 dit que les piqueurs des ponts et chaussées, et les cantonniers chefs commissionnés et assermentés à cet effet constateront tous les délits de grande voirie, concurremment avec les fonctionnaires et agents dénommés dans les lois et décrets antérieurs sur la matière.

758. *Contraventions de petite voirie.* — Ces contraventions sont, ainsi que nous l'avons dit, passibles des tribunaux. Le Code pénal établit à cet égard des pénalités variant de 1 à 5 francs pour ceux qui créent des embarras sur la voie publique, oublient d'éclairer les matériaux déposés par eux, refusent d'obtempérer aux règlements et arrêtés administratifs concernant la petite voirie, ou aux sommations de l'autorité administrative relatifs à la réparation ou à la démolition des édifices menaçant ruine.

L'article 479 punit d'une amende de 11 à 15 francs ceux qui dégradent la voie publique.

759. Enfin, pour mettre un peu d'uniformité dans tous ces règlements, le ministre des Travaux publics envoya à tous les préfets un arrêté réglementaire sur les permissions de grande voirie.

Ce document extrêmement important régit aujourd'hui la matière ; aussi n'hésitons-nous pas à le donner *in extenso.*

760. Arrêté.

Concernant les permissions de grande voirie.

CHAPITRE PREMIER

FORME DES DEMANDES

ARTICLE PREMIER. — Toute demande de permission de grande voirie ayant pour objet d'établir des constructions le long des routes, de modifier les façades de celles qui existent, de faire et de supprimer des plantations régulières, ou de former une entreprise quelconque sur le sol des voies publiques et de leur dépendance, doit être faite sur papier timbré et adressée au préfet ou au sous-préfet ; elle est présentée par le propriétaire ou en son nom, et contient l'indication exacte de ses nom, prénoms et domicile.

Elle désigne la commune où les travaux doivent être entrepris en ajoutant dans les traverses l'indication de la rue et du numéro de l'immeuble auquel ils se rapportent, et, hors des traverses, celle des lieux dits tenants et aboutissants, et des bornes kilométriques entre lesquelles ils doivent être exécutés.

CHAPITRE II

CONSTRUCTIONS NEUVES

ART. 2. — *Alignement par avancement.* — Lorsque la construction sur l'alignement doit avoir pour effet de réunir à la propriété riveraine une portion de la voie publique, les ingénieurs procèdent, contradictoirement avec le pétitionnaire, au métré et à l'estimation du terrain à abandonner. Le montant de l'estimation, contrôlé par les agents des domaines et arrêté par le préfet, est acquitté par le pétitionnaire, ou, en cas de contestations, déposé à la Caisse des dépôts et consignations.

Il est formellement interdit au pétitionnaire d'occuper le terrain avant d'en avoir acquitté ou consigné le prix.

Le permissionnaire ne peut réclamer le tracé de son alignement s'il n'est pas en mesure de justifier de ce payement.

ART. 3. — *Alignement par reculement.* — Lorsque la construction sur l'alignement aura pour effet de réunir à la voie publique une partie de terrain riverain, il est procédé, comme ci-dessus, au métré et à l'estimation, qui servent de base au règlement de l'indemnité.

Cette indemnité n'est exigible qu'à partir du jour où, sur la demande du concessionnaire, il aura été constaté que son terrain est définitivement réuni à la voie publique.

ART. 4. — *Règlement par le jury du prix des terrains acquis ou cédés par les riverains.*—A défaut d'arrangement amiable entre l'Administration et le pétitionnaire, le prix du terrain à céder ou a acquérir est réglé conformément à la loi du 3 mai 1841 et à l'article 50 de la loi du 16 septembre 1807.

ART. 5. — *Disposition relative au cas de reculement.* — Un mur mitoyen, mis à découvert par suite du reculement d'une construction voisine, est soumis aux mêmes règles qu'une façade en saillie.

Le raccordement des constructions nouvelles avec des bâtiments ou mur en saillie ne peut être effectué qu'au moyen de clôtures provisoires, dont la nature et les dimensions sont réglées par l'arrêté d'autorisation. Toutefois, les épaisseurs ne peuvent dépasser, en y comprenant les enduits et ravalements :

Pour les clôtures en briques hourdées en mortier ou en plâtre avec ou sans pans de bois.	0m,12
Pour les clôtures en bois avec remplissage en plâtre ou en plâtras, moellons, argile ou pisé	0m,16
Pour les clôtures en moellons, hourdées en mortier ou plâtre sans pans de bois.	0m,25
Pour les clôtures en pisé et en moellons, sans mortier ou en mortier de terre avec enduit de terre.	0m,40

Toutes liaisons entre les nouvelles et les anciennes maçonneries tendant à réconforter celles-ci sont formellement interdites.

ART. 6. — *Aqueducs sur les fossés de la route.* — L'écoulement des eaux ne peut être intercepté dans les fossés de la route.

Les dispositions et dimensions des aqueducs destinés à rétablir la communication entre la route et les propriétés riveraines sont fixées par l'arrêté qui autorise les ouvrages; ils doivent toujours être établis de manière à ne pas déformer le profil normal de la route.

ART. 7. — *Haies et clôtures.* — Les haies sèches, barrières, palissades, clôtures à claire-voie ou levées en terre, formant clôtures, sont placées, savoir :

Dans les traverses, sur l'alignement fixé pour les constructions ; et hors des traverses, de manière à ne pas empiéter sur les talus de déblai et de remblai de la route.

Les haies vives sont placées à 0m,50 en arrière des alignements.

ART. 8. — *Avis à donner par le propriétaire, et vérification des travaux.* — Tout propriétaire autorisé à faire une construction ou une clôture ou à exécuter des ouvrages sur le sol de la route, doit indiquer à l'avance, à l'ingénieur de l'arrondissement, l'époque où les travaux seront entrepris pour qu'il puisse être procédé par le conducteur à une première vérification ou, si le propriétaire le demande, au tracé de l'alignement.

S'il s'agit d'une construction en maçonnerie, le permissionnaire prévient une seconde fois l'ingénieur, dès que les premières assises au-dessus du sol sont posées.

Dans tous les cas, après l'achèvement des travaux, les agents de l'Administration dressent un procès-verbal de récolement en double expédition, conformément aux dispositions de l'article 39 ci-après.

CHAPITRE III

CONSTRUCTION EN SAILLIE SUR L'ALIGNEMENT

ART. 9. — *Interdiction de travaux confortatifs.* — Tous ouvrages confortatifs sont interdits dans les constructions en saillie sur l'alignement tant aux étages supérieurs qu'au rez-de-chaussée.

Sont comprises dans cette interdiction :

Les reprises en sous-œuvre ;

La pose des tirants, d'ancres ou d'équerres, et tous ouvrages destinés à relier le mur de face avec les parties situées en arrière de l'alignement ;

Le remplacement par une grille de la partie supérieure d'un mur en mauvais état ;

Des changements assez nombreux pour exiger la réfection d'une partie importante de la façade.

ART. 10. — *Travaux qui pourront être autorisés avec conditions spéciales.* — Peuvent être autorisés dans le cas et sous les conditions énoncées dans les articles 11 à 17 les ouvrages suivants :

Les crépis du rejointoiement;

L'établissement d'un poitrail;

L'exhaussement ou l'abaissement des murs et façades ;

La réparation totale ou partielle du chaperon d'un mur et la pose de dalles de recouvrement;

L'établissement d'une devanture de boutique;

Le revêtement des façades ;

L'ouverture ou la suppression de baies.

ART. 11. — *Crépis et rejointoiements, poitrails, exhaussement ou abaissement des façades, réparation des chaperons et pose de dalles de recouvrement.* — L'exécution de crépis ou de rejointoiement, la pose ou le renouvellement d'un poitrail, l'abaissement ou l'exhaussement des murs et façades, la réparation des chaperons d'un mur et la pose des dalles de recouvrement ne seront permis que pour les murs et les façades en bon état, qui ne présentent ni surplomb, ni crevasses profondes, et dont ces ouvrages ne puissent augmenter le solidité et la durée.

Il ne pourra être fait dans les nouveaux crépis aucuns lancés en pierre ou autres matériaux durs.

Les reprises de maçonnerie autour d'un poitrail ou de nouvelles baies seront faites seulement en moellons ou briques et n'auront pas plus de 0m,25 de largeur.

L'exhaussement des façades ne pourra avoir lieu que dans le cas où le mur inférieur sera reconnu assez solide pour pouvoir supporter les nouvelles constructions. Les travaux seront exécutés de manière qu'il n'en résulte aucune consolidation du mur de face.

ART. 12. — *Devantures de boutiques.* — Les devantures se composeront d'ouvrages en menuiserie, il n'y sera employé que du bois de 0m,10 d'équarrissage au plus. Elles seront simplement appliquées sur la façade, sans être engagées sous le poitrail, et sans addition d'aucune pièce formant support pour les parties supérieures de la maison.

ART. 13. — *Revêtement des façades.* — L'épaisseur des dalles, briques, bois ou carreaux employés pour les revêtements des soubassements ne dépassera pas 0m,05.

Les revêtements au-dessus des soubassements, au moyen de planches, ardoises ou feuilles métalliques, ne pourront être autorisés que pour les murs et façades en bon état.

ART. 14. — *Ouverture de baies, portes bâtardes et fenêtres.* — Les linteaux des baies des portes bâtardes ou fenêtres à ouvrir seront en bois; leur épaisseur dans le plan vertical n'excédera pas 0m,16, ni leur portée sur les points d'appui 0m,20.

Le raccordement des anciennes maçonneries avec les linteaux, et les reprises autour des baies ne seront faits qu'en petits matériaux et n'auront pas plus de 0m,25 de largeur.

ART. 15. — *Portes charretières.* — Les portes charretières pratiquées dans les murs de clôture ne pourront s'appuyer que sur les anciennes maçonneries ou sur des poteaux en bois. Les reprises autour des baies seront assujetties aux conditions fixées dans l'article précédent.

ART. 16. — *Suppression des baies.* — La suppression des baies pourra être autorisée sous condition pour les façades en très bon état; lorsque la façade sera reconnue ne pas remplir cette condition, les baies à supprimer seront fermées par une simple cloison en petits matériaux de 0m,16 d'épaisseur au plus, dont le parement affleurera le nu intérieur du mur de face, le vide restant apparent à l'extérieur et sans addition d'aucun montant, ni en fer ni en bois.

ART. 17. — *Avis à donner par le propriétaire.* — Tout propriétaire autorisé à faire une réparation doit indiquer à l'avance, à l'ingénieur de l'arrondissement, le jour où les travaux seront entrepris.

L'Administration désigne, lorsqu'il y a lieu, ceux qui ne doivent être exécutés qu'en présence d'un de ses agents.

ART. 18. — *Travaux à l'intérieur des propriétés.* — Il est interdit de faire dans la partie retranchable d'une propriété aucune construction nouvelle, lors même que le terrain serait clos par des murs ou de toute autre manière, et que l'on ne toucherait pas au mur de face.

Les travaux à l'intérieur des maisons sont exécutés sous la responsabilité des propriétaires contre lesquels il est exercé des poursuites, dans le cas où ces travaux sont reconnus être confortatifs des murs de face.

CHAPITRE IV

SAILLIES

ART. 19. — *Soubassements, colonnes, pilastres, ferrures, jalousies, persiennes, contrevents, appuis de croisée, barres de support, tuyaux de descente, cuvette, ornements en bois des devantures, grilles, enseignes, socles, petits et grands balcons, lanternes, transparents, attributs, auvents et marquises, bannes, corniches d'entablement.*

La nature et la dimension maximum des saillies permises sont fixées ci-après, la mesure des saillies étant toujours prise sur l'alignement de la façade, c'est-à-dire à partir du nu du mur au-dessus de la retraite du soubassement.

1° Soubassement. 0m,05

2° Colonnes en pierre, pilastres, ferrures des portes et fenêtres, jalousies, persiennes, contrevents, appuis de croisée, barres de support. 0m,10

3° Tuyaux et cuvette, ornements en bois des devantures, grilles de boutiques et de fenêtres des rez-de-chaussée, enseignes, y compris toutes pièces accessoires. 0m,16

4° Socles des devantures de boutiques. 0m,20

5° Petits balcons de croisée au-dessus du rez-de-chaussée. 0m,22

6° Grands balcons, lanternes, transparents, attributs. 0m,80

Ces ouvrages ne pourront être établis qu'à 4m,30 au moins au-dessus du sol, et seulement dans les rues dont la largeur ne sera pas inférieure à 8 mètres.

Toutefois, s'il y a devant la façade un trottoir de 1m,30 de largeur au moins, la hauteur de 4m,30 pourra être réduite jusqu'au minimum de 3m,50 pour les grands balcons dans les rues ayant au moins 8 mètres de largeur, et au minimum de 3 mètres pour les lanternes, transparents et attributs, quelle que soit la largeur de la rue.

Ces ouvrages devront d'ailleurs être supprimés sans indemnité si l'Administration, dans un intérêt public, est conduite à exhausser ultérieurement le sol de la route.

7° Auvents et marquises. 0m,80

Ces ouvrages seront en bois ou en métal : on ne les autorisera que sur des façades devant lesquelles il existe un trottoir de 1m,30 de largeur au moins et à 3 mètres au moins au-dessus de ce trottoir.

8° Bannes. 1m,50

Elles ne pourront être posées que devant les façades où il existe un trottoir. La dimension maximum fixée ci-dessus sera réduite, quand ce trottoir aura moins de 2 mètres, de manière que sa largeur excède toujours de 0m,50 au moins la saillie des bannes.

Aucune partie ne sera de moins de 2m,50 au-dessus du trottoir.

9° Corniche d'entablement.

Leur saillie n'excédera pas 0m,16 quand elles seront en plâtre, ou l'épaisseur du mur à son sommet quand elles seront en pierre ou en bois.

Les dimensions fixées ci-dessus sont applicables seulement dans les portions des routes ayant plus de 6 mètres de largeur effective. Lorsque cette largeur n'est pas atteinte, l'arrêté du préfet statue, dans chaque cas particulier, sur les dimensions des saillies qu'il y a lieu d'autoriser.

Art. 20. — *Occupation temporaire des voies publiques.* — Les échafaudages ou les dépôts de matériaux qu'il pourra être nécessaire de faire sur le sol de la route pour l'exécution des travaux seront éclairés pendant la nuit ; leur saillie sur la voie publique sera de 2 mètres au plus, et ce maximum pourra être réduit dans les traverses étroites.

Ils seront disposés de manière à ne jamais entraver l'écoulement des eaux sur la route ou ses dépendances. Dans les villes, le permissionnaire pourra être tenu de les entourer d'une clôture.

Art. 21. — Il est interdit d'établir, de remplacer ou de réparer des marches, bornes, entrées de caves ou tous ouvrages de maçonnerie, en saillie sur les alignements, et placés sur le sol de la voie publique. Néanmoins, il pourra être fait exception à cette règle pour ceux de ces ouvrages qui seraient la conséquence de changements apportés au niveau de la route, ou lorsqu'il se présenterait des circonstances exceptionnelles. Dans ce dernier cas, il devra en être référé à l'Administration supérieure.

CHAPITRE V

DISPOSITIONS CONCERNANT LES BAIES DU REZ-DE-CHAUSSÉE ET L'ACCÈS DES PORTES CHARRETIÈRES.

Art. 22. — *Conditions pour l'ouverture des portes et fenêtres du rez-de-chaussée.* — Aucune porte ne pourra s'ouvrir en dehors, de manière à faire saillie sur la voie publique.

Les fenêtres et volets de rez-de-chaussée, qui s'ouvriraient en dehors, devront se rabattre sur le mur de face, le long duquel ils seront fixés.

Art. 23. — *Emplacement et accès des portes cochères.* — Sur les routes plantées, les portes charretières seront, autant que possible, placées au milieu de l'intervalle de deux arbres consécutifs.

Il sera posé devant les arbres, de chaque côté du passage, des bornes en pierre dure ou en bois, ou des butte-roues en fonte.

Lorsqu'il existera, vis-à-vis des portes charretières, un trottoir ou une contre-allée réservé à la circulation des piétons, il y sera établi, suivant leur profil en travers normal, une chaussée de 3 mètres de largeur, qui sera en pavé ou en empierrement formé de menus matériaux.

La bordure du trottoir, lorsqu'il en existera, sera baissée dans l'emplacement du passage sur une longueur de 3 mètres, de manière à conserver 0m,05 de hauteur au-dessus du caniveau. Le raccordement de la partie baissée avec le reste du trottoir aura 1 mètre de longueur de chaque côté.

Ces divers ouvrages sont à la charge du propriétaire riverain.

CHAPITRE VI

TROTTOIRS

Art. 24. — *Conditions d'établissement des trottoirs.* — La nature et les dimensions des matériaux à employer dans la construction des trottoirs seront fixées par l'arrêté spécial qui autorisera ces ouvrages. Les bordures ainsi que le dessus des trottoirs seront établis suivant les points de hauteur et les alignements fixés sur le plan au pétitionnaire.

Les extrémités du trottoir devront se raccorder avec les trottoirs voisins ou avec les revers, de manière à ne former aucune saillie.

Art. 25. — *Suppression des bornes.* — Partout où un trottoir sera construit, le riverain est tenu d'enlever les bornes qui se trouvent en saillie sur les façades des constructions.

CHAPITRE VII

ÉCOULEMENT DES EAUX. — ÉTABLISSEMENT D'AQUEDUCS ET DE TUYAUX

Art. 26. — Nul ne peut, sans autorisation, rejeter sur la voie publique les eaux insalubres provenant des propriétés riveraines.

Les eaux pluviales, lorsqu'elles auront été recueillies dans une gouttière, ainsi que celles provenant de l'intérieur des maisons, seront conduites jusqu'au sol par des tuyaux de descente, puis, jusqu'au caniveau de la route, soit par une gargouille, s'il existe un trottoir, ou dès qu'il en existera un, soit par un ruisseau pavé s'il n'existe qu'un revers.

ART. 27. — *Écoulement sous la voie publique.* — Les particuliers peuvent être autorisés à établir, sous le sol des routes, des aqueducs ou conduits pour l'écoulement ou la distribution des eaux et du gaz, conformément aux dispositions spéciales qui seront réglées par l'arrêté d'autorisation et sous les conditions ci-après.

ART. 28. — *Conditions générales des autorisations pour l'établissement des tuyaux ou aqueducs sous la voie publique.* — Les tranchées longitudinales ne seront ouvertes qu'au fur et à mesure de la construction de l'aqueduc ou de la pose des tuyaux, et les tranchées transversales que sur la moitié de la largeur de la voie publique, de manière que l'autre moitié reste libre pour la circulation. Les parties des tranchées qui ne pourraient pas être comblées avant la fin de la journée seront défendues pendant la nuit par des barrières solidement établies et suffisamment éclairées.

Le remblai des tranchées, après la pose des conduits, sera fait par couches de $0^m,20$ d'épaisseur, et chaque couche sera pilonnée avec soin. On rétablira sur le remblai les pavages, chaussées d'empierrement, trottoirs et autres ouvrages qui auraient été démolis, en suppléant au déchet des vieux matériaux par des matériaux neufs de bonne qualité, et en se conformant, pour l'exécution, à toutes les règles de l'art.

Ces travaux seront faits par le permissionnaire, qui devra, pendant un an, les entretenir d'une manière continue. Toute négligence apportée à l'entretien sera constatée par un procès-verbal, et déférée, par ce moyen, au Conseil de préfecture.

Aussitôt après la rédaction de ce procès-verbal, l'ingénieur ordinaire fera exécuter d'office les réparations jugées nécessaires. Les dépenses seront, dans un délai de trois jours, remboursées à l'entrepreneur qui aura exécuté les travaux, et, au domicile de ce dernier, par le permissionnaire, sur le vu d'un état dressé par l'ingénieur ordinaire, visé par l'ingénieur en chef, et rendu au besoin exécutoire par le préfet.

Le permissionnaire fera enlever immédiatement, après l'exécution de chaque partie de travail, les terres, graviers et immondices qui en proviendront, de manière à rendre la voie publique parfaitement libre.

Il se conformera à toutes les mesures de précaution qui lui seront indiquées, soit par les ingénieurs, soit par l'autorité locale. Il devra faire les dispositions convenables pour ne porter aucun dommage aux voies d'écoulement, telles qu'aqueducs ou tuyaux déjà établis, soit par l'Administration, soit par les particuliers.

Il ne pourra entreprendre ses travaux ni les reprendre, s'il les a suspendus, sans en avoir prévenu à l'avance l'ingénieur de l'arrondissement ou le conducteur délégué.

Dans le mois qui suivra l'exécution des travaux, il déposera au bureau de l'ingénieur ordinaire un plan coté indiquant exactement le tracé des conduits et leurs divers embranchements, à l'échelle de $0^m,005$ pour un mètre.

Le permissionnaire ou son ayant cause devra, à toute époque, se conformer aux règlements d'administration ou de police en vigueur. Il sera tenu, sur une simple réquisition, de laisser visiter les ouvrages qui se rattachent à l'écoulement, ou d'interrompre cet écoulement.

Il sera tenu, en outre, si l'Administration le juge nécessaire, dans un intérêt de police et de salubrité, d'ouvrir des tranchées sur les parties de conduites qui lui seraient désignées, et de rétablir la voie sans pouvoir, à raison de ces faits, réclamer aucune indemnité.

L'Administration conserve, d'ailleurs, le droit de faire changer l'emplacement des conduites, ou même de les supprimer conformément aux articles 38 et 39 ci-après.

ART. 29. — *Tuyaux de conduite pour les eaux ou le gaz.* — Les tuyaux pour la distribution des eaux ou de gaz seront toujours posés à $0^m,60$ au moins de profondeur.

ART. 30. — *Dispositions relatives aux conduits débouchant dans un aqueduc situé sur la voie publique.* — Lorsqu'il s'agira de jeter les eaux d'une propriété riveraine dans un égout existant sous la voie publique, elles y seront amenées directement par un conduit dont les matériaux et les dispositions seront indiqués par l'arrêté d'autorisation.

Le percement dans la maçonnerie du pied-droit sera réduit aux dimensions strictement indispensables. Le raccordement sera exécuté avec soin en ciment ou en bon mortier hydraulique.

Le conduit sera muni à son origine, dans l'intérieur de la propriété, d'une cuvette avec grille, qui devra faire obstacle au passage des immondices.

Il est interdit d'introduire dans l'égout aucun liquide qui pourrait nuire à la salubrité ou à l'égout lui-même.

CHAPITRE VIII

PLANTATION

ART. 31. — Nul ne peut exercer un acte quelconque de jouissance sur une plantation située sur le sol d'une route, sans autorisation préalable du préfet.

Cette autorisation ne sera accordée que si les particuliers justifient avoir légitimement acquis les arbres dont il s'agit à titre onéreux, ou les avoir plantés à leurs frais, en exécution d'anciens règlements.

ART. 32. — *Abatage des plantations.* — Nul ne peut abattre des arbres faisant partie des plantations régulières situées le long des routes, sans en avoir obtenu l'autorisation.

L'abatage ne sera permis que lorsque les arbres auront atteint toute leur croissance; qu'ils seront trop rapprochés entre eux ou de la route, ou que l'Administration jugera utile de remplacer la plantation riveraine par une plantation nouvelle, établie sur le sol même de la route.

L'abatage ne pourra avoir lieu qu'après que les arbres auront reçu l'empreinte du marteau des Ponts et Chaussées.

Il sera fait de manière à ne pas encombrer la voie publique. Les arbres plantés sur le sol des routes seront, aussitôt après l'abatage, rangés sur le bord des accotements ou le long des fossés parallèlement à l'axe de la route. Les trous seront comblés immédiatement. Les arbres abattus seront enlevés dans les huit jours au plus tard après leur chute.

Les arbres des plantations riveraines seront abattus sur le terrain des propriétaires, sans emprunter en aucune façon, pour le dépôt du bois, le sol de la route.

ART. 33. — Les conditions de l'élagage des haies et des plantations sont déterminées par des arrêtés spéciaux, en raison de l'essence des arbres et des circonstances locales.

Les haies seront toujours conduites de manière que leur développement, du côté de la voie publique, ne fasse aucune saillie sur le sol appartenant à la route. On n'y tolérera l'existence d'aucun arbre de haute tige, à moins que la haie ne se trouve à 2 mètres au moins des terrains de la voie publique.

ART. 34. — Les plantations nouvelles ne peuvent être exécutées que d'après un arrêté par lequel le préfet fixe les alignements, l'espacement des arbres entre eux dans chaque rangée, leur essence, les conditions auxquelles ils doivent satisfaire, et toutes les précautions à prendre pour assurer leur bonne venue.

CHAPITRE IX

CONDITIONS GÉNÉRALES DES AUTORISATIONS

ART. 35. — *Durée générale des autorisations.* — Les autorisations ne sont valables que pour un an à partir de la date des arrêtés et sont périmées de plein droit si l'on n'en a pas fait usage avant l'expiration de ce délai.

ART. 36. — *Procès-verbaux de récolement.* — Toute permission de grande voirie donne lieu à une vérification de la part des agents de l'Administration. Si les conditions imposées au permissionnaire ont été remplies, le résultat de cette opération est constaté par un procès-verbal de récolement en double expédition, dont l'une, après avoir été visée par les ingénieurs, est remise par le préfet au propriétaire.

Dans le cas contraire, il est dressé un procès-verbal de contravention, lequel est déféré au Conseil de préfecture.

ART. 37. — *Réparation des dommages causés à la route.* — Aussitôt après l'achèvement de leurs travaux, les permissionnaires sont tenus : d'enlever tous les décombres, terres, dépôts de matériaux, graviers et immondices; de réparer immédiatement tous les dommages qui auraient pu être causés à la route ou à ses dépendances, et de rétablir dans leur premier état les fossés, talus, accotements, chaussées ou trottoirs, qui auraient été endommagés.

ART. 38. — *Entretien en bon état des ouvrages situés sur le sol de la route et de ses dépendances.*

Les ouvrages établis sur le sol de la voie publique et qui intéressent la viabilité, notamment ceux mentionnés dans les articles 6, 24, 26, 27, 28, 29 et 30 du présent règlement seront toujours entretenus en bon état et maintenus conformes aux conditions de l'autorisation; faute de quoi, cette autorisation serait révoquée, indépendamment des mesures qui pourraient être prises contre le permissionnaire pour répression de délit de grande voirie et pour la suppression de ses ouvrages.

ART. 39. — *Suppression des ouvrages sans indemnité.* — Les permissions de pure tolérance mentionnant les ouvrages indiqués à l'article précédent peuvent toujours être modifiées ou révoquées, en tout ou en partie, lorsque l'Administration le juge utile à l'intérêt public, et le permissionnaire est tenu de se conformer à ce qui lui est prescrit à ce sujet, sans qu'il puisse s'en prévaloir pour réclamer aucune indemnité.

ART. 40. — *Réserves des droits de tiers.* — Les autorisations ne sont données que sous toute réserve des droits des tiers, des règlements faits par l'autorité municipale dans les limites de ses attributions, des servitudes militaires et de celles résultant du Code forestier.

Art. 41. — *Réserves concernant la police de petite voirie.* — Une permission de grande voirie accordée pour une propriété qui fait l'angle d'une voie communale, ne préjuge rien sur les obligations qui peuvent être imposées par l'autorité locale, en ce qui concerne la façade sur la voie communale.

CHAPITRE X

Art. 42. — *Mode de constatation des délits.* — Les contraventions sont constatées par les maires ou adjoints, les ingénieurs, conducteurs ou agents secondaires, les commissaires et agents de police, les gendarmes, les gardes champêtres et, en général, par tous les agents assermentés.

Art. 43. — *Publication et exécution du règlement.* — Le présent arrêté sera publié et affiché dans l'étendue du département.

Le préfet, l'ingénieur en chef des Ponts et Chaussées et le commandant de la gendarmerie sont chargés, chacun en ce qui le concerne, d'en surveiller et d'en assurer l'exécution.

761. Cette circulaire fut suivie d'une autre, en date du 31 décembre 1859 prescrivant l'emploi et le modèle des formules pour l'application des divers cas prévus par l'arrêté réglementaire.

Aujourd'hui ces formules sont imprimées et se trouvent dans le commerce, il n'y a donc qu'à les remplir, aussi ne les transcrirons-nous pas.

PETITE VOIRIE

762. Nous avons vu que les contraventions sur les chemins vicinaux sont passibles des tribunaux de simple police. Ces chemins sont soumis à la loi du 21 mai 1836 que nous reproduisons *in extenso :*

763. Loi du 21 mai 1836 sur les chemins vicinaux.

SECTION PREMIÈRE

CHEMINS VICINAUX

Article premier. — Les chemins vicinaux légalement reconnus sont à la charge des communes, sauf les dispositions de l'article 7 ci-après.

Art. 2. — En cas d'insuffisance des ressources ordinaires des communes, il sera pourvu à l'entretien des chemins vicinaux à l'aide, soit de prestations en nature dont le maximum est fixé à trois journées de travail, soit de centimes spéciaux en l'addition au principal des quatre contributions directes, et dont le maximum est fixé à cinq.

Le conseil municipal pourra voter l'une ou l'autre de ces ressources, ou toutes les deux concurremment.

Le concours des plus imposés ne sera pas nécessaire dans les délibérations prises pour l'exécution du présent article.

Art. 3. — Tout habitant, chef de famille ou d'établissement, à titre de propriétaire, de régisseur, de fermier ou de colon par tiers, porté au rôle des contributions directes, pourra être appelé à fournir, chaque année, une prestation de trois jours :

1° Pour sa personne et pour chaque individu mâle valide, âgé de dix-huit ans au moins et de soixante ans au plus, membre ou serviteur de la famille, et résidant dans la commune ;

2° Pour chacune des charrettes ou voitures attelées et, en outre, pour chacune des bêtes de somme, de trait, de selle, au service de la famille ou de l'établissement dans la commune.

Art. 4. — La prestation sera appréciée en argent, conformément à la valeur qui aura été attribuée annuellement pour la commune à chaque espèce de journée, par le conseil général sur les propositions des conseils d'arrondissement.

La prestation pourra être acquittée en nature ou en argent, au gré du contribuable. Toutes les fois que le contribuable n'aura pas opté dans les délais prescrits, la prestation sera de droit exigible en argent.

La prestation non rachetée en argent pourra être convertie en tâche, d'après les bases et évaluations de travaux préalablement fixées par le conseil municipal.

Art. 5. — Si le conseil municipal, mis en demeure, n'a pas voté, dans la session désignée à cet effet, les prestations et centimes nécessaires, ou si la commune n'en a pas fait emploi dans les délais prescrits, le préfet pourra d'office, soit imposer la commune dans les limites du maximum, soit faire exécuter les travaux.

Chaque année, le préfet communiquera au conseil général l'état des impositions établies d'office en vertu du présent article.

ART. 6. — Lorsqu'un chemin vicinal intéressera plusieurs communes, le préfet, sur l'avis des conseils municipaux, désignera les communes qui devront concourir à sa construction ou à son entretien, et fixera la proportion dans laquelle chacune d'elles y contribuera.

SECTION II

CHEMINS VICINAUX DE GRANDE COMMUNICATION

ART. 7. — Les chemins vicinaux peuvent, selon leur importance, être déclarés chemins vicinaux de grande communication, par le conseil général, sur l'avis des conseils municipaux, des conseils d'arrondissement et sur la proposition du préfet.

Sur les mêmes avis et propositions le conseil général détermine la direction de chaque chemin vicinal de grande communication et désigne les communes qui doivent contribuer à sa construction et à son entretien.

Le préfet fixe la largeur et les limites du chemin et détermine annuellement la proportion dans laquelle chaque commune doit concourir à l'entretien de la ligne vicinale dont elle dépend ; il statue sur les offres faites par les particuliers, associations de particuliers ou de communes.

ART. 8. — Les chemins vicinaux de grande communication et, dans des cas extraordinaires, les autres chemins vicinaux, pourront recevoir des subventions sur les fonds départementaux.

Il sera donc pourvu à ces subventions au moyen des centimes facultatifs ordinaires du département et de centimes spéciaux votés annuellement par le conseil général.

La distribution des subventions sera faite en ayant égard aux ressources, aux sacrifices et aux besoins des communes par le préfet qui en rendra compte chaque année au conseil général.

Les communes acquitteront la portion des dépenses mises à leur charge au moyen de leurs revenus ordinaires, et, en cas d'insuffisance, au moyen de deux journées de prestation sur les trois journées autorisées par l'article 2, et des deux tiers des centimes votés par le conseil municipal en vertu du même article.

ART. 9. — Les chemins vicinaux de grande communication sont placés sous l'autorité du préfet. Les dispositions des articles 4 et 5 de la présente loi leur sont applicables.

Dispositions générales

ART. 10. — Les chemins vicinaux reconnus et maintenus comme tels sont imprescriptibles.

ART. 11. — Le préfet pourra nommer les agents voyers.

Leur traitement sera fixé par le conseil général.

Ce traitement sera prélevé sur les fonds affectés aux travaux.

Les agents voyers prêteront serment; ils auront le droit de constater les contraventions et délits et d'en dresser les procès-verbaux.

ART. 12. — Le maximum des centimes spéciaux qui pourront être votés par les conseils généraux, en vertu de la présente loi, sera déterminé annuellement par la loi des finances.

ART. 13. — Les propriétés de l'État, productives de revenus, contribueront aux dépenses des chemins vicinaux, dans les mêmes proportions que les propriétés privées et d'après un rôle spécial dressé par le préfet.

Les propriétés de la Couronne contribueront aux mêmes dépenses, conformément à l'article 13 de la loi du 2 mars 1832.

ART. 14. — Toutes les fois qu'un chemin vicinal, entretenu à l'état de viabilité par une commune, sera habituellement ou temporairement dégradé par des exploitations de mines, de carrières, de forêts ou de toute entreprise industrielle appartenant à des particuliers, à des établissements publics, à la Couronne ou à l'État, il pourra y avoir lieu à imposer aux entrepreneurs ou propriétaires, suivant que l'exploitation ou les transports auront eu lieu pour les uns ou les autres, des subventions spéciales dont la quotité sera proportionnée à la dégradation extraordinaire qui devra être attribuée aux exploitations.

Ces subventions pourront, au choix des subventionnaires, être acquittées en argent ou en prestations en nature et seront exclusivement affectés à ceux des chemins qui y auront donné lieu.

Elles seront réglées annuellement sur la demande des communes par le Conseil de préfecture, après des expertises contradictoires, et recouvrées comme en matière de contributions directes.

Les experts seront nommés suivant le mode déterminé par l'article 17 ci-après.

Ces subventions pourront être déterminées par abonnement ; elles seront réglées dans ce cas par le préfet, en Conseil de préfecture.

ART. 15. — Les arrêtés du préfet, portant reconnaissance et fixation de la largeur d'un chemin vicinal, attribuent définitivement au chemin le sol compris dans les limites qu'il détermine.

Le droit des propriétaires riverains se résout en une indemnité qui sera réglée à l'amiable ou par le juge de paix du canton, sur le rapport d'experts nommés conformément à l'article 17.

ART. 16. — Les travaux d'ouverture et de redressement des chemins vicinaux sont autorisés par arrêté du préfet.

Lorsque, pour l'exécution du présent article, il y aura lieu de recourir à l'expropriation, le jury spécial chargé de régler les indemnités ne sera composé que de quatre jurés. Le tribunal d'arrondissement, en prononçant l'expropriation, désignera, pour présider et diriger le jury, l'un de ses membres ou le juge de paix du canton. Ce magistrat aura voix délibérative en cas de partage.

Le tribunal choisira, sur la liste générale prescrite par l'article 29 de la loi du 7 juillet 1833, quatre personnes pour former le jury spécial et trois jurés supplémentaires. L'administration et la partie intéressée auront respectivement le droit d'exercer une récusation péremptoire.

Le juge recevra les acquiescements des parties.

Son procès-verbal emportera translation définitive de propriété.

Le recours en cassation, soit contre le jugement qui prononcera l'expropriation, soit contre la déclaration du jury qui réglera l'indemnité, n'aura lieu que dans les cas prévus, et selon les formes déterminées par la loi du 7 juillet 1833.

ART. 17. — Les extractions de matériaux, les dépôts ou enlèvements de terre, les occupations temporaires de terrain seront autorisés par arrêté du préfet, lequel désignera les lieux. Cet arrêté sera notifié aux parties intéressées au moins dix jours avant que son exécution puisse être commencée.

Si l'indemnité ne peut être fixée à l'amiable, elle sera réglée par le Conseil de préfecture, sur le rapport d'experts nommés, l'un par le sous-préfet, et l'autre par le propriétaire.

En cas de discord, le tiers expert sera nommé par le Conseil de préfecture.

ART. 18. — L'action en indemnité des propriétaires pour les terrains qui auront servi à la confection des chemins vicinaux, et pour extraction des matériaux, sera prescrite par le laps de deux ans.

ART. 19. — En cas de changement de direction ou d'abandon d'un chemin vicinal en tout ou partie, les propriétaires riverains de la partie de ce chemin, qui cessera de servir de voie de communication, pourront faire leur soumission de s'en rendre acquéreurs et d'en payer la valeur qui sera fixée par les experts nommés dans la forme déterminée par l'article 17.

ART. 20. — Les plans, procès-verbaux, certificats, significations, jugements, contrats, marchés, adjudications des travaux, quittances et autres actes, ayant pour objet exclusif l'entretien et la réparation des chemins vicinaux seront enregistrés moyennant le droit fixe de 1 franc.

Les actions civiles intentées par les communes ou dirigées contre elles relativement à leurs chemins seront jugées comme affaires sommaires et urgentes, conformément à l'article 405 du Code de procédure civile.

ART. 21. — Dans l'année qui suivra la promulgation de la présente loi, chaque préfet fera, pour en assurer l'exécution, un règlement qui sera communiqué au conseil général et transmis, avec ses observations, au ministère de l'Intérieur pour être approuvé s'il y a lieu.

Ce règlement fixera, dans chaque département, le maximum de la largeur des chemins vicinaux ; il fixera, en outre, les délais nécessaires à l'exécution de chaque mesure, les époques auxquelles les prestations en nature devront être faites, le mode de leur emploi ou de leur conversion en tâche, et statuera en même temps sur tout ce qui est relatif à la confection des rôles, à la comptabilité, aux adjudications et à leur forme, aux alignements, aux autorisations de construire le long des chemins, à l'écoulement des eaux, aux plantations, à l'élagage, aux fossés, à leur curage et à tous autres détails de surveillance et de conservation.

ART. 22. — Toutes les dispositions des lois antérieures demeurent abrogées en ce qu'elles auraient de contraire à la présente loi.

CHEMINS RURAUX

764. Pour terminer ce que nous avons à dire au sujet de la législation et des règlements de police des voies de communication par terre autres que celles qui existent dans les villes, nous dirons quelques mots des chemins ruraux et des voies privées d'exploitation. Ces chemins, d'une utilité incontestable, puisqu'ils conduisent aux abreuvoirs, aux terres arables, aux pâturages, aux hameaux voisins, ont été l'objet de mesures et d'ordonnances pour en maintenir la jouissance aux habitants d'une commune. Mais, comme ces ordonnances n'avaient pas force de loi et qu'elles étaient attaquables par les tribunaux ordinaires, on promulgua, le 26 avril 1881, la loi votée le 20 du même mois, qui fut ajoutée au Code rural.

Nous allons en donner l'analyse succincte.

Aujourd'hui les chemins ruraux sont classés en deux catégories : les chemins reconnus et les chemins non reconnus.

765. 1° *Chemins reconnus.* — Ces chemins appartiennent aux communes, et tout chemin affecté à l'usage du public est présumé, jusqu'à preuve du contraire, appartenir à la commune sur le territoire de laquelle il est situé (art. 3) ; l'affectation à l'usage du public peut s'établir notamment par la destination du chemin, jointe au fait d'une circulation générale et continue, ou par des actes réitérés de surveillance et de voirie de l'autorité municipale (art. 2).

La reconnaissance est faite par un arrêté de la Commission départementale (1), sur la délibération du Conseil municipal de la commune. Les propositions seront faites à ce dernier par le maire, et celles à la Commission départementale par le préfet (art. 4).

Ces arrêtés seront affichés dans les communes, notifiés aux riverains et vaudront prise de possession.

Ils ne pourront être soumis qu'à l'appel du conseil général avec recours au Conseil d'État.

Les chemins ainsi reconnus deviendront imprescriptibles (art. 6).

L'autorité municipale est chargée de leur police et de leur conservation. Si ses ressources sont insuffisantes, elle peut pourvoir à ces dépenses par une journée de prestation et une imposition de centimes additionnels aux quatre contributions directes, sans que toutefois elle puisse dépasser 3 centimes, à moins de recourir aux prescriptions de la loi du 24 juillet 1867 (art. 10).

Ces chemins profitent des avantages de la loi du 21 mai 1836, dans le cas de dégradations extraordinaires commises par des tiers.

Le maire peut accepter des souscriptions volontaires, qui sont rendues exécutoires par le préfet (art. 12).

Les dimensions et le tracé des chemins ruraux seront fixés par la Commission départementale (art. 13).

Pour les expropriations de terrain, elles se feront conformément à la loi du 21 mai 1836.

Quant à celle des maisons et espaces clos, il faudra une déclaration d'utilité publique.

Dans tous les cas, la commune devra payer l'indemnité avant de prendre possession (art. 14).

766. Lorsqu'un chemin cesse d'être affecté à un service public, la vente peut, sur la demande du Conseil municipal, en être autorisée par le préfet, après trois publications faites à quinze jours de distance.

767. *Syndicats.* — Les articles 19 à 32 sont relatifs aux syndicats qui peuvent se former dans les communes, pour tous les travaux qui regardent les chemins ruraux. Tous les intéressés sont convoqués par le maire, qui ne peut se refuser à faire cette convocation, si la demande lui est adressée par trois intéressés.

Si la moitié plus un des intéressés représentant au moins les deux tiers de la superficie des propriétés desservies par le chemin, ou si les deux tiers des intéressés représentant au moins la moitié de la superficie, consentent à se charger des travaux nécessaires pour mettre et maintenir la voie en état de viabilité, l'association est constituée et existe même pour les dissidents.

Pour les travaux d'amélioration et d'élargissement partiel, il faut la moitié plus un des intéressés et les trois quarts de la surface ou les trois quarts des intéressés possédant entre eux plus de la moitié de la surface.

Pour les travaux d'ouverture, de redressement et d'élargissement d'ensemble, il faut l'unanimité.

(1) On sait que la commission départementale créée par la loi du 10 août 1871 est une commission permanente du Conseil général.

Le procès-verbal de cette nomination est adressé au préfet, qui l'autorise, s'il y a lieu (art. 22).

Les syndics sont élus en assemblée générale, ou par le préfet, si l'assemblée générale ne les désigne pas.

Ces associations peuvent ester en justice, acquérir les propriétés nécessaires à l'élargissement (art. 25).

Les taxes des frais du syndicat sont recouvrées par le receveur municipal, dans la forme des contributions directes (art. 27).

Les contestations relatives aux syndicats relèvent du Conseil de préfecture, avec recours au Conseil de l'État.

768. *Chemins non reconnus ou chemins et sentiers d'exploitation.* — Les chemins et sentiers d'exploitation sont ceux qui servent exclusivement à la communication entre divers héritages ou à leur exploitation. Ils sont, en l'absence de titres, présumés appartenir aux propriétaires riverains, chacun en droit soi ; mais l'usage en est commun à tous les intéressés.

L'usage de ces chemins peut être interdit au public (art. 33).

Tous les propriétaires dont ils desservent les héritages sont tenus, les uns comme les autres, de contribuer, dans la proportion de leur intérêt, aux travaux nécessaires, à leur entretien et à leur mise en état de viabilité.

Ils ne peuvent être supprimés que du consentement de tous les propriétaires, qui ont le droit de s'en servir.

Les contestations sont jugées par les tribunaux, comme en matière sommaire (art. 56).

L'article 8 investit le préfet des fonctions d'assurer l'exécution de cette loi, au moyen d'un règlement général. Ce règlement, qui peut être spécial pour chaque département, est communiqué au Conseil général et transmis, avec ses observations, au ministre de l'Intérieur pour être approuvé, s'il y a lieu.

VOIRIE URBAINE

769. La voirie urbaine est, ainsi que nous l'avons vu, soumise à la réglementation des maires ; toutefois, pour que les arrêtés aient force de loi, ils doivent être approuvés par le préfet.

D'après ce qui précède, on voit que ces règlements peuvent varier d'une localité à l'autre ; c'est, en effet, ce qui a lieu. Néanmoins, le ministre de l'Intérieur, pour donner plus d'uniformité, a recommandé, dans une instruction du 31 mars 1862, les modèles à suivre (voyez *Cours d'architecture*, t. III, page 357 et suivantes). Cette instruction qui comprend trois cent quarante articles est, comme on le voit, fort longue et n'a, en réalité, aucune valeur légale. Elle est même quelquefois en désaccord avec la jurisprudence, et il n'y a, répétons-le, que les arrêtés des maires, approuvés par le préfet qui régissent la voirie urbaine de chaque commune.

POLICE DU ROULAGE

770. Le premier édit que nous ayons trouvé sur le roulage est celui de mai 1635, rendu par Louis XIII, supprimant les offices d'intendants et contrôleurs généraux des messagers, voituriers, etc., et attribuant au fermier des cinq grosses fermes le droit de roulage par eau et par terre.

Vint ensuite un arrêt sur la police du roulage, en 1684, établissant des intendants et des commissaires pour la police du roulage.

Le 14 novembre 1724, nous trouvons une ordonnance du roi défendant d'atteler plus de trois chevaux à une charrette l'hiver, et plus de quatre en été. Voici les considérants de cette déclaration :

« Quoique nous employions annuellement à l'entretien des routes et à l'amélioration des grands chemins des fonds trois fois plus considérables qu'il n'y ait été employés jusqu'à présent, une dépense aussi forte ne produit pas tout l'effet qu'on devait en attendre, parce que les chemins les mieux réparés sont peu de temps après rompus par le poids énorme que les voituriers, avides de gagner de l'argent, chargent plus du double de ce qu'ils chargeaient autrefois, etc. etc.»

Cette ordonnance fut suivie d'un certain nombre d'autres en 1771, 1772, 1783. Puis, sous la république, les lois des ans VI, VIII, X, XII, jusqu'au décret du 23 juin 1806, donnèrent de plus en plus de liberté au roulage au fur et à mesure qu'ils se succédèrent. A cette dernière date, la police du roulage fixa les poids de toutes les espèces de voiture, le mode de pesage, le nombre de chevaux, etc. Cette loi fut suivie d'ordonnances en date du 23 décembre 1816 et du 16 juillet 1828.

Ce fut cette dernière loi qui servit à élaborer le règlement d'administration publique du 10 août 1852 en exécution de la loi du 30 mai 1851 qui régit aujourd'hui la matière. Nous l'avons donnée (pag. 118 et suiv.) complètement quand nous avons parlé des conditions d'établissement des routes; nous y renverrons nos lecteurs. Cette loi fut l'objet, le 25 août 1852, d'un commentaire adressé aux préfets sous forme de circulaire explicative.

Le 24 février 1858 le paragraphe 4 de l'article 7 fut ainsi modifié :

Article premier. — Les voitures chargées dont l'attelage n'excédera pas le nombre de chevaux qui sera fixé par le préfet, à raison du climat, du mode de construction et de l'état des chaussées, de la nature du sol et des autres circonstances locales.

Les arrêtés pris par le préfet en vertu du paragraphe précédent seront soumis, avant leur mise à exécution, à l'approbation de notre ministre de l'Agriculture, du Commerce et des Travaux publics.

Art. 2. — Les préfets pourront appliquer, par des arrêtés spéciaux, aux voitures particulières servant au transport des personnes, les dispositions du premier paragraphe de l'article 15 du 25 août 1852, relatif à l'éclairage des voitures.

Art. 3. — Les préfets pourront restreindre, lorsque la dimension des objets transportés donnera au convoi une longueur nuisible à la liberté ou à la sûreté de la circulation, le nombre de voitures dont l'article 13 du décret du 10 août 1852 permet la réunion en convoi. Leurs arrêtés seront affichés sur les parties de routes auxquelles ils s'appliquent.

Telle est la seule modification qu'ait éprouvée cette loi ; il est bon d'ajouter qu'un assez grand nombre d'arrêts de la Cour de cassation sont venus déterminer le sens dans lequel la loi et le décret devaient être appliqués; mais nous ne pouvons entrer dans tous les détails, qui nous conduiraient beaucoup trop loin.

DÉCLASSEMENT

771. Nous nous sommes longuement étendu (pages 33 et suivantes) sur les avantages du déclassement ; nous rappellerons seulement qu'au point de vue administratif, il ne peut être prononcé que par l'autorité qui a prononcé le classement.

En vertu de ce principe :

Une route nationale ne peut être déclassée que par une loi ; une route départementale, par le Conseil général du département, et un chemin vicinal, par la Commission départementale, après avis des conseils municipaux intéressés.

La statistique que nous avons donnée page 33, en parlant de la loi du 10 août 1871, a montré quels rapides progrès faisait cette décentralisation qui s'accentue de plus en plus pour le plus grand bien du service public et de l'économie financière.

CHAPITRE XII

PERSONNEL DES PONTS ET CHAUSSÉES. — AGENTS VOYERS

§ I. — *PONTS ET CHAUSSÉES*

Ingénieurs des Ponts et Chaussées.

772. Nous avons vu que Sully avait le premier réuni le service des routes du royaume qu'il administrait sous le titre de grand voyer de France. Colbert vint après et donna une grande impulsion aux travaux publics ; mais ce fut seulement sous la Régence, le 1er février 1716, que le corps des Ponts et Chaussées fut définitivement créé. Quelques années après 1750 l'illustre Perronet fonda l'École des Ponts et Chaussées, qui cimenta pour ainsi dire l'institution. Enfin cette école prit tout son développement en se recrutant à l'École polytechnique, aussitôt que celle-ci fut fondée, en 1793. Jusqu'en 1850, le corps des ingénieurs des Ponts et Chaussées se recrutait exclusivement parmi les anciens élèves de l'École polytechnique; depuis cette époque les conducteurs des Ponts et Chaussées peuvent être admis après examen.

Plusieurs lois et décrets se succédèrent relativement à l'organisation du corps, entre autres celui du 7 fructidor an XII (24 août 1804). Il est aujourd'hui régi par le décret du 13 octobre 1851, dont voici les principaux articles.

773. *Décret du* 13 *octobre* 1851.

TITRE PREMIER

DIVISIONS DU SERVICE DES PONTS ET CHAUSSÉES

Article premier. — Le service des Ponts et Chaussées se divise en :

Service ordinaire ;

Service extraordinaire ;

Services détachés.

Art. 2, § 1. — Le service ordinaire comprend tous les services permanents ; il se subdivise en :

Service général ;

Service spécial ;

Services divers.

§ 2. — Le service général comprend la direction, l'exécution des travaux ordinaires des Ponts et Chaussées dans chaque département.

§ 3. — Le service spécial comprend la direction et l'exécution des travaux distraits du service départemental.

§ 4. — Les services divers comprennent :

Le secrétariat du Conseil général des Ponts et Chaussées;

Le dépôt des cartes et plans ;

Les missions et travaux scientifiques, les emplois dans l'Administration centrale, et tous autres services rétribués sur le budget des travaux publics qui ne rentrent, ni dans le service général, ni dans le service spécial des départements.

Art. 3. — Le service extraordinaire comprend la direction et l'exécution des grands travaux publics non permanents, tels qu'établissement de chemins de fer, de canaux, d'ouvrages à la mer, etc., auxquels il n'est pas pourvu par les ingénieurs du service ordinaire, et qui sont destinés à rentrer, après leur achèvement, dans l'une des catégories du service ordinaire.

Art 4. — Les services détachés comprennent tous les services qui, n'étant pas rétribués sur le budget des travaux publics, sont néanmoins obligatoires pour le corps des Ponts et Chaussées, tels que :

Le service des ports militaires et des colonies;

Le service de l'Algérie ;

Le service des eaux et du pavé de la ville de Paris ;

Le service des canaux d'Orléans, du Loing et du Midi.

Sont également considérés, comme appartenant aux services détachés, les ingénieurs temporairement attachés, en qualité de directeurs des études, professeurs ou répétiteurs, à l'enseignement de l'École polytechnique et des autres écoles spéciales du Gouvernement.

TITRE II

DES GRADES, DES CADRES ET DE L'AVANCEMENT

CHAPITRE PREMIER

DES GRADES

Art. 5, § 1. — Les grades dans le corps des ingénieurs des Ponts et Chaussées sont fixés ainsi qu'il suit :

Inspecteur général ;
Inspecteur divisionnaire ;
Ingénieur en chef ;
Ingénieur ordinaire ;
Elève ingénieur.

§ 2. — Le grade d'ingénieur en chef se divise en deux classes; celui d'ingénieur ordinaire ainsi que celui d'élève ingénieur, en trois.

Art. 6, § 1. — Les appointements des ingénieurs des Ponts et Chaussées sont fixés ainsi qu'il suit (modifié v. plus loin).

§ 3. — En outre des traitements ci-dessus déterminés, les ingénieurs des ponts et chaussées reçoivent, à titre de frais fixes, une somme annuellement réglée par le ministre et destinée à les couvrir de leurs frais de loyer, de bureau, frais de tournées ordinaires et de toutes les autres dépenses occasionnées par le service.

§ 4. — Les honoraires et frais de déplacement qui seront dus aux ingénieurs des Ponts et Chaussées pour les travaux dont ils auront été chargés, soit pour le compte des départements, des communes ou d'associations territoriales, soit pour l'instruction des affaires où leur intervention est à la fois requise dans un intérêt particulier, seront réglés par un décret spécial.

§ 5. — Un arrêté ministériel déterminera les indemnités auxquelles ils auront droit en cas de tournées extraordinaires ou de changements de destination ordonnés dans l'intérêt du service.

CHAPITRE II

CADRES

Art. 7, § 1. — Le cadre du corps des ingénieurs des Ponts et Chaussées se divise en :

Cadre du service ordinaire ou permanent ;
Cadre du service extraordinaire ou éventuel ;
Cadre des services détachés ;
Cadre de non-activité.

§ 2. — Le cadre du service ordinaire ne peut être modifié que par décret.

§ 3. — Le cadre du service extraordinaire peut être modifié, chaque année, par le ministre, suivant les besoins du service, et en raison des crédits ouverts au budget pour les travaux extraordinaires.

§ 4. — Le cadre des services détachés est réglé par le ministre des Travaux publics, d'après la demande des ministres sous l'autorité desquels doivent se trouver placés les ingénieurs en service détaché.

§ 5. — Le cadre de non-activité comprend tous les ingénieurs sortis à divers titres de l'activité conformément aux dispositions du présent décret.

CHAPITRE III

DES NOMINATIONS ET DE L'AVANCEMENT

Art. 9. — Les élèves ingénieurs des Ponts et Chaussées continueront à être recrutés parmi les élèves de l'Ecole polytechnique qui auront rempli les conditions exigées par les règlements organiques de cette Ecole.

Art. 10, § 1. — Le grade d'Ingénieur ordinaire de troisième classe est conféré :

1° Aux élèves ingénieurs qui ont complété leurs études et satisfait aux conditions exigées par les règlements de l'Ecole d'application des Ponts et Chaussées ;

2° Aux conducteurs des Ponts et Chaussées qui doivent être admis chaque année dans le corps des ingénieurs, aux conditions et suivant le mode prescrit par la loi du 30 novembre 1856.

§ 2. — Les ingénieurs ordinaires de deuxième classe sont pris parmi les ingénieurs de troisième classe ayant au moins deux ans de service en cette qualité.

§ 3. — Les ingénieurs de première classe sont pris parmi les ingénieurs de deuxième classe ayant au moins deux ans de service en cette qualité.

Art. 11, § 1. — Le grade d'ingénieur en chef de deuxième classe ne peut être accordé qu'aux ingénieurs ordinaires de première classe ayant au moins deux ans de service en cette qualité.

§ 2. — Les ingénieurs en chef de première classe sont pris parmi les ingénieurs en chef de seconde classe ayant au moins trois ans de service dans cette classe.

Art. 12. — Le grade d'inspecteur divisionnaire ne peut être accordé qu'aux ingénieurs en chef de première classe comptant au moins trois ans de service dans cette classe.

Art. 13. — Le grade d'inspecteur général ne peut être accordé qu'aux inspecteurs divisionnaires ayant au moins quatre ans de service en cette qualité.

Art. 14, § 1. — La nomination aux grades a lieu par décret du président de la République, sur la proposition du ministre des Travaux publics.

§ 2. — Les avancements de classes ont lieu par décision du ministre.

Art. 15. — Les fonctions de directeur des travaux hydrauliques et bâtiments civils dans les ports militaires sont compatibles avec le grade d'inspecteur général des Ponts et Chaussées.

TITRE III

POSITIONS DIVERSES DE L'INGÉNIEUR. — CONGÉ SORTIE DES CADRES

CHAPITRE PREMIER

POSITIONS DIVERSES DE L'INGÉNIEUR

Art. 16. — Les positions de l'ingénieur des Ponts et Chaussées sont:

L'activité;

La disponibilité;

Le congé illimité;

Le retrait d'emploi.

Art. 17. — § 1. — L'activité comprend les ingénieurs du service ordinaire, ceux des services détachés.

§ 2. — Les ingénieurs en activité ont droit au traitement et aux indemnités attachés à leur grade et à leurs fonctions.

Art. 18. — § 1. — La disponibilité est prononcée d'office par le ministre. Elle comprend les ingénieurs mis en non-activité par défaut d'emploi ou pour cause de maladies ou d'infirmités temporaires entraînant cessation de travail durant plus de trois mois.

§ 2. — L'ingénieur en disponibilité a droit à la moitié du traitement affecté à son grade, sans aucun accessoire. Il peut obtenir les deux tiers de ce traitement lorsque la disponibilité a pour cause le défaut d'emploi.

Il conserve ses droits à la retraite.

Art. 18. — § 1. — Le congé illimité est accordé par le ministre, sur la demande des ingénieurs qui se retirent temporairement du service de l'Etat, pour s'attacher au service des compagnies, prendre du service à l'Étranger, ou pour toute autre cause.

§ 2. — L'ingénieur en congé illimité ne reçoit aucun traitement. Le temps passé dans cette position lui est compté, mais pour une durée de cinq ans au plus, dans la liquidation de la retraite. Il conserve pendant la même période ses droits à l'avancement.

Après cinq ans, l'ingénieur en congé illimité est maintenu sur les cadres; mais le temps qu'il continue à passer en dehors du service de l'Etat ne lui compte plus, ni pour l'avancement ni pour la retraite.

Art. 20. — § 1. — Le retrait d'emploi est prononcé par le ministre comme mesure disciplinaire.

§ 2. — L'ingénieur en retrait d'emploi ne reçoit aucun traitement, ou reçoit seulement les deux cinquièmes de son traitement d'activité, sans aucun accessoire; ses droits à l'avancement sont suspendus ; il conserve ses droits à la retraite.

Art. 21. — Les droits à la retraite ne sont conservés aux ingénieurs en disponibilité, en congé illimité ou en retrait d'emploi qu'à la charge par eux de verser successivement les retenues imposées par les règlements au profit de la caisse des pensions, et calculées sur le montant intégral du traitement d'activité de leur grade.

CHAPITRE II

CONGÉS

Art. 22. — § 1. — Les congés temporaires ne dépassent pas trois mois. Ils sont accordés par le ministre, sur l'avis des préfets, pour les ingénieurs en chef, et sur l'avis des ingénieurs en chef et des préfets, pour les ingénieurs ordinaires.

§ 2. — Toutefois, les préfets peuvent accorder aux ingénieurs en chef et aux ingénieurs ordinaires des permissions d'absence dont la durée n'excède pas dix jours.

Art. 23, § 1. — Les ingénieurs qui excèdent les limites de leurs permissions ou congés, ou qui ne se rendent pas à leur poste aux époques assignées, sont privés de leurs appointements pour tout le temps de leur absence de ce même poste, sans préjudice des mesures disciplinaires qui pourraient leur être appliquées.

§ 2. — Si le retard excède trois mois, l'ingénieur peut être déclaré démissionnaire.

CHAPITRE III

SORTIE DES CADRES

Art. 24. — La sortie des cadres a lieu :

Par la révocation ;

Par la démission ;

Par l'admission à la retraite.

Art. 25, § 1. — La révocation des ingénieurs est prononcée par le Président de la République, sur la proposition du ministre et de l'avis du Conseil général des Ponts et Chaussées.

§ 2. — Elle entraîne la perte des droits à la retraite.

Art. 26, § 1. — Les ingénieurs démissionnaires ne peuvent quitter leurs fonctions qu'après que leur démission a été acceptée par le Président de la République.

§ 2. — Ils perdent leurs droits à la retraite.

ART. 27. — Les ingénieurs des Ponts et Chaussées ne peuvent devenir entrepreneurs ni concessionnaires des travaux publics, sous peine d'être considérés comme démissionnaires.

ART. 28. — L'admission des ingénieurs à la retraite a lieu par décret du président de la République, sur la proposition du ministre des Travaux publics.

ART. 29. — Peuvent être admis à faire valoir leurs droits à la retraite les ingénieurs ayant trente ans de service.

ART. 30. — Sont nécessairement admis à faire valoir leurs droits à la retraite ;

Les ingénieurs ordinaires âgés de soixante ans ;

Les ingénieurs en chef âgés de soixante-deux ans ;

Les inspecteurs divisionnaires âgés de soixante-cinq ans.

Les inspecteurs généraux âgés de soixante-dix ans.

§ 2. — Pourra être maintenu, quel que soit son âge, le vice-président du Conseil des Ponts et Chaussées.

Le titre IV de cette loi est relatif aux conducteurs des Ponts et Chaussées ; nous le donnerons un peu plus loin.

774. Un décret du 11 décembre 1861 a fixé ainsi les appointements des ingénieurs des Ponts et Chaussées.

Inspecteurs généraux de 1re classe	15 000 fr.
Inspecteurs généraux de 2e classe	12 000
Ingénieurs en chef de 1re classe	8 000 / 7 000
Ingénieurs en chef de 2e classe	6 000
Ingénieurs ordinaires de 1re classe	4 500
Ingénieurs ordinaires de 2e classe	3 500
Ingénieurs ordinaires de 3e classe	2 500
Elèves-ingénieurs de 1re, 2e, 3e classe	1 800

775. Un décret du 28 octobre 1868 dit :

Que les ingénieurs des Ponts et Chaussées, ceux des mines, ainsi que les conducteurs et garde-mines désignés par le ministre de l'Agriculture, du Commerce et des Travaux publics pour être attachés aux services municipaux des villes ayant au moins trente mille âmes de population seront considérés comme étant en service détaché.

776. Les autres circulaires sont presque toutes d'ordre intérieur, elles ont trait au mariage des ingénieurs, à leur situation comme professeurs ou experts, aux tableaux d'avancement, à l'honorariat, aux expertises pour lesquelles ils doivent avoir l'assentiment de l'Administration, et enfin ordonne que les travaux communaux ou privés devront toujours être entrepris sous la réserve que les ingénieurs n'encourront, dans tous les cas, aucune responsabilité (18 sept. 1880).

777. *Effectif.* — En 1890 le corps des Ponts et Chaussées comprenait le 1er mai :

Ingénieurs généraux de 1re classe	10
» » de 2e »	30
Ingénieurs en chef de 1re classe. .	108
» » de 2e »	127
Ingénieurs ordinaires de 1re classe.	149
» » de 2e »	98
» » de 3e »	137
Élèves-ingénieurs.	27
Total.	686

Conducteurs des Ponts et Chaussées.

778. Ce fut le décret du 25 août 1804 (7 fructidor an XII) qui institua le corps des Ponts et Chaussées et créa les emplois de conducteur ; le corps il fut réorganisé par le décret du 13 octobre 1851. Les articles 1 à 30 de ce décret sont relatifs au service des ingénieurs, et les articles 31 à 40 aux conducteurs ; nous allons les reproduire.

ART. 31, § 1. — Le cadre des conducteurs embrigadés, payés soit sur le budget des travaux publics, soit sur les fonds départementaux, est fixé comme il suit :

Conducteurs principaux	120
» de 1re classe.	240
» de 2e »	360
» de 3e »	480
» de 4e »	600
Total.	1 800

§ 2. — Il y a, en outre, un nombre de conducteurs auxiliaires proportionné aux besoins du service.

Art. 32, § 1. — Des décisions ministérielles fixent, suivant l'importance et la nature des travaux, le nombre de conducteurs attachés à chaque service d'ingénieur en chef.

§ 2. — La répartition de ces conducteurs entre les arrondissements des ingénieurs ordinaires et leur résidence sont déterminés par l'ingénieur en chef, suivant les besoins du service.

Art. 33, § 1. — Le traitement annuel des conducteurs des Ponts et Chaussées est fixé ainsi qu'il suit (modifié par le décret du 13 juin 1880, v. plus loin).

§ 2. — Le traitement des conducteurs auxiliaires, comme celui des conducteurs embrigadés, est soumis aux retenues prescrites par les règlements au profit de la caisse des pensions.

Art. 34. — Les conducteurs des Ponts et Chaussées sont nommés par le ministre.

Art. 35, § 1. — Nul ne peut être nommé conducteur auxiliaire, s'il n'a été déclaré admissible à la suite d'un examen public sur les connaissances ci-après : écriture ; principes de la langue française ; arithmétique et logarithme ; notions d'algèbre ; géométrie élémentaire ; statique élémentaire ; trigonométrie rectiligne ; notions de géométrie descriptive ; dessin graphique et lavis, lever des plan et nivellement ; cubature des terrasses ; pratique des travaux.

§ 2. — Les aspirants doivent être âgés de plus de vingt et un ans et de moins de trente ans au moment de l'examen. Toutefois, les militaires porteurs d'un congé régulier, et les piqueurs qui à l'âge de trente ans compteraient plus de douze ans de service peuvent concourir jusqu'à trente-cinq ans.

Art. 36, § 1. — Les conducteurs de quatrième classe sont pris parmi les conducteurs auxiliaires ayant au moins deux ans de service en cette qualité, et auxquels un certificat d'aptitude a été délivré par l'inspecteur divisionnaire sur la proposition de l'ingénieur en chef. Tout conducteur auxiliaire auquel ledit certificat n'a pas été délivré, après six années de fonctions, cesse d'être inscrit sur le cadre des conducteurs auxiliaires.

§ 2. — Les conducteurs de troisième classe sont pris parmi les conducteurs de quatrième classe, après au moins deux ans de service en cette qualité.

§ 3. — Les conducteurs de deuxième classe sont pris parmi les conducteurs de troisième classe après au moins deux ans de service en cette qualité.

§ 4. — Les conducteurs de première classe sont pris parmi les conducteurs de deuxième classe après trois ans au moins de service en cette qualité.

§ 5. — Les conducteurs principaux sont pris, au choix, parmi les conducteurs de première classe après trois ans au moins de service en cette qualité.

Art. 37. — Les dispositions relatives aux positions diverses et aux congés des ingénieurs sont applicables aux conducteurs embrigadés.

Art. 38, § 1. — Les conducteurs sont déclarés démissionnaires, révoqués ou admis à la retraite par décision du ministre.

§ 2. — La révocation est prononcée sur le rapport du chef de service et l'avis de l'inspecteur de la division.

Ce décret a subi des modifications à différentes époques ; nous allons les énumérer.

Le 20 mars 1852 et le 17 mars 1856, l'article 32 a été ainsi modifié.

Art. 32. — Le cadre de conducteurs embrigadés et auxiliaires est fixé par le ministre d'après les besoins du service et en raison des crédits ouverts par le budget.

779. *Décret du* 21 *janvier* 1878.

Art. 1. — Les dispositions du deuxième paragraphe de l'article 35 du décret du 13 octobre 1851 sont modifiés ainsi qu'il suit :

« Les aspirants doivent être âgés de plus de dix-huit ans et de moins de trente ans au 1er janvier de l'année dans laquelle aura lieu le concours. Toutefois les militaires ayant passé cinq ans sous les drapeaux dans l'armée active, et les agents secondaires qui, à l'âge de trente ans, comptaient plus de deux ans de service peuvent concourir jusqu'à trente-cinq ans.

Art. 2. — Les candidats que le ministère aura déclarés admissibles à la suite du concours ne peuvent être nommés conducteurs que lorsqu'ils ont l'âge de vingt et un ans révolus et qu'ils ont satisfait aux obligations de la loi militaire. Les candidats, qui seront déjà entrés dans l'administration des ponts et chaussées comme agents secondaires, seront élevés immédiatement à la première classe de leur grade.

Les autres candidats admissibles qui demanderaient à entrer dans l'administration, avant l'âge de vingt et un ans, seront appelés aux premiers emplois vacants et élevés à la première classe.

Le ministère peut, lorsque les candidats déclarés admissibles sortent du service militaire, les soumettre à un stage qui ne doit pas dépasser un an.

780. Le décret du 24 mai, de la même année 1878, régla les droits à la retraite des sous-ingénieurs, des conducteurs des Ponts et Chaussées et des garde-mines ; il y est dit :

« A dater du 1er janvier 1892, seront nécessairement admis à faire valoir leurs droits à la retraite :

« Les sous-ingénieurs, les conducteurs et garde-mines principaux ayant atteint soixante-cinq ans ;

« Les conducteurs et garde-mines de première et deuxième classe ayant atteint soixante-trois ans ;

« Les conducteurs et garde-mines de troisième et quatrième classe ayant atteint soixante et un ans. »

781. D'après une circulaire du 20 avril 1878, les conducteurs au service de la voirie départementale seront considérés comme en service détaché.

782. *Arrêté du* 7 *septembre* 1880. — Cet arrêté règle les conditions d'admission dans le corps des conducteurs des Ponts et Chaussées et comprend le programme des connaissances exigées et des formalités des examens ; il détermine les coefficients à appliquer à chaque faculté, etc. ; son étendue nous empêche de le reproduire.

783. Le décret du 13 février 1890 fixe de la façon suivante les traitements des conducteurs des Ponts et Chaussées, non compris les indemnités de résidence :

Conducteurs principaux. . .	3 600 3 200
» de 1re classe. .	2 800
» 2e » . .	2 400
» 3e » . .	2 000
» 4e » . .	1 700

Les conducteurs du cadre d'activité sont répartis dans chaque classe dans les proportions suivantes de l'effectif total :

Conducteurs principaux,	2/16	au max.
» de 1re classe	3/16	»
» 2e »	3/16	»
» 3e »	4/16	»
» 4e »	4/16	»

Pour obtenir le traitement de 3 600 fr. les conducteurs doivent avoir cinq ans de service dans ce dernier grade, et vingt-cinq ans de service comme conducteurs.

784. L'avancement a été réglé de la façon suivante par l'arrêté ministériel en date du 28 mars 1890 :

Pour l'avancement à la troisième classe	4/5	à l'ancienneté,	1/5	au choix
— deuxième —	3/5	—	2/5	—
— première —	2/5	—	3/5	—
— conducteur principal	1/5	—	4/5	—

Pour le traitement de 3 600 francs, la totalité à l'ancienneté.

En 1892 le corps des conducteurs avait fourni au corps des ingénieurs :

Ingénieur en chef.	1
Ingénieurs ordinaires	33
Sous-ingénieurs	47

et il se composait à la même époque de :

Conducteurs principaux	459
» de 1re classe	759
» 2e »	994
» 3e »	1 166
» 4e »	850
Total.	4 228

Commis des Ponts et Chaussées.

785. Ces employés, avant le décret du 17 août 1853, portaient le nom de *piqueurs des Ponts et Chaussées*. Ce décret leur donne le nom d'*employés* ou *agents secondaires*, qui lui-même, le 9 juin 1888, fut changé en celui de *commis des Ponts et Chaussées* porté aujourd'hui par eux.

Dans l'ordre hiérarchique, ils viennent après les conducteurs. Leur organisation date, comme nous le disions plus haut, du décret du 9 juin 1888 dont voici un extrait.

786. *Décret du* 9 *juin* 1888.

ARTICLE PREMIER. — Les employés secondaires des Ponts et Chaussées prendront à l'avenir le titre de *commis des Ponts et Chaussées*.

Les commis des Ponts et Chaussées sont affectés au service des bureaux des ingénieurs, ou adjoints à la surveillance des Travaux.

ART. 2. — Ils sont divisés en cinq classes, pour chacune desquelles le traitement est fixé ainsi qu'il suit :

1re classe	. . . .	1 800 fr.
2e »	. . . .	1 500
3e »	. . . .	1 200
4e »	. . . .	1 000
5e »	. . . .	800

L'effectif de chaque classe est déterminé par le ministre des travaux publics d'après les ressources budgétaires.

ART. 3. — Les commis des Ponts et Chaussées sont nommés par le ministre des Travaux publics.

787. Les autres articles sont relatifs aux examens dont sont dispensés les candidats pourvus du diplôme du baccalauréat de l'enseignement secondaire spécial, ou ceux qui sont déclarés admissibles au grade de conducteur. Ils doivent avoir seize ans au moins et vingt-huit ans au plus.

Cette limite d'âge est prolongée jusqu'à trente-deux et trente-sept ans pour les militaires.

Les candidats admissibles sont soumis à un stage de deux ans pour ceux qui ont moins de vingt et un ans, et de un an pour ceux qui ont plus; ils reçoivent sans retenue pour la retraite, à titre d'indemnité, une somme de 800 francs par an. Au bout de ce temps, s'il y a lieu, le ministre les commissionne avec le grade de quatrième classe.

Les commis de troisième classe sont pris parmi les commis de quatrième ayant au moins trois ans de grade, ou parmi les admissibles au grade de conducteur (ces derniers, d'après un décret du 4 février 1890, peuvent être nommés commis de deuxième classe).

Les commis de deuxième classe sont pris parmi ceux de troisième ayant cinq ans de service depuis leur dernier avancement.

Ceux de première, parmi ceux de seconde ayant sept ans de service dans la deuxième classe.

Ils peuvent être mis en disponibilité pour défaut d'emploi avec les 2/3 de leur traitement; si c'est pour cause d'infirmité temporaire entraînant la cessation du travail pendant plus de trois mois, ils peuvent encore être mis en disponibilité, mais le traitement est réduit à moitié.

Les peines disciplinaires sont :

La retenue du traitement pendant deux mois au plus ;

Le retrait d'emploi sans traitement ou avec les 2/5 du traitement;

La révocation.

Ces différentes mesures sont prononcées par le ministre des Travaux publics; pour le retrait d'emploi et la révocation, l'avis de l'inspecteur général de la division est nécessaire.

Personnel inférieur.

788. Nous avons donné, pages 32 et suivantes, tous les décrets et lois définissant les attributions et le travail des cantonniers chefs et des cantonniers ordinaires. Nous n'y reviendrons donc pas.

§ II. — *AGENTS VOYERS*

789. Nous avons eu plusieurs fois occasion de dire, dans le cours de cet ouvrage, que les agents voyers étaient chargés, sous la direction du préfet, du service des grandes et moyennes voies de communication, et, sous celle des maires, des chemins vicinaux ordinaires.

Ils ne forment malheureusement pas un corps homogène et sont nommés par les préfets; aussi voit-on de grands changements en passant d'un département à un autre.

Le plus ordinairement, la hiérarchie est la suivante :

1° Au chef-lieu du département, un agent voyer en chef ayant rang de chef de division à la préfecture ;

2° Des agents voyers d'arrondissements ;

3° Des agents voyers cantonaux, qui sont placés sous ses ordres. Mais, nous le répétons, cette organisation n'a rien de général. Il y a des départements où les agents cantonaux n'existent pas; d'autres où leurs circonscriptions, ainsi que celles des agents voyers ordinaires, ne correspondent pas aux divisions administratives.

Le traitement est fixé par le Conseil général et, par conséquent, variable d'un département à l'autre.

Ils n'ont également aucun lien d'un département à l'autre ; c'est là, suivant nous, un des vices de leur organisation, et c'est celui qui prête le plus à la critique.

Assermentés, ils peuvent dresser des procès-verbaux de contraventions et de délits.

Ainsi que nous l'avons dit, ce sont les préfets qui règlent les conditions d'admission, et généralement celles-ci sont conformes à un programme-type analogue à celui de l'examen imposé aux conducteurs des Ponts et Chaussées.

Dans certains départements, on n'a pas séparé le service des Ponts et Chaussées de celui des agents; dans ce cas, c'est l'ingénieur en chef du département qui remplit les fonctions d'agent voyer en chef ; les ingénieurs ordinaires, celles d'agents voyers d'arrondissements, et les conducteurs, celles d'agents voyers cantonaux.

Cette réunion dans les mains d'un personnel unique du service des chemins de toute catégorie peut avoir quelques avantages. Elle est cependant l'objet de nombreuses critiques. On lui reproche d'enlever aux préfets, aux sous-préfets et aux maires une grande partie de l'action que la loi leur accorde sur un personnel nommé par eux, car le corps des ponts et chaussées ne relève, en réalité, que du ministre des Travaux publics et jouit, par cela même, d'une certaine indépendance vis-à-vis des autorités départementales. D'autre part, il paraît résulter de nombreuses statistiques que les travaux exécutés par les agents voyers nommés par les préfets se font plus économiquement que ceux entrepris par les ingénieurs de l'État. Nous devons donc, pour être juste, dire que la division du personnel a de nombreux partisans.

Cantonniers vicinaux.

790. La situation des cantonniers placés sous les ordres des agents voyers est réglée par les articles 174, 175 et 176 de l'instruction sur le service des chemins vicinaux, du 6 décembre 1870, rendu exécutoire à partir du 1er janvier 1871.

Voici ces articles :

ART. 175. — Les cantonniers des chemins de grande communication et d'intérêt commun seront nommés par le préfet sur la proposition de l'agent voyer en chef.

Il sera établi des cantonniers communaux sur les chemins vicinaux ordinaires, toutes les fois que les ressources inscrites au budget le permettront ; ces cantonniers seront nommés par les maires sur la proposition de l'agent voyer cantonal (loi du 21 mai 1836 et 18 juillet 1837, art. 12 et 19).

ART. 175. — Les cantonniers des chemins de grande communication et d'intérêt commun seront révoqués par le préfet, sur la proposition de l'agent voyer en chef.

Les cantonniers des chemins vicinaux ordinaires seront révoqués par le maire sur la proposition de l'agent voyer cantonal.

L'agent voyer en chef pourra suspendre les cantonniers dont le service sera reconnu insuffisant, ou qui auraient manqué à la discipline ou à la probité.

Il en avisera immédiatement le préfet (loi du 21 mai 1836, etc.).

ART. 176. — Dans chaque département, le préfet arrêtera, sur la proposition de l'agent voyer en chef, un règlement pour le service des cantonniers et des cantonniers chefs.

CHAPITRE XIII

COMPTABILITÉ

Comptabilité publique.

791. La comptabilité publique a été l'objet, les 31 mai et 11 juin 1872, d'un décret portant un règlement général dont le considérant est celui-ci :

« Considérant, en outre, qu'il importe d'introduire dans les formalités administratives et dans la justification des dépenses les perfectionnements et les simplifications compatibles avec l'intérêt de l'État, et les garanties nécessaires à la régularité de la perception et au bon emploi des deniers publics ;

Sur le rapport de notre ministre secrétaire d'État aux Finances,

Avons décrété, etc. »

Dans ce décret sont comprises toutes les dispositions relatives au ministère des Travaux publics et en vertu de l'article 881 ainsi conçu :

ART. 881. — Des règlements spéciaux sont rendus pour l'exécution du présent décret par les différents services soumis à l'application des règles qu'il prescrit ; ces règlements sont suivis de la nomenclature des pièces à produire à l'appui des opérations des comptables.

Les modifications dont ces règlements pourraient être susceptibles doivent être concertées entre notre ministre des finances et chaque ministre compétent.

792. *Comptabilité des travaux publics.* — Le règlement de la comptabilité des travaux publics a été élaboré en 1843 et n'a pas été revisé depuis. Toutefois il a été remplacé, en 1878, par un règlement *provisoire* sur les dépenses du ministre des Travaux publics ; mais, n'étant pas officiel, il ne pourrait être invoqué s'il y avait des contestations entre le ministre des Finances et celui des Travaux publics. En voici l'analyse :

793. Le budget général du ministère des Travaux publics est fixé par la loi annuelle des finances. Il est divisé en :

1° Budget des dépenses ordinaires comprenant :

Dans une première section : les dépenses ordinaires ;

Dans une seconde section : les travaux extraordinaires ;

Et, dans une troisième section : dépenses sur ressources extraordinaires ;

2° Budget des dépenses sur ressources spéciales, c'est-à-dire de dépenses acquittées au moyen de produits qui leur sont particulièrement affectés.

Chaque budget est divisé en chapitre (art. 54, 56, 31 mai 1862) ne contenant que des services corrélatifs et de même nature. Les services du personnel et du matériel doivent être présentés d'une manière distincte et séparée.

Les services compétents envoient leur projet de budget, et le tout est centralisé par les directeurs de la comptabilité du ministère.

Sont seuls considérés comme appartenant à un exercice les travaux faits et les droits acquis du 1er janvier au 31 décembre de l'année qui donne son nom à l'exercice. Toutefois la durée de la période pendant laquelle doivent se consommer tous les faits des dépenses de chaque exercice se prolonge :

1° Jusqu'au 1er février, pour achever dans les limites des crédits ouverts les services du matériel qui n'auraient pu être terminés ;

2° Jusqu'au 31 juillet, pour la liquidation et l'ordonnancement des dépenses ;

3° Jusqu'au 31 août suivant, pour le payement des ordonnances et des mandats.

Les spécialités des crédits par exercice s'appliquent aux frais de poursuites et d'instances judiciaires, les retenues de garantie, les acquisitions d'immeubles, les indemnités pour dommages, les intérêts pour retard de payement, les secours ; on ne peut faire des virements entre ces différents chapitres.

Une nouvelle loi peut rectifier le budget de l'année précédente, et les dépenses devront être faites dans les limites du crédit sous peine d'engager la responsabilité du ministre qui l'aurait ordonnée. En règle générale, aucun *travail* engageant le Trésor en tout ou en partie de son importance ne peut être entrepris sans une loi.

Le ministre ne peut accroître par aucune ressource particulière le montant des crédits qui lui ont été alloués. Tous les loyers, produits de vente de biens mobiliers ou immobiliers sont versés au domaine qui paye les frais, s'il y a lieu, de toute nature occasionnés par ces opérations. Il n'y a que les sommes payées avec la désignation d'*avances à charge de réintégration* qui puissent être reversées dans le budget du ministère qui a fait cette avance.

La distribution des fonds du budget se fait sur état adressé par les divers services du 20 au 25 de chaque mois et servant à l'ordonnancement des sommes à payer le mois suivant.

Les crédits non employés par des payements effectués le 31 août sont annulés.

Aucun travail ne peut être fait que sous la responsabilité du ministre et d'après son autorisation.

794. Les traitements ou appointements sont payables par mois à l'échéance.

Les mois sont comptés uniformément pour trente jours, à partir du commencement du mois. Il en résulte que le trente et unième jour est négligé, et les 28 et 29 février comptent pour trente.

Le jour du départ ou celui du décès est admis au décompte.

Le traitement du fonctionnaire en congé est soumis à une retenue dont le montant est fixé par des règlements.

Le traitement d'un démissionnaire lui est payé jusqu'au jour inclus de sa démission ; celui d'un fonctionnaire qui a quitté son poste, jusqu'au jour où il l'a quitté. De même le traitement de tout fonctionnaire nommé ne lui est payé que du jour de son installation.

Dans le cas d'un emploi sans titulaire, la jouissance du traitement peut être accordée en totalité ou en partie à celui qui fait l'intérim.

Les traitements cumulés au-dessus de 3 000 francs sont sujets à réduction. Le plus petit est réduit à moitié, le suivant à 1/4, etc.

Les professeurs, gens de lettres, savants et artistes peuvent, sans qu'il leur soit fait application de ce règlement, cumuler la totalité de leurs traitements, mais la somme totalisée, tant fixe qu'éventuelle, ne pourra dépasser 20 000 francs.

Sauf dans les cas affranchis du cumul par la loi, le cumul de deux pensions ne faisant pas double emploi peut être autorisé jusqu'à 6 000 francs.

795. *Marchés.* — Tous les marchés pour le compte du ministère des Travaux publics sont passés avec publicité et concurrence sauf les cas ci-dessous, et dans ce cas ils prennent le nom de *marchés de gré à gré.*

Il peut être passé des marchés de gré à gré.

1° Pour les fournitures, transports et travaux dont la dépense totale n'excède pas 10 000 francs, ou s'il s'agit d'un marché passé pour plusieurs années dont la dépense annuelle n'excède pas 3 000 francs.

2° Pour toute espèce de fournitures, de transports ou de travaux, lorsque les circonstances exigent que les opérations du gouvernement soient tenues secrètes ; ces marchés doivent préalablement avoir été autorisés sur un rapport spécial ;

3° Pour les objets dont la fabrication est exclusivement attribuée à des porteurs de brevets d'invention ou d'importation ;

4° Pour les objets qui n'auraient qu'un possesseur unique ;

5° Pour les ouvrages, les objets d'art et de précision dont l'exécution ne peut être confiée qu'à des artistes éprouvés ;

6° Pour les exploitations, fabrications et fournitures qui ne sont faites qu'à titre d'essai ;

7° Pour les matières et denrées qui, à raison de leur nature particulière et de la spécialité de l'emploi auxquel elles sont destinées, sont achetées et choisies au lieu de production, ou livrées sans intermédiaire par les producteurs eux-mêmes;

8° Pour les fournitures, transports ou travaux qui n'ont été l'objet d'aucune offre aux adjudications, ou à l'égard desquels il n'a été proposé que des prix inacceptables. Toutefois, lorsque l'Administration a cru devoir arrêter et faire connaître un maximum de prix, elle ne doit pas dépasser ce maximum;

9° Pour les fournitures, transports et travaux qui, dans le cas d'urgence évidente, amenée par des circonstances imprévues, ne peuvent pas subir les délais des adjudications;

10° Pour les affrètements passés au cours des places par l'intermédiaire des courtiers, et pour les assurances sur les chargements qui s'ensuivent.

796. *Adjudications publiques.* — Les adjudications publiques relatives à des fournitures, à des travaux, à des exploitations ou à des fabrications qui ne peuvent être sans inconvénients livrés à une concurrence illimitée sont soumises à des restrictions qui n'admettent à concourir que des personnes préalablement reconnues capables par l'Administration, et produisant les titres justificatifs exigés par les cahiers des charges (art. 71 du décret de 1862).

Elles sont soumises à un cahier des charges.

L'avis des adjudications est publié, sauf les cas d'urgence, un mois à l'avance, par la voie des affiches et par tous les moyens ordinaires de publicité. Cet avis fait connaître :

1° Le lieu où l'on pourra prendre connaissance du cahier des charges;

2° Les autorités chargées de procéder à l'adjudication;

3° Le lieu, le jour et l'heure fixés pour l'adjudication.

Les soumissions sont remises cachetées en séance publique.

S'il y a un maximum de prix ou un minimum de rabais fixé par l'Administration ou par le fonctionnaire délégué, ce maximum ou ce minimum est déposé cacheté sur le bureau, à l'ouverture de la séance.

Le maximum de prix ou le minimum de rabais doit, sans exception, être exprimé dans les soumissions sous peine de nullité, en centimes par franc, sans fractions. Il doit, en outre, être répété en toutes lettres.

Si deux ou plusieurs prix égaux, sont les plus bas, il est procédé, séance tenante et avant l'ouverture du pli cacheté, à une réadjudication entre ces soumissionnaires seulement, soit par soumission, soit à l'extinction des feux.

Lorsqu'il n'y a aucune soumission dans les limites du maximum ou du minimum, il peut être procédé, séance tenante, à une réadjudication entre les soumissionnaires présents.

Procès-verbal est dressé des opérations.

Sauf les exceptions prévues dans le cahier des charges, les adjudications et les réadjudications ne sont valables qu'après approbation du ministre ou du préfet, suivant les cas. Ce dernier approuve les adjudications autorisées par le ministre, chaque fois que les soumissions ne renferment aucune clause exceptionnelle et dans le cas où il n'aurait été présenté aucune réclamation ou protestation.

Les marchés de gré à gré sont passés par le ministre ou par son délégué:

1° Soit sur un engagement souscrit à la suite du cahier des charges;

2° Soit sur une soumission souscrite par celui qui propose de traiter;

3° Soit sur correspondance, suivant l'usage du commerce.

Il peut y être suppléé par des achats faits sur simple facture, pour les objets qui sont livrés immédiatement et dont la valeur n'excède pas 1 000 francs.

Aucun marché, aucune convention pour fournitures ne doit stipuler d'acompte que pour un service fait.

Pour les bâtiments civils, les mémoires présentés par l'entrepreneur à l'architecte sont remis au vérificateur attaché à l'agence, arrêtés par l'architecte et transmis à l'Administration centrale qui en opère la revision et en propose le payement.

Lorsque des circonstances exceptionnelles ne permettent pas d'établir les mémoires aux époques déterminées, il peut être délivré des acomptes aux entrepreneurs, après autorisation spéciale du ministre, sur état sommaire des travaux dressé par l'architecte. Tout acompte ne peut excéder la moitié du montant des travaux exécutés.

Les administrateurs et ordonnateurs chargés de la liquidation et de l'ordonnancement sont responsables de l'exactitude de leurs certifications.

797. *Retenue pour la pension de retraite.* — Une retenue de 5 0/0 est faite sur le traitement brut ou toute autre rétribution constituant un émolument personnel, de tout fonctionnaire ou employé du ministère des Travaux publics. Cette retenue est applicable à la pension de retraite et n'est susceptible de répétition dans aucun cas.

798. *Ordonnancement.* — Toutes les dépenses d'un exercice doivent être liquidées avant l'expiration du septième mois (31 juillet) de l'exercice auquel elles appartiennent.

L'ordonnancement doit toujours précéder le payement, et les dépenses pour être admises par le ministre des Finances, doivent être imputées sur un crédit régulièrement ouvert, et se renfermer dans les limites des distributions de fonds. Elles doivent énoncer l'exercice, le crédit, ainsi que le chapitre, et chaque ordonnance doit porter la date et la signature du ministre.

Pour les départements, le ministre donne des délégations pour lesquelles il autorise les ordonnateurs secondaires et sous-ordonnateurs à disposer d'une partie des crédits par des mandats de payement au profit d'un ou de plusieurs créanciers.

Les ordonnateurs secondaires sont les préfets, et pour les ponts et chaussées des sous-délégués ou sous-ordonnateurs secondaires qui sont les ingénieurs en chef.

Les ordonnateurs sont chargés sous leur responsabilité de la remise aux ayants-droit des lettres d'avis ou extraits des ordonnances de payement.

Les ordonnateurs secondaires ne peuvent mandater à partir du 1er août aucune dépense sur les fonds de l'exercice précédent.

Toute opposition par des tiers au payement des mandats doit être adressée dans les départements aux trésoriers-payeurs généraux, agents ou préposés sur la caisse desquels les ordonnances ou mandats sont délivrés. A Paris, entre les mains du conservateur des oppositions au ministère des Finances.

Le payement des indemnités dues à des propriétaires expropriés pour cause d'urgence s'effectue par voies de consignation.

Les payements à effectuer sur les exercices clos sont ordonnancés sur les fonds de l'exercice courant (chapitre des dépenses des exercices clos).

Sont prescrites et définitivement éteintes au profit de l'Etat, sans préjudice des déchéances prononcées par les lois antérieures ou consenties par des marchés ou conventions, toutes créances qui, n'ayant pas été acquittées avant la clôture des crédits de l'exercice auquel elles appartiennent, n'auraient pu, à défaut de justifications suffisantes, être liquidées, ordonnancées et payées dans un délai de cinq années, à partir de l'ouverture de l'exercice, pour les créanciers résidant en Europe, et de six années pour les créanciers résidant hors du territoire européen.

La comptabilité des ingénieurs en chef des ponts et chaussées et des agents sous leurs ordres est tenue conformément aux règles tracées par le règlement du 28 septembre 1849, auxquelles il n'est pas dérogé par le présent règlement.

COMPTABILITÉ INTÉRIEURE DES PONTS ET CHAUSSÉES

799. Ainsi que nous l'avons vu, cette comptabilité est l'objet d'un règlement spécial en date du 28 septembre 1849.

Ce règlement organise la comptabilité des divers services ressortissant au ministère des Travaux publics, comptabilité qui a pour base des écritures élémentaires, constatant tous les faits de dépenses à mesure qu'ils se produisent.

Comptabilité des conducteurs.

800. Ces écritures sont tenues par les agents chargés immédiatement de la surveillance des travaux, et font l'objet de *journaux* ou *carnets d'attachement* sur lesquels tous les faits de dépenses sont inscrits par ordre de date.

Ces articles sont rapportés et classés sur un *sommier*, où sont ouverts autant de comptes qu'il y a de crédits distincts et donnant lieu à une *situation mensuelle* et à un *état récapitulatif* adressé à l'Administration centrale.

Les préfets approuvent dans les limites des crédits ouverts les propositions des ingénieurs en chef des ponts et chaussées.

Les *carnets d'attachement*, d'un modèle fourni par l'Administration, sont remis, par l'ingénieur en chef, à l'ingénieur ordinaire, qui en numérote les feuillets et les parafe du premier au dernier avant de les remettre aux conducteurs.

Chaque agent est responsable vis-à-vis de l'Administration de ce qu'il consigne sur son carnet. Tout doit être écrit à l'encre.

Quand il est rempli, il est visé, *ne varietur*, par l'ingénieur et archivé.

Les feuilles d'attachement des journées sont tenues par les commis; arrêtées, à la fin du mois, ou plus souvent, si cela est nécessaire, et remises au conducteur qui en écrit les résultats sur son carnet.

Au moyen de ces éléments, le conducteur adresse à l'ingénieur ordinaire les états ci-après désignés, qui servent de base à sa comptabilité et aux propositions de payement qu'il doit adresser à l'ingénieur en chef.

1° État des travaux en régie ;

2° Décompte des cantonniers, travaux d'entretien ;

3° Situation mensuelle : travaux neufs ;

4° Métrés détaillés des ouvrages ;

5° Bordereau des pièces envoyées à l'ingénieur.

Ces états doivent être remis le 5 de chaque mois au plus tard.

Comptabilité de l'ingénieur ordinaire.

801. Il centralise, vérifie et coordonne tous les résultats constatés et produits par les conducteurs placés sous ses ordres.

Il les établit de la façon suivante :

1° Décompte des cantonniers ;

2° Rôles des journées d'ouvriers.

Il tient, en outre, les deux *livres de comptabilité* de l'*ingénieur ordinaire*, l'un pour les travaux ordinaires, l'autre pour les travaux extraordinaires.

A la fin de chaque mois, il dresse un état sommaire des dépenses de son service, et une colonne spéciale est destinée à recevoir l'indication des dépenses qui seront faites dans les deux mois qui suivent celui pour lequel il est dressé. Il doit parvenir à l'ingénieur en chef avant le 9 de chaque mois.

L'ingénieur ordinaire dresse procès-verbal des réceptions provisoires en triple expédition, il opère de même pour les réceptions définitives, qu'il fait alors suivre d'un décompte qui est remis à l'entrepreneur; et, lorsqu'il y a lieu de faire un payement, il rédige un *certificat pour payement* et l'adresse à l'ingénieur en chef.

S'il y a eu des sommes avancées à un régisseur comptable, celui-ci doit justifier de l'emploi par des pièces régulières revêtues de l'acquit des parties prenantes. Elles font l'objet d'un bordereau en double expédition. Ce bordereau est vérifié par l'ingénieur ordinaire, approuvé par l'ingénieur en chef et remis au payeur, qui rend une expédition au régisseur comptable pour lui servir de décharge.

Des états trimestriels de toutes les dépenses sont dressés par l'ingénieur ordinaire, vérifiés par l'ingénieur en chef, visés par le préfet et transmis au ministère des Travaux publics.

Le 31 décembre, l'ingénieur ordinaire arrête son livre de comptabilité, et en consigne les résultats sur un état de situation définitive ; il dresse également les décomptes de son service. les notifie aux intéressés et les adresse à son ingénieur en chef.

Comptabilité de l'ingénieur en chef.

802. Il centralise tous les faits de dépense, dresse et remet au préfet, pour être transmis au ministère des Travaux publics, les états récapitulatifs.

Son *livre de comptabilité* se compose :

Crédits.

1° Un compte des crédits ouverts par chapitre du budget ;

2° Un compte de la distribution de ces crédits par service d'ingénieurs ;

3° Un compte de sous-répartition des crédits par article de dépense.

Dépenses.

4° Une situation à la fin de chaque mois des dépenses faites par route, pont, rivière, etc. ;

5° Une situation à la fin de chaque mois des dépenses et des mandats par chapitre du budget et par service d'ingénieur.

Ordonnances des fonds.

6° Un compte général des fonds ordonnancés, présentant, d'une part, les ordonnances de délégation affectées au service général ; d'une autre part, la distribution, par service d'ingénieur, des fonds nécessaires.

Mandats délivrés.

7° Un journal d'inscription des mandats délivrés ;

8° Un état récapitulatif, par service d'ingénieur, des mandats délivrés.

Comptes ouverts.

803. L'ingénieur en chef tient, en outre, un régistre où des comptes sont ouverts à tous les articles de la sous-répartition.

Il adresse le 12 de chaque mois, à la préfecture qui la transmet immédiatement au ministère, la situation sommaire des crédits et des dépenses du mois précédent.

Celle de décembre doit comprendre toutes les dépenses à imputer à l'exercice.

Pendant la seconde année de l'exercice réservée à la liquidation, l'ingénieur en chef établit à la fin de chaque mois un *état continuatif*.

Chaque jour où l'ingénieur en chef délivre des mandats sur le payeur, il adresse à ce comptable un bordereau et il y joint les pièces justificatives, et les mandats ne doivent être remis aux intéressés qu'après l'envoi du bordereau au payeur.

A la fin de chaque mois, en sa qualité de sous-délégataire des ordonnances, il rend compte au préfet de l'emploi des fonds, au moyen d'un bordereau détaillé rappelant dans une dernière ligne les sommes déjà versées sur l'exercice.

Tous les trois mois, il présente un état des dépenses de son personnel, non compris les retenues pour la caisse des retraites qui est ordonnancée directement.

Il adresse, le 31 décembre, un état récapitulatif de toutes les dépenses dont il doit personnellement rendre compte.

Il produit également à la même date une situation définitive des travaux ordinaires et une autre des travaux extraordinaires. Ces états sont visés par le préfet et transmis au ministère des Travaux publics.

A l'époque de la clôture des payements de l'exercice, 31 octobre, l'ingénieur en chef établit un état final résumant toutes les dépenses et les sommes à payer ; cet état certifié par le payeur est visé par le préfet et transmis au ministre.

Au commencement de chaque année, il remet au payeur en double expédition, avant le 1er mars, l'état des sommes mandatées depuis différentes années pour les travaux dont la durée embrasse ces mêmes années.

Il remet, au préfet, les projets de budget et de sous-répartition des crédits.

Comptabilité des préfets.

804. Les préfets doivent adresser au ministère des Travaux publics un bordereau mensuel qui se compose de deux tableaux.

Le tableau de gauche, présente la situation sommaire par chapitre au dernier jour du mois, des dépenses faites, ordonnances délivrées et mandats émis.

Celui de droite, la décomposition par service du total des dépenses des ordonnances et des mandats. Les chiffres doivent cadrer entre eux et avec ceux reçus par les chefs de service.

Un bordereau mensuel spécial doit être produit pour les travaux extraordinaires.

805. Une collection de formules est jointe à ce règlement qui a éprouvé fort peu de modifications depuis sa mise en vigueur. C'est ainsi que, le 29 novembre 1849, une circulaire du ministre donne quelques explications sur l'emploi des formules. Cette circulaire fut complétée le 16 mars 1850 et les différentes interprétations auxquelles son application avait donné lieu furent régularisées par la circulaire du 25 octobre 1851.

Enfin, en 1888, les inspecteurs généraux envoyèrent des instructions sur la comptabilité des conducteurs et des ingénieurs des ponts et chaussées.

Entre autres prescriptions, il ne doit y avoir qu'un *carnet unique et universel*, c'est-à-dire qu'un conducteur ne doit tenir, à la fois, qu'un seul carnet et celui-ci doit être considéré comme s'appliquant moins à la personne qu'à la subdivision.

Le sommier d'un conducteur ne devra comprendre qu'un exercice; mais il devra en ouvrir autant qu'il y aura de ministères représentés dans sa subdivision. Même recommandation est faite aux ingénieurs ordinaires.

Formalités pour les payements.

806. Nous terminerons ce qui est relatif à la comptabilité des travaux publics par l'indication des pièces à remettre aux trésoriers-payeurs généraux à l'appui des mandats de payements. Nous empruntons cette nomenclature au *Memento du conducteur des ponts et chaussées* de M. Dupont.

807. TRAITEMENT DU PERSONNEL.

Certificat collectif délivré par l'ingénieur en chef.

808. TRAVAUX.

Travaux par entreprise.

Premier acompte.

Certificat du payement.

Procès-verbal d'adjudication (ou soumission) timbré.

Extrait du cahier des charges relatant les conditions de payement.

Certificat de réalisation du cautionnement délivré par l'ingénieur en chef.

Acomptes subséquents.

Certificat du payement.

Solde de l'entreprise.

Certificat de payement.

Procès-verbal de réception définitive et décompte détaillé des travaux, timbré.

Expéditions timbrées des devis, bordereaux des prix, détail estimatif et du procès-verbal d'adjudication ou de la soumission.

Lorsqu'il s'agit des travaux qui s'exécutent pendant plusieurs années tels que les baux d'entretien, et que la retenue de garantie ne se cumule pas pendant toute la durée de l'entreprise, les pièces ci-après doivent être produites.

Solde de la première année du bail.

Certificat de payement.

Procès-verbal de réception définitive et décompte détaillé des travaux (timbré).

Extrait du bordereau des prix.

Soldes subséquents.

Certificat de payement.

Procès-verbal de réception définitive et décompte détaillé des travaux.

Dépenses faites en régie au compte de l'Administration.

Cantonniers.

Certificat de payement.

Décompte collectif.

Auxiliaires.

Certificat de payement.

Rôle collectif des journées.

Tâcherons et fournisseurs.

Certificat de payement.

État à la tâche, mémoire (timbré) ou quittance (lorsque la somme est inférieure à 10 fr.).

Dépenses diverses.

Certificat de payement.

Mémoire (timbré) ou quittance approuvée par le préfet.

Lorsque la dépense a été approuvée par le ministre.

Copie de la dépense ministérielle approbative.

Travaux en régie au compte d'un entrepreneur.

Les pièces à produire sont les mêmes que celles qui sont fournies pour les dépenses en régie faites au compte de l'Administration.

La copie de l'arrêté préfectoral qui a établi la régie devra être jointe au premier mandat délivré. Les mandats subséquents devront rappeler le mandat auquel l'arrêté a été annexé.

Secours.

Certificat de payement.

Copie de la décision ministérielle allouant secours.

Exercice clos.

Les pièces justificatives à produire sont celles qui ont été fournies lors de l'émission du mandat primitif.

Acquisition amiable d'immeubles.

Lorsque l'acte de vente n'a été ni publié ni transcrit.

Certificat de payement.

Acte de vente.

Arrêté de cessibilité.

Certificat d'immatriculation sur les sommiers des domaines.

Lorsque l'acte de vente a été publié et transcrit.

Certificat de payement.

Acte de vente.

Arrêté de cessibilité du préfet ou copie de la décision ministérielle autorisant l'acquisition.

Certificat du maire constatant que l'acte de vente a été publié et affiché.

Numéro ou extrait du journal dans lequel l'insertion a eu lieu.

Certificat du conservateur des hypothèques délivré quinze jours au moins après la transcription et indiquant s'il existe ou non des hypothèques.

Certificat du préfet délivré huit jours au moins après la publication et l'affichage, et constatant qu'aucun tiers ne s'est fait connaître à l'Administration comme intéressé au règlement de l'indemnité.

Certificat d'immatriculation sur les sommiers des Domaines.

Lorsqu'il existe des hypothèques que le vendeur a fait radier avant la délivrance du mandat.

Certificat de radiation ou de restitution des hypothèques.

Lorsque les hypothèques n'ont pas été radiées, ou qu'il existe des obstacles au payement de l'indemnité, le montant de l'indemnité est versé à la Caisse des dépôts et consignations sur la production d'un

Arrêté du préfet en double expédition motivant et prescrivant la consignation de la somme due.

Le vendeur encaissera la somme consignée sur la production de la pièce dont l'absence a motivé la consignation.

COMPTABILITÉ DU SERVICE VICINAL

809. Nous avons donné, page 386, le texte de la loi du 21 mai 1836 sur les chemins vicinaux, l'importance de ce service fit qu'elle subit dans l'application de nombreuses modifications ; les deux plus importantes et qui régissent aujourd'hui la matière sont :

L'instruction générale sur le service des chemins vicinaux, rendue exécutoire à partir du 1er janvier 1871, par arrêté ministériel du 6 décembre 1870 et la loi du 12 mars 1880.

810. Cette dernière porte :

1° Ouverture au ministère de l'Intérieur et des Cultes d'un crédit de 8 000 000 de francs pour subvention aux chemins vicinaux ;

2° L'annulation sur l'exercice de 1880

d'un crédit de 5 750 000 francs ouvert pour le même objet.

811. L'instruction générale réglemente non seulement les travaux, mais toute la comptabilité de ces chemins.

Son premier titre est consacré à l'assiette des chemins, à leur classement (chap. I), à la fixation de leur largeur (chap. II), à leurs plans (chap. III), à leur élargissement, à leur ouverture et à leur redressement (chap. IV), aux acquisitions et indemnités (chapitre V), au déclassement (chap. VI), aux aliénations et aux échanges de terrain (chap. VII), aux indemnités pour extraction des matériaux et pour occupations temporaires (chap. VIII).

Nous avons donné, au fur et à mesure qu'ils se présentaient, tous les documents relatifs à ces différentes questions, ou pour mieux dire les simplifications que la législation a prescrites pour ces voies de communication ; y revenir serait faire double emploi.

Le titre II est spécial à la création et à la répartition des ressources. Il doit donc trouver ici sa place ; aussi allons-nous le donner en entier.

812. Titre II. — Création et répartition des ressources.

Art. 63. — Les ressources applicables aux dépenses des chemins vicinaux se composent :

1° *Ressources créées par les communes.*	Ressources ordinaires (loi du 21 mai 1836, art. 2.	Revenus ordinaires.	
		Prestations en nature.	
		Centimes spéciaux ordinaires.	
	Ressources extraordinaires.	Centimes spéciaux extraordinaires, loi du 24 juillet 1867, art. 3.	
		Quatrième journée de prestation, 11 juillet 1868, art. 3.	
		Impositions extraordinaires autorisées par des décisions ou des lois spéciales.	
		Emprunts	à la caisse des chemins vicinaux,
			à d'autres caisses.
		Allocations sur les fonds libres, sur les produits de coupes extraordinaires de bois, de ventes de terrain, etc.	
	Souscriptions particulières.		
2° *Ressources éventuelles.*	Subventions industrielles (loi du 21 mai 1836, art. 14).		
	Subventions départementales.	Sur centimes spéciaux et sur centimes facultatifs, loi du 21 mai 1836, art. 8 et loi annuelle des finances.	
		Sur impositions extraordinaires ou sur emprunts autorisés soit par des lois spéciales, soit en vertu de la loi du 11 juillet 1868.	
	Subventions de l'État.	Sur les fonds créés par les lois du 11 juillet 1868 et 12 mars 1880 (1).	
		Sur d'autres fonds.	

A ces ressources s'ajoutent les restes en caisses ou à recouvrer, à la clôture de chaque exercice, sur les fonds affectés au service vicinal pendant l'année précédente.

CHAPITRE PREMIER

RESSOURCES A CRÉER PAR LES COMMUNES

813. SECTION PREMIÈRE

OPÉRATIONS PRÉLIMINAIRES ET VOTE DES RESSOURCES

ART. 64. — Afin de mettre à même le Conseil général de fixer chaque année les contingents ordinaires, communaux pour les chemins de grande communication et d'intérêt commun, l'agent voyer en chef préparera, dans le courant du mois de mars, un état sommaire des besoins auxquels il y aura lieu de faire face l'année suivante sur chaque chemin. Il indiquera les contingents que les communes pourraient être appelées à fournir, et pour quelle part ces contingents devront être prélevés sur les revenus ordinaires et sur le produit des prestations et des centimes spéciaux ordinaires.

ART. 65. — Du 1er mai au 15 avril de chaque année, il sera dressé par l'agent voyer cantonal un état sommaire indiquant la situation des chemins vicinaux ordinaires de la commune ; les dépenses à faire pendant l'année suivante, tant pour l'entretien que pour l'achèvement complet de ces chemins ; les ressources qui pourront être affectées à ces dépenses ; l'emploi à faire du reliquat de l'exercice précédent.

Cet état comprendra les contingents demandés pour les chemins de grande communication et d'intérêt commun, conformément à l'article précédent.

L'état, vérifié par l'agent-voyer d'arrondissement et présenté par l'agent voyer en chef, sera transmis au maire pour être communiqué au Conseil municipal dans la session de mai, avec l'arrêté de mise en demeure, prescrit par l'article 5 de la loi du 21 mai 1836.

ART. 66. — Dans la session de mai, le Conseil municipal sera appelé à voter pour l'année suivante les contingents proposés pour les chemins de grande communication et d'intérêt commun, ainsi que les ressources qu'il entendra affecter aux chemins vicinaux ordinaires, en distinguant le réseau subventionné du réseau non subventionné. Il sera invité, en même temps, à arrêter le tarif de la conversion des prestations en tâches, et à délibérer sur l'emploi des reliquats des exercices précédents.

La délibération du Conseil sera transmise à la Préfecture, avec l'avis du sous-préfet, dans les quinze jours qui suivront la clôture de la session. L'agent voyer en chef sera consulté sur cette délibération, qui ne deviendra exécutoire, selon la loi, qu'après l'approbation du Conseil général, pour ce qui concerne la fixation des contingents dus pour les ressources destinées aux chemins vicinaux ordinaires. Il sera donné au directeur des contributions directes avis de cette approbation, en ce qui concerne le vote des journées de prestation et des centimes.

814. SECTION II

RESSOURCES ORDINAIRES

ART. 67. — Les ressources au moyen desquelles le Conseil municipal doit d'abord faire face aux dépenses des chemins sont :

1° Les revenus ordinaires ;

2° Et, en cas d'insuffisance, les prestations, les centimes spéciaux ordinaires, soit concurremment, soit indépendamment les unes des autres.

Ces ressources sont votées sans le concours des plus imposés.

ART. 68. — L'allocation des crédits sur les revenus ordinaires a lieu dans la limite des sommes disponibles et des besoins de la vicinalité.

ART. 69. — La prestation ne peut être votée que par journées entières, jusqu'à concurrence du maximum déterminé par la loi. Le même nombre de journées est imputé à tous les éléments imposables.

ART. 70. — Si le Conseil municipal néglige ou refuse de voter, dans la session de mai, les ressources nécessaires pour les chemins vicinaux, le préfet y pourvoit d'office.

Il prend, en Conseil de préfecture, un arrêté pour inscrire au budget de la commune le crédit disponible sur les crédits ordinaires.

En cas d'insuffisance de ce crédit, et si le Conseil n'a pas voté le maximum des journées et des centimes, un arrêté est pris par le préfet pour l'imposition d'office des centimes spéciaux ordinaires et des journées de prestations nécessaires dans les limites de ce maximum.

Cet arrêté est notifié au maire de la commune ainsi qu'au directeur des contributions directes pour servir à l'assiette des rôles.

ART. 71. — Les communes dans lesquelles les chemins vicinaux classés sont entièrement terminés pourront, sur la proposition du Conseil municipal et après autorisation du Conseil général, appliquer aux chemins publics ruraux l'excédent de leurs prestations disponibles, après avoir assuré l'entretien de leurs chemins vicinaux, et fourni le contingent qui leur est assigné pour les chemins de grande communication et d'intérêt commun.

Toutefois elles ne pourront jouir de cette faculté que dans la limite maxima du tiers des prestations, et lorsque, en outre, elles ne reçoivent pour l'entretien de leurs chemins vicinaux ordinaires aucune subvention de l'État ou des départements.

815. SECTION III

RESSOURCES EXTRAORDINAIRES

Art. 72. — Le Conseil municipal, assisté des plus imposés, pourra voter, jusqu'à concurrence de *trois*, les centimes spéciaux extraordinaires autorisés par la loi du 22 juillet 1867.

Si les charges extraordinaires de la commune excèdent 10 centimes, le Conseil pourra, en vertu de l'article 3 de la loi du 11 juillet 1868 et pendant la période d'exécution de cette loi, opter entre les 3 centimes et une quatrième journée de prestation.

Ces ressources ne pourront être appliquées qu'aux chemins vicinaux ordinaires.

Art. 73. — Indépendamment des ressources mentionnées en l'article précédent et en cas d'insuffisance des ressources ordinaires indiquées à l'article 67, le Conseil municipal, assisté des plus imposés, pourra voter des centimes extraordinaires.

Art. 74. — Le Conseil municipal, assisté, s'il est nécessaire, des plus imposés, peut aussi accepter des avances de fonds ou de voter des emprunts.

La délibération devra assurer le remboursement des avances et le service des emprunts; elle ne pourra le faire au moyen du produit de prestations et des centimes spéciaux ordinaires.

Art. 75. — Les allocations sur les ressources extraordinaires autres que les impositions ci-dessus définies peuvent être votées par le Conseil municipal sans l'assistance des plus imposés.

816. SECTION IV

ASSIETTE DE LA PRESTATION

Art. 76. — Est passible de la prestation tout habitant de la commune, mâle, valide, âgé de dix-huit ans au moins de soixante ans au plus, célibataire ou marié, quelle que soit sa profession, pourvu qu'il soit porté au rôle des contributions directes.

S'il est chef de famille ou d'établissement, à titre de propriétaire, de régisseur, de fermier ou de colon partiaire, il doit la prestation, non seulement pour sa personne, mais encore pour chaque individu mâle, valide, agé de dix-huit ans au moins et de soixante ans au plus, membre ou serviteur de la famille et résidant dans la commune, ainsi que pour chaque bête de trait, de somme ou de selle, et pour chaque charrette ou voiture attelée, au service de la famille ou de l'établissement dans la commune.

Tout individu, même non habitant de la commune, même du sexe féminin, même invalide, même âgé de moins de dix-huit ans et de plus de soixante ans, même non porté nominativement au rôle des contributions directes, s'il est chef d'une famille qui habite la commune, ou si, à titre de propriétaire, de régisseur, de fermier ou de colon partiaire, s'il est chef d'une exploitation agricole ou d'un établissement situé dans la commune, doit la prestation, non pour sa personne, mais, pour tout ce qui, personnes ou choses, dans les conditions indiquées à l'alinéa précédent, dépend de l'exploitation ou de l'établissement dont il est propriétaire ou qu'il gère à quelque titre que ce soit.

Art. 77. — Le propriétaire qui a plusieurs résidences, qu'il habite alternativement, est passible de la prestation en nature dans la commune où il a son principal établissement.

S'il a, dans chacune de ces résidences, un établissement permanent en domestiques, voitures, bêtes de somme, de trait et de selle, il doit être imposé dans chaque commune pour ce qui lui appartient dans chaque commune (arrêt du 26 août 1838, Ramel, etc...).

Si ses domestiques, ses animaux et ses voitures passent avec lui temporairement d'une résidence à une autre, il ne doit être imposé pour ses moyens d'exploitation que dans le lieu de son principal établissement (arrêt du 21 juillet 1850, Adam, etc.).

Art. 78. — Sont considérés comme serviteurs tous ceux qui ont dans la maison des fonctions subordonnées à la volonté du maître, et qui reçoivent des gages ou un salaire annuel et permanent (Conseil d'État, 27 juin 1838. Payard).

Sont considérés comme membres de la famille les enfants qui habitent chez leur père, alors même qu'ils sont portés au rôle des contributions directes (arrêt du 2 juin 1852, Bucquet; toutefois, voir en sens contraire arrêt du 4 avril 1852, Clémot).

Ne sont pas considérés comme serviteurs:

1° Les ouvriers qui travaillent à la journée ou à la tâche, ou qui ne sont employés que passagèrement pendant le temps de la moisson ou d'un travail temporaire;

2° Les employés, contremaîtres, chefs d'atelier et maîtres ouvriers attachés à l'exploitation d'établissements industriels.

3° Les postillons, titulaires des relais de poste;

4° L'individu qui vit à son ménage.

Les individus compris dans ces différentes catégories doivent, s'il y a lieu, être imposés à la prestation en nature pour leur propre compte, dans la commune de leur domicile ou du domicile de leur famille (arrêté du 27 juin 1838, Payard, etc.).

Art 79. — Ne donnent pas lieu à l'imposition de la prestation en nature :

1° Les bêtes de somme, de trait ou de selle, que leur âge ou toute autre cause ne permet pas d'assujettir au travail ;

2° Celles qui sont destinées à la consommation, à la reproduction, et celles qui ne sont possédées que comme objet de commerce, à moins que, nonobstant leur destination, le possesseur n'en retire un travail ;

3° Les chevaux des relais de poste, mais seulement dans la limite du nombre fixé pour chaque relai par les règlements de l'administration des postes ;

4° Les chevaux que les agents du gouvernement sont tenus par les règlements émanés de leur administration de posséder pour l'accomplissement de leur service (jurisprudence du Conseil d'État, arrêt du 25 janvier 1839, Guyot, etc.).

Art. 80. — Ne doivent être considérées comme attelées et, par conséquent, donner lieu à la prestation en nature que les voitures dont le propriétaire possède d'une manière permanente le nombre de chevaux ou d'animaux de trait nécessaire pour qu'elles puissent être employées simultanément. (Jurisprudence du Conseil d'État, arrêt du 14 décembre 1837, Davoust, etc.)

Art. 81. — Il sera rédigé pour chaque commune par le contrôleur des contributions directes, assisté du maire, des répartiteurs et du receveur municipal, un état matrice des contribuables soumis à la prestation.

Pour faciliter la rédaction de cette matrice, le receveur municipal est tenu de garder état de tous les changements survenus dans la situation des contribuables dont il a connaissance. Il prend note de tous les individus qui, par oubli ou autrement, n'auraient pas été compris dans les matrices précédentes, ainsi que des erreurs signalées par les agents voyers.

Art. 82. — L'ordre des tournées du contrôleur sera réglé par le directeur des contributions directes, qui en informera le préfet. Les maires en seront prévenus à l'avance par les soins de l'administration des contributions directes pour qu'il convoque les répartiteurs en temps utile. Le receveur municipal sera averti par le trésorier payeur général.

Art. 83. — Si le maire et les répartiteurs refusent de prêter leur concours pour la rédaction de l'état matrice, le contrôleur assisté du receveur municipal procédera à la formation de cet état, qui sera, dans ce cas, soumis par le directeur, et avec son avis, à l'approbation du préfet.

Toutes les difficultés relatives à la confection de l'état matrice seront soumises au préfet.

Art. 84. — L'état matrice présentera pour chaque article :

1° Les nom et prénoms et le domicile de l'individu sur lequel la cote est assise ;

2° Le nombre des membres, ou serviteurs de la famille, celui des bêtes de trait ou de selle, et celui des charrettes ou des voitures attelées qui doivent servir de base à l'imposition.

L'état matrice sera divisé en sections correspondant à celles du cadastre et dressé par ordre alphabétique, des noms des contribuables ; il sera disposé de manière à pouvoir servir pendant quatre ans. Un certain nombre d'articles seront laissés en blanc, à la fin de l'état, pour recevoir les additions qui deviendraient nécessaires au moment de chaque revision annuelle.

L'état matrice sera soumis à l'approbation du préfet lors de son renouvellement intégral.

Art. 85. — L'état matrice sera, aussitôt après sa confection ou sa revision, transmis au directeur ; il servira de base à la rédaction du rôle que le directeur devra préparer pour la commune, en raison du nombre de journées votées ou imposées d'office et suivant la notification qu'il en aura reçue du préfet.

Art. 86. — Le rôle présentera, pour chaque article, le montant total en argent de chaque cote et le détail de son évaluation par chaque espèce de journée, d'après l'état matrice et d'après le tarif arrêté par le Conseil général du département, conformément aux dispositions du 1er paragraphe de l'article 4 de la loi du 21 mai 1836.

Il portera en tête la mention de la délibération du Conseil municipal qui aura voté la prestation, ou de l'arrêté du préfet qui aura ordonné une imposition d'office.

Il sera arrêté et certifié par le directeur des contributions directes et rendu exécutoire par le préfet.

Si un rôle supplémentaire est nécessaire, il sera dressé de la même manière que le rôle primitif.

Art. 87. — Indépendamment du rôle, le directeur des contributions directes préparera les avertissements aux contribuables, et les remettra au préfet en même temps que le rôle.

Ces avertissements comprendront tous les détails portés au rôle ; ils indiqueront la date de la délibération du Conseil municipal ou de l'arrêté d'imposition d'office du préfet, ainsi que celle de la décision rendant le rôle exécutoire, et contiendront une mise en demeure aux contribuables de déclarer, dans le délai d'un mois, à dater de la publication du rôle, s'ils entendent se libérer en nature, avec avis qu'à défaut de déclaration leur cote sera de droit exigible en argent, aux termes de l'article 4 de la loi du 21 mai 1836.

Art. 88. — Le rôle et les avertissements seront transmis au préfet par le directeur au fur et à mesure de leur rédaction et de manière que la publication du rôle ait lieu au plus tard le 1er novembre.

Art. 89. — Le préfet enverra ces pièces, par l'intermédiaire du trésorier-payeur général, au receveur municipal.

Ce dernier remettra immédiatement le rôle au maire de la commune, qui devra en faire la publication à l'époque fixée à l'article précédent et dans les formes prescrites pour les rôles des contributions directes. Aussitôt après cette publication, qui sera certifiée par le maire sur le rôle même, le receveur municipal fera parvenir sans frais les avertissements aux contribuables.

Art. 90. — Si le maire négligeait ou refusait de faire la publication du rôle, ainsi que de recevoir les déclarations d'option dont il va être parlé, le préfet y ferait procéder par un délégué spécial en vertu de l'article 25 de la loi du 18 juillet 1837.

Art. 91. — Les déclarations d'option seront reçues par le maire et inscrites immédiatement à leur date, sur un registre spécial; elles seront constatées soit par la signature du déclarant, soit par une croix apposée par lui, en présence de deux témoins, soit par l'annexion au registre du bulletin rempli, daté, signé par le contribuable et envoyé au maire après avoir été détaché de la feuille d'avertissement.

A défaut de l'accomplissement de ces formalités, la cote sera exigible en argent.

Art. 92. — A l'expiration du délai d'un mois fixé par l'article 87, le registre des déclarations sera clos par le maire, puis transmis au receveur municipal qui le vérifiera et en annulera les indications, dans une colonne spéciale du rôle.

Art. 93. — Dans la quinzaine qui suivra, le receveur municipal dressera et enverra au préfet, pour être transmis au maire, un extrait du rôle, comprenant, suivant l'ordre des articles, le nom de chacun des contribuables qui aura déclaré vouloir s'acquitter en nature, ainsi que le nombre des journées, d'hommes, d'animaux et de charrois qu'il devra exécuter et le montant total de sa cote.

Cet extrait du rôle sera totalisé et certifié exact par le receveur municipal; il comportera le résumé des cotes inscrites au rôle et l'indication du total des cotes exigibles en argent par suite de leur non-déclaration d'option.

Le receveur municipal joindra à cet extrait un état comprenant, pour chacune des communes de sa perception, le montant total du rôle et sa division en matière et en argent d'après les déclarations d'option.

Art. 94. — Les demandes en dégrèvement de la part des contribuables devront être présentées, avant le 31 mars, au sous-préfet de l'arrondissement ; elles pourront être libellées sur papier libre.

Ces demandes seront instruites et jugées comme celles des contributions directes ; elles seront communiquées aux répartiteurs, puis vérifiées par le contrôleur et par le directeur des contributions directes.

Si l'avis du directeur est défavorable au réclamant, ce dernier en recevra communication et pourra faire des observations.

Il sera ensuite statué par le Conseil de préfecture, sauf recours au Conseil d'État.

Ce recours pouvant, comme en matière de contributions directes, être exercé par le ministère d'un avocat, les pourvois des intéressés seront adressés au préfet qui y donnera suite (loi du 28 juillet 1824, etc.).

Art. 95. — Les communes pourront de la même manière, et par la même voie, se pourvoir, dans leur intérêt, contre un arrêté du Conseil de préfecture dégrevant un prestataire. Les pourvois seront formés par les maires, sur la seule délibération du Conseil municipal, sans qu'il soit besoin de l'autorisation du Conseil de préfecture.

Art. 96. — A la fin de chaque année, le préfet, après avoir pris l'avis de l'agent voyer en chef, déterminera à quels chemins seront appliquées les décharges, remises et non-valeurs accordées sur les prestations.

L'état de ces imputations sera transmis à l'agent voyer en chef et au receveur municipal.

Les décharges ne seront pas portées en dépenses par l'agent voyer en chef; elles constituent une réduction de ressources.

Art. 97. — Les cotes payables en argent pour défaut de déclaration seront exigibles par douzièmes.

Il en sera de même de celles à payer en argent par suite de l'inexécution ou de l'exécution incomplète des travaux ou des journées demandées au prestataire; mais le premier payement fait par le contribuable devra comprendre les douzièmes échus.

Art. 98. — Les poursuites à exercer, pour la rentrée des cotes exigibles en argent, seront faites comme en matière de contributions directes.

ART. 99. — Les percepteurs-receveurs municipaux seront responsables envers les communes du recouvrement du rôle de prestation, comme du recouvrement de toute autre ressource communale.

Si, à l'époque de la clôture de l'exercice, ces rôles n'étaient pas entièrement soldés, les restes à recouvrer seraient portés au budget supplémentaire de la commune pour l'exercice suivant. Le comptable s'exposerait à être forcé en recette, s'il ne prenait soin de justifier, au moment où le compte de l'exercice clos es rendu au Conseil municipal, qu'il a fait toutes diligences pour opérer le recouvrement exact des rôles, et s'il ne prouvait que la rentrée des ressources encore dues n'a été retardée que par des obstacles qu'il lui a été impossible de surmonter (décret du 31 mai 1862, art. 512, 516, 518, 543).

ART. 100. — Les contrôleurs des contributions directes recevront un centime et demi par article pour la rédaction des états matrices et l'examen des réclamations présentées par les contribuables.

Il sera alloué au directeur des contributions directes quatre centimes par article pour la rédaction des rôles de prestation, l'expédition des avertissements et la fourniture des imprimés nécessaires pour les pièces et pour les états matrices.

Les remises seront acquittées sur les ressources communales, et leur montant sera centralisé à la caisse du trésorier-payeur général au compte des cotisations municipales.

817. CHAPITRE II

SECTION PREMIÈRE

SOUSCRIPTIONS PARTICULIÈRES

ART. 101. — Les souscriptions particulières applicables aux dépenses des chemins vicinaux ordinaires seront acceptées par le Conseil municipal sous l'approbation du préfet, donnée sur l'avis de l'agent voyer en chef.

Les souscriptions applicables aux chemins de grande communication et aux chemins d'intérêt commun seront acceptées par le préfet, sur la proposition de l'agent voyer en chef.

Avis de l'acceptation sera donné aux souscripteurs. Si la souscription est faite par listes collectives, cette acceptation sera portée à la connaissance des souscripteurs par une simple publication faite dans la commune sous la forme ordinaire.

ART. 102. — Le recouvrement des souscriptions en argent sera fait conformément aux dispositions de l'article 63 de la loi du 18 juillet 1837.

Si les souscriptions ont été faites en journées de prestation, et qu'il y ait lieu d'en poursuivre le recouvrement en argent, elles pourront être évaluées conformément au tarif adopté pour la prestation dans la commune sur le territoire de laquelle les travaux auraient dû être exécutés. Dans les autres cas, le recouvrement sera fait d'après la valeur indiquée sur la liste de souscription.

818. SECTION II

OFFRES DE CONCOURS DES COMMUNES POUR LES CHEMINS DE GRANDE COMMUNICATION ET D'INTÉRÊT COMMUN.

ART. 103. — Indépendamment des contingents fixés par le préfet, les communes peuvent faire offre, à titre de concours, de sommes prélevées sur leurs revenus ordinaires, sur les fonds libres, sur ceux restés sans emploi à la fin de l'exercice, sur le produit des cinq centimes spéciaux et des prestations, ou sur toute autre ressource.

L'assistance des plus imposés sera nécessaire lorsque l'effet de concours comportera une imposition extraordinaire, sauf l'exception prévue par l'article 42 de la loi du 18 juillet 1837.

ART. 104. — Les offres de concours des communes seront acceptées par le préfet, sur l'avis de l'agent voyer en chef. Notification de cette acceptation sera faite au maire.

ART. 105. — L'acceptation régulière de l'offre de concours d'une commune constitue pour celle-ci un engagement obligatoire, sauf exécution des conditions auxquelles le concours a été offert.

819. SECTION III

SUBVENTIONS INDUSTRIELLES

ART. 106. — Chaque année, au commencement du mois de janvier, il sera publié et affiché, dans les communes où il y aura lieu d'appliquer l'article 14 de la loi du 21 mai 1836, un tableau des chemins vicinaux ordinaires, d'intérêt commun et de grande communication entretenus à l'état de viabilité.

Ce tableau sera préparé par l'agent voyer cantonal, et arrêté par le maire pour les chemins vicinaux ordinaires, et par le préfet pour ceux de grande communication et d'intérêt commun.

ART. 107. — La publication et l'affichage seront constatés par un certificat délivré par le maire et contenant les énonciations du tableau.

Ce certificat sera adressé au sous-préfet de l'arrondissement dix jours après la publication.

Art. 108. — Dans les dix jours qui suivront la publication, les intéressés seront admis à présenter leurs observations sur l'état des chemins, et à demander que cet état soit constaté contradictoirement entre eux ou leurs représentants et les agents de l'Administration.

Cette constatation aura lieu dans les dix jours de la réclamation. Elle sera faite par l'agent voyer d'arrondissement ou son délégué, pour les chemins de grande communication et d'intérêt commun.

Faute par les intéressés ou leurs représentants de se rendre à la convocation qui leur sera adressée, la constatation sera faite par l'agent voyer.

Le procès-verbal constatant le résultat de cette opération sera déposé, pour y rester à la disposition des parties, à la mairie pour les chemins vicinaux ordinaires, et à la préfecture pour les chemins de grande communication et d'intérêt commun.

Les chemins qui n'auront fait l'objet d'aucune observation seront considérés comme étant en état de viabilité par le seul fait de la publication du tableau, et leur dégradation ultérieure pourra donner lieu à des demandes de subventions.

Art. 109. — Le droit reste ouvert à tout intéressé dont les transports ne commenceraient que dans le courant de l'année, de demander que la constatation de l'état du chemin soit faite à une époque voisine du commencement de son exploitation. Dans ce cas il devra adresser sa déclaration au maire pour les chemins vicinaux ordinaires, ou au sous-préfet pour les chemins de grande communication et d'intérêt commun, au moins vingt jours avant le commencement de ses transports. La reconnaissance de l'état du chemin aura lieu comme il a été dit ci-dessus.

Art. 110. — Dans le courant du mois de janvier de chaque année, l'agent voyer cantonal pour les chemins vicinaux ordinaires, l'agent voyer d'arrondissement pour ceux de grande communication et d'intérêt commun, prépareront un état, par commune ou par chemin, des subventions à réclamer en raison des dégradations commises dans le courant de l'année précédente.

Si la dégradation a été temporaire et si les transports se sont terminés avant la fin de l'année, l'agent voyer préparera l'état des subventions dans le mois qui suivra l'achèvement des transports.

Art. 111. — L'état relatif aux chemins vicinaux ordinaires sera remis au maire, après avoir été visé par l'agent voyer d'arrondissement ; celui relatif aux chemins vicinaux des grandes communications et d'intérêt commun sera remis au préfet après avoir été visé par l'agent voyer en chef.

Les subventions dues pour dégradations de chemins de grande communication et d'intérêt commun seront réclamées par le préfet ; celles concernant les chemins vicinaux ordinaires seront réclamées par les maires des communes intéressées ; toutefois, ceux-ci pourront demander au préfet d'ordonner et de suivre, au nom de la commune, l'accomplissement des formalités et des opérations nécessaires pour arriver au règlement des subventions.

Art. 112. — Notification de la demande de subvention sera faite par voie administrative, à chaque industriel ou propriétaire, avec invitation de faire connaître, dans le délai de dix jours, au préfet pour les chemins de grande communication et d'intérêt commun, au maire pour les chemins vicinaux ordinaires, s'il adhère à la demande de l'Administration.

Dans le cas où il ne donnerait pas son adhésion, il serait procédé conformément à l'article 17 de la loi du 21 mai 1836.

Il sera produit aux experts tous les renseignements qui auront servi de base à la préparation de l'état prescrit par l'article 110.

Art. 113. — La notification des décisions du Conseil de préfecture qui sera faite aux industriels, aux propriétaires et aux entrepreneurs, contiendra l'invitation de faire connaître, dans le délai de quinze jours, s'ils entendent se libérer en nature ou en argent.

Leur déclaration devra être adressée au préfet pour les chemins de grande communication et d'intérêt commun, et au maire pour les chemins vicinaux ordinaires.

L'absence de déclaration dans le délai fixé sera considérée comme une option pour le payement en argent, et le montant de la subvention sera immédiatement exigible.

Art. 114. — Si le subventionnaire a déclaré vouloir se libérer en nature, il sera procédé selon les règles indiquées pour l'exécution de la prestation.

Art. 115. — Les subventions pourront être réglées par voie d'abonnement.

Dans ce cas, le montant en sera arrêté à une somme fixe payable chaque année, en nature ou en argent, pour une période déterminée.

Cet abonnement sera réglé définitivement par la Commission départementale. En ce qui concerne les chemins vicinaux ordinaires, le Conseil municipal sera préalablement consulté. (Loi du 21 mai 1836.)

ART. 116. — Le recouvrement des subventions en argent sera opéré comme en nature de contributions directes.

Les subventions dues pour les chemins de grande communication et d'intérêt commun seront recouverts à la diligence du trésorier-payeur général.

ART. 117. — Le produit des subventions industrielles sera exclusivement appliqué à la réparation du chemin qui aura subi les dégradations, ou employé au remboursement des dépenses faites pour cette réparation.

820. SECTION IV

PRESTATION PAR SUITE DE CONDAMNATION JUDICIAIRE

ART. 118. — Lorsqu'il y aura lieu d'employer dans une commune des prestations provenant de la conversion de condamnations pour délits forestiers, le préfet, sur la proposition de l'agent voyer en chef, désignera les chemins sur lesquels les prestations devront être effectuées.

821. SECTION V

SUBVENTION DU DÉPARTEMENT ET DE L'ÉTAT EN FAVEUR DES CHEMINS VICINAUX ORDINAIRES.

ART. 119. — Chaque année, l'agent voyer en chef remettra au préfet, pour être soumises au Conseil général, des propositions de répartition des subventions à accorder aux communes, pour les chemins vicinaux ordinaires sur les fonds du département et sur ceux de l'Etat.

822. CHAPITRE III

Dispositions générales

ART. 120. — Toutes les décisions relatives à la création de ressources applicables aux chemins vicinaux seront notifiées à l'agent voyer en chef par le préfet.

ART. 121. — Les ressources créées pour le service des chemins vicinaux, quelle que soit leur origine ne pourront sous aucun prétexte, être appliquées à des dépenses étrangères à ce service, ni à des chemins qui n'auraient pas été légalement reconnus et classés vicinaux, sauf les cas prévus par les lois du 12 juillet 1865, 21 juillet 1870 et 10 août 1871, art. 60.

Les ressources créées en vue d'une dépense spéciale ne pourront recevoir une autre destination, à moins d'une autorisation régulière.

Tout emploi, soit de fonds, soit de prestations en nature, effectué contrairement aux règles ci-dessus, sera rejeté des comptes et mis à la charge du comptable ou de l'ordonnateur selon le cas.

CHAPITRE IV

Répartition des ressources et formation des budgets

823. SECTION PREMIÈRE

CHEMINS DE GRANDE COMMUNICATION ET D'INTÉRÊT COMMUN

ART. 122. — Chaque année l'agent voyer d'arrondissement fournit à l'agent voyer en chef, pour chaque chemin de grande communication et d'intérêt commun, un projet de budjet faisant connaître les dépenses à effectuer dans l'exercice, suivant les travaux auxquels les dépenses seront affectées et les ressources qui pourront être appliquées.

L'agent voyer en chef remet ensuite au préfet, pour être soumises au Conseil général, ses propositions pour la fixation du contingent de chaque commune, pour l'allocation de subventions par le département, et pour la répartition, sur chaque chemin, de ces subventions et de celles de l'Etat, tant pour les travaux d'entretien que pour les travaux neufs et de grosses réparations.

Il propose en même temps l'allocation des crédits destinés aux dépenses générales : traitement du personnel, frais d'impression, etc.

La Commission départementale, après avoir entendu l'avis ou les propositions du préfet, répartit les subventions diverses portées au bubget départemental et dont le Conseil général ne s'est pas réservé la distribution, ainsi que les fonds provenant du rachat des prestations en nature, sur les lignes que ces prestations concernent. Elle détermine l'ordre de priorité des travaux à la charge du département, lorsque cet ordre n'a pas été fixé par le Conseil général.

ART. 123. — Après avoir reçu la notification des crédits alloués au budget départemental, l'agent voyer en chef propose, pour être soumise à l'approbation du préfet, la sous-répartition des crédits de chaque chemin et la composition définitive des budgets.

824. SECTION II

CHEMINS VICINAUX ORDINAIRES

ART. 124. — Dans la session du mois de novembre, le Conseil municipal de chaque commune sera appelé à délibérer sur l'emploi des ressources applicables aux travaux pour l'année suivante, d'après un budget préparé par l'agent voyer cantonal, de concert avec le maire et vérifié par l'agent voyer d'arrondissement.

ART. 125. — Les budgets des chemins vicinaux seront soumis à la ratification du préfet.

825. SECTION III

DISPOSITIONS GÉNÉRALES

Art. 126. — Dans les premiers mois de chaque année, la répartition dans chaque commune, par catégorie de chemins, des ressources créées en vertu de l'article 2 de la loi du 21 mai 1836 est publiée dans le Recueil des actes administratifs.

Cette répartition est notifiée aux maires, aux receveurs et aux agents voyers.

Art. 127. — Les dépenses à faire sur les chemins, au moyen des ressources créées après l'approbation de leur budget, sont rattachées à l'un des articles de ces budgets par la décision qui les approuve.

826. CHAPITRE V

Budgets supplémentaires

SECTION PREMIÈRE

CHEMIN DE GRANDE COMMUNICATION ET D'INTÉRÊT COMMUN

Art. 128. — Aussitôt après la clôture de l'exercice, l'agent voyer en chef prépare pour chaque chemin le budget supplémentaire de l'année courante. Il y inscrit en ressources le reste en caisse, les sommes restant à recouvrer de l'exercice précédent, et les ressources nouvelles créées depuis la rédaction du projet primitif.

Il inscrit en dépense les sommes restantes dues à la clôture de l'exercice précédent, et celles qui, n'ayant pas été employées, doivent conserver leur affection spéciale.

Il propose l'emploi des ressources nouvelles et de celles qui, restant libres sur les prévisions du budget des chemins, peuvent recevoir une autre destination.

827. SECTION II

CHEMINS VICINAUX ORDINAIRES

Art. 129. — Chaque année, dans sa session du mois de mai, le Conseil municipal prend une délibération par laquelle il détermine l'emploi des sommes restées libres sur les ressources vicinales de l'exercice précédent, comme il a été dit à l'article 65. Il reporte, en même temps, au budget additionnel de la commune, les crédits disponibles, en leur conservant leur affectation spéciale; le report est, s'il y a lieu, opéré d'office par le préfet sur la proposition de l'agent voyer en chef.

Exécution des travaux.

828. — Le titre III est relatif à l'exécution des travaux. Il indique comme disposition générale l'organisation du service des agents voyers. Les agents voyers en chef sont sous l'autorité du préfet, ceux des chemins vicinaux ordinaires sous celle des maires.

L'agent voyer en chef a la direction des travaux du département, et tous les autres agents voyers sont sous ses ordres.

Toutes les dépenses en nature ou en argent ne sont admises, dans les comptes, qu'après avoir été reconnues, vérifiées et certifiées par les agents du service vicinal.

La première section de ce titre indique le mode d'utilisation des *prestations en nature*.

Voici les articles qui les régissent :

829. *Prestations*

Art. 132. — Les travaux de prestation seront exécutés aux époques fixées par le règlement préfectoral.

Chaque année, un arrêté spécial du préfet fixera l'époque à laquelle les travaux de prestation devront être terminés sur les chemins vicinaux de grande communication et d'intérêt commun.

S'il devenait nécessaire de changer ces époques pour certaines communes, les modifications feraient l'objet d'un arrêté spécial du préfet, rendu sur la demande du maire, l'avis du Conseil municipal et du sous-préfet, et le rapport des agents voyers.

Les prestations devront être exécutées dans l'année pour laquelle elles ont été votées.

Les fermiers ou colons qui, par suite de fin de bail, devraient quitter la commune avant l'époque fixée pour l'emploi des prestations pourront être admis à effectuer les travaux avant leur départ.

Pour les prestations à la journée, les prestataires seront avisés au moins cinq jours avant l'époque fixée pour l'ouverture des travaux par une réquisition du maire, portant l'indication des outils que le prestataire devra emporter.

En cas de maladie du prestataire, il devra aviser au moins vingt-quatre heures avant le jour fixé pour l'exécution des travaux, l'agent voyer et le maire, qui lui fixeront une autre époque.

Les prestataires seront placés sous la surveillance des cantonniers ou de toute autre personne présentant des garanties suffisantes.

Chaque prestataire devra apporter les outils indiqués ; les bêtes de somme et les bêtes de trait seront garnies de leurs harnais, et les voitures seront attelées et accompagnées d'un conducteur.

Ce conducteur ne sera astreint à travailler avec les autres ouvriers commis au chargement qu'au cas où le propriétaire serait imposé pour journées d'hommes.

Les prestataires peuvent se faire remplacer par des ouvriers dont ils restent responsables.

La journée ne sera considérée comme acquittée que si le surveillant déclare qu'elle a été convenablement employée ; autrement on comptera seulement la fraction de travail utile.

Les difficultés qui pourraient s'élever entre le maire et l'agent voyer cantonal seront résolues par le préfet, sur l'avis de l'agent voyer en chef, sauf recours devant l'autorité compétente.

830. *Prestation à la tâche.* — Lorsque, en exécution de l'article 4 de la loi du 21 mai 1836, le Conseil municipal d'une commune aura adopté un tarif pour la conversion des journées de prestation en tâche, le préfet pour les chemins de grande communication, les maires pour les chemins vicinaux ordinaires, décideront si ce tarif sera appliqué à tout ou partie des travaux de prestation.

Le maire et l'agent cantonal devront se concerter pour la fixation des délais d'exécution des travaux et pour la répartition des tâches à faire pour chaque chemin par les prestataires.

Le maire adressera des bulletins de réquisition relatifs à la tâche qui devra être faite.

La réception des travaux aura lieu par le maire assisté de l'agent voyer cantonal.

Lorsque le maire refusera de prêter son concours pour l'exécution des prestations, il en sera référé au préfet, qui statuera.

831. *Travaux à prix d'argent.* — La section 2 est relative aux travaux à prix d'argent. Ceux-ci seront exécutés par voie d'adjudication, toutefois ils pourront être traités de gré à gré par série de prix à forfait avec l'autorisation du préfet :

1° Pour les ouvrages et fournitures dont la dépense n'excéderait pas 3 000 fr. ;

2° Pour ceux dont l'exécution ne comporterait pas les délais d'une adjudication ;

3° Pour ceux qui, par leur nature ou leur spécialité, exigeraient des aptitudes particulières;

4° Pour ceux dont la mise en adjudication n'aurait pas abouti.

Ils peuvent aussi être exécutés par voie de régie en cas d'urgence, mais avec l'autorisation du préfet, toutes les fois que la dépense en argent ne dépasse pas 300 francs.

Tous les travaux seront soumis aux clauses et conditions du cahier des charges des chemins vicinaux ; un article spécial devra l'indiquer.

832. *Adjudications.* — Les adjudications ont lieu sous la présidence du préfet, du sous-préfet ou du maire suivant le classement du chemin, avec les conseillers généraux, d'arrondissement ou municipaux assistés des agents voyers, et les formes suivies sont analogues à celles adoptées pour les travaux de l'État.

De même pour les marchés de gré à gré et les travaux en régie.

Le chapitre II est relatif aux cantonniers, il comprend trois articles que nous avons reproduits page 399.

833. *Comptabilité des chemins vicinaux.* — Le titre IV est relatif à la comptabilité des chemins vicinaux.

Le chapitre II est relatif à la comptabilité de l'agent voyer cantonal ; en voici les principales dispositions :

L'agent voyer cantonal (*art.* 177) tient un carnet d'attachement (modèle n° 19) sur lequel il inscrit tous les faits de dépenses à mesure qu'ils se produisent, par ordre de date, sans lacune, sans classification, pour tous les ateliers confiés à sa surveillance, qu'ils soient situés dans les chemins de grande communication, d'intérêt commun ou de petite vicinalité, en ayant soin d'indiquer le chemin auquel ces faits se rapportent avec distinction entre les réseaux subventionnés et les réseaux non subventionnés.

Ce carnet présente sur la page de gauche le libellé des opérations et leurs résultats, soit en quantités, soit en deniers, soit à la fois en quantité et en deniers. Il ne comprend que les faits de dépenses ; les observations relatives aux autres parties du service ne doivent pas y figurer.

En regard de chaque article, il reçoit, sur la page de droite, les croquis et tous les renseignements propres à justifier les quantités et les sommes portées sur la page de gauche, ainsi que la mention des pièces dont le détail ne peut pas être inscrit sur le carnet.

Dans le cas de prise de possession des terrains avant le règlement de l'indemnité, la date en est portée pour ordre sur le carnet. Un nouvel article indiquant le montant de la dépense est ouvert lors de la fixation de l'indemnité. Mention est également faite des terrains, cédés gratuitement.

En un mot, toutes les opérations doivent figurer sur le carnet, qui ne devra porter ni surcharges ni ratures.

Toutes les autres prescriptions relatives à la délivrance des carnets, aux visas, etc., sont analogues à celles dont nous avons donné l'énumération quand il s'est agi des ponts et chaussées.

Toutes les pièces justificatives sont établies sur des feuilles imprimées sur des libellés adoptés par l'Administration.

Comptabilité du maire.

834. Le maire est l'ordonnateur de toutes les dépenses relatives aux chemins vicinaux pour lesquels un crédit a été ouvert au budget communal ; mais il ne peut en effectuer aucune par lui-même, et il lui est interdit de disposer, autrement que par mandat sur les revenus municipaux, des fonds affectés aux travaux des chemins vicinaux, quelle que soit l'origine de ces fonds, et tout mandat, pour être valable, devra porter sur un crédit régulièrement ouvert, et énoncera l'exercice, le chapitre, les articles et les paragraphes du crédit en vertu duquel il est délivré.

Toutes les dépenses d'un exercice devront être mandatées du 1er janvier au 15 mars de la seconde année. Toute créance mandatée qui n'aura pas été acquittée sur les crédits de l'exercice auquel elle se rapporte dans les délais de la durée de cet exercice devra être mandatée à nouveau sur les crédits reportés des exercices clos.

Tout mandat émis par le maire indiquera le nombre et la nature des *pièces justificatives*.

Le maire devra indiquer sur deux registres ouverts à la mairie chaque opération de mandatement.

Sur le premier (*journal des mandats*), il inscrira au fur et à mesure de leur délivrance et pour chacun d'eux :

1° Le numéro d'ordre ;

2° L'article du budget en vertu duquel il a été délivré ;

3° La date de la délivrance ;

4° Le nom de la partie prenante ;

5° L'objet de la dette ;

6° Le montant total du mandat. Chaque page sera additionnée et le total obtenu reporté à la page suivante, et ainsi de suite jusqu'à la clôture de l'exercice.

Sur le second livre (*livre de détail*), à la réception du budget, le maire ouvrira au crédit un compte à chaque article séparé. Il portera au débit de chacun de ces comptes les mandats au fur et à mesure de leur délivrance.

Ces livres seront clos le 16 mars, et les sommes des mandats devront se balancer sur l'un et l'autre.

Comptabilité des receveurs municipaux.

835. Les recettes et dépenses relatives aux chemins vicinaux seront effectuées par le receveur municipal, chargé seul et sous sa responsabilité de poursuivre la rentrée de tous les revenus de la commune ainsi que les sommes qui lui seraient dues, et d'acquitter les mandats délivrés par les maires jusqu'à concurrence des crédits.

Personne autre, sous les peines portées par le code pénal, n'a le droit de s'ingérer dans le maniement de ces fonds.

Sous peine d'être rayé des comptes et mis à la charge de l'ordonnateur ou du comptable, les ressources créées pour les chemins vicinaux, quelle que soit leur nature ou leur origine, et qu'elles consistent en argent ou en prestation en nature, ne pourront être appliquées à des travaux étrangers à ce service ou à des chemins qui n'auraient pas été légalement reconnus.

Avant de procéder au payement, les receveurs devront s'assurer sous peine d'en être responsables :

1° Que la dépense porte sur un crédit régulièrement ouvert, et qu'elle ne dépasse pas le montant de ce crédit ;

2° Que la date de la dépense constate une dette à la charge de l'exercice auquel on l'impute, et que l'objet de cette dépense ressortit bien au service particulier qu'on a en vue d'assurer ;

3° Que les pièces justificatives, dont le tableau est donné à l'article 239, ont été produites à l'appui de la dépense.

Les receveurs municipaux seront tenus de rendre compte, chaque année, commune par commune, des opérations qu'ils auront effectuées pour les chemins vicinaux.

Ce compte sera adressé le 5 avril au plus tard au receveur des finances, qui le vérifiera, le certifiera et le remettra au préfet le 15 avril pour tout délai.

Justification des dépenses.

836. Toutes les pièces justificatives à reproduire à l'appui des mandats devront être visées par l'ordonnateur. Tel est le mode exigé par l'article 239 de l'instruction générale dont nous nous occupons.

C'est ainsi que les prestations en nature devront être l'objet d'un extrait du rôle établissant le relevé des journées ou des tâches effectuées, émargé par le surveillant des travaux, visé, etc., etc. ;

Les travaux en régie, par les autorisations du préfet si les travaux à exécuter s'élèvent à plus de 300 francs, et dans les autres cas :

1° Les mémoires ou factures ;

2° Les états nominatifs des journées d'ouvriers, etc. etc. ;

Les travaux d'ouverture et redressement par les autorisations du Conseil général pour les chemins de grande communication et d'intérêt commun, et par la Commission départementale pour les chemins vicinaux ordinaires ;

Pour les acquisitions d'immeubles en cas de conventions amiables, l'extrait de l'acte déclarant les travaux d'utilité publique avec toutes les pièces établissant les formalités de publication, etc. etc.

Nous n'insisterons pas davantage sur la production de ces pièces. Chaque cas particulier est prévu et est l'objet d'une nomenclature et de la désignation du modèle des pièces à produire. La nomenclature complète en serait trop longue et sortirait des limites que nous nous sommes imposées ; aussi renverrons-nous aux collections de pièces imprimées qui sont dans le commerce.

837. Il ne nous reste plus, pour terminer tout ce qui est relatif à la comptabilité et à la création des ressources extraordinaires des chemins vicinaux, qu'à donner l'extrait du règlement administratif du 10 juin 1880 relatif à l'exécution de la loi du 12 mars 1880 portant une ouverture de crédit de 80 000 000 pour les chemins vicinaux (page 407).

838. *Règlement administratif du 10 juin 1880.* — Des subventions seront accordées (art. 1), en ne tenant compte que de la portion à couvrir à l'aide des ressources extraordinaires :

1° Aux communes pour les chemins vicinaux ordinaires, en raison inverse de la valeur du centime communal, conformément au tableau A ci-annexé ;

2° Aux départements pour les chemins de grande communication et d'intérêt commun en raison inverse également du produit du kilomètre carré du centime départemental conformément au tableau C ci-annexé.

Les projets devront être régulièrement dressés et approuvés (art. 2). Les communes (art. 3) devront affecter à ces travaux :

1° Leurs revenus ordinaires disponibles ;

2° Les fonds libres de la vicinalité ;

3° Le reliquat de leurs ressources spéciales, déduction faite de toutes les dépenses obligatoires correspondantes.

La dépense restant à couvrir sera supportée par les communes, le département et l'État.

Les communes y contribueront dans les limites fixées par le tableau A précité. Le surplus sera couvert par une subvention que l'État et le département acquitteront dans la proportion indiquée pour chacun d'eux par le tableau B ci-annexé (art. 4).

A moins de circonstances exceptionnelles, les communes ne pourront obtenir le concours du département et de l'État pour la construction de nouveaux chemins que si elles poursuivent l'exécution de ceux pour lesquels des subventions leur auront été déjà accordées en vertu de la présente loi (art. 5).

Art. 6. — Les départements qui demanderont des subventions en faveur de chemins de grande communication ou d'intérêt commun devront affecter à la dépense le reliquat de leurs ressources spéciales.

Art. 7. — Le déficit, qui sera déterminé, conformément aux règles établies ci-dessus, pour les communes, sera supporté par le département et l'État dans la proportion indiquée au tableau C ci-annexé.

Art. 8. — Les subventions à accorder aux communes par les départements ne pourront pas être prélevées sur le montant des ressources spéciales ordinaires qu'ils devront employer eux-mêmes pour obtenir des subventions. Le produit de leurs emprunts remboursables au moyen de ces mêmes ressources ne sera pas considéré non plus comme susceptible de former leur part contributive de la dépense, quand ils auront recours à la participation de l'État.

Les articles 9 et 10 sont relatifs aux modes de payement.

Tableau A.

839. Servant à déterminer la part de dépense à couvrir par les communes au moyen de ressources extraordinaires et le montant de la subvention qui doit leur être allouée pour les chemins vicinaux ordinaires.

Valeur du centime	Portion de la dépense à couvrir par les communes au moyen des ressources extraordinaires.	au moyen des subventions de l'État et du département.
Francs		
Au-dessous de 20	20 °/。	80 °/。
20.01 à 40	25 »	75 »
40.01 à 60	30 »	70 »
60.01 à 80	35 »	65 »
80.01 à 100	40 »	60 »
100.01 à 200	50 »	50 »
200.01 à 300	60 »	40 »
300.01 à 600	70 »	30 »
600.01 à 900	80 »	20 »
900.01 et au dessus	90 »	10 »

Tableau B.

840. Indiquant dans quelles proportions l'État et le département supporteront la subvention revenant aux communes d'après le tableau A.

Valeur du centime par kilomètre carré	Part de la subvention à la charge de l'État	du départem^t
Francs		
Au-dessous de 2.00	80 °/。	20 °/。
2.01 à 2.50	75 »	25 »
2.51 à 3.00	70 »	30 »
3.01 à 3.50	65 »	35 »
3.51 à 4.00	60 »	40 »
4.01 à 5.00	50 »	50 »
5.01 à 6 00	40 »	60 »
6.01 à 9.00	30 »	70 »
9.01 à 15.00	20 »	80 »
15.01 et au dessus	10 »	90 »

Tableau C.

841. Servant à déterminer, pour les chemins de grande communication et d'intérêt commun, la part des dépenses à couvrir par les départements au moyen de ressources extraordinaires et le montant de la subvention qui doit leur être allouée par l'État.

Valeur du centime par kilomètre carré	Coefficient de subvention	Dépense à couvrir par le département
Au-dessous de 2.00	50 °/。	50 °/。
2.01 à 2.50	45 »	55 »
2.51 à 3.00	40 »	60 »
3.01 à 3.50	35 »	65 »
3.51 à 4.00	30 »	70 »
4.01 à 5.00	25 »	75 »
5.01 à 6.00	20 »	80 »
6.01 à 9.00	15 »	85 »
9.01 et au dessus.	10 »	90 »

ADDENDA

842. Le 16 février 1892, une circulaire ministérielle fut adressée aux préfets relativement au cahier de 1866. Le ministre, après avoir constaté qu'à la suite d'enquêtes ce cahier de 1866 « répondait dans presque toutes ses parties aux principaux intérêts en jeu, et qu'il y avait lieu d'en conserver à la fois l'ensemble et l'esprit », ajoute « qu'il convenait cependant d'y apporter quelques changements nécessaires pour le mettre en harmonie avec l'état actuel de la législation et la jurisprudence, de tenir compte des réclamations reconnues fondées des entrepreneurs, et de préciser les points qui pourraient prêter à des difficultés d'interprétation ». Il conserva donc la classification et le numérotage de tous les articles et y apporta les quelques modifications suivantes :

L'article 2 supprime la promesse de cautionnement.

Art. 3. — Les travaux doivent avoir été faits sous la direction de l'homme de l'art qui a délivré le certificat.

Art. 4. — Les cautionnements sont réalisés dans les conditions fixées par décret relatif aux adjudications et aux marchés passés par l'État.

Chaque soumissionnaire devra fournir un cautionnement provisoire évalué au soixantième de l'estimation des travaux.

Art. 5. — Si l'approbation n'a pas été notifiée dans un délai de trente jours à partir de la date du procès-verbal de l'adjudication, l'adjudicataire pourra renoncer à l'adjudication.

Art. 8. — L'entrepreneur est autorisé à ne plus avoir de domicile à proximité des travaux, et les notifications seront valablement faites à la mairie de la commune où ont eu lieu les travaux.

Dans l'article 10 il est dit que l'entrepreneur ne doit se conformer aux changements prescrits que s'il a un ordre écrit de l'ingénieur.

L'article 16 soumet les entrepreneurs aux retenues et obligations qui résultent soit des lois, soit des décrets et arrêtés ministériels en vigueur au moment de l'adjudication.

D'après l'article 20, l'entrepreneur peut obtenir l'autorisation d'exploiter les carrières qui sont plus à sa convenance et donnent des matériaux de qualité au moins égale.

D'après l'article 26 relatif aux matières de démolitions appartenant à l'État, l'entrepreneur n'est payé que des frais de main-d'œuvre et d'emploi réglés conformément aux indications de l'article 29.

Dans l'article 29. En attendant la solution du litige, l'entrepreneur est payé, provisoirement, aux prix préparés par les ingénieurs.

Art. 30. — L'entrepreneur doit demander sa résiliation dans le délai de deux mois à partir de la notification de l'ordre de service dont l'exécution entraîne l'augmentation de plus d'un sixième.

Art. 33. — La résiliation ne comportera pas d'indemnité.

Art. 41. — Le délai pour produire les motifs de réserve est élevé de vingt à trente jours.

Art. 44. — Au lieu du centime de retenue pour la caisse des ouvriers on fait la retenue conformément à l'article 16. Les acomptes pourront être délivrés à des époques plus rapprochées, en vertu soit de l'article 6 du décret du 4 juin 1888 sur les sociétés d'ouvriers appelés à soumissionner, soit des autres exceptions qui pourraient résulter des lois en vigueur.

Art. 48. — Si l'entrepreneur ne justifie pas l'accomplissement des obligations de l'article 19, la retenue sera déposée en tout ou en partie à la Caisse des dépôts et consignations.

Art. 50. — L'entrepreneur n'est admis à porter pour ses réclamations à la juridiction contentieuse que les griefs énoncés dans le mémoire remis au préfet.

Si, dans le délai de six mois à dater de la notification de la décision ministérielle intervenue sur les réclamations auxquelles aura donné lieu le décompte général et définitif, l'entrepreneur n'a pas porté ses réclamations devant le tribunal compétent, il sera considéré comme ayant adhéré à ladite décision, et toute réclamation se trouvera éteinte.

FIN

TABLE DES MATIÈRES

CHAPITRE III

PROFILS EN TRAVERS

CHAPITRE VIII

TRAVAUX ACCESSOIRES

CHAPITRE IX

ENTRETIEN DES CHAUSSÉES

CHAPITRE X

LÉGISLATION ET CONTRATS

CHAPITRE XI

RÈGLEMENTS RELATIFS A LA CONSERVATION DES ROUTES

CHAPITRE XII

PERSONNEL DES PONTS ET CHAUSSÉES, AGENTS VOYERS

CHAPITRE XIII

COMPTABILITÉ

SERVICE VICINAL

Chapitre Premier

Chapitre II

Chapitre III

Chapitre IV

Chapitre V

FIN

Tours. — Imprimerie DESLIS Frères, rue Gambetta.

Tours. — Imp. Deslis Frères, rue Gambetta, 6.

www.ingramcontent.com/pod-product-compliance
Lightning Source LLC
Chambersburg PA
CBHW060949220326
41599CB00023B/3639
* 9 7 8 2 0 1 3 7 5 0 0 0 4 *